软件工程系列规划教材

离散数学

郝 林 黄亚群 李 劲 编著

科学出版社
北京

内 容 简 介

离散数学是计算机科学的核心课程。本书共分 4 篇8 章，分别介绍数理逻辑、集合论、图论和代数系统四个专题。内容体系严谨，叙述深入浅出，证明推演详尽。在每一专题后，给出相关知识的应用实例，并且在每一章后配有相当数量的习题。为便于学习，本书配有多媒体课件及习题解答。

本书可作为高等院校计算机科学与技术专业及软件工程专业的教材，也可作为其他相关专业的教学用书，并可供计算机科研和工程技术人员参考。

图书在版编目(CIP)数据

离散数学/郝林，黄亚群，李劲编著. —北京：科学出版社，2012

软件工程系列规划教材

ISBN 978-7-03-034344-4

Ⅰ.①离… Ⅱ.①郝… ②黄… ③李… Ⅲ.①离散数学-高等学校-教材 Ⅳ.①0158

中国版本图书馆 CIP 数据核字(2012)第 096315 号

责任编辑：贾瑞娜 / 责任校对：钟 洋

责任印制：徐晓晨 / 封面设计：迷底书装

科 学 出 版 社 出版

北京东黄城根北街 16 号

邮政编码：100717

http://www.sciencep.com

北京厚诚则铭印刷科技有限公司 印刷

科学出版社发行 各地新华书店经销

*

2012 年 5 月第 一 版 开本：787×1092 1/16

2016 年 2 月第二次印刷 印张：19 3/4

字数：480 000

定价：49.00 元

(如有印装质量问题，我社负责调换)

前　言

离散数学是现代高等院校计算机科学与技术专业及其他相关专业的基础数学课程。它以离散量为研究对象，充分讨论离散量的结构及其相互间的关系，反映了计算机科学中对象及研究方法离散性的特点。为适应计算机相关专业教学的不断发展，笔者根据多年的教学实践和需求编写了本书。

本书分为4篇8章，主要内容如下：

第1章和第2章是数理逻辑部分，主要介绍命题逻辑和谓词逻辑的基础知识。这部分是数学和计算机科学学习的基础工具性知识。

第3～5章介绍集合论基础知识，包括集合、关系和函数、基数等。这些是现代数学的基础。

第6章介绍图论的基础知识，包括图的基本知识和若干特殊图的讨论。

第7章和第8章是代数系统的内容，主要有群、环、域和格论及布尔代数的知识。这部分讨论了集合及其上的运算间的重要性质。

离散数学课程设置的主要目的是培养学生的抽象思维能力和逻辑推理能力。通过学习，不仅使学生掌握学习计算机科学与技术专业后继课程所必需的离散数学知识，而且增强学生使用离散数学知识进行分析问题和解决实际问题的能力。作为一门基础应用学科的数学教材，如何实现基础理论与实践应用相结合，是本书努力探索和实践的目标。结合对国外CDIO(conceive-design-implement-operate)模式的认识和探索(CDIO工程教育模式是近年来国际工程教育改革的最新成果，是由麻省理工学院、瑞典皇家工学院等四所国际一流工科大学发起，我国教育部大力倡导的先进工程教育模式。CDIO代表构思(conceive)、设计(design)、实现(implement)、运行(operate)，它以产品从研发到运行的生命周期为载体，让学生主动地、实践地、课程之间有机联系地进行学习)，在着重介绍讨论离散数学基本内容的基础上，相应地添加了一定数量的应用实例，努力构架起理论联系实际的桥梁。这对读者尤其是从事工程领域科研的读者学习、理解和应用离散数学理论会有一定帮助。

本书由郝林、黄亚群、李劲共同编著，郝林负责全书的统稿和大纲编写工作，黄亚群编写了第1～8章，李劲完成了本书中的算法分析部分，并提供了部分实例及习题。在编写过程中，我们参阅了大量离散数学的书籍和资料，在此谨向有关作者表示衷心的感谢。

由于编著者的水平有限，书中不足和疏漏之处在所难免，我们诚恳地期待各位专家和读者的批评和指正，不胜感激。

作　者

2012年3月

目　　录

前言

第一篇　数理逻辑

第 1 章　命题逻辑 …… 3
1.1　命题及命题联结词 …… 3
1.2　命题公式及其类型 …… 10
1.3　等价式与蕴涵式 …… 14
1.4　对偶与范式 …… 20
1.5　推理与证明 …… 33
1.6　命题逻辑的应用 …… 39
小结 …… 43
习题一 …… 44
第 2 章　谓词逻辑 …… 50
2.1　谓词逻辑基本概念 …… 50
2.2　谓词公式及命题符号化 …… 53
2.3　变元的约束 …… 56
2.4　谓词演算的等价式和蕴涵式 …… 58
2.5　谓词公式的范式 …… 62
2.6　谓词演算的推理理论 …… 65
小结 …… 69
习题二 …… 70

第二篇　集　合　论

第 3 章　集合论基础 …… 77
3.1　集合的基本概念 …… 77
3.2　集合的运算 …… 80
3.3　集合的划分与覆盖 …… 85
3.4　包含排斥原理 …… 87
3.5　数学归纳法 …… 89
3.6　集合的计算机表示 …… 92

小结 …… 93
习题三 …… 94
第 4 章　二元关系 …… 98
4.1　关系的概念 …… 98
4.2　关系的性质 …… 103
4.3　关系的运算 …… 105
4.4　关系的闭包运算 …… 113
4.5　等价关系和等价类 …… 121
4.6　相容关系和相容类 …… 125
4.7　序关系和哈斯图 …… 128
4.8　关系的应用 …… 132
小结 …… 135
习题四 …… 136
第 5 章　函数 …… 141
5.1　函数的概念 …… 141
5.2　函数的运算 …… 145
5.3　集合的基数 …… 149
5.4　基数的比较 …… 155
5.5　特征函数的应用 …… 157
小结 …… 158
习题五 …… 159

第三篇　图　论

第 6 章　图论 …… 165
6.1　图的基本概念 …… 165
6.2　路和图的连通性 …… 170
6.3　图的矩阵表示 …… 176
6.4　欧拉图和哈密尔顿图 …… 186
6.5　平面图及对偶图 …… 192
6.6　图的着色 …… 197
6.7　树与生成树 …… 199
6.8　根树及其应用 …… 205
6.9　最短路径问题 …… 210
6.10　图论的应用 …… 211
小结 …… 219
习题六 …… 220

第四篇　代数系统

第 7 章　代数结构…… 229
7.1　代数系统的基本概念 …… 229
7.2　半群与独异点 …… 236
7.3　群与子群 …… 239
7.4　阿贝尔群与循环群 …… 245
7.5　陪集与拉格朗日定理 …… 249
7.6　同态与同构 …… 253
7.7　环与域 …… 260
小结…… 268
习题七…… 269
第 8 章　格与布尔代数…… 274
8.1　格 …… 274
8.2　特殊格 …… 283
8.3　布尔代数 …… 290
8.4　布尔表达式 …… 296
小结…… 301
习题八…… 302

参考文献…… 306

第一篇　数理逻辑

逻辑是研究推理规律的，它关注的是推理的正确性。逻辑的重点在于研究命题之间的关系，而不是一个具体命题的内容。考虑下面的论断：

凡是人都是要死的。

苏格拉底是人。

所以苏格拉底是要死的。

从技术上说，逻辑并不帮助确定这些命题是否为真，然而，如果前两个命题为真，逻辑可以保证命题“苏格拉底是要死的”也为真。

逻辑方法在数学上用来证明定理，在计算机科学中用来证明一个程序做了要求它所做的事。而用一套符号体系来研究推理的规律，就称为数理逻辑，也称为符号逻辑。

第 1 章　命题逻辑

1.1　命题及命题联结词

在日常生活中，我们需要进行会话交流，可以根据双方的会话对某些情况进行推理判断。而会话中有陈述句、疑问句、感叹句、祈使句、命令句之分，在进行推理判断的过程中陈述句起了非常重要的作用，如以下几个句子：

(1) 草地湿了。

(2) 他是计算机系 90 专科班的学生。

(3) 这个小孩有 5 岁，他上了幼儿园。

以上这些都是一个完整的句子，具有以下几个共同特点：

(1) 它们都是陈述句，而非疑问句、感叹句、祈使句、命令句等。

(2) 这些句子所讲述的内容是可以进行判断的，其结果或真或假，但不能同时为真又为假。

这样的句子称为命题，是命题逻辑的基本组成部分。

1.1.1　命题的基本概念

1. 命题的定义

定义 1.1.1　能够判断其真假意义的陈述句称为**命题**。

命题的判断结果即真假意义称为命题的真值。判断结果为正确的命题称为真命题，其真值为真，用 T 或 1 表示；判断结果为错误的命题称为假命题，其真值为假，用 F 或 0 表示。

例 1.1.1　判断下列句子是否是命题，如果是命题，试确定其真值。

(1) $\sqrt{2}$是无理数。

(2) 自然能源日益匮乏，所以我们要开发新型能源。

(3) 海王星是一颗美丽的蓝色星球。

(4) $1+1=10$。

(5) 人类会生活在地球之外的星球上。

(6) $3<2$。

(7) $3-x=5$。

(8) 王刚选修离散数学了吗？

(9) 请勿吸烟！

(10) 年轻真好啊！

(11) 快起床，该上学了！

(12) 我正在说谎话。

解　(1)～(6)是命题，(1)～(3)是真命题，(6)是假命题，(7)～(12)不是命题。

(4) 这与整数的进制系统有关，如果是在二进制中其为真，如果是在十进制中其为假，因此要根据具体的应用背景才能判断其结果是真还是假，但不论在哪种数的进制表示中，其真值都是唯一的，所以是命题。

(5) 人类是否真的会在地球之外的星球上生活？目前尚处于研究探索阶段，不得而知。但伴随科技的进

步，人们在未来的某个时候，必能知道其结果，所以客观上是能够判断其真假的。

(7) 中变量 x 没有赋值，对某些 x 可使 $3-x=5$ 为真，另一些 x 可使 $3-x=5$ 为假，整个等式既可以为真同时也可以为假，其真值不唯一，所以不是命题。

(8)～(11)是无所谓是非的句子，无法进行判断，所以不是命题。

(12) 是悖论①，无法判定其真假值，不是命题。

注 在命题的定义中要注意，不是陈述句的句子一定不是命题，只有能分辨真假的陈述句才是命题。真值不唯一的陈述句(即悖论)及没有判断内容的句子如疑问句、感叹句、祈使句、命令句等都不能成为命题。

一个陈述句只要具有唯一确定的真假意义就是命题，而不依赖于怎样确定它的真值以及是否知道它的真值。所以命题的真值具有：①时间性；②区域性；③标准性。

2. 命题的表示法

数学符号对于表现数学的简洁性起着非常重要的作用，明确直接地刻画了抽象的数学理论。在数理逻辑中，命题通常用大写英文字母或带下标的大写英文字母或数字表示，如 P，Q，…，P_1，P_2，…，[2]等。表示命题的符号称为命题标识符，通常将其写在命题的前面，中间用一冒号分开，如 P：今天下雨。

定义 1.1.2 表示一个确定的命题的标识符称为命题常量(或常项、常元)，其真值是确定的。一般用 P，Q，…表示，上面的 P 就是命题常量。而表示任意命题的标识符称为命题变量(或变项、变元)，如 Q。

注 命题变元可以表示任意的命题，其真值无法确定，所以命题变元并不是命题。只有给命题变元 Q 赋予具体的命题后，命题变元 Q 才有真值，才成为命题。这时称对 Q 进行指派，类似于函数和函数值的关系。

3. 命题的分类

在自然语言中，某些陈述句可以分解成一些更简单的陈述句，用一些关联词将简单陈述句组合成复杂陈述句，如例 1.1.2 中的(2)。因此，根据命题的组成形式，把一个命题分为原子命题和复合命题两大类，而原子命题是命题的最小单位。

定义 1.1.3 无法再分解成更简单的陈述句的命题，称为原子命题(或简单命题)；由若干个简单陈述句表述的命题，即由原子命题用联结词复合而成的命题，称为复合命题。

例 1.1.2 判断下列句子是否是复合命题。

(1) 3 不是偶数。

(2) 小王既学过英语又学过日语。

(3) 小王学过英语或日语。

(4) 如果两个角是对顶角，那么它们相等。

---

① 所谓悖论是指对于某些陈述句，如果承认其成立，能推出其不成立；如果承认其不成立，却又能推出其成立，即自相矛盾的句子。最著名的悖论是罗素的理发师悖论：一个小镇上有一个理发师，他给自己定了条规则，他只为不给自己理发的人理发。那么理发师的头发由谁来理？

如果理发师的头发由他自己理，而按他的规定，那么他的头发就不该由他理；如果理发师的头发由别人理，而按他的规定，那么他的头发就该由他自己理；这样就构成矛盾，成了悖论。

数学中集合的悖论，导致了数学发展史上的第三次危机。

(5) 设函数 $f(x)$ 在点 x_0 的某邻域内有定义，$f(x)$ 在点 x_0 连续当且仅当

$$\lim_{x\to x_0} f(x)=f(x_0)$$

解　这些命题都是复合命题。其中，(1)可描述为“并非 3 是偶数”，用了关联词“并非”或“不”。(2)可描述为“小王学过英语并且小王学过日语”，用了表示并列关系的关联词“并且”。(3)可描述为“小王学过英语或者小王学过日语”，用了表示选择关系的关联词“或者”。(4)用了表示假使关系的关联词“如果…那么…”。(5)用了关联词“当且仅当”。

这些自然语言中的关联词，在命题逻辑中采用专门的符号进行表示。

1.1.2　命题联结词

命题联结词又称为逻辑联结符，是复合命题中的重要组成部分，用“联结词”将原子命题联结起来构成了复合命题。在数理逻辑中，用命题标识符及命题联结词的符号串表示命题的方法，称为命题符号化(或翻译)。把命题符号化以后，就可以对命题之间的关系用数学特有的方法作进一步研究。

为了符号化复合命题，定义了 5 个常用联结词的符号，称为逻辑联结符或联结词，分别是否定联结词“$\neg$”、合取联结词“$\wedge$”、析取联结词“$\vee$”、条件联结词“$\rightarrow$”和双条件联结词“$\leftrightarrow$”。下面分别加以说明。

1. 否定联结词“$\neg$”

定义 1.1.4　设 P 是命题，复合命题“非 P”或“P 的否定”称为 P 的否定式，记作 $\neg P$ (或 $\overline{P}$、$\sim P$)，读作“非 P”或“P 的否定”，$\neg$ 为否定联结词。

它是一元运算，只对一个命题进行操作。“$\neg P$”表示“P 不成立”，否定的是整个命题，而不仅是否定命题中的某个部分。

其真值与 P 的真值恰好相反，$\neg P$ 的真值为 T 当且仅当 P 的真值为 F。其真值表见表 1-1。

否定联结词“$\neg$”在自然语言中表示“不成立”、“不”、“没有”、“是不对的”等，在开关电路中表示“非门”。

表 1-1　否定式的真值表

P	$\neg P$
T	F
F	T

例如

P:明天开运动会。$\neg P$:明天不开运动会。

Q:我们都是大学生。$\neg Q$:我们不都是大学生。注意不能理解为“我们都不是大学生”。

2. 合取联结词“$\wedge$”

表 1-2　合取式的真值表

P	Q	$P\wedge Q$
F	F	F
F	T	F
T	F	F
T	T	T

定义 1.1.5　设 P、Q 是两个命题，复合命题“P 并且 Q”或“P 与 Q”称为 P 与 Q 的合取式，记作 $P\wedge Q$(或 $P\cdot Q$)，读作“P 与 Q 的合取”、“P 且 Q”或“P 和 Q”，$\wedge$ 为合取联结词。

它是二元运算，连接两个或两个以上的命题。“$P\wedge Q$”表示“P 和 Q 同时成立”，P 与 Q 是并列的关系。

$P\wedge Q$ 的真值为 T 当且仅当 P、Q 的真值同时为 T。其真值表见表 1-2。

例 1.1.3　将下列命题表示为合取式。

(1) 小王上课认真听讲，下课后又认真做作业。

(2) 小王虽然上课认真听讲，但下课后不认真做作业。

(3) 小王上课不是不认真听讲，而是下课不认真做作业。

(4) 我们今天考试且 $1>2$。

(5) 王立和李兰是同学。

解 设 P:小王上课认真听讲。Q:小王下课后认真做作业。则

(1) 表示为 $P\wedge Q$。

(2) 表示为 $P\wedge\neg Q$。

(3) 表示为 $(\neg(\neg P))\wedge(\neg Q)$。

(4) 设 P:我们今天考试。Q:$1>2$。则原命题表示为 $P\wedge Q$,是假命题。

(5) 是一简单命题。这里的“和”不是联结两个命题,而是表示两人之间的同学关系。

合取联结词“∧”在自然语言中表示“并且”、“不但…而且…”、“既…又…”、“虽然…但是…”、“尽管…还…”、“一边…一边…”等,在开关电路中表示“与门”。

注 ① “∧”联结词可以连接任意两个命题,它们之间可能毫无任何内在联系,也可能相互矛盾,这时其真值永为 F。

② $P\wedge Q$ 是一个命题,其真值只与 P、Q 的真值有关,而与 P、Q 表示的具体含义和内容无关。

③ 自然语言中的“和”不一定都能用合取联结词“∧”表示。

3. 析取联结词“∨”

定义 1.1.6 设 P、Q 是两个命题,复合命题“P 或者 Q”或“P 析取 Q”称为 P 与 Q 的析取式,记作 $P\vee Q$(或 $P+Q$),读作“P 或 Q”或“P 与 Q 的析取”。∨为析取联结词。

表 1-3 析取式的真值表

P	Q	$P\vee Q$
F	F	F
F	T	T
T	F	T
T	T	T

它是二元运算,“$P\vee Q$”表示“P 和 Q 中至少有一个成立”,P 与 Q 是选择关系。

$P\vee Q$ 的真值为 F 当且仅当 P、Q 的真值同时为 F。P 和 Q 中只要有一项为真,$P\vee Q$ 就为真。其真值表见表 1-3。

析取联结词“∨”在自然语言中表示“或者”、“要么…要么…”、“不是…就是…”等,在开关电路中表示“或门”。

例 1.1.4 将下列命题表示为析取式。

(1) 我学习 VB 语言或 VF 语言。

(2) 我们上午 8 点或 8 点半上课。

(3) 我们只选小李或小王中的一个人当班长。

(4) 他做了二十多或三十套模拟测试题。

解 (1) 设 P:我学习 VB。Q:我学习 VF。

这时有两种可能情况,我可能只学这两种语言中的一种,也可能两种语言同时学。即 P 与 Q 中可能只有一个为真,也可能两个同时为真。因而命题中的“或”是兼容的,称为“可兼或”或“相容或”,所以此命题表示为

$$P\vee Q$$

(2) 设 P:我们上午 8 点上课。Q:我们上午 8 点半上课。

因为这两种情形不能同时为真,有且只能有一种情况为真,所以命题中的“或”是“不可兼或”,也称为“排斥或”,所以此命题表示为

$$(P\wedge\neg Q)\vee(\neg P\wedge Q)$$

(3) 设 P:我们选小李当班长。Q:我们选小王当班长。

命题中的“或”应该是排斥或。所以(3)中的“或”也不能简单地表示为 $P\vee Q$。为了使这两种情况不能同时为真,则原命题表示为

$$(P\wedge\neg Q)\vee(\neg P\wedge Q)$$

由上述两例可见,“不可兼或”可用一些联结词的某种组合形式表示。

(4) 是简单命题,“或”表示题目的数量,不是连接两个命题,命题中的“或”不能用析取联结词“∨”表示。

注 ① 自然语言中的“或”不一定都能用析取联结词“∨”表示。

② 自然语言中的“或”具有二义性,在数理逻辑中约定析取联结词“∨”表示“可兼或”,“∨”连接的两者可以同时成立。需注意区分“可兼或”与“不可兼或”。

4. 条件联结词“→”

定义 1.1.7 设 P、Q 是两个命题,复合命题“如果 P 那么 Q”称为 P 与 Q 的条件式,记作 $P\to Q$(或 $P\supset Q$),读作“如果 P 那么 Q”或“当 P 则 Q”。P 称为条件式的前件(或前提),Q 称为条件式的后件(或结论)。→为条件联结词。

它是二元运算,“$P\to Q$”中 P 与 Q 是因果关系。

$P\to Q$ 的真值为 F 当且仅当 P 为 T 且 Q 为 F。其真值表见表 1-4。

表 1-4 条件式的真值表

P	Q	$P\to Q$
F	F	T
F	T	T
T	F	F
T	T	T

条件式“$P\to Q$”表示“P 是 Q 的充分条件”或“Q 是 P 的必要条件”。表示:“如果 P 那么 Q”,“只要 P,就有 Q”,“Q 每当 P”,“P 仅当 Q”,“仅当 Q 则 P”,“只有 Q 才 P”,“除非 Q 才 P”等。

注 ① 在自然语言中,“如果 P 那么 Q”中的 P、Q 往往具有某种内在联系;而在数理逻辑中,P、Q 可以没有任何联系。其与合取式及析取式一样,只关心原子命题与复合命题之间的真值关系。只要 P、Q 能够分别确定真值,$P\to Q$ 即成为命题。

② 自然语言中对“如果…那么…”这样的语句,往往表达的是前件 P 为真、后件 Q 也为真的推理关系。而当前件为假时,结论不管真假,往往无法判断其含义。在符号逻辑中规定,当前件 P 为假时,不管后件 Q 是真还是假,条件命题 $P\to Q$ 的真值恒为真。此规定也称为“善意的推定”。

例 1.1.5 符号化下列命题。

(1) 如果天下雨那么水库的蓄水量就充足。

(2) 只要天下雨水库的蓄水量就充足。

(3) 只有天下雨水库的蓄水量才充足。

(4) 仅当天下雨水库的蓄水量才充足。

(5) 如果天不下雨那么水库的蓄水量就不充足。

解 设 P:天下雨。Q:水库的蓄水量充足。则

(1)、(2)表示:$P\to Q$;

(3)、(4)表示:$Q\to P$;

(5)表示:$\neg P\to \neg Q$。

命题(5)还可以理解为,如果水库的蓄水量充足那么一定是下过雨了。所以原命题可以表示为

$$Q\to P$$

这两种表示本质上是相同的。

例 1.1.6 符号化下列命题。

(1) 仅当我不上课且天不下雨,我将去书店。

(2) 他总是按时上班,除非路上堵车或他生病。

解 (1) 设 P:我上课。Q:天下雨。R:我去书店。则命题表示为

$$R\to(\neg P\wedge \neg Q)$$

(2) 设 P:他按时上班。Q:他在路上堵车。R:他生病。则命题表示为

$$\neg(Q \vee R) \rightarrow P$$

或表示为

$$\neg P \rightarrow (Q \vee R)$$

5. 双条件联结词"↔"

定义 1.1.8 设 P、Q 是两个命题,复合命题"P 当且仅当 Q"称为 P 与 Q 的双条件式,记作 $P \leftrightarrow Q$,读作"P 当且仅当 Q",↔为双条件联结词。

表 1-5 双条件式的真值表

P	Q	$P \leftrightarrow Q$
F	F	T
F	T	F
T	F	F
T	T	T

$P \leftrightarrow Q$ 的真值为 T 当且仅当 P 与 Q 的真值相同。其真值表见表 1-5。

双条件式"$P \leftrightarrow Q$"表示 P 与 Q 为充分必要条件,相当于 $(P \rightarrow Q) \wedge (Q \rightarrow P)$。这表示:"$P$ 成立当且仅当 Q 成立"、"P 的充分必要条件是 Q"等。

例 1.1.7 符号化下列命题。

(1) 两个三角形全等的充分必要条件是它们的三条边对应相等。

(2) 3 是质数当且仅当太阳从西边升起。

解 (1) 设 P:两个三角形全等。Q:两个三角形的三条边对应相等。则命题表示为

$$P \leftrightarrow Q$$

其真值为 T。

(2) 设 P:3 是质数。Q:太阳从西边升起。则命题表示为

$$P \leftrightarrow Q$$

其真值为 F。

注 数理逻辑中,没有因果关系的命题也可以用双条件联结词连接成一个命题。

至此已经定义了五个常用的联结词,但它们还远远不能广泛地直接表达命题间的联系,根据需要再定义一些联结词,使得命题的符号表示更完善直接。

6. 不可兼析取联结词"$\overline{\vee}$"

定义 1.1.9 设 P、Q 是两个命题,复合命题"P 或 Q 恰有一个为真"称为 P 与 Q 的不可兼析取式,记作 $P \overline{\vee} Q$(或 $P \oplus Q$),读作 P 异或 Q。$\overline{\vee}$ 为不可兼析取联结词(或异或联结词)。

$P \overline{\vee} Q$ 的真值为 T 当且仅当 P 与 Q 恰有一个为 T。其真值表见表 1-6。

表 1-6 不可兼析取式的真值表

P	Q	$P \overline{\vee} Q$
F	F	F
F	T	T
T	F	T
T	T	F

7. 与非联结词"↑"

定义 1.1.10 设 P、Q 是两个命题,复合命题"P 不成立或 Q 不成立"称为 P 与 Q 的与非式,记作 $P \uparrow Q$,读作 P 与非 Q。↑为与非联结词。

$P \uparrow Q$ 的真值为 F 当且仅当 P 与 Q 同时为 T。其真值表见表 1-7。

表 1-7 与非式的真值表

P	Q	$P \uparrow Q$
F	F	T
F	T	T
T	F	T
T	T	F

与非联结词"↑"在自然语言中,表示"不能同时成立"。

8. 或非联结词“$\downarrow$”

定义 1.1.11 设 P、Q 是两个命题，复合命题“P 不成立且 Q 不成立”称为 P 与 Q 的或非式，记作 $P\downarrow Q$，读作 P 或非 Q。$\downarrow$ 为或非联结词。

$P\downarrow Q$ 的真值为 T 当且仅当 P 与 Q 同时为 F。其真值表见表 1-8。

表 1-8 或非式的真值表

P	Q	$P\downarrow Q$
F	F	T
F	T	F
T	F	F
T	T	F

或非联结词“$\downarrow$”在自然语言中表示“同时不成立”。

9. 条件否定联结词“$\xrightarrow{c}$”

定义 1.1.12 设 P、Q 是两个命题，复合命题“$P\xrightarrow{c}Q$”称为 P 与 Q 的条件否定式。

$P\xrightarrow{c}Q$ 的真值为 T 当且仅当 P 的真值为 T，Q 的真值为 F。其真值表见表 1-9。

表 1-9 条件否定式的真值表

P	Q	$P\xrightarrow{c}Q$
F	F	F
F	T	F
T	F	T
T	T	F

至此定义了 9 个命题联结词，它们的真值取值见表 1-10。

表 1-10 常用命题联结词的真值表

P	Q	$\neg P$	$P\wedge Q$	$P\vee Q$	$P\rightarrow Q$	$P\leftrightarrow Q$	$P\,\overline{\vee}\,Q$	$P\uparrow Q$	$P\downarrow Q$	$P\xrightarrow{c}Q$
F	F	T	F	F	T	T	F	T	T	F
F	T	T	F	T	T	F	T	T	F	F
T	F	F	F	T	F	F	T	T	F	T
T	T	F	T	T	T	T	F	F	F	F

由表 1-10 可以看出，$P\,\overline{\vee}\,Q$ 与 $(P\wedge\neg Q)\vee(\neg P\wedge Q)$、$P\uparrow Q$ 与 $\neg(P\wedge Q)$、$P\downarrow Q$ 与 $\neg(P\vee Q)$、$P\xrightarrow{c}Q$ 与 $\neg(P\rightarrow Q)$ 有相同的真值表。其表明后面四种联结词 $\overline{\vee}$、$\uparrow$、$\downarrow$、$\xrightarrow{c}$ 可以直接用前面五种联结词的某种组合表示。同时，联结词 $\rightarrow$、$\leftrightarrow$ 也可用联结词 $\neg$、$\wedge$、$\vee$ 的某种组合表示。所以通常将联结词 $\{\neg,\wedge,\vee\}$ 称为最小联结词组。

联结词 $\neg$ 是一元运算，其他都是二元运算，$\neg$、$\rightarrow$ 不具有对称性，$\wedge$、$\vee$、$\leftrightarrow$ 具有对称性。

1.1.3 命题符号化

有了命题标识符及命题联结词后，就可以把自然语言描述的命题用数学的符号形式表示，进一步进行推理判断。命题符号化或翻译是命题演算的基础。其基本步骤为：

(1) 将命题分解为若干个原子命题，并用命题标识符逐一表示。

(2) 使用恰当的联结词，把原子命题逐个连接起来。

命题符号化时要认真分析命题表达的逻辑关系，如“或”表达的是“可兼或”还是“不可兼或”，条件式中的前件和后件等，而不能仅凭字面含义简单进行符号化。

复合命题的真值只取决于构成它们的各原子命题的真值，而与它们的内容、含义无关，与联结词连接的两个原子命题之间是否有关系无关。

联结词与数学中的其他运算符一样，具有先后次序。规定联结词运算优先级的顺序为：第

一级$\neg$，第二级$\wedge$、$\vee$，第三级$\rightarrow$、$\leftrightarrow$。同级中的联结词，则按从左到右的顺序运算；有时候若运算要求与优先次序不一致时，可使用括号，按先括号内后括号外的规则进行运算，同级联结词相邻时也可使用括号，但最外层的括号一般都省去。

例 1.1.8 将下列命题符号化。

(1) 王强是上海人，他在北京或广州读大学。

(2) 如果我下班早且不累，就去书店看看。

(3) 平面上两条直线平行当且仅当这两条直线不相交。

(4) 如果明天下雨就不开运动会而照常上课。

(5) 只有一个角是直角的三角形才是直角三角形。

(6) 函数 $f(x)$在点 x_0 的某邻域内有定义，如果 $f(x)$在点 x_0 连续则它在点 x_0 可导。

(7) 吃一堑，长一智。

解 (1) 设 P：王强是上海人。Q：王强在北京读大学。R：王强在广州读大学。则命题表示为

$$P\wedge((Q\wedge\neg R)\vee(\neg Q\wedge R))$$

(2) 设 P：我下班早。Q：我累。R：我去书店看看。则命题表示为

$$(P\wedge(\neg Q))\rightarrow R$$

(3) 设 P：平面上两直线平行。Q：平面上两直线相交。则命题表示为

$$P\leftrightarrow(\neg Q)$$

这个命题是真命题。

(4) 设 P：明天下雨。Q：明天开运动会。R：明天照常上课。则命题表示为

$$P\rightarrow((\neg Q)\wedge R)$$

(5) 设 P：三角形的一个角是直角。Q：三角形是直角三角形。则命题表示为

$$\neg P\rightarrow\neg Q$$

这个命题是真命题。

(6) 设 P：函数 $f(x)$在点 x_0 的某邻域内有定义。Q：函数 $f(x)$在点 x_0 连续。R：函数 $f(x)$在点 x_0 可导。则命题表示为

$$(P\wedge Q)\rightarrow R$$

这个命题是假命题。

(7) 设 P：吃一堑。Q：长一智。则命题表示为

$$\neg P\rightarrow\neg Q \text{ 或 } Q\rightarrow P$$

1.2 命题公式及其类型

有了命题联结词和命题常元及命题变元，就可以将复合命题用符号表示，便于判断推理。将命题变元用联结词及括号按一定的规则组成的符号串称为命题公式(或命题合式公式)。下面采用递归的方法定义命题公式。

1.2.1 命题公式的概念

定义 1.2.1 (1) 单个命题变元是命题公式，称为原子命题公式。

(2) 如果 P 是命题公式，那么$\neg P$ 也是命题公式。

(3) 如果 P、Q 是命题公式，那么$(P\wedge Q)$、$(P\vee Q)$、$(P\rightarrow Q)$、$(P\leftrightarrow Q)$也是命题公式。

(4) 只有有限次地应用(1)、(2)、(3)组成的符号串才是命题公式。

例如，$(P\rightarrow Q)\vee(R\wedge P)\leftrightarrow(\neg Q)$、$P\vee(Q\wedge\neg R)$都是命题公式，而 $P\neg\rightarrow R$、$P\vee Q\wedge$、

$PQ\to R$、$P\to(R\to Q)$都不是命题公式。

注 ① 并非任何一个由命题变元、联结词、括号组成的符号串都是命题公式。

② 按照命题公式的定义，公式最外层的括号必须写。但为了方便，约定公式最外层的括号可以省略。公式中不影响运算次序的括号也可以省去，如 $P\wedge Q\to\neg R$，但公式$(P\to Q)\wedge R$中的括号不能省略。

③ 命题公式中由于出现了命题变元，所以命题公式没有真值，不是命题。当且仅当对命题公式中的所有命题变元用具体的命题代替，命题公式才成为一个具体的复合命题。即将命题公式中的每个命题变元指定一个真值，从而确定命题公式的真值。

1.2.2 真值表

定义 1.2.2 设命题公式 A 中出现的所有命题变元为 $P_1,P_2,\cdots,P_n$，给每一 $P_1,P_2,\cdots,P_n$ 各指定一个真值，称为对公式 A 的一个赋值(或解释、真值指派)。

使公式 A 的真值为 T 的一组赋值称为 A 的一个成真赋值，使公式 A 的真值为 F 的一组赋值称为 A 的一个成假赋值。

如 $P\to Q$ 的成真赋值为 00($P=0,Q=0$)、01($P=0,Q=1$)、11($P=1,Q=1$)，成假赋值为 10($P=1,Q=0$)。

定义 1.2.3 将命题公式 P 在所有赋值之下的取值情况列成一张表，称为 P 的真值表。

显然，含 $n(n\geqslant 1)$个命题变元的命题公式共有 2^n 组不同赋值，其真值表有 2^n 行。

定义 1.2.4 如果 X 是命题公式 A 的一部分，并且 X 本身也是命题公式，则称 X 是命题公式 A 的子公式。

如公式$(\neg P\vee Q)\to R$ 中，$\neg P$、$(\neg P\vee Q)$、$(\neg P\vee Q)\to R$ 等是其子公式。

构造真值表的方法如下：

(1) 列出公式中出现的所有命题变元 $P_1,P_2,\cdots,P_n$，按字典顺序排列放在表的左边。

(2) 列出公式中的子公式，按运算优先级排列放在表的中间，最后将完整的公式放在表的右边。

(3) 列出公式的 2^n 个赋值，从 FF…F 开始按二进制从小到大的顺序直到 TT…T 结束。

(4) 根据赋值依次计算各子公式的真值并最终计算出完整公式的真值。

例 1.2.1 求下列命题公式的真值表。

(1) $(P\wedge Q)\wedge\neg P$。

(2) $P\to(P\vee Q)$。

(3) $P\to Q$ 及 $\neg P\vee Q$。

(4) $(P\vee Q)\to R$。

解 真值表分别见表 1-11～表 1-14。

表 1-11 $(P\wedge Q)\wedge\neg P$ 的真值表

P	Q	$P\wedge Q$	$\neg P$	$(P\wedge Q)\wedge\neg P$
F	F	F	T	F
F	T	F	T	F
T	F	F	F	F
T	T	T	F	F

表 1-12 $P\to(P\vee Q)$的真值表

P	Q	$P\vee Q$	$P\to(P\vee Q)$
F	F	F	T
F	T	T	T
T	F	T	T
T	T	T	T

表 1-13 $P \to Q$ 及 $\neg P \vee Q$ 的真值表

P	Q	$\neg P$	$P \to Q$	$\neg P \vee Q$
F	F	T	T	T
F	T	T	T	T
T	F	F	F	F
T	T	F	T	T

表 1-14 $P \to (Q \to R)$ 的真值表

P	Q	R	$P \vee Q$	$(P \vee Q) \to R$
F	F	F	F	T
F	F	T	F	T
F	T	F	T	F
F	T	T	T	T
T	F	F	T	F
T	F	T	T	T
T	T	F	T	F
T	T	T	T	T

由表 1-11～表 1-14 可知，*FTF*、*TFF*、*TTF* 是(4)的成假赋值，其余都是成真赋值。而(1)没有成真赋值，(2)没有成假赋值，(3)和(4)中既有成真赋值又有成假赋值。(3)中 $P \to Q$ 与 $\neg P \vee Q$ 在任意一组赋值下它们的真值均相同。

例 1.2.2 将下列命题符号化，并列出真值表。

(1) 我们明天上午 1、2 节课考离散数学或英语。

(2) 除非你认真学习数学，否则你期末考试会不及格。

(3) 一个人起初说："占据空间的、有质量的而且不断变化的叫做物质"；后来他改说："占据空间的有质量的叫做物质，而物质是不断变化的。"问他前、后两种主张的差异在什么地方，试以命题形式进行分析。

解 (1) 设 P：我们明天上午 1、2 节课考离散数学。Q：我们明天上午 1、2 节课考英语。

因为同一时间我们只能考一门课程，所以上述命题中的"或"是排斥或，不能用"$\vee$"表示。可用列真值表的方法进一步分析命题，从而找到合适的命题联结词。其真值表见表 1-15。

表 1-15 例 1.2.2(1)的真值表

P	Q	命题	$P \wedge Q$	$P \vee Q$	$P \to Q$	$P \leftrightarrow Q$	$\neg(P \leftrightarrow Q)$
F	F	F	F	F	T	T	F
F	T	T	F	T	T	F	T
T	F	T	F	T	F	F	T
T	T	F	T	T	T	T	F

所以原命题符号化为

$$\neg(P \leftrightarrow Q)$$

(2) 此命题可以理解为：如果你不认真学习数学，那么你期末考试将会不及格。设 P：你认真学习数学。Q：你期末考试及格。原命题符号化为

$$\neg P \to \neg Q$$

此命题还可以理解为：你期末考试及格了，则你认真学习了数学。原命题符号化为 $Q \to P$。

其真值表见表 1-16。

表 1-16 例 1.2.2(2)的真值表

P	Q	命题	$\neg P$	$\neg Q$	$\neg P \to \neg Q$	$Q \to P$
F	F	T	T	T	T	T
F	T	F	T	F	F	F
T	F	T	F	T	T	T
T	T	T	F	F	T	T

(3) 设 P：这是占据空间的。Q：这是有质量的。R：这是不断变化的。S：这是物质。则第一种主张表示为

$$(P \vee Q \wedge R) \leftrightarrow S$$

第二种主张表示为

$$(P \wedge Q \leftrightarrow S) \wedge (S \rightarrow R)$$

其差异见表1-17。

表1-17　例1.2.2(3)的真值表

P	Q	R	S	$(P \wedge Q \wedge R) \leftrightarrow S$	$(P \wedge Q \leftrightarrow S) \wedge (S \rightarrow R)$
F	F	F	F	F	T
F	F	F	T	F	F
F	F	T	F	F	T
F	F	T	T	F	F
F	T	F	F	T	T
F	T	F	T	F	F
F	T	T	F	T	T
F	T	T	T	F	F
T	F	F	F	T	T
T	F	F	T	T	T
T	F	T	F	T	T
T	F	T	T	F	F
T	T	F	F	T	F
T	T	F	T	F	F
T	T	T	F	F	F
T	T	T	T	T	T

注　在命题符号化时，由于心理、习惯、修辞等原因，对同一命题可以有形式不同但实质意义相等的符号化。在选择命题联结词时有些地方与一般习惯用词不同，应注意区分。

1.2.3　命题公式的类型

由例1.2.1可知，有些命题公式对所有赋值其真值均为T，有些命题公式对所有赋值其真值均为F，而有些命题公式既有成真赋值又有成假赋值，因此将命题公式进行分类。

定义1.2.5　设P是一个命题公式，对P的所有赋值：

(1) 如果P的真值都为T，则称P是重言式(或永真式)。

(2) 如果P的真值都为F，则称P是矛盾式(或永假式)。

(3) 如果至少有一组赋值使得P的真值为T，则称P是可满足式。

例1.2.1中的(1)是矛盾式，(2)是重言式，(4)是可满足式。

显然，重言式一定是可满足式，反之不然。

重言式和矛盾式具有下面几个性质。

(1) 任意两个重言式的合取、析取、条件、双条件仍然是重言式，任意两个矛盾式的合取、析取仍然是矛盾式。

(2) 重言式的否定是矛盾式，矛盾式的否定是重言式。

判断一个给定命题公式的类型有多种方法，其中一种是利用真值表，如果公式真值表的最后一列全为T，那么该公式为重言式；如果最后一列全为F，那么该公式为矛盾式；如果最后一

列中至少有一个 T,则该公式为可满足式。以后还将介绍利用等值演算法及主范式法判断公式的类型。

1.3 等价式与蕴涵式

前几节的命题符号化中,同一个命题可以有不同的符号表示形式,含有相同命题变元(甚至不同命题变元)的不同命题公式,在所有赋值下,对应的真值可能相同。这时称这些公式是等价的。

1.3.1 命题公式的等价

定义 1.3.1 在设两个命题公式 A、B,含有命题变元 $P_1, P_2, \cdots, P_n$,若对 $P_1, P_2, \cdots, P_n$ 的任意一组赋值,A 和 B 的对应真值都相同,则称 A 与 B 是等价的(或逻辑相等的),记作 $A \Leftrightarrow B$。

判断两个命题公式是否等价,比较直接的方法是利用真值表进行判断,如例 1.2.1(3)中 $P \rightarrow Q \Leftrightarrow \neg P \vee Q$。

例 1.3.1 判断下列命题公式是否等价。

(1) $\neg(P \wedge Q)$与$\neg P \vee \neg Q$。

(2) $P \leftrightarrow Q$ 与$(P \rightarrow Q) \wedge (Q \rightarrow P)$。

(3) $\neg(P \rightarrow Q)$与$\neg P \rightarrow \neg Q$。

证明 (1) 这两个公式具有相同的命题变元,将它们的真值表合在一起,便于比较,见表 1-18。

表 1-18 例 1.3.1(1)的真值表

P	Q	$\neg P$	$\neg Q$	$P \wedge Q$	$\neg(P \wedge Q)$	$\neg P \vee \neg Q$
F	F	T	T	F	T	T
F	T	T	F	F	T	T
T	F	F	T	F	T	T
T	T	F	F	T	F	F

可知

$$\neg(P \wedge Q) \Leftrightarrow \neg P \vee \neg Q$$

(2) 两个公式的真值表见表 1-19。

表 1-19 例 1.3.1(2)的真值表

P	Q	$P \rightarrow Q$	$Q \rightarrow P$	$P \leftrightarrow Q$	$(P \rightarrow Q) \wedge (Q \rightarrow P)$
F	F	T	T	T	T
F	T	T	F	F	F
T	F	F	T	F	F
T	T	T	T	T	T

可知

$$P \leftrightarrow Q \Leftrightarrow (P \rightarrow Q) \wedge (Q \rightarrow P)$$

(3) 两个公式的真值表见表 1-20。

表 1-20 例 1.3.1(3)的真值表

P	Q	$\neg P$	$\neg Q$	$P\to Q$	$\neg(P\to Q)$	$\neg P\to\neg Q$
F	F	T	T	T	F	T
F	T	T	F	T	F	F
T	F	F	T	F	T	T
T	T	F	F	T	F	T

可知，$\neg(P\to Q)$与$\neg P\to\neg Q$不等价。

例 1.3.2 若给定命题公式 $P\to Q$，那么 $Q\to P$、$\neg P\to\neg Q$、$\neg Q\to\neg P$ 分别称为它的逆换式、反换式、逆反式。其真值表见表 1-21。

表 1-21 例 1.3.2 的真值表

P	Q	$\neg P$	$\neg Q$	$P\to Q$	$Q\to P$	$\neg P\to\neg Q$	$\neg Q\to\neg P$
F	F	T	T	T	T	T	T
F	T	T	F	T	F	F	T
T	F	F	T	F	T	T	F
T	T	F	F	T	T	T	T

由表 1-21 可知，$P\to Q\Leftrightarrow\neg Q\to\neg P$，即命题公式与其逆反式是等价的，$Q\to P\Leftrightarrow\neg P\to\neg Q$，即命题公式的逆换式与其反换式是等价的。

定理 1.3.1 设 A、B 是两个命题公式，那么 $A\Leftrightarrow B$ 当且仅当 $A\leftrightarrow B$ 是重言式。

证明 如 $A\Leftrightarrow B$，则 A、B 在任意一组赋值下真值完全一样，因此 $A\leftrightarrow B$ 均为 T，所以 $A\leftrightarrow B$ 是重言式。

反之，如 $A\leftrightarrow B$ 是重言式，则在任意一组赋值下 $A\leftrightarrow B$ 的真值均为 T，当 A 为 T 时 B 也为 T，当 A 为 F 时 B 也为 F，所以 A、B 的对应真值相同，即 $A\Leftrightarrow B$。 ■

注 “$\Leftrightarrow$”与“$\leftrightarrow$”有一定的联系，但为不相同的两个概念。“$\leftrightarrow$”是命题联结词，将两个命题联结成一个复合命题。而“$\Leftrightarrow$”表示两个命题公式的真值对应相同的逻辑等价关系。这种等价关系具有以下三个性质。

① 自反性：$A\Leftrightarrow A$。

② 对称性：如果 $A\Leftrightarrow B$，那么 $B\Leftrightarrow A$。

③ 传递性：如果 $A\Leftrightarrow B$，且 $B\Leftrightarrow C$，那么 $A\Leftrightarrow C$。

凡是具有这三个性质的关系称为等价关系。关系和等价关系将在第 4 章中详细介绍。

1.3.2 基本等价公式

下面一组基本的、重要的等价公式，称为命题定律。所谓定律，是对客观规律的一种表达形式，通过大量具体事实归纳而成的结论。命题的基本等价公式见表 1-22，可利用真值表进行逐一验证。表 1-22 中的 P、Q、R 表示任意命题公式。

表 1-22　基本等价公式

编　号	等价式	运算律
E_1	$\neg(\neg P)\Leftrightarrow P$	对合律
E_2	$P\wedge P\Leftrightarrow P$	幂等律
E_3	$P\vee P\Leftrightarrow P$	
E_4	$P\wedge Q\Leftrightarrow Q\wedge P$	交换律
E_5	$P\vee Q\Leftrightarrow Q\vee P$	
E_6	$(P\wedge Q)\wedge R\Leftrightarrow P\wedge(Q\wedge R)$	结合律
E_7	$(P\vee Q)\vee R\Leftrightarrow P\vee(Q\vee R)$	
E_8	$P\wedge(Q\vee R)\Leftrightarrow(P\wedge Q)\vee(P\wedge R)$	分配律
E_9	$P\vee(Q\wedge R)\Leftrightarrow(P\vee Q)\wedge(P\vee R)$	
E_{10}	$\neg(P\wedge Q)\Leftrightarrow\neg P\vee\neg Q$	德·摩根律
E_{11}	$\neg(P\vee Q)\Leftrightarrow\neg P\wedge\neg Q$	
E_{12}	$P\wedge(P\vee Q)\Leftrightarrow P$	吸收律
E_{13}	$P\vee(P\wedge Q)\Leftrightarrow P$	
E_{14}	$P\rightarrow Q\Leftrightarrow\neg P\vee Q$	条件等价式
E_{15}	$P\leftrightarrow Q\Leftrightarrow(P\rightarrow Q)\wedge(Q\rightarrow P)$	双条件等价式
E_{16}	$P\vee \mathrm{F}\Leftrightarrow P$	同一律
E_{17}	$P\wedge \mathrm{T}\Leftrightarrow P$	
E_{18}	$P\vee \mathrm{T}\Leftrightarrow \mathrm{T}$	零律
E_{19}	$P\wedge \mathrm{F}\Leftrightarrow \mathrm{F}$	
E_{20}	$P\vee\neg P\Leftrightarrow \mathrm{T}$	排中律
E_{21}	$P\wedge\neg P\Leftrightarrow \mathrm{F}$	矛盾律
E_{22}	$(P\wedge Q)\rightarrow R\Leftrightarrow(P\rightarrow(Q\rightarrow R))$	输出律
E_{23}	$((P\rightarrow Q)\wedge(P\rightarrow\neg Q))\Leftrightarrow\neg P$	归谬律
E_{24}	$(P\rightarrow Q)\Leftrightarrow(\neg Q\rightarrow\neg P)$	逆反律

1.3.3　等值演算

证明公式等价，可以利用真值表法，但当公式中出现的命题变元比较多，公式比较复杂时，真值表法就显得比较烦琐。有时可以利用基本等价公式，通过已知公式进行等价推演，得出另一些等价公式，这个过程称为等值演算。事实上，任一公式由基本等价式通过等值演算，可以得到无数个等价式。

等值演算在电路分析、计算机硬件设计、电子元器件设计、自动控制等方面起着非常重要的作用。在进行等值演算时经常用到代入规则和置换规则。

定理 1.3.2(重言式代入规则)　设命题公式 A 中出现的命题变元为 $P_1,P_2,\cdots,P_n$，而 A 是重言式，那么分别用命题公式 $B_1,B_2,\cdots,B_n$ 代替 A 中的命题变元 $P_1,P_2,\cdots,P_n$ 所得到的命题公式仍然是重言式。

证明　设代入后的命题公式为 B，对 B 的任意一组赋值，B 都有相应的真值 $b_1,b_2,\cdots,b_n$，而 A 是重言式，对任意一组赋值，其真值都为真，与命题变元的赋值无关，所以不管 $B_i(i=1,$

2，…，n)的真值如何，A 都为 T，所以 B 也为重言式。 ■

如 $P\vee\neg P\Leftrightarrow T$，用 $P\wedge\neg Q$ 代替 P 得 $(P\wedge\neg Q)\vee\neg(P\wedge\neg Q)\Leftrightarrow T$。

定理 1.3.3(等价置换规则) 设 X 是命题公式 A 的子公式且 $X\Leftrightarrow Y$，如果将 A 中一处或多处出现的 X 用 Y 替换，所得到的公式 B 与公式 A 等价，即 $A\Leftrightarrow B$。

利用等值演算可以判断公式的类型，也可以验证等价公式，还可以优化电路、简化程序。

例 1.3.3 判断下列公式的类型。

(1) $(P\wedge Q)\vee(P\wedge\neg Q)$。

(2) $((P\rightarrow R)\vee\neg R)\rightarrow(\neg(Q\rightarrow P)\wedge P)$。

(3) $P\wedge(((P\vee Q)\wedge\neg P)\rightarrow Q)$。

证明 (1)

$$(P\wedge Q)\vee(P\wedge\neg Q)$$
$$\Leftrightarrow P\wedge(Q\vee\neg Q) \quad \text{分配律 } E_8$$
$$\Leftrightarrow P\wedge T \quad \text{排中律 } E_{20}$$
$$\Leftrightarrow P \quad \text{同一律 } E_{17}$$

所以(1)为可满足式。

(2) 因为

$$(P\rightarrow R)\vee\neg R$$
$$\Leftrightarrow(\neg P\vee R)\vee\neg R \quad \text{条件等价式 } E_{14}$$
$$\Leftrightarrow \neg P\vee R\vee\neg R \quad \text{结合律 } E_7$$
$$\Leftrightarrow \neg P\vee(R\vee\neg R) \quad \text{结合律 } E_7$$
$$\Leftrightarrow \neg P\vee T \quad \text{排中律 } E_{20}$$
$$\Leftrightarrow T \quad \text{零律 } E_{18}$$

而

$$\neg(Q\rightarrow P)\wedge P$$
$$\Leftrightarrow \neg(\neg Q\vee P)\wedge P \quad \text{条件等价式 } E_{14}$$
$$\Leftrightarrow(Q\wedge\neg P)\wedge P \quad \text{德・摩根律 } E_{11}$$
$$\Leftrightarrow Q\wedge\neg P\wedge P \quad \text{结合律 } E_6$$
$$\Leftrightarrow Q\wedge(\neg P\wedge P) \quad \text{结合律 } E_6$$
$$\Leftrightarrow Q\wedge F \quad \text{矛盾律 } E_{21}$$
$$\Leftrightarrow F \quad \text{零律 } E_{19}$$

于是

$$((P\rightarrow R)\vee\neg R)\rightarrow(\neg(Q\rightarrow P)\wedge P)$$
$$\Leftrightarrow T\rightarrow F$$
$$\Leftrightarrow F$$

所以(2)为矛盾式。

(3)

$$P\wedge(((P\vee Q)\wedge\neg P)\rightarrow Q)$$
$$\Leftrightarrow P\wedge(((P\wedge\neg P)\vee(Q\wedge\neg P))\rightarrow Q) \quad \text{分配律 } E_8$$
$$\Leftrightarrow P\wedge((F\vee(Q\wedge\neg P))\rightarrow Q) \quad \text{矛盾律 } E_{21}$$
$$\Leftrightarrow P\wedge((Q\wedge\neg P)\rightarrow Q) \quad \text{同一律 } E_{16}$$
$$\Leftrightarrow P\wedge(\neg(Q\wedge\neg P)\vee Q) \quad \text{条件等价式 } E_{14}$$
$$\Leftrightarrow P\wedge(\neg Q\vee P\vee Q) \quad \text{德・摩根律 } E_{10}$$
$$\Leftrightarrow P\wedge(\neg Q\vee Q\vee P) \quad \text{交换律 } E_5$$
$$\Leftrightarrow P\wedge((\neg Q\vee Q)\vee P) \quad \text{结合律 } E_7$$
$$\Leftrightarrow P\wedge T \quad \text{排中律 } E_{20}$$

$\Leftrightarrow P$ 同一律 E_{17}

于是 00、01 是成假赋值，10、11 是成真赋值，所以(3)为可满足式。

例 1.3.4 证明下列等价公式。

(1) $\neg(P\vee(\neg P\wedge Q))\Leftrightarrow \neg P\wedge\neg Q$。

(2) $\neg(P\leftrightarrow Q)\Leftrightarrow(P\wedge\neg Q)\vee(\neg P\wedge Q)\Leftrightarrow(P\vee Q)\wedge\neg(P\wedge Q)$。

(3) $((P\vee Q)\wedge\neg(\neg P\wedge(\neg Q\vee\neg R)))\vee(\neg P\wedge\neg Q)\vee(\neg P\wedge\neg R)\Leftrightarrow \mathrm{T}$。

证明 (1) $\neg(P\vee(\neg P\wedge Q))$

$\Leftrightarrow\neg P\wedge\neg(\neg P\wedge Q)$ 德·摩根律 E_{11}

$\Leftrightarrow\neg P\wedge(\neg(\neg P)\vee\neg Q)$ 德·摩根律 E_{10}

$\Leftrightarrow\neg P\wedge(P\vee\neg Q)$ 对合律 E_1

$\Leftrightarrow(\neg P\wedge P)\vee(\neg P\wedge\neg Q)$ 分配律 E_8

$\Leftrightarrow \mathrm{F}\vee(\neg P\wedge\neg Q)$ 矛盾律 E_{21}

$\Leftrightarrow\neg P\wedge\neg Q$ 同一律 E_{16}

(2) $\neg(P\leftrightarrow Q)\Leftrightarrow\neg((P\rightarrow Q)\wedge(Q\rightarrow P))$ 双条件等价式 E_{15}

$\Leftrightarrow\neg(P\rightarrow Q)\vee\neg(Q\rightarrow P)$ 德·摩根律 E_{10}

$\Leftrightarrow\neg(\neg P\vee Q)\vee\neg(\neg Q\vee P)$ 条件等价式 E_{14}

$\Leftrightarrow(\neg(\neg P)\wedge\neg Q)\vee(\neg(\neg Q)\wedge\neg P)$ 德·摩根律 E_{11}

$\Leftrightarrow(P\wedge\neg Q)\vee(Q\wedge\neg P)$ 对合律 E_1

$\Leftrightarrow(P\wedge\neg Q)\vee(\neg P\wedge Q)$ 交换律 E_4

$\Leftrightarrow((P\wedge\neg Q)\vee\neg P)\wedge((P\wedge\neg Q)\vee Q)$ 分配律 E_9

$\Leftrightarrow((P\vee\neg P)\wedge(\neg Q\vee\neg P))\wedge((P\vee Q)\wedge(\neg Q\vee Q))$ 分配律 E_9

$\Leftrightarrow \mathrm{T}\wedge(\neg Q\vee\neg P)\wedge(P\vee Q)\wedge \mathrm{T}$ 排中律 E_{20}

$\Leftrightarrow(\neg Q\vee\neg P)\wedge(P\vee Q)$ 同一律 E_{17}

$\Leftrightarrow(P\vee Q)\wedge(\neg P\vee\neg Q)$ 交换律 E_4 E_5

$\Leftrightarrow(P\vee Q)\wedge\neg(P\wedge Q)$ 德·摩根律 E_{10}

(3) $((P\vee Q)\wedge\neg(\neg P\wedge(\neg Q\vee\neg R)))\vee(\neg P\wedge\neg Q)\vee(\neg P\wedge\neg R)$

$\Leftrightarrow((P\vee Q)\wedge\neg(\neg P\wedge\neg(Q\wedge R)))\vee\neg(P\vee Q)\vee\neg(P\vee R)$ 德·摩根律 E_{10} E_{11}

$\Leftrightarrow((P\vee Q)\wedge(\neg(\neg P)\vee\neg(\neg(Q\wedge R))))\vee\neg(P\vee Q)\vee\neg(P\vee R)$ 德·摩根律 E_{10}

$\Leftrightarrow((P\vee Q)\wedge(P\vee(Q\wedge R)))\vee\neg(P\vee Q)\vee\neg(P\vee R)$ 对合律 E_1

$\Leftrightarrow((P\vee Q)\wedge(P\vee Q)\wedge(P\vee R))\vee\neg(P\vee Q)\vee\neg(P\vee R)$ 分配律 E_9

$\Leftrightarrow((P\vee Q)\wedge(P\vee R))\vee\neg(P\vee Q)\vee\neg(P\vee R)$ 幂等律 E_2

$\Leftrightarrow((P\vee Q)\wedge(P\vee R))\vee\neg((P\vee Q)\wedge(P\vee R))$ 德·摩根律 E_{10}

$\Leftrightarrow \mathrm{T}$ 排中律 E_{20}

1.3.4 蕴涵式

定义 1.3.2 设 A、B 为命题公式，若 $A\rightarrow B$ 是重言式，则称 A(重言)蕴涵 B，记作 $A\Rightarrow B$，称 $A\Rightarrow B$ 为蕴涵式(或永真条件式)。

注 "$\Rightarrow$"与"$\rightarrow$"的区别。"$\rightarrow$"是命题联结词，将两个命题联结成一个复合命题；而"$\Rightarrow$"不是命题联结词，表示两个命题公式中间存在一种关系。

按定义，要证 $P\Rightarrow Q$，只需证明 $P\rightarrow Q$ 是重言式，可以采用真值表法、等值演算法或逻辑推证法。逻辑推证法是用推理排除 $P\rightarrow Q$ 为 F 的可能，即不出现 P 为 T、Q 为 F 的情况。具体有两种方法：

(1) 指定 P 为 T，若推出 Q 也为 T，那么 $P\rightarrow Q$ 为重言式，所以 $P\Rightarrow Q$ 成立。

(2) 指定 Q 为 F,若推出 P 也为 F,那么 $P \to Q$ 为重言式,所以 $P \Rightarrow Q$ 成立。
下面分别举例说明。

例 1.3.5 证明下列蕴涵式。

(1) $\neg(P \to Q) \Rightarrow P$。

(2) $(\neg Q \land (P \to Q)) \Rightarrow \neg P$。

(3) $P \land (P \to Q) \Rightarrow Q$。

证明 (1) 列出 $\neg(P \to Q) \to P$ 的真值表,见表 1-23。

表 1-23 $\neg(P \to Q) \to P$ 的真值表

P	Q	$P \to Q$	$\neg(P \to Q)$	$\neg(P \to Q) \to P$
F	F	T	F	T
F	T	T	F	T
T	F	F	T	T
T	T	T	F	T

由表 1-23 可知

$$\neg(P \to Q) \to P \Leftrightarrow \mathrm{T}$$

所以

$$\neg(P \to Q) \Rightarrow P$$

(2) 用等值演算法证明

$(\neg Q \land (P \to Q)) \to \neg P$	
$\Leftrightarrow \neg(\neg Q \land (\neg P \lor Q)) \lor \neg P$	条件等价式
$\Leftrightarrow Q \lor (P \land \neg Q) \lor \neg P$	德·摩根律
$\Leftrightarrow Q \lor \neg P \lor (P \land \neg Q)$	交换律
$\Leftrightarrow (Q \lor \neg P) \lor (P \land \neg Q)$	结合律
$\Leftrightarrow (Q \lor \neg P \lor P) \land (Q \lor \neg P \lor \neg Q)$	分配律
$\Leftrightarrow (Q \lor \mathrm{T}) \land (\mathrm{T} \lor \neg P)$	排中律
$\Leftrightarrow \mathrm{T} \land \mathrm{T}$	零律
$\Leftrightarrow \mathrm{T}$	幂等律

所以

$$(\neg Q \land (P \to Q)) \Rightarrow \neg P$$

(3) 用逻辑推证法

证法一:假设 $P \land (P \to Q)$ 为 T,则 P 为 T,且 $P \to Q$ 为 T,因此,Q 必为 T。

证法二:假设 Q 为 F,有以下两种可能情况:

① 当 P 为 T 时,则 $P \to Q$ 为 F,$P \land (P \to Q)$ 为 F。

② 当 P 为 F 时,则 $P \land (P \to Q)$ 为 F。

所以

$$P \land (P \to Q) \Rightarrow Q$$

1.3.5 基本蕴涵式

可以用上述方法,验证表 1-24 列出的常用的基本蕴涵式。

表 1-24　基本蕴涵式

编　号	蕴涵式	运算律
I_1	$P\wedge Q\Rightarrow P$	化简式
I_2	$P\wedge Q\Rightarrow Q$	
I_3	$P\Rightarrow P\vee Q$	附加式
I_4	$Q\Rightarrow P\vee Q$	
I_5	$\neg P\Rightarrow P\rightarrow Q$	变形的附加式
I_6	$Q\Rightarrow P\rightarrow Q$	
I_7	$\neg(P\rightarrow Q)\Rightarrow P$	变形的化简式
I_8	$\neg(P\rightarrow Q)\Rightarrow \neg Q$	
I_9	$P,Q\Rightarrow P\wedge Q$	析取三段论
I_{10}	$\neg P,P\vee Q\Rightarrow Q$	
I_{11}	$P\wedge(P\rightarrow Q)\Rightarrow Q$	假言推论
I_{12}	$\neg Q\wedge(P\rightarrow Q)\Rightarrow \neg P$	拒取式
I_{13}	$(P\rightarrow Q)\wedge(Q\rightarrow R)\Rightarrow P\rightarrow R$	假言三段论
I_{14}	$(P\vee Q)\wedge(P\rightarrow R)\wedge(Q\rightarrow R)\Rightarrow R$	构造性二难
I_{15}	$P\rightarrow Q\Rightarrow(P\vee R)\rightarrow(Q\vee R)$	
I_{16}	$P\rightarrow Q\Rightarrow(P\wedge R)\rightarrow(Q\wedge R)$	

以下设 A、B、C 为任意命题公式，蕴涵式具有如下性质：

(1) 自反性，对任意公式 A，有 $A\Rightarrow A$。

(2) 传递性，对任意公式 A、B、C，若 $A\Rightarrow B$ 且 $B\Rightarrow C$，则 $A\Rightarrow C$。

(3) $A\Leftrightarrow B$ 当且仅当 $A\Rightarrow B$ 且 $B\Rightarrow A$。

(4) 若 $A\Rightarrow B$，则 $\neg B\Rightarrow \neg A$。

(5) 若 $A\Rightarrow B$ 且 A 是重言式，则 B 也是重言式。

(6) 若 $A\Rightarrow B$ 且 $A\Rightarrow C$，则 $A\Rightarrow(B\wedge C)$。

(7) 若 $A\Rightarrow B$ 且 $C\Rightarrow B$，则 $(A\vee C)\Rightarrow B$。

另外，在数学的定理中，常常提到哪几个命题是等价的。例如，命题 $P_1,P_2,\cdots,P_n$ 等价是指 $P_1\Leftrightarrow P_2\Leftrightarrow\cdots\Leftrightarrow P_n$，即这 n 个命题具有相同的真值。证明这些命题相互等价可用重言式 $(P_1\leftrightarrow P_2\leftrightarrow\cdots\leftrightarrow P_n)\leftrightarrow((P_1\rightarrow P_2)\wedge(P_2\rightarrow P_3)\wedge\cdots\wedge(P_n\rightarrow P_1))$，即若能证明蕴涵式 $P_1\Rightarrow P_2$，$P_2\Rightarrow P_3$，$\cdots$，$P_n\Rightarrow P_1$ 都成立，则命题 $P_1,P_2,\cdots,P_n$ 就是等价的。

1.4　对偶与范式

在基本等价式和蕴涵式中，除对合律以外大部分公式是成对出现的，而成对出现的两个公式是将式中的 $\wedge$ 与 $\vee$ 互换形成的。这种规律称为对偶原理。

1.4.1　对偶式

定义 1.4.1　设命题公式 A 中，除命题变元外，仅含有 $\neg$、$\wedge$、$\vee$ 三种联结词，若将其中 $\wedge$ 换成 $\vee$，$\vee$ 换成 $\wedge$，若 A 中含有 T 或 F，将 T 换成 F，将 F 换成 T，得到一个新的命题公式 A^*，

则称公式 A^* 与 A 互为对偶式。

显然，$(A^*)^*=A$。

例 1.4.1 求下列公式的对偶式。

(1) $\neg(P\vee(Q\wedge R)\vee \mathrm{F})\wedge R$。

(2) $P\vee Q\rightarrow \neg Q\wedge\neg R$。

解 (1) $\neg(P\vee(Q\wedge R)\vee \mathrm{F})\wedge R$ 的对偶式为

$$\neg(P\wedge(Q\vee R)\wedge \mathrm{T})\vee R$$

(2)

$$\begin{aligned}&P\vee Q\rightarrow \neg Q\wedge\neg R\\ \Leftrightarrow\ &\neg(P\vee Q)\vee(\neg Q\wedge\neg R)\\ \Leftrightarrow\ &(\neg P\wedge\neg Q)\vee(\neg Q\wedge\neg R)\\ \Leftrightarrow\ &(\neg Q\wedge\neg P)\vee(\neg Q\wedge\neg R)\\ \Leftrightarrow\ &\neg Q\wedge(\neg P\vee\neg R)\end{aligned}$$

所以 $P\vee Q\rightarrow \neg Q\wedge\neg R$ 的对偶式为

$$\neg Q\vee(\neg P\wedge\neg R)$$

定理 1.4.1 设 A 与 A^* 互为对偶式，$P_1,P_2,\cdots,P_n$ 是 A 中出现的所有命题变元，则

(1) $\neg A(P_1,P_2,\cdots,P_n)\Leftrightarrow A^*(\neg P_1,\neg P_2,\cdots,\neg P_n)$；

(2) $A(\neg P_1,\neg P_2,\cdots,\neg P_n)\Leftrightarrow\neg A^*(P_1,P_2,\cdots,P_n)$。

例 1.4.2 (1)设 $A(P,Q)=P\wedge Q$，那么 $A^*(P,Q)=P\vee Q$，而

$$\neg(P\wedge Q)\Leftrightarrow\neg P\vee\neg Q$$

即

$$\neg A(P,Q)\Leftrightarrow A^*(\neg P,\neg Q)$$

(2) 设 $A(P,Q,R)=(P\wedge Q)\vee R$，那么 $A^*(P,Q,R)=(P\vee Q)\wedge R$，则

$$\begin{aligned}\neg A(P,Q,R)&\Leftrightarrow\neg((P\wedge Q)\vee R)\\&\Leftrightarrow(\neg P\vee\neg Q)\wedge\neg R\\&=A^*(\neg P,\neg Q,\neg R)\end{aligned}$$

利用对偶式可以求公式的否定。

例 1.4.3 设 $A^*(S,W,R)=\neg S\wedge(\neg W\vee R)$，求 $\neg A(S,W,R)$。

解 因为 $A^*(S,W,R)=\neg S\wedge(\neg W\vee R)$，则

$$A^*(\neg S,\neg W,\neg R)=S\wedge(W\vee\neg R)$$

又因为 A 是 A^* 的对偶式，则

$$\neg A(S,W,R)\Leftrightarrow A^*(\neg S,\neg W,\neg R)=S\wedge(W\vee\neg R)$$

定理 1.4.2(对偶定理) 设 A 与 B 是两个命题公式，$P_1,P_2,\cdots,P_n$ 是 A 与 B 中出现的所有命题变元，若 $A\Leftrightarrow B$，则 $A^*\Leftrightarrow B^*$。

证明 因为 $A\Leftrightarrow B$，即 $A(P_1,\cdots,P_n)\leftrightarrow B(P_1,\cdots,P_n)$ 为重言式，所以

$$A(\neg P_1,\cdots,\neg P_n)\leftrightarrow B(\neg P_1,\cdots,\neg P_n)$$

也为重言式。即

$$A(\neg P_1,\cdots,\neg P_n)\Leftrightarrow B(\neg P_1,\cdots,\neg P_n)$$

则由定理 1.4.1 得

$$\neg A^*(P_1,\cdots,P_n)\Leftrightarrow\neg B^*(P_1,\cdots,P_n)$$

即

$$A^*(P_1,\cdots,P_n)\Leftrightarrow B^*(P_1,\cdots,P_n)$$

■

注　① 由对偶定理可知，若 A 是重言式，则 A^* 必为矛盾式。

② 由对偶定理，可用已知的等价式延伸得到更多的等价式。对偶性是逻辑规律，给证明公式的等价及化简公式带来极大方便。在以后的集合论、代数系统中都有相应的对偶定理。

1.4.2　范式

在前面几节的讨论中，命题公式的形式多种多样，许多形式上完全不同的公式，经过等值演算后却是等价的，这给研究及演算带来一定困难，有必要讨论命题公式的标准形式即范式的问题。例如，二元或三元二次方程可以表示二次曲线或二次曲面，通过二次型的标准化可以得到二次曲线或二次曲面的标准型，从而确定二次曲线或二次曲面的类型。

定义 1.4.2　形如 $A_1 \wedge A_2 \wedge \cdots \wedge A_n (n \geqslant 1)$ 的命题公式称为合取范式。其中，$A_1, A_2, \cdots, A_n$ 都是命题变元或其否定组成的析取式，包括单个命题变元或其否定。

定义 1.4.3　形如 $A_1 \vee A_2 \vee \cdots \vee A_n (n \geqslant 1)$ 的命题公式称为析取范式。其中，$A_1, A_2, \cdots, A_n$ 都是命题变元或其否定组成的合取式，包括单个命题变元或其否定。

例如，$(P \vee \neg Q \vee R \vee S) \wedge \neg Q \wedge (\neg R \vee \neg S)$ 是合取范式，$(P \wedge \neg Q) \vee (\neg Q \wedge \neg R) \vee P$ 是析取范式，$\neg R \vee Q \vee \neg S \vee P \vee W$ 既是合取范式又是析取范式。

又如，$\neg\neg A$、$\neg(A \vee B)$、$A \wedge \neg(B \wedge C)$ 不是范式，将其分别化为 A、$\neg A \wedge \neg B$、$A \wedge (\neg B \vee \neg C)$ 才是范式。

注　① 合取(析取)范式中，整个公式由 n 个子公式以合取(析取)联结，而子公式中以析取(合取)联结。

② 单个命题变元或其否定既是合取范式又是析取范式。

③ 任何合取范式的对偶式是析取范式，任何析取范式的对偶式是合取范式。

根据以上分析可以看出，合取范式和析取范式有如下特征：

(1) 仅可能含有“$\neg$”、“$\wedge$”、“$\vee$”三种联结词，若含有其他联结词，则要用等价式消去。

(2) “$\neg$”只能出现在命题变元之前。

定理 1.4.3(范式存在定理)　任何一个命题公式都存在与之等价的合取范式及析取范式。

由合取、析取范式的特征决定了求合取范式及析取范式的算法如下。

(1) 消去：利用等价公式消去联结词“$\rightarrow$”、“$\leftrightarrow$”，使公式仅可能含有“$\neg$”、“$\wedge$”、“$\vee$”三种联结词。

(2) 深入：利用双重否定律消去多余的否定联结词或用德·摩根律及对偶定理将联结词“$\neg$”深入到各个变元前。

(3) 归约：利用分配律、结合律等将公式化为与之等价的合取范式或析取范式。

例 1.4.4　求公式 $(P \wedge (Q \rightarrow R)) \rightarrow S$ 的合取范式和析取范式。

解

$$
\begin{aligned}
&(P \wedge (Q \rightarrow R)) \rightarrow S \\
\Leftrightarrow\ &(P \wedge (\neg Q \vee R)) \rightarrow S \\
\Leftrightarrow\ &\neg(P \wedge (\neg Q \vee R)) \vee S \\
\Leftrightarrow\ &(\neg P \vee \neg(\neg Q \vee R)) \vee S \\
\Leftrightarrow\ &\neg P \vee (Q \wedge \neg R) \vee S && \text{(析取范式)} \\
\Leftrightarrow\ &((\neg P \vee Q) \wedge (\neg P \vee \neg R)) \vee S \\
\Leftrightarrow\ &(\neg P \vee Q \vee S) \wedge (\neg P \vee \neg R \vee S) && \text{(合取范式)}
\end{aligned}
$$

例 1.4.5 求公式$\neg(P\vee Q)\leftrightarrow(P\wedge Q)$的合取范式和析取范式。

解 因为$A\leftrightarrow B\Leftrightarrow(A\wedge B)\vee(\neg A\wedge\neg B)$，所以

$$\neg(P\vee Q)\leftrightarrow(P\wedge Q)$$
$$\Leftrightarrow(\neg(P\vee Q)\wedge(P\wedge Q))\vee(\neg(\neg(P\vee Q))\wedge\neg(P\wedge Q))$$
$$\Leftrightarrow((\neg P\wedge\neg Q)\wedge(P\wedge Q))\vee((P\vee Q)\wedge(\neg P\vee\neg Q))$$
$$\Leftrightarrow(\neg P\wedge\neg Q\wedge P\wedge Q)\vee((P\wedge(\neg P\vee\neg Q))\vee(Q\wedge(\neg P\vee\neg Q)))$$
$$\Leftrightarrow \mathrm{F}\vee(P\wedge\neg P)\vee(P\wedge\neg Q)\vee(Q\wedge\neg P)\vee(Q\wedge\neg Q) \quad \text{(析取范式)}$$
$$\Leftrightarrow \mathrm{F}\vee(P\wedge\neg Q)\vee(Q\wedge\neg P)\vee \mathrm{F} \quad \text{(析取范式)}$$
$$\Leftrightarrow(P\wedge\neg Q)\vee(Q\wedge\neg P) \quad \text{(析取范式)}$$
$$\Leftrightarrow((P\wedge\neg Q)\vee Q)\wedge((P\wedge\neg Q)\vee\neg P)$$
$$\Leftrightarrow((P\vee Q)\wedge(\neg Q\vee Q))\wedge((P\vee\neg P)\wedge(\neg Q\vee\neg P) \quad \text{(合取范式)}$$
$$\Leftrightarrow(P\vee Q)\wedge(\neg P\vee\neg Q) \quad \text{(合取范式)}$$

例 1.4.5 中求范式的过程表明，一命题公式的析取范式(或合取范式)可能不是唯一的，这样的不唯一性导致公式的规范化的问题仍未能得到解决。为了使任意一个命题公式化为唯一的标准形式，在范式的基础上引进命题公式的规范化形式——主范式。

1.4.3 主范式

1. 主析取范式

定义 1.4.4 含有 n 个命题变元 $P_1,P_2,\cdots,P_n$ 的合取式中，若每个命题变元和它的否定式不同时出现，而二者之一必出现且仅出现一次，则称这样的合取式为布尔合取(或小项)。

例如，$P\wedge\neg Q$、$\neg P\wedge\neg Q$都是命题变元 P、Q 的小项，而 P、$\neg P\wedge\neg Q\wedge P$ 不是 P、Q 的小项。

一般地，n 个命题变元可构成 2^n 个不同的小项。例如，两个命题变元 P、Q 组成的小项为：$P\wedge Q$、$P\wedge\neg Q$、$\neg P\wedge Q$、$\neg P\wedge\neg Q$，共 4 项。

命题变元 P、Q 的小项的真值表见表 1-25。

表 1-25 含 P、Q 的小项

P	Q	$\neg P\wedge\neg Q$	$\neg P\wedge Q$	$P\wedge\neg Q$	$P\wedge Q$
F	F	T	F	F	F
F	T	F	T	F	F
T	F	F	F	T	F
T	T	F	F	F	T

如果将命题变元按字典顺序排列，即第 i 个命题变元或它的否定式出现在从左算起的第 i 位上，并且把命题变元与 T(或 1)对应，命题变元的否定与 F(或 0)对应，则每个小项对应一个二进制数，也对应一个十进制数，依二进制数构造一种编码，记为 m_{ij}，其下标 ij 是由小项对应的二进制数。用这种编码所求得的 2^n 个小项的真值表，可明显地反映出小项的性质，见表 1-26和表 1-27。

表 1-26　含 P、Q 的小项的编码

小　项	二进制数	十进制数	二进制编码	十进制编码
$\neg P\wedge\neg Q$	00	0	m_{00}	m_0
$\neg P\wedge Q$	01	1	m_{01}	m_1
$P\wedge\neg Q$	10	2	m_{10}	m_2
$P\wedge Q$	11	3	m_{11}	m_3

表 1-27　含 P、Q、R 的小项的编码

小　项	二进制数	十进制数	二进制编码	十进制编码
$\neg P\wedge\neg Q\wedge\neg R$	000	0	m_{000}	m_0
$\neg P\wedge\neg Q\wedge R$	001	1	m_{001}	m_1
$\neg P\wedge Q\wedge\neg R$	010	2	m_{010}	m_2
$\neg P\wedge Q\wedge R$	011	3	m_{011}	m_3
$P\wedge\neg Q\wedge\neg R$	100	4	m_{100}	m_4
$P\wedge\neg Q\wedge R$	101	5	m_{101}	m_5
$P\wedge Q\wedge\neg R$	110	6	m_{110}	m_6
$P\wedge Q\wedge R$	111	7	m_{111}	m_7

通过对小项真值表 1-25 的分析，得到小项的性质：

(1) 每个小项的真值表都不相同，任意两个不同的小项都不等价。

(2) 每个小项都有且仅有一个成真赋值。当且仅当赋值与小项的二进制编码相同时，小项的真值才为 T；否则，小项的真值为 F。

(3) 任意两个小项的合取是矛盾式，即

$$m_i\wedge m_j\Leftrightarrow \mathrm{F}\quad (i\neq j\ 且\ i,j=0,1,2,\cdots,2^n-1)$$

(4) 全体小项的析取是重言式，即

$$\sum_{i=0}^{2^n-1} m_i = m_0\vee m_1\vee\cdots\vee m_{2^n-1}\Leftrightarrow \mathrm{T}$$

定义 1.4.5　一个命题公式 A 如果有一个仅由小项的析取组成的等价公式，则称此等价公式为 A 的主析取范式。

例如，$P\vee(\neg P\wedge Q)$，$(P\wedge Q)\vee(\neg P\wedge R)$ 是析取范式，不是主析取范式。

如何构造一个命题公式的主析取范式呢？可以采用真值表法及公式推导法。

(1) 真值表法。

例 1.4.6　求 $P\to Q$ 的主析取范式。

解　作真值表，见表 1-28。

表 1-28　$P\to Q$ 的真值表

P	Q	$P\to Q$	$\neg P\wedge\neg Q$	$\neg P\wedge Q$	$P\wedge\neg Q$	$P\wedge Q$
F	F	T	T	F	F	F
F	T	T	F	T	F	F
T	F	F	F	F	T	F
T	T	T	F	F	F	T

真值表 1-28 中使公式 $P\to Q$ 为 T 的赋值为 00、01、11，其对应的小项为 m_{00}、m_{01}、m_{11}，则取这些小项的析取

$$
\begin{aligned}
(\neg P\wedge\neg Q)\vee(\neg P\wedge Q)\vee(P\wedge Q) &\Leftrightarrow m_{00}\vee m_{01}\vee m_{11}\\
&\Leftrightarrow m_0\vee m_1\vee m_3\\
&=\sum\nolimits_{0,1,3}
\end{aligned}
$$

即为原公式的主析取范式。

定理 1.4.4 在公式 A 的真值表中，其真值为 T 的赋值所对应的小项的析取式即为此公式的主析取范式。

证明 设给定公式 A，其真值为 T 的赋值所对应的小项为 $m_1',m_2',\cdots,m_k'$，把这些小项的析取式记为 $B=m_1'\vee m_2'\vee\cdots\vee m_k'$。此时，只要证明 $A\Leftrightarrow B$ 即可。

根据等价的定义，只要证明 A 与 B 在相应的赋值下同时为 T(或 F)。

(1) 对 A 为 T 的某一赋值，由小项性质 2，其对应为 T 的小项为 m_i'，因为

$$B=m_1'\vee m_2'\vee\cdots\vee m_k'$$

所以 B 为 T。

(2) 对 A 为 F 的某一赋值，其对应为 T 的小项不包含于 B 中，此时 B 中所有小项都取 F，所以 B 只能为 F。

综上所述，$A\Leftrightarrow B$。 ■

例 1.4.7 求 $(P\vee Q)\to(Q\leftrightarrow R)$ 的主析取范式。

解 作真值表，见表 1-29。将公式为真的赋值对应的小项进行析取，得到原公式的主析取范式。

$$
\begin{aligned}
(P\vee Q)\to(Q\leftrightarrow R) &\Leftrightarrow(\neg P\wedge\neg Q\wedge\neg R)\vee(\neg P\wedge\neg Q\wedge R)\vee(\neg P\wedge Q\wedge R)\\
&\quad\vee(P\wedge\neg Q\wedge\neg R)\vee(P\wedge Q\wedge R)\\
&\Leftrightarrow m_{000}\vee m_{001}\vee m_{011}\vee m_{100}\vee m_{111}\\
&\Leftrightarrow m_0\vee m_1\vee m_3\vee m_4\vee m_7\\
&=\sum\nolimits_{0,1,3,4,7}
\end{aligned}
$$

表 1-29 $(P\vee Q)\to(Q\leftrightarrow R)$ 的真值表

P	Q	R	$P\vee Q$	$Q\leftrightarrow R$	$(P\vee Q)\to(Q\leftrightarrow R)$	对应小项
F	F	F	F	T	T	$\neg P\wedge\neg Q\wedge\neg R$
F	F	T	F	F	T	$\neg P\wedge\neg Q\wedge R$
F	T	F	T	F	F	
F	T	T	T	T	T	$\neg P\wedge Q\wedge R$
T	F	F	T	T	T	$P\wedge\neg Q\wedge\neg R$
T	F	T	T	F	F	
T	T	F	T	F	F	
T	T	T	T	T	T	$P\wedge Q\wedge R$

例 1.4.8 若公式 A 的真值表见表 1-30，求 A 的主析取范式。

表 1-30 公式 A 的真值表

P	Q	R	A
F	F	F	T
F	F	T	F
F	T	F	F

续表

P	Q	R	A
F	T	T	F
T	F	F	T
T	F	T	F
T	T	F	F
T	T	T	T

解

$$A \Leftrightarrow \sum\nolimits_{0,4,7} = m_{000} \vee m_{100} \vee m_{111}$$
$$\Leftrightarrow (\neg P \wedge \neg Q \wedge \neg R) \vee (P \wedge \neg Q \wedge \neg R) \vee (P \wedge Q \wedge R)$$

用真值表法求主析取范式的步骤如下：

① 作出公式 A 的真值表；

② 找出公式 A 为 T 的真值所在行的每一个赋值；

③ 写出其对应的小项表示；

④ 按下标从小到大的顺序将小项进行析取，即得主析取范式。

(2) 公式推导法。

利用真值表法求公式的主析取范式，当变元的个数不多时，比较简单明了，而且不容易出错。但当变元个数较多时，真值表法就比较烦琐。利用等价公式进行等值演算，可以将公式化为主析取范式。其步骤如下：

① 将公式化为析取范式；

② 消去析取范式中所有永假的析取项；

③ 将析取范式中重复出现的项和变元合并；

④ 对非小项的析取项添加没有出现过的命题变元或其否定，即合取形如 $(P \vee \neg P)$ 的析取式，再用分配律展开，进行整理。

⑤ 将小项按从小到大的顺序排列，并用 $\sum$ 表示，如 $m_0 \vee m_4 \vee m_7$ 表示为 $\sum_{0,4,7}$。

注 矛盾式的主析取范式用 F 表示，重言式的主析取范式用 T 表示。

例 1.4.9 用公式推导法求下列命题公式的主析取范式。

(1) $((P \vee Q) \to R) \to P$。

(2) $P \to ((P \to Q) \wedge \neg(\neg Q \vee \neg P))$。

解 (1) $((P \vee Q) \to R) \to P$

$\Leftrightarrow (\neg(P \vee Q) \vee R) \to P$

$\Leftrightarrow \neg(\neg(P \vee Q) \vee R) \vee P$

$\Leftrightarrow ((P \vee Q) \wedge \neg R) \vee P$

$\Leftrightarrow ((P \wedge \neg R) \vee (Q \wedge \neg R)) \vee P$

$\Leftrightarrow P \vee (Q \wedge \neg R)$ （吸收律）

$\Leftrightarrow (P \wedge (Q \vee \neg Q) \wedge (R \vee \neg R)) \vee ((P \vee \neg P) \wedge (Q \wedge \neg R))$ （添加未出现的变元）

$\Leftrightarrow (P \wedge Q \wedge R) \vee (P \wedge Q \wedge \neg R) \vee (P \wedge \neg Q \wedge R) \vee (P \wedge \neg Q \wedge \neg R) \vee (P \wedge Q \wedge \neg R) \vee (\neg P \wedge Q \wedge \neg R)$

$\Leftrightarrow (P \wedge Q \wedge R) \vee (P \wedge Q \wedge \neg R) \vee (P \wedge \neg Q \wedge R) \vee (P \wedge \neg Q \wedge \neg R) \vee (\neg P \wedge Q \wedge \neg R)$

$\Leftrightarrow m_{111} \vee m_{110} \vee m_{101} \vee m_{100} \vee m_{010}$

$\Leftrightarrow m_7 \vee m_6 \vee m_5 \vee m_4 \vee m_2$

$= \sum_{2,4,5,6,7}$

(2) $P \to ((P \to Q) \wedge \neg(\neg Q \vee \neg P))$

$\Leftrightarrow \neg P \vee ((\neg P \vee Q) \wedge \neg(\neg Q \vee \neg P))$

$\Leftrightarrow \neg P \vee ((\neg P \vee Q) \wedge (Q \wedge P))$

$\Leftrightarrow \neg P \vee ((\neg P \wedge (Q \wedge P)) \vee (Q \wedge (Q \wedge P))$

$\Leftrightarrow \neg P \vee \mathrm{F} \vee (Q \wedge P)$

$\Leftrightarrow \neg P \vee (P \wedge Q)$

$\Leftrightarrow (\neg P \wedge (Q \vee \neg Q)) \vee (P \wedge Q)$

$\Leftrightarrow (\neg P \wedge Q) \vee (\neg P \wedge \neg Q) \vee (P \wedge Q)$

$\Leftrightarrow m_{01} \vee m_{00} \vee m_{11}$

$\Leftrightarrow m_1 \vee m_0 \vee m_3$

$= \sum_{0,1,3}$

例 1.4.9 与例 1.4.6 的主析取范式相同，所以

$$P \to ((P \to Q) \wedge \neg(\neg Q \vee \neg P)) \Leftrightarrow P \to Q$$

对于一个命题公式的主析取范式，如果将其命题变元的个数及出现的次序固定，则此公式的主析取范式便是唯一的。所以，给定任意两个公式，由它们的主析取范式可以方便地看出它们是否等价。

2. 主合取范式

定义 1.4.6 含有 n 个命题变元 $P_1, P_2, \cdots, P_n$ 的析取式中，若每个命题变元和它的否定式不同时出现，而二者之一必出现且仅出现一次，则称这样的析取式为布尔析取(或大项)。

例如，$P \vee \neg Q$、$\neg P \vee \neg Q$ 都是命题变元 P、Q 的大项，而 P、$\neg P \vee \neg Q \vee P$ 不是 P、Q 的大项。

与小项类似，n 个命题变元可构成 2^n 个不同的大项。

例如，两个命题变元 P、Q 组成的大项的真值表见表 1-31。

表 1-31 含 P、Q 的大项

P	Q	$P \vee Q$	$P \vee \neg Q$	$\neg P \vee Q$	$\neg P \vee \neg Q$
F	F	F	T	T	T
F	T	T	F	T	T
T	F	T	T	F	T
T	T	T	T	T	F

如果将命题变元按字典顺序排列，即第 i 个命题变元或它的否定式出现在从左算起的第 i 位上，并且把命题变元与 F(或 0)对应，命题变元的否定与 T(或 1)对应，则每个大项对应一个二进制数，也对应一个十进制数，依二进制数构造一种编码，记为 M_{ij}，其下标 ij 是由大项对应的二进制数。用这种编码所求得的 2^n 个大项的真值表，可明显地反映出大项的性质，见表 1-32和表 1-33。

表 1-32 含 P、Q 的大项的编码

大 项	二进制数	十进制数	二进制编码	十进制编码
$P\vee Q$	00	0	M_{00}	M_0
$P\vee\neg Q$	01	1	M_{01}	M_1
$\neg P\vee Q$	10	2	M_{10}	M_2
$\neg P\vee\neg Q$	11	3	M_{11}	M_3

表 1-33 含 P、Q、R 的大项的编码

大 项	二进制数	十进制数	二进制编码	十进制编码
$P\vee Q\vee R$	000	0	M_{000}	M_0
$P\vee Q\vee\neg R$	001	1	M_{001}	M_1
$P\vee\neg Q\vee R$	010	2	M_{010}	M_2
$P\vee\neg Q\vee\neg R$	011	3	M_{011}	M_3
$\neg P\vee Q\vee R$	100	4	M_{100}	M_4
$\neg P\vee Q\vee\neg R$	101	5	M_{101}	M_5
$\neg P\vee\neg Q\vee R$	110	6	M_{110}	M_6
$\neg P\vee\neg Q\vee\neg R$	111	7	M_{111}	M_7

通过对大项真值表 1-31 的分析,得到大项的性质如下:

(1) 每个大项的真值表都不相同,任意两个不同的大项都不等价。

(2) 每个大项都有且仅有一个成假赋值。当且仅当赋值与大项的二进制编码相同时,大项的真值才为 F;否则,大项的真值为 T。

(3) 任意两个大项的析取是重言式,即

$$M_i\vee M_j\Leftrightarrow \mathrm{T}\quad (i\neq j \text{ 且 } i,j=0,1,2,\cdots,2^n-1)$$

(4) 全体大项的合取是矛盾式,即

$$\prod_{i=0}^{2^n-1}M_i=M_0\wedge M_1\wedge\cdots\wedge M_{2^n-1}\Leftrightarrow \mathrm{F}$$

定义 1.4.7 一个命题公式 A 如果有一个仅由大项的合取组成的等价公式,则称此等价公式为 A 的主合取范式。

例如,$P\wedge(\neg P\vee Q)$,$(P\vee Q)\wedge(\neg P\vee R)$是合取范式,不是主合取范式。

求公式的主合取范式可以采用与求主析取范式类似的方法。

(1) 真值表法。

定理 1.4.5 在公式 A 的真值表中,其真值为 F 的赋值所对应的大项的合取式即为此公式的主合取范式。

用真值表法求主合取范式的步骤如下:

① 作出公式 A 的真值表;

② 找出公式 A 为 F 的真值所在行的每一个赋值;

③ 写出其对应的大项表示;

④ 按下标从小到大的顺序将大项进行合取，即得主合取范式。

(2) 公式推导法。

步骤如下：

① 将公式化为合取范式；

② 除去合取范式中所有永真的合取项；

③ 将合取范式中重复出现的项和变元合并；

④ 对非大项的合取项添加没有出现过的命题变元或其否定，即析取形如 $(P\wedge\neg P)$ 的合取式，再用分配律展开，进行整理；

⑤ 将大项按从小到大的顺序排列，并用 $\prod$ 表示，如 $M_0\wedge M_2\wedge M_5\wedge M_7$ 可表示为 $\prod_{0,2,5,7}$。

例 1.4.10 求 $P\rightarrow Q$ 的主析取范式和主合取范式。

解 主合取范式为

$$P\rightarrow Q\Leftrightarrow\neg P\vee Q\Leftrightarrow M_{10}\Leftrightarrow M_2=\prod\nolimits_2$$

由例 1.4.6 知，其主析取范式为

$$\begin{aligned}P\rightarrow Q&\Leftrightarrow(\neg P\wedge\neg Q)\vee(\neg P\wedge Q)\vee(P\wedge Q)\\&\Leftrightarrow m_{00}\vee m_{01}\vee m_{11}\\&\Leftrightarrow m_0\vee m_1\vee m_3\\&=\sum\nolimits_{0,1,3}\end{aligned}$$

由上面的例子及大项、小项、对偶式的定义，可得以下关于大项与小项、主析取范式与主合取范式之间的关系。

3. 主范式间的转换

定理 1.4.6 大项与小项互为对偶式，即

$$\neg m_i=M_i,\quad \neg M_i=m_i$$

定理 1.4.7 如果公式 A 含有 n 个命题变元，其主析取范式为 $\sum_{i_1,i_2,\cdots,i_k}$，则公式 A 的主合取范式为 $\prod_{0,1,\cdots,i_1-1,i_1+1,\cdots,i_k-1,i_k+1,\cdots,2^n-1}$。

定理 1.4.7 说明，公式的主析取范式和主合取范式有着“互补”关系，一个命题公式的主析取范式中没有包含的小项的角标，正是其主合取范式中所包含的大项的角标。一个公式的主析取范式中小项的项数与其主合取范式中大项的项数之和恰好为 2^n。因此，只需求出公式的主析取范式或主合取范式中的一个，就可以很容易地得到另一个范式。

例 1.4.11 求 $(P\wedge Q)\vee(\neg P\wedge R)\vee(Q\wedge R)$ 的主析取范式和主合取范式。

解 (1) 求主合取范式。

方法一：作真值表，见表 1-34。

表 1-34 $(P\wedge Q)\vee(\neg P\wedge R)\vee(Q\wedge R)$ 的真值表

P	Q	R	$(P\wedge Q)\vee(\neg P\wedge R)\vee(Q\wedge R)$	对应大项
F	F	F	F	$P\vee Q\vee R$
F	F	T	T	
F	T	F	F	$P\vee\neg Q\vee R$
F	T	T	T	

续表

P	Q	R	$(P\wedge Q)\vee(\neg P\wedge R)\vee(Q\wedge R)$	对应大项
T	F	F	F	$\neg P\vee Q\vee R$
T	F	T	F	$\neg P\vee Q\vee\neg R$
T	T	F	T	
T	T	T	T	

取真值表中公式真值为 F 的赋值所对应大项的合取，即得主合取范式

$$
\begin{aligned}
&(P\wedge Q)\vee(\neg P\wedge R)\vee(Q\wedge R)\\
&\Leftrightarrow(P\vee Q\vee R)\wedge(P\vee\neg Q\vee R)\wedge(\neg P\vee Q\vee R)\wedge(\neg P\vee Q\vee\neg R)\\
&\Leftrightarrow M_{000}\wedge M_{010}\wedge M_{100}\wedge M_{101}\\
&\Leftrightarrow M_0\wedge M_2\wedge M_4\wedge M_5\\
&=\prod{}_{0,2,4,5}
\end{aligned}
$$

方法二：公式法。

$$
\begin{aligned}
&(P\wedge Q)\vee(\neg P\wedge R)\vee(Q\wedge R)\\
&\Leftrightarrow((P\vee(\neg P\wedge R))\wedge(Q\vee(\neg P\wedge R)))\vee(Q\wedge R)\\
&\Leftrightarrow((P\vee R)\vee(Q\wedge R))\wedge((Q\vee\neg P)\vee(Q\wedge R))\wedge((Q\vee R)\vee(Q\wedge R))\\
&\Leftrightarrow(P\vee Q\vee R)\wedge(P\vee R)\wedge(\neg P\vee Q)\wedge(\neg P\vee Q\vee R)\wedge(Q\vee R)\qquad\text{(化为合取范式)}\\
&\Leftrightarrow(P\vee Q\vee R)\wedge(P\vee R\vee(Q\wedge\neg Q))\wedge(\neg P\vee Q\vee(R\wedge\neg R))\wedge(\neg P\vee Q\vee R)\wedge((P\wedge\neg P)\vee Q\vee R)\\
&\qquad\text{(添加未出现的变元)}\\
&\Leftrightarrow(P\vee Q\vee R)\wedge(P\vee\neg Q\vee R)\wedge(\neg P\vee Q\vee R)\wedge(\neg P\vee Q\vee\neg R)\\
&\Leftrightarrow M_{000}\wedge M_{010}\wedge M_{100}\wedge M_{101}\\
&\Leftrightarrow M_0\wedge M_2\wedge M_4\wedge M_5\\
&=\prod{}_{0,2,4,5}
\end{aligned}
$$

(2) 求主析取范式。

因为$(P\wedge Q)\vee(\neg P\wedge R)\vee(Q\wedge R)\Leftrightarrow\prod_{0,2,4,5}$，则由“互补”性，公式的主析取范式为

$$
\begin{aligned}
\sum{}_{1,3,6,7}&=m_{001}\vee m_{011}\vee m_{110}\vee m_{111}\\
&\Leftrightarrow(\neg P\wedge\neg Q\wedge R)\vee(\neg P\wedge Q\wedge R)\vee(P\wedge Q\wedge\neg R)\vee(P\wedge Q\wedge R)
\end{aligned}
$$

1.4.4　主范式的用途

一个公式的主范式是唯一的，为命题公式提供了一种统一的表示方式，因此给公式的化简及类型的判定带来了极大方便。

1. 判断命题公式的类型

根据主范式的定义及性质，可以得到关于命题公式类型的下列结论。

设 A 是命题公式，则

(1) A 为重言式⇔其主析取范式中包含 A 中变元构成的全部小项，此时没有主合取范式。

(2) A 为矛盾式⇔其主合取范式中包含 A 中变元构成的全部大项，此时没有主析取范式。

(3) A 为可满足式⇔其主析取范式中至少含有一个 A 中变元构成的(但不可能是全部的)小项。⇔主合取范式中至少含有一个 A 中变元构成的(但不可能是全部的)大项。

例 1.4.12　判断下列公式的类型。

(1) $\neg(P\to Q)\wedge Q$

(2) $((P\to Q)\wedge P)\to Q$

(3) $(P\to Q)\wedge Q$

解　(1)

$$\begin{aligned}&\neg(P\to Q)\wedge Q\\ \Leftrightarrow&\neg(\neg P\vee Q)\wedge Q\\ \Leftrightarrow&(P\wedge\neg Q)\wedge Q\\ \Leftrightarrow&P\wedge(\neg Q\wedge Q)\\ \Leftrightarrow&\mathrm{F}\\ =&M_{00}\wedge M_{01}\wedge M_{10}\wedge M_{11}\end{aligned}$$

所以原公式为矛盾式。

(2)

$$\begin{aligned}&((P\to Q)\wedge P)\to Q\\ \Leftrightarrow&((\neg P\vee Q)\wedge P)\to Q\\ \Leftrightarrow&\neg((\neg P\vee Q)\wedge P)\vee Q\\ \Leftrightarrow&(P\wedge\neg Q)\vee\neg P\vee Q\\ \Leftrightarrow&(P\wedge\neg Q)\vee(\neg P\wedge(Q\vee\neg Q))\vee(Q\wedge(P\vee\neg P))\\ \Leftrightarrow&(P\wedge\neg Q)\vee(\neg P\wedge Q)\vee(\neg P\wedge\neg Q)\vee(P\wedge Q)\vee(\neg P\wedge Q)\\ \Leftrightarrow&(P\wedge\neg Q)\vee(\neg P\wedge Q)\vee(\neg P\wedge\neg Q)\vee(P\wedge Q)\\ \Leftrightarrow&m_{00}\vee m_{01}\vee m_{10}\vee m_{11}\\ =&\sum\nolimits_{0,1,2,3}\end{aligned}$$

所以原公式为重言式。

(3)

$$\begin{aligned}&(P\to Q)\wedge Q\\ \Leftrightarrow&(\neg P\vee Q)\wedge Q\\ \Leftrightarrow&Q\\ \Leftrightarrow&Q\wedge(P\vee\neg P)\\ \Leftrightarrow&(\neg P\wedge Q)\vee(P\wedge Q)\\ \Leftrightarrow&m_{01}\vee m_{11}\\ =&\sum\nolimits_{1,3}\end{aligned}$$

所以原公式为可满足式。

2. 求命题公式的成真赋值和成假赋值

若公式 A 中含 n 个命题变项，其主析取范式中小项的成真赋值一定是 A 的成真赋值。如果 A 的主析取范式含 $s(0\leqslant s\leqslant 2^n)$ 个小项，则 A 有 s 个成真赋值，它们是所含小项角标的二进制表示，其余 2^n-s 个赋值都是成假赋值。

例如，例 1.4.7 中 $(P\vee Q)\to(Q\leftrightarrow R)$ 的主析取范式为 $\Leftrightarrow m_0\vee m_1\vee m_3\vee m_4\vee m_7$，各小项含有 3 个命题变元，其角标均为长度为 3 的二进制数，分别为 000、001、011、100、111，这 5 个赋值就是该公式的成真赋值，其余的都是成假赋值。

反过来，通过公式的成真赋值，可以得到公式的主析取范式。例 1.4.12 中(3) $(P\to Q)\wedge Q$ 的成真赋值为 01、11，所以其主析取范式为 $m_{01}\vee m_{11}$。

3. 判断命题公式的等价性

因为命题公式的主范式都是唯一的，所以两个含有相同命题变元的公式 A、B 等价，当且

仅当它们具有完全相同的主析取范式或主合取范式，即含有相同的小项或大项。

例 1.4.13　判断下列两组公式是否等价。

(1) P 与 $(P\wedge Q)\vee(P\wedge\neg Q)$。

(2) $(P\rightarrow Q)\rightarrow R$ 与 $(P\wedge Q)\rightarrow R$。

解　(1)

$$
\begin{aligned}
P &\Leftrightarrow P\wedge(Q\vee\neg Q)\\
&\Leftrightarrow(P\wedge Q)\vee(P\wedge\neg Q)\\
&\Leftrightarrow m_{11}\vee m_{10}\\
&\Leftrightarrow m_2\vee m_3
\end{aligned}
$$

而

$$
\begin{aligned}
&(P\wedge Q)\vee(P\wedge\neg Q)\\
&\Leftrightarrow m_{11}\vee m_{10}\\
&\Leftrightarrow m_2\vee m_3
\end{aligned}
$$

所以

$$P\Leftrightarrow(P\wedge Q)\vee(P\wedge\neg Q)$$

(2) 因为

$$(P\rightarrow Q)\rightarrow R\Leftrightarrow m_1\vee m_3\vee m_4\vee m_5\vee m_7$$

$$(P\wedge Q)\rightarrow R\Leftrightarrow m_0\vee m_1\vee m_2\vee m_3\vee m_4\vee m_5\vee m_7$$

所以 $(P\rightarrow Q)\rightarrow R$ 与 $(P\wedge Q)\rightarrow R$ 不等价。

4. 分析和解决实际问题

例 1.4.14　某高校要从 3 个本科生科研项目 A、B、C 中选择 1 或 2 个项目进行立项，由于某种原因，立项时要满足以下条件：

(1) 若选 A，则 C 也要选；

(2) 若选 B，则 C 不能选；

(3) 若不选 C，则 A 或 B 可以选。

请找出所有的立项方案。

解　设 P:立 A 项目。Q:立 B 项目。R:立 C 项目。已知条件可以符号化为

$$(A\rightarrow C)\wedge(B\rightarrow\neg C)\wedge(\neg C\rightarrow(A\vee B))$$

利用等值演算将此公式化为主析取范式，便可得到立项方案。

$$
\begin{aligned}
&(A\rightarrow C)\wedge(B\rightarrow\neg C)\wedge(\neg C\rightarrow(A\vee B))\\
&\Leftrightarrow(\neg A\vee C)\wedge(\neg B\vee\neg C)\wedge(C\vee(A\vee B))\\
&\Leftrightarrow(\neg A\vee C)\wedge(\neg B\vee\neg C)\wedge(A\vee B\vee C)\\
&\Leftrightarrow(\neg A\vee C\vee(B\wedge\neg B))\wedge((A\wedge\neg A)\vee\neg B\vee\neg C)\wedge(A\vee B\vee C)\\
&\Leftrightarrow(\neg A\vee B\vee C)\wedge(\neg A\vee\neg B\vee C)\wedge(A\vee\neg B\vee\neg C)\wedge(\neg A\vee\neg B\vee\neg C)\wedge(A\vee B\vee C)\\
&\Leftrightarrow M_{100}\wedge M_{110}\wedge M_{011}\wedge M_{111}\wedge M_{000}\\
&\Leftrightarrow M_4\wedge M_6\wedge M_3\wedge M_7\wedge M_0\\
&\Leftrightarrow m_1\vee m_2\vee m_5\\
&\Leftrightarrow m_{001}\vee m_{010}\vee m_{101}\\
&\Leftrightarrow(\neg A\wedge\neg B\wedge C)\vee(\neg A\wedge B\wedge\neg C)\vee(A\wedge\neg B\wedge C)
\end{aligned}
$$

所以，有 3 种立项方案：

① A、B 都不立项，C 立项。

② A、C 都不立项，B 立项。

③ A、C 都立项，B 不立项。

例 1.4.15 某电路中有1个灯泡和3个开关 A、B、C。已知在且仅在下述4种情况下，灯泡会亮。

(1) C 按键向上，A 和 B 按键向下；

(2) A 按键向上，B 和 C 按键向下；

(3) B 和 C 按键向上，A 按键向下；

(4) A 和 B 按键向上，C 按键向下。

设 W 表示灯泡亮，P、Q、R 分别表示 A、B、C 搬键向上。则

(1) 求 W 的主析取范式和主合取范式；

(2) 化简此电路开关。

解 (1) 将题设中的各命题符号化为

$$\neg P\wedge\neg Q\wedge R,\ P\wedge\neg Q\wedge\neg R,\ \neg P\wedge Q\wedge R,\ P\wedge Q\wedge\neg R$$

由于题设中的4种情况之一成立时灯泡都会亮，所以

$$W\Leftrightarrow(\neg P\wedge\neg Q\wedge R)\vee(P\wedge\neg Q\wedge\neg R)\vee(\neg P\wedge Q\wedge R)\vee(P\wedge Q\wedge\neg R)$$

因此，W 的主析取范式为

$$m_{001}\vee m_{011}\vee m_{100}\vee m_{110}$$

主合取范式为

$$M_{000}\wedge M_{010}\wedge M_{101}\wedge M_{111}$$

(2)

$$\begin{aligned}W&\Leftrightarrow(\neg P\wedge\neg Q\wedge R)\vee(P\wedge\neg Q\wedge\neg R)\vee(\neg P\wedge Q\wedge R)\vee(P\wedge Q\wedge\neg R)\\&\Leftrightarrow((\neg P\wedge\neg Q\wedge R)\vee(\neg P\wedge Q\wedge R))\vee((P\wedge\neg Q\wedge\neg R)\vee(P\wedge Q\wedge\neg R))\\&\Leftrightarrow((\neg P\wedge R)\vee(\neg Q\vee Q))\vee((P\wedge\neg R)\vee(\neg Q\vee Q))\\&\Leftrightarrow((\neg P\wedge R)\vee \mathrm{T})\vee((P\wedge\neg R)\vee \mathrm{T})\\&\Leftrightarrow(\neg P\wedge R)\vee(P\wedge\neg R)\\&\Leftrightarrow P\,\overline{\vee}\,R\end{aligned}$$

因此，只要 A、C 按键不同时向上时，灯泡都会亮。

1.5 推理与证明

1.5.1 有效推理的概念与形式

人类的抽象思维是通过概念、判断和推理等形式来反映客观世界。概念、判断、推理构成了思维的三种基本形式。概念是反映事物特有属性的思维形式；判断是对事物情况得出肯定或否定的结论；推理则是根据一个或一些判断，经过合乎逻辑的思考，得出另一个判断的思维过程。而数理逻辑是采用数学的方法来研究数学中的推理规律，即从给定的前提(或假设)出发，依据公认的推理规则，推导出结论的一种思维过程。

推理由前提、结论和推理形式构成。前提是已知的一些命题公式集合，是整个推理的起点，通常称为推理的依据或理由。结论是推理所引出的新命题公式，是推理的目的和终点。推理形式是一组形式化的判断过程。

什么样的推理才是正确的或有效的呢？从正确的前提出发，推出的结论是否一定也正确呢？在数理逻辑中，关心的是研究和提供用来从前提导出结论的推理规则和论证原理，如何构造一个有效的证明及得到有效的结论。与这些规则有关的理论称为推理理论。无论前提本身是否正确，当推理的结论是前提的合乎逻辑的结果时，推理就是有效的。这个推理过程称为有效推理或形式证明。

定义 1.5.1 设 A、B 都是命题公式，当且仅当 $A\rightarrow B$ 是重言式，即 $A\Rightarrow B$ 时，称 B 是 A 的有效结论(或由前提 A 推出 B 的推理是有效的)，整个推理的过程称为证明。

当有多个前提时，可定义多前提推理。

定义 1.5.2 设 $A_1, A_2, \cdots, A_n, B$ 是命题公式，当且仅当 $A_1 \wedge A_2 \wedge \cdots \wedge A_n \rightarrow B$ 是重言式，即 $A_1 \wedge A_2 \wedge \cdots \wedge A_n \Rightarrow B$ 时，称 B 是前提 $A_1, A_2, \cdots, A_n$ 的有效结论。

当前提 $A_1, A_2, \cdots, A_n$ 有效推出 B 时，也可表示为 $A_1, A_2, \cdots, A_n \Rightarrow B$。

注 ① 由前提 $A_1, A_2, \cdots, A_n$ 推出结论 B 的推理是否正确与各前提的真假及排列次序无关。

② 基于重言式的推理通常是表达推理的正确方法，它的正确性只依赖于它所包含的命题的形式，而不依赖于它所包含的变元的真值。

③ 要区别推理的有效性和结论的真实性两个不同的概念。一个结论是否有效与它自身的真假没有关系。有效推理是推理获得正确结论的必要手段，有效推理不一定产生真实的结论，产生真实结论的推理过程未必一定是有效的。当前提全为真时，通过有效推理得出的结论也必然是真的，即有效推理具有保真性。但假的前提通过有效推理可以得出真的或假的结论，此时结论不管是真是假都是有效结论。证明中重要的是推理的有效性，而不在于结论是否真实。

④ B 是前提 $A_1, A_2, \cdots, A_n$ 的有效结论，并不是要去证明结论 B 为真，而是要求在所有前提 A_i 都为真时，结论 B 必为真。

1.5.2 推理的判定证明法

根据有效推理的定义，B 是前提 $A_1, A_2, \cdots, A_n$ 的有效结论，可以利用真值表、等值演算、主析取范式等方法，证明重言蕴涵式 $A_1 \wedge A_2 \wedge \cdots \wedge A_n \Rightarrow B$ 成立。当命题变元较少时，这 3 种方法都比较方便。

设 $A_1, A_2, \cdots, A_n$ 和 B 是具有命题变元的公式，对任何一组赋值，前提和结论的真值情况有以下 4 种：

(1) $A_1 \wedge A_2 \wedge \cdots \wedge A_n$ 为 F，B 为 F，此时 $A_1 \wedge A_2 \wedge \cdots \wedge A_n \Rightarrow B$ 成立；

(2) $A_1 \wedge A_2 \wedge \cdots \wedge A_n$ 为 F，B 为 T，此时 $A_1 \wedge A_2 \wedge \cdots \wedge A_n \Rightarrow B$ 成立；

(3) $A_1 \wedge A_2 \wedge \cdots \wedge A_n$ 为 T，B 为 F，此时 $A_1 \wedge A_2 \wedge \cdots \wedge A_n \Rightarrow B$ 不成立；

(4) $A_1 \wedge A_2 \wedge \cdots \wedge A_n$ 为 T，B 为 T，此时 $A_1 \wedge A_2 \wedge \cdots \wedge A_n \Rightarrow B$ 成立。

由此可见，只要不出现(3)中的情况，推理就是正确的。同时不难看出，正确的推理并不能保证结论一定成立。

由上述 4 种情况，可以得出利用真值表证明推理是有效的方法。在 $A_1, A_2, \cdots, A_n$ 和 B 的真值表中：

(1) 找出 $A_1, A_2, \cdots, A_n$ 全为 T 的所有行，在每个这样的行中，如果 B 也为 T，则 $A_1 \wedge A_2 \wedge \cdots \wedge A_n \Rightarrow B$ 成立，推理有效；

(2) 找出 B 为 F 的所有行，在每个这样的行中，如果 $A_1, A_2, \cdots, A_n$ 的真值中至少有一个为 F，则 $A_1 \wedge A_2 \wedge \cdots \wedge A_n \Rightarrow B$ 成立，推理有效。

例 1.5.1 证明 $(P \rightarrow Q) \wedge (Q \rightarrow R) \Rightarrow P \rightarrow R$。

解 列出表 1-35 所示的真值表。

表 1-35 $((P \rightarrow Q) \wedge (Q \rightarrow R))$ 和 $(P \rightarrow R)$ 的真值表

P	Q	R	$P \rightarrow Q$	$Q \rightarrow R$	$(P \rightarrow Q) \wedge (Q \rightarrow R)$	$P \rightarrow R$
F	F	F	T	T	T	T
F	F	T	T	T	T	T

续表

P	Q	R	$P\to Q$	$Q\to R$	$(P\to Q)\wedge(Q\to R)$	$P\to R$
F	T	F	T	F	F	T
F	T	T	T	T	T	T
T	F	F	F	T	F	F
T	F	T	F	T	F	T
T	T	F	T	F	F	F
T	T	T	T	T	T	T

从表 1-35 可以看出，$P\to Q$ 和 $Q\to R$ 的真值全为 T 的行有第 1、2、4、8 行，在这些行中，$P\to R$ 的真值均为 T。

或 $P\to R$ 的真值均为 F 的行是第 5、7 行，在这些行中，其相应的 $P\to Q$ 或 $Q\to R$ 中至少有一个真值为 F。

综上所述，$(P\to Q)\wedge(Q\to R)\Rightarrow P\to R$ 成立，故推理有效。

例 1.5.2　如果 n 是质数，则 n 一定是整数。n 是整数。所以 n 是质数。问：此结论是否有效？并给出你的理由。

解　先符号化命题，然后写出前提、结论和推理的形式结构，再进行判断。

设 P：n 是质数。Q：n 是整数。则原问题为 $(P\to Q)\wedge Q\Rightarrow P$ 是否成立，列出表 1-36 所示的真值表。

表 1-36　$(P\to Q)$、Q 和 P 的真值表

P	Q	$P\to Q$	Q	P
F	F	T	F	F
F	T	T	T	F
T	F	F	F	T
T	T	T	T	T

显然，表 1-36 所示的第 2 行中，$P\to Q$ 和 Q 的真值均为 T，但 P 的真值却为 F；或者，第 2 行中，P 的真值为 F，但 $P\to Q$ 和 Q 的真值无一为 F。

所以推理 $(P\to Q)\wedge Q\Rightarrow P$ 不成立。

例 1.5.3　试问 $\neg P$ 是不是 $P\to Q$ 和 $\neg Q$ 的有效结论？

解　用等值演算法证明 $((P\to Q)\wedge\neg Q)\to\neg P$ 是否是重言式。

$$((P\to Q)\wedge\neg Q)\to\neg P$$
$$\Leftrightarrow((\neg P\vee Q)\wedge\neg Q)\to\neg P$$
$$\Leftrightarrow\neg((\neg P\vee Q)\wedge\neg Q)\vee\neg P$$
$$\Leftrightarrow(P\wedge\neg Q)\vee Q\vee\neg P$$
$$\Leftrightarrow(P\vee Q\vee\neg P)\wedge(\neg Q\vee Q\vee\neg P)$$
$$\Leftrightarrow T$$

所以推理 $(P\to Q)\wedge\neg Q\Rightarrow\neg P$ 成立。

例 1.5.4　试问 Q 是不是 $P\to Q$ 和 $\neg P$ 的有效结论？

解　用主析取范式法证明 $((P\to Q)\wedge\neg P)\to Q$ 的主析取范式是否含有所有小项。

$$((P\to Q)\wedge\neg P)\to Q$$
$$\Leftrightarrow((\neg P\vee Q)\wedge\neg P)\to Q$$

$$\Leftrightarrow \neg((\neg P \vee Q) \wedge \neg P) \vee Q$$
$$\Leftrightarrow (P \wedge \neg Q) \vee P \vee Q$$
$$\Leftrightarrow ((P \wedge \neg Q) \vee P) \vee Q$$
$$\Leftrightarrow P \vee Q$$
$$\Leftrightarrow M_{00}$$
$$\Leftrightarrow m_1 \vee m_2 \vee m_3$$

其主析取范式中不含 m_0，所以 00 是其成假赋值，因此推理 $(P \to Q) \wedge \neg Q \Rightarrow \neg P$ 不成立。

运用判定证明法进行推理，一目了然，成功率高，做法机械，但如果公式中变元个数较多时，就显得比较烦琐。下面介绍推理系统中的构造性证明法。

1.5.3 推理的构造证明法

在中学的平面几何和立体几何的证明中，采取的方法就是一种构造证明法：是由一组已知成立的命题，利用一定的推理规则，根据已知的等价式和蕴涵式，推导出一定的结论。这种方法也称为演绎法。构造性的证明方法，对于要解决的问题，不光要证明该问题解的存在，还要给出解决该问题的具体步骤，这种步骤往往就是对解题算法的描述。构造性证明方法是计算机科学中广泛使用的一种证明方法。

若推理 $A_1 \wedge A_2 \wedge \cdots \wedge A_n \Rightarrow B$ 成立，构造证明法的推理形式表示如下。

前提：$A_1, A_2, \cdots, A_n$；

结论：B。

1. 推理规则

在构造证明过程中，常使用一些公认的推理规则以保证推理的正确性。

P 规则（前提引入规则） 前提在推理过程中的任何时候都可以引用。

T 规则（结论引入规则） 在推理过程中，任何步骤上所得到的结论都可以作为后续推理的前提来使用。

置换规则 在推理过程的任何步骤上，命题公式中的任何子命题公式都可以用与之等价的命题公式置换。

代入规则 在重言式中可以用其他公式代入其命题变元。

除了这些规则外，前面学习过的基本等价式和基本蕴涵式都作为推理定理，共同组成推理的基础。

2. 直接证明法

直接证明法是由一组前提，利用推理规则，根据已知的等价式及蕴涵式，一步步不断地使用前提和前面推出的结论，构成一个推导序列，最终得出有效结论的方法。

推导序列遵循下面的基本写法。

推导序列逐行进行，每一行如下书写：

① 行号 ② 公式 $\begin{cases}\text{前提}\\ \text{已有的结论}\end{cases}$ ③ 规则符 $\begin{cases}\text{P,}\\ \text{T,规则作用行号,某个(基本等价式或蕴涵式)标号}\end{cases}$

例 1.5.5　用构造法证明 $P\rightarrow(\neg(R\wedge S)\rightarrow\neg Q),P,\neg S\Rightarrow\neg Q$。

证明　(1) P　P

(2) $P\rightarrow(\neg(R\wedge S)\rightarrow\neg Q)$　P

(3) $\neg(R\wedge S)\rightarrow\neg Q$　T(1)(2),I_{11}

(4) $\neg(\neg(R\wedge S))\vee\neg Q$　T(3),E_{14}

(5) $(R\wedge S)\vee\neg Q$　T(4),E_1

(6) $\neg S$　P

(7) $\neg S\vee\neg R$　T(6),I_3

(8) $\neg(R\wedge S)$　T(7),E_{10}

(9) $\neg Q$　T(5)(8),I_{10}

例 1.5.6　用构造法证明 $P\rightarrow Q,R\rightarrow\neg Q,R\vee S,S\rightarrow\neg Q\Rightarrow\neg P$。

证明　(1) $S\rightarrow\neg Q$　P

(2) $R\rightarrow\neg Q$　P

(3) $R\vee S$　P

(4) $\neg Q$　T(1)(2)(3),I_{14}

(5) $P\rightarrow Q$　P

(6) $\neg P$　T(4)(5),I_{12}

例 1.5.7　证明:若数 a 是实数,则它不是有理数就是无理数。若 a 不能表示成分数,则它不是有理数。a 是实数且它不能表示成分数,所以 a 是无理数。

证明　设 P:a 是实数。Q:a 是有理数。R:a 是无理数。S:a 能表示成分数。则推理的形式如下。

前提:$P\rightarrow(Q\vee R),\neg S\rightarrow\neg Q,P\wedge\neg S$;

结论:R。

推理过程如下:

(1) $P\wedge\neg S$　P

(2) P　T(1),I_1

(3) $\neg S$　T(1),I_1

(4) $P\rightarrow(Q\vee R)$　P

(5) $Q\vee R$　T(2)(4),I_{11}

(6) $\neg S\rightarrow\neg Q$　P

(7) $\neg Q$　T(3)(6),I_{11}

(8) R　T(5)(7),I_{10}

3. 归谬法(反证法)

在证明“存在某个例子或性质”、“不具有某种性质”、“仅存在唯一”等问题中,反证法是经常使用的一种证明方法。

定义 1.5.3　设 $A_1\wedge A_2\wedge\cdots\wedge A_n$ 为矛盾式,则称 $A_1,A_2,\cdots,A_n$ 是不相容的,如果 $A_1\wedge A_2\wedge\cdots\wedge A_n$ 为非矛盾式,则称 $A_1,A_2,\cdots,A_n$ 是相容的。

要证明 $A_1\wedge A_2\wedge\cdots\wedge A_n\Rightarrow B$,只需证明 $A_1\wedge A_2\wedge\cdots\wedge A_n\rightarrow B$ 是重言式,因为

$$\begin{aligned}A_1\wedge A_2\wedge\cdots\wedge A_n\rightarrow B&\Leftrightarrow\neg(A_1\wedge A_2\wedge\cdots\wedge A_n)\vee B\\&\Leftrightarrow(A_1\wedge A_2\wedge\cdots\wedge A_n\wedge\neg B)\end{aligned}$$

所以只要能证明 $A_1\wedge A_2\wedge\cdots\wedge A_n\wedge\neg B$ 是矛盾式,即 $A_1\wedge A_2\wedge\cdots\wedge A_n$ 与 $\neg B$ 不相容即可。这种将结论的否定作为一个附加的前提条件,与给定的前提一起进行推理,若能引出矛盾式,则说明结论是有效的,这种方法称为归谬法(或反证法)。

例 1.5.8 用反证法证明$(P\wedge Q)\rightarrow R, \neg R\vee S, \neg S, P\Rightarrow \neg Q$。

证明 (1) $\neg(\neg Q)$	P(附加)
(2) $\neg R\vee S$	P
(3) $\neg S$	P
(4) $\neg R$	T(2)(3), I_{10}
(5) $(P\wedge Q)\rightarrow R$	P
(6) $\neg(P\wedge Q)$	T(4)(5), I_{12}
(7) $\neg P\vee\neg Q$	T(6), E_{10}
(8) $\neg P$	T(1)(7), I_{10}
(9) P	P
(10) $P\wedge\neg P$	T(8)(9),矛盾

例 1.5.9 用反证法证明$(P\rightarrow Q)\wedge(R\rightarrow S), (Q\rightarrow W)\wedge(S\rightarrow X), \neg(W\wedge X), P\rightarrow R\Rightarrow \neg P$。

证明 (1) $\neg(\neg P)$	P(附加)
(2) $P\rightarrow R$	P
(3) R	T(1)(2), I_{11}
(4) $(P\rightarrow Q)\wedge(R\rightarrow S)$	P
(5) $R\rightarrow S$	T(4), I_1
(6) $P\rightarrow Q$	T(4), I_1
(7) S	T(3)(5), I_{11}
(8) Q	T(1)(6), I_{11}
(9) $(Q\rightarrow W)\wedge(S\rightarrow X)$	P
(10) $S\rightarrow X$	T(9), I_1
(11) $Q\rightarrow W$	T(9), I_1
(12) X	T(7)(10), I_{11}
(13) W	T(8)(11), I_{11}
(14) $W\wedge X$	T(12)(13), I_9
(15) $\neg(W\wedge X)$	P
(16) $(W\wedge X)\wedge\neg(W\wedge X)$	T(14)(15), I_9,矛盾

4. 附加前提证明法

当证明的结论以条件式的形式出现,即推理形式结构为

$$A_1\wedge A_2\wedge\cdots\wedge A_n\Rightarrow(B\rightarrow C)$$

此时只需证明

$$(A_1\wedge A_2\wedge\cdots\wedge A_n)\rightarrow(B\rightarrow C)$$

为重言式。因为

$$\begin{aligned}(A_1\wedge A_2\wedge\cdots\wedge A_n)\rightarrow(B\rightarrow C)&\Leftrightarrow\neg(A_1\wedge A_2\wedge\cdots\wedge A_n)\vee(\neg B\vee C)\\&\Leftrightarrow\neg(A_1\wedge A_2\wedge\cdots\wedge A_n\wedge B)\vee C\\&\Leftrightarrow A_1\wedge A_2\wedge\cdots\wedge A_n\wedge B\rightarrow C\end{aligned}$$

所以 $A_1\wedge A_2\wedge\cdots\wedge A_n\Rightarrow(B\rightarrow C)$ 当且仅当 $A_1\wedge A_2\wedge\cdots\wedge A_n\wedge B\Rightarrow C$。

这种将结论中条件式的前件作为附加条件加入到前提中,得到结论中条件式的后件的方法称为附加前提证明法(或 CP 规则)。

例 1.5.10　用 CP 规则证明 $\neg P\vee Q,\neg Q\vee R,R\rightarrow S\Rightarrow P\rightarrow S$。

证明　(1) P	P(附加)
(2) $\neg P\vee Q$	P
(3) Q	T(1)(2), I_{10}
(4) $\neg Q\vee R$	P
(5) R	T(3)(4), I_{10}
(6) $R\rightarrow S$	P
(7) S	T(5)(6), I_{11}
(8) $P\rightarrow S$	CP

例 1.5.11　如果今天是星期六，我们就到颐和园或圆明园去玩。如果颐和园游人太多，我们就不去颐和园玩。今天是星期六，颐和园游人太多，所以我们去圆明园玩。

证明　先将命题符号化。设 P：今天是星期六。Q：我们到颐和园去玩。R：我们到圆明园去玩。S：颐和园游人太多。则此推理表示如下。

前提：$P\rightarrow Q\vee R,S\rightarrow \neg Q$；

结论：$P\wedge S\rightarrow R$。

推理过程如下：

(1) $P\wedge S$	P(附加)
(2) P	T(1), I_1
(3) S	T(1), I_2
(4) $P\rightarrow Q\vee R$	P
(5) $Q\vee R$	T(2)(4), I_{11}
(6) $S\rightarrow \neg Q$	P
(7) $\neg Q$	T(3)(6), I_{11}
(8) R	T(5)(7), I_{10}
(9) $P\wedge S\rightarrow R$	CP

1.6　命题逻辑的应用

在自然界中大量的现象具有对立统一性，如开关只有打开与闭合两种状态，数字电路中输入和输出量只有高电位和低电位两种状态等，都可以使用 0、1 来表示这两种状态，相当于命题演算中的“真”和“假”。而在命题公式主范式的小项和大项的编码中，我们已经看到，用 0、1 可以产生多种组合，从而可以表示大量的数据。

1.6.1　逻辑代数

逻辑代数也称为布尔代数，是英国数学家 George Boole 于 1850 年提出的。他创造出了一套符号系统，利用符号来表示逻辑中的各种概念，并且建立了一系列的运算法则，用数学方法描述客观事物之间的逻辑关系，成为分析和设计数字电路的重要数学工具，在电路分析中得到广泛应用。逻辑代数中用“0”和“1”表示矛盾事物相互对立的两个方面：“是”与“非”、“真”与“假”、“开”与“关”、“高电位”与“低电位”等。逻辑值“0”和“1”本身没有数值意义，不表示数量的大小关系，仅仅是一种逻辑符号。

1938 年美国数学家、信息论创始人、贝尔实验室的香农发表了著名的论文《继电器和开关电路的符号分析》，首次用布尔代数进行开关电路分析。现在普遍使用的布尔代数是香农提出

的。由于布尔代数只有 0 和 1 两个值，恰好与二进制数对应，香农将其运用于以脉冲方式处理信息的继电器开关，并证明布尔代数的逻辑运算，可以通过继电器电路来实现，明确地给出了实现加、减、乘、除等运算的电子电路的设计方法，从而从理论到技术彻底改变了数字电路的设计方向。这篇论文成为开关电路理论的开端，在现代电子数字计算机史上具有划时代的意义。

在电子元器件的设计中，逻辑元件是相当于逻辑非、逻辑与和逻辑或的门电路，今天，所有的电子计算机芯片里使用的成千上万个微小的逻辑部件，都是由各种布尔逻辑元件——逻辑门和触发器组成的。可以把简单的逻辑元件组成各种复杂的逻辑网络，实现任何复杂的逻辑关系，使电子元器件具有逻辑判断的功能，还使电子计算机既能用于数值计算，又具有各种非数值应用的功能。

例 1.6.1 试用复合命题表示图 1-1～图 1-3 所示的开关电路。

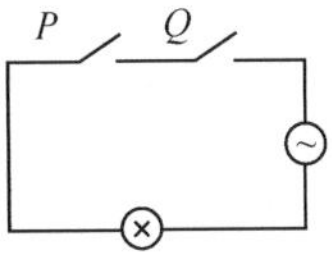

图 1-1 串联电路

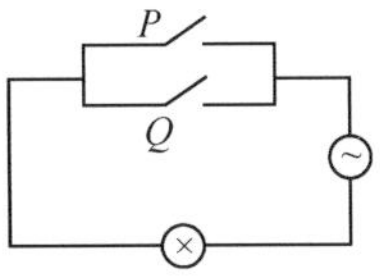

图 1-2 并联电路

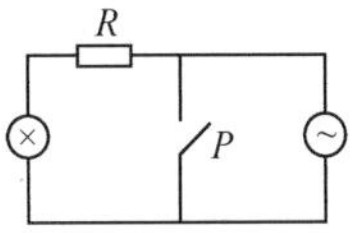

图 1-3 反向电路

解 在开关理论中，用 1 表示开关闭合，0 表示开关断开；用 1 表示灯亮，0 表示灯不亮。

图 1-1 中灯亮当且仅当开关 P、Q 同时闭合，该电路表示为：$P\wedge Q$。

图 1-2 中灯亮当且仅当开关 P、Q 中至少有一个闭合，该电路表示为：$P\vee Q$。

图 1-3 中灯亮当且仅当开关 P 断开，该电路表示为：$\neg P$。

例 1.6.2 试用复合命题表示图 1-4～图 1-6 所示的逻辑电路。

解 设 P：输入端 P 为高电位。Q：输入端 Q 为高电位。

图 1-4 中，只有输入端 P 和 Q 都为高电位，即命题 P 和 Q 都为真时，输出端才是高电位。该逻辑电路表示为：$P\wedge Q$。

图 1-5 中，只有输入端 P 为高电位或 Q 为高电位，或输入端 P、Q 同时为高电位，即命题 P 为真或 Q 为真，或 P、Q 同为真时，输出端才是高电位。该逻辑电路表示为：$P\vee Q$。

图 1-6 中，输入端 P 为高电位，即命题 P 为真时，则通过反相器得到一个相反的电位。该逻辑电路表示为：$\neg P$。

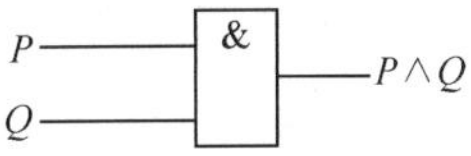

图 1-4 “与”门

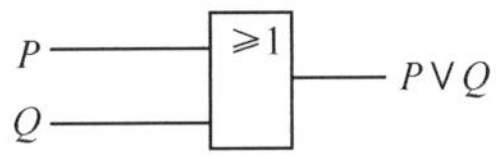

图 1-5 “或”门

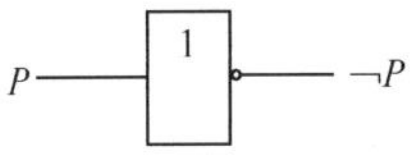

图 1-6 “非”门

在逻辑电路中，用一个命题公式表示其输入和输出信号，就可以设计逻辑电路，而命题公式的复杂程度，决定了具体的实际电路的复杂程度，利用等值演算简化逻辑电路，从而设计出最合理的逻辑电路。简化逻辑电路要遵循一定的原则，如逻辑电路中使用的门最少、各门的输入端尽量少，逻辑电路所用的级数尽量少，从而节省逻辑器件，降低成本，提高数字系统的可靠性。

例 1.6.3 化简图 1-7 所示的逻辑电路。

解 此逻辑电路表示为

$$
\begin{aligned}
&(\neg P\wedge Q\wedge \neg R)\vee(\neg P\wedge Q) \\
&\Leftrightarrow \neg P\wedge((Q\wedge \neg R)\vee Q) \quad \text{分配律} \\
&\Leftrightarrow \neg P\wedge Q \quad \text{吸收律}
\end{aligned}
$$

化简后的逻辑电路如图 1-8 所示，能够完成图 1-7 所示的逻辑电路的功能，但更简单，只需两个门电路。

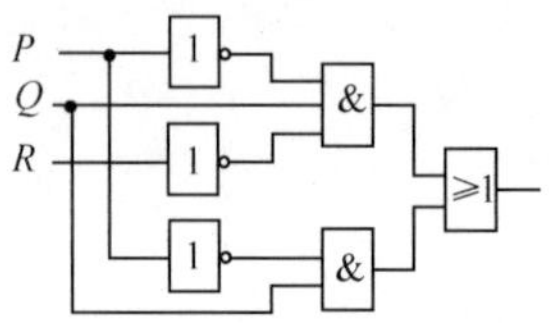

图 1-7 例 1.6.3 的逻辑电路

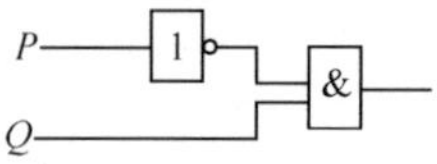

图1-8 例 1.6.3 化简后的逻辑电路

常用的逻辑电路如图 1-9 所示。

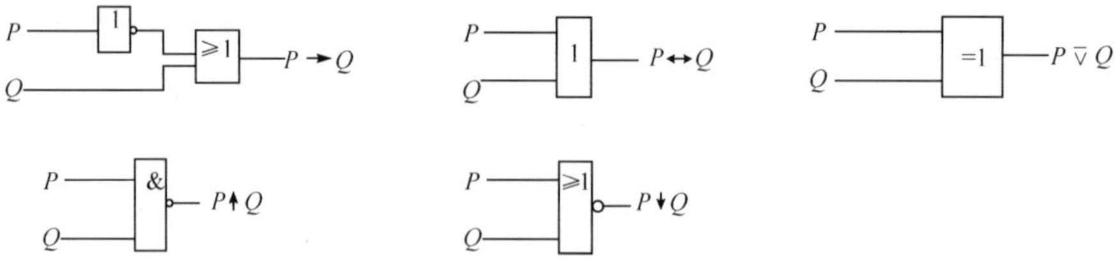

图 1-9 常用逻辑门电路

1.6.2 程序设计

在许多高级程序设计语言中都有选择结构语句

```
if  P  then  Q
```

其中，P 是条件；Q 是一段程序。当程序运行到这里时，先判断 P 是否成立，若 P 为 T，则执行 Q；若 P 为 F，则不执行 Q。由于编程人员的思维方式和习惯不同，编写的程序复杂度有所不同，尤其是初学者，这将影响到程序的运行速度。

例 1.6.4 若 $a=1,b=2$，则执行下面的语句后 b 的值为多少？

```
if  a<b
{ b=b+a;
}
```

解 因为 $a<b$ 为 T，所以赋值语句 $b=b+a$ 被执行，执行语句后 b 的值为 3。

如果 $a=2,b=1$，因为 $a<b$ 为 F，所以跳过赋值语句 $b=b+a$，执行语句后 b 的值仍为 1。

例 1.6.5 化简下列程序段。

```
if  P
{  if  Q
      A;
    else
      B;
}
    else
{  if  Q
      A;
    else
      B;
}
```

解 程序流程图可以用图 1-10 表示，执行 A 的条件为 $(P\wedge Q)\vee(\neg P\wedge Q)$，执行 B 的条件为 $(P\wedge\neg Q)$

$\vee(\neg P\wedge\neg Q)$，可以利用命题公式的等值演算进行化简。

$$\begin{aligned}(P\wedge Q)\vee(\neg P\wedge Q)&\Leftrightarrow(P\vee\neg P)\wedge Q\\&\Leftrightarrow \mathrm{T}\wedge Q\\&\Leftrightarrow Q\end{aligned}$$

$$\begin{aligned}(P\wedge\neg Q)\vee(\neg P\wedge\neg Q)&\Leftrightarrow(P\vee\neg P)\wedge\neg Q\\&\Leftrightarrow \mathrm{T}\wedge\neg Q\\&\Leftrightarrow\neg Q\end{aligned}$$

因此，这段程序简化为

```
if  Q
{  A;
}
else
{  B;
}
```

其流程图如图 1-11 所示。

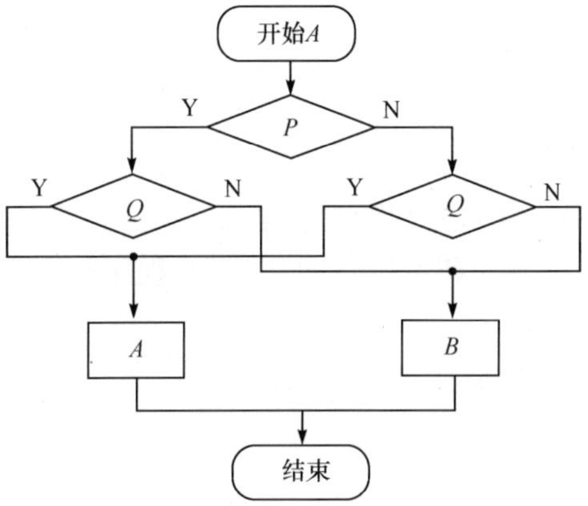

图 1-10　流程图

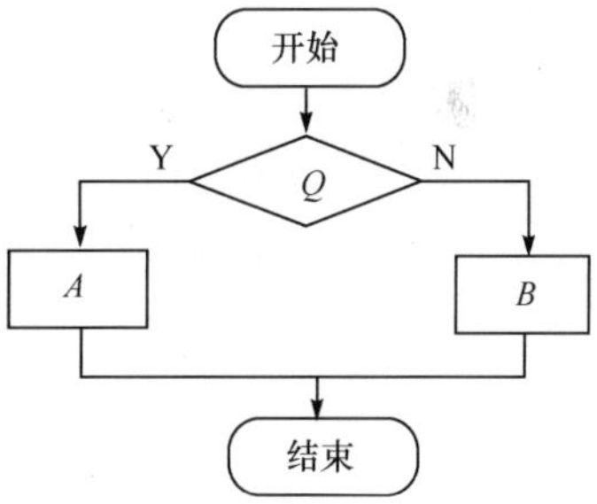

图 1-11　简化后的流程图

1.6.3　判断推理

例 1.6.6　三人估计比赛结果：甲说“A 第一，B 第二”。乙说“C 第二，D 第四”。丙说“A 第二，D 第四”。结果三人估计的都不全对，但都对了一个，问 A、B、C、D 的名次。

解　这是一个逻辑推理的问题，可以利用排除法、真值表法、等值演算法得出正确的判断结果。用下标表示比赛名次，则甲、乙、丙三人的说法分别表示为：甲说 A_1、B_2，乙说 C_2、D_4，丙说 A_2、D_4。

方法一。

设 D_4 为 F，则根据乙、丙的说法，A_2、C_2 为 T，所以 A_1 为 F，B_2 为 T，即 A、B、C 并列第二，D 就为第一。

设 D_4 为 T，则 A_2、C_2 为 F，所以 A、C 只能为第一或第三。若 A 第一，则 B 只能为第一或第三，其中 A 第一，B、C 第三，D 第四不可能。若 A 第三，则 B 为第二，C 只能为第一。此时名次排列有 4 种情况：

① A、B、C 并列第一，D 第四；

② A、B 并列第一，C 第三，D 第四；

③ A、C 并列第一，B 第三，D 第四；

④ C 第一，B 第二，A 第三，D 第四。

方法二。

甲、乙、丙的三种说法均为一真一假，所以每个人的说法便有两种可能，即 TF 和 FT，故有 8 种组合的可

能。作出如表 1-37 所示的真值表。

表 1-37 甲、乙、丙三人说法的真值表

A_1	B_2	C_2	D_4	A_2	D_4	分 析
T	F	T	F	T	F	A_1、A_2 同时为 T 矛盾
T	F	T	F	F	T	D_4 同时为 T 和 F 矛盾
T	F	F	T	T	F	A_1、A_2 同时为 T 矛盾
T	F	F	T	F	T	无法确定第二
F	T	T	F	T	F	A、B、C 并列第二，D 第一
F	T	T	F	F	T	D_4 同时为 T 和 F 矛盾
F	T	F	T	T	F	D_4 同时为 T 和 F 矛盾
F	T	F	T	F	T	$CBAD$

所以名次排列有以下 5 种情况：

① A、B、C 并列第一，D 第四；

② A、B 并列第一，C 第三，D 第四；

③ A、C 并列第一，B 第三，D 第四；

④ D 第一，A、B、C 并列第二；

⑤ C 第一，B 第二，A 第三，D 第四。

方法三。

题设条件给出了 3 种情况，因此可先将原题表达成一个合取范式，再将合取范式化为主析取范式，这样每个小项就是一种可能产生的结果，最后将不符合题意的小项删除，剩下的即为所求的可能结果。为书写方便，记 $A\wedge\neg B$ 为 $A\,\overline{B}$。据题意，三人的说法都不全对，但都对了一个，所以此问题表示为

$$
\begin{aligned}
\mathrm{T} &\Leftrightarrow (A_1\ \overline{\vee}\ B_2)\wedge(C_2\ \overline{\vee}\ D_4)\wedge(A_2\ \overline{\vee}\ D_4)\\
&\Leftrightarrow ((A_1\wedge\neg B_2)\vee(\neg A_1\wedge B_2))\wedge((C_2\wedge\neg D_4)\vee(\neg C_2\wedge D_4))\\
&\quad \wedge((A_2\wedge\neg D_4)\vee(\neg A_2\wedge D_4))\\
&\Leftrightarrow (A_1\overline{B}_2\vee\overline{A}_1B_2)\wedge(C_2\overline{D}_4\vee\overline{C}_2D_4)\wedge(A_2\overline{D}_4\vee\overline{A}_2D_4)\\
&\Leftrightarrow (A_1\overline{B}_2C_2\overline{D}_4\vee A_1\overline{B}_2\overline{C}_2D_4\vee\overline{A}_1B_2C_2\overline{D}_4\vee\overline{A}_1B_2\overline{C}_2D_4)\wedge(A_2\overline{D}_4\vee\overline{A}_2D_4)\\
&\Leftrightarrow A_1\overline{B}_2C_2\overline{D}_4A_2\overline{D}_4\vee A_1\overline{B}_2C_2\overline{D}_4\overline{A}_2D_4\vee A_1\overline{B}_2\overline{C}_2D_4A_2\overline{D}_4\vee A_1\overline{B}_2\overline{C}_2D_4\overline{A}_2D_4\\
&\quad \vee\overline{A}_1B_2C_2\overline{D}_4A_2\overline{D}_4\vee\overline{A}_1B_2C_2\overline{D}_4\overline{A}_2D_4\vee\overline{A}_1B_2\overline{C}_2D_4A_2\overline{D}_4\vee\overline{A}_1B_2\overline{C}_2D_4\overline{A}_2D_4\\
&\Leftrightarrow A_1\overline{B}_2\overline{C}_2D_4\overline{A}_2D_4\vee\overline{A}_1B_2C_2\overline{D}_4A_2\overline{D}_4\vee\overline{A}_1B_2\overline{C}_2D_4\overline{A}_2D_4\\
&\Leftrightarrow A_1\overline{B}_2\overline{C}_2D_4\overline{A}_2\vee D_1B_2C_2A_2\vee C_1B_2A_3D_4
\end{aligned}
$$

所以名次排列与方法二中结果相同。

小 结

本章首先引入命题、简单命题、复合命题和逻辑联结词，并在此基础上定义了公式、公式的翻译和解释、真值表与等价公式、对偶与范式、蕴涵等概念，然后介绍了用等价式、蕴涵式等进行命题演算和推理的方法。本章初步体现了数理逻辑的基本观点和基本方法，利用命题逻辑表示自然语言，描述概念，进行判断和推理，建立初步的语言形式化方法，为后续的学习和将来从事计算机工作打下良好的逻辑基础。

1. 主要内容

(1) 命题的概念、表示方法，联结词的逻辑意义。

(2) 命题公式的递归定义,自然语言翻译成命题公式。

(3) 命题公式的类型。

(4) 真值表的构造、命题公式等价的概念。

(5) 重言式与蕴涵式的定义、逻辑意义,逻辑等价与逻辑蕴涵的意义和证明方法,常用的等价式和蕴涵式。

(6) 命题公式的对偶式、合取范式、析取范式、小项、大项、主合取范式、主析取范式。

(7) 命题逻辑的推理理论,主要的推理方法为真值表法、等值演算法、构造证明法(直接证明法、反证法、附加前提证明法)。常用推理规则为 P 规则、T 规则、CP 规则。

2. 基本要求

(1) 熟练掌握命题、逻辑联结词等概念,能够将命题符号化。

(2) 熟练掌握命题公式、解释、公式类型等概念,能熟练地求公式的真值表,判断命题公式的类型。

(3) 熟练掌握公式的等价、蕴涵等概念,熟记基本的等价式、蕴涵式,会证明复杂的等价式、蕴涵式。

(4) 熟练掌握析取范式、合取范式、小项、大项、主析取范式、主合取范式的概念和性质,掌握求各种范式的方法,能够用等价演算法和真值表法求命题公式的主析取范式、主合取范式;了解一个命题公式的主合取范式与主析取范式间的关系——如何根据一种主范式立即写出另一种主范式。

(5) 熟练掌握构造性证明方法,能够进行有效推理的构造证明。

3. 重点和难点

重点:命题的判断及符号化,命题公式的定义,利用真值表技术和等值演算法求公式的主析取范式和主合取范式,以及判断公式的类型,推理的形式结构,利用推理规则、基本等价式和蕴涵式、三种不同的推理方法完成命题逻辑推理。

难点:命题的符号化;利用真值表及等价式、蕴涵式将命题公式化为与之等价的主合取范式与主析取范式;推理的形式结构,利用几种推理方法正确地完成命题推理。

习 题 一

1. 判断下列句子中哪些是命题,若是命题,哪些是简单命题,哪些是复合命题?并讨论它们的真值。

(1) 10 月 1 日是中华人民共和国的国庆日。

(2) 离散数学和高等数学是计算机科学系学生的必修课。

(3) 明天下雨吗?

(4) 中国是四大文明古国之一,造纸术是古代中国的发明。

(5) 我们要与自然和谐相处。

(6) 祝您天天都有好心情!

(7) 今天天气真好啊!我们出去玩吧。

(8) 这个句子是假的。

(9) 飞碟来自地球外的星球。

(10) 如果不节约用水,那么地球上的淡水资源即将耗尽。

(11) 红色和蓝色可以调成紫色。

(12) 不要随便采摘公园里的鲜花。
(13) 空集是任意集合的真子集。
(14) 离散数学难学吗?
(15) 大于 2 的偶数均可分解为两个质数之和(哥德巴赫猜想)。
(16) 每晚 19 点,我将准时收看新闻联播。

2. 将下列命题符号化。
(1) 小豆丁一边吃饭一边玩。
(2) 数据结构和操作系统是计科系学生的专业课。
(3) 除非你答应我提出的条件,否则我不会参加此次会议。
(4) 带了身份证及准考证的考生才能参加考试。
(5) 如果明天不下雨,我们就去动物园。
(6) 只有德智体全面发展的学生才能评为三好学生。
(7) 除非你认真学习,否则你考不上大学。
(8) 一个数是质数当且仅当它只能被 1 和它自身整除。
(9) 如果没有小王和小李的鼓励,我是闯不过这个难关的。
(10) 人不犯我,我不犯人;人若犯我,我必犯人。
(11) 学习有如逆水行舟,不进则退。
(12) 除非明天天晴,否则我不去爬山。

3. 将下列命题符号化,并求其真值。
(1) 如果 $1+2=3$ 当且仅当 $2+2=4$。
(2) 如果 $1+2\neq 3$ 当且仅当 $2+2\neq 4$。
(3) 如果 $1+2=3$,那么雪是黑的。
(4) 如果 $1+2\neq 3$,那么雪是黑的。

4. 设 P:我生病。Q:我去学校。将下列命题符号化。
(1) 只有在生病时,我才不去学校。
(2) 如果我生病,那么我不去学校。
(3) 当且仅当我生病时,我才不去学校。
(4) 如果我不生病,那么我一定去学校。

5. 设 P:我选数字图像处理课。Q:我选高级软件工程课。R:我选智能数据分析课。请用文字表述下列命题。
(1) $\neg P\rightarrow(Q\wedge R)$
(2) $(P\wedge Q)\vee\neg R$
(3) $P\wedge((\neg Q\wedge R)\vee(Q\wedge\neg R))$
(4) $R\rightarrow(\neg P\vee\neg Q)$

6. 设 P:小王学英语。Q:小王学日语。R:小王学法语。试将下列命题符号化。
(1) 小王只学一种语言。
(2) 小王只学两种语言。
(3) 小王三种语言都学。
(4) 小王至少学一种语言。
(5) 小王至多学一种语言。
(6) 小王什么语言都不学。

7. 已知 A 是 B 的充分条件,B 是 C 的必要条件,C 是 D 的必要条件,D 是 B 的必要条件,问:
(1) A 是 D 的什么条件?
(2) C 是 A 的什么条件?

8. 设命题 P、Q 为 F,命题 R、S 为 T,确定下列命题的真值。

(1) $(P\vee Q\vee R)\rightarrow\neg((P\wedge Q)\vee(R\wedge S))$

(2) $\neg(P\wedge Q)\vee\neg S\vee((Q\leftrightarrow\neg P)\rightarrow\neg R\wedge S)$

(3) $(P\rightarrow(Q\vee(R\wedge\neg P)))\leftrightarrow(Q\vee\neg S)$

(4) $((P\rightarrow Q)\vee(R\rightarrow S))\rightarrow((P\vee R)\rightarrow(Q\vee S))$

(5) $((Q\leftrightarrow\neg P)\rightarrow R\vee\neg S)\wedge\neg((P\vee Q)\wedge R)$

(6) $(\neg(P\wedge Q)\wedge\neg R)\vee(((\neg P\wedge Q)\vee\neg R)\wedge S)$

(7) $(P\vee(Q\rightarrow(R\wedge\neg P)))\leftrightarrow(Q\vee\neg S)$

9. 设 A、B、C 为任意命题公式,下列哪些结论正确?

(1) 如果 $A\vee C\Leftrightarrow B\vee C$,则 $A\Leftrightarrow B$。

(2) 如果 $A\wedge C\Leftrightarrow B\wedge C$,则 $A\Leftrightarrow B$。

(3) 如果 $\neg A\Leftrightarrow\neg B$,则 $A\Leftrightarrow B$。

10. 写出下列命题公式的真值表。

(1) $(P\vee\neg P)\rightarrow Q$

(2) $\neg((Q\rightarrow P)\vee\neg P)\wedge(P\vee R)$

(3) $P\rightarrow(P\vee Q\vee R)$

(4) $(P\rightarrow\neg P)\rightarrow\neg P$

(5) $P\rightarrow\neg Q$

(6) $((P\rightarrow Q)\wedge(Q\rightarrow R))\rightarrow(P\rightarrow R)$

(7) $P\rightarrow(Q\rightarrow\neg P)$

11. 用真值表法判断下列命题公式的类型。

(1) $(\neg P\wedge Q)\wedge P$

(2) $(P\rightarrow Q)\wedge Q$

(3) $(P\rightarrow\neg Q)\rightarrow\neg(P\rightarrow Q)$

(4) $P\vee\neg((P\rightarrow Q)\wedge P)$

(5) $P\vee(\neg P\rightarrow(Q\vee(\neg Q\rightarrow R)))$

(6) $(P\rightarrow(Q\rightarrow R))\rightarrow((P\rightarrow Q)\rightarrow(P\rightarrow R))$

12. 用命题演算法判断下列命题公式的类型。

(1) $(P\vee\neg P)\rightarrow((Q\wedge\neg Q)\wedge R)$

(2) $(P\rightarrow(Q\rightarrow R))\leftrightarrow(Q\rightarrow(P\rightarrow R))$

(3) $P\rightarrow(\neg P\wedge Q\wedge R\wedge S)$

(4) $((P\rightarrow R)\vee\neg R)\rightarrow(\neg(Q\rightarrow P)\wedge P)$

(5) $(P\wedge(P\rightarrow Q))\rightarrow Q$

(6) $\neg P\leftrightarrow(P\wedge(P\vee Q))$

(7) $((P\vee Q)\rightarrow(Q\vee R))\rightarrow(Q\rightarrow R)$

(8) $((P\leftrightarrow Q)\wedge R)\vee((P\vee Q)\wedge\neg R)$

13. 证明下列等价公式。

(1) $(P\rightarrow Q)\Leftrightarrow(\neg P\vee Q)\vee(P\wedge R\wedge\neg P)$

(2) $P\Leftrightarrow P\wedge(Q\vee\neg Q\vee R)$

(3) $P\rightarrow(Q\rightarrow R))\Leftrightarrow(P\wedge Q)\rightarrow R$

(4) $\neg(P\vee\neg Q)\rightarrow Q\rightarrow R)\Leftrightarrow Q\rightarrow(P\vee R)$

(5) $((Q\wedge S)\rightarrow R)\wedge(S\rightarrow(P\vee R))\Leftrightarrow(S\wedge(P\rightarrow Q))\rightarrow R$

14. 化简下列命题公式。

(1) $\neg(P\vee Q)\vee(\neg P\wedge Q)$

(2) $(P\wedge Q)\vee\neg P$

(3) $(\neg P\wedge(\neg Q\wedge R))\vee(Q\wedge R)\vee(P\wedge R)$

(4) $((P\vee Q)\rightarrow R)\rightarrow((P\rightarrow R)\vee(Q\rightarrow R))$

(5) $(P\wedge Q)\vee\neg(P\wedge Q\wedge R)\vee(Q\vee R)$

15. 有一个逻辑学家误入某部落,被拘于牢狱,酋长意欲放行,他对逻辑学家说:“今有两门,一为自由之门,一为死亡之门,你可任意开启一门。为协助你脱逃,今加派两名战士负责解答你所提出的任何问题。唯可虑者,此两战士中一名天性诚实,一名说谎成性,今后生死由你自己选择。”逻辑学家沉思片刻,即向一战士发问,然后开门从容离去。该逻辑学家应如何发问?

16. 甲手里有个围棋子,要乙猜棋子的颜色是白的还是黑的,条件是:只允许乙问一个只能回答“是”或“否”的问题,但甲可以说真话,也可以说假话。问乙可以向甲提出什么问题,就能判断甲手中棋子的颜色。

17. 甲、乙、丙、丁4人有且仅有2个人参加选拔赛。关于谁参加选拔赛,下列4种判断都是正确的:

(1) 甲和乙只有一人参加;

(2) 丙参加,丁必参加;

(3) 乙或丁至多参加一人;

(4) 丁不参加,甲也不会参加。

请确定是哪两个人参加了选拔赛。

18. 有A、B、C三人猜测甲、乙、丙三个球队中的冠军,各人的猜测为:A认为冠军不是甲,也不是乙;B认为冠军不是甲,而是丙;C认为冠军不是丙,而是甲。已知其中有一个人说的完全正确,一个人说的都不对,而另外一个人恰有一半说对了。据此推算,冠军应该是谁?

19. A、B、C、D四人参加网球比赛。观众甲、乙、丙猜测比赛的名次如下:甲认为C第一,B第二;乙认为C第二,D第三;丙认为A第二,D第四。比赛结束后,发现甲、乙、丙每人猜测的情况都是各对一半。假定没有并列名次,问实际名次是什么。

20. 有5人A、B、C、D、E同时进入聊天室,是否可以根据以下已知信息判断这5人中谁在聊天?

(1) A或者B在聊天。

(2) C或者D在聊天,但二人不是都在聊天。

(3) 如果E在聊天,则C也在聊天。

(4) D和A要么都在聊天,要么都没有聊天。

(5) 如果B在聊天,则E和A都在聊天。

请写出你的推理过程。

21. 用真值表法和等值演算法证明下列蕴涵式。

(1) $(P\rightarrow Q)\wedge\neg Q\Rightarrow\neg P$

(2) $(P\rightarrow Q)\rightarrow Q\Rightarrow P\vee Q$

(3) $(Q\rightarrow(\neg P\wedge P))\rightarrow(R\rightarrow(\neg P\wedge P))\Rightarrow R\rightarrow Q$

(4) $P\wedge(P\rightarrow Q)\Rightarrow Q$

22. 证明:

(1) 若A为任意命题公式且$B\Rightarrow C$,则$A\wedge B\Rightarrow A\wedge C$。

(2) 若$A\wedge B\Rightarrow C$,则$A\Rightarrow B\rightarrow C$。

23. 设A^*、B^*是命题公式A和B的对偶式,判断下列各式是否成立,若不成立请举例说明。

(1) $A^*\Leftrightarrow A$

(2) $A\Leftrightarrow B$则$A^*\Leftrightarrow B^*$

(3) $A\Rightarrow B$则$A^*\Rightarrow B^*$

(4) $(A^*)^*\Leftrightarrow A$

24. 求下列命题公式的对偶式。

(1) $(P\wedge Q)\rightarrow\neg P$

(2) $(\neg P\wedge Q)\vee(P\wedge\neg Q)$

(3) $(P\vee Q)\wedge\neg P$

(4) $(P\vee\neg Q)\rightarrow(P\wedge R)$

(5) $(P\vee T)\wedge(\neg Q\wedge F)$

25. 用真值表法求下列公式的主析取范式和主合取范式。

(1) $(P\rightarrow(Q\vee R))\rightarrow\neg Q$

(2) $(P\vee Q\rightarrow Q\wedge R)\rightarrow P\wedge\neg R$

(3) $(P\rightarrow(Q\wedge R))\wedge(\neg P\rightarrow(\neg Q\rightarrow R))$

(4) $(Q\rightarrow P)\leftrightarrow((P\vee R)\rightarrow Q)$

26. 求下列公式的主析取范式和合取范式,并写出成真赋值。

(1) $(P\rightarrow\neg Q)\leftrightarrow R$

(2) $\neg((P\rightarrow\neg Q)\rightarrow R)$

(3) $(\neg P\vee Q)\rightarrow R$

(4) $((P\rightarrow(P\vee Q))\rightarrow(Q\wedge R))\leftrightarrow(\neg P\vee R)$

(5) $(P\rightarrow(Q\vee R))\wedge(\neg P\vee(Q\leftrightarrow R))$

(6) $\neg(P\rightarrow Q)\leftrightarrow(P\rightarrow\neg Q)$

(7) $(\neg R\vee(Q\rightarrow P))\rightarrow(P\rightarrow(Q\vee R))$

(8) $P\vee(\neg P\rightarrow(Q\vee(\neg Q\rightarrow R)))$

27. 通过求主析取范式或主合取范式,判断下列公式的类型。

(1) $(P\wedge Q)\rightarrow P$

(2) $\neg(P\rightarrow Q)\leftrightarrow(P\rightarrow\neg Q)$

(3) $(\neg P\rightarrow Q)\rightarrow(P\vee\neg Q)$

(4) $((\neg P\vee Q)\rightarrow R)\rightarrow((P\wedge\neg Q)\vee R)$

(5) $((P\wedge Q)\rightarrow R)\rightarrow((P\rightarrow R)\wedge(Q\rightarrow R))$

28. 通过求主析取范式或主合取范式,判断下列公式是否等价。

(1) $P\rightarrow(Q\rightarrow R)$与$(P\vee Q)\rightarrow R$

(2) $(P\rightarrow Q)\wedge(P\rightarrow R)$与$P\rightarrow(Q\wedge R)$

(3) $(P\rightarrow Q)\rightarrow(P\wedge Q)$与$(Q\rightarrow P)\wedge(P\vee Q)$

(4) $(P\wedge Q)\vee(\neg P\wedge Q\wedge R)$与$(P\vee(Q\wedge R))\wedge(Q\vee(\neg P\wedge R))$

29. 构造下列推理的证明。

(1) $\neg(P\wedge\neg Q),\neg Q\vee R,\neg R\Rightarrow\neg P$

(2) $P\wedge Q,(P\leftrightarrow Q)\rightarrow(R\vee S)\Rightarrow S\vee R$

(3) $(P\vee Q)\rightarrow R,\neg S\vee U,\neg R\vee S,U\rightarrow W,\neg W\Rightarrow\neg P\wedge\neg R$

(4) $P\rightarrow(Q\vee R),S\rightarrow\neg Q,P,S\Rightarrow R$

(5) $P\rightarrow(Q\rightarrow R),R\rightarrow(\neg S\vee W),\neg V\rightarrow(S\wedge\neg W),P\Rightarrow Q\rightarrow V$

(6) $\neg B\vee D,(E\rightarrow\neg F)\rightarrow\neg D,\neg E\Rightarrow\neg B$

(7) $P\rightarrow(Q\rightarrow R),R\rightarrow(Q\rightarrow S)\Rightarrow P\rightarrow(Q\rightarrow S)$

(8) $P\rightarrow(Q\rightarrow R)\Rightarrow(P\rightarrow Q)\rightarrow(P\rightarrow R)$

(9) $(P\rightarrow Q)\wedge(R\rightarrow S),(Q\rightarrow W)\wedge(S\rightarrow X),\neg(W\wedge X),P\rightarrow R\Rightarrow\neg P$

(10) $P\rightarrow(Q\rightarrow R),(R\wedge S)\rightarrow W,\neg V\rightarrow(S\wedge\neg W)\Rightarrow P\rightarrow(Q\rightarrow V)$

30. 判断下面推理是否正确,并证明你的结论。

(1) 如果老马今天打网球,则他不会踢足球。如果老赵今天看到老马,则老马今天踢足球了。老赵今天看到老马。所以老马今天没有打网球。

(2) 如果小李不参加运动会,那么小王就不参加运动会。若小李参加运动会,那么小王和小赵都参加运

动会。因此,如果小王参加运动会,则小赵就参加运动会。

(3) 如果他是计算机系本科生或者是计算机系研究生,那他一定学过C语言而且学过软件工程。只要他学过C语言或者软件工程,那么他就会编程序。因此,如果他是计算机系本科生,那么他就会编程序。

(4) 如果小张和小王去看电影,则小李也去看电影。小赵不去看电影或小张去看电影。小王去看电影。所以,当小赵去看电影时,小李也去。

(5) 如果小王今天家里有事,则他不会来开会。如果小张今天看到小王,则小王今天来开会了。小张今天看到小王。所以小王今天家里没事。

31. 为获得2012年国际奥运会出线权,四个国家的乒乓球队进行比赛,情况如下,试问D国是否得第二?

(1) 若A国得第一,则B国或C国得第二;

(2) 若C国得第二,则A国不能得第一;

(3) 若D国得第二,则B国不能得第二;

(4) A国获得第一。

32. 公安人员审理某计算机商店的笔记本电脑失窃案,已知侦察结果如下:

(1) 犯罪嫌疑人A或B盗窃了笔记本电脑;

(2) 若A作案,则作案时间不在上班时间;

(3) 若B提供的证词正确,则货柜未上;

(4) 若B提供的证词不正确,则作案发生在上班时间;

(5) 货柜上了锁。

试问:作案者是谁?要求写出推理过程。

33. 只要A曾到过受害者房间并且11点以前没离开,A就犯了谋杀罪。A曾到过受害者房间。如果在11点以前离开,看门人会看见他。看门人没有看见他。所以A犯了谋杀罪。

第2章 谓词逻辑

命题逻辑主要研究命题和命题演算，原子命题是命题演算的基本单位，不能再进行分解，也不关心原子命题的内部结构和组成部分，只侧重于研究组成复合命题的各原子命题之间的逻辑关系。这一工具在推理中是不充分的，一些简单常见的推理过程无法用命题逻辑表示，如著名的“苏格拉底三段论”：

“所有的人都是要死的。

苏格拉底是人。

所以苏格拉底是要死的。”

显然这个推理是正确的。但在命题逻辑中，设 P、Q、R 分别表示上面的 3 个命题，则上述推理表示为：$P\wedge Q\Rightarrow R$。而 $P\wedge Q\rightarrow R$ 不可能是重言式，所以推理不能进行。这体现出命题逻辑的局限性。非常明显地，P、Q、R 之间存在必然的内在逻辑联系，然而命题逻辑却无法描述并且进行推理。另外，在许多原子命题间，常常有一些共同的特征或关系，如“小王和小李是同学。”这样的关系在命题演算中也无法表示。为此需要将原子命题之间的内在联系作进一步的分析，以及各原子命题之间的逻辑推理关系作深入的讨论。这些正是谓词逻辑要研究的主要内容。

2.1 谓词逻辑基本概念

2.1.1 个体和谓词

命题逻辑中，原子命题是无法进行分解的简单陈述句，但从语法上分析，它们由主语和谓语两部分组成。主语是谓语陈述的对象，指出谓语说的是“谁”或者“什么”；谓语用来陈述主语，说明主语“怎么样”或者“是什么”。

例如，“张三是大学生”中“是大学生”刻画了主语“张三”的身份。又如，“王英和王兰是姐妹”中“…与…是姐妹”刻画了“王英”与“王兰”之间的关系。再如，“小李排在小王和小刘中间”中“…排在…和…中间”则刻画了三个人间的位置关系。

定义 2.1.1 在具有判断意义的陈述句中，独立存在的成分称为个体(或客体)。用于描述个体的性质或个体之间关系的成分称为谓词。

“张三”、“王英”、“王兰”、“小李”、“小王”、“小刘”都是个体，是要陈述的对象，可以独立存在。它们可以是一个具体的事物，也可以是一个抽象的概念，如$\sqrt{2}$等。“是大学生”、“…与…是姐妹”、“…排在…和…中间”是谓词。当谓词与一个个体相联系时，它表示个体的性质；当与两个或两个以上个体相联系时，它表示个体之间的关系。

定义 2.1.2 当个体表示具体或特定的对象时称为个体常元，用带或不带下标的小写英文字母 $a,b,\cdots,a_i,b_i,\cdots$表示。

当个体表示不确定或泛指的对象时称为个体变元，用带或不带下标的小写英文字母 x，$y,\cdots,x_i,y_i\cdots$表示。

定义 2.1.3 个体变元的取值范围称为个体域(或论域)。

当个体域为有限集合时，称为有限个体域，如$\{a,b,c,\cdots,x,y,z\}$等。当个体域为无限集

合时,称为无限个体域,如自然数集合、实数集合等。当个体域为宇宙中的一切事物组成的集合时称为全总个体域。如果没有特殊说明,个体域都为全总个体域。如果给定个体域时,个体常元是该个体域中的某个确定的元素,而个体变元则表示该个体域中的任意一个元素。

定义 2.1.4　当谓词表示具体性质或关系时称为谓词常元,当谓词表示抽象的、泛指的性质或关系时称为谓词变元,常用带或不带下标的大写英文字母 $P,Q,\cdots,P_i,Q_i\cdots$ 表示谓词常元及谓词变元。

单独的谓词是没有意义的,用谓词表示命题时,必须有个体和谓词两个部分。在表示谓词时规定:表示谓词的大写字母后面加上圆括号,将表示个体的小写字母写在圆括号内,多个个体间用逗号分隔。

一般地,形如"a 是 A"的命题用 $A(a)$ 表示,描述两个个体变元 a、b 之间关系的命题用 $B(a,b)$ 表示,而 $L(x_1,x_2,\cdots,x_n)$ 描述 n 个个体变元 $x_1,x_2,\cdots,x_n$ 间的关系。

由于谓词 P 必须和个体或个体变元一起表示,所以习惯上就将谓词 P 与 n 个有序个体变元组成的表达式 $P(x_1,x_2,\cdots,x_n)$ 合称为 n 元谓词。不含个体变元的谓词,称为 0 元谓词。例如,上述的 $A(x)$ 是一元谓词,表示个体 x 具有性质 A;$B(x,y)$ 是二元谓词,表示个体 x、y 具有关系 B。

例 2.1.1　设 $F(x)$:x 是大学生。a:张三,b:李四。则 $F(a)$:张三是大学生。$F(b)$:李四是大学生。

如果 x 的论域是某大学计算机系的全体学生,则 $F(x)$ 为 T;如果 x 的论域是某大学计算机系的全体教师,则 $F(x)$ 为 F;如果 x 的论域是全总个体域,则 $F(x)$ 的真值不确定。

例 2.1.2　设 $L(x,y,z)$:x 排在 y 和 z 中间。则 L(小李,小王,小刘):小李排在小王和小刘中间。若这是一个真命题。当变换上述个体的顺序后,就可能成为假命题。

注　① 谓词中,个体的顺序一经约定,就不能任意调换,否则将可能影响其真值。

② 个体域的选取决定谓词是否成为命题以及其真值情况。

③ 一元谓词表示个体的性质,多元谓词表示若干个体间的关系。

④ n 元谓词 $P(x_1,x_2,\cdots,x_n)$,当个体变元没有指定具体的个体时,其真值无法确定,此时不是命题。只有当谓词中的每个个体变元都用个体域中确定的个体代替后,谓词才成为一个命题。所以 0 元谓词是命题。

⑤ 命题逻辑中的原子命题都可以用 0 元谓词表示,谓词是命题的推广,命题逻辑是谓词逻辑的子系统,因此命题逻辑中的联结词及推理理论在谓词逻辑中都可以使用。

例 2.1.3　在谓词逻辑中表示下列命题,并讨论其真值。

(1) 只有 2 是偶数,4 才是偶数。

(2) 若 5 大于 7,则 5 大于 8。

(3) 9 不能被 2 整除。

解　(1) 设 $F(x)$:x 是偶数。a:2。b:4。则原命题表示为

$$F(b)\rightarrow F(a)$$

由于 $F(b)$、$F(a)$ 都为 T,所以原命题为 T。

(2) 设 $G(x,y)$:x 大于 y。a:5。b:7。c:8。则原命题表示为

$$G(a,b)\rightarrow G(a,c)$$

由于 $G(a,b)$、$G(a,c)$ 都为 F,所以原命题为 T。

(3) 设 $H(x,y)$:x 能被 y 整除。a:9,b:2。则原命题表示为

$$\neg H(a,b)$$

此命题为 T。

2.1.2 量词

有了个体和谓词，有时还是无法准确地表示一个命题。例如，$J(x)$表示“x 是教授。”个体域为某学院的教师。那么 $J(x)$是表示某学院的教师都是教授呢，还是某学院的教师有些是教授呢？这时意义就不十分明确了，原因是这里无法描述个体变元的数量关系。因此，需要将个体变元进行量化。表示个体的数量关系的词称为量词。

1. 全称量词

定义 2.1.5 称“$\forall$”为全称量词，表示个体域中“所有的”、“每一个”、“对任一个”、“凡”、“一切”等。

$\forall xP(x)$表示“个体域中的所有个体 x 都具有性质 P。”

$\neg\forall xP(x)$表示“并非个体域中的所有个体 x 都具有性质 P。”

$\forall x\neg P(x)$表示“个体域中的所有个体 x 都不具有性质 P。”

当且仅当个体域中所有的个体都具有性质 P 时，$\forall xP(x)$为 T。

例 2.1.4 用谓词表示下列命题。

(1) 所有的人都要学习。

① 个体域为人类集合；

② 个体域为全总个体域。

(2) 任何非零整数或是正的或是负的。

① 个体域为整数集；

② 个体域为全总个体域。

解 (1) 设 $P(x)$：x 要学习。

① 个体域为人类集合。在个体域中除了人外，没有其他事物。所以命题符号化为

$$\forall xP(x)$$

② 全总个体域中除了人外，还有其他事物，必须把人分离出来。限定个体变元变化范围的谓词称为特性谓词。设 $M(x)$：x 是人。此命题的另一种理解为，只要是人，就一定要学习。所以命题符号化为

$$\forall x(M(x)\rightarrow P(x))$$

此命题不能表示为$\forall x(M(x)\wedge P(x))$。这个符号串表示“所有的 x，都是人并且都要学习”与原命题含义不相符。

(2) 设 $L(x)$：x 等于零。$R(x)$：x 是正数。$F(x)$：x 是负数。

① 个体域为整数集，命题符号化为

$$\forall x(\neg L(x)\rightarrow R(x)\,\overline{\vee}\,F(x))$$

② 个体域为全总个体域，引入特性谓词 $I(x)$：x 是整数。则命题符号化为

$$\forall x(I(x)\wedge\neg L(x)\rightarrow R(x)\,\overline{\vee}\,F(x))$$

2. 存在量词

定义 2.1.6 称“$\exists$”为存在量词，表示个体域中“存在一些”、“至少有一个”、“某些”、“有些”、“对于一些”等。

$\exists xP(x)$表示“个体域中存在个体 x 具有性质 P。”

$\neg\exists xP(x)$表示“并非个体域中存在个体 x 具有性质 P。”

$\exists x\neg P(x)$表示“个体域中存在个体 x 不具有性质 P。”

当且仅当个体域中至少存在一个个体具有性质 P 时，$\exists xP(x)$ 为 T。

全称量词和存在量词统称为量词，是逻辑学家弗雷格创立的。全称量词刻画个体域的所有个体与谓词的关系，存在量词刻画个体域中特殊个体与谓词的关系。存在量词表示“至少有一个”，而不是“恰有一个”。

例 2.1.5　用谓词表示下列命题。

(1) 一些人聪明。

① 个体域为人类集合；

②个体域为全总个体域。

(2) 有的自然数是质数。

① 个体域为自然数集；

② 个体域为全总个体域。

解　(1) 设 $P(x)$：x 聪明。

① 个体域为人类集合。则命题符号化为

$$\exists xP(x)$$

② 全总个体域中，设 $M(x)$：x 是人。则命题符号化为

$$\exists x(M(x)\land P(x))$$

(2) 设 $S(x)$：x 是质数。

① 个体域为自然数集。则命题符号化为

$$\exists xS(x)$$

② 全总个体域中，设 $N(x)$：x 是自然数。则命题符号化为

$$\exists x(N(x)\land S(x))$$

注　此命题不能表示为

$$\exists x(N(x)\rightarrow S(x))$$

这个符号串表示“存在个体 x，只要 x 是自然数，那么 x 就一定是质数”与原命题含义不相符。

有了量词，能够表达的命题的范围更广，然而同一个命题在不同的个体域中符号化的形式不一样，所以要特别注意个体域和特性谓词的选择。从上面的几个例子还可以看出量词和特性谓词之间有一定的规律：使用全称量词时，与之关联的特性谓词常作为条件式的前件出现；使用存在量词时，与之关联的特性谓词常作为合取项出现。

例 2.1.6　用谓词表示命题“尽管有人聪明，但未必一切人都聪明”。

解　设 $M(x)$：x 是人。$R(x)$：x 聪明。此命题的含义是“存在一些人聪明，同时并不是一切人都聪明。”则命题符号化为

$$\exists x(M(x)\land R(x))\land\neg\forall x(M(x)\rightarrow R(x))$$

注　① 谓词逻辑中，引入量词，但并不是要讨论个体的具体数量，而只关心谓词是作用于个体域中的所有个体还是某些个体。

② 使用不同的个体域，同一命题可能有不同的符号化形式。

③ 量词及谓词的个体变元是有顺序的，不能将其顺序随意颠倒。

2.2　谓词公式及命题符号化

2.2.1　命题函数

定义 2.2.1　由一个谓词和一些个体变元组成的表达式称为简单命题函数。由一个或多

个简单命题函数和逻辑联结词所组成的表达式称为复合命题函数。

如 $F(x)$表示"x 是大学生。"x 是个体变元，$F(x)$是简单命题函数，它没有确定的真值，不是命题。只有当 x 取特定的个体时，$F(x)$才成为命题。

n 元谓词 $P(x_1,x_2,\cdots,x_n)$是含有 n 个个体变元的简单命题函数，设每个个体变元 x_i 的个体域为 D_i，则它实际上是 $D_1\times D_2\times\cdots\times D_n$ 到集合$\{0,1\}$的一个函数。而当每个个体变元 x_i 取其个体域中某个特定的个体后，$P(x_1,x_2,\cdots,x_n)$就成为一个命题。因此，命题函数与命题的关系类似于函数和函数值的关系。

命题函数不是命题，只有其中的每个个体变元都用特定的个体或个体常元取代或者用量词进行量化后，才可能成为一个命题，而个体域的选取也确定命题函数是否能成为命题及其真值。

2.2.2 谓词公式

在命题逻辑中，由原子命题和命题联结词等符号串组成命题公式，便于命题演算。类似地定义谓词公式，能够更好地刻画命题的内在结构和命题间的关系。

定义 2.2.2 简单命题函数 $A(x_1,x_2,\cdots,x_n)$称为原子谓词公式(或原子公式)，其中 x_1，$x_2,\cdots,x_n$ 是个体变元。

定义 2.2.3 谓词公式递归定义如下：

(1) 原子公式是谓词公式。

(2) 若 A、B 是谓词公式，则$(\neg A)$、$(A\wedge B)$、$(A\vee B)$、$(A\rightarrow B)$、$(A\leftrightarrow B)$也是谓词公式。

(3) 若 A 是谓词公式，x 是 A 中出现的任一变元，则 $\forall xA$、$\exists xA$ 也是谓词公式。

(4) 只有有限次应用(1)、(2)、(3)所构成的式子才是谓词公式(wff)，也称为合式公式，简称为公式。

与命题公式类似，谓词公式最外层的括号可以省略，但量词后面若有括号则不能随意省略。

2.2.3 命题符号化

一个命题用符号表示时，可以用命题逻辑的方法，这种方法具有一定的局限性。引入谓词逻辑后，可以进一步描述命题间的内在联系。

用谓词表示下列命题，并分析其真值。

(1) 对于任意的 x，均有 $x^2-4=(x+2)(x-2)$。

(2) 存在 x，使得 $x+3=1$。

个体域为：①自然数集；②实数集。

解 个体域为自然数集。

(1) 设 $P(x)$：$x^2-4=(x+2)(x-2)$。则命题符号化为

$$\forall xP(x)$$

这是真命题。

(2) 设 $F(x)$：$x+3=1$。则命题符号化为

$$\exists xF(x)$$

这是假命题。

个体域为实数集。

(1) 同上,命题符号化为

$$\forall x P(x)$$

这是真命题。

(2) 同上,命题符号化为

$$\exists x F(x)$$

这是真命题。

例 2.2.1　设 $E(x,y)$:$x=y$。个体域为实数域。判断下列谓词公式中的真值。

(1) $\forall x \exists y E(x+y,0)$。

(2) $\exists y \forall x E(x+y,0)$。

解　(1) $\forall x \exists y E(x+y,0)$表示:对于任意实数 x,存在实数 y,使得 $x+y=0$。这是真命题。

(2) $\exists y \forall x E(x+y,0)$表示:存在实数 y,对于任意实数 x,都有 $x+y=0$。这是假命题。

$\forall x \exists y E(x+y,0)$与$\exists y \forall x E(x+y,0)$的含义不同,所以量词顺序的交换改变了命题的含义,也改变了其真值。

例 2.2.2　在谓词逻辑中符号化下列命题。

(1) 有的整数不是自然数。

(2) 每个计科系的学生都要学习离散数学。

(3) 没有一个自然数大于任何自然数。

(4) 有唯一的偶质数。

(5) 每个人都有自己喜欢的职业。

(6) 只有总经理才有秘书。

(7) 任何驯服的马都受到良好训练。

(8) 这只大红书柜里放满了那些古书。

解　(1) 设 $Z(x)$:x 是整数。$N(x)$:x 是自然数。则命题符号化为

$$\exists x(Z(x) \land \neg N(x))$$

本命题还可以理解为:不是所有的整数都是自然数。这时命题符号化为

$$\neg \forall x(Z(x) \to N(x))$$

这两种表示法是用不同的量词表示,但它们的含义相同。

(2) 设 $S(x)$:x 是学生。$J(x)$:x 是计科系的。$F(x,y)$:x 是学习 y。$G(x)$:x 是离散数学。则命题符号化为

$$\forall x \forall y(S(x) \land J(x) \land G(y) \to F(x,y))$$

(3) 设 $N(x)$:x 是自然数。$G(x,y)$:x 大于 y。则命题符号化为

$$\neg \exists x(N(x) \land \forall y(N(y) \to G(x,y)))$$

这个命题还可以理解为“没有最大的自然数”,即“对所有的个体 x,如果 x 是自然数,那么一定存在比 x 大的自然数”或“对所有的 x,如果 x 是自然数,那么一定存在个体 y,y 也是自然数,并且 y 比 x 大”。这时原命题符号化为

$$\forall x(N(x) \to \exists y(N(y) \land G(y,x)))$$

(4) 设 $Q(x)$:x 是偶数。$P(x)$:x 是质数。$E(x,y)$:x 等于 y。则命题符号化为

$$\exists x(Q(x) \land P(x) \land \neg \exists y(Q(y) \land P(y) \land \neg E(x,y)))$$

(5) 设 $M(x)$:x 是人。$P(x)$:x 是职业。$H(x,y)$:x 喜欢 y。则命题符号化为

$$\forall x(M(x) \to \exists y(P(y) \land H(x,y)))$$

(6) 设 $M(x)$:x 是人。$G(x)$:x 是总经理。$S(x)$:x 有秘书。则命题符号化为

$$\forall x(M(x) \land S(x) \to G(x))$$

(7) 设 $M(x)$:x 是马。$W(x)$:x 为驯服的。$R(x)$:x 受到良好训练。则命题符号化为

$$\forall x(M(x)\wedge W(x)\rightarrow R(x))$$

注 (6)、(7)两个命题看上去类似，但实际上并不相同。(6)题中“是总经理”是“有秘书”的必要但不充分条件，这个命题可以理解为“凡是有秘书的人都是总经理，但总经理不一定都有秘书”。(7)题中“驯服”是“受到良好训练”的充分但不必要条件，这个命题可以理解为“凡是驯服的马一定受到良好训练，但受到良好训练的马不一定是驯服的”。对于充分条件、必要条件、充分必要条件之间的不同，大家一定要仔细区别。

(8) 方法一。

设 $F(x,y)$：x 放满 y。$R(x)$：x 是大红书柜。$Q(x)$：x 是古书。a：这只。b：那些。则命题符号化为

$$R(a)\wedge Q(b)\wedge \mathrm{F}(a,b)$$

或

$$\exists x(R(x)\wedge \exists y(Q(y)\wedge \mathrm{F}(x,y)))$$

方法二。

设 $F(x,y)$：x 放满 y。$S(x)$：x 是书柜。$B(x)$：x 是大的。$R(x)$：x 是红色的。$G(x)$：x 是古老的。$E(x)$：x 是图书。a：这只。b：那些。则命题符号化为

$$S(a)\wedge B(a)\wedge R(a)\wedge G(b)\wedge E(b)\wedge \mathrm{F}(a,b)$$

所以对个体深度的描述不同将影响命题的符号化形式。

例 2.2.3 用谓词表示高等数学中函数极限的定义 $\lim\limits_{x\to x_0}f(x)=a$。

解 因为 $\lim\limits_{x\to x_0}f(x)=a\Leftrightarrow$ 对于任意 $\varepsilon>0$，总存在一个正数 $\delta>0$，使得当 x 满足不等式 $0<|x-x_0|<\delta$ 时，对应的函数 $f(x)$ 都满足不等式 $|f(x)-a|<\varepsilon$。

设 $L(x,y)$：$x>y$。个体域为实数域。则命题符号化为

$$\forall\varepsilon(L(\varepsilon,0)\rightarrow\exists\delta(L(\delta,0)\wedge\forall x(L(|x-x_0|,0)\wedge L(\delta,|x-x_0|)\rightarrow L(\varepsilon,|f(x)-a|))))$$

只包含个体谓词和个体量词的谓词逻辑称为一阶谓词逻辑，简称一阶逻辑，又称狭义谓词逻辑。在谓词逻辑中，除研究复合命题的命题形式、命题联结词的逻辑性质和规律外，还把命题分解成个体、谓词和量词等成分，研究由这些成分组成的命题形式的逻辑性质和规律。需要用谓词公式准确地表示一个命题，在符号化时需注意以下几点。

(1) 正确理解给定的命题，分析其中的个体、谓词、量词。

(2) 如果事先没有指明个体域，应以全总个体域为论域，作出特性谓词。在不同的个体域中，同一个命题符号化的形式可能不同。

(3) 引入量词，对命题的理解不同，侧重点不同，全称量词和存在量词符号化的形式不同。一般地，全称量词的引导，暗喻了变元间的一种因果关系，所以其后常跟随条件式，而存在量词的引导，表示了部分变元才特有的性质或关系，所以其后跟随的是合取式。

(4) 有多个量词时，不能随意交换其顺序。

(5) 分析谓词间的关系，选择正确的命题联结词。

(6) 注意括号的使用和配对。

2.3 变元的约束

2.3.1 量词的辖域、变元的约束

定义 2.3.1 若 B 是谓词公式 A 的一部分，且其本身也是谓词公式，则称 B 为 A 的子公式。

例如，$\forall x(N(x)\rightarrow\exists y(N(y)\wedge G(y,x)))$ 中，$\exists y(N(y)\wedge G(y,x))$ 是其子公式。

定义 2.3.2 在公式 $\forall xA$ 和 $\exists xA$ 中，量词 $\forall$、$\exists$ 后面的个体 x 称为量词的指导变元(或作

用变元)。紧接在量词后面的子公式 A 称为量词的辖域(或作用域)。在量词的辖域中,变元 x 的所有出现称为约束出现,此时的变元 x 称为约束变元。不是约束出现的其他变元称为自由变元,其出现为自由出现。

对于给定的谓词公式,能够准确地判定各量词的辖域、变元的约束出现或自由出现是很重要的。一个量词的辖域是位于该量词之后的相邻接的子公式,若量词后有括号,则括号内的子公式就是该量词的辖域;若量词后无括号,则与量词邻接的子公式为该量词的辖域。在辖域中受到指导变元约束的变元均是约束变元。约束变元和自由变元的关系类似于程序设计语言的局部变量和全局变量间的关系。

例 2.3.1 说明以下各公式中量词的辖域及变元的约束情况。

(1) $\exists x(R(x) \wedge \forall y(Q(y) \vee F(x,y)))$。

(2) $\forall x \forall y(L(x,y) \wedge H(y,z)) \wedge \exists x L(x,y)$。

(3) $\forall x(A(x) \rightarrow B(y)) \rightarrow \exists y(C(x) \wedge F(x,y,z))$。

(4) $\forall x(F(x,y) \rightarrow G(x,z))$。

解 (1) $\exists x$ 的辖域是 $R(x) \wedge \forall y(Q(y) \vee F(x,y))$,其中 x 为约束出现,$\forall y$ 的辖域是 $Q(y) \vee F(x,y)$,其中 y 为约束出现。

(2) $\forall x$ 的辖域是 $\forall y(L(x,y) \wedge H(y,z))$,$x$ 为约束出现,$\forall y$ 的辖域是 $L(x,y) \wedge H(y,z)$,y 为约束出现,$\exists x$ 的辖域是 $L(x,y)$,x 为约束出现,y 为自由出现。整个公式中,x 是约束变元,但是约束的量词不同。y 既是约束变元又是自由变元,z 是自由变元。

(3) $\forall x$ 的辖域是 $A(x) \rightarrow B(y)$,其中 x 为约束出现,y 为自由出现。$\exists y$ 的辖域是 $C(x) \wedge F(x,y,z)$,其中 y 为约束出现,x、z 为自由出现。

(4) $\forall x$ 的辖域是 $F(x,y) \rightarrow G(x,z)$,其中 x 为约束出现,y、z 为自由出现。

2.3.2 换名规则和代入规则

从上面的例子看出,同一变元在同一公式中既可能以约束变元和自由变元两种成分出现,作为约束变元又可能受到不同量词的约束。为了避免概念上的混乱,便于讨论和研究,引入下面两个规则,使得同一个变元在同一个公式中仅以一种确定形式出现。

规则一(约束变元换名规则):

(1) 将量词的指导变元及辖域中所有约束出现的该变元,全部换成新的变元符号,公式中其余部分不变。

(2) 新换的变元名,要和辖域中已经出现过的变元名不同,最好是公式中没有出现过的符号。

规则二(自由变元代入规则):

(1) 对自由变元代入时需对公式中出现该自由变元的每一处进行代入。

(2) 新代入的变元名,要与原公式中所有的变元名不同。

例 2.3.2 对公式 $\forall x \exists y(P(x,z) \rightarrow Q(y) \wedge N(x,t)) \leftrightarrow S(x,y) \vee \exists z \exists x R(x,y,z)$ 进行换名或代入。

解 公式中 x、y、z 既是约束变元又是自由变元,可以将约束变元 y 换成 v,z 换成 w,$\forall$ 约束的 x 换成 u,$\exists$ 约束的 x 换成 s,所以原公式改为

$$\forall u \exists v(P(u,z) \rightarrow Q(v) \wedge N(u,t)) \leftrightarrow S(x,y) \vee \exists w \exists s R(s,y,w)$$

或将自由变元代入

$$\forall x \exists y(P(x,u) \rightarrow Q(y) \wedge N(x,t)) \leftrightarrow S(v,w) \vee \exists z \exists x R(x,w,z)$$

2.3.3 约束变元的量化

由量词的定义可知，当个体域是有限集合 $A=\{a_1,a_2,\cdots,a_n\}$ 时，量词可以消去，从而得到与之等价的命题。即

$$\forall xF(x)\Leftrightarrow F(a_1)\wedge F(a_2)\wedge\cdots\wedge F(a_n)$$

$$\exists xF(x)\Leftrightarrow F(a_1)\vee F(a_2)\vee\cdots\vee F(a_n)$$

例 2.3.3 设个体域为 $\{a,b,c\}$，试将下列谓词中的量词消除，写成与之等价的命题公式。

(1) $\forall xA(x)\wedge\exists xB(x)$。

(2) $\forall x(P(x)\rightarrow Q(x))$。

(3) $\exists x\forall yH(x,y)$。

解 (1) $\forall xA(x)\wedge\exists xB(x)\Leftrightarrow(A(a)\wedge A(b)\wedge A(c))\wedge(B(a)\vee B(b)\vee B(c))$。

(2) $\forall x(P(x)\rightarrow Q(x))\Leftrightarrow(P(a)\rightarrow Q(a))\wedge(P(b)\rightarrow Q(b))\wedge(P(c)\rightarrow Q(c))$。

(3) $\exists x\forall yH(x,y)\Leftrightarrow(H(a,a)\wedge H(a,b)\wedge H(a,c))\vee(H(b,a)\wedge H(b,b)\wedge H(b,c))$,
$\vee(H(c,a)\wedge H(c,b)\wedge H(c,c))$。

2.4 谓词演算的等价式和蕴涵式

2.4.1 谓词公式的赋值

谓词公式中一般含有个体常元、个体变元、谓词常元和谓词变元(包括命题变元)等，因此谓词公式只是一个符号串，没有确定的真值。将各种变元用特定的常元取代，称为公式的一个解释。公式解释后就具有确定真值，从而成为了命题。

例 2.4.1 求下列公式的真值：

$$\forall x(P\rightarrow Q(x))\vee R(a)$$

其中，P：$2>1$。$Q(x)$：$x\leqslant 3$。$R(x)$：$x>5$。a：5。论域：$\{-2,3,6\}$。

解 由 2.3 节可知，当论域为有限集合时，量词可以消去。所以

$$\forall x(P\rightarrow Q(x))\vee R(a)\Leftrightarrow[(P\rightarrow Q(-2))\wedge(P\rightarrow Q(3))\wedge(P\rightarrow Q(6))]\vee R(a)$$

对等价式的右边

$$P\rightarrow Q(-2)\Leftrightarrow \mathrm{T}\rightarrow\mathrm{T}\Leftrightarrow\mathrm{T}$$

$$P\rightarrow Q(3)\Leftrightarrow \mathrm{T}\rightarrow\mathrm{T}\Leftrightarrow\mathrm{T}$$

$$P\rightarrow Q(6)\Leftrightarrow \mathrm{T}\rightarrow\mathrm{F}\Leftrightarrow\mathrm{F}$$

$$R(a)\Leftrightarrow\mathrm{F}$$

于是

$$\forall x(P\rightarrow Q(x))\vee R(a)\Leftrightarrow(\mathrm{T}\wedge\mathrm{T}\wedge\mathrm{F})\vee\mathrm{F}\Leftrightarrow\mathrm{F}\vee\mathrm{F}\Leftrightarrow\mathrm{F}$$

因此，公式 $\forall x(P\rightarrow Q(x))\vee R(a)$ 在论域 $\{-2,3,6\}$ 中为 F。

定义 2.4.1 谓词公式的一个解释(或赋值)由下面 4 部分构成：

(1) 特定的个体域 E；

(2) E 中一部分特定个体；

(3) E 上一些特定函数；

(4) E 上一些特定谓词。

例 2.4.2 给定解释：论域 E 为整数集。$R(x,y)$：$x<y$。求公式

$$\forall x\neg R(x,x)\wedge\forall x\exists yR(x,y)\wedge\forall x\forall y\forall z((R(x,y)\wedge R(y,z))\rightarrow R(x,z))$$

的真值。

解 在此解释下，$\forall x \neg R(x,x)$表示的命题为"任意一个整数不会小于自身。"$\forall x \exists y R(x,y)$表示的命题为"对任意整数，总存在一个比它大的整数。"$\forall x \forall y \forall z((R(x,y) \wedge R(y,z)) \rightarrow R(x,z))$表示的命题为"对任意整数 x、y、z，如果 $x<y$ 且 $y<z$，则有 $x<z$。"

显然原命题在规定的解释下是真命题。

注 判断谓词公式在一组解释下的真值，关键是要把谓词公式翻译成能够理解的自然语言，弄清各个子公式表示的含义，再利用相应的命题联结词进行判断。

例 2.4.3 设 f 是一元函数，P 是一元谓词，Q 是二元谓词，给定解释如下：

$$E=\{2,3\}, \quad f(2)=3, \quad f(3)=2, \quad P(2)=1, \quad P(3)=0$$

$$Q(2,2)=Q(3,3)=1, \quad Q(2,3)=Q(3,2)=0$$

求公式 $\forall x \exists y(Q(f(x),y) \rightarrow P(x))$的真值。

解

$$\begin{aligned}
&\forall x \exists y(Q(f(x),y) \rightarrow P(x)) \\
\Leftrightarrow&(\exists y(Q(f(2),y) \rightarrow P(2))) \wedge (\exists y(Q(f(3),y) \rightarrow P(3))) \\
\Leftrightarrow&((Q(f(2),2) \rightarrow P(2)) \vee (Q(f(2),3) \rightarrow P(2))) \wedge ((Q(f(3),2) \rightarrow P(3)) \\
&\vee (Q(f(3),3) \rightarrow P(3))) \\
\Leftrightarrow&((Q(3,2) \rightarrow 1) \vee (Q(3,3) \rightarrow 1)) \wedge ((Q(2,2) \rightarrow 0) \vee (Q(2,3) \rightarrow 0)) \\
\Leftrightarrow&((0 \rightarrow 1) \vee (1 \rightarrow 1)) \wedge ((1 \rightarrow 0) \vee (0 \rightarrow 0)) \\
\Leftrightarrow&(1 \vee 1) \wedge (0 \vee 1) \\
\Leftrightarrow&1
\end{aligned}$$

与命题公式类似，有些谓词公式在任何解释下真值都为 T，有些在任何解释下真值都为 F，因此将谓词公式进行分类。

定义 2.4.2 设 A 为谓词公式，其个体域为 E。

(1) 若在所有解释下，A 的真值均为 T，则称 A(在 E 上)是有效式(或永真式、重言式)。

(2) 若在所有解释下，A 的真值均为 F，则称 A(在 E 上)是不可满足式(或永假式)。

(3) 若至少存在一个解释，使得 A 的真值为 T，则称 A(在 E 上)是可满足式。

当谓词公式的个体域是有限集合，且解释也有限时，可以利用真值表判断谓词公式的类型。但一般情况下，谓词公式的个体域及解释是多种多样的，用真值表法就很难判断其类型。这时可以采用类似于命题演算的方法，利用公式间的等价式及蕴涵式进行谓词演算。

2.4.2 谓词公式的等价及蕴涵

某些谓词公式在任何解释下其真值完全相同，这样的公式称为等价公式，如例 2.2.2 中(1)，可表示成为$\exists x(Z(x) \wedge \neg N(x))$及$\neg \forall x(Z(x) \rightarrow N(x))$，这两个谓词公式表示的含义是相同的。

定义 2.4.3 设 A、B 是两个谓词公式，其共同个体域为 E，若在 A、B 的任一组解释下，A 与 B 的真值均相同，则称 A 与 B 在 E 上等价，记作 $A \Leftrightarrow B$。

定理 2.4.1 设 A、B 是两个谓词公式，有共同的个体域 E，则 $A \Leftrightarrow B$ 当且仅当 $A \leftrightarrow B$ 是有效式。

定义 2.4.4 设 A、B 是两个谓词公式，有共同的个体域 E，若 $A \rightarrow B$ 为重言式，则称在 E 上 A 蕴涵 B，记作 $A \Rightarrow B$。

1. 命题公式的推广

谓词公式的等价、蕴涵是在谓词公式进行赋值，转化为命题后才讨论的，所以可以把命题演算中的等价式、蕴涵式推广到谓词演算中。命题演算中永真式的变元用谓词演算中的公式

代替，所得到的谓词公式仍是有效式。例如

$$\exists x H(x,y) \wedge \neg \exists x H(x,y) \Leftrightarrow \mathrm{F}$$

$$\forall x(A(x) \to B(x)) \Leftrightarrow \forall x(\neg A(x) \vee B(x))$$

$$\neg(\neg \forall x A(x)) \Leftrightarrow \forall x A(x)$$

2. 量词演算规则

由于谓词公式中引入了谓词和量词，所以谓词演算有其特殊的规则。

(1) 量词的否定。

例 2.4.4 设 $P(x)$：x 是男生。论域为{本教室里的学生}。则

① $\neg \forall x P(x)$表示"并不是本教室里所有的学生都是男生"。$\exists x \neg P(x)$表示"本教室里有些学生不是男生"。它们在含义上是相同的。

② $\neg \exists x P(x)$表示"没有男生在本教室里"。$\forall x \neg P(x)$表示"本教室里所有的人都不是男生"。它们在含义上是相同的。

定理 2.4.2 设 $A(x)$是任意含个体变元 x 的谓词公式，则

$$\neg \forall x A(x) \Leftrightarrow \exists x \neg A(x)$$

$$\neg \exists x A(x) \Leftrightarrow \forall x \neg A(x)$$

证明 仅在有限个体域上加以证明。

设个体域为$\{a_1, a_2, \cdots, a_n\}$，则

$$\begin{aligned}\neg \forall x A(x) &\Leftrightarrow \neg(A(a_1) \wedge A(a_2) \wedge \cdots \wedge A(a_n))\\&\Leftrightarrow \neg A(a_1) \vee \neg A(a_2) \vee \cdots \vee \neg A(a_n))\\&\Leftrightarrow \exists x \neg A(x)\end{aligned}$$

同理有

$$\neg \exists x A(x) \Leftrightarrow \forall x \neg A(x)$$ ■

注 出现在量词前的否定联结词，是否定被量化了的整个命题。量词外面的否定联结词可以深入到辖域内，辖域内的否定联结词也可以移到辖域外，但此时要注意量词的变化。

(2) 量词辖域的收缩与扩张。

定理 2.4.3 设 $A(x)$是任意含个体变元 x 的谓词公式，B 是命题或不含与指导变元相关的谓词公式，则

① $\forall x(A(x) \vee B) \Leftrightarrow \forall x A(x) \vee B$

$\forall x(A(x) \wedge B) \Leftrightarrow \forall x A(x) \wedge B$

$\forall x(B \to A(x)) \Leftrightarrow B \to \forall x A(x)$

$\forall x(A(x) \to B) \Leftrightarrow \exists x A(x) \to B$

② $\exists x(A(x) \vee B) \Leftrightarrow \exists x A(x) \vee B$

$\exists x(A(x) \wedge B) \Leftrightarrow \exists x A(x) \wedge B$

$\exists x B \to A(x) \Leftrightarrow B \to \exists x A(x)$

$\exists x(A(x) \to B) \Leftrightarrow \forall x A(x) \to B$

证明 在认可部分等价式的基础上，验证$(\exists x)(A(x) \to B) \Leftrightarrow (\forall x)A(x) \to B$

$$\begin{aligned}\exists x(A(x) \to B) &\Leftrightarrow \exists x(\neg A(x) \vee B)\\&\Leftrightarrow \exists x \neg A(x) \vee B\\&\Leftrightarrow \neg \forall x A(x) \vee B\\&\Leftrightarrow \forall x A(x) \to B\end{aligned}$$ ■

注 以上等价式可以理解为：由于 B 是命题或不含与指导变元相关的谓词公式，所以 $\forall x$、

$\exists x$ 对 B 或 B 中的变元不起作用，可以将 B 移到量词辖域内外。但在条件式中，如果与指导变元相关的谓词公式位于前件时，要注意 $\forall x$ 和 $\exists x$ 的转换。

(3) 量词对 $\wedge$、$\vee$ 的分配律。

量词分配等价式

$$\forall x(A(x)\wedge B(x))\Leftrightarrow \forall xA(x)\wedge \forall xB(x)$$
$$\exists x(A(x)\vee B(x))\Leftrightarrow \exists xA(x)\vee \exists xB(x)$$

量词分配蕴涵式

$$\forall x(A(x)\vee B(x))\Leftarrow \forall xA(x)\vee \forall xB(x)$$
$$\exists x(A(x)\wedge B(x))\Rightarrow \exists xA(x)\wedge \exists xB(x)$$

注 $\forall$ 对 $\wedge$、$\exists$ 对 $\vee$ 具有分配律，但 $\forall$ 对 $\vee$、$\exists$ 对 $\wedge$ 不具有分配律。

例 2.4.5 设 $A(x)$：x 是奇数。$B(x)$：x 是偶数。论域为正整数集。则

$\exists xA(x)\wedge \exists xB(x)$：有些正整数是奇数同时有些正整数是偶数。为真命题。

$\exists x(A(x)\wedge B(x))$：有些正整数同时既是奇数又是偶数。为假命题。

显然

$$\exists x(A(x)\wedge B(x))\not\Leftrightarrow \exists xA(x)\wedge \exists xB(x)$$
$$\exists xA(x)\wedge \exists xB(x)\not\Rightarrow \exists x(A(x)\wedge B(x))$$

例 2.4.6 设 $A(x)$：x 是正整数。$B(x)$：x 是负整数。论域为整数集 $-\{0\}$。则

$\forall x(A(x)\vee B(x))$：任一非零整数，它是正整数或是负整数。为真命题。

$\forall xA(x)\vee \forall xB(x)$：任一非零整数都是正整数或任一非零整数都是负整数。为假命题。

所以

$$\forall x(A(x)\vee B(x))\not\Rightarrow \forall xA(x)\vee \forall xB(x)$$

(4) 多个量词的使用。

当谓词公式中出现多个量词时，约定：各量词按从左到右的顺序读出，不得随意颠倒其顺序。但是当出现的量词是相同的话，量词的顺序可以颠倒。

以两个量词为例讨论。

两个量词的谓词公式具有以下等价式和蕴涵式：

等价式

$$\forall x\forall yA(x,y)\Leftrightarrow \forall y\forall xA(x,y)$$
$$\exists x\exists yA(x,y)\Leftrightarrow \exists y\exists xA(x,y)$$

蕴涵式

$$\forall x\forall yA(x,y)\Rightarrow \exists y\forall xA(x,y)\Rightarrow \forall x\exists yA(x,y)\Rightarrow \exists y\exists xA(x,y)$$
$$\forall y\forall xA(x,y)\Rightarrow \exists x\forall yA(x,y)\Rightarrow \forall y\exists xA(x,y)\Rightarrow \exists x\exists yA(x,y)$$

借助图 2-1 可以方便记忆含有两个量词的谓词公式等价式和蕴涵式间的关系。

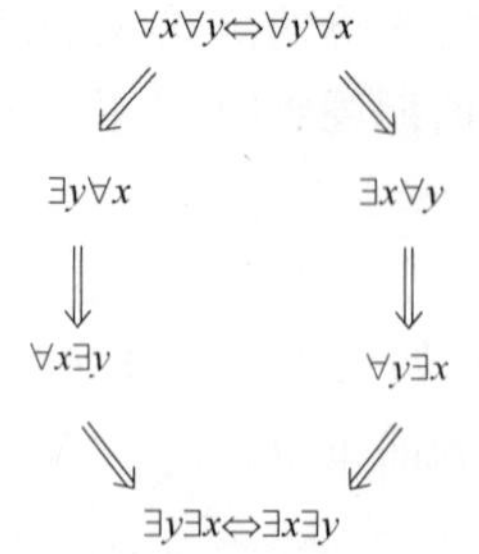

图 2-1 两个量词的谓词公式等价式与蕴涵式间的关系

例 2.4.7　设 $A(x,y)$：x 读过 y。x 的论域为人类集合，y 的论域为书籍集合。则

$\forall x\forall yA(x,y)$：每个人读过所有的书。

$\forall y\forall xA(x,y)$：所有的书被每个人读过。

显然，它们的含义一样，所以 $\forall x\forall yA(x,y)\Leftrightarrow\forall y\forall xA(x,y)$。

$\exists x\exists yA(x,y)$：有的人读过某些书。

$\exists y\exists xA(x,y)$：某些书有的人读过。

同理，$\exists x\exists yA(x,y)\Leftrightarrow\exists y\exists xA(x,y)$。

$\exists x\forall yA(x,y)$：有人读过所有的书。为假命题。

$\forall y\exists xA(x,y)$：所有的书都有人读过。为真命题。

因此

$$\exists x\forall yA(x,y)\rightarrow\forall y\exists xA(x,y)$$

为重言式。所以

$$\exists x\forall yA(x,y)\Rightarrow\forall y\exists xA(x,y)$$

谓词逻辑中常用的等价式和蕴涵式见表 2-1。

表 2-1　基本等价式和蕴涵式

编号	等价式和蕴涵式
E_{25}	$\exists x(A(x)\vee B(x))\Leftrightarrow\exists xA(x)\vee\exists xB(x)$
E_{26}	$\forall x(A(x)\wedge B(x))\Leftrightarrow\forall xA(x)\wedge\forall xB(x)$
E_{27}	$\neg\exists xA(x)\Leftrightarrow\forall x\neg A(x)$
E_{28}	$\neg\forall xA(x)\Leftrightarrow\exists x\neg A(x)$
E_{29}	$\forall x(A(x)\vee B)\Leftrightarrow\forall xA(x)\vee B$
E_{30}	$\exists x(A(x)\wedge B)\Leftrightarrow\exists xA(x)\wedge B$
E_{31}	$\exists x(A(x)\rightarrow B(x))\Leftrightarrow\forall xA(x)\rightarrow\exists xB(x)$
E_{32}	$\exists x(A(x)\rightarrow B)\Leftrightarrow\forall xA(x)\rightarrow B$
E_{33}	$\forall x(A(x)\rightarrow B)\Leftrightarrow\exists xA(x)\rightarrow B$
E_{34}	$A\rightarrow\forall xB(x)\Leftrightarrow\forall x(A\rightarrow B(x))$
E_{35}	$A\rightarrow\exists xB(x)\Leftrightarrow\exists x(A\rightarrow B(x))$
I_{17}	$\forall xA(x)\vee\forall xB(x)\Rightarrow\forall x(A(x)\vee B(x))$
I_{18}	$\exists x(A(x)\wedge B(x))\Rightarrow\exists xA(x)\wedge\exists xB(x)$

2.5　谓词公式的范式

在命题逻辑中，每个公式都有与之等价的范式，范式对判断公式的类型及研究公式之间的关系等起着重要的作用。类似地，在谓词逻辑中，也将讨论公式的一种标准型。

2.5.1　前束范式

定义 2.5.1　在一个谓词公式中，如果所有的量词均位于该公式的开头，且它们的辖域都延伸到整个公式的末尾，则称该公式为前束范式。

前束范式的一般形式为

$$\square v_1\square v_2\cdots\square v_nA$$

其中,符号□是量词∀或∃,v_i($i=1,2,\cdots,n$)是个体变元,A 是不含有量词的谓词公式。

没有量词的谓词公式称为平凡的前束范式。

例如

$$\forall x\forall y(P(x)\land P(y)\land A(x,y)\to E(x,y))$$

$$\forall x\exists y(P(x)\land C(y)\land I(x,y)\to \neg L(x,y))$$

都是前束范式,而

$$\forall x(P(x)\to \forall y(Q(y)\to \neg L(x,y)))$$

$$\neg \forall x(P(x)\land G(x,0)\to \exists y(P(y)\lor G(y,x)))$$

都不是前束范式。

定理 2.5.1(前束范式存在定理)　谓词逻辑中任何公式都存在与之等价的前束范式。

证明　利用量词转化公式

$$\neg \forall xP(x)\Leftrightarrow \exists x\neg P(x)\qquad \neg \exists xP(x)\Leftrightarrow \forall x\neg P(x)$$

先把否定联结词深入到单个的命题变元或命题函数之前(如果必要的话)。

再利用下列等价式

$$\square xA(x)\Leftrightarrow \square yA(y)$$

$$\square xA(x)\triangle \square yB(y)\Leftrightarrow \square x\square y(A(x)\triangle B(y))$$

其中,符号□可以是∀或∃,△可以是∧或∨。

换名或代入,然后把量词逐一地顺序移到整个公式的前端,便得到与该公式等价的前束范式。■

例 2.5.1　求下列公式的前束范式。

(1) $\forall xF(x)\land \neg \exists xG(x)$。

(2) $\neg \forall x(\exists yA(x,y)\to \exists x\forall y(B(x,y)\land \forall y(A(y,x)\to B(x,y))))$。

(3) $\forall xF(x,y)\to \exists yG(x,y)$。

(4) $\exists xA(x)\lor \exists xB(x)$与$\exists xA(x)\lor \exists yB(y)$。

解　(1)

方法一。

原式$\Leftrightarrow \forall xF(x)\land \neg \exists yG(y)$　(换名)

$\Leftrightarrow \forall xF(x)\land \forall y\neg G(y)$　(否定深入)

$\Leftrightarrow \forall x(F(x)\forall y\neg G(y))$　(前移量词)

$\Leftrightarrow \forall x\forall y(F(x)\land \neg G(y))$　(前移量词)

方法二。

原式$\Leftrightarrow \forall xF(x)\land \forall x\neg G(x)$　(否定深入)

$\Leftrightarrow \forall x(F(x)\land \neg G(x))$　(量词∀对∧的分配律)

(2) 原式$\Leftrightarrow \exists x\neg(\neg \exists yA(x,y)\lor \exists x\forall y(B(x,y)\land \forall y(A(y,x)\to B(x,y))))$

$\Leftrightarrow \exists x(\exists yA(x,y)\land \neg \exists x\forall y(B(x,y)\land \forall y(A(y,x)\to B(x,y))))$

$\Leftrightarrow \exists x(\exists yA(x,y)\land \forall x\exists y(\neg B(x,y)\lor \exists y\neg(A(y,x)\to B(x,y))))$　(否定深入)

$\Leftrightarrow \exists x(\exists yA(x,y)\land \forall s\exists t(\neg B(s,t)\lor \exists z\neg(A(z,s)\to B(s,z))))$　(约束变元换名)

$\Leftrightarrow \exists x\exists y\forall s\exists t\exists z(A(x,y)\land(\neg B(s,t)\lor \neg(A(z,s)\to B(s,z))))$　(前移量词)

(3) 方法一。

原式$\Leftrightarrow \forall tF(t,y)\to \exists yG(x,y)$　(约束变元换名)

$\Leftrightarrow \forall tF(t,y)\to \exists wG(x,w)$　(约束变元换名)

$\Leftrightarrow \exists t\exists w(F(t,y)\to G(x,w))$　(前移量词)

方法二。

原式$\Leftrightarrow \forall xF(x,t)\to \exists yG(w,y)$　　（自由变元代入）

$\Leftrightarrow \exists x\exists y(F(x,t)\to G(w,y))$　　（前移量词）

(4) 因为

$$\exists x(A(x)\vee B(x))\Leftrightarrow \exists xA(x)\vee \exists xB(x)$$

所以$\exists xA(x)\vee \exists xB(x)$的前束范式为

$$\exists x(A(x)\vee B(x))$$

而$\exists xA(x)\vee \exists yB(y)$中个体变元不一样，所以前束范式为

$$\exists x\exists y(A(x)\vee B(y))$$

注 ① 在整个转化过程中，只能使用等价式。

② 前束范式可以不唯一。

③ 要特别区分出哪些变元是约束出现，哪些是自由出现，尤其要注意那些既是约束出现又是自由出现的变元。如果约束变元和自由变元出现有同名的，则利用换名规则或代入规则使得同一个变元在公式中只以一种确定的形式出现。

④ 前束范式的定义要求，量词前不能有否定联结词$\neg$。将公式转换成前束范式时，需将其深入到量词的辖域中。

⑤ 前移量词时，必须按照公式中量词原有的次序前后移动。

⑥ 由存在量词引导，当个体变元名不同时，它们只能当作两项，不能简单合并成一项。

2.5.2 前束合取、析取范式

谓词公式的前束范式不唯一，为了使谓词公式的形式比较统一规范，下面介绍前束合取范式及前束析取范式。

定义 2.5.2 如果谓词公式 A 具有如下形式：

$$\Box v_1\Box v_2\cdots\Box v_n[(A_{11}\vee\cdots\vee A_{1l_1})\wedge(A_{21}\vee\cdots\vee A_{2l_2})\wedge\cdots\wedge(A_{m1}\vee\cdots\vee A_{ml_m})]$$

其中，符号$\Box$是量词$\forall$或$\exists$，$v_i(i=1,2,\cdots,n)$是个体变元，A_{ij}是原子公式或其否定，则称 A 为前束合取范式。

例如，$\forall x\exists y\exists z[(\neg P\vee\neg F(x,a)\vee F(z,b))\wedge(Q(y)\vee F(a,b))\wedge\neg R(x)]$是前束合取范式，其中 x、y、z 为个体变元，a、b 为个体常元。

定理 2.5.2（前束合取范式存在定理） 每个谓词公式都可以转化为与之等价的前束合取范式。

证明 请读者完成。 ■

例 2.5.2 将公式$\forall x(\forall yP(x)\vee\forall zQ(z,y)\to\neg\forall yR(x,y))$化为与其等价的前束合取范式。

解 原式$\Leftrightarrow\forall x(P(x)\vee\forall zQ(z,y)\to\neg\forall yR(x,y))$　　（取消多余量词）

$\Leftrightarrow\forall x(P(x)\vee\forall zQ(z,y)\to\neg\forall wR(x,w))$　　（约束变元换名）

$\Leftrightarrow\forall x(\neg(P(x)\vee\forall zQ(z,y))\vee\neg\forall wR(x,w))$　　（消去条件联结词）

$\Leftrightarrow\forall x((\neg P(x)\wedge\exists z\neg Q(z,y))\vee\exists w\neg R(x,w))$　　（否定深入）

$\Leftrightarrow\forall x\exists z\exists w((\neg P(x)\wedge\neg Q(z,y))\vee\neg R(x,w))$　　（前移量词）

$\Leftrightarrow\forall x\exists z\exists w((\neg P(x)\vee\neg R(x,w))\wedge(\neg Q(z,y)\vee\neg R(x,w)))$　　（分配律展开）

非常类似地可以讨论前束析取范式。

定义 2.5.3　如果谓词公式 A 具有如下形式：

$$\square v_1 \square v_2 \cdots \square v_n [(A_{11} \wedge \cdots \wedge A_{1l_1}) \vee (A_{21} \wedge \cdots \wedge A_{2l_2}) \vee \cdots \vee (A_{m1} \wedge \cdots \wedge A_{ml_m})]$$

其中，符号□是量词∀或∃，$v_i(i=1,2,\cdots,n)$是个体变元，A_{ij} 是原子公式或其否定，则称 A 为前束析取范式。

定理 2.5.3(前束析取范式存在定理)　每个谓词公式都可以转化为与之等价的前束析取范式。

2.6　谓词演算的推理理论

谓词演算是命题演算的深化与发展，命题演算中的许多等价式和蕴涵式可以推广到谓词演算中，命题演算中的推理规则如 P 规则、T 规则、置换和代入规则、CP 规则等，可以应用到谓词演算的推理中。

进一步地说，由于命题函数和量词的添入，谓词逻辑的推理比命题逻辑的推理要复杂，由于某些前提与结论可能受到量词的限制，为了确定前提和结论之间的内部联系，从而使用命题逻辑中的等价式和蕴涵式时，必须在推理过程中消去和引入量词，所以需要有谓词逻辑特有的推理规则。正确理解和运用有关量词规则，在谓词逻辑推理理论中十分重要。

2.6.1　量词消去与引入规则

1. 全称量词消去规则(US 规则)

$$\frac{\forall x P(x)}{P(c)}$$

其中，P 是谓词；c 是个体域中的任意个体。

其含义是，如果个体域中所有个体都具有性质 P，则个体域中任何个体 c 均具有性质 P。利用这个规则，可以从带有全称量词的前提中推导出不带全称量词的特殊结论，体现了在谓词逻辑推理中由一般到特殊的推理方法。

注　使用此规则时应注意：用 c 取代 $P(x)$ 中的 x 时，必须在 $P(x)$ 中出现 x 的一切地方进行取代。

2. 存在量词消去规则(ES 规则)

$$\frac{\exists x P(x)}{P(c)}$$

其中，P 是谓词；c 是个体域中的某些特定的个体。

其含义是，如果 $\exists x P(x)$ 成立，则对个体域中某些特定个体 c 具有性质 P。说明，若个体域中存在一些个体具有性质 P，则至少有某个确定的个体 c 具有性质 P。

注　使用此规则时应注意：c 是使 $P(x)$ 为真的特定的个体，不能任意选择。

例如，$A(x)$：x 为奇数。$B(x)$：x 为偶数。个体域为自然数集合。若 $\exists x A(x) \wedge \exists x B(x)$ 是真命题，则对于某些 c 或 d，$A(c) \wedge B(d)$ 必为真，但 $A(c) \wedge B(c)$ 不一定为真。这是因为对于 $\exists x B(x)$ 而言，取代 x 的 c 已经使 $A(c)$ 为真，此时 $B(c)$ 未必为真。因此，应选用另外的个体 d。

3. 全称量词引入规则(UG规则)

$$\frac{P(c)}{\forall x P(x)}$$

其中,P 是谓词。

其含义是,如果能证明个体域中的每一个个体 c 都使 P 成立,则 $\forall x P(x)$ 必成立。

注 使用此规则时应注意,如果能确实证明 $P(c)$ 对每一个个体能够成立,才能应用此规则。

4. 存在量词引入规则(EG规则)

$$\frac{P(c)}{\exists x P(x)}$$

其中,P 是谓词。

其含义是,如果对于个体域中某个(些)客体 c,有 $P(c)$ 为真,则在个体域中必有 $\exists x P(x)$ 为真。

在谓词逻辑推理中使用这四个规则时,需注意以下几点:

(1) 这四个规则仅能对前束范式使用,这点必须特别注意。

(2) US、ES规则的作用,一般是在推理开始时删除量词。一旦删除了量词,就可方便地用命题演算的各种规则与方法进行推理。但这样做的结果不能得到预期的结论,所以还要用UG、EG规则,其作用则是在推理过程中添加量词,将结论进行量化。特别要注意,使用ES规则产生的自由变元不能保留在结论中,因为它是暂时的假设,在推理结束之前必须使用EG规则进行量化,使之成为约束变元。

(3) 全称量词与存在量词的基本差别在于消去和引入量词规则的使用中。ES规则中 $P(c)$ 的 c 取特定值,而US规则中 $P(c)$ 的 c 取任意值。要清楚消去量词后个体 c 是特定的还是任意的。当同时有全称量词和存在量词引导的若干前提时,必须先消去存在量词引导前提中的存在量词。

2.6.2 推理方法

与命题逻辑一样,谓词逻辑中的推理形式仍然为

$$A_1 \land A_2 \land \cdots \land A_n \Rightarrow B$$

其中,$A_1, A_2, \cdots, A_n, B$ 都是谓词公式。

推理 $A_1 \land A_2 \land \cdots \land A_n \Rightarrow B$ 成立的充要条件是 $A_1 \land A_2 \land \cdots \land A_n \to B$ 是永真式。

判断谓词逻辑中永真式很难,本节主要介绍构造性证明法。谓词逻辑中推理的一般步骤为:

(1) 将所有前提都化为前束范式;

(2) 把带量词的前提中的量词消去;

(3) 利用命题逻辑的演绎推理方法,得到相应结论;

(4) 将量词引入,得到最终的结论。

使用的推理形式和方法同命题逻辑一样,可以用直接构造法和间接证明法。

例 2.6.1 证明:$\forall x(C(x) \to W(x) \land R(x)) \land \exists x(C(x) \land Q(x)) \Rightarrow \exists x(Q(x) \land R(x))$。

证明 前提 $\forall x(C(x) \to W(x) \land R(x))$,$\exists x(C(x) \land Q(x))$ 已经是前束范式。

(1) $\forall x(C(x) \to W(x) \land R(x))$　　　　P

(2) $\exists x(C(x)\wedge Q(x))$	P
(3) $C(a)\wedge Q(a)$	T(2)ES
(4) $C(a)\rightarrow W(a)\wedge R(a)$	T(1)US
(5) $C(a)$	T(3)I_1
(6) $W(a)\wedge R(a)$	T(4)(5)I_{11}
(7) $R(a)$	T(6)I_2
(8) $Q(a)$	T(3)I_1
(9) $Q(a)\wedge R(a)$	T(7)(8)I_9
(10) $\exists x(Q(x)\wedge R(x))$	EG

注 本题中,第(3)步与第(4)步不能颠倒。因为在第(3)步的 $C(a)\wedge Q(a)$ 中,a 是某个特定个体,而第(4)步的 $C(a)\rightarrow W(a)\wedge R(a)$ 中,a 可以是论域中的任意个体,此时取第(3)步中的特定个体 a。颠倒顺序后,推理将不成立。因此,要特别注意量词的消去顺序。

例 2.6.2 判断以下推理是否正确。

(1) $\forall y\exists xP(x,y)\Rightarrow\exists x\forall yP(x,y)$

① $\forall y\exists xP(x,y)$	P
② $\exists xP(x,c)$	T(1)US
③ $P(d,c)$	T(2)ES
④ $\forall yP(d,y)$	T(3)UG
⑤ $\exists x\forall yP(x,y)$	T(4)EG

(2) $\forall x(P(x)\rightarrow Q(x))\wedge\exists xP(x)\Rightarrow\forall xQ(x)$

① $\forall x(P(x)\rightarrow Q(x))$	P
② $\exists xP(x)$	P
③ $P(c)\rightarrow Q(c)$	T(1)US
④ $P(c)$	T(3)ES
⑤ $Q(c)$	T(3)(4)I_{11}
⑥ $\forall xQ(x)$	T(5)UG

(3) $\exists xP(x)\wedge\exists xQ(x)\Rightarrow\exists x(P(x)\wedge Q(x))$

① $\exists xP(x)\wedge\exists xQ(x)$	P
② $\exists xP(x)$	T(1)I_1
③ $\exists xQ(x)$	T(1)I_1
④ $P(c)$	T(2)ES
⑤ $Q(d)$	T(3)ES
⑥ $P(c)\wedge Q(d)$	T(4)(5)I_9
⑦ $\exists x(P(x)\wedge Q(x))$	T(6)EG

解 (1) 推理不正确。

作解释如下:设 $P(x,y)$:x 读过 y。x:人。y:书。则

① $\forall y\exists xP(x,y)$:所有的书都有人读过。

② $\exists xP(x,c)$:有人读过书 c。

③ $P(d,c)$:d 读过书 c。

④ $\forall yP(d,y)$:d 读过所有的书。

⑤ $\exists x\forall yP(x,y)$:有人读过所有的书。

显然③$\nRightarrow$④。因为 $P(d,c)$ 中的 c 是个体域中对应于 d 成立的某个(些)特定个体,并不能说明对于所有 y 都有 $P(d,y)$ 成立。所以,不能用 UG 规则。

(2) 推理不正确。

第④步应放在第③步前，即 ES 规则放在 US 规则前，因为就 $\exists xP(x)$ 而言，未必有第③步中就 $\forall x$ 指定的 c，使 $P(c)$ 成立，应该取 d，而一般地，$c \neq d$。这样，就不能得到第⑤步。如果颠倒过来，就 $\exists xP(x)$ 指定的 c，对于第③步，$P(c) \to Q(c)$ 则是一定成立的。另外，第⑥步将 $\forall x$ 引入也是不正确的。

(3) 推理不正确。

显然⑥$\nRightarrow$⑦。因为 $P(c) \wedge Q(d)$ 成立，并不意味对于某个(些)x，同时使 $P(x) \wedge Q(x)$ 成立。

例 2.6.3 证明：$\forall x(P(x) \vee Q(x)) \Rightarrow \forall xP(x) \vee \exists xQ(x)$。

证明 方法一。

反证法，将结论的否定作为附加前提，从而得出矛盾。

(1) $\neg(\forall xP(x) \vee \exists xQ(x))$	P 附加
(2) $\neg \forall xP(x) \wedge \neg \exists xQ(x)$	T(1)E_{10}
(3) $\neg \forall xP(x)$	T(2)I_1
(4) $\exists x \neg P(x)$	T(3)E_{28}
(5) $\neg P(c)$	T(4)ES
(6) $\neg \exists xQ(x)$	T(2)I_2
(7) $\forall x \neg Q(x)$	T(6)E_{27}
(8) $\neg Q(c)$	T(7)US
(9) $\neg P(c) \wedge \neg Q(c)$	T(5)(8)I_9
(10) $\neg(P(c) \vee Q(c))$	T(9)E_{11}
(11) $\forall x(P(x) \vee Q(x))$	P
(12) $P(c) \vee Q(c)$	T(11)US
(13) $\neg(P(c) \vee Q(c)) \wedge (P(c) \vee Q(c))$	矛盾

方法二。

结论 $\forall xP(x) \vee \exists xQ(x) \Leftrightarrow \neg(\neg \forall xP(x)) \vee \exists xQ(x)$

$\Leftrightarrow \neg \forall xP(x) \to \exists xQ(x)$

因而结论等价于一个条件式，就可以利用 CP 规则进行推理。

(1) $\neg \forall xP(x)$	P 附加
(2) $\exists x \neg P(x)$	T(1)E_{28}
(3) $\neg P(c)$	T(2)ES
(4) $\forall x(P(x) \vee Q(x))$	P
(5) $P(c) \vee Q(c)$	T(4)US
(6) $Q(c)$	T(3)(5)I_{10}
(7) $\exists xQ(x)$	T(6)EG
(8) $\neg \forall xP(x) \to \exists xQ(x)$	CP

方法三。

分析：由 $\neg B \Rightarrow \neg A$，可知 $A \Rightarrow B$。所以

(1) $\neg(\forall xP(x) \vee \exists xQ(x))$	P
(2) $\neg \forall xP\forall x) \wedge \neg \exists xQ(x)$	T(1)E_{11}
(3) $\exists x \neg P(x) \wedge \forall x \neg Q(x)$	T(2)$E_{28}E_{27}$
(4) $\exists x \neg P(x)$	T(3)I_1
(5) $\neg P(c)$	T(4)ES
(6) $\forall x \neg Q(x)$	T(3)I_2
(7) $\neg Q(c)$	T(6)US
(8) $\neg P(c) \wedge \neg Q(c)$	T(5)(7)I_9

(9) $\exists x(\neg P(x) \wedge \neg Q(x))$　　T(9)EG

(10) $\exists x \neg(P(x) \vee Q(x))$　　T(9)E_{11}

(11) $\neg \forall x(P(x) \vee Q(x))$　　T(10)E_{28}

例 2.6.4　证明苏格拉底三段论：所有的人都是要死的，苏格拉底是人，所以苏格拉底是要死的。

证明　先将原命题符号化。

设 $M(x)$：x 是人。$S(x)$：x 是要死的。a：苏格拉底。则苏格拉底三段论表示为

$$\forall x(M(x) \rightarrow S(x)) \wedge M(a) \Rightarrow S(a)$$

证明如下：

(1) $\forall x(M(x) \rightarrow S(x))$　　P

(2) $M(a) \rightarrow S(a)$　　T(1)US

(3) $M(a)$　　P

(4) $S(a)$　　T(2)(3)I_{11}

例 2.6.5　符号化下列命题，然后进行推理。

每位科学家都是勤奋的。每个勤奋又身体健康的人在事业中都会获得成功。存在着身体健康的科学家。所以，存在着事业获得成功的人或事业半途而废的人。个体域为人的集合。

证明　设 $Q(x)$：x 是勤奋的人。$H(x)$：x 是身体健康的人。$S(x)$：x 是科学家。$C(x)$：x 是事业获得成功的人。$F(x)$：x 是事业半途而废的人。则

前提：$\forall x(S(x) \rightarrow Q(x))$，$\forall x(Q(x) \wedge H(x) \rightarrow C(x))$，$\exists x(S(x) \wedge H(x))$。

结论：$\exists x(C(x) \vee \mathrm{F}(x))$。

证明如下：

(1) $\exists x(S(x) \wedge H(x))$　　P

(2) $S(c) \wedge H(c)$　　T(1)ES

(3) $\forall x(S(x) \rightarrow Q(x))$　　P

(4) $S(c) \rightarrow Q(c)$　　T(3)US

(5) $S(c)$　　T(2)I_1

(6) $Q(c)$　　T(4)(5)I_{11}

(7) $H(c)$　　T(2)I_1

(8) $Q(c) \wedge H(c)$　　T(6)(7)I_9

(9) $\forall x(Q(x) \wedge H(x) \rightarrow C(x))$　　P

(10) $Q(c) \wedge H(c) \rightarrow C(c)$　　T(9)US

(11) $C(c)$　　T(8)(10)I_{11}

(12) $\exists x C(x)$　　T(11)EG

(13) $\exists x(C(x) \vee \mathrm{F}(x))$　　T(12)I_3

在例 2.6.5 中要注意，题目中没有说明事业半途而废的人就是事业没有获得成功的人，所以不能想当然地理解为“事业半途而废的人就是事业没有获得成功的人”，即 $\neg C(x) \Leftrightarrow \mathrm{F}(x)$，否则结论就变成永真式($\exists x$)$(C(x) \vee \neg C(x))$。实际上，有些事业没有获得成功的人可能是正在努力获得成功的人，而不能将其划在事业半途而废的人里面。所以要认真领会题目的含义。

小　结

谓词逻辑是对命题逻辑的进一步深化。由于对命题的细分和命题间逻辑关系的研究，引进了个体、谓词、量词等新的概念，并定义了谓词公式以及应用谓词公式对命题进行翻译，进而给出公式的解释、等价、蕴涵、前束范式等内容，最后归结为谓词形式的有效推理。与命题逻辑

相比，谓词逻辑的内容更为丰富，也较为复杂，它的逻辑表达能力更强，也更为细腻，为计算机科学与技术后续课程的学习打下形式推理的逻辑思维和坚实功底。

学习本章要深刻理解谓词与个体(变元)间的关系，以及量词、辖域、谓词公式等概念，能将语言描述的命题在谓词逻辑的框架下符号化，并能正确地进行推演。

1. 基本内容

(1) 个体、谓词的定义。

(2) 量词(全称量词、存在量词)的概念及应用。

(3) 谓词公式的定义，并用谓词公式对命题进行符号化。

(4) 量词的指导变元、辖域、约束变元、自由变元的定义，进而引出变元的换名规则和代入规则。

(5) 谓词公式的解释的概念，公式的分类(有效式、矛盾式、可满足式)。

(6) 谓词公式中等价、蕴涵的概念，基本等价式和蕴涵式。

(7) 前束范式的概念，前束范式的存在性与算法。引申至前束合取范式、前束析取范式。

(8) 量词的指定与推广规则，谓词形式的演绎推理。

2. 基本要求

(1) 熟练掌握个体、谓词、全称量词、存在量词等概念，学会使用它们进行符号化命题。

(2) 掌握辖域及约束变量、自由变量的概念，能够正确使用换名规则和代入规则。

(3) 掌握谓词公式的解释的概念，能够求出给定公式在某一解释下的真值。

(4) 掌握公式的 3 种分类，即逻辑有效式、矛盾式、可满足式等概念。

(5) 掌握谓词公式的等价、蕴涵等概念，熟悉基本等价式、蕴涵式，尤其是在谓词逻辑中特有的等价式、蕴涵式。

(6) 了解前束范式的概念，能够应用作用域扩充及收缩原则求谓词公式的前束范式。

(7) 熟练掌握谓词演算的推理理论，使用 US、ES、UG、EG 规则及 P、T 规则，和基本等价式、蕴涵式，进行有效推理。

(8) 了解谓词逻辑在计算机科学中的应用。

3. 重点和难点

重点：谓词逻辑中命题的符号化，前束范式的存在性与算法，利用推理规则、基本等价和蕴涵公式完成谓词的形式化推理。

难点：由于对命题更深入、细腻的剖析，使得语言描述的命题进行谓词形式的符号化更困难，同时也使得联结词的符号形式更复杂；正确利用推理规则、基本等价和蕴涵公式完成谓词公式的形式化推理；熟练掌握谓词公式等价的前束合取(析取)范式的求法。

习 题 二

1. 用谓词符号化下列命题。

(1) 有些人是好人，有些人是坏人。

(2) 每个人都应该保护环境。

(3) 住在昆明的人并不都是昆明人。

(4) 每个中国人都观看了 2008 年北京奥运会。

(5) 金子是闪光的,闪光的未必是金子。

(6) 没有不犯错误的人。

(7) 除 2 以外的所有质数都是奇数。

2. 用谓词符号化下列命题。

(1) 每一个自然数均有唯一的一个自然数是它的后继。

(2) 每个学生都要参加考试。

(3) 参加考试的人未必每门课程都能取得好成绩。

(4) 每个人都有一些特长。

(5) 有些特长是人人都有的。

(6) 有且仅有一个偶数是质数。

(7) 通过平面上任意两点,恰有一条直线。

(8) 每个不小于 6 的偶数都是两个奇质数的和。

(9) 若两个角是对顶角,则必相等。但相等的两个角未必是对顶角。

(10) 如果这个人乘飞机,那个人乘火车,则这个人比那个人先到目的地。

(11) 每个在学校读书的人都将获得一些知识,获得某些知识的人不一定在校读书。

(12) 没有最大的实数。

(13) 凡是资本家都剥削人,但剥削人者未必都是资本家。

(14) 两个非零矩阵相乘并非都是非零矩阵。

3. 将命题"并非 E_1 中的每个数都小于或等于 E_2 中的每个数"按以下要求的形式符号化。

(1) 出现全称量词,不出现存在量词;

(2) 出现存在量词,不出现全称量词。

4. 设个体域为整数集,设 $P(x)$:x 是质数。$Q(x)$:x 是偶数。$E(x,y)$:x 等于 y。$L(x,y)$:x 小于 y。将下列命题分别表示为仅含有上述谓词的谓词公式。

(1) 没有最大的质数。

(2) 并非所有的质数都不是偶数。

5. 用谓词表示高等数学中下列函数极限的定义。

(1) $\lim\limits_{x\to x_0^+} f(x)=a$　　(2) $\lim\limits_{x\to x_0^-} f(x)=a$

(3) $\lim\limits_{x\to +\infty} f(x)=a$　　(4) $\lim\limits_{x\to -\infty} f(x)=a$

(5) $\lim\limits_{x\to \infty} f(x)=a$

6. 设 $P(x)$是一个谓词,$\exists!xP(x)$的含义是,存在唯一的 x 使得 $P(x)$成立。请用全称量词、存在量词及逻辑联结词表示 $\exists!xP(x)$。

7. 设论域为整数集,将下列各式翻译成自然语言,并判断下列谓词公式的真值。

(1) $\forall x\exists y(xy=0)$　　(2) $\forall x\exists y(xy=1)$

(3) $\forall x\exists y(xy=x)$　　(4) $\forall x\forall y\exists z(x-y=z)$

8. 设解释 R 如下:论域 D 为实数集,$a=0$,$f(x,y)=x-y$,$A(x,y)$:$x<y$。求下列公式在解释 R 下的真值。

(1) $\forall x\forall y\forall z(A(x,y)\to A(f(x,z),f(y,z)))$　　(2) $\forall xA(f(a,x),a)$

(3) $\forall x\forall yA(f(x,y),x)$　　(4) $\forall x\forall y(A(x,y)\to A(f(x,a),y))$

9. 设 $P(x)$:x 是质数。$Q(x)$:x 是偶数。$R(x)$:x 是奇数。$S(x,y)$:x 整除 y。将下列公式译为自然语言。

(1) $P(2)\wedge Q(2)$　　(2) $\forall x(S(2,x)\to Q(x))$

(3) $\forall x(\neg Q(x)\to \neg S(2,x))$　　(4) $\forall x(Q(x)\to \forall y(S(x,y)\to Q(y)))$

10. 定义如下谓词:$N(x)$:x 是正整数。$P(x)$:x 是质数。$E(x,y)$:$x=y$。$L(x,y)$:$x<y$。$D(x,y)$:x 整除 y。试分析下列谓词公式所表示命题的含义及真值。

(1) $\forall x(P(x)\rightarrow \exists y(N(y)\wedge L(x,y)\wedge D(x,y)))$

(2) $\forall x(P(x)\leftrightarrow \forall y((P(y)\wedge L(y,x))\rightarrow \neg D(y,x)))$

(3) $\forall x(N(x)\rightarrow \exists y\exists z(P(y)\wedge P(z)\wedge \neg E(y,z)\wedge D(y,z)\wedge D(z,x)))$

(4) $\exists x(P(x)\wedge \forall y(P(y)\wedge \neg E(x,y)\rightarrow L(y,x)))$

11. 设个体域为整数集,求下列公式的真值。

(1) $\forall x\forall z(x+z=0)$

(2) $\forall x\exists t(x+t=0)$

(3) $\exists y\forall z(y+z=0)$

(4) $\neg\exists u\exists v(u+v=0)$

12. 设给定赋值如下:个体域为自然数集;特定元素 $a=0$;特定函数 $f(x,y)=x+y,g(x,y)=xy$;特定谓词 $F(x,y):x=y$。在此赋值下,求下列公式的真值。

(1) $\forall xF(g(x,a),x)$

(2) $\forall x\forall y(F(f(x,a),y)\rightarrow F(f(y,a),x))$

(3) $\forall x\forall y\forall zF(f(x,y),z)$

(4) $\forall x\forall yF(f(x,y),g(x,y))$

13. 构造解释 I 使得 $\forall x(P(x)\rightarrow Q(x))\leftrightarrow(\exists xP(x)\rightarrow \forall xQ(x))$ 的真值为假(假设 I 的论域 $D=\{a,b\}$)。

14. 试确定下面各公式中的约束变元和自由变元,并指出各量词的辖域。

(1) $\forall x\exists y(F(x,y)\vee G(x,z))\wedge \exists xF(x,y)$

(2) $(\forall xF(x,y)\rightarrow \exists yG(y,z))\vee \exists zH(x,z)$

(3) $\exists x\forall y(F(x,y)\rightarrow G(y))\leftrightarrow H(x,y)$

(4) $\exists xF(x)\vee(\forall xG(x)\wedge(\forall xF(x)\rightarrow G(x)))$

(5) $\exists x(F(x,y)\rightarrow \forall yG(y,z))\rightarrow \forall x\forall zH(x,y,z)$

15. 对 14 题中的约束变元进行换名。

16. 对 14 题中的自由变元进行代入。

17. 设个体域为 $\{a,b,c\}$,试将下列谓词中的量词消除,写成与之等价的命题公式。

(1) $\forall xP(x)$

(2) $\forall xP(x)\wedge \forall xQ(x)$

(3) $\forall x(P(x)\vee Q(x))$

(4) $\forall xP(x)\wedge \exists xQ(x)$

(5) $\forall x\neg P(x)\wedge \forall xQ(x)$

(6) $\exists xP(x)\rightarrow \exists xQ(x)$

18. 下列谓词公式是否是永真式?试证明你的判断,对不是永真式的构造一个使其为假的解释。

(1) $\forall xA(x,x)\rightarrow \exists y\forall xA(x,y)$

(2) $\forall x(A(x)\vee B(x))\rightarrow(\forall xA(x)\vee \forall xB(x))$

(3) $\exists x(A(x)\vee B(x))\leftrightarrow(\exists xA(x)\vee \exists xB(x))$

(4) $((\exists xA(x)\rightarrow \exists yB(y))\wedge \exists yB(y))\rightarrow \exists xA(x)$

(5) $\exists x(A(x)\rightarrow B(x))\leftrightarrow(\forall xA(x)\rightarrow \exists xB(x))$

(6) $(\neg\exists xA(x)\wedge \forall xB(x))\leftrightarrow \forall x(\neg A(x)\wedge B(x))$

(7) $\exists x\forall yA(x,y)\wedge \forall yB(a,y)\rightarrow \exists x\forall y(A(x,y)\wedge B(x,y))$,其中 a 为个体常元

19. 设论域 $D=\{a,b,c\}$,证明:

(1) $\forall xA(x)\vee \forall xB(x)\Rightarrow \forall x(A(x)\vee B(x))$

(2) $\exists x(A(x)\wedge B(x))\Rightarrow \exists xA(x)\wedge \exists xB(x)$

(3) $\forall x(A(x)\rightarrow B(x))\Rightarrow \forall xA(x)\rightarrow \forall xB(x)$

(4) $\exists xA(x)\rightarrow \forall xB(x)\Rightarrow \forall x(A(x)\rightarrow B(x))$

20. 证明下列等价式。

(1) $\neg\forall x(F(x)\rightarrow G(x))\Leftrightarrow \exists x(F(x)\wedge \neg G(x))$

(2) $\neg\exists x(F(x)\wedge \neg G(x))\Leftrightarrow \forall x(F(x)\rightarrow G(x))$

(3) $\forall x(F(x)\rightarrow \forall y(G(y)\rightarrow L(x,y)))\Leftrightarrow \forall x\forall y(F(x)\wedge G(y)\rightarrow L(x,y))$

(4) $\exists x(F(x)\rightarrow \forall yG(y))\Leftrightarrow \forall xF(x)\rightarrow \forall xG(x)$

(5) $\forall x\forall y(P(x)\rightarrow Q(y))\Leftrightarrow \exists xP(x)\rightarrow \forall yQ(y)$

21. 求下列公式的前束范式。

(1) $\forall x(\forall y\exists zP(x,y,z)\rightarrow\exists z\forall u(Q(x,z)\vee R(x,u,z)))$

(2) $\forall xP(x,y)\leftrightarrow\forall yQ(y)$

(3) $(\neg\exists xF(x)\vee\forall yG(y))\wedge(F(x)\rightarrow\forall zH(z))$

(4) $\forall x(P(x)\rightarrow(\exists yQ(y)\rightarrow\exists yR(x,y)))$

(5) $\forall xF(x)\rightarrow\exists yG(x,y)$

(6) $\forall xF(x)\rightarrow\exists xG(x)$

(7) $\forall yG(x,y)\rightarrow\exists xF(x,y)$

(8) $(\exists xF(x)\vee\exists xG(x))\rightarrow\exists x(F(x)\vee G(x))$

(9) $\forall x((\exists xF(x,y)\wedge\exists yG(x,y))\rightarrow\forall y(H(x,y)\rightarrow R(y)))$

(10) $\forall yP(x,y)\rightarrow\exists y(\forall zQ(y,z)\vee\forall xR(z,x))$

22. 求 21 题中公式的前束合取范式。

23. 求 21 题中公式的前束析取范式。

24. 指出下列推理中的错误,并加以改正。

(1) $\forall xP(x)\rightarrow Q(x)\Rightarrow P(y)\rightarrow Q(y)$

(2) $P(a)\rightarrow Q(b)\Rightarrow\exists x(P(x)\rightarrow Q(x))$

(3) $P(x)\rightarrow Q(c)\Rightarrow\exists x(P(x)\rightarrow Q(x))$

(4) $\forall x(P(x)\rightarrow Q(x))\Rightarrow P(a)\rightarrow Q(b)$

(5) ① $\exists xP(x)$

② $P(c)$

③ $\exists xQ(x)$

④ $Q(c)$

⑤ $P(c)\wedge Q(c)$

⑥ $\exists x(P(x)\wedge Q(x))$

(6) ① $\forall x(P(x)\rightarrow Q(x))$

② $P(c)\rightarrow Q(c)$

③ $\exists xP(x)$

④ $P(c)$

⑤ $Q(c)$

⑥ $\exists xQ(x)$

25. 构造下面推理的证明。

(1) $\forall x(F(x)\rightarrow G(x)),\exists x(F(x)\wedge H(x))\Rightarrow\exists x(G(x)\wedge H(x))$

(2) $\forall x(F(x)\rightarrow G(x)),\exists xF(x)\Rightarrow\exists xG(x)$

(3) $\exists xF(x)\rightarrow\forall xG(x)\Rightarrow\forall x(F(x)\rightarrow G(x))$

(4) $\forall x(F(x)\rightarrow G(x))\Rightarrow\exists xF(x)\rightarrow\forall xG(x)$

(5) $\forall x(F(x)\vee G(x)),\forall x\neg F(x)\Rightarrow\exists xG(x)$

(6) $\forall x(A(x)\rightarrow B(x)\vee C(x)),\forall x(C(x)\rightarrow\neg D(x))\Rightarrow\forall x(D(x)\rightarrow(A(x)\rightarrow B(x)))$

26. 符号化下列命题,并给出形式证明。

(1) 任何自然数都是整数。存在自然数。所以存在整数。个体域为实数集合 **R**。

(2) 不存在能表示成分数的无理数。有理数都能表示成分数。因此,有理数都不是无理数。

(3) 每个喜欢步行的人都不喜欢骑自行车。每个人或者是喜欢骑自行车或者喜欢乘汽车。有的人不喜欢乘汽车。所以,有人不喜欢步行。个体域为人类集合。

(4) 任何人违反交通规则,则要受到罚款。因此,如果没有罚款,则没有人违反交通规则。

(5) 所有的汽车都排放废气。有些交通工具是汽车。所以,有些交通工具排放废气。

(6) 只要今天天气不好,就一定有考生不能提前进入考场。当且仅当所有考生提前进入考场,考试才能准时进行。所以,如果考试准时进行,那么今天天气就好。

(7) 每个学生或者聪明或者勤奋。所有勤奋的学生都将有所作为,但并非所有学生都将有所作为。所以一定有学生是聪明的。

(8) 桌上的每本书都是杰作。写出杰作的人都是天才。某个不出名的人写了桌上的某本书。所以,某个不出名的人是天才。

(9) 如果存在偶数,则所有有理数都可以表示成分数。如果存在质数,则存在有理数。因此,如果存在偶质数,则存在分数。

(10) 每个科学工作者都刻苦钻研。每个刻苦钻研而又聪明的人在他的事业中都将获得成功。王海是科学工作者,并且是聪明的。所以王海在他的事业中将获得成功。个体域为人的集合。

第二篇 集 合 论

集合是现代各科数学的最基本概念。集合的思想起源很早，古希腊的原子论学派就把直线看成一些原子的排列。16 世纪末，为了建立微积分的可靠基础，人们对数的集合进行了更深入的研究。直到 1873 年著名德国数学家 G. Cantor(1845—1918)发表了一系列有关集合的论文，奠定了(公理)集合论的基础。集合论在数学及其他各学科如自然科学以及社会科学中已经成为必不可少的描述工具，现代数学与离散数学的“大厦”就是建立在集合论的基础之上的。随着计算机科学技术的迅速发展，集合论的原理和方法已经成为其主要的理论基础，集合的元素由数学的数集、点集扩展成为包含文字、符号、图形图像、声音等多媒体的信息，构成了包含各种数据类型的集合。集合不仅可以用来表示数及其运算，还可以用来表示和处理非数值信息，如数据的增加、删除、修改、排序以及数据间关系的描述等，这些难以用传统的数值计算进行操作，但用集合运算来处理就十分方便，从而集合论在编译原理、开关理论、信息检索、形式语言、数据库等各领域得到了广泛的应用和发展。

本篇将利用谓词逻辑的方法深入讨论集合及其运算，然后在集合的基础上学习二元关系及关系矩阵和关系图、二元关系的性质及运算，利用关系深入研究函数，最后介绍集合等势及基数比较等基础知识，为代数系统的学习做好充分准备。

第 3 章　集合论基础

3.1　集合的基本概念

3.1.1　集合及元素

集合是一个至今尚不能精确数学化定义的基本概念。一般地，从朴素集合论的观点来看，在研究问题的过程中，将具有某种共同属性的对象组成的整体称为集合，其中的每个对象或个体都称为该集合的一个元素。例如，计算机网络是计算机之间以信息传输为主要目的而连接起来的计算机系统的集合、如今流行的 WWW(World Wide Web)环球网、计算机内存的全体单元集合等。

集合通常用带或不带下标的大写英文字母表示，用带或不带下标的小写英文字母表示集合的元素。若个体 a 具有集合 A 的属性，记作 $a \in A$，读作“a 属于 A”或“a 在集合 A 中”。若个体 a 不具有集合 A 的属性，记作 $a \notin A$，读作“a 不属于 A”或“a 不在集合 A 中”。

若一个集合的元素个数是有限的，称为有限集，元素的个数记作 $|A|$；否则称为无限集。

注　① 集合的元素表示的个体可以是具体的，也可以是抽象的。

② 集合的元素必须是确定的和可区分的，绝不容许界限不分明或含糊不清的情况。

③ 集合可以由任意类型的个体组成，一个集合可以是另一个集合的元素，但不允许以集合自身为其元素。以集合为元素的集合称为集合族。

④ 元素与集合间是一种隶属关系。任一个体，对某一集合而言，或属于该集合，或不属于该集合，二者必居其一，且只居其一。

⑤ 集合的元素彼此互不相同，且是无序的，如 $\{2,3,7,3,6,2\}$、$\{2,3,6,7\}$、$\{3,2,7,6\}$ 是同一个集合。

3.1.2　集合的表示法

集合由其元素的属性来确定，所以只需将集合的元素列举出来或将元素的属性表示出来，就能把集合确定下来。表示集合的常用方法有三种。

1. 列举法

以任意顺序不重复地写出集合的所有元素，元素间用逗号分隔，然后用一对花括号括起。例如，集合 A 为“所有小于 5 的正整数”，则 $A=\{1,2,3,4\}$。

如果集合的元素有一定的规律，就可以用部分列举法表示。列出集合的部分具有代表性的元素，其余的元素用省略号代替，如 A 表示“全体小写英文字母”的集合，则 $A=\{a,b,c,\cdots,x,y,z\}$，斐波那契数列集合 $\{0,1,1,2,3,5,8,13,21,34,\cdots\}$。

列举法通常适用于描述元素个数不是太多的有限集，或元素具有明显排列规律的无限集。

2. 描述法

描述法也称为谓词表示法，即用谓词描述集合中元素的共同属性，如设谓词 $P(x)$ 表示集

合的元素 x 具有属性 P，则所有具有属性 P 的一切个体组成的集合 A，记作 $A=\{x|P(x)\}$。如果 $P(a)$ 为真，则 $a\in A$，否则 $a\notin A$，如集合 $\{x|x^2-3x+2=0\}$、$\{1,2\}$、{不超过 2 的正整数}都表示方程 $x^2-3x+2=0$ 的全部解。$\{x|x=2n-1\wedge n\in \mathbf{N}\}$ 是奇数集合。$\{(x,y)|x^2+y^2=1\}$ 是 xOy 平面上单位圆周上的所有点的集合。斐波那契数列集合 $\{F_n|F_{n+2}=F_{n+1}+F_n,F_0=0,F_1=1,n\geqslant 0\}$。

3. 文氏图法

文氏图是利用一些平面图形表示不同集合的方法。这种表示法具有形象直观、易于理解的特点，尤其体现在集合的运算和集合计数等问题中。常用矩形、圆面或一条封闭曲线表示集合，如图 3-1 所示。

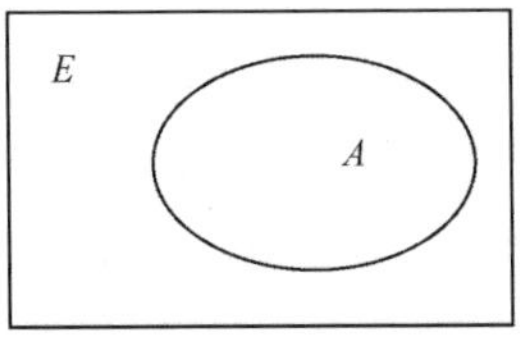

图 3-1 集合的文氏图表示

除了这三种表示法外，还有一些表示法，如数集的区间表示法、平面点集的邻域表示法等。

例如，$[a,b]=\{x|a\leqslant x\leqslant b\}$，$[a,+\infty)=\{x|x\geqslant a\}$。

常用的集合有自然数集 **N**、整数集 **Z**、有理数集 **Q**、实数集 **R** 等。

3.1.3 集合间的关系

定义 3.1.1 如果集合 A 中每个元素都是集合 B 中的元素，则称 A 是 B 的子集，或 A 包含于 B（或 B 包含 A），记作 $A\subseteq B$。谓词表示如下：

$$A\subseteq B\Leftrightarrow \forall x(x\in A\rightarrow x\in B)$$

若 A 中至少存在一个元素不属于 B，则称 A 不是 B 的子集（或 B 不包含 A），记作 $A\nsubseteq B$。由子集的定义不难得出下面的性质。

(1) 自反性：若 A 为任意集合，则 $A\subseteq A$。

(2) 传递性：对任意集合 A、B、C，若 $A\subseteq B$ 且 $B\subseteq C$，则 $A\subseteq C$。

定义 3.1.2 设 A、B 是两个集合，若 $A\subseteq B$ 且 $B\subseteq A$，则称 A 与 B 相等，记作 $A=B$。即

$$\begin{aligned}A=B&\Leftrightarrow A\subseteq B\wedge B\subseteq A\\&\Leftrightarrow \forall x(x\in A\leftrightarrow x\in B)\\&\Leftrightarrow \forall x(x\in A\rightarrow x\in B)\wedge\forall x(x\in B\rightarrow x\in A)\end{aligned}$$

这个定义有时也称为外延公理。

若两个集合 A 与 B 不相等，记作 $A\neq B$。

定义 3.1.3 设 A、B 是两个集合，若 $A\subseteq B$ 且 $A\neq B$，则称 A 是 B 的真子集，记作 $A\subset B$。即

$$A\subset B\Leftrightarrow \forall x(x\in A\rightarrow x\in B)\wedge\exists x(x\in B\wedge x\notin A)$$

例如，$A=\{a,b\}$ 和 $B=\{b\}$ 都不是 $B=\{a,\{b\}\}$ 的子集。

可以用文氏图表示集合的包含关系，如图 3-2 所示。

注 隶属是元素与集合间的关系，是个体与整体的关系，但这个个体也可以是某一集合；包含是集合与集合间的关系，是部分与整体的关系。某些集合可以同时成立这两种关系。

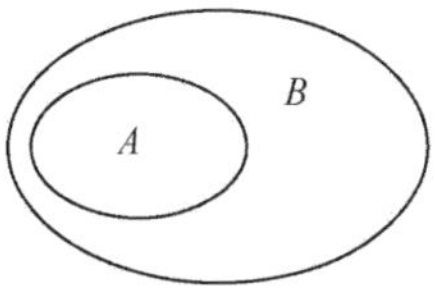

图 3-2 $A\subset B$ 的文氏图表示

例如，$A=\{a,\{a\}\}$，$B=\{a\}$，则同时有 $B\in A$ 且 $B\subseteq A$。

3.1.4 特殊的集合

定义 3.1.4　不含任何元素的集合称为空集，记作$\varnothing$。

空集在客观世界中是存在的。例如，两条平行直线交点的集合、$\{x \mid x^2+1=0 \land x\in \mathbf{R}\}$。

定理 3.1.1　空集$\varnothing$是任意集合 A 的子集，即$\varnothing\subseteq A$。

证明　设 x 是论域中的任意元素，于是 $x\in\varnothing$ 永假，所以 $x\in\varnothing\rightarrow x\in A$ 是永真式。
故

$$\forall x(x\in\varnothing\rightarrow x\in A)\Leftrightarrow T$$

所以

$$\varnothing\subseteq A$$

■

注　① $\varnothing$与$\{\varnothing\}$是不同的集合。$\varnothing$是不含有任何元素的集合，而$\{\varnothing\}$是以空集$\varnothing$为元素的单元素集合。

② 任何非空集合 A 至少有两个子集：$\varnothing$和其本身 A。而$\varnothing$只有一个子集即为其本身$\varnothing$。

例 3.1.1　试判断下面各命题是否成立。

(1) $\varnothing\subseteq\varnothing$　(2) $\varnothing\in\varnothing$　(3) $\varnothing\subseteq\{\varnothing\}$　(4) $\varnothing\in\{\varnothing\}$　(5) $\varnothing=\{\varnothing\}$

解　(1)、(3)和(4)成立，(2)、(5)不成立。

推论　空集是唯一的。

证明　用反证法。设$\varnothing_1$、$\varnothing_2$ 是两个空集，则由定理 3.1.1 知$\varnothing_1\subseteq\varnothing_2$ 且$\varnothing_2\subseteq\varnothing_1$，即$\varnothing_1=\varnothing_2$，所以空集是唯一的。■

可以利用$\varnothing$构成集合的无限序列。

① $\varnothing,\{\varnothing\},\{\{\varnothing\}\},\cdots$

该序列除第一项外，每项均是以前一项为元素的集合。

② $\varnothing,\{\varnothing\},\{\varnothing,\{\varnothing\}\},\{\varnothing,\{\varnothing\},\{\varnothing,\{\varnothing\}\}\},\cdots$

该序列除第一项外，每项都是前面一项的后继(集合 $A^+=A\cup\{A\}$ 称为集合 A 的后继。)于是可以利用空集$\varnothing$及其后继给出自然数集合的一种表示方法，即空集$\varnothing$，空集$\varnothing$的后继$\varnothing^+$，空集$\varnothing$的后继的后继$(\varnothing^+)^+$，…，这些集合所含元素个数对应着全体自然数。于是

$0:=\varnothing$,

$1:=\varnothing^+=\{\varnothing\}$,

$2:=(\varnothing^+)^+=\{\varnothing,\{\varnothing\}\}$,

$3:=((\varnothing^+)^+)^+=\{\varnothing,\{\varnothing\},\{\varnothing,\{\varnothing\}\}\}$,

……

定义 3.1.5　在讨论问题的一定范围内，如果所有的集合都是某个集合的子集，则称该集合为全集，记作 E 或 U。一般用一个矩形的内部表示全集 E。

注　① 全集是相对的，不同的问题可有不同的全集，即使是在一个问题中，也可以定义不同的全集。

② 一般地说，全集取得小一些，对问题的描述和处理会简单些。

定义 3.1.6　以集合 A 的所有子集为元素的集合称为该集合 A 的幂集，记作 $\wp(A)$ 或 2^A，即

$$\wp(A)=\{B \mid B\subseteq A\}$$

注 ① 幂集的元素都是集合。

② 任意集合的幂集均非空。

③ 在集合 A 的所有子集中，A 和 $\varnothing$ 称为平凡子集。

含有 n 个元素的集合简称 n 元集，它的含有 $m(m\leqslant n)$ 个元素的子集称为其 m 元子集。

例 3.1.2 求 $A=\{a,b,c\}$ 的幂集。

解 先将 A 的子集进行分类。

0 元子集：$\varnothing$，只有一个；

1 元子集：$\{a\}$、$\{b\}$、$\{c\}$，有三个；

2 元子集：$\{a,b\}$、$\{a,c\}$、$\{b,c\}$，有三个；

3 元子集：$\{a,b,c\}$，只有一个。

所以

$$\wp(A)=\{\varnothing,\{a\},\{b\},\{c\},\{a,b\},\{a,c\},\{b,c\},\{a,b,c\}\}$$

一般来说，对于 n 元集合 A，它的 m 元子集有 C_n^m 个，不同的子集共有

$$C_n^0+C_n^1+C_n^2+\cdots+C_n^n=2^n \text{ 个}$$

可以采用一种编码的方式，唯一地表示 n 元有限集合的幂集的元素。

设 $|A|=n$，先将 A 的元素进行排序 $a_1,a_2,\cdots,a_n$，然后用一个 n 位二进制数 $b_1b_2\cdots b_n$（称为位串）对应集合的元素，若 $b_i=1$，则表示第 i 个元素 a_i 属于以此二进制数为下标标识的子集 $A_{b_1b_2\cdots b_n}$；若 $b_i=0$，则表示第 i 个元素 $a_i\notin A_{b_1b_2\cdots b_n}$。则

$$\wp(A)=\{A_i\,|\,A_i\subseteq A\wedge i\in W\},\quad W=\{i\,|\,i \text{ 是 } n \text{ 位二进制数且 } 0\cdots0\leqslant i\leqslant 1\cdots1\}。$$

例 3.1.2 中各子集对应的编码见表 3-1。则

$$\wp(A)=\{A_{000},A_{001},A_{010},A_{011},A_{100},A_{101},A_{110},A_{111}\}$$

表 3-1 子集的编码

二进制下标的子集	A_{000}	A_{001}	A_{010}	A_{011}	A_{100}	A_{101}	A_{110}	A_{111}
十进制下标的子集	A_0	A_1	A_2	A_3	A_4	A_5	A_6	A_7
子集	$\varnothing$	$\{c\}$	$\{b\}$	$\{b,c\}$	$\{a\}$	$\{a,c\}$	$\{a,b\}$	$\{a,b,c\}$

例 3.1.3 设 $A=\{\varnothing\}$，$B=\wp(\wp(A))$，判断下列命题是否成立。

(1) $\varnothing\in B$，$\varnothing\subseteq B$

(2) $\{\varnothing\}\in B$，$\{\varnothing\}\subseteq B$

(3) $\{\{\varnothing\}\}\in B$，$\{\{\varnothing\}\}\subseteq B$

(4) $\{\varnothing,\{\varnothing\}\}\in B$，$\{\varnothing,\{\varnothing\}\}\subseteq B$

解 因为 $A=\{\varnothing\}$，所以 $\wp(A)=\{\varnothing,\{\varnothing\}\}$，$B=\wp(\wp(A))=\{\varnothing,\{\varnothing\},\{\{\varnothing\}\},\{\varnothing,\{\varnothing\}\}\}$，显然所有命题均成立。

3.2 集合的运算

集合运算是指用已知的集合生成新的集合，常见的集合运算有交、并、补、差和对称差运算。

3.2.1 集合的交运算

定义 3.2.1 设 A、B 是任意两个集合，由 A 和 B 的所有共同元素组成的集合称为 A 与 B 的交集，记作 $A\cap B$。即

$$A\cap B=\{x\,|\,x\in A\wedge x\in B\}$$

用文氏图表示如图 3-3 阴影部分所示。

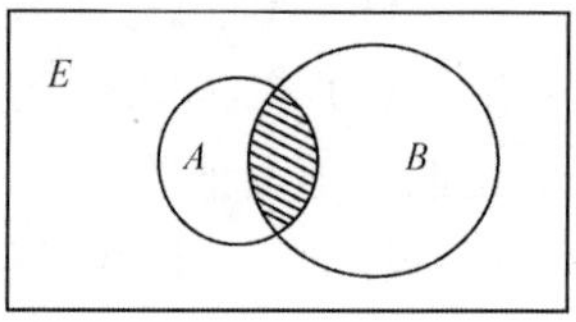

图 3-3　$A\cap B$ 的文氏图表示

例如，$A=\{a,b,c,e,f\}$，$B=\{b,e,f,r,s\}$，$C=\{a,t,u,v\}$，则 $A\cap B=\{b,e,f\}$，$A\cap C=\{a\}$，$B\cap C=\varnothing$。

如果两个集合的交集为空集，则称它们是不相交的。

类似地，可以定义三个或 n 个集合的交集运算

$$\bigcap_{k=1}^{n} A_k=A_1\cap A_2\cap\cdots\cap A_n=\{x\mid x\in A_1\wedge x\in A_2\wedge\cdots\wedge x\in A_n\}$$

推广到无穷多个集合的交集

$$\bigcap_{k=1}^{\infty} A_k=A_1\cap A_2\cap\cdots$$

集合的交运算具有以下性质：

(1) $A\cap A=A$　　(幂等律)

(2) $A\cap\varnothing=\varnothing$　　(零律)

(3) $A\cap E=A$　　(同一律)

(4) $A\cap B=B\cap A$　　(交换律)

(5) $A\cap(B\cap C)=(A\cap B)\cap C$　　(结合律)

(6) $A\cap B\subseteq A$，$A\cap B\subseteq B$

(7) 若 $A\subseteq B$，则 $A\cap C\subseteq B\cap C$。但其逆不成立。

证明　(1)～(6)的证明比较简单，留给读者。下面证明(7)。

对于任意 $x\in A\cap C$，有 $x\in A\wedge x\in C$。因为 $A\subseteq B$，所以 $x\in A\rightarrow x\in B$ 为 T，则 $x\in B\wedge x\in C$，即 $x\in B\cap C$，于是 $A\cap C\subseteq B\cap C$。

反之，取 $C=\varnothing$，$A=\{a\}$，$B=\{b\}$，则 $A\cap C=\varnothing$，$B\cap C=\varnothing$，所以 $A\cap C\subseteq B\cap C$，但 $A\subseteq B$ 不成立。■

3.2.2　集合的并运算

定义 3.2.2　设 A、B 是任意两个集合，由 A 和 B 的所有元素组成的集合称为 A 与 B 的并集，记作 $A\cup B$。即

$$A\cup B=\{x\mid x\in A\vee x\in B\}$$

用文氏图表示如图 3-4 阴影部分所示。

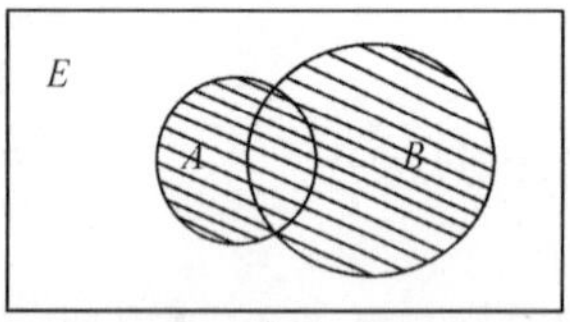

图 3-4　$A\cup B$ 的文氏图表示

可以定义三个或 n 个集合的并集运算

$$\bigcup_{k=1}^{n} A_k=A_1\cup A_2\cup\cdots\cup A_n=\{x\mid x\in A_1\vee x\in A_2\vee\cdots\vee x\in A_n\}$$

推广到无穷多个集合的并集

$$\bigcup_{k=1}^{\infty} A_k=A_1\cup A_2\cup\cdots$$

集合的并运算具有以下性质：

(1) $A\cup A=A$　　(幂等律)

(2) $A\cup E=E$　　(零律)

(3) $A\cup\varnothing=A$　　(同一律)

(4) $A\cup B=B\cup A$　　(交换律)

(5) $A\cup(B\cup C)=(A\cup B)\cup C$　　(结合律)

(6) $A\subseteq A\cup B$，$B\subseteq A\cup B$。

(7) 若 $A\subseteq B$，$C\subseteq D$，则 $A\cup C\subseteq B\cup D$。但其逆不成立。

证明 下面证明(7)。对于任意 $x\in A\cup C$，即 $x\in A\vee x\in C$。

(1) 若 $x\in A$，因为 $A\subseteq B$，则 $x\in B$，所以 $x\in B\cup D$。

(2) 若 $x\in C$，因为 $C\subseteq D$，则 $x\in D$，所以 $x\in B\cup D$。

因此，始终有 $x\in B\cup D$，所以 $A\cup C\subseteq B\cup D$。

反之，取 $C=D=E$，$A=\{a\}$，$B=\{b\}$，则 $A\cup C=E$，$B\cup D=E$，所以 $A\cup C\subseteq B\cup D$，但 $A\subseteq B$ 不成立。■

下面研究交运算与并运算的关系。

定理 3.2.1 对于任意集合 A、B、C，有下列分配律。

(1) $A\cup(B\cap C)=(A\cup B)\cap(A\cup C)$

(2) $A\cap(B\cup C)=(A\cap B)\cup(A\cap C)$

证明 (1)
$$
\begin{aligned}
A\cup(B\cap C)&=\{x\mid x\in A\vee(x\in B\wedge x\in C)\}\\
&=\{x\mid(x\in A\vee x\in B)\wedge(x\in A\vee x\in C)\}\\
&=\{x\mid x\in A\vee x\in B\}\cap\{x\mid x\in A\vee x\in C\}\\
&=(A\cup B)\cap(A\cup C)
\end{aligned}
$$

类似地证明(2)。■

不难看出，集合运算的规律和命题演算的某些规律是一致的，所以命题演算的方法是证明集合恒等式的基本方法。证明集合恒等式的另一种方法是利用已知的恒等式。

定理 3.2.2 对于任意集合 A、B，有下列吸收律。

(1) $A\cup(A\cap B)=A$。

(2) $A\cap(A\cup B)=A$。

证明 (1) 方法一。

$$A\cup(A\cap B)=\{x\mid x\in A\vee(x\in A\wedge x\in B)\}=\{x\mid x\in A\}=A$$

方法二。

因为 $A\subseteq A$，$A\cap B\subseteq A$，则由集合并运算的性质(7)知

$$A\cup(A\cap B)\subseteq A$$

而 $A\subseteq A\cup(A\cap B)$，所以

$$A\cup(A\cap B)=A$$

(2) 的证明类似。■

定理 3.2.3 对于任意集合 A、B，$A\subseteq B$ 当且仅当 $A\cup B=B$ 或 $A\cup B=A$。

证明 先证充分性。

因为 $A\subseteq B$，$B\subseteq B$，由集合并运算的性质(7)知，$A\cup B\subseteq B$。而 $B\subseteq A\cup B$，所以 $A\cup B=B$。

再证必要性。

由集合并运算的性质(6)知，$A\subseteq A\cup B$，而 $A\cup B=B$，所以 $A\subseteq B$。

同理可证 $A\subseteq B\Leftrightarrow A\cup B=A$。■

3.2.3 集合的补运算

定义 3.2.3 设 A、B 是任意两个集合，由属于 A 但不属于 B 的所有元素组成的集合称为 B 对于 A 的补集(或相对补，A 和 B 的差)，记作 $A-B$。即

$$A-B=\{x \mid x\in A\wedge x\notin B\}$$
$$=\{x \mid x\in A\wedge \neg(x\in B)\}$$

用文氏图表示如图 3-5 阴影部分所示。

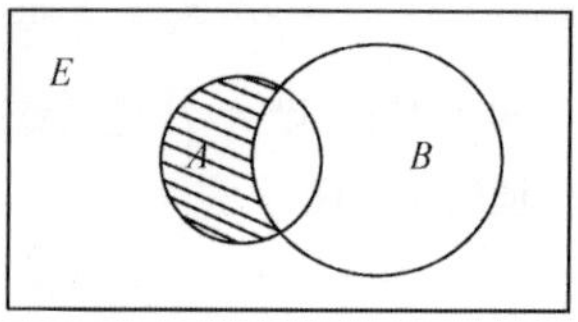

图 3-5　A-B 的文氏图表示

定义 3.2.4　全集 E 与 A 的差集 $E-A$ 称为 A 的绝对补集(或 A 的余集)，简称补集，记作 $\sim A$(或 $\overline{A}$、$\neg A$)。即

$$\sim A=\{x \mid x\in E\wedge x\notin A\}$$

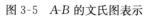

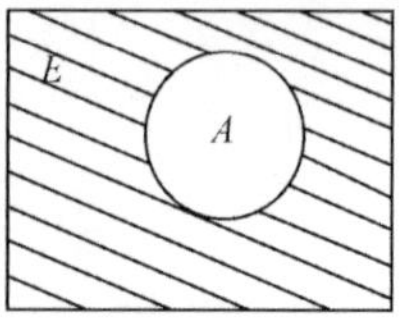

图 3-6　$\sim A$ 的文氏图表示

用文氏图表示如图 3-6 阴影部分所示。

集合的补运算具有以下性质：

(1) $\sim(\sim A)=A$。　(双重否定律)

(2) $\sim E=\varnothing$，$\sim\varnothing=E$。

(3) $A\cup\sim A=E$。　(排中律)

(4) $A\cap\sim A=\varnothing$。　(矛盾律)

(5) $\sim(A\cup B)=\sim A\cap\sim B$，$\sim(A\cap B)=\sim A\cup\sim B$。　(德·摩根律)

证明　(5) $\sim(A\cup B)=\{x \mid x\in E\wedge\neg(x\in A\cup B)\}$

$$=\{x \mid x\in E\wedge\neg(x\in A\vee x\in B)\}$$
$$=\{x \mid x\in E\wedge\neg(x\in A)\wedge\neg(x\in B)\}$$
$$=\{x \mid (x\in E\wedge\neg(x\in A))\wedge(x\in E\wedge\neg(x\in B))\}$$
$$=\{x \mid x\in\sim A\wedge x\in\sim B\}$$
$$=\sim A\cap\sim B$$

同理可证 $\sim(A\cap B)=\sim A\cup\sim B$。 ■

定理 3.2.4　对于任意集合 A、B，有

(1) $A-B=A\cap\sim B$。

(2) $A-B=A-(A\cap B)$。

证明　(1) 显然成立。

(2) 证法一。

$$A-B=\{x \mid x\in A\wedge x\notin B\}$$
$$=\{x \mid (x\in A\wedge x\notin B)\vee(x\in A\wedge x\notin A)\}$$
$$=\{x \mid x\in A\wedge(x\notin B\vee x\notin A)\}$$
$$=\{x \mid x\in A\wedge(\neg(x\in B)\vee\neg(x\in A))\}$$
$$=\{x \mid x\in A\wedge\neg(x\in B\wedge x\in A)\}$$
$$=\{x \mid x\in A\wedge\neg(x\in B\wedge A)\}$$
$$=\{x \mid x\in A\wedge x\notin(B\cap A)\}$$
$$=A-(A\cap B)$$

证法二。

利用(1)的结论以及德·摩根律。

$$A-(A\cap B)=A\cap\sim(A\cap B)\qquad\text{(1)的结论}$$
$$=A\cap(\sim A\cup\sim B)\qquad\text{德·摩根律}$$
$$=(A\cap\sim A)\cup(A\cap\sim B)\qquad\text{分配律}$$
$$=\varnothing\cup(A\cap\sim B)\qquad\text{矛盾律}$$

$$=A\cap\sim B \qquad \text{同一律}$$ ■

例 3.2.1 设 A、B 是任意两个集合,证明 $A\cap(B-C)=(A\cap B)-(A\cap C)$。

证明 证法一。

$$\begin{aligned}(A\cap B)-(A\cap C)&=\{x\mid(x\in A\wedge x\in B)\wedge\neg(x\in A\wedge x\in C)\}\\&=\{x\mid(x\in A\wedge x\in B)\wedge(\neg(x\in A)\vee\neg(x\in C))\}\\&=\{x\mid(x\in A\wedge x\in B\wedge\neg(x\in A))\vee(x\in A\wedge x\in B\wedge\neg(x\in C))\\&=\{x\mid F\vee(x\in A\wedge x\in B\wedge\neg(x\in C))\\&=\{x\mid x\in A\wedge(x\in B\wedge\neg(x\in C))\}\\&=\{x\mid x\in A\wedge x\in(B-C)\}\\&=A\cap(B-C)\end{aligned}$$

证法二。

$$\begin{aligned}(A\cap B)-(A\cap C)&=(A\cap B)\cap\sim(A\cap C)\\&=(A\cap B)\cap(\sim A\cup\sim C)\\&=(A\cap B\cap\sim A)\cup(A\cap B\cap\sim C)\\&=\varnothing\cup(A\cap B\cap\sim C)\\&=A\cap(B\cap\sim C)\\&=A\cap(B-C)\end{aligned}$$ ■

说明交运算 $\cap$ 对补运算是可分配的,但并运算 $\cup$ 对补运算是不可分配的。

3.2.4 集合的对称差运算

定义 3.2.5 设 A、B 是任意两个集合,由或者属于 A 或者属于 B,但不能同时属于 A 和 B 的元素组成的集合,称为 A 与 B 的对称差,记作 $A\oplus B$。即

$$\begin{aligned}A\oplus B&=\{x\mid(x\in A\wedge x\notin B)\vee(x\in B\wedge x\notin A)\}\\&=\{x\mid x\in A\ \overline{\vee}\ x\in B\}\end{aligned}$$

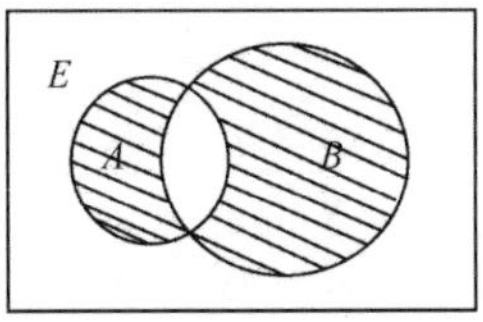

图 3-7 $A\oplus B$ 的文氏图表示

用文氏图表示如图 3-7 阴影部分所示。

集合的对称差运算具有以下性质:

(1) $A\oplus B=B\oplus A$。 (交换律)

(2) $A\oplus\varnothing=A$。 (同一律)

(3) $A\oplus A=\varnothing$。 (零律)

(4) $(A\oplus B)\oplus C=A\oplus(B\oplus C)$。 (结合律)

(5) $A\oplus B=(A\cap\sim B)\cup(\sim A\cap B)$。

证明 (4) 因为 $A\oplus B=(A\cap\sim B)\cup(\sim A\cap B)=(A\cup B)-(A\cap B)$

$$\begin{aligned}\sim(A\oplus B)&=\sim((A\cup B)-(A\cap B))=\sim((A\cup B)\cap\sim(A\cap B))=\sim(A\cup B)\cup(A\cap B)\\&=(\sim A\cap\sim B)\cup(A\cap B)\end{aligned}$$

所以

$$\begin{aligned}(A\oplus B)\oplus C&=((A\oplus B)\cap\sim C)\cup(\sim(A\oplus B)\cap C)\\&=[((A\cap\sim B)\cup(\sim A\cap B))\cap\sim C)]\cup[((\sim A\cap\sim B)\cup(A\cap B))\cap C]\\&=(A\cap\sim B\cap\sim C)\cup(\sim A\cap B\cap\sim C)\cup(\sim A\cap\sim B\cap C)\cup(A\cap B\cap C)\\&=[A\cap((\sim B\cap\sim C)\cup(B\cap C))]\cup[\sim A\cap((B\cap\sim C)\cup(\sim B\cap C))]\\&=(A\cap\sim(B\oplus C))\cup(\sim A\cap(B\oplus C))\end{aligned}$$

$$=A\oplus(B\oplus C)$$

$(A\oplus B)\oplus C$ 的文氏图如图 3-8 阴影部分所示。 ■

在证明过程中可以得到

$$A\cup B=(A\oplus B)\cup(A\cap B)$$

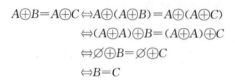

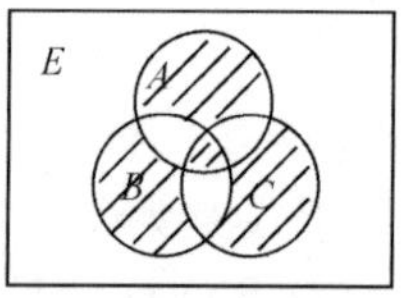

图 3-8　$(A\oplus B)\oplus C$ 的文氏图表示

例 3.2.2　已知 $A\oplus B=A\oplus C$，是否有 $B=C$？

解　成立。

方法一。

$$\begin{aligned}A\oplus B=A\oplus C &\Leftrightarrow A\oplus(A\oplus B)=A\oplus(A\oplus C)\\ &\Leftrightarrow(A\oplus A)\oplus B=(A\oplus A)\oplus C\\ &\Leftrightarrow\varnothing\oplus B=\varnothing\oplus C\\ &\Leftrightarrow B=C\end{aligned}$$

方法二。

要证 $B=C$，只需证明 $B\subseteq C$ 且 $C\subseteq B$。

欲证 $B\subseteq C$，即 $\forall x\in B\Rightarrow\forall x\in C$。

设 $x\in B$，分两种情况。

① 若 $x\in A\Rightarrow x\in A\cap B\Rightarrow x\notin A\oplus B\Rightarrow x\notin A\oplus C\Rightarrow x\in\sim(A\cup C)$ 或 $x\in A\cap C$

$\Rightarrow x\in A\cap C\Rightarrow x\in C$

因此

$$B\subseteq C$$

② 若 $x\notin A\Rightarrow x\notin A\cap B\Rightarrow x\in A\oplus B$ 或 $x\in\overline{A\cup B}$，而

$$\begin{aligned}\forall x\in B &\Rightarrow x\in A\oplus B\Rightarrow x\in A\oplus C\Rightarrow x\in A-C \text{ 或 } x\in C-A\\ &\Rightarrow x\in C-A\Rightarrow x\in C\end{aligned}$$

因此

$$B\subseteq C$$

同理可证 $C\subseteq B$，所以 $B=C$。 ■

在集合运算的性质中，和命题公式一样，有许多恒等式都是成对出现，这是一种必然的规律，称为集合代数的对偶原理。

定义 3.2.6　在一个集合表达式中，如果只含有 $\cap$、$\cup$、$\sim$、$\varnothing$、E、$=$、$\subseteq$，那么同时将 $\cap$ 与 $\cup$、$\varnothing$ 与 E、$\subseteq$ 与 $\supseteq$ 互换，得到的式子称为原式的对偶式。

例如，$\sim(A\cup B)$ 与 $\sim(A\cap B)$、$\sim A\cap\sim B$ 与 $\sim A\cup\sim B$、$A\cap\sim(B\cup C)$ 与 $A\cup\sim(B\cap C)$、$(A\cup B)\cap(A\cup C)$ 与 $(A\cap B)\cup(A\cap C)$ 都互为对偶式。

与命题逻辑中的对偶式类似，集合代数中有下列对偶原理。

定理 3.2.5　集合恒等式的对偶式还是恒等式。

例如，$\sim(A\cup B)=\sim A\cap\sim B$，则 $\sim(A\cap B)=\sim A\cup\sim B$。利用对偶性可以将集合恒等式扩充为更多的恒等式。

3.3　集合的划分与覆盖

在许多实际问题中，研究的对象即集合常常需要进行分类，根据一些特定的条件，将其分成若干个便于讨论的非空真子集，然后在每个非空真子集内进行讨论，直到获得完满的结果。这种方法通常称为分类法，是数学中的一种基本方法。

例 3.3.1 给定集合 $A=\{a,b,c\}$，考虑下列集合：

$$S=\{\{a,b\},\{b,c\}\},\quad Q=\{\{a\},\{a,b\},\{a,c\}\}$$
$$D=\{\{a\},\{b,c\}\},\quad G=\{\{a,b,c\}\}$$
$$E=\{\{a\},\{b\},\{c\}\},\quad F=\{\{a\},\{a,c\}\}$$

容易看出，以下几个特点。

(1) 这些集合中的元素都是 A 的非空子集；

(2) S、Q、D、G、E 各自的元素的并等于集合 A，并且其中 D、G、E 各自的元素两两不相交。

为了研究集合的这种现象，下面讨论集合的覆盖与划分。

定义 3.3.1 设 A 是一个非空集合，$S_1,S_2,\cdots,S_m$ 是它的非空子集，$S=\{S_1,S_2,\cdots,S_m\}$。

(1) 如果 $\bigcup\limits_{i=1}^{m}S_i=A$，则称 S 是 A 的一个覆盖。

(2) 如果 $\bigcup\limits_{i=1}^{m}S_i=A$ 并且 $S_i\cap S_j=\varnothing(i\neq j)$，则称 S 是 A 的一个划分，S_i 称为这个划分的分划块。一个划分中块的个数称为该划分的秩，记作 $|S|$。

集合 A 作为 S 中唯一的元素时，该集合称为 A 的最小划分，秩为 1。A 中每个元素所组成的单元素集构成的集合称为 A 的最大划分，秩为 $|A|$。

例 3.3.1 中，S、Q、D、G、E 都是 A 的覆盖，D、G、E 是 A 的划分。最小划分为 G，最大划分为 E。S 不是 A 的划分，因为元素 b 包含在多于一个的不同子集中。F 不是 A 的覆盖，当然更不是划分，因为没有块包含元素 b。

在学习"集合"概念时，就已经涉及划分的思想。给定一个集合，也就给定了该集合的补集。一个集合与它的补集就构成了全集的一种划分。

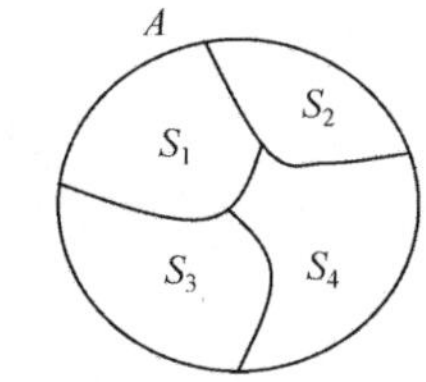

图 3-9 集合的划分

注 ① 划分必是覆盖，反之不然。

② 集合的覆盖与划分是不唯一的。

③ 设子集族 $S=\{S_1,S_2,\cdots,S_m\}$，则 $S\subset\wp(A)$。

集合的划分可以用图解法表示。集合 A 用平面上的一个封闭区域表示，用线把 A 分成若干个不相重叠的部分，每一部分对应于一个划分的块。

图 3-9 是集合 A 的一种划分，其秩为 4。

例 3.3.2 设 $\mathbf{Z}$ 是整数集，$S=\{\{0\},\{-1,1\},\{-2,2\},\cdots\}$ 是 $\mathbf{Z}$ 的一种划分。

例 3.3.3 设 A 是非空集合，$S=\wp(A)-\{\varnothing\}$，则

$$S\text{是}\begin{cases}\text{划分} & (A\text{是单元素集})\\ \text{覆盖} & (A\text{不是单元素集})\end{cases}$$

定义 3.3.2 设 $\{A_1,A_2,\cdots,A_m\}$ 与 $\{B_1,B_2,\cdots,B_n\}$ 是同一个非空集合 X 上的两种划分，由所有 $A_i\cap B_j\neq\varnothing$ 为元素组成的集合称为原来两个划分的交叉划分。

定理 3.3.1 交叉划分是原集合 X 上的一种划分。

证明思路 需要证明交叉划分中任意两个元素之交为 $\varnothing$，所有元素之并为 X。证明留给读者。 ■

注 交叉划分与划分的交、并是不同的概念。

定义 3.3.3 设 $\{A_1,A_2,\cdots,A_m\}$ 与 $\{B_1,B_2,\cdots,B_n\}$ 是同一个非空集合 X 上的两种划分，

若对每个 A_i 均存在 B_j，使得 $A_i \subseteq B_j$，则称 $\{A_1, A_2, \cdots, A_m\}$ 为 $\{B_1, B_2, \cdots, B_n\}$ 的加细(或细分)。

例 3.3.4　设 $X=\{a,b,c\}$，$\pi=\{\{a,b,c\}\}$，$\pi'=\{\{a\},\{b,c\}\}$，$\pi''=\{\{a\},\{b\},\{c\}\}$是 X 上的三种划分，则 π' 是 π 的细分，π''是 π' 的细分，当然也是 π 的细分，而 $\tilde{\pi}=\{\{a,b\},\{c\}\}$，与 π' 互不细分。

定理 3.3.2　任意两种划分的交叉划分，都是原来各划分的细分。

证明　设 $S_1=\{A_1, A_2, \cdots, A_r\}$，$S_2=\{B_1, B_2, \cdots, B_t\}$是 X 上的任意两种划分，S 是它们的交叉划分，记为 $S=\{A_1 \cap B_1, \cdots, A_1 \cap B_r, \cdots, A_i \cap B_j, \cdots, A_r \cap B_t\}$。则由定理 3.3.1 可知，$S$ 是 X 上的一种划分。

对于 $\forall A_i \cap B_j \in S$，均有 $A_i \cap B_j \subseteq A_i$ 且 $A_i \cap B_j \subseteq B_j$，所以 S 是原来划分的细分。　■

例如，设 X 是某高校学生的集合，令 $A=\{A_1, A_2\}$，其中 A_1 为所有男生的集合，A_2 为所有女生的集合，$B=\{\{B_1$ 学院的学生$\}, \cdots, \{B_{10}$学院的学生$\}\}$，显然 A、B 都是 X 上的划分，则其交叉划分 $S=\{A_1 \cap B_1, \cdots, A_1 \cap B_{10}, A_2 \cap B_1, \cdots, A_2 \cap B_{10}\}$为 A、B 的细分。一般地，这里 $A_i \cap B_j \neq \varnothing (i=1,2; j=1, \cdots, 10)$。

如何求有限集合上的划分的个数?

设 A 是 n 元集合，A 的不同划分的个数为 N，将 n 元集划分为 k 个块的分法的总数记为 $S(n,k)$，则可以证明：

(1) $S(n,k)=\dfrac{1}{k!}\sum_{i=0}^{k-1}(-1)^i C_k^i (k-i)^n$ 。

(2) $S(n,k)=S(n-1,k-1)+kS(n-1,k)$。

(3) $N=\sum_{k=1}^{n} S(n,k)$。

3.4　包含排斥原理

在集合的运算中，有时会涉及集合的计数问题。计数是算法研究的一个基本内容。

设 A、B 为有限集合，其元素个数分别记作$|A|$和$|B|$。根据集合运算的定义，显然以下各式成立：

$$\max(|A|,|B|) \leqslant |A \cup B| \leqslant |A|+|B|$$

$$|A \cap B| \leqslant \min(|A|,|B|)$$

$$|A|-|B| \leqslant |A-B| \leqslant |A|$$

$$|A \oplus B|=|A|+|B|-2|A \cap B|$$

定理 3.4.1(包含排斥原理)　设 A_1、A_2 为有限集合，则

$$|A_1 \cup A_2|=|A_1|+|A_2|-|A_1 \cap A_2|$$

证明　方法一。

因为

$$A_1=A_1 \cap (A_2 \cup \sim A_2)=(A_1 \cap A_2) \cup (A_1 \cap \sim A_2)$$

而

$$(A_1 \cap A_2) \cap (A_1 \cap \sim A_2)=\varnothing$$

因此

$$|A_1|=|A_1 \cap A_2|+|A_1 \cap \sim A_2|$$

于是

$$|A_1\cap\sim A_2|=|A_1|-|A_1\cap A_2|$$

而

$$(A_1\cap\sim A_2)\cup A_2=A_1\cup A_2,\quad (A_1\cap\sim A_2)\cap A_2=\varnothing$$

所以

$$|A_1\cup A_2|=|A_1\cap\sim A_2|+|A_2|=|A_1|+|A_2|-|A_1\cap A_2|$$

方法二。

因为

$$A_1\cup A_2=(A_1\oplus A_2)\cup(A_1\cap A_2)$$

且

$$(A_1\oplus A_2)\cap(A_1\cap A_2)=\varnothing$$

因此

$$\begin{aligned}|A_1\cup A_2|&=|A_1\oplus A_2|+|A_1\cap A_2|\\&=(|A_1|+|A_2|-2|A_1\cap A_2|)+|A_1\cap A_2|\\&=|A_1|+|A_2|-|A_1\cap A_2|\end{aligned}$$

■

推论　设 E 为全集，A_1、A_2 为有限集合，则

$$|\sim A_1\cap\sim A_2|=|E|-(|A_1|+|A_2|)+|A_1\cap A_2|$$

证明　$|\sim A_1\cap\sim A_2|=|\sim(A_1\cup A_2)|=|E|-|A_1\cup A_2|$

$=|E|-(|A_1|+|A_2|)+|A_1\cap A_2|$　■

对 3 个集合的包含排斥原理的公式为

$$|A_1\cup A_2\cup A_3|=|A_1|+|A_2|+|A_3|-|A_1\cap A_2|-|A_1\cap A_3|-|A_2\cap A_3|+|A_1\cap A_2\cap A_3|$$

一般地，设 $A_1,A_2,\cdots,A_n$ 是 n 个有限集合，则

$$\begin{aligned}|A_1\cup A_2\cup\cdots\cup A_n|=&\sum_{i=1}^{n}|A_i|-\sum_{1\leqslant i<j\leqslant n}|A_i\cap A_j|\\&+\sum_{1\leqslant i<j<k\leqslant n}|A_i\cap A_j\cap A_k|\\&+\cdots+(-1)^{n-1}|A_1\cap A_2\cap\cdots\cap A_n|\end{aligned}$$

例 3.4.1　某班级 60 名新生进行英语测试，有 41 人通过笔试，有 38 人通过听力考试，有 25 人两次考试都通过了。试问有多少学生两次考试都没有通过?

解　设 E 是某班级 60 名新生的集合，A 是通过笔试的学生的集合，B 是通过听力考试的学生的集合。由题意可知

$$|E|=60,\quad |A|=41,\quad |B|=38,\quad |A\cap B|=25$$

由包含排斥原理可得

$$|A\cup B|=|A|+|B|-|A\cap B|=41+38-25=54$$

$$|\sim A\cap\sim B|=|\sim(A\cup B)|=|E|-|A\cup B|=60-54=6$$

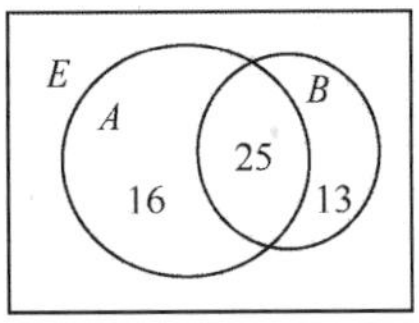

图 3-10　例 1 的文氏图表示

所以，有 6 人两次考试都没有通过。

这个结果可以通过图 3-10 进行验证。

例 3.4.2　有 120 名学生参加考试，考试有 3 道题，考试结果为：12 人 3 道题都做对了，20 人做对了第 1 题和第 2 题，16 人做对了第 1 题和第 3 题，28 人做对了第 2 题和第 3 题，做对第 1 题的有 48 人，做对第 2 题的有 56 人，有 16 人一道题都没做对。试问有多少学生做对了第 3 题?

解　设E是这120名学生的集合，A_1、A_2、A_3分别表示做对第1、2、3题的学生的集合，则由题意知：$|E|=120$，$|A_1|=48$，$|A_2|=56$，$|A_1\cap A_2|=20$，$|A_1\cap A_3|=16$，$|A_2\cap A_3|=28$，$|A_1\cap A_2\cap A_3|=12$，$|\sim A_1\cap\sim A_2\cap\sim A_3|=16$。因此

$$|A_1\cup A_2\cup A_3|=|E|-|\sim A_1\cap\sim A_2\cap\sim A_3|=120-16=104$$

而

$$|A_1\cup A_2\cup A_3|=|A_1|+|A_2|+|A_3|-|A_1\cap A_2|-|A_1\cap A_3|-|A_2\cap A_3|+|A_1\cap A_2\cap A_3|$$

所以

$$|A_3|=104-48-56+20+16+28-12=52$$

即做对第3题的有52名学生。

例3.4.3　有a、b、c、d、e五个球，分给甲、乙、丙、丁、戊五个小朋友。若甲不要a球，乙不要b球，丙不要c球，问共有几种不同的分法？

解　设

$$E=\{x|x\text{是五球分给五人的一种分法}\}$$
$$A=\{x|x\text{是甲分得}a\text{的一种分法}\}$$
$$B=\{x|x\text{是乙分得}b\text{的一种分法}\}$$
$$C=\{x|x\text{是丙分得}c\text{的一种分法}\}$$

依题意，$\sim A\cap\sim B\cap\sim C$为满足题设的三个条件的分法集，且$|E|=5!$。则

$$\begin{aligned}|\sim A\cap\sim B\cap\sim C|&=|\sim(A\cup B\cup C)|=|E|-|A\cup B\cup C|\\&=|E|-(|A|+|B|+|C|-|A\cap B|-|A\cap C|-|B\cap C|+|A\cap B\cap C|)\\&=5!-(4!+4!+4!-3!-3!-3!+2!)\\&=64\end{aligned}$$

所以，共有64种不同的分法。

例3.4.4　对24人的旅行团进行调查，去过北京、上海、广州、昆明的人分别为13人、9人、10人和5人，其中同时去过北京和昆明的有2人，去过北京、广州和上海中任两个城市的都是4人。已知去过昆明的人既没去过上海也没去过广州，分别求只去过一个城市的人数和去过三个城市的人数。

解　设E为这24名旅游者的集合，A、B、C、D分别表示去过北京、上海、广州、昆明的人的集合。依题意知

$$|E|=24,\quad |A|=13,\quad |B|=9,\quad |C|=10,\quad |D|=5,\quad |A\cap B|=|A\cap C|=|B\cap C|=4,\quad |A\cap D|=2$$

根据题意，只去过昆明的有$5-2=3$人。因此

$$|A\cup B\cup C|=24-3=21$$

所以

$$\begin{aligned}|A\cap B\cap C|&=|A\cup B\cup C|-|A|-|B|-|C|+|A\cap B|+|A\cap C|+|B\cap C|\\&=21-13-9-10+4+4+4=1\end{aligned}$$

$$|A-(B\cup C)|=|A|-(|A\cap B|+|A\cap C|)+|A\cap B\cap C|=13-(4+4)+1=6$$

所以只去过北京的有4人。

同理

$$|B-(A\cup C)|=|B|-(|B\cap A|+|B\cap C|)+|A\cap B\cap C|=9-(4+4)+1=2$$
$$|C-(A\cup B)|=|C|-(|C\cap A|+|C\cap B|)+|A\cap B\cap C|=10-(4+4)+1=3$$

所以，只去过北京、上海、广州、昆明的各有4人、2人、3人、3人，同时去过三个城市的只有1人。

3.5　数学归纳法

在数学的研究中经常用到归纳和演绎两种方法。归纳法是用观察到的特殊事例得出一般

性规律的方法,需要观察许多事例才能得出结论。演绎法是基于抽象的原理,将其应用于特殊的事例中的方法。归纳法不仅是一种推理,还是科学发现的一种重要途径,数学中的许多定理、公式、重要结论,都是通过归纳、猜想得到的。然而一些根据有限的特殊事例通过猜想得到的结论是否成立,还需进一步证明,如著名的“四色猜想”于 1977 年利用计算机程序被证明,数论中的“费马数猜想”后来被欧拉证明是错误的,而著名的“哥德巴赫猜想”至今仍然没有结论,它的最好结果是我国数学家陈景润于 1966 年证明的“每个大偶数都是一个素数及一个不超过两个素数的乘积之和。”

数学归纳法是一种完全归纳的证明方法,它适用于与自然数有关的问题。它的理论依据是自然数理论中的皮亚诺(1858—1932,意大利数学家)公理的第 5 条归纳公理,即设 A 是一个自然数集合,如果它具有下列性质:

(1) 自然数 0 属于 A;

(2) 如果自然数 n 属于 A,那么它的一个“直接后继”数 $n+1$ 也属于 A,则集合 A 包含一切自然数。

归纳公理说明:通过第一个命题的性质和相邻两个命题之间的联系,可以递推出任何一个命题的性质。

数学归纳法是这个公理的直接应用,分为两种归纳法。

第一数学归纳法有如下两个步骤。

(1) 归纳基础:证明当 $n=1$ 时表达式 $P(1)$为真。

(2) 归纳传递:证明如果当 $n=k(k>1)$时 $P(k)$为真,那么当 $n=k+1$ 时 $P(k+1)$同样也为真。

只要完成这两步,就可以断定命题对从 1 开始的所有正整数 n 都成立。

整个过程是“个别—特殊—一般”的推理形式。这两个步骤是缺一不可的。

第一步是验证,即证明表达式对起始值 1 是成立的。当然起始值可以不一定是 1,可由问题的实际情况确定。

第二步中“如果当 $n=k$ 时 $P(k)$为真”称为归纳假设,“那么当 $n=k+1$ 时 $P(k+1)$同样也成立”称为归纳结论。这一步实际上是在归纳假设正确的假定下,通过一系列推理,得到归纳结论是否有效的推理过程,即正确性是否能够传递。如果缺少第二步,证明也只停留在归纳的第一步上,即使对任意多个自然数 k 命题 $P(k)$都成立,也不能保证命题对所有的自然数都成立。

如果这两步都被证明了,那么任何一个值的证明都可以被包含在重复不断进行的过程中。数学归纳法体现了人们的认识从有限到无限的质的飞跃。

例 3.5.1 设 n 阶方阵$\boldsymbol{A}=\begin{bmatrix} 2a & 1 & & \\ a^2 & 2a & \ddots & \\ & \ddots & \ddots & 1 \\ & & a^2 & 2a \end{bmatrix}$$(a\neq 0)$,矩阵 $\boldsymbol{A}$ 满足方程 $\boldsymbol{AX}=\boldsymbol{B}$,其中 $\boldsymbol{X}=(x_1,x_2,\cdots,x_n)^{\mathrm{T}}$,$\boldsymbol{B}=(1,0,\cdots,0)^{\mathrm{T}}$,试证明:$|\boldsymbol{A}|=(n+1)a^n$。

证明 设 $\boldsymbol{A}$ 为 n 阶矩阵时记作$\boldsymbol{A}_n$,对 A 的阶数 n 用数学归纳法证明。

(1) 当 $n=2$ 时,$\boldsymbol{A}_2=\begin{bmatrix} 2a & 1 \\ a^2 & 2a \end{bmatrix}$,则$|\boldsymbol{A}_2|=3a^2$,命题成立。

(2) 设 $n=k(k>2)$时命题成立,即$|\boldsymbol{A}_k|=(k+1)a^k$。

(3) 当 $n=k+1$ 时

$$|\mathbf{A}_{k+1}|=\begin{vmatrix} 2a & 1 & & \\ a^2 & 2a & \ddots & \\ & \ddots & \ddots & 1 \\ & & a^2 & 2a \end{vmatrix}=2a|\mathbf{A}_k|-a^2|\mathbf{A}_{k-1}|=2a(k+1)a^k-a^2(k)a^{k-1}=(k+2)a^{k+1}$$

所以,当 $n=k+1$ 时命题也成立。

综上所述,原命题对任何自然数 n 都成立。 ■

例 3.5.2　设 $x_1=\sqrt{3}$,证明数列 $x_{n+1}=\sqrt{3+x_n}$ 是单调递增数列。

证明　(1) 当 $n=2$ 时,$x_2=\sqrt{3+x_1}$,而 $x_1=\sqrt{3}>0$,所以 $x_2>\sqrt{3}=x_1>0$,命题成立。

(2) 设 $n=k(k>2)$ 时命题成立,即 $x_{k+1}>x_k$。

(3) 当 $n=k+1$ 时,$x_{k+2}=\sqrt{3+x_{k+1}}>\sqrt{3+x_k}=x_{k+1}$。

所以,当 $n=k+1$ 时命题也成立。

综上所述,原命题对任何自然数 n 都成立,即数列 $x_{n+1}=\sqrt{3+x_n}$ 是单调递增数列。 ■

下面讨论第二归纳法。其步骤如下:

关于自然数的一个性质 $P(x)$。

(1) 归纳基础:证明 $P(0)$ 成立。

(2) 归纳传递:证明如果 $\forall s<k, P(s)\Rightarrow P(k)$ 成立,那么 $\forall nP(n)$ 同样成立。

例 3.5.3　试证明算数基本定理:任一大于 1 的整数都能表示成质数的乘积,即任一正整数 a,都有 $a=p_1p_2\cdots p_n$,$p_1\leqslant p_2\leqslant\cdots\leqslant p_n$,其中 $p_1,p_2,\cdots,p_n$ 是质数。

证明　(1) 当 $a=2$ 时,命题显然成立。

(2) 设对任意小于 $a(a>2)$ 的正整数命题成立。

(3) 对 a 而言,有两种情况:

若 a 为质数,则命题成立。

若 a 为合数,则存在两个正整数 b、c,使得 $a=bc$,且 $1<b<a$,$1<c<a$。

由假定

$$b=p_1'p_2'\cdots p_m', c=p_{m+1}'p_{m+2}'\cdots p_n'$$

于是

$$a=p_1'p_2'\cdots p_m'p_{m+1}'\cdots p_n'$$

适当调整 p_i',即得 a 的质因数分解。

综上所述,原命题对于任何大于 1 的正整数成立。 ■

例 3.5.4　对于任意正整数 k,试证明 k 个连续整数之积恒为 $k!$ 的倍数。

证明　(1) 当 $k=1,2$ 时,命题显然成立。

(2) 设命题对任意小于 k 的整数成立。

(3) 下面证明对 k 也成立。记 P_n 为以 n 开头的 k 个连续整数之积,即

$$P_n=n(n+1)(n+2)\cdots(n+k-1)$$

则

$$P_{n+1}=(n+1)(n+2)\cdots(n+k)$$

所以

$$\begin{aligned} nP_{n+1}&=n(n+1)(n+2)\cdots(n+k-1)(n+k)\\ &=P_n(n+k)\\ &=nP_n+kP_n \end{aligned}$$

于是

$$n(P_{n+1}-P_n)=kP_n$$

因此

$$P_{n+1}-P_n=\frac{P_n}{n}k$$
$$=(n+1)(n+2)\cdots(n+k-1)k$$

上述等式的右边是连续的 $k-1$ 个整数之积，由假设(2)可知，其是 $(k-1)!$ 的倍数，因此

$$P_{n+1}-P_n=km(k-1)!=mk!$$

特别地，当 $n=1$ 时 $P_1=k!$，从而由上述递推公式知，$P_2,P_3,\cdots,P_n$ 均为 $k!$ 的倍数。

综上所述，对任意正整数 k 命题成立。 ■

例 3.5.5 设 $A(p_1,p_2,\cdots,p_n)$ 是不含联结词→、↔的命题公式，A^* 是 A 的对偶式，则 $A(\neg p_1,\neg p_2,\cdots,\neg p_n)\Leftrightarrow\neg A^*(p_1,p_2,\cdots,p_n)$。

证明 对联结词的个数 m 作归纳。

(1) 当 $m=0$ 时，$A(p_1,p_2,\cdots,p_n)\Leftrightarrow p_1$，$A(\neg p_1,\neg p_2,\cdots,\neg p_n)\Leftrightarrow\neg p_1$，$A^*(p_1,p_2,\cdots,p_n)\Leftrightarrow p_1$

于是

$$\neg A^*(p_1,p_2,\cdots,p_n)\Leftrightarrow\neg p_1\Leftrightarrow A(\neg p_1,\neg p_2,\cdots,\neg p_n)$$

所以命题成立。

(2) 设该等价式含有少于 t 个联结词时成立。下面证明其含有 t 个联结词时也成立。设 $A(p_1,p_2,\cdots,p_k)$ 有 t 个命题联结词。有两种情形：

① $A\Leftrightarrow\neg B$，其中 B 含有少于 t 个联结词且不含联结词→、↔。由归纳假设 $B(\neg p_1,\neg p_2,\cdots,\neg p_k)\Leftrightarrow\neg B^*(p_1,p_2,\cdots,p_k)$，于是

$$\begin{aligned}A(\neg p_1,\neg p_2,\cdots,\neg p_k)&\Leftrightarrow\neg B(\neg p_1,\neg p_2,\cdots,\neg p_k)\\&\Leftrightarrow\neg\neg B^*(p_1,p_2,\cdots,p_k)\\&\Leftrightarrow\neg A^*(p_1,p_2,\cdots,p_k)\end{aligned}$$

② $A\Leftrightarrow B\vee C$，其中 B、C 都含有少于 t 个联结词且不含联结词→、↔。此时 $A^*\Leftrightarrow B^*\wedge C^*$，归纳假设对 B、C 都成立。

$$\begin{aligned}A(\neg p_1,\neg p_2,\cdots,\neg p_k)&\Leftrightarrow B(\neg p_1,\neg p_2,\cdots,\neg p_k)\vee C(\neg p_1,\neg p_2,\cdots,\neg p_k)\\&\Leftrightarrow\neg B^*(p_1,p_2,\cdots,p_k)\vee\neg C^*(p_1,p_2,\cdots,p_k)\\&\Leftrightarrow\neg(B^*(p_1,p_2,\cdots,p_k)\wedge C^*(p_1,p_2,\cdots,p_k))\\&\Leftrightarrow\neg A^*(p_1,p_2,\cdots,p_k)\end{aligned}$$

③ $A=B\wedge C$，其中 B、C 同上。此时 $A^*=B^*\vee C^*$，归纳假设对 B、C 都成立。

$$\begin{aligned}A(\neg p_1,\neg p_2,\cdots,\neg p_k)&\Leftrightarrow B(\neg p_1,\neg p_2,\cdots,\neg p_k)\wedge C(\neg p_1,\neg p_2,\cdots,\neg p_k)\\&\Leftrightarrow\neg B^*(p_1,p_2,\cdots,p_k)\wedge\neg C^*(p_1,p_2,\cdots,p_k)\\&\Leftrightarrow\neg(B^*(p_1,p_2,\cdots,p_k)\vee C^*(p_1,p_2,\cdots,p_k))\\&\Leftrightarrow\neg A^*(p_1,p_2,\cdots,p_k)\end{aligned}$$

综合上述(1)和(2)，$A(\neg p_1,\neg p_2,\cdots,\neg p_n)\Leftrightarrow\neg A^*(p_1,p_2,\cdots,p_n)$。 ■

3.6 集合的计算机表示

计算机是采用 0 和 1 来存储数据的，集合在计算机中的表示方法有许多种。可以用线性表的方式存储一个集合，这样做对集合的运算十分不便。在 3.1 节中，利用编码的方式确定集合的子集，可以将此方法推广到任意集合的表示上。

设全集 E 是有限集合，将 E 的元素按一定的顺序排列，即 $E=\{e_1,e_2,\cdots,e_n\}$。用一个 n 位二进制数 $a_1a_2\cdots a_n$ 或称为位串表示 E 的子集 A，其中 $a_i(i=1,2,\cdots,n)$ 定义如下：

$$\begin{cases} a_i=1 & (e_i\in E) \\ a_i=0 & (e_i\notin E) \end{cases}$$

用位串表示集合，便于集合进行运算。设集合 A 的位串为 $a_1a_2\cdots a_n$，集合 B 的位串为 $b_1b_2\cdots b_n$，则

$A\cap B$ 的位串为 $c_1c_2\cdots c_n$，其中$\begin{cases} c_i=1, 若\ a_i=1\wedge b_i=1 \\ c_i=0, 若\ a_i=0\vee b_i=0 \end{cases}$，是 A、B 的位串按位与。

$A\cup B$ 的位串为 $c_1c_2\cdots c_n$，其中$\begin{cases} c_i=1, 若\ a_i=1\vee b_i=1 \\ c_i=0, 若\ a_i=0\wedge b_i=0 \end{cases}$，是 A、B 的位串按位或。

$\overline{A}$ 的位串为 $c_1c_2\cdots c_n$，其中$\begin{cases} c_i=1, 若\ a_i=0 \\ c_i=0, 若\ a_i=1 \end{cases}$，是 A 的位串按位非。

例 3.6.1　设 $E=\{1,2,3,4,5,6,7,8,9\}$，其元素按从小到大的顺序排列，则 E 中 3 的倍数的集合 $A=\{3,6,9\}$，其位串表示为 001001001，2 的倍数的集合 $B=\{2,4,6,8\}$，其位串表示为 010101010。$A\cap B$ 的位串为 000001000，即 $A\cap B=\{6\}$；$A\cup B$ 的位串为 011101011，即 $A\cup B=\{2,3,4,6,8,9\}$；$\overline{A}$ 的位串为 110110110，即 $\overline{A}=\{1,2,4,5,7,8\}$。

小　　结

本章主要讨论集合论的基本知识，包括集合的概念和性质，集合上常用的交、并、补（含绝对补）及对称差运算的基本理论、集合的计数问题、集合的划分与覆盖等。本章充分利用数理逻辑的方法刻画了集合的概念、演算及性质，是对数理逻辑知识的巩固和应用。同时还介绍了一个重要的证明方法——数学归纳法。通过本章的学习，了解集合的基本知识，掌握集合主要的运算方式及相应结果，若干的集合处理和证明方法为学习关系理论打下良好基础。

1. 基本内容

(1) 集合的概念与表示方法、集合的属于、包含及相等定义、特殊集合。

(2) 集合的交、并、补（含绝对补）及对称差运算与相互间的联系。

(3) 集合的划分（交叉划分、细分）与覆盖。

(4) 有限集合的计数问题。

(5) 数学归纳法。

2. 基本要求

(1) 掌握集合、元素等概念及多种表示法，掌握集合间的包含和相等关系定义及证明原理。

(2) 掌握三个特殊集合（空集、全集、幂集）的概念，熟练掌握幂集的计算方法。

(3) 熟练掌握集合运算的基本概念、性质，相互间关系及集合恒等式。

(4) 熟练证明集合间的相等。

(5) 理解集合的划分和覆盖。

(6) 掌握集合的计数方法——包含排斥原理，解决实际问题。

(7) 熟练掌握数学归纳法证明的思想和方法。

3. 重点和难点

重点：集合的运算及相互间关系，用四种方法证明集合等式，数学归纳法的应用。

难点：多种方法进行集合恒等式的证明，尤其是应用谓词演算中的等价置换证明法；包含

排斥原理的运用;数学归纳法证明的思想。

习 题 三

1. 用列举法或描述法表示下列集合。
   (1) 任意正整数除以 3 的余数的全体。
   (2) 100 以内所有的质数。
   (3) 100 以内能同时被 3 和 7 整除的正整数。
   (4) 单位球面上与坐标轴的所有交点。
   (5) x^4-1 在复数集中的所有因式。
   (6) 命题公式 $P\to((Q\to P)\wedge(\neg P\wedge Q))$的所有成真赋值。
2. 设集合 $A=\{1,2,3,4\}$,试用列举法表示集合 R。
   (1) $R=\{(x,y)\mid x,y\in A$ 且 $|x-y|=1\}$
   (2) $R=\{(x,y)\mid x,y\in A$ 且 $x<y\}$
   (3) $R=\{(x,y)\mid x,y\in A$ 且 x 整除 $y\}$
   (4) $R=\{(x,y)\mid x,y\in A$ 且 $x-y$ 能被 2 整除$\}$
3. 设 A、B、C 是任意集合,下面命题是否成立,并说明理由。
   (1) 若 $A\in B,B\in C$,则 $A\in C$。
   (2) 若 $A\in B,B\subseteq C$,则 $A\in C$。
   (3) 若 $A\in B,B\subseteq C$,则 $A\subseteq C$。
   (4) 若 $A\subseteq B,B\in C$,则 $A\in C$。
   (5) 若 $A\subseteq B,B\in C$,则 $A\subseteq C$。
   (6) 若 $A\subseteq B,B\subseteq C$,则 $A\subseteq C$。
   (7) 若 $A\subseteq B,B\subseteq C$,则 $A\in C$。
4. 试用谓词逻辑推理证明命题:设 A、B、C 是任意集合,如果 $A\subseteq B$ 且 $B\subseteq C$,则 $A\subseteq C$。
5. 设 A 为任意集合,判断下列命题是否成立。若不成立请给出反例。
   (1) $\varnothing\in\wp(A)$
   (2) $\varnothing\subseteq\wp(A)$
   (3) $\{\varnothing\}\in\wp(A)$
   (4) $\{\varnothing\}\subseteq\wp(A)$
   (5) $\{\varnothing\}\in\wp(\wp(A))$
   (6) $\{\varnothing,\{\varnothing\}\}\in\wp(\wp(A))$
   (7) $\{\varnothing,\{\varnothing\}\}\subseteq\wp(\wp(A))$
   (8) $\{\varnothing,\{\varnothing\}\}\in\wp(\wp(\wp(A)))$
6. 求下列集合的幂集。
   (1) $A=\{a,b,\{a\}\}$
   (2) $A=\{\{1,2\},\{2,1,2\},\{2,1,1,2\}\}$
   (3) $A=\{1,2,\{1\},\{2\}\}$
   (4) $A=\{\varnothing,1,\{\varnothing,1\}\}$
   (5) $A=\varnothing\cup\{\varnothing\}$
7. 设 E 是全集,试用文氏图表示下列各集合。
   (1) $A\cap(B\cup C)$
   (2) $A-(B\cup C)$
   (3) $B-(A\cup C)$
   (4) $(A\cap B)-C$

(5) $A-(B-C)$

(6) $(A-C)\cup(B-C)$

(7) $A-\sim(B\cup C)$

(8) $(A\oplus B)-C$

8. 设 $\mathbf{Z}^+$ 为正整数集，$A=\{x\mid x<20,x\in\mathbf{Z}^+\}$，$B=\{x\mid x\leqslant 15,x\in\mathbf{Z}^+\}$，$C=\{x\mid x=2k-1,k\in\mathbf{Z}^+\}$，$D=\{x\mid x=3k,k\in\mathbf{Z}^+\}$，请用 A、B、C、D 表示下列集合。

(1) $\{2,4,6,8,10,12,14\}$

(2) $\{3,6,9,12\}$

(3) $\{17,19\}$

(4) $\{18\}$

9. 设集合 $A=\{x\mid 1\leqslant x\leqslant 12,x$ 能被 2 整除，$x\in\mathbf{Z}\}$，$B=\{x\mid 1\leqslant x\leqslant 12,x$ 能被 3 整除，$x\in\mathbf{Z}\}$，求 $A\cap B$，$A\cup B$，$A-B$，$B-A$，$A\oplus B$，$B\oplus A$。

10. 设 $\mathbf{R}$ 是实数集，$A=\{x\mid -1\leqslant x\leqslant 1,x\in\mathbf{R}\}$，$B=\{x\mid 0\leqslant x<2,x\in\mathbf{R}\}$，求 $A-B$，$B-A$，$A\cap B$，$A\cup B$。

11. 已知 $A=\{\varnothing\}$，$B=\{a,b\}$，求 $\wp(A)\cap\wp(B)$，$\wp(A)\oplus\wp(B)$。

12. 已知 $A=\{\{\varnothing\},\{\varnothing,1\}\}$，$B=\{\{\varnothing,1\},\{1\}\}$，求 $A\cup B$，$A\oplus B$，$\wp(A)$，$\wp(A)-\wp(B)$。

13. 设 $A=\{a,\varnothing\}$，$B=\varnothing\cup\{\varnothing\}$，求 $A\oplus B$，$\wp(A-B)$。

14. 设全集 $E=\{a,b,c,d,e\}$，$A=\{a,e\}$，$B=\{a,c,d\}$，$C=\{d,e\}$，求 $A\cap B$，$A\cup B$，$A-B$，$A\oplus B$，$(A\cap B)\cup\sim C$，$\wp(A)-\wp(C)$，$\wp(B\cap C)$。

15. 设全集 $E=\{1,2,3,4,5,6\}$，$A=\{1,4\}$，$B=\{1,2,3\}$，$C=\{2,4\}$，求 $(\sim A\cap\sim B)\cup C$，$\sim(A\cap B\cap C)$，$(A\cap\sim B)\cup C$，$\wp((\sim A\cup\sim B)\cap C)$。

16. 设 E 是全集，对 E 的任意子集 A、B，证明下面各组命题是等价的。

(1) $A\subseteq B$，$\sim B\subseteq\sim A$，$A\cap B=A$，$A\cup B=B$，$A-B=\varnothing$，$\sim A\cup B=E$

(2) $A\subseteq\sim B$，$B\subseteq\sim A$，$A\cap B=\varnothing$

(3) $\sim A\subseteq B$，$\sim B\subseteq A$，$A\cup B=E$

17. 设 A、B 和 C 为集合，下列命题为真的充要条件是什么？

(1) $(A-B)\cup(A-C)=A$

(2) $(A-B)\cap(A-C)=\varnothing$

(3) $A-B=B-A$

(4) $A\oplus B=A$

(5) $A\oplus B=\varnothing$

(6) $(A-B)\cup B=(A\cup B)-B$

(7) $(A-C)\cup B=A\cup B$

18. 设 A、B、C 是任意集合，证明下列等价式。

(1) $A\subseteq B\Leftrightarrow(B-A)\cup A=B$

(2) $(A\cap B)\cup C=A\cap(B\cup C)\Leftrightarrow C\subseteq A$

19. 设 A、B、C 是任意集合，证明下列命题。

(1) 若 $A\cap B=A\cap C$，$A\cup B=A\cup C$，则 $B=C$。

(2) 若 $A\cup B=A\cup C$，$\sim A\cup B=\sim A\cup C$，则 $B=C$。

20. 证明德·摩根律的推广形式：$\forall n\in\mathbf{N}$ 且 $n\geqslant 1$，$A_1,A_2,\cdots,A_n$ 为全集 E 的 n 个子集，则

(1) $\sim(\bigcup_{k=1}^{\infty}A_k)=\bigcap_{k=1}^{\infty}(\sim A_k)$

(2) $\sim(\bigcap_{k=1}^{\infty}A_k)=\bigcup_{k=1}^{\infty}(\sim A_k)$

21. 对于任意集合 A、B，证明：

(1) 若 $A\subseteq B$，则 $\wp(A)\subseteq\wp(B)$。

(2) $\wp(A)\cup\wp(B)\subseteq\wp(A\cup B)$，举例说明$\wp(A)\cup\wp(B)\neq\wp(A\cup B)$。

(3) $\wp(A)\cap\wp(B)=\wp(A\cap B)$。

(4) $\wp(A-B)\subseteq(\wp(A)-\wp(B))\cup\{\varnothing\}$。

22. 证明：若$(A-B)\cup(B-A)=C$，则$A\subseteq(B-C)\cup(C-B)$的充要条件是$A\cap B\cap C=\varnothing$。

23. 设A、B、C是任意集合，证明下列等式：

(1) $(A-B)\cup(A\cap B)=A$

(2) $(A-B)-C=(A-C)-B=(A-C)-(B-C)$

(3) $A-(B\cap C)=(A-B)\cup(A-C)$

(4) $A-(B\cup C)=(A-B)\cap(A-C)=(A-B)-C$

(5) $(A\cup B)-(A\cap B)=(A-B)\cup(B-A)$

(6) $A\cap(B\oplus C)=(A\cap B)\oplus(A\cap C)$

24. 化简下列集合表达式：

(1) $(A-B)\cup(A-C)$

(2) $(A\cap B)\cup(A\cap\sim B)\cup(\sim A\cap B)$

(3) $\sim(A\cup B)\cup(\sim A\cap B)$

(4) $(A\cap B)\cup\sim A$

(5) $(\sim A\cap(\sim B\cap C))\cup(B\cap C)\cup(A\cap C)$

(6) $((A\cup B\cup C)\cap(A\cup B))-((A\cup(B-C))\cap A)$

(7) $(((A\cup(B-C))\cap A)\cup(B-(B-A)))\cap(C-A)$

(8) $((A\cap B)\cup A)\oplus((B\cap\sim B)\oplus A)$

25. 用下面的方法构造自然数，$0:=\varnothing$，$1:=\{0\}=\{\varnothing\}$，$2:=\{0,1\}=\{\varnothing,\{\varnothing\}\}$，…

(1) 循此模式，给出自然数 4 的一个集合式表示。

(2) 视数 3 为集合，给出它的幂集。

26. 设$|A|=n$，$|B|=m$，且$A\cap B=\varnothing$，求$|\wp(A)\oplus\wp(B)|$。

27. 一个年级 170 人中，120 名学生学英语，80 名学生学德语，60 名学生学日语，50 名学生既学英语又学德语，25 名学生既学英语又学日语，30 名学生既学德语又学日语，还有 10 名学生同时学习三种语言。有多少名学生这三种语言都没有学习？

28. 一家花店来了 25 个人买花，14 人买了康乃馨，12 人买了菊花，6 人买了康乃馨和菊花，5 人买了康乃馨和玫瑰花，还有 2 人这三种花都买了，6 个买玫瑰花的人都买了另外一种花。什么花都没有买的有多少人？

29. 某班有 59 名学生，本学期选修了数学实验、综合数学和计算方法三门课。选修数学实验、综合数学和计算方法的人数分别为 47 人、49 人和 50 人。其中，选修数学实验和计算方法的有 43 人，选修综合数学和计算方法的有 42 人，三门课都选修的有 40 人，三门课都没有选修的有 1 人。问选修数学实验和综合数学的有多少人，只选修一门课的有多少人？

30. 某次运动会有 30 人参加跑步比赛，其中有 15 人参加 100m 赛跑，8 人参加 800m 赛跑，6 人参加 400m 赛跑，有 3 人这三种比赛都参加。至少有多少人什么比赛都没有参加？

31. 有 14 名学生参加理科知识竞赛，9 位同学数学得优，5 位同学物理得优，4 位同学化学得优。其中，物理和数学都得优的有 4 位，数学和化学都得优的有 3 人，物理和化学都得优的有 3 人，三门都得优的有 2 人。问恰有两门为优的同学有几人？

32. 1 到 1000 的整数中(包含 1 和 1000 在内)，分别求满足下列条件的整数的个数：

(1) 能同时被 3、5、7 整除。

(2) 不能同时被 3、5、7 整除。

(3) 仅能被其中一个数整除。

(4) 至少能被其中一个数整除。

33. 在 100～999 的正整数中，分别求满足下列条件的正整数的个数：

(1) 至少含有数字 3 或 7。

(2) 至少含有一个数字 3 和一个数字 7。

34. 设 n 为正整数,用归纳法证明下列各式:

(1) $(1+2+\cdots+n)^2=1^3+2^3+\cdots+n^3$。

(2) $\cos\frac{x}{2}\cos\frac{x}{4}\cdots\cos\frac{x}{2^n}=\frac{\sin x}{2^n\sin\frac{x}{2^n}}$。

(3) $D_{2n}=\begin{vmatrix} a & & & & & b \\ & \ddots & & & \iddots & \\ & & a & b & & \\ & & c & d & & \\ & \iddots & & & \ddots & \\ c & & & & & d \end{vmatrix}=(ad-bc)^n$。

(4) 设 A 是任意集合,证明当 $|A|=n$ 时,$|\wp(A)|=2^n$。

35. 证明:三个连续整数的立方和能被 9 整除。

36. 设全集为 $E=\{1,2,3,\cdots,10\}$。

(1) 用位串表示集合 $A=\{2,4,6,8,10\}$,$B=\{3,6,9\}$,$C=\{1,2,3,5,8\}$。

(2) 写出位串 0010111100,1000011011,0101110010。

(3) 用位求集合 $A\cap B$,$A\cup B$,$(A\cap B)\cup C$,$\sim(A\cap C)$,$\sim A\cap\sim C$。

第 4 章　二 元 关 系

关系是建立在集合基础之上的一种特殊集合，是研究两个不同集合间元素与元素之间，或者相同集合中元素之间相互联系的一个重要概念。在数学各领域及计算机科学的理论和应用中都起着重要作用。关系型数据库就是以关系及其运算作为理论基础的，在电路及逻辑设计、数据结构、算法分析、信息检索、网络理论等方面也有着重要的应用。在包括程序结构和算法分析的计算理论方面也有重要的作用，如主程序和子程序的调用关系、高级语言编程中经常用到的函数(对应关系)、程序的输入与输出关系、计算机语言中的字符关系等。

本章主要讨论二元关系的定义及表示方法、关系的运算、关系的性质，最后讨论几类特殊关系。

4.1　关系的概念

4.1.1　序偶及 n 元有序组

在集合中，元素是无序的，$\{a,b\}$与$\{b,a\}$是相同的集合。但许多情况下需要考虑元素间的顺序，如在 xOy 平面上的点 P 的坐标就是有序的，所以必须用另外的方法研究有序的一组个体。

定义 4.1.1　由两个个体 x 和 y(允许 $x=y$)按一定顺序排列成的一个有序组称为一个序偶(或有序对、二元有序组)，记作$\langle x,y\rangle$。其中，x 称为$\langle x,y\rangle$的第一分量，y 称为$\langle x,y\rangle$的第二分量。

例如，在笛卡儿直角坐标系中，平面上点的坐标$\langle x,y\rangle$，计算机中指令的表示〈操作数，地址码〉都是一个序偶。函数的自变量 x 与对应的函数值 y 间也可以构成一个序偶$\langle x,y\rangle$。

定义 4.1.2　设$\langle x,y\rangle$和$\langle u,v\rangle$是两个序偶，当且仅当 $x=u$ 且 $y=v$ 时，称$\langle x,y\rangle$与$\langle u,v\rangle$相等，记作$\langle x,y\rangle=\langle u,v\rangle$。

注　当 $x\neq y$ 时，$\langle x,y\rangle\neq\langle y,x\rangle$。即序偶中元素的次序是非常重要的。

序偶的概念可以推广到三元有序组。

定义 4.1.3　一个三元有序组是一个序偶，其中第一分量本身也是一个序偶，记作$\langle\langle x,y\rangle,z\rangle$，简记为$\langle x,y,z\rangle$。

注　① $\langle x,\langle y,z\rangle\rangle$不是三元有序组。

② $\langle\langle x,y\rangle,z\rangle=\langle\langle u,v\rangle,w\rangle$当且仅当 $x=u\wedge y=v\wedge z=w$。

在关系数据库中，一个表是由许多记录组成，每条记录又分为许多字段，因此一条记录就构成了一个 n 元有序组。

一般地，一个 n 元有序组($n\geqslant3$)是一个序偶，其第一分量为 $n-1$ 元有序组，记作$\langle x_1,x_2,\cdots,x_{n-1},x_n\rangle$，即

$$\langle x_1,x_2,\cdots,x_{n-1},x_n\rangle=\langle\langle x_1,x_2,\cdots,x_{n-1}\rangle,x_n\rangle$$

并且

$$\langle x_1,x_2,\cdots,x_{n-1},x_n\rangle=\langle y_1,y_2,\cdots,y_{n-1},y_n\rangle\Leftrightarrow(x_1=y_1)\wedge\cdots\wedge(x_n=y_n)$$

例如，空间直角坐标系中点的坐标是3元有序组，n 维向量、n 元线性方程组的解都是 n 元有序组。

4.1.2 笛卡儿积

序偶的分量可以属于不同的集合，因此对任意两个集合 A 和 B，可以定义一种序偶的集合。

定义 4.1.4 给定两个集合 A 和 B，如果序偶的第一分量属于 A，第二分量属于 B，所有这样的序偶集合称为集合 A 与 B 的笛卡儿积(或直积、叉积)，记作 $A\times B$。即

$$A\times B=\{\langle x,y\rangle \mid x\in A\wedge y\in B\}$$

例如，平面上所有点的集合为 $\mathbf{R}\times\mathbf{R}$。

由以上定义可以看出

$$\langle x,y\rangle\in A\times B\Leftrightarrow x\in A\wedge y\in B$$

约定：若 $A=\varnothing$ 或 $B=\varnothing$，则 $A\times B=\varnothing$。

例 4.1.1 设 $A=\{\alpha,\beta\}$，$B=\{1,2,3\}$，求 $A\times B$，$B\times A$，$A\times A$，$B\times B$，$(A\times B)\cap(B\times A)$。

解 $A\times B=\{\langle\alpha,1\rangle,\langle\alpha,2\rangle,\langle\alpha,3\rangle,\langle\beta,1\rangle,\langle\beta,2\rangle,\langle\beta,3\rangle\}$

$B\times A=\{\langle 1,\alpha\rangle,\langle 1,\beta\rangle,\langle 2,\alpha\rangle,\langle 2,\beta\rangle,\langle 3,\alpha\rangle,\langle 3,\beta\rangle\}$

$A\times A=\{\langle\alpha,\alpha\rangle,\langle\alpha,\beta\rangle,\langle\beta,\alpha\rangle,\langle\beta,\beta\rangle\}$

$B\times B=\{\langle 1,1\rangle,\langle 1,2\rangle,\langle 1,3\rangle,\langle 2,1\rangle,\langle 2,2\rangle,\langle 2,3\rangle,\langle 3,1\rangle,\langle 3,2\rangle,\langle 3,3\rangle\}$

$(A\times B)\cap(B\times A)=\varnothing$

由例4.1.1可知，一般情况下笛卡儿积不满足交换律，即 $A\times B\neq B\times A$。

由笛卡儿积的定义可知

$$(A\times B)\times C=\{\langle\langle x,y\rangle,z\rangle \mid \langle x,y\rangle\in A\times B\wedge z\in C\}$$

$$A\times(B\times C)=\{\langle x,\langle y,z\rangle\rangle \mid x\in A\wedge\langle y,z\rangle\in B\times C\}$$

而 $\langle x,\langle y,z\rangle\rangle$ 不是3元有序组，所以笛卡儿积不满足结合律，即

$$(A\times B)\times C\neq A\times(B\times C)$$

显然，当 A、B 是有限集合时，$|A\times B|=|A||B|$。

定理 4.1.1 设 A、B、C 是任意三个集合，则有

(1) $A\times(B\cup C)=(A\times B)\cup(A\times C)$

(2) $A\times(B\cap C)=(A\times B)\cap(A\times C)$

(3) $(A\cup B)\times C=(A\times C)\cup(B\times C)$

(4) $(A\cap B)\times C=(A\times C)\cap(B\times C)$

证明 (1) 设 $\langle x,y\rangle$ 是 $A\times(B\cup C)$ 的任意一个元素，那么

$$\begin{aligned}\langle x,y\rangle\in A\times(B\cup C)&\Leftrightarrow x\in A\wedge y\in B\cup C\\&\Leftrightarrow x\in A\wedge(y\in B\vee y\in C)\\&\Leftrightarrow(x\in A\wedge y\in B)\vee(x\in A\wedge y\in C)\\&\Leftrightarrow\langle x,y\rangle\in A\times B\vee\langle x,y\rangle\in A\times C\\&\Leftrightarrow\langle x,y\rangle\in(A\times B)\cup(A\times C)\end{aligned}$$

所以

$$A\times(B\cup C)=(A\times B)\cup(A\times C)$$

其余的等式类似地证明。 ■

此定理说明，笛卡儿积运算对$\cap$或$\cup$运算具有分配律。

定理 4.1.2 设 A、B、C、D 是非空集合，则

$$A\times B\subseteq C\times D \text{ 当且仅当 } A\subseteq C \text{ 且 } B\subseteq D$$

证明 先证“$\rightarrow$”。

$$\begin{aligned}\forall x(x\in A)\wedge\forall y(y\in B)&\Leftrightarrow\forall x\forall y(x\in A\wedge y\in B)\\&\Leftrightarrow\forall x\forall y(\langle x,y\rangle\in A\times B)\\&\Rightarrow\forall x\forall y(\langle x,y\rangle\in C\times D)\\&\Leftrightarrow\forall x\forall y(x\in C\wedge y\in D)\\&\Leftrightarrow\forall x(x\in C)\wedge\forall y(y\in D)\end{aligned}$$

所以

$$A\subseteq C \text{ 且 } B\subseteq D$$

再证“$\leftarrow$”。

$$\begin{aligned}\forall x\forall y(\langle x,y\rangle\in A\times B)&\Leftrightarrow\forall x\forall y(x\in A\wedge y\in B)\\&\Rightarrow\forall x\forall y(x\in C\wedge y\in D)\\&\Leftrightarrow\forall x\forall y(\langle x,y\rangle\in C\times D)\end{aligned}$$

所以

$$A\times B\subseteq C\times D$$ ■

此定理中，若有空集，则“$\rightarrow$”可以不成立。例如，$B=\varnothing$，则 $A\times B=\varnothing\subseteq C\times D$，但未必有 $A\subseteq C$。

特别地，若 $B=D\neq\varnothing$ 时，$A\times B\subseteq C\times B$ 当且仅当 $A\subseteq C$；若 $A=C\neq\varnothing$ 时，$A\times B\subseteq A\times D$ 当且仅当 $B\subseteq D$。

合并上述结论，得到下面的定理。

定理 4.1.3 设 A、B、C 是集合，且 $C\neq\varnothing$，则

$$A\subseteq B \text{ 当且仅当 } A\times C\subseteq B\times C \text{ 当且仅当 } C\times A\subseteq C\times B$$

可以将两个集合上的笛卡儿积推广到 n 个集合上的笛卡儿积。

定义 4.1.5 设 $A_1,A_2,\cdots,A_n$ 是 n 个集合，称

$$A_1\times A_2\times\cdots\times A_n=\{\langle x_1,x_2,\cdots,x_n\rangle\mid x_i\in A_i,i=1,2,\cdots,n\}$$

为 n 阶笛卡儿积。

约定：$A_1\times A_2\times\cdots\times A_n=(\cdots((A_1\times A_2)\times A_3)\cdots)\times A_n$

一般地，当 $A_1,A_2,\cdots,A_n$ 都是有限集合时，$|A_1\times A_2\times\cdots\times A_n|=|A_1||A_2|\cdots|A_n|$。

特别地，A 的 n 阶笛卡儿积记作 A^n，即

$$A^n=\underbrace{A\times A\times\cdots\times A}_{n\text{个}}$$

4.1.3 二元关系的基本概念

数学中关系的概念是建立在日常生活中关系的概念之上的，是指两个集合间或一个集合中两个元素之间的某种相关性。

例 4.1.2 电影票与座位间的“对号关系 R”。

设 X：某场电影电影票的集合。Y：影剧院座位集合。R：对号关系。则对于 $\forall x\in X$ 和 $\forall y\in Y$，必有

$$\begin{cases}\text{对号,记作}\langle x,y\rangle\in R\text{ 或 }xRy\\ \text{不对号,记作}\langle x,y\rangle\notin R\text{ 或 }x\not R y\end{cases}$$

因此"对号关系 R"可以用下面的序偶集合表示:

$$R=\{\langle x,y\rangle \mid x\in X\wedge y\in Y\wedge x\text{ 和 }y\text{ 对号}\}$$

这是 $X\times Y$ 的一个子集。

例 4.1.3 在实数中,$7>4$,所以 7 和 4 具有大于关系"$>$",用 L 表示"大于关系",则$\langle 7,4\rangle\in L$ 或 $7L4$。于是"大于关系"表示为下面的序偶集合:

$$L=\{\langle x,y\rangle \mid x\in \mathbf{R}\wedge y\in \mathbf{R}\wedge x>y\}$$

这是 $\mathbf{R}\times\mathbf{R}$ 的一个子集。

例 4.1.4 在一个家庭 A 里,f、m、s、d 分别表示父亲、、母亲、儿子、女儿,则其"辈分关系"可以表示为

$$\{\langle f、s\rangle、\langle f、d\rangle、\langle m、s\rangle、\langle m、d\rangle\}$$

这是 $A\times A$ 的一个子集。

例 4.1.5 某主程序中有 4 个函数 p_1、p_2、p_3、p_4,则函数间的"调用关系"表示为

$$\{\langle p_1、p_2\rangle、\langle p_2、p_4\rangle、\langle p_1、p_3\rangle\}$$

例 4.1.6 函数 $y=x^2$ 中的自变量 x 和因变量 y 间的关系,可用下面的序偶集表示:

$$\{\langle x,y\rangle \mid x\in \mathbf{R}\wedge y\in \mathbf{R}\wedge y=x^2\}$$

下面给出二元关系的定义。

定义 4.1.6 任意一个序偶的集合称为一个二元关系,记作 R。对于二元关系 R,如果$\langle x,y\rangle\in R$,称 x 与 y 有关系 R,也记作 xRy;否则,称 x 与 y 不具有关系 R,记作 $x\not R y$ 或$\langle x,y\rangle\notin R$。

如 $R=\{\langle a,1\rangle,\langle b,1\rangle,\langle b,2\rangle\}$,则 $aR1$,$a\not R 2$。

由关系的定义可知,关系是一种特殊的集合,是满足某种性质的序偶的全体,所以集合的表示方法都可以用来表示关系。需特别注意,关系的分量是有顺序的,而关系的元素间是无序的。

定义 4.1.7 R 是二元关系,由 R 中所有序偶$\langle x,y\rangle\in R$ 的第一分量 x 组成的集合称为 R 的定义域(或前域),记作 $\mathrm{dom}R$;第二分量 y 组成的集合称为 R 的值域,记作 $\mathrm{ran}R$。定义域和值域一起称为 R 的域,记作 FLD R。即

$$\mathrm{dom}R=\{x\mid \exists y(\langle x,y\rangle\in R)\}$$
$$\mathrm{ran}R=\{y\mid \exists x(\langle x,y\rangle\in R)\}$$
$$\mathrm{FLD}\ R=\mathrm{dom}R\cup\mathrm{ran}R$$

例如,二元关系 $R=\{\langle a,1\rangle,\langle b,4\rangle,\langle b,4\rangle\}$的定义域 $\mathrm{dom}R=\{a,b\}$,值域 $\mathrm{ran}R=\{1,4\}$,$\mathrm{FLD}R=\{a,b,1,4\}$。

定义 4.1.8 设 X 和 Y 是任意两个集合,$X\times Y$ 的任意子集 R 称为 X 到 Y 的二元关系,记作 $R:X\to Y$。

特别地,当 $X=Y$ 时,称为 X 上的二元关系。

一般地,$A_1\times A_2\times\cdots\times A_n$ 的任意子集称为 $A_1,A_2,\cdots,A_n$ 间的 n 元关系;当 $A_1=A_2=\cdots=A_n$ 时称为 A 上的 n 元关系。

例 4.1.7 设 $X=\{x_1,x_2,x_3,x_4\}$,$Y=\{y_1,y_2,y_3\}$,X 到 Y 的二元关系 $R=\{\langle x_1,y_2\rangle,\langle x_2,y_1\rangle,\langle x_2,y_2\rangle\}$,则可以用图 4-1 表示关系 R。$\mathrm{dom}R=\{x_1,x_2\}$,值域 $\mathrm{ran}R=\{y_1,y_2\}$。

若设$|X|=m$,$|Y|=n$,则$|X\times Y|=mn$,$X\times Y$ 的不同子集共有 2^{mn} 个,于是从 X 到 Y 不同的二元关系共有 2^{mn} 个,X 上不同的二元关系共有 2^{m^2} 个。其中,有三个重要关系。

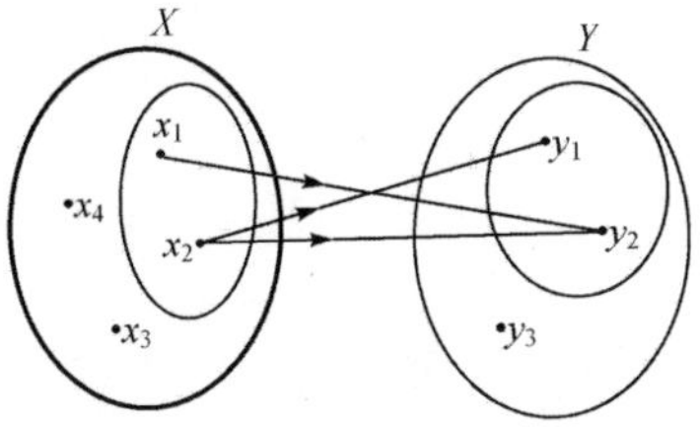

图 4-1　二元关系 R 的图示

定义 4.1.9　设 X 是任意集合。

(1) 空集 $\varnothing$ 是 $X\times X$ 的子集，称为空关系。

(2) $X\times X$ 称为全域关系，记作 E_X，即

$$E_X=X\times X=\{\langle x,y\rangle \mid x\in X\wedge y\in X\}$$

(3) $\{\langle x,x\rangle \mid x\in X\}$ 称为恒等关系，记作 I_X，即

$$I_X=\{\langle x,x\rangle \mid x\in X\}$$

例 4.1.8　$\mathbf{R}$ 是实数集，$\mathbf{R}$ 上的全域关系为 $\mathbf{R}\times\mathbf{R}=\{\langle x,y\rangle \mid x\in\mathbf{R}\wedge y\in\mathbf{R}\}$，即为全平面点集，关系 $\{\langle x,y\rangle \mid x=y\wedge x=y+5\}$ 为空关系。

例 4.1.9　设集合 $A=\{0,1\}$，$B=\{1,2,3\}$，则

$R_1=\{\langle 0,1\rangle,\langle 0,3\rangle,\langle 1,2\rangle\}$ 是 A 到 B 的一个关系。

$R_2=\{\langle 1,0\rangle,\langle 1,1\rangle,\langle 2,0\rangle,\langle 2,1\rangle,\langle 3,0\rangle,\langle 3,1\rangle\}$ 是 B 到 A 的全域关系。

$R_3=\{\langle 0,0\rangle,\langle 1,1\rangle\}$ 是 A 上的恒等关系。

4.1.4　二元关系的表示

关系是一种特殊的集合，可以用集合的方法表示关系，如列举法、描述法，对于有限集合上的关系，还可以用图示法表示，如例 4.1.7。用大圆圈表示集合 X 和 Y，一般分列两边，X 和 Y 里面的小·“·”表示各集合中的元素，旁边写上相应的元素。若 $x\in X$，$y\in Y$，且 $\langle x,y\rangle\in R$，则在图示中将表示 x 和 y 的小·用直线或弧线连接起来，并加上从 x 到 y 方向的箭头。

有限集上的二元关系的常用表示法还有关系矩阵表示法和关系图表示法。

定义 4.1.10　设 $X=\{x_1,x_2,\cdots,x_m\}$，$Y=\{y_1,y_2,\cdots,y_n\}$，R 是 X 到 Y 的关系，则 R 的关系矩阵是一个 $m\times n$ 阶矩阵，记作 $\boldsymbol{M}_R=(r_{ij})_{m\times n}$，其中

$$r_{ij}=\begin{cases}1, & x_iRy_j\\ 0, & x_i\not R y_j\end{cases}\quad (i=1,2,\cdots,m;j=1,2,\cdots,n)$$

例 4.1.10　设集合 $A=\{a,b,c\}$，$B=\{0,1,2,3,4\}$，$R=\{\langle a,1\rangle,\langle b,1\rangle,\langle b,4\rangle,\langle a,3\rangle\}$，则 R 的关系矩阵为

$$\boldsymbol{M}_R=\begin{array}{c}\\ a\\ b\\ c\end{array}\begin{array}{c}\begin{array}{ccccc}0&1&2&3&4\end{array}\\ \begin{bmatrix}0&1&0&1&0\\0&1&0&0&1\\0&0&0&0&0\end{bmatrix}\end{array}$$

例 4.1.11　设 $A=\{1,2,3,4\}$，R 是 A 上的“大于关系”，则

$$R=\{\langle 2,1\rangle,\langle 3,1\rangle,\langle 4,1\rangle,\langle 3,2\rangle,\langle 4,2\rangle,\langle 4,3\rangle\}$$

其关系矩阵为

$$\boldsymbol{M}_R=\begin{bmatrix}0&0&0&0\\1&0&0&0\\1&1&0&0\\1&1&1&0\end{bmatrix}$$

注　① 关系矩阵与集合元素的排列顺序有关，不同的排序有不同的关系矩阵。

② 空关系的关系矩阵是零矩阵，全域关系的关系矩阵所有元素都为 1，恒等关系的关系矩阵是单位阵。

定义 4.1.11　设 $X=\{x_1,x_2,\cdots,x_m\}$，R 是 X 上的二元关系。X 中的元素称为节点或顶点，用点或小圆圈表示，分别标以 x_i 和 x_j。规定：当且仅当 $\langle x_i,x_j\rangle\in R$，则从 x_i 到 $x_j(i\neq j)$ 画

一条有向边 e_{ij}。若 x_iRx_i，则在 x_i 处画一个带箭头的小圆环 e_{ii}。这样得到的图称为关系 R 的关系图。

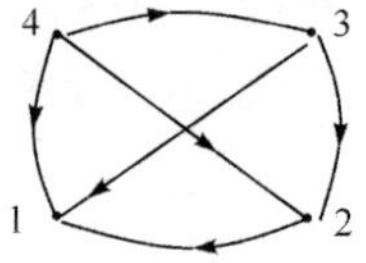

图 4-2　例 4.1.11 的关系图

例 4.1.11 的关系图如图 4-2 所示。

例 4.1.12　$A=\{0,1,2,3,4,5\}$，给定 A 上的二元关系 $R=\{\langle x,y\rangle \mid 1\leqslant x\leqslant 4 \wedge y\leqslant 1\}$，求 R 的关系矩阵及关系图。

解　$R=\{\langle 1,0\rangle,\langle 2,0\rangle,\langle 3,0\rangle,\langle 4,0\rangle,\langle 1,1\rangle,\langle 2,1\rangle,\langle 3,1\rangle,\langle 4,1\rangle\}$，所以 R 的关系矩阵

$$\boldsymbol{M}_R=\begin{bmatrix}0&0&0&0&0&0\\1&1&0&0&0&0\\1&1&0&0&0&0\\1&1&0&0&0&0\\1&1&0&0&0&0\\0&0&0&0&0&0\end{bmatrix}$$

其关系图如图 4-3 所示，其中顶点 5 称为孤立点。

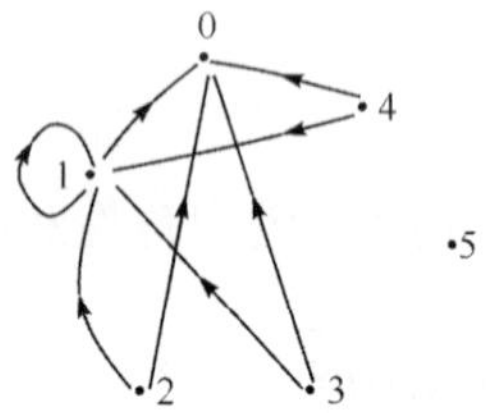

图 4-3　例 4.1.12 的关系图

关系的上述三种表示是等价的，集合表示法揭示了关系的本质，关系图比较形象直观，主要表示集合元素即节点间的邻接状态，所以节点的位置、连线的长短曲直都无关紧要，因此关系图的画法可不唯一。这两种表示法对于复杂的关系，不便于计算机处理，而矩阵表示法适用于在计算机中表示二元关系及关系间进行运算。

4.2　关系的性质

在研究关系时，关系的某些性质起着重要的作用，本节主要讨论集合上的二元关系的性质，主要有自反性、反自反性、对称性、反对称性及传递性。

定义 4.2.1　设 R 是集合 X 上的二元关系。

(1) 如果对于 $\forall x\in X$，总有 xRx，则称二元关系 R 是自反的。即

$$R\text{ 在 }X\text{ 上自反}\Leftrightarrow \forall x(x\in X\rightarrow \langle x,x\rangle\in R)$$

(2) 如果对于 $\forall x\in X$，总有 $\langle x,x\rangle\notin R$，则称二元关系 R 是反自反的。即

$$R\text{ 在 }X\text{ 上反自反}\Leftrightarrow \forall x(x\in X\rightarrow \langle x,x\rangle\notin R)$$

例 4.2.1　设 $A=\{a,b,c,d\}$，R_1、R_2、R_3 都是 A 上的关系。其中

$$R_1=\{\langle a,a\rangle,\langle d,d\rangle\}$$
$$R_2=\{\langle a,a\rangle,\langle d,d\rangle,\langle b,b\rangle,\langle a,d\rangle,\langle c,c\rangle\}$$
$$R_3=\{\langle c,b\rangle\}$$

试问 R_1、R_2、R_3 是否为 A 上自反关系和反自反关系。

解　因为 $\langle b,b\rangle,\langle c,c\rangle\in R_1$，所以 R_1 不是自反的。又因为 $\langle a,a\rangle,\langle d,d\rangle\in R_1$，所以 R_1 也不是反自反的。R_2 是自反的，R_3 是反自反的。

例 4.2.2　全域关系 E_X、恒等关系 I_X、数集的"小于或等于关系$\leqslant$"、集合的"包含关系$\subseteq$"都是自反关系，"小于关系$<$"、"真包含关系$\subset$"是反自反的。

注　① 集合 X 上的关系 R 是自反的，则每个元素与其本身都具有关系 R，关系 R 的序偶中必须包含每个 $x\in X$ 所组成的分量相同的序偶。一个反自反的关系 R 中，不能包含任何分

量相同的序偶。

② 不自反的关系不一定就是反自反的。

这是因为一个不自反的关系 R,即 $\exists x(x\in X\wedge\langle x,x\rangle\notin R)$,显然与反自反关系的定义不同。

定义 4.2.2 设 R 是集合 X 上的二元关系。

(1) 如果对于每个 x、$y\in X$,若 xRy,则必有 yRx,则称二元关系 R 是对称的。即

$$R\text{ 在 }X\text{ 上对称}\Leftrightarrow\forall x\forall y(x\in X\wedge y\in X\wedge xRy\rightarrow yRx)$$

(2) 如果对于每个 x、$y\in X$,若 xRy 且 yRx,则必有 $x=y$,则称二元关系 R 是反对称的。即

$$\begin{aligned}R\text{ 在 }X\text{ 上反对称}&\Leftrightarrow\forall x\forall y(x\in X\wedge y\in X\wedge xRy\wedge yRx\rightarrow x=y)\\&\Leftrightarrow\forall x\forall y(x\in X\wedge y\in X\wedge x\neq y\wedge xRy\rightarrow y\not R x)\\&\Leftrightarrow\forall x\forall y(x\in X\wedge y\in X\wedge x\neq y\rightarrow\langle x,y\rangle\notin R\vee\langle y,x\rangle\notin R)\end{aligned}$$

注 ① 集合 X 上的关系 R 是对称的,那么在其序偶集中,若有序偶 $\langle x,y\rangle$,则必定有序偶 $\langle y,x\rangle$。反对称的关系 R,在其序偶中,若有序偶 $\langle x,y\rangle$ 和 $\langle y,x\rangle$,则必定是 $x=y$。或者说,在 R 中若有序偶 $\langle x,y\rangle$,除非 $x=y$,否则必定不会出现 $\langle y,x\rangle$。

② 不对称的关系不一定就是反对称的。

③ 存在这样的关系 R,可以同时具有对称性和反对称性。也可以同时不具有对称性和反对称性。

例 4.2.3 全域关系 E_X、恒等关系 I_X、空关系都是对称的,其中恒等关系 I_X、空关系同时也是反对称的,全域关系 E_X 一般不是反对称的,除非 X 是单元素集或空集。

例 4.2.4 设 $A=\{1,2,3,4\}$,定义二元关系 $R=\{\langle 1,2\rangle,\langle 1,3\rangle,\langle 3,1\rangle\}$,则 R 既没有对称性也没有反对称性。

定义 4.2.3 设 R 是集合 X 上的二元关系,如果对于每个 x、y、$z\in X$,若 $xRy\wedge yRz$,则必有 xRz,则称二元关系 R 是传递的。即

$$R\text{ 在 }X\text{ 上传递}\Leftrightarrow\forall x\forall y\forall z(x\in X\wedge y\in X\wedge z\in X\wedge xRy\wedge yRz\rightarrow xRz)$$

关系的上述五种性质(除传递性外)不但可以用谓词表示,还可以用关系矩阵和关系图的特征来表示,见表 4-1。

表 4-1 关系性质的定义及判定

性质	自反	反自反	对称	反对称	传递
谓词定义	$\forall x(x\in X\rightarrow\langle x,x\rangle\in R)$	$\forall x(x\in X\rightarrow\langle x,x\rangle\notin R)$	$\forall x\forall y(\langle x,y\rangle\in R\rightarrow\langle y,x\rangle\in R)$	$\forall x\forall y(x\neq y\wedge\langle x,y\rangle\in R\rightarrow\langle y,x\rangle\notin R)$	$\forall x\forall y\forall z(\langle x,y\rangle\in R\wedge\langle y,z\rangle\in R\rightarrow\langle x,z\rangle\in R)$
集合定义	$I_X\subseteq R$	$I_X\cap R=\varnothing$			
关系矩阵的特点	主对角线元素全为 1	主对角线元素全为 0	是对称矩阵	关于主对角线对称位置上的元素不能同时为 1,主对角线上元素可以为 1;	
关系图的特点	每个顶点都有环	每个顶点都没有环	如果两个不同顶点间有边,则一定是方向相反的一对有向边	如果两个不同顶点间有边,则一定只有一条有向边,不会成对反向出现	

如此就可以利用关系图和关系矩阵来判断关系的自反性、反自反性和对称性、反对称性,但传递性情况比较复杂,用矩阵或图形难以直接判定。

例 4.2.5　集合 X 上的全域关系 E_X、恒等关系 I_X、空关系、数集的“小于或等于”关系、集合间的包含关系都是传递的。

例 4.2.6　设 $A=\{2,3,5,7\}$，$R=\left\{\langle x,y\rangle \mid \frac{x-y}{2}\text{是整数}\right\}$，试确定 R 的性质。

解　(1) $\forall x\left(x\in A\rightarrow \frac{x-x}{2}=0\right)$，即 $\langle x,x\rangle\in R$，所以 R 是自反的。

(2) 若 $\langle x,y\rangle\in R$，即 $\forall x\forall y\left(x\in A\wedge y\in A\wedge \frac{x-y}{2}\text{是整数}\right)$，则 $\frac{y-x}{2}$ 也是整数，即 $\langle y,x\rangle\in R$，所以 R 是对称的。

(3) 若 $\langle x,y\rangle\in R\wedge\langle y,z\rangle\in R$，则

$$\forall x\forall y\forall z\left(x\in A\wedge y\in A\wedge z\in A\wedge \frac{x-y}{2}\text{是整数}\wedge\frac{y-z}{2}\text{是整数}\right)$$

而 $\frac{x-z}{2}=\frac{x-y+y-z}{2}=\frac{x-y}{2}+\frac{y-z}{2}$ 也是整数，即 $\langle x,z\rangle\in R$，所以 R 是传递的。

综上所述，R 是自反的、对称的、传递的。

若在例 4.2.6 中，设 $R=\left\{\langle x,y\rangle \mid \frac{x-y}{2}\text{是正整数}\right\}$，则 R 是反自反、反对称和传递的(结论可由上述证明过程直接得到)。

例 4.2.7　讨论整数集 $\mathbf{Z}$ 上的下列二元关系具有的性质：

$$P=\{\langle x,y\rangle \mid x\in\mathbf{Z}\wedge y\in\mathbf{Z}\wedge xy>0\}$$
$$Q=\{\langle x,y\rangle \mid x\in\mathbf{Z}\wedge y\in\mathbf{Z}\wedge |x-y|=4\}$$
$$R=\{\langle x,y\rangle \mid x\in\mathbf{Z}\wedge y\in\mathbf{Z}\wedge x+y=10\}$$
$$S=\{\langle x,y\rangle \mid x\in\mathbf{Z}\wedge y\in\mathbf{Z}\wedge x\text{ 整除 }y\}$$

解　它们的性质见表 4-2。

表 4-2　例 4.2.7 的关系的性质

	自　反	反自反	对　称	反对称	传　递
P	F	F	T	F	T
Q	F	T	T	F	F
R	F	F	T	F	F
S	F	F	F	T	T

4.3　关系的运算

4.3.1　关系的集合运算

关系是一种特殊的集合，所以对关系可以进行集合上的各种运算。运算的结果仍是序偶的集合，即生成了一个新的关系。如 R、S 是集合 A 到 B 的二元关系，则

$$R\cap S=\{\langle x,y\rangle \mid \langle x,y\rangle\in R\wedge\langle x,y\rangle\in S\}$$
$$R\cup S=\{\langle x,y\rangle \mid \langle x,y\rangle\in R\vee\langle x,y\rangle\in S\}$$
$$R-S=\{\langle x,y\rangle \mid \langle x,y\rangle\in R\wedge\langle x,y\rangle\notin S\}$$
$$\sim R=\{\langle x,y\rangle \mid \langle x,y\rangle\in A\times B\wedge\langle x,y\rangle\notin R\}$$

定理 4.3.1　设 R 和 S 是从集合 X 到 Y 的两个关系，则 R 和 S 的交、并、补、差仍然是从

X 到 Y 的关系。

证明　因为 $R\subseteq X\times Y, S\subseteq X\times Y$,所以

$$R\cap S\subseteq (X\times Y)\cap(X\times Y)=X\times Y$$
$$R\cup S\subseteq (X\times Y)\cup(X\times Y)=X\times Y$$
$$\sim R=(X\times Y)-R\subseteq X\times Y$$
$$R-S=R\cap\sim S\subseteq (X\times Y)\cap(X\times Y)=X\times Y$$
■

关系不仅具有一般的集合运算,而且作为序偶的集合,还可进行其他特殊的运算。

4.3.2　逆关系

二元关系是序偶的集合,序偶的分量是有顺序的,交换其分量的顺序便得到另一个二元关系。

定义 4.3.1　设 R 是集合 X 到 Y 的关系,即 $R:X\rightarrow Y$。将 R 中每个序偶的分量顺序互换,得到一个新的从 Y 到 X 的关系,称为 R 的逆关系,记作 R^{-1}或 R^c。即

$$R^{-1}=\{\langle y,x\rangle \mid x\in X\wedge y\in Y\wedge\langle x,y\rangle\in R\}$$

显然

$$\langle x,y\rangle\in R\Leftrightarrow\langle y,x\rangle\in R^{-1}$$

例如,$R=\{\langle 3,1\rangle,\langle 6,2\rangle,\langle 2,5\rangle\}$,则 $R^{-1}=\{\langle 1,3\rangle,\langle 2,6\rangle,\langle 5,2\rangle\}$。

若用关系图表示逆关系时,只需将关系 R 的关系图中有向边的方向改为相反的方向,即得逆关系 R^{-1}的关系图。若将关系 R 的关系矩阵 $\boldsymbol{M}_R$ 进行转置(把行元素换成相同序号的列元素)运算,便得逆关系 R^{-1}的关系矩阵,即 $\boldsymbol{M}_{R^{-1}}=(\boldsymbol{M}_R)^{\mathrm{T}}$。

关系的逆运算具有下面的性质。

定理 4.3.2　设 R、R_1、R_2 都是 A 到 B 的二元关系,则

(1) $(R^{-1})^{-1}=R$

(2) $\mathrm{dom}(R^{-1})=\mathrm{ran}R, \mathrm{ran}(R^{-1})=\mathrm{dom}R$

(3) $(R_1\cap R_2)^{-1}=R_1^{-1}\cap R_2^{-1}$

(4) $(R_1\cup R_2)^{-1}=R_1^{-1}\cup R_2^{-1}$

(5) $(\sim R)^{-1}=\sim R^{-1}$

(6) $(R_1-R_2)^{-1}=R_1^{-1}-R_2^{-1}$

(7) $(A\times B)^{-1}=B\times A$

证明　(1) 任取$\langle x,y\rangle\in(R^{-1})^{-1}$,有

$$\langle x,y\rangle\in(R^{-1})^{-1}\Leftrightarrow\langle y,x\rangle\in R^{-1}\Leftrightarrow\langle x,y\rangle\in R$$

所以

$$(R^{-1})^{-1}=R$$

(3) 任取$\langle x,y\rangle\in(R_1\cap R_2)^{-1}$,有

$$\begin{aligned}\langle x,y\rangle\in(R_1\cap R_2)^{-1}&\Leftrightarrow\langle y,x\rangle\in R_1\cap R_2\\&\Leftrightarrow\langle y,x\rangle\in R_1\wedge\langle y,x\rangle\in R_2\\&\Leftrightarrow\langle x,y\rangle\in R_1^{-1}\wedge\langle x,y\rangle\in R_2^{-1}\\&\Leftrightarrow\langle x,y\rangle\in R_1^{-1}\cap R_2^{-1}\end{aligned}$$

所以

$$(R_1 \cap R_2)^{-1} = R_1^{-1} \cap R_2^{-1}$$

(5) 任取$\langle x,y\rangle \in (\sim R)^{-1}$，有

$$\langle x,y\rangle \in (\sim R)^{-1} \Leftrightarrow \langle y,x\rangle \in \sim R \Leftrightarrow \langle y,x\rangle \notin R \Leftrightarrow \langle x,y\rangle \notin R^{-1}$$
$$\Leftrightarrow (\langle x,y\rangle \in \sim(R^{-1})$$

所以

$$(\sim R)^{-1} = \sim(R^{-1})$$

(6) $(R_1-R_2)^{-1}=(R_1\cap\sim R_2)^{-1}=R_1^{-1}\cap(\sim R_2)^{-1}=R_1^{-1}\cap\sim(R_2^{-1})=R_1^{-1}-R_2^{-1}$

其余的证明留给读者。■

4.3.3 复合关系

定义 4.3.2 设R是集合X到Y的关系，S是Y到Z的关系，即$R:X\to Y$，$S:Y\to Z$，则R和S的复合关系是从X到Z的关系，记作$R\circ S$，或称$R\circ S$为R与S的复合运算。即

$$R\circ S=\{\langle x,z\rangle \mid x\in X \wedge z\in Z \wedge \exists y(y\in Y \wedge \langle x,y\rangle \in R \wedge \langle y,z\rangle \in S)\}$$

例如，$R_1=\{\langle x,y\rangle \mid x$ 与 y 是兄弟$\}$，$R_2=\{\langle y,z\rangle \mid y$ 是 z 的父亲$\}$，则

$$R_1\circ R_2=\{\langle x,z\rangle \mid x \text{ 是 } z \text{ 的叔(伯)}\}$$
$$R_2\circ R_2=\{\langle y,z\rangle \mid y \text{ 是 } z \text{ 的祖父}\}$$

例 4.3.1 设$X=\{x_1,x_2\}$，$Y=\{y_1,y_2,y_3,y_4\}$，$Z=\{z_1,z_2,z_3\}$，$R=\{\langle x_1,y_1\rangle,\langle x_1,y_2\rangle,\langle x_2,y_3\rangle\}$，$S=\{\langle y_2,z_2\rangle,\langle y_3,z_3\rangle,\langle y_3,z_1\rangle\}$，求$R\circ S$，$S\circ R$。

解

$$R\circ S=\{\langle x_1,z_2\rangle,\langle x_2,z_1\rangle,\langle x_2,z_3\rangle\}$$
$$S\circ R=\varnothing$$

注 ① $\langle x,z\rangle \in R\circ S \Leftrightarrow \exists y(\langle x,y\rangle \in R \wedge \langle y,z\rangle \in S)$

② 若 $\mathrm{ran}R\cap\mathrm{dom}S=\varnothing$，则$R\circ S$为空关系。

③ $\mathrm{dom}(R\circ S)\subseteq\mathrm{dom}R$，$\mathrm{ran}(R\circ S)\subseteq\mathrm{ran}S$。

④ 一般地，$R\circ S\neq S\circ R$。即复合运算不满足交换律。

定理 4.3.3 设R是集合X到集合Y的二元关系，S是集合Y到集合Z的二元关系，P是集合Z到W的二元关系，则$(R\circ S)\circ P=R\circ(S\circ P)$。

证明

$$\begin{aligned}
&\forall\langle x,w\rangle \in (R\circ S)\circ P \Leftrightarrow \forall x\forall w(\exists z(z\in Z\wedge\langle x,z\rangle\in R\circ S\wedge\langle z,w\rangle\in P))\\
&\Leftrightarrow \forall x\forall w(\exists z(z\in Z\wedge\exists y(y\in Y\wedge\langle x,y\rangle\in R\wedge\langle y,z\rangle\in S)\wedge\langle z,w\rangle\in P))\\
&\Leftrightarrow \forall x\forall w(\exists z\exists y(z\in Z\wedge y\in Y\wedge\langle x,y\rangle\in R\wedge\langle y,z\rangle\in S\wedge\langle z,w\rangle\in P))\\
&\Leftrightarrow \forall x\forall w(\exists y\exists z(y\in Y\wedge z\in Z\wedge\langle x,y\rangle\in R\wedge\langle y,z\rangle\in S\wedge\langle z,w\rangle\in P))\\
&\Leftrightarrow \forall x\forall w(\exists y(y\in Y\wedge\langle x,y\rangle\in R\wedge\exists z(z\in Z\wedge\langle y,z\rangle\in S\wedge\langle z,w\rangle\in P)))\\
&\Leftrightarrow \forall x\forall w(\exists y(y\in Y\wedge\langle x,y\rangle\in R\wedge\langle y,w\rangle\in S\circ P))\\
&\Leftrightarrow \forall x\forall w(\langle x,w\rangle\in R\circ(S\circ P))
\end{aligned}$$

所以

$$(R\circ S)\circ P=R\circ(S\circ P)$$ ■

此定理说明，关系的复合运算具有结合律。

定理 4.3.4 设R、S、Q是任意关系，则

(1) $R\circ(S\cup Q)=R\circ S\cup R\circ Q$

(2) $(S\cup Q)\circ R=S\circ R\cup Q\circ R$

(3) $R\circ(S\cap Q)\subseteq R\circ S\cap R\circ Q$

(4) $(S\cap Q)\circ R\subseteq S\circ R\cap Q\circ R$

证明(1) $\forall\langle x,y\rangle\in R\circ(S\cup Q)\Leftrightarrow\exists z(\langle x,z\rangle\in R\wedge\langle z,y\rangle\in S\cup Q)$

$\Leftrightarrow\exists z(\langle x,z\rangle\in R\wedge(\langle z,y\rangle\in S\vee\langle z,y\rangle\in Q)$

$\Leftrightarrow\exists z(\langle x,z\rangle\in R\wedge\langle z,y\rangle\in S)\vee\exists z(\langle x,z\rangle R\wedge\langle z,y\rangle\in Q)$

$\Leftrightarrow(\langle x,y\rangle\in R\circ S)\vee(\langle x,y\rangle\in R\circ Q)$

$\Leftrightarrow\langle x,y\rangle\in R\circ S\cup R\circ Q$

所以

$$R\circ(S\cup Q)=R\circ S\cup R\circ Q$$

(4) 对$\forall\langle x,y\rangle\in(S\cap Q)\circ R$,有

$\langle x,y\rangle\in(S\cap Q)\circ R\Leftrightarrow\exists z(\langle x,z\rangle\in S\cap Q\wedge\langle z,y\rangle\in R)$

$\Leftrightarrow\exists z((\langle x,z\rangle\in S\wedge\langle x,z\rangle\in Q)\wedge\langle z,y\rangle\in R)$

$\Leftrightarrow\exists z((\langle x,z\rangle\in S\wedge\langle z,y\rangle\in R)\wedge(\langle x,z\rangle\in Q\wedge\langle z,y\rangle\in R))$

$\Rightarrow\exists z(\langle x,z\rangle\in S\wedge\langle z,y\rangle\in R)\wedge\exists z(\langle x,z\rangle\in Q\wedge\langle z,y\rangle\in R)$

$\Rightarrow\langle x,y\rangle\in S\circ R\wedge\langle x,y\rangle\in Q\circ R$

$\Rightarrow\langle x,y\rangle\in S\circ R\cap Q\circ R$

所以

$$(S\cap Q)\circ R\subseteq S\circ R\cap Q\circ R$$ ■

此定理说明,复合运算对并运算是可分配的,但对交运算不满足分配律。

例 4.3.2 设 $X=\{1,2,3,4,5\}$,$R=\{\langle 3,1\rangle,\langle 3,2\rangle\}$,$S=\{\langle 2,5\rangle,\langle 3,5\rangle\}$,$Q=\{\langle 1,5\rangle,\langle 3,5\rangle\}$,求 $R\circ(S\cap Q)$,$R\circ S\cap R\circ Q$。

解 $S\cap Q=\{\langle 3,5\rangle\}$,$\mathrm{ran}R=\{1,2\}$,$\mathrm{dom}(S\cap Q)=\{3\}$,所以 $R\circ(S\cap Q)=\varnothing$。

因为 $3R2$ 且 $2S5$,所以 $3R\circ S5$,故

$$R\circ S=\{\langle 3,5\rangle\}$$

因为 $3R1$ 且 $1Q5$,所以 $3R\circ Q5$,故

$$R\circ Q=\{\langle 3,5\rangle\}$$

所以

$$R\circ S\cap R\circ Q=\{\langle 3,5\rangle\}$$

由上述可知,$R\circ(S\cap Q)\neq R\circ S\cap R\circ Q$。

可以将二元关系看做一种作用,$\langle x,y\rangle\in R$ 表示 x 通过关系 R 的作用变成 y,$\langle x,z\rangle\in R\circ S$ 表示存在某个“中间变量”y,使得 x 通过关系 R 的作用变成 y,且 y 通过关系 S 的作用变成 z,则 $R\circ S$ 表示两个作用连续发生的结果。

除了用集合的方法表示复合关系外,还可以用关系图示和关系矩阵的方法表示复合运算。

例 4.3.3 设 $X=\{1,2,3,4\}$,$Y=\{1,2,4\}$,$Z=\{1,2,3,4\}$,X 到 Y 的二元关系 $R=\{\langle 2,4\rangle,\langle 2,2\rangle,\langle 4,1\rangle,\langle 1,1\rangle\}$,$Y$ 到 Z 的二元关系 $S=\{\langle 1,4\rangle,\langle 2,4\rangle,\langle 2,3\rangle\}$,求 $R\circ S$,$S\circ R$。

解 关系 R 和 S 如图 4-4 所示。

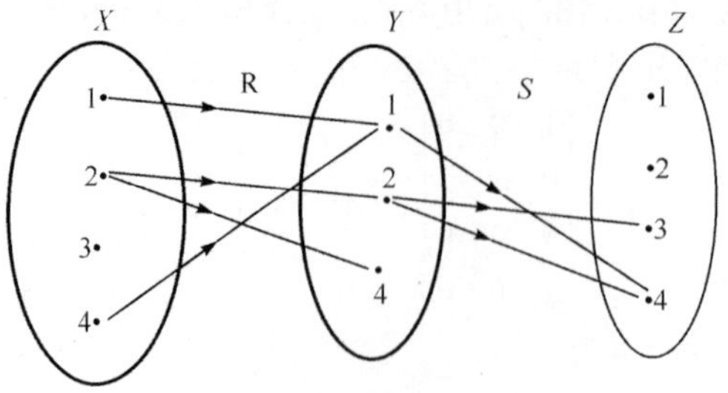

图 4-4 例 4.3.3 关系 $R\circ S$ 图示

所以

$$R\circ S=\{\langle 1,4\rangle,\langle 2,3\rangle,\langle 2,4\rangle,\langle 4,4\rangle\}$$
$$S\circ R=\{\langle 1,1\rangle,\langle 2,1\rangle\}$$

由图 4-4 可知，1 经过 R 和 S 两次作用变到 4，因此 $\langle 1,4\rangle\in R\circ S$。求 $R\circ S$ 时，只需考察 $\mathrm{dom}R$ 中每个元素(原象)，经过 R 和 S 两次作用得到的象即可。

关系矩阵便于在计算机中存储关系，复合关系的关系矩阵可以用与一般矩阵的乘法相类似的方法得到，其中涉及的运算称为布尔运算，它与逻辑联结词有密切的联系。

设 X、Y、Z 是有限集合，$X=\{x_1,\cdots,x_m\}$，$Y=\{y_1,\cdots,y_n\}$，$Z=\{z_1,\cdots,z_p\}$，R 是 X 到 Y 的二元关系，S 是 Y 到 Z 的二元关系，$\boldsymbol{M}_R$、$\boldsymbol{M}_S$、$\boldsymbol{M}_{R\circ S}$ 分别表示 R、S、$R\circ S$ 的关系矩阵，记作

$$\boldsymbol{M}_R=(u_{ij})_{m\times n}(i=1,\cdots,m;j=1,\cdots,n)$$
$$\boldsymbol{M}_S=(v_{jk})_{n\times p}(j=1,\cdots,n;k=1,\cdots,p)$$
$$\boldsymbol{M}_{R\circ S}=(w_{ik})_{m\times p}(i=1,\cdots,m;k=1,\cdots,p)$$

其中

$$u_{ij}=\begin{cases}1,\langle x_i,y_i\rangle\in R\\0,\langle x_i,y_i\rangle\notin R\end{cases},\quad v_{jk}=\begin{cases}1,\langle y_j,z_k\rangle\in S\\0,\langle y_j,z_k\rangle\notin S\end{cases},\quad w_{ik}=\begin{cases}1,\langle x_i,z_k\rangle\in R\circ S\\0,\langle x_i,z_k\rangle\notin R\circ S\end{cases}$$

$$\begin{aligned}w_{ik}=1&\Leftrightarrow\langle x_i,z_k\rangle\in R\circ S\\&\Leftrightarrow\exists y_j(\langle x_i,y_j\rangle\in R\wedge\langle y_j,z_k\rangle\in S)\\&\Leftrightarrow\exists j(u_{ij}=1\wedge v_{jk}=1)\\&\Leftrightarrow(u_{i1}=1\wedge v_{1k}=1)\vee(u_{i2}=1\wedge v_{2k}=1)\vee\cdots\vee(u_{in}=1\wedge v_{nk}=1)\\&\Leftrightarrow\bigvee_{j=1}^{n}(u_{ij}\wedge v_{jk})=1\end{aligned}$$

其中，$\wedge$、$\vee$ 和 $\neg$ 是逻辑联结词，在布尔运算中分别记作“·”、“+”和“—”，称为布尔乘积、布尔加和布尔非。即

$$0+0=0,\quad 1+0=0+1=1,\quad 1+1=1$$
$$0\cdot 0=0,\quad 1\cdot 0=0\cdot 1=0,\quad 1\cdot 1=1$$
$$\overline{0}=1,\quad \overline{1}=0$$

有了布尔运算后，$\boldsymbol{M}_{R\circ S}=\boldsymbol{M}_R\cdot\boldsymbol{M}_S$，其中“·”是布尔乘积。用关系矩阵的布尔运算可以求关系的各种运算。如

$$\boldsymbol{M}_{R\cap S}=\boldsymbol{M}_R\wedge\boldsymbol{M}_S=(w_{ij})\quad(\text{其中 }w_{ij}=u_{ij}\wedge v_{ij}=u_{ij}\cdot v_{ij})$$
$$\boldsymbol{M}_{R\cup S}=\boldsymbol{M}_R\vee\boldsymbol{M}_S=(w_{ij})\quad(\text{其中 }w_{ij}=u_{ij}\vee v_{ij}=u_{ij}+v_{ij})$$
$$\boldsymbol{M}_{\overline{R}}=\overline{\boldsymbol{M}}_R\quad(\text{其中 }w_{ij}=\neg u_{ij}=\overline{u_{ij}})$$

例 4.3.4　用关系矩阵的方法求例 4.3.3 中关系的复合 $R\circ S$、$S\circ R$ 及 R^{-1}。

解　关系 R 和 S 的关系矩阵分别为

$$\boldsymbol{M}_R=\begin{bmatrix}1&0&0\\0&1&1\\0&0&0\\1&0&0\end{bmatrix},\quad \boldsymbol{M}_S=\begin{bmatrix}0&0&0&1\\0&0&1&1\\0&0&0&0\end{bmatrix}$$

则复合关系 $R\circ S$ 的关系矩阵的各元素为

$$r_{11}=(1\cdot 0)+(0\cdot 0)+(0\cdot 0)=0$$
$$r_{12}=(1\cdot 0)+(0\cdot 0)+(0\cdot 0)=0$$
$$r_{13}=(1\cdot 0)+(0\cdot 1)+(0\cdot 0)=0$$
$$r_{14}=(1\cdot 1)+(0\cdot 1)+(0\cdot 0)=1$$
$$r_{21}=(0\cdot 0)+(1\cdot 0)+(1\cdot 0)=0$$
$$r_{22}=(0\cdot 0)+(1\cdot 0)+(1\cdot 0)=0$$
$$r_{23}=(0\cdot 0)+(1\cdot 1)+(1\cdot 0)=1$$
$$r_{24}=(0\cdot 1)+(1\cdot 1)+(1\cdot 0)=1$$
$$r_{31}=(0\cdot 0)+(0\cdot 0)+(0\cdot 0)=0$$
$$r_{32}=(0\cdot 0)+(0\cdot 0)+(0\cdot 0)=0$$
$$r_{33}=(0\cdot 0)+(0\cdot 1)+(0\cdot 0)=0$$
$$r_{34}=(0\cdot 1)+(0\cdot 1)+(0\cdot 0)=0$$
$$r_{41}=(1\cdot 0)+(0\cdot 0)+(0\cdot 0)=0$$
$$r_{42}=(1\cdot 0)+(0\cdot 0)+(0\cdot 0)=0$$
$$r_{43}=(1\cdot 0)+(0\cdot 1)+(0\cdot 0)=0$$
$$r_{44}=(1\cdot 1)+(0\cdot 1)+(0\cdot 0)=1$$

因此，$R\circ S$ 的关系矩阵

$$\boldsymbol{M}_{R\circ S}=\begin{bmatrix}1&0&0\\0&1&1\\0&0&0\\1&0&0\end{bmatrix}\cdot\begin{bmatrix}0&0&0&1\\0&0&1&1\\0&0&0&0\end{bmatrix}=\begin{bmatrix}0&0&0&1\\0&0&1&1\\0&0&0&0\\0&0&0&1\end{bmatrix}$$

$$\boldsymbol{M}_{S\circ R}=\begin{bmatrix}0&0&0&1\\0&0&1&1\\0&0&0&0\end{bmatrix}\cdot\begin{bmatrix}1&0&0\\0&1&1\\0&0&0\\1&0&0\end{bmatrix}=\begin{bmatrix}1&0&0\\1&0&0\\0&0&0\end{bmatrix}$$

$$\boldsymbol{M}_{R^{-1}}=\boldsymbol{M}_R^{\mathrm{T}}=\begin{bmatrix}1&0&0&1\\0&1&0&0\\0&1&0&0\end{bmatrix}$$

所以

$$R\circ S=\{\langle 1,4\rangle,\langle 2,3\rangle,\langle 2,4\rangle,\langle 4,4\rangle\}$$
$$S\circ R=\{\langle 1,1\rangle,\langle 2,1\rangle\}$$
$$R^{-1}=\{\langle 1,1\rangle,\langle 1,4\rangle,\langle 2,2\rangle,\langle 4,2\rangle\}$$

例 4.3.4 说明，关系的复合运算不满足交换律。

定理 4.3.5　设 R 是集合 X 到 Y 的二元关系，S 是集合 Y 到 Z 的二元关系，则 $(R\circ S)^{-1}=S^{-1}\circ R^{-1}$。

证明　对于 $\forall\langle x,z\rangle\in(R\circ S)^{-1}$，有

$$
\begin{aligned}
\langle x,z\rangle\in(R\circ S)^{-1} &\Leftrightarrow\langle z,x\rangle\in R\circ S\\
&\Leftrightarrow\exists y(\langle z,y\rangle\in R\wedge\langle y,x\rangle\in S)\\
&\Leftrightarrow\exists y(\langle y,z\rangle\in R^{-1}\wedge\langle x,y\rangle\in S^{-1})\\
&\Leftrightarrow\exists y(\langle x,y\rangle\in S^{-1}\wedge\langle y,z\rangle\in R^{-1})\\
&\Leftrightarrow\langle x,z\rangle\in S^{-1}\circ R^{-1}
\end{aligned}
$$

所以

$$(R\circ S)^{-1}=S^{-1}\circ R^{-1}$$ ■

4.3.4 关系的幂

关系的幂运算其实是关系复合运算的一种特例，是对于同一关系 R 进行若干次复合运算的结果。

定义 4.3.3 设 R 是集合 A 上的关系，$n\in\mathbf{N}$，R 的 n 次幂记作 R^n，定义为：

(1) $R^0=I_A$；

(2) $R^n=R^{n-1}\circ R, n\geqslant 1$。

可以用数学归纳法证明下列幂运算的规律。

定理 4.3.6 设 R 是集合 A 上的关系，m、$n\in\mathbf{N}$，则

(1) $R^m\circ R^n=R^{m+n}$；

(2) $(R^m)^n=R^{mn}$；

(3) $(R^m)^{-1}=(R^{-1})^m$。

用关系图的方法可以方便地求得关系幂的关系图。

设 R 的关系图为 G，R^n 的关系图为 G'，则 G' 的顶点集与 G 的顶点集相同。考察 G 的每个顶点 x_i，如果在 G 中从 x_i 出发经过 n 步长的路径到达顶点 x_j，那么在 G' 中就加上一条从 x_i 到 x_j 的有向边。当把所有这样的边都找到后，便得到 R^n 的关系图 G'。

例 4.3.5 设 $A=\{0,1,2,3\}$，定义 A 上的关系

$$R=\{\langle 0,1\rangle,\langle 1,0\rangle,\langle 1,2\rangle,\langle 2,3\rangle,\langle 1,3\rangle\}$$

求 R 的各次幂。

解 关系 R 及 R 的各次幂的关系图如图 4-5 所示。

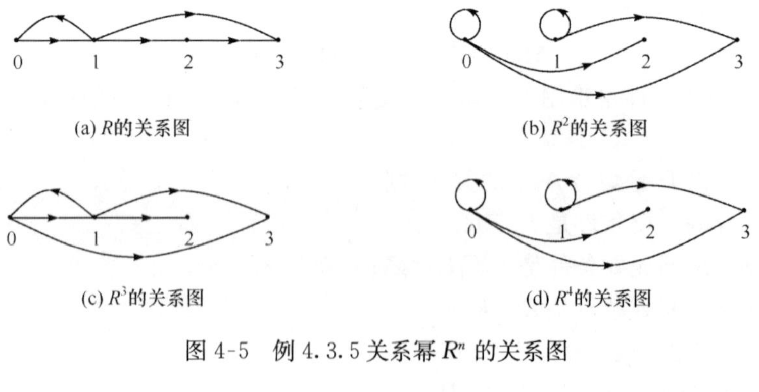

(a) R的关系图　(b) R^2的关系图

(c) R^3的关系图　(d) R^4的关系图

图 4-5　例 4.3.5 关系幂 R^n 的关系图

因此，$R^2=R^4$。于是

$$R^2=R^4=R^6=\cdots,\quad R^3=R^5=R^7=\cdots$$

例 4.3.6 设 $A=\{a,b,c,d\}$，A 上的关系 $R=\{\langle a,a\rangle,\langle a,b\rangle,\langle b,d\rangle\}$，求 R 的各次幂。

解 关系 R 及 R 的各次幂的关系图如图 4-6 所示。因此，$R^2=R^3=R^4=\cdots$。

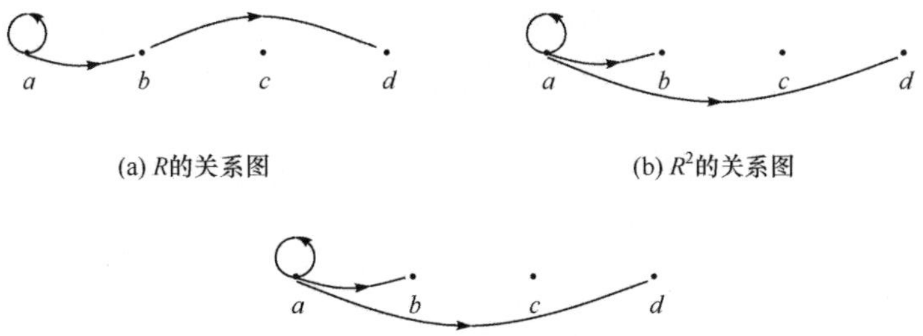

(a) R的关系图 (b) R^2的关系图

(c) R^3的关系图

图 4-6 例 4.3.6 关系幂 R^n 的关系图

从例 4.3.5 和例 4.3.6 可以得到幂运算的以下结论。

定理 4.3.7 设$|A|=n$,R 是集合 A 上的关系,则存在自然数 s、$t(s<t)$,使得

$$R^s=R^t$$

证明 R 是 A 上的关系,对任意自然数 k,由复合关系的定义知,R^k 仍然是 A 上的二元关系,由 4.1 节知,A 上的二元关系只有 2^{n^2} 个,而 R 的幂有 $R^0,R^1,R^2,\cdots,R^{2^{n^2}},\cdots$时,所以必存在自然数 s 和 t,使得 $R^s=R^t$。 ■

定理 4.3.7 说明有限集合上的二元关系的不同幂只有有限个。

定理 4.3.8 设 R 是集合 A 上的二元关系,当 $n\geqslant2$ 时则有

$$\boldsymbol{M}_{R^n}=\boldsymbol{M}_R\cdot\boldsymbol{M}_R\cdots\boldsymbol{M}_R=(\boldsymbol{M}_R)^n$$

其中,"·"为布尔运算。

证明 对幂 n 用数学归纳法证明。

(1) 当 $n=2$ 时,显然成立。

(2) 设当 $n=k(k>2)$时,命题成立,即 $\boldsymbol{M}_{R^k}=\boldsymbol{M}_R\cdot\boldsymbol{M}_R\cdots\boldsymbol{M}_R=(\boldsymbol{M}_R)^k$。则由关系幂的定义,如果 $c_{ij}=1$,那么必存在步长为 $k+1$ 的路径从节点 x_i 到 x_j,即存在步长为 k 的路径从节点 x_i 到 x_t,且存在步长为 1 的路径从节点 x_t 到 x_j。因此,$\boldsymbol{M}_{R^{k+1}}=\boldsymbol{M}_{R^k}\cdot\boldsymbol{M}_R$。

于是

$$\boldsymbol{M}_{R^{k+1}}=\boldsymbol{M}_{R^k}\cdot\boldsymbol{M}_R=(\boldsymbol{M}_R\cdot\boldsymbol{M}_R\cdots\boldsymbol{M}_R)\cdot\boldsymbol{M}_R=(\boldsymbol{M}_R)^{k+1}$$

综上所述,当 $n\geqslant2$ 时,有

$$\boldsymbol{M}_{R^n}=\boldsymbol{M}_R\cdot\boldsymbol{M}_R\cdots\boldsymbol{M}_R=(\boldsymbol{M}_R)^n$$ ■

关系的性质中传递性很难用关系矩阵和关系图判断,而利用关系的运算很容易判断关系的各种性质。

定理 4.3.9 设 R 是集合 A 上的关系,则

(1) R 是自反的充要条件是 $I_A\subseteq R$;

(2) R 是反自反的充要条件是 $I_A\cap R=\varnothing$;

(3) R 是对称的充要条件是 $R=R^{-1}$;

(4) R 是反对称的充要条件是 $R\cap R^{-1}\subseteq I_A$;

(5) R 是传递的充要条件是 $R\circ R\subseteq R$。

证明 (3)先证充分性。因为 R 是对称的,于是

$$\langle x,y\rangle\in R\Leftrightarrow\langle y,x\rangle\in R\Leftrightarrow\langle x,y\rangle\in R^{-1}$$

所以 $R=R^{-1}$。

再证必要性。因为 $R=R^{-1}$，于是

$$\langle x,y\rangle\in R\Leftrightarrow\langle x,y\rangle\in R^{-1}\Leftrightarrow\langle y,x\rangle\in R$$

所以 R 是对称的。

(5) R 是传递的 $\Leftrightarrow\forall x\forall y\forall z(xRy\wedge yRz\rightarrow xRz)$

$$\Leftrightarrow\forall x\forall z\forall y(xRy\wedge yRz\rightarrow xRz)$$
$$\Leftrightarrow\forall x\forall z(\exists y(xRy\wedge yRz)\rightarrow xRz)$$
$$\Leftrightarrow\forall x\forall z(xR\circ Rz\rightarrow xRz)$$
$$\Leftrightarrow\forall x\forall z(\langle x,z\rangle\in R\circ R\rightarrow\langle x,z\rangle\in R)$$
$$\Leftrightarrow R\circ R\subseteq R$$

其余的证明留给读者。 ■

通过关系的运算可以生成新的关系，那么关系的运算对关系的性质是否有影响，关系的某些性质在各种运算下是否还会保持？表 4-3 列出了各种运算对关系性质的影响。

表 4-3 关系的性质与运算

	自反	反自反	对称	反对称	传递
$R_1\cap R_2$	√	√	√	√	√
$R_1\cup R_2$	√	√	√	×	×
R_1-R_2	×	√	√	√	×
R_1^c	√	√	√	√	√
$R_1\circ R_2$	√	×	×	×	×

4.3.5 关系的限制和象

定义 4.3.4 设 R 是集合 X 上的关系，A 是 X 的子集，则

(1) R 在 A 上的限制，记作 $R\upharpoonright A$。即

$$R\upharpoonright A=\{\langle x,y\rangle\mid\langle x,y\rangle\in R\wedge x\in A\}$$

(2) A 在 R 下的象记作 $R[A]$，即

$$R[A]=\mathrm{ran}(R\upharpoonright A)$$

例 4.3.7 设 $X=\{a,b,c,d\}$，$A=\{a,c\}$，$B=\{c\}$，$R=\{\langle a,a\rangle,\langle a,b\rangle,\langle b,b\rangle,\langle b,a\rangle,\langle b,c\rangle,\langle c,d\rangle\}$，则

$$R\upharpoonright A=\{\langle a,a\rangle,\langle a,b\rangle,\langle c,d\rangle\}$$
$$R\upharpoonright B=\{\langle c,d\rangle\}$$
$$R[A]=\{a,b,d\}$$

由定义可知，$R\upharpoonright A\subseteq R$，仅描述 R 对 A 中元素的作用，有时也称为 R 的子关系。$R[A]$ 表示 A 中元素在 R 的作用下所生成的新的集合，$R[A]\subseteq\mathrm{ran}(R)$。这两种运算在关系数据库中有着十分重要的应用。

显然例 4.3.7 中关系 R 在 X 上不具备自反、反自反、对称、反对称、传递性，但 $R\upharpoonright B$ 却具有反自反、反对称、传递性。所以关系的限制是改变关系性质的一种重要方法，另一种方法是闭包运算，将在 4.4 节中讨论。

4.4 关系的闭包运算

一般来说，给定集合 A 上的关系 R，未必具有某种特殊性质。如果向 R 中添加部分序偶，

按一定的要求对 R 进行扩充，便可得到一个具有某种特定性质的新关系 R'。

例如，$X=\{1,2\}$，X 上的关系 $R=\{\langle 1,1\rangle\}$，显然 R 不是自反的，对 R 进行扩充，作 $R'=\{\langle 1,1\rangle,\langle 2,2\rangle\}$，则 $R\subseteq R'$，且 R' 是自反的。又作 $R''=\{\langle 1,1\rangle,\langle 2,2\rangle,\langle 2,1\rangle\}$，则 $R\subseteq R'\subseteq R''$，且 R'' 也是自反的。那么 R、R'、R'' 间的联系是怎样的呢？

无疑，全域关系 $A\times A$ 是自反、对称、传递的，但总不能一扩充就朝全域关系"看齐"，我们希望为满足某种特殊性质构成的新关系中所添加的序偶最少，所进行的扩充是最"节约"的，如上例中的 R'，这种扩充就称为 R 的闭包运算。闭包运算在开关电路的故障检测及诊断、网络、语法分析等领域有重要的应用。

定义 4.4.1 设 R 是集合 A 上的二元关系，若另有一个关系 R'，满足：

(1) R' 是自反的(或对称的或传递的)；

(2) $R\subseteq R'$；

(3) 对 A 上任何自反的(或对称的或传递的)关系 R''，如果 $R\subseteq R''$，就有 $R'\subseteq R''$。则称 R' 是 R 的自反闭包(或对称闭包或传递闭包)，分别记作 $r(R)$、$s(R)$、$t(R)$。

上述定义中(2)说明 R' 是在 R 的基础上添加元素(序偶)而得到的，(1)中 R 添加元素其目的是使扩充后的关系 R' 具有某种特殊性质。由(3)知，添加元素后具有特定性质的所有关系中 R' 是最小的一个，即只添加必要的元素。因此，R 的自反(对称、传递)闭包是包含 R 且具有自反(对称、传递)性质的最小关系。如果 R 已经是自反(对称、传递)关系，那么其自反(对称、传递)闭包就是其本身。

例 4.4.1 实数集上的"$<$"关系，其自反闭包 $r(<)$ 为"$\leqslant$"，即小于或等于关系；对称闭包 $s(<)$ 为"$\neq$"，即不等于关系；传递闭包 $t(<)$ 即为本身"$<$"关系。

整数集上的"$\leqslant$"关系的自反闭包是其自身，对称闭包是全域关系，传递闭包是其自身。

下面讨论关系闭包的构造方法，即在 R 中添加必要的序偶。

定理 4.4.1 设 R 是集合 A 上的二元关系，则

(1) $r(R)=R\cup I_A$；

(2) $s(R)=R\cup R^{-1}$；

(3) $t(R)=R\cup R^2\cup R^3\cup\cdots=\bigcup\limits_{i=1}^{\infty}R^i$。

证明 (1) 记 $R'=R\cup I_A$。

① 对于 $\forall x\in A$，因为 $\langle x,x\rangle\in I_A$，于是 $\langle x,x\rangle\in R\cup I_A=R'$，即 R' 是自反的。

② 显然 $R\subseteq R\cup I_A=R'$。

③ 对 X 上的任意自反关系 R''，若 $R\subseteq R''$，由 R'' 的自反性可知，$I_A\subseteq R''$，而 $R'=R\cup I_A\subseteq R''\cup R''=R''$。

所以 R' 满足自反闭包的定义，即 $r(R)=R\cup I_A$。

(2) 记 $R'=R\cup R^{-1}$。

① 若 $\langle x,y\rangle\in R'$，则 $\langle x,y\rangle\in R\vee\langle x,y\rangle\in R^{-1}$

$$\Leftrightarrow\langle y,x\rangle\in R^{-1}\vee\langle y,x\rangle\in R$$
$$\Leftrightarrow\langle y,x\rangle\in R^{-1}\cup R$$
$$\Leftrightarrow\langle y,x\rangle\in R'$$

所以 R' 是对称的。

② 显然，$R\subseteq R\cup R^{-1}=R'$。

③ 若有任意对称关系 R''，且 $R\subseteq R''$，要证 $R'\subseteq R''$。因为

$$\forall\langle x,y\rangle\in R'\Leftrightarrow\langle x,y\rangle\in R\vee\langle x,y\rangle\in R^{-1}$$

若 $\langle x,y\rangle\in R$，而 $R\subseteq R''$，则 $\langle x,y\rangle\in R''$；

若 $\langle x,y\rangle\in R^{-1}$，则 $\langle y,x\rangle\in R\subseteq R''$，而 R'' 是对称的，所以 $\langle x,y\rangle\in R''$。

因此 $R'\subseteq R''$。所以 $s(R)=R\cup R^{-1}$。

(3) 记 $\bigcup_{i=1}^{\infty}R^i=R^+$，采用集合相等的方法证明。

① 先证 $R^+\subseteq t(R)$。此时只需证对任意自然数 n，都有 $R^n\subseteq t(R)$。

当 $k=1$ 时，由闭包的定义可知，$R\subseteq t(R)$。

设 $k=n$ 时，$R^n\subseteq t(R)$ 成立。

当 $k=n+1$ 时，$\forall\langle x,y\rangle\in R^{n+1}=R^n\circ R$

$$\begin{aligned}&\Leftrightarrow\exists c(c\in A\wedge\langle x,c\rangle\in R^n\wedge\langle c,y\rangle\in R)\\&\Rightarrow\exists c(c\in A\wedge\langle x,c\rangle\in t(R)\wedge\langle c,y\rangle\in t(R))\\&\Rightarrow\langle x,y\rangle\in t(R)\end{aligned}$$

即 $R^{n+1}\subseteq t(R)$ 成立。

② 再证 $t(R)\subseteq R^+$。由 $t(R)$ 的定义，只需证 R^+ 具有传递性。

设 $\langle x,y\rangle\in R^+\wedge\langle y,z\rangle\in R^+\Leftrightarrow\exists p\,\exists q(\langle x,y\rangle\in R^P\wedge\langle y,z\rangle\in{}^q)$

$$\begin{aligned}&\Leftrightarrow\langle x,z\rangle\in R^p\circ R^q\Leftrightarrow\langle x,z\rangle\in R^{p+q}\\&\Rightarrow\langle x,z\rangle\in R^+\end{aligned}$$

所以 R^+ 具有传递性。而 $t(R)$ 是包含 R 的最小传递关系，所以 $t(R)\subseteq R^+$。

故由①和②得知，$t(R)=R^+$。 ■

注　一般来说，只需在 R 中添加不属于 R 的序偶 $\langle x,x\rangle$ 即可得到其自反闭包 $r(R)$。对于每个属于 R 的序偶 $\langle x,y\rangle$，在 R 中添加序偶 $\langle y,x\rangle$ 即得到其对称闭包。而求传递闭包比较复杂，当 A 的元素个数较多时，需花费大量时间。

除了用关系的运算计算关系的闭包外，还可以用关系图和关系矩阵的方法求关系的闭包。

设关系 R 及其闭包 $r(R)$、$s(R)$、$t(R)$ 的关系图分别记为 G、G_r、G_s、G_t，则 G_r、G_s、G_t 的顶点集与 G 的顶点集相等，除了 G 的边以外，用下面的方法添加新的边得到闭包的关系图：

(1) 考察 G 的每个顶点，如果没有环就加上一个环，使每个顶点都有环，便得到 G_r。

(2) 考察 G 的每一条边，如果有一条从 x_i 到 x_j 的单向边且 $i\neq j$，则在 G 中加一条从 x_j 到 x_i 的反向边，使 G 中的有向边成为双向边，便得到 G_s。

(3) 考察 G 的每个顶点 x_i，找出从 x_i 出发的所有长度为 $2,3,\cdots,n$ 的路径(n 为 G 的顶点数)。设路径的终点为 $x_{j_1},x_{j_2},\cdots,x_{j_k}$，如果没有从 x_i 到 x_{j_t}($t=1,2,\cdots,k$)的边，就加上这条边。当所有的顶点都检查完后，便得到 G_t。

例 4.4.2　用关系图的方法求例 4.4.1 中的 $r(R)$、$s(R)$、$t(R)$ 的关系图。

解　R、$r(R)$、$s(R)$、$t(R)$ 的关系图如图 4-7 所示。

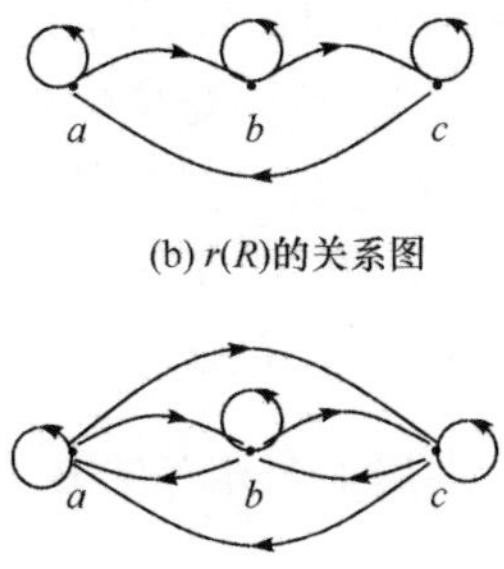

(a) R的关系图　　(b) $r(R)$的关系图

(c) $s(R)$的关系图　　(d) $t(R)$的关系图

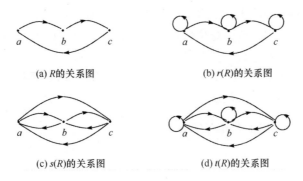

图 4-7　关系图法求闭包的关系图

显然，在传递闭包 $t(R)$的关系图中，顶点 x_i 到 x_j 有边，当且仅当在 R 的关系图中从顶点 x_i 到 x_j 存在一条长度至少为 1 的有向路径，这时称 x_i 与 x_j 是连通的。顶点间的连通性是图论中的一个非常重要的问题，在通信网络、运输线路的规划等实际问题中有着十分广泛的应用。

设集合 A 上的关系 R 的闭包分别为 $r(R)$、$s(R)$、$t(R)$，其 R 及闭包的关系矩阵分别记为 $\boldsymbol{M}_R$ 及 $\boldsymbol{M}_r$、$\boldsymbol{M}_s$、$\boldsymbol{M}_t$。记 $\boldsymbol{M}_1=\boldsymbol{M}_R$，$\boldsymbol{M}_2=\boldsymbol{M}_{R^2}$，…，$\boldsymbol{M}_k=\boldsymbol{M}_{R^k}$，则

$$\boldsymbol{M}_r=\boldsymbol{M}_R+\boldsymbol{E}$$

$$\boldsymbol{M}_s=\boldsymbol{M}_R+\boldsymbol{M}_R^{\mathrm{T}}$$

$$\boldsymbol{M}_t=\boldsymbol{M}_1+\boldsymbol{M}_2+\boldsymbol{M}_3+\cdots$$

其中，$\boldsymbol{E}$ 为与 $\boldsymbol{M}_R$ 同阶的单位矩阵，$\boldsymbol{M}_R^{\mathrm{T}}$ 为 $\boldsymbol{M}_R$ 的转置矩阵，加法"+"是布尔加法。

例 4.4.3　设 $A=\{a,b,c\}$，$R=\{\langle a,b\rangle,\langle b,c\rangle,\langle c,a\rangle\}$，求 $r(R)$、$s(R)$、$t(R)$。

解

$$\boldsymbol{M}_R=\begin{bmatrix}0&1&0\\0&0&1\\1&0&0\end{bmatrix},\quad \boldsymbol{M}_R^{\mathrm{T}}=\begin{bmatrix}0&0&1\\1&0&0\\0&1&0\end{bmatrix}$$

$$\boldsymbol{M}_r=\boldsymbol{M}_R+\boldsymbol{E}=\begin{bmatrix}0&1&0\\0&0&1\\1&0&0\end{bmatrix}+\begin{bmatrix}1&0&0\\0&1&0\\0&0&1\end{bmatrix}=\begin{bmatrix}1&1&0\\0&1&1\\1&0&1\end{bmatrix}$$

$$\boldsymbol{M}_s=\boldsymbol{M}_R+\boldsymbol{M}_R^{\mathrm{T}}=\begin{bmatrix}0&1&0\\0&0&1\\1&0&0\end{bmatrix}+\begin{bmatrix}0&0&1\\1&0&0\\0&1&0\end{bmatrix}=\begin{bmatrix}0&1&1\\1&0&1\\1&1&0\end{bmatrix}$$

所以

$$r(R)=R\cup I_A=\{\langle a,b\rangle,\langle b,c\rangle,\langle c,a\rangle\}\cup\{\langle a,a\rangle,\langle b,b\rangle,\langle c,c\rangle\}$$
$$=\{\langle a,a\rangle,\langle a,b\rangle,\langle b,b\rangle,\langle b,c\rangle,\langle c,a\rangle,\langle c,c\rangle\}$$

$$s(R)=R\cup R^{-1}=\{\langle a,b\rangle,\langle b,c\rangle,\langle c,a\rangle\}\cup\{\langle b,a\rangle,\langle c,b\rangle,\langle a,c\rangle\}$$
$$=\{\langle a,b\rangle,\langle a,c\rangle,\langle b,a\rangle,\langle b,c\rangle,\langle c,a\rangle,\langle c,b\rangle\}$$

$$\boldsymbol{M}_2=\boldsymbol{M}_{R^2}=\boldsymbol{M}_R\cdot\boldsymbol{M}_R=\begin{bmatrix}0&1&0\\0&0&1\\1&0&0\end{bmatrix}\cdot\begin{bmatrix}0&1&0\\0&0&1\\1&0&0\end{bmatrix}=\begin{bmatrix}0&0&1\\1&0&0\\0&1&0\end{bmatrix}$$

$$\boldsymbol{M}_3=\boldsymbol{M}_{R^3}=\boldsymbol{M}_{R^2}\cdot\boldsymbol{M}_R=\begin{bmatrix}0&0&1\\1&0&0\\0&1&0\end{bmatrix}\cdot\begin{bmatrix}0&1&0\\0&0&1\\1&0&0\end{bmatrix}=\begin{bmatrix}1&0&0\\0&1&0\\0&0&1\end{bmatrix}$$

$$M_4 = M_{R^4} = M_{R^3} \cdot M_R = \begin{bmatrix} 1 & 0 & 0 \\ 0 & 1 & 0 \\ 0 & 0 & 1 \end{bmatrix} \cdot \begin{bmatrix} 0 & 1 & 0 \\ 0 & 0 & 1 \\ 1 & 0 & 0 \end{bmatrix} = \begin{bmatrix} 0 & 1 & 0 \\ 0 & 0 & 1 \\ 1 & 0 & 0 \end{bmatrix}$$

所以

$$R^4 = \{\langle a,b\rangle, \langle b,c\rangle, \langle c,a\rangle\} = R$$

继续下去有

$$R = R^4 = \cdots = R^{3n+1}$$
$$R^2 = R^5 = \cdots = R^{3n+2} \quad (n=0,1,2,\cdots)$$
$$R^3 = R^6 = \cdots = R^{3n+3}$$

于是

$$M_t = M_1 + M_2 + M_3 = \begin{bmatrix} 0 & 1 & 0 \\ 0 & 0 & 1 \\ 1 & 0 & 0 \end{bmatrix} + \begin{bmatrix} 0 & 0 & 1 \\ 1 & 0 & 0 \\ 0 & 1 & 0 \end{bmatrix} + \begin{bmatrix} 1 & 0 & 0 \\ 0 & 1 & 0 \\ 0 & 0 & 1 \end{bmatrix} = \begin{bmatrix} 1 & 1 & 1 \\ 1 & 1 & 1 \\ 1 & 1 & 1 \end{bmatrix}$$

所以

$$\begin{aligned} t(R) &= R \cup R^2 \cup R^3 \\ &= \{\langle a,a\rangle, \langle a,b\rangle, \langle a,c\rangle, \langle b,a\rangle, \langle b,b\rangle, \langle b,c\rangle, \langle c,a\rangle, \langle c,b\rangle, \langle c,c\rangle\} \end{aligned}$$

例 4.4.4 设 $A=\{a,b,c\}$，$R=\{\langle a,b\rangle, \langle b,c\rangle\}$，求 $t(R)$。

解

$$M_1 = \begin{bmatrix} 0 & 1 & 0 \\ 0 & 0 & 1 \\ 0 & 0 & 0 \end{bmatrix}$$

则

$$M_2 = M_1 \cdot M_1 = \begin{bmatrix} 0 & 1 & 0 \\ 0 & 0 & 1 \\ 0 & 0 & 0 \end{bmatrix} \cdot \begin{bmatrix} 0 & 1 & 0 \\ 0 & 0 & 1 \\ 0 & 0 & 0 \end{bmatrix} = \begin{bmatrix} 0 & 0 & 1 \\ 0 & 0 & 0 \\ 0 & 0 & 0 \end{bmatrix}$$

所以 $R^2 = \{\langle a,c\rangle\}$。

$$M_3 = M_2 \cdot M_1 = \begin{bmatrix} 0 & 0 & 1 \\ 0 & 0 & 0 \\ 0 & 0 & 0 \end{bmatrix} \cdot \begin{bmatrix} 0 & 1 & 0 \\ 0 & 0 & 1 \\ 0 & 0 & 0 \end{bmatrix} = \begin{bmatrix} 0 & 0 & 0 \\ 0 & 0 & 0 \\ 0 & 0 & 0 \end{bmatrix}$$

所以 $R^3 = \varnothing$。

继续下去，当 $k \geqslant 3$ 时，$M_k = 0$（零矩阵）。所以

$$t(R) = R \cup R^2 = \{\langle a,b\rangle, \langle b,c\rangle, \langle a,c\rangle\}$$

定理 4.4.2 设 R 是集合 A 上的二元关系，$|A|=n$，则存在正整数 $k \leqslant n$，使得

$$t(R) = R \cup R^2 \cup \cdots \cup R^k$$

证明 因为 $t(R) = \bigcup_{i=1}^{\infty} R^i = R^+$，显然 $R \cup R^2 \cup \cdots \cup R^k \subseteq R^+$。

设 $\langle x_i, x_j\rangle \in R^+$，由 R^+ 的定义可知，存在正整数 p，使得 $\langle x_i, x_j\rangle R^p$（$p$ 可能不唯一，取其中最小的仍记为 p），由于 $R^p = \underbrace{R \circ R \circ \cdots \circ R}_{n个R}$，所以 A 中存在序列 $e_1, e_2, \cdots, e_{p-1}$，使得 $x_i R e_1 \wedge e_1 R e_2 \wedge \cdots \wedge e_{p-1} R x_j$ 成立。

若 $p > n$，即 $p-1 \geqslant n$。又因为 $|A|=n$，所以存在 e_t 和 e_q，使得 $e_t = e_q$（$1 \leqslant t < q \leqslant p-1$），即 $x_i R e_1 \wedge e_1 R e_2 \wedge \cdots \wedge e_{t-1} R e_t \wedge e_q R e_{q+1} \wedge \cdots \wedge e_{p-1} R x_j$ 成立。即 $\exists s$，$s = t + (p-q) = p - (q-t) < p$，

使得 $x_i R^s x_j$ 成立，s 的存在显然与 p 的最小性矛盾。

所以 $p\leqslant n \wedge \langle x_i, x_j\rangle \in R^p$，于是 $\langle x_i, x_j\rangle \in R\cup R^2\cup\cdots\cup R^k(k\leqslant n)$。

即 $R^+\subseteq R\cup R^2\cup\cdots\cup R^k$，所以

$$t(R)=\bigcup_{i=1}^{\infty}R^i=R^+=R\cup R^2\cup\cdots\cup R^k \qquad \blacksquare$$

利用下面的方法可以求得自反闭包和对称闭包的关系矩阵：

(1) 将 $\boldsymbol{M}_R$ 中对角线上的元素全换为“1”，即得到 $\boldsymbol{M}_r$。

(2) 在 $\boldsymbol{M}_R$ 中，若 $r_{ij}=1$ 且 $r_{ji}\neq 1(i\neq j)$，则取 $r_{ji}=1$，即得到 $\boldsymbol{M}_s$。

当集合 A 的元素比较多时，用关系矩阵的方法求传递闭包计算量较大且比较枯燥。因此，Warshall 在 1962 年提出一个求传递闭包的高效算法。

算法：传递闭包的 Warshall 算法。

设 R 是集合 A 上的二元关系，$|A|=n$。

输入：R 的关系矩阵 $\boldsymbol{M}$。

输出：$t(R)$ 的关系矩阵 $\boldsymbol{M}_t$。

步骤 1　置矩阵 $A:=\boldsymbol{M}$

步骤 2　for $i=1$ to $i=n$

步骤 3　　for $j=1$ to $j=n$

步骤 4　　　if $A[j,i]=1$

步骤 5　　　　for $k=1$ to $k=n$

步骤 6　　　　　$A[j,k]=A[j,k]+A[i,k]$

注意，该算法中的加法是逻辑加。

例 4.4.5　$A=\{a,b,c,d,e,f,g\}$，$R=\{\langle a,b\rangle,\langle b,c\rangle,\langle b,d\rangle,\langle c,e\rangle,\langle d,f\rangle,\langle e,c\rangle,\langle e,f\rangle,\langle f,g\rangle\}$，用 Warshall 算法求 $t(R)$。

解

$$\boldsymbol{A}:=\boldsymbol{M}=\begin{bmatrix}0&1&0&0&0&0&0\\0&0&1&1&0&0&0\\0&0&0&0&1&0&0\\0&0&0&0&0&1&0\\0&0&1&0&0&1&0\\0&0&0&0&0&0&1\\0&0&0&0&0&0&0\end{bmatrix}$$

当 $i=1$ 时，$\boldsymbol{A}$ 中第 1 列元素都为 0，则将 i 加 1，$\boldsymbol{A}$ 的元素不变。

当 $i=2$，$\boldsymbol{A}$ 中第 2 列 $\boldsymbol{A}[1,2]=1$，置 $j=1$，$i=2$，于是将第 2 行各元素逻辑加到第 1 行上，第 1 行元素为原来的元素加上第 2 行的元素，然后将 i 加 1，此时矩阵为

$$\boldsymbol{A}=\begin{bmatrix}0&1&1&1&0&0&0\\0&0&1&1&0&0&0\\0&0&0&0&1&0&0\\0&0&0&0&0&1&0\\0&0&1&0&0&1&0\\0&0&0&0&0&0&1\\0&0&0&0&0&0&0\end{bmatrix}$$

当 $i=3$ 时，$\boldsymbol{A}$ 中第 3 列 $\boldsymbol{A}[1,3]=\boldsymbol{A}[2,3]=\boldsymbol{A}[5,3]=1$，于是将第 3 行各元素逻辑加到第 1 行上，得到的矩阵仍然记为 $\boldsymbol{A}$，然后再将第 3 行各元素逻辑加到第 2、5 行上，将 i 加 1。此时矩阵为

$$A=\begin{bmatrix}0&1&1&1&1&0&0\\0&0&1&1&1&0&0\\0&0&0&0&1&0&0\\0&0&0&0&0&1&0\\0&0&1&0&1&1&0\\0&0&0&0&0&0&1\\0&0&0&0&0&0&0\end{bmatrix}$$

当 $i=4$ 时，$\boldsymbol{A}$ 中第 4 列 $\boldsymbol{A}[1,4]=\boldsymbol{A}[2,4]=1$，于是将第 4 行各元素分别逻辑加到第 1、2 行上，将 i 加 1。此时矩阵为

$$A=\begin{bmatrix}0&1&1&1&1&1&0\\0&0&1&1&1&1&0\\0&0&0&0&1&0&0\\0&0&0&0&0&1&0\\0&0&1&0&1&1&0\\0&0&0&0&0&0&1\\0&0&0&0&0&0&0\end{bmatrix}$$

当 $i=5$ 时，$\boldsymbol{A}$ 中第 5 列 $\boldsymbol{A}[1,5]=\boldsymbol{A}[2,5]=\boldsymbol{A}[3,5]=\boldsymbol{A}[5,5]=1$，于是将第 5 行各元素分别逻辑加到第 1、2、4、5 行上，将 i 加 1。此时矩阵为

$$A=\begin{bmatrix}0&1&1&1&1&1&0\\0&0&1&1&1&1&0\\0&0&1&0&1&1&0\\0&0&0&0&0&1&0\\0&0&1&0&1&1&0\\0&0&0&0&0&0&1\\0&0&0&0&0&0&0\end{bmatrix}$$

当 $i=6$ 时，$\boldsymbol{A}$ 中第 6 列 $\boldsymbol{A}[1,6]=\boldsymbol{A}[2,6]=\boldsymbol{A}[3,6]=\boldsymbol{A}[4,6]=\boldsymbol{A}[5,6]=1$，于是将第 6 行各元素分别逻辑加到第 1、2、3、4、5 行上，将 i 加 1。此时矩阵为

$$A=\begin{bmatrix}0&1&1&1&1&1&1\\0&0&1&1&1&1&1\\0&0&1&0&1&1&1\\0&0&0&0&0&1&1\\0&0&1&0&1&1&1\\0&0&0&0&0&0&1\\0&0&0&0&0&0&0\end{bmatrix}$$

当 $i=7$ 时，$\boldsymbol{A}$ 中第 7 列 $\boldsymbol{A}[1,7]=\boldsymbol{A}[2,7]=\boldsymbol{A}[4,7]=\boldsymbol{A}[6,7]=1$，而第 7 行元素全为 0，则将 i 加 1。此时矩阵不变。

$$A=\begin{bmatrix}0&1&1&1&1&1&1\\0&0&1&1&1&1&1\\0&0&1&0&1&1&1\\0&0&0&0&0&1&1\\0&0&1&0&1&1&1\\0&0&0&0&0&0&1\\0&0&0&0&0&0&0\end{bmatrix}$$

当 $i=8$ 时，结束计算过程。

因此

$t(R)=\{\langle a,b\rangle,\langle a,c\rangle,\langle a,d\rangle,\langle a,e\rangle,\langle a,f\rangle,\langle a,g\rangle,\langle b,c\rangle,\langle b,d\rangle,\langle b,e\rangle,\langle b,f\rangle,\langle b,g\rangle,\langle c,c\rangle,\langle c,e\rangle,\langle c,f\rangle,\langle c,g\rangle,\langle d,f\rangle,\langle d,g\rangle,\langle e,c\rangle,\langle e,e\rangle,\langle e,f\rangle,\langle e,g\rangle,\langle f,g\rangle\}$

若$|A|=n$,则关系矩阵平方运算的时间复杂度为$O(n^3)$,计算传递闭包的时间复杂度为$O(n^3\log(n-1))$,而 Warshall 算法的时间复杂度为$O(n^3)$。

下面讨论关系闭包的有关性质,读者可以证明下列定理。

定理 4.4.3　设R是集合A上的二元关系,则

(1) R是自反的充要条件是$r(R)=R$;

(2) R是对称的充要条件是$s(R)=R$;

(3) R是传递的充要条件是$t(R)=R$。

定理 4.4.4　设R_1和R_2是非空集合A上的关系,且$R_1\subseteq R_2$,则

(1) $r(R_1)\subseteq r(R_2)$;

(2) $s(R_1)\subseteq s(R_2)$;

(3) $t(R_1)\subseteq t(R_2)$。

定理 4.4.5　设R是非空集合A上的关系,则

(1) 如果R是自反的,则$s(R)$与$t(R)$也是自反的;

(2) 如果R是对称的,则$r(R)$与$t(R)$也是对称的;

(3) 如果R是传递的,则$r(R)$也是传递的,但$s(R)$不一定是传递的。

证明　只证(3),其余的留作练习。

(3) 因为R是传递的,由定理 4.3.9(5)知,$R\circ R\subseteq R$。而由$r(R)=R\cup I_A$及定理 4.3.4 得

$$\begin{aligned}r(R)\circ r(R)&=(R\cup I_A)\circ(R\cup I_A)=(R\cup I_A)\circ R\cup(R\cup I_A)\circ I_A\\&=(R\circ R)\cup(I_A\circ R)\cup(R\cup I_A)\circ I_A\\&=(R\circ R)\cup R\cup(R\cup I_A)\\&\subseteq R\cup R\cup(R\cup I_A)\\&=R\cup I_A=r(R)\end{aligned}$$

所以,$r(R)$是传递的。

而$s(R)$不一定是传递的。例如,$A=\{a,b,c,d\}$,$R=\{\langle a,b\rangle,\langle d,c\rangle\}$是$A$上的传递关系,$R$的对称闭包为

$$s(R)=\{\langle a,b\rangle,\langle b,a\rangle,\langle c,d\rangle,\langle d,c\rangle\}$$

则不具有传递性。■

表 4-4 给出关系的性质与闭包运算间的联系。

表 4-4　关系的性质与闭包运算的联系

R	自反	对称	传递
$r(R)$	√	√	√
$s(R)$	√	√	×
$t(R)$	√	√	√

集合上的二元关系的闭包也可以进行复合,得到多重闭包。例如,$rs(R)=r(s(R))$表示关系R的对称闭包的自反闭包,称为R的对称自反闭包。对多重闭包运算,规定运算顺序为从右到左。例如,$trs(R)=t(r(s(R)))$为R的对称自反传递闭包。

定理 4.4.6　设 R 是非空集合 A 上的关系，则

(1) $rs(R)=sr(R)$；

(2) $rt(R)=tr(R)$；

(3) $st(R)\subseteq ts(R)$。

证明　(1) $sr(R)=s(R\cup I_A)=(R\cup I_A)\cup(R\cup I_A)^{-1}=(R\cup I_A)\cup(R^{-1}\cup I_A^{-1})$

$=I_A\cup R\cup R^{-1}=I_A\cup s(R)=rs(R)$

(2) $tr(R)=t(R\cup I_A)=(R\cup I_A)\cup(R\cup I_A)^2\cup(R\cup I_A)^3\cup\cdots$

$=(R\cup I_A)\cup(R^2\cup R\cup I_A)\cup(R^3\cup R^2\cup R\cup I_A)\cup\cdots$

$=I_A\cup(R\cup R^2\cup R^3\cup\cdots)$

$=I_A\cup t(R)=rt(R)$

(3) 根据闭包的定义，$R\subseteq s(R)$，由定理 4.4.4(3)可知，$t(R)\subseteq ts(R)$，又由定理 4.4.4(2)可知，$st(R)\subseteq sts(R)$，再由定理 4.4.5(2)可知，$ts(R)$是对称的，所以 $sts(R)=ts(R)$，于是 $st(R)\subseteq ts(R)$。■

在定理 4.4.6(3)中，不能把“$\subseteq$”写成“$=$”。

例 4.4.6　整数集 **Z** 上的小于关系“$<$”，具有反自反、反对称、传递性。则

$$t(<)=<,\quad s(<)=“<”\cup“<”^{-1}=“\neq”$$

$$st(<)=s(<)=“\neq”,\quad ts(<)=t(\neq)=“\neq”\cup“=”=\mathbf{Z}\times\mathbf{Z}$$

为全域关系。

显然

$$st(<)\subseteq ts(<)$$

4.5　等价关系和等价类

二元关系中有一类非常重要的关系——等价关系，因其具有十分良好的性质，从而具有广泛的应用，如数据流通过 Internet 网络进行传输，Internet 网络实际上是具有等价关系的网络。

定义 4.5.1　设 R 是集合 A 上的二元关系，具有自反、对称、传递性，则称 R 是 A 上的等价关系。设 R 是等价关系，若$\langle x,y\rangle\in R$，则称 x 等价 y，记作 $x\sim y$。

例 4.5.1　(1) 某高校学生集合，属于同一学院的学生关系即为等价关系。

(2) 实数集合上的相等关系、三角形集合中三角形的相似关系、命题逻辑中命题公式间的等值关系都是等价关系。

(3) 同阶方阵间的相似关系是等价关系。

(4) 同学关系不是等价关系，因为它不具有传递性。

(5) 全域关系是等价关系，空关系不是等价关系。

例 4.5.2　设 **Z** 是整数集，$R=\{\langle x,y\rangle\mid x,y\in\mathbf{Z},x-y$ 能被 3 整除$\}=\{\langle x,y\rangle\mid x\equiv y(\mathrm{mod}\ 3)\}$，其中，$x\equiv y(\mathrm{mod}\ 3)$称为 x 与 y 模 3 同余，即 x 除以 3 的余数与 y 除以 3 的余数相等。

(1) 对 $\forall x\in\mathbf{Z}$，$x-x$ 必能被 3 整除，即$\langle x,x\rangle\in R$，所以 R 具有自反性。

(2) 若$\langle x,y\rangle\in R$，即 $x-y$ 能被 3 整除，则 $y-x=-(x-y)$也能被 3 整除，即$\langle y,x\rangle\in R$，所以 R 具有对称性。

(3) 若$\langle x,y\rangle\in R\wedge\langle y,z\rangle\in R$，即存在整数 h 和 k，使得

$$x-y=3h\wedge y-z=3k$$

则

$$x-z=(x-y)+(y-z)=3h+3k=3(h+k)$$

故$\langle x,z\rangle\in R$,所以R具有传递性。

综上所述,R是$\mathbf{Z}$上的等价关系。

一般地,k是正整数,整数集$\mathbf{Z}$上的模k同余关系

$$R=\{\langle x,y\rangle \mid x\equiv y(\bmod k)\}$$

是等价关系。

例 4.5.3 设$A=\{1,2,\cdots,8\}$,$R=\{\langle x,y\rangle \mid x\equiv y(\bmod 3)\}$,则

$$1\sim4\sim7,\quad 2\sim5\sim8,\quad 3\sim6$$

其关系图如图 4-8 所示。

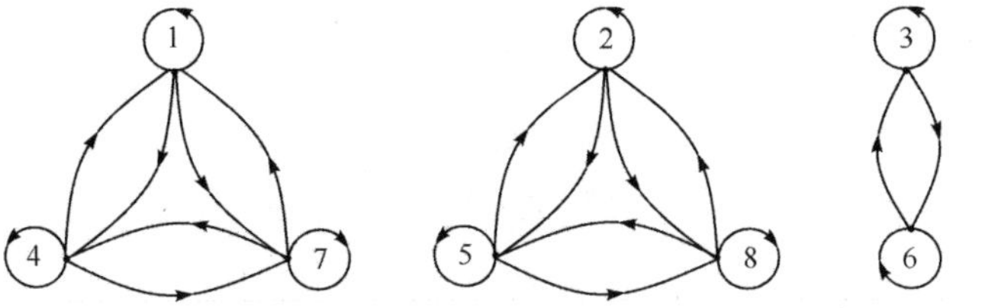

图 4-8　模 3 同余关系的关系图

若将A中元素重新排列,即$A=\{1,4,7,2,5,8,3,6\}$,则其关系矩阵为下面的分块矩阵:

$$\boldsymbol{M}=\begin{array}{c}\\1\\4\\7\\2\\5\\8\\3\\6\end{array}\begin{array}{c}\begin{array}{cccccccc}1&4&7&2&5&8&3&6\end{array}\\\left[\begin{array}{ccc:ccc:cc}1&1&1&0&0&0&0&0\\1&1&1&0&0&0&0&0\\1&1&1&0&0&0&0&0\\\hdashline 0&0&0&1&1&1&0&0\\0&0&0&1&1&1&0&0\\0&0&0&1&1&1&0&0\\\hdashline 0&0&0&0&0&0&1&1\\0&0&0&0&0&0&1&1\end{array}\right]\end{array}$$

模数同余关系是整数集或其子集上的一种非常重要的等价关系,是数论中的一个重要内容,也是等价关系中极为重要的一种关系。例如,时钟是按模 12 方式记数,星期几是按模 7 方式记数。某月 11 号是星期二,则 4 日、18 日也是星期二。

例 4.5.3 的关系图被分成三个互不连通的部分,每个部分中的元素两两都有关系R,不同部分中的元素则没有关系R,每部分的所有顶点构成了一个称为等价类的集合。

定义 4.5.2 设R是非空集合A上的等价关系,$\forall a\in A$,定义集合

$$[a]_R=\{x \mid x\in A\wedge aRx\}$$

称为由元素a生成的R等价类,简记为$[a]$,并称a为等价类$[a]$的生成元。

由上述定义可知,$[a]_R$是A中所有与a等价的元素构成的集合。例 4.5.3 中的等价类为

$$[1]=[4]=[7]=\{1,4,7\}$$

$$[2]=[5]=[8]=\{2,5,8\}$$

$$[3]=[6]=\{3,6\}$$

等价类具有下面的性质。

定理 4.5.1 设R是非空集合A上的等价关系,则

(1) $\forall a\in A$,$[a]_R$是A的非空子集;

(2) $\forall a,b\in A$,则aRb当且仅当$[a]_R=[b]_R$;

(3) $\forall a,b\in A$,如果$<a,b>\notin R$,则$[a]_R\cap[b]_R=\varnothing$;

(4) $\bigcup\{[a]_R \mid a \in A\} = A$。

证明 (1) 因为 R 是等价关系，所以对 $\forall a \in A$，都有 $\langle a, a\rangle \in R$，即 $a \in [a]_R$，所以 $[a]_R$ 是 A 的非空子集。

(2) 先证必要性。

对于 $\forall a \in A$，则有 $a \in [a]_R$，而 $[a]_R = [b]_R$，所以 $a \in [b]_R$，即 aRb。

再证充分性。

因为 aRb 且 R 具有传递性，则对于 $\forall c \in [a]_R$，有

$$c \in [a]_R \Rightarrow cRa \Rightarrow cRb \Rightarrow c \in [b]_R$$

于是

$$[a]_R \subseteq [b]_R$$

同理可证，$[b]_R \subseteq [a]_R$。所以

$$[a]_R = [b]_R$$

其余的请读者自己证明。■

注 ① A 上的每个元素属于且仅属于一个等价类。

② 同一个等价类的元素相互等价。

③ 由不同的元素生成的等价类或相等或互不相交。

④ 所有等价类的并集为集合 A。

例 4.5.4 设 $A=\{1,2,3,4\}$，$R=\{\langle 1,1\rangle,\langle 1,4\rangle,\langle 2,2\rangle,\langle 2,3\rangle,\langle 3,2\rangle,\langle 3,3\rangle,\langle 4,1\rangle,\langle 4,4\rangle\}$，显然 R 是 A 上的等价关系，其等价类为

$$[1]_R=\{1,4\}=[4]_R, [2]_R=\{2,3\}=[3]_R$$

等价类集 $=\{[1]_R, [2]_R\}$。

例 4.5.5 设 $\mathbf{Z}$ 是整数集合，$R=\{\langle x,y\rangle \mid x \equiv y \pmod 3\}$，则其等价类为

$$[0]_R=\{\cdots,-6,-3,0,3,6,\cdots\}=[3k]_R$$

$$[1]_R=\{\cdots,-5,-2,1,4,7,\cdots\}=[3k+1]_R$$

$$[2]_R=\{\cdots,-4,-1,2,5,8,\cdots\}=[3k+2]_R$$

等价类集 $=\{[0]_R, [1]_R, [2]_R\}$。

利用非空集合 A 及其上的某个等价关系，可以构造一个新的集合——商集。

定义 4.5.3 设 R 是非空集合 A 上的等价关系，以 R 的等价类为元素组成的集合称为 A 在 R 下的商集，记作 A/R。即

$$A/R=\{[a]_R \mid a \in A\}$$

商集的元素个数称为二元关系 R 的秩。

例 4.5.6 例 4.5.3 中 A 上的模 3 同余关系 R 的商集为

$$A/R=\{\{1,4,7\},\{2,5,8\},\{3,6\}\}$$

秩为 3。

A 上的恒等关系 I_A 的商集为

$$A/I_A=\{\{1\},\{2\},\{3\},\{4\},\{5\},\{6\},\{7\},\{8\}\}$$

秩为 8。

全域关系 E_A 的商集为

$$A/E_A=\{\{1,2,3,4,5,6,7,8\}\}$$

秩为 1。

由等价类的性质定理 4.5.1(3)和(4)以及集合划分的定义,得到下面的重要定理。

定理 4.5.2　若 R 是非空集合 A 上的等价关系,则商集 A/R 是 A 的一个划分。称为由等价关系 R 诱导的划分。

定理 4.5.3　集合 A 的一个划分 $S=\{S_1,S_2,\cdots,S_n\}$ 确定 A 上的一个等价关系 $R=\bigcup_{i=1}^{n} S_i\times S_i$。

证明　为讨论的方便,称每个 $S_i(i=1,\cdots,n)$ 为 A 的一个分块。

首先定义 A 上的二元关系 R 如下:

$$R=\{\langle x,y\rangle \mid x\in A\wedge y\in A\wedge x \text{ 和 } y \text{ 属于同一个分块}\}$$

由 R 的定义可知,对 $\forall x,y\in A$,有

$$\begin{aligned}\langle x,y\rangle\in R&\Leftrightarrow \exists i(x\in S_i\wedge y\in S_i)\\&\Leftrightarrow \exists i(\langle x,y\rangle\in S_i\times S_i)\\&\Leftrightarrow(\langle x,y\rangle\in S_1\times S_1)\vee(\langle x,y\rangle\in S_2\times S_2)\vee\cdots\vee(\langle x,y\rangle\in S_n\times S_n)\\&\Leftrightarrow\langle x,y\rangle\in(S_1\times S_1)\cup(S_2\times S_2)\cup\cdots\cup(S_n\times S_n)\end{aligned}$$

于是

$$R=(S_1\times S_1)\cup(S_2\times S_2)\cup\cdots\cup(S_n\times S_n)=\bigcup_{i=1}^{n} S_i\times S_i$$

下面证明 R 是等价关系。

(1) 对于 $\forall x\in A$,因为 S 是 A 的划分,所以 $\exists S_k$,使得 $x\in S_k$,即 x 与 x 属于同一分块,所以 $\langle x,x\rangle\in R$,所以 R 是自反的。

(2) 对于 $\forall x,y\in A$,若 $\langle x,y\rangle\in R$,即 x 与 y 属于同一分块,则 y 与 x 也属于同一分块,即 $\langle y,x\rangle\in R$,所以 R 是对称的。

(3) 对于 $\forall x,y,z\in A$,若 $\langle x,y\rangle\in R\wedge\langle y,z\rangle\in R$,即 $\exists S_i$ 和 S_j,使得 x、$y\in S_i$,且 y、$z\in S_j$,则 $y\in S_i\cap S_j$,而 S 是 A 的一个划分,即 $S_i\cap S_j=\varnothing(i\neq j)$,所以 y 只能属于 S 的某一块,即 $i=j$,因此 x 与 z 属于同一分块,即 $\langle x,z\rangle\in R$,所以 R 是传递的。

综上所述,R 是 A 上的等价关系。

显然,由划分 S 诱导的等价关系

$$R=(S_1\times S_1)\cup(S_2\times S_2)\cup\cdots\cup(S_n\times S_n)=\bigcup_{i=1}^{n} S_i\times S_i$$ ■

例 4.5.7　设 $A=\{a,b,c\}$,$S=\{\{a,b\},\{c\}\}$,则划分 S 确定的等价关系

$$\begin{aligned}R=\bigcup_{i=1}^{n} S_i\times S_i&=\{a,b\}\times\{a,b\}\cup\{c\}\times\{c\}\\&=\{\langle a,a\rangle,\langle a,b\rangle,\langle b,a\rangle,\langle b,b\rangle,\langle c,c\rangle\}\end{aligned}$$

由定理 4.5.2 和定理 4.5.3 可知,集合 A 上的等价关系与集合 A 的划分之间可以建立一一对应,不同的商集对应不同的划分。A 上有多少个不同的划分,就有多少个不同的等价关系。

例 4.5.8　求集合 $A=\{1,2,3\}$上的所有等价关系。

解　先作出 A 的所有可能划分,如图 4-9 所示。秩为 1 的划分为 S_1,是最小划分。秩为 2 的划分有 S_2、S_3、S_4,秩为 3 的划分为 S_5,是最大划分。则 A 上的所有等价关系如下:

$R_1=\{\langle 1,1\rangle,\langle 1,2\rangle,\langle 1,3\rangle,\langle 2,1\rangle,\langle 2,2\rangle,\langle 2,3\rangle,\langle 3,1\rangle,\langle 3,2\rangle,\langle 3,3\rangle\}$　(对应全域关系)

$R_2=\{\langle 1,1\rangle,\langle 2,2\rangle,\langle 2,3\rangle,\langle 3,2\rangle,\langle 3,3\rangle\}$

$R_3=\{\langle 2,2\rangle,\langle 1,1\rangle,\langle 1,3\rangle,\langle 3,1\rangle,\langle 3,3\rangle\}$

$R_4=\{\langle 3,3\rangle,\langle 1,1\rangle,\langle 1,2\rangle,\langle 2,1\rangle,\langle 2,2\rangle\}$

$R_5=\{\langle 1,1\rangle,\langle 2,2\rangle,\langle 3,3\rangle\}$ （对应恒等关系）

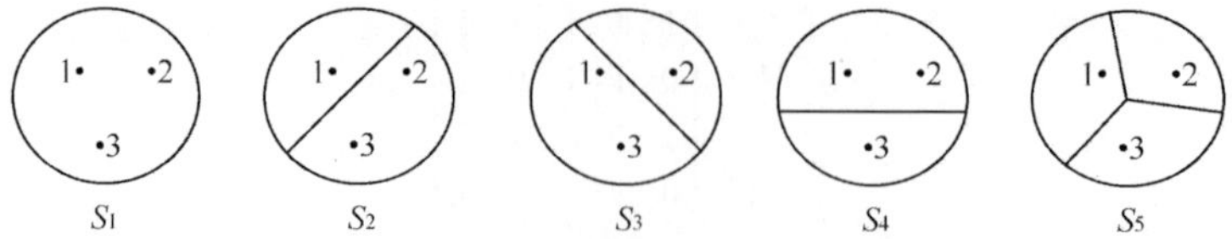

图 4-9　集合 A 的各种不同划分

定理 4.5.4　设 R_1、R_2 是非空集合 A 上的两个等价关系，则 $R_1=R_2$ 当且仅当 $A/R_1=A/R_2$。

证明　因为 $R_1=R_2$，对于 $\forall a\in A$，则

$$[a]_{R_1}=\{x\mid x\in A\wedge xR_1a\}=\{x\mid x\in A\wedge xR_2a\}=[a]_{R_2}$$

所以

$$A/R_1=\{[a]_{R_1}\mid x\in A\}=\{[a]_{R_2}\mid x\in A\}=A/R_2$$

反之，因为 $A/R_1=A/R_2$，所以若 $[a]_{R_1}\in A/R_1$，则存在 $[c]_{R_2}\in A/R_2$，使得 $[a]_{R_1}=[c]_{R_2}$。若 $\langle a,b\rangle\in R_1$，则 $b\in[a]_{R_1}$，又 $a\in[a]_{R_1}$，所以 $b\in[c]_{R_2}$ 且 $a\in[c]_{R_2}$，即

$$\langle b,c\rangle\in R_2 \text{ 且 } \langle a,c\rangle\in R_2$$

又因为 R_2 是传递和对称的，所以 $\langle a,b\rangle\in R_2$，因此 $R_1\subseteq R_2$。

同理可证 $R_2\subseteq R_1$，所以 $R_1=R_2$。■

4.6　相容关系和相容类

定义 4.6.1　若 r 是 A 上的二元关系，具有自反性和对称性，则称 r 是 A 上的相容关系。若 $\langle x,y\rangle\in r$，则称 x 与 y 相容。

注　等价关系是相容关系，但相容关系不一定是等价关系。

例 4.6.1　直线间的垂直关系、同学关系都是相容关系。

例 4.6.2　设 $A=\{316,347,204,678,770\}$，定义

$$r=\{\langle x,y\rangle\mid x,y\in A\wedge x \text{ 与 } y \text{ 有相同的数码}\}$$

则 r 是相容关系。因为

(1) 显然对于 $\forall x\in A$，x 与 x 有相同的数码，所以 r 具有自反性。

(2) 对于 $\forall x,y\in A$，若 x 与 y 有相同的数码，即 $\langle x,y\rangle\in r$，当然 y 与 x 也有相同的数码，即 $\langle y,x\rangle\in r$，所以 r 具有对称性。

(3) 因为 $\langle 316,347\rangle\in r$ 且 $\langle 347,204\rangle\in r$，但 $\langle 316,204\rangle\notin r$，所以 r 不具有传递性。

其关系图如图 4-10(a)所示。

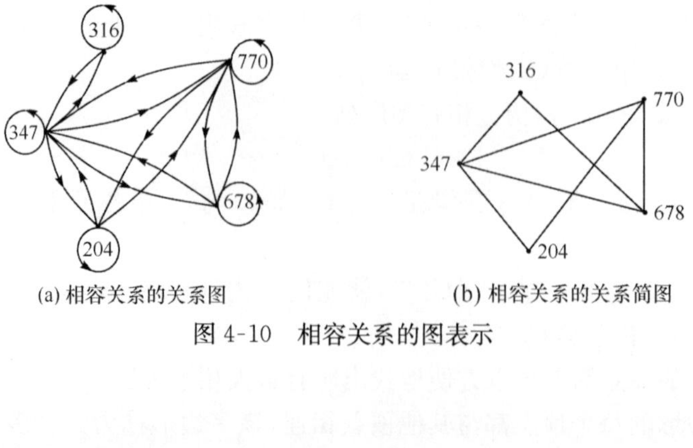

(a) 相容关系的关系图　(b) 相容关系的关系简图

图 4-10　相容关系的图表示

关系矩阵

$$M_r=\begin{bmatrix}1&1&0&1&0\\1&1&1&1&1\\0&1&1&0&1\\1&1&0&1&1\\0&1&1&1&1\end{bmatrix}$$

相容关系因为具有自反性和对称性，所以其关系图中每个节点都有环，且如果从顶点 x 到 y 有一条弧，则从 y 到 x 必定也有一条弧，所以节点间的有向边是成对出现的。

约定　相容关系的关系图中，每个节点处省略环，两个节点间成对的有向边用一条无向边代替，便得到相容关系的关系简图。

例 4.6.2 中的相容关系 r 的关系简图如图 4-10(b)所示。

相容关系的关系矩阵的主对角线元素全为 1，且关于主对角线对称，因此，相容关系的关系矩阵只需给出主对角线以下元素(不包括对角线上的元素)。例 4.6.2 中设 $x_1=316$，$x_2=347$，$x_3=204$，$x_4=678$，$x_5=770$，则 r 的关系矩阵简化为

$$\begin{array}{c}x_2\\x_3\\x_4\\x_5\\ \\\end{array}\begin{pmatrix}1&&&\\0&1&&\\1&1&0&\\0&1&1&1\end{pmatrix}$$
$$\quad x_1\quad x_2\quad x_3\quad x_4$$

定义 4.6.2　设 r 是 A 上的相容关系，若 $C\subseteq A$，且 C 中任意两个元素 a_1 和 a_2 都有 a_1ra_2，则称 C 是由相容关系 r 生成的相容类。

由定义知，A 中任意一个元素所组成的单元素集都是由 r 生成的相容类，任意两点均有连线连接的点集也为相容类。

例 4.6.2 中，{347,204,770}，{347,678,770}，{678,770}都是相容类，但{316,347,204}，{204,678,770}不是相容类。

这些相容类中{678,770}可以添加新的元素 347 得到相容类{347,678,770}，但前两个相容类添加任一元素后都不再是相容类，则称为最大相容类。

定义 4.6.3　若 r 是 A 上的相容关系，不能真包含在任何其他相容类中的相容类称为最大相容类，记作 C_r。

显然，$C_r\subseteq A$，且对于 $\forall a_1,a_2\in C_r$，一定有 a_1ra_2。而 C_r 中的某一元素与 $A-C_r$ 中所有元素都不具有相容关系。

定理 4.6.1(最大相容类的存在定理)　若 r 是有限集合 A 上的相容关系，C 是一个相容类，则必存在一个最大相容类 C_r，使得 $C\subseteq C_r$。

证明　设 $A=\{a_1,\cdots,a_n\}$，构造相容类序列

$$C_0\subset C_1\subset C_2\subset\cdots$$

其中，$C_0=C$ 且 $C_{i+1}=C_i\cup\{a_j\}$，j 是满足 $a_j\notin C_i$ 而 a_j 与 C_i 中各元素都有相容关系的最小足标。

因为 $|A|=n$，所以至多经过 $n-|C|$ 步，就能使上述步骤终止，终止步骤时得到的那个相容类，即是所需的最大相容类 C_r。　■

利用相容关系的关系简图可以方便地找出所有最大相容类。

如果一个多边形的每个顶点都与其他顶点相连，该多边形称为完全多边形，如三角形、具

有两条对角线的四边形都是完全多边形。

相容关系的关系简图中，以下任意一种情形都是最大相容类：

(1) 每一个最大完全多边形的顶点集；

(2) 每个孤立顶点所组成的单元素集；

(3) 不是完全多边形的边，但有连线的两个顶点所组成的二元素集。

例 4.6.3　给定相容关系图 4-11，试写出其最大相容类。

解　最大相容类有{1,4,7}，{1,4,5,6}，{1,2}，{3}。

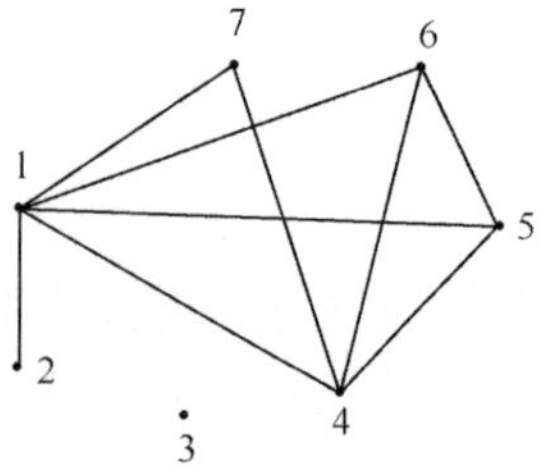

图 4-11　例 4.6.3 中相容关系的关系简图

相容关系是一种较等价关系条件弱的关系，在实际中有着更广泛的应用，根据它可以得到集合的覆盖。集合上的等价关系对应集合的划分，而相容关系可以对应集合的覆盖。

若将所有最大相容类构成一个集合，则 A 中每一个元素至少属于该集合的一个子块中，即 $\bigcup_{i\leqslant n} C_{r_i} = A$，因此最大相容类集合构成 A 的一个覆盖。

定义 4.6.4　若 r 是 A 上的相容关系，其最大相容类集合称为 A 的完全覆盖，记作 $C_r(A)$。

注意到集合 A 的覆盖并不唯一，所以给定相容关系，可以构成不同的相容类的集合，它们都是关于 A 的覆盖。但给定相容关系，只能对应唯一的完全覆盖，因为最大相容类集是唯一确定的。

正如等价关系对应集合的划分一样，相容关系与集合的覆盖也可以建立起对应关系。

定理 4.6.2　给定集合 A 的一个覆盖 $\{A_1,\cdots,A_n\}$，定义关系 $r=\bigcup_{i=1}^{n} A_i\times A_i$，则 r 是 A 上的相容关系。

证明　(1) 根据覆盖的定义，有 $A=\bigcup_{i=1}^{n} A_i$，对于 $\forall x\in A$，则必存在 j，使得 $x\in A_j$，于是 $\langle x,x\rangle\in A_j\times A_j$，即 $\langle x,x\rangle\in r$，所以 r 具有自反性。

(2) 若 $\langle x,y\rangle\in r$，则必存在 j，使得 $\langle x,y\rangle\in A_j\times A_j$，即 $\langle y,x\rangle\in A_j\times A_j\subseteq r$，所以 r 具有对称性。

因此 r 是 A 上的相容关系。■

定理 4.6.2 说明，给定集合 A 上的任意一个覆盖，可以在 A 上构造对应的一个相容关系，然而不同的覆盖却能构成相同的相容关系。

例 4.6.4　设 $A=\{1,2,3,4\}$，A 上的两个覆盖 $S_1=\{\{1,2,3\},\{3,4\}\}$，$S_2=\{\{1,2\},\{1,3\},\{2,3\},\{3,4\}\}$，求 S_1 和 S_2 所对应的相容关系。

解　设 S_1 和 S_2 对应的相容关系分别为 r_1 和 r_2，则由定理 4.6.2，得

$$r_1=\{\langle 1,1\rangle,\langle 1,2\rangle,\langle 1,3\rangle,\langle 2,1\rangle,\langle 2,2\rangle,\langle 2,3\rangle,\langle 3,1\rangle,\langle 3,2\rangle,\langle 3,3\rangle,\langle 3,4\rangle,\langle 4,3\rangle,\langle 4,4\rangle\}$$

$$r_2=\{\langle 1,1\rangle,\langle 1,2\rangle,\langle 2,1\rangle,\langle 2,2\rangle,\langle 1,3\rangle,\langle 3,1\rangle,\langle 3,3\rangle,\langle 2,3\rangle,\langle 3,2\rangle,\langle 3,4\rangle,\langle 4,3\rangle,\langle 4,4\rangle\}$$

定理 4.6.3　集合 A 上相容关系 r 与其完全覆盖 $C_r(A)$ 存在一一对应。

证明　因为集合 A 上相容关系 R 产生唯一的最大相容类集合，而该最大相容类集合就是其完全覆盖 $C_r(A)$；反之，由定理 4.6.2 可知，由完全覆盖 $C_r(A)$ 确定的相容关系也是唯一的。

综上所述,集合 A 上相容关系 R 与其完全覆盖 $C_r(A)$ 是一一对应的。■

4.7 序关系和哈斯图

在一个集合中,除了等价关系、相容关系外,通常要考虑元素之间的顺序,即"先后次序"。次序关系在计算机科学和其他领域中有十分广泛的应用。例如,在数理逻辑中,各逻辑联结词有不同的优先级;用计算机解决问题,需要先输入,经过计算后,再输出结果;结构化程序设计中函数或子程序的调用;电视信号的传输等。

次序关系中最基本的是偏序关系,从某种意义上讲,它是对实数集合上小于或等于关系"$\leqslant$"的一种推广。

4.7.1 偏序关系的基本概念

定义 4.7.1 设 R 是集合 A 上的二元关系,具有自反、反对称、传递性,则称 R 是 A 上的偏序关系,记作"$\leqslant$"。

若 $\langle x,y\rangle\in\leqslant$,则记作 $x\leqslant y$,一般地可读作"x 小于或等于 y"。但注意它与习惯上的小于或等于关系是有区别的。集合 A 及其上的偏序关系 $\leqslant$ 一起称为偏序集(或半序集),记作 $\langle A,\leqslant\rangle$。

例如,实数集上的小于或等于关系,集合幂集上的包含关系,集合上的恒等关系 I_A 都是偏序关系,但全域关系 E_A 不是偏序关系。

注 同一集合上可以定义不同的偏序关系,从而构成不同的偏序集。

例 4.7.1 设 $A=\{3,8,24,27\}$,定义

$$\leqslant=\{\langle x,y\rangle \mid y\text{ 整除 }x\}$$

验证"$\leqslant$"是偏序关系。

证明 由定义知

$$\leqslant=\{\langle 3,3\rangle,\langle 24,3\rangle,\langle 27,3\rangle,\langle 8,8\rangle,\langle 24,8\rangle,\langle 24,24\rangle,\langle 27,27\rangle\}$$

其关系图如图 4-12 所示,关系矩阵为

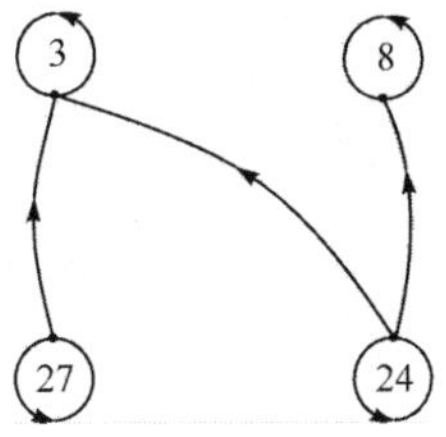

图 4-12 "$\leqslant$"关系的关系图

$$\boldsymbol{M}=\begin{bmatrix}1&0&0&0\\0&1&0&0\\1&1&1&0\\1&0&0&1\end{bmatrix}$$

从关系矩阵和关系图可以看出"$\leqslant$"满足自反、反对称性,容易验证"$\leqslant$"也是传递的,所以是偏序关系。

在此偏序集中有 $24\leqslant 3$,$24\leqslant 8$,分别表示有序对 $\langle 24,3\rangle$ 和 $\langle 24,8\rangle$ 属于偏序关系"$\leqslant$",在此关系中,24 排在 3 和 8 的前面。这里的"小于或等于"不是指元素间的大小,而是指各元素在偏序关系中位置的先后顺序。

8 和 27 不具有关系 $\leqslant$,因此在偏序集 $\langle A,\leqslant\rangle$ 中并不是 A 中任意两个元素 x、y,都会有 $x\leqslant y$ 或 $y\leqslant x$。

定义 4.7.2 在偏序集 $\langle A,\leqslant\rangle$ 中,对于 $\forall x,y\in A$,如果 $x\leqslant y$ 或 $y\leqslant x$ 成立,则称 x 与 y 是可比的,否则是不可比的。如果 $x\neq y$,$x\leqslant y$,且不存在其他元素 $z\in A$,使 $x\leqslant z$ 且 $z\leqslant y$ 成立,则称元素 y 盖住元素 x。记

$$\text{COVA}=\{\langle x,y\rangle \mid x,y\in A,y\text{ 盖住 }x\}$$

显然 COVA 是"$\leqslant$"的真子集,其不具有自反性。

当 $\forall x,y\in A$,$x\leqslant y$ 且 $x\neq y$ 时,记作 $x<y$。

在例 4.5.1 中，24 与 3 是可比的，3 和 8 是不可比的，则

$$\mathrm{COV}A=\{\langle 24,3\rangle,\langle 27,3\rangle,\langle 24,8\rangle\}$$

例 4.7.2　设 $A=\{3,8,12,24,27\}$，定义"$\leqslant$"$=\{\langle x,y\rangle \mid y$ 整除 $x\}$，求 COVA。

解　$\leqslant=\{\langle 3,3\rangle,\langle 12,3\rangle,\langle 24,3\rangle,\langle 27,3\rangle,\langle 8,8\rangle,\langle 24,8\rangle,\langle 12,12\rangle,\langle 24,12\rangle,\langle 24,24\rangle,\langle 27,27\rangle\}$，其关系图如图 4-13 所示。

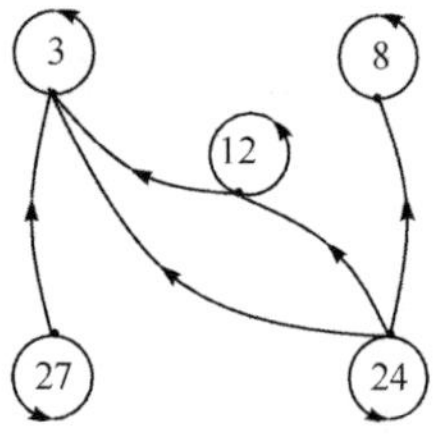

图 4-13　例 4.7.2 的关系图

其中，3 盖住 27，8 和 12 都盖住 24，但 3 不盖住 24，因为 $24<12<3$。因此

$$\mathrm{COV}A=\{\langle 12,3\rangle,\langle 27,3\rangle,\langle 24,12\rangle,\langle 24,8\rangle\}$$

在偏序集中，元素间的盖住关系是唯一确定的，所以可以利用盖住性质描述偏序集的元素间的层次关系，简化的关系图称为哈斯图。其画法如下：

(1) A 中元素用小圆圈表示，省去所有的环；

(2) 对于 $\forall x,y\in A$，若 $x<y$，则将 x 画在 y 的下方，即节点的位置按它们在偏序中的顺序由下向上进行排列；

(3) 对于 $\forall x,y\in A$，如果 y 盖住 x，则将 y 和 x 用一条无向边相连，否则无边相连。

例 4.7.3　例 4.7.1 和例 4.7.2 的哈斯图如图 4-14 所示。

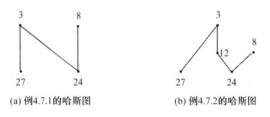

(a) 例4.7.1的哈斯图　　(b) 例4.7.2的哈斯图

图 4-14　偏序关系的哈斯图

注　画偏序集的哈斯图时，应正确理解元素间的盖住关系。

例 4.7.4　设(1) $A=\{1\}$，(2) $A=\{1,2\}$，(3) $A=\{1,2,3\}$，$\wp(A)$是其幂集，$\subseteq$是集合间的包含关系，分别画出$\langle\wp(A),\subseteq\rangle$的哈斯图。

解　哈斯图如图 4-15 所示。

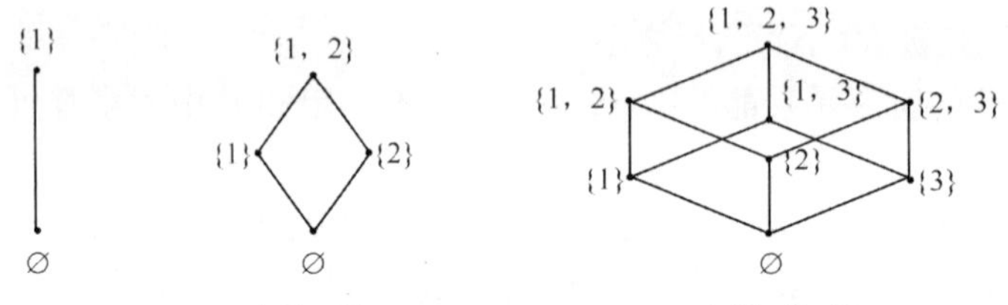

$A=\{1\}$　　$A=\{1,2\}$　　$A=\{1,2,3\}$

图 4-15　例 4.7.4 的哈斯图

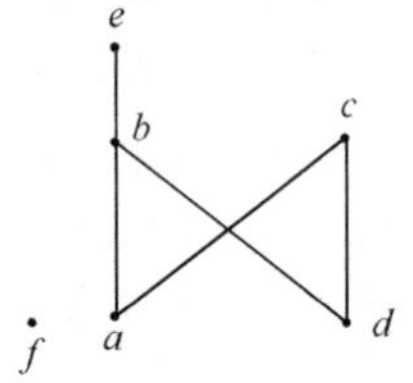

图 4-16　例 4.7.5 的哈斯图

例 4.7.5　已知偏序集$\langle A,R\rangle$的哈斯图如图 4-16 所示，试求关系 R 的表达式。

解　$A=\{a,b,c,d,e,f\}$，因为 R 是自反、反对称、传递的，所以

$$R=I_A\cup\{\langle a,b\rangle,\langle a,c\rangle,\langle b,e\rangle,\langle d,b\rangle,\langle d,c\rangle\}\cup\{\langle a,e\rangle,\langle d,e\rangle\}$$

定义 4.7.3　设$\langle A,\leqslant\rangle$是偏序集。

(1) 若 $B\subseteq A$，B 中任意两个元素都有偏序关系$\leqslant$，则称 B 为链。若 B 为有限集，则 B 中元素个数$|B|$称为链长。

(2) 若 $B\subseteq A$，B 中任意两个元素都没有偏序关系$\leqslant$，则称 B 为反链。

约定　A 的单元素集$\{a\}$既是链又是反链。

如例 4.7.5 中$\{a,b,e\}$和$\{d,b,e\}$都是长为 3 的链，$\{c,d\}$是长为 2 的链，$\{c,e,f\}$是长为 3 的反链，$\{b,c\}$是长为 2 的反链。

偏序集中的链表明在部分元素间存在全序关系，而反链表示任意元素间都没有任何序关系。

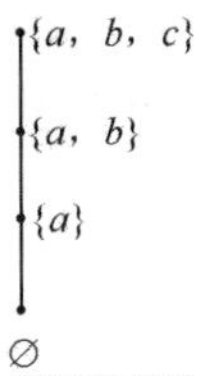

图 4-17　全序集的哈斯图

定义 4.7.4　若 A 为链，则称$\langle A,\leqslant\rangle$为全序集(或线序集)，$\leqslant$为 A 上的全序(或线序)关系。即

$$\langle A,\leqslant\rangle\text{为全序集}\Leftrightarrow\forall x\forall y(x\in A\wedge y\in A\rightarrow x\leqslant y\vee y\leqslant x)$$

如实数集上的小于或等于关系是全序关系，而整除关系不是全序关系。

注　偏序集和全序集的区别如下：

① 全序集必定是偏序集，反之，偏序集不一定是全序集。

② 偏序集的哈斯图可以分叉或汇聚，且某些节点间可以没有边相连，即有些元素间是不可比的。而全序集的哈斯图是一条不分叉的上、下有序的“链”，整个链中总可以从最高节点出发，沿盖住关系遍历该链中的所有节点，所有的元素都是可比的。

例 4.7.6　设 $A=\{\varnothing,\{a\},\{a,b\},\{a,b,c\}\}$，$\subseteq$为集合间的包含关系，则

$$\varnothing\subseteq\{a\}\subseteq\{a,b\}\subseteq\{a,b,c\}$$

因此，$\langle A,\subseteq\rangle$是全序集，其哈斯图如图 4-17 所示。

4.7.2　偏序集中的特殊元素

定义 4.7.5　设$\langle A,\leqslant\rangle$为偏序集，且 $B\subseteq A$，$b\in B$。

(1) 若 $\neg\exists x(x\in B\wedge x\neq b\wedge b\leqslant x)$为真，则称 b 为 B 的极大元。

(2) 若 $\neg\exists x(x\in B\wedge x\neq b\wedge x\leqslant b)$为真，则称 b 为 B 的极小元。

(3) 若 $\forall x(x\in B\rightarrow x\leqslant b)$为真，则称 b 为 B 的最大元。

(4) 若 $\forall x(x\in B\rightarrow b\leqslant x)$为真，则称 b 为 B 的最小元。

注　① 非空有限偏序集的极大(小)元一定存在，可能不唯一，且可以不在同一层上。最大(小)元不一定存在；若存在，必定是唯一的。

② B 的最大(小)元一定是极大(小)元，反之不然。

③ B 的最大(小)元与 B 的所有元素都可比，极大(小)元不一定和 B 中元素都可比，不同的极大(小)元间是不可比的。

例 4.7.5 的偏序集中，极小元是 a、d、f，极大元是 c、e、f，没有最大元和最小元；例 4.7.6 的全序集中，极大元和最大元都是$\{a,b,c\}$，极小元和最小元都是$\varnothing$。

例 4.7.7　设 $A=\{2,3,5,7,14,15,21,30\}$，定义“$\leqslant$”$=\{\langle x,y\rangle\mid x\text{ 整除 }y\}$，求 A 及 $B=\{2,3,7,14,21\}$的极大元、极小元、最大元、最小元。

解　$\mathrm{COV}A=\{\langle 2,14\rangle,\langle 2,30\rangle,\langle 3,15\rangle,\langle 3,21\rangle,\langle 5,15\rangle,\langle 7,14\rangle,\langle 7,21\rangle,\langle 15,30\rangle\}$，其哈斯图如图 4-18 所示。

所以 A 的极小元集为$\{2,3,5,7\}$，极大元集为$\{14,21,30\}$，没有最大元和最小元。B 的极小元集为$\{2,3,7\}$，极大元集为$\{14,21\}$，也没有最大元和最小元。

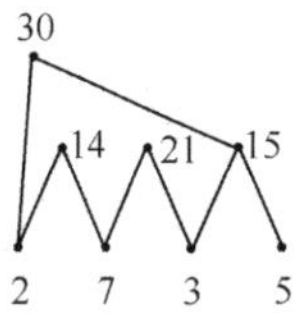

图 4-18　例 4.7.7 的哈斯图

利用哈斯图可以容易地确定偏序集中的特殊元。

(1) 若图中只有一个节点，则此节点是极大元、极小元、最大元、最小元；若有多个孤立节点，则这些节点是极大元、极小元，但没有最大元、最小元。

(2) 除孤立节点外，其他极小元是图中所有向下通路的终点，其他极大元是图中所

有向上通路的终点。

(3) 偏序集$\langle A,\leqslant\rangle$中 A 的极大元集为哈斯图中相对顶层的元素,其极小元集为哈斯图中相对底层的元素,呈多峰或多底形。最大(小)元若存在,则必处于所有元素的最顶(底)层,且与所有元素都有关系,即与所有元素都有直接或同向间接的连线,呈单峰(底)形。

定理 4.7.1　设$\langle A,\leqslant\rangle$为偏序集且 $B\subseteq A$,若 B 有最大(小)元,则必唯一。

证明　用反证法。设 a、b 都是 B 的最大元,且 $a\neq b$,则 $b\leqslant a$ 且 $a\leqslant b$,由$\leqslant$的反对称性,所以 $a=b$,与 $a\neq b$ 矛盾。最小元的唯一性作类似证明。 ■

定义 4.7.6　设$\langle A,\leqslant\rangle$为偏序集,且 $B\subseteq A$,$a\in A$。

(1) 若 $\forall x(x\in B\rightarrow x\leqslant a)$为真,则称 a 为 B 的上界。

(2) 若 $\forall x(x\in B\rightarrow a\leqslant x)$为真,则称 a 为 B 的下界。

(3) 令 $C=\{a|a$ 为 B 的上界$\}$,则称 C 中的最小元为 B 的最小上界(或上确界),记作 LUB B。

(4) 令 $D=\{a|a$ 为 B 的下界$\}$,则称 D 中的最大元为 B 的最大下界(或下确界),记作 GLB B。

例 4.7.8　给定偏序集$\langle A,\leqslant\rangle$的哈斯图如图 4-19 所示,

$$B_1=\{a,b,c,d,e,f,g\}$$
$$B_2=\{a,b,c,d,e,f,g,h,i\}$$
$$B_3=\{h,i,j,k\}$$
$$B_4=\{h,i,f,g\}$$

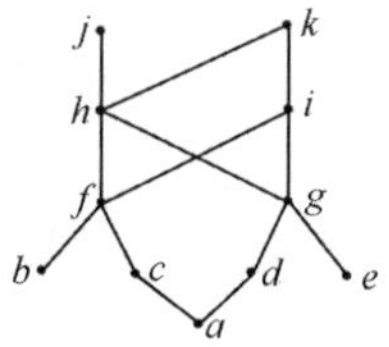

图 4-19　例 4.7.8 的哈斯图

则

B_1 的上界为 h、i、j、k,没有上确界。

B_2 的上界为 k,上确界为 k。因为 j 和 i 没有关系,所以 j 不是 B_2 的上界。

B_3 的下界为 f、g、a、b、c、d、e,没有下确界。

B_4 的下界为 a,下确界为 a。因为 g 和 b、c 没有关系,f 和 d、e 没有关系,所以 b、c、d、e 不是 B_4 的下界。

注　① B 的上(下)界不一定存在,若存在,可以不属于 B,也可能不唯一。上(下)确界不一定存在,若存在一定是唯一的。

② B 的最(大)小元一定是 B 的(上)下确界;否则,从 $A-B$ 中选择那些向下可达 B 中每个元素的节点,它们都是 B 的上界,其中的最小元就是 B 的上确界。反之不然,B 的下界不一定是 B 的最小元,因为它可以不是 B 中的元素,且可以不唯一。同样,B 的上界也不一定是 B 的最大元。

③ 若 a 是 B 的上(下)确界,且 $a\in B$,则 a 为 B 的最大(小)元。

定义 4.7.7　设$\langle A,\leqslant\rangle$为偏序集,若 A 的任一非空子集都有最小元,则称此偏序集为良序集。

例如,"$\leqslant$"是整数集 $\mathbf{Z}$ 上的"小于或等于"关系,则$\langle \mathbf{Z},\leqslant\rangle$是良序集,而若 $B=(0,1)$,则$\langle B,\leqslant\rangle$不是良序集。

"$|$"是偶数集 $A=\{2,4,8,\cdots\}$上的"整除"关系,则$\langle A,|\rangle$是良序集。

定理 4.7.2　良序集一定是全序集。

证明　设$\langle A,\leqslant\rangle$是良序集,故对于$\forall x,y\in A$,集合$\{x,y\}$中有最小元,即 $x\leqslant y$ 或 $y\leqslant x$,所以$\langle A,\leqslant\rangle$是全序集。

反之不然。设 $A=\left\{1,\frac{1}{2},\frac{1}{3},\cdots,\frac{1}{n},\cdots\right\}$,"$\leqslant$"是 A 上的"小于或等于"关系,则$\langle A,\leqslant\rangle$是全序集,但不是良序集,因为 A 本身没有最小元。 ■

定理 4.7.3　有限全序集一定是良序集。

4.8　关系的应用

4.8.1　问题描述

关于逾渗理论的一个典型问题是,有一个多空材料,在该材料的顶部倒上水,水是否会沿材料内部的孔洞渗漏到材料的底部。在数学上,用来研究随机图上连通团的数学性质的理论称为逾渗理论。

一般地,在随机二维点阵上研究逾渗现象。给定 $N\times N$ 的点阵,任意给定节点 v,紧邻 v 的其上方、下方、左边、右边的四个节点称作 v 的邻接节点。点阵中,邻接节点之间以概率 p 连接,并且节点之间的连接是概率独立的。给定不同的连接概率时,随机生成的二维点阵如图 4-20和图 4-21 所示。

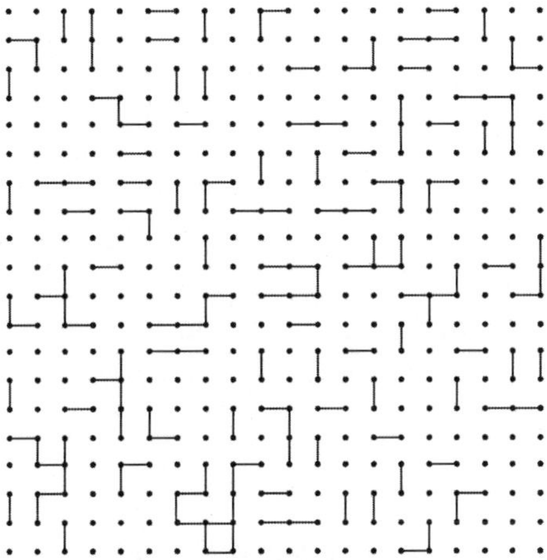

图 4-20　连接概率 $p=0.2$ 时随机生成的 20×20 点阵

图 4-21　连接概率 $p=0.55$ 时随机生成的 20×20 点阵

为方便后文的描述,先给出以下定义。

定义 4.8.1　随机二维点阵中,任意两个节点 v_i、v_j、v_i 和 v_j 连通,仅当 v_i 与 v_j 之间存在一条无向路径。

定义 4.8.2　随机二维点阵发生逾渗,仅当点阵中某一顶层点与某一底层点连通。

定义 4.8.3　设随机二维点阵中,所有节点组成的集合为 S,节点集 $C\subseteq S$,如果 $\forall v_i, v_j\in C$,都有 v_i 和 v_j 连通,则我们称 C 是点阵中的一个连通团。

关于随机二维点阵上的逾渗现象,主要研究以下几个问题:

(1) 连通、逾渗判定。随机二维点阵中,给定连接概率 p,任意两个节点 v_i 和 v_j 之间是否连通,点阵是否发生逾渗?

(2) 连通团。如何确定点阵中所有的连通团。

(3) 逾渗发生的临界概率 p_c。对于逾渗,一个有趣的现象是:"当连接概率 p 小于某一概率 p_c 时,点阵不会发生逾渗;而一旦 $p\geqslant p_c$ 时,逾渗随即发生。那么 p_c 是多少呢?"如图 4-22～图 4-25 所示。

图 4-22 连接概率 $p=0.4$ 的 20×20 点阵
任意顶层点与底层点连通，
点阵没有发生逾渗

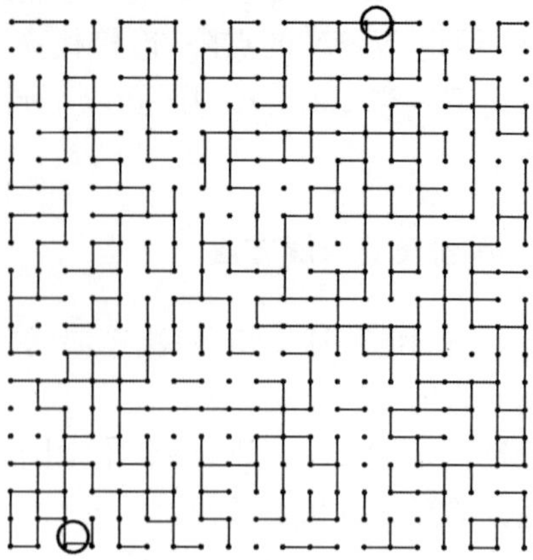

图 4-23 连接概率 $p=0.55$ 的 20×20 点阵
至少存在一对点(如图中圆圈标识)
连通，点阵发生逾渗

图 4-24 连接概率 $p=0.45$ 的 50×50 点阵
不同的连通团用颜色深浅标明，
点阵没有发生逾渗

图 4-25 连接概率 $p=0.53$ 的 50×50 点阵
不同的连通团用颜色深浅标明，
点阵发生逾渗

4.8.2 数学模型

设随机二维点阵中，所有节点构成集合 $S=\{v_1,v_2,\cdots,v_n\}$，定义 S 上节点间的“连通”关系，记为 R，若 $\forall v_i,v_j\in S$，v_iRv_j，则 v_i 与 v_j 连通。可证明“连通”关系 R 是一个“等价关系”。

(1) R 是自反的，对于 $\forall v_i\in S$，规定 v_iRv_i，即点阵中的点自己与自己是连通的。

(2) R 是对称的，对于 $\forall v_i,v_j\in S$，若 v_iRv_j，则 v_jRv_i。显然，点阵中，v_i 与 v_j 连通，则 v_j 与 v_i 也连通。

(3) R 是传递的，对于 $\forall v_i,v_j,v_k\in S$，若 v_iRv_k 且 v_kRv_j，则 v_iRv_j。显然，点阵中，如果 v_i 与 v_k 连通且 v_k 与 v_j 连通，则 v_i 与 v_j 连通。

由于连通关系 R 是一个等价关系，根据 R，可以将节点集 S 进行划分，得到等价划分 $S/R=\{S_1,S_2,\cdots,S_m\}$。那么，等价类 S_i 的含义是什么呢？由于 S_i 是等价类，故 $\forall v,u\in S_i$，均有 v 与 u 连通，同时 $\forall v\in S_i$，$\forall u\in S_j$，且 $i\neq j$，则 v 与 u 不连通。所以等价类 S_i 对应于点阵中的“连通团”。

显然，对于逾渗问题，如果能确定点集上关于连通关系 R 的所有等价类，则可以回答以下问题：

(1) 节点的连通性判定，$\forall v,u\in S$，如果 v 与 u 在某一等价类 S_i 中，则 v 与 u 连通。

(2) 点阵上的某顶层点 v 和某底层点 u，如果 v 与 u 在某一等价类 S_i 中，则点阵发生逾渗。

(3) 给定 $N\times N$ 的点阵，连接概率 p，通过多次重复试验，可得 (N,p) 参数下点阵逾渗的发生概率。当 p 在 $[0,1]$ 区间取不同的值时，可研究规模为 $N\times N$ 的点阵上逾渗的临界概率 p_c。

4.8.3　等价类的求解方法

通过前面的陈述知道，解决逾渗问题的关键是确定等价类。本节中介绍基于"并查集"来确定集合等价类的方法。

设集合 S 含 n 个元素，序偶集$\mathfrak{R}$由满足等价关系 R 的 σ 个形如 $\langle v,u\rangle$ 的序偶组成，则确定等价划分的算法可如下进行。

算法 1：求解集合 S 的等价划分；

输入：集合 S，$|S|=n$，等价关系序偶集$\mathfrak{R}$；

输出：等价划分 S/R。

步骤 1　令 S 中每个元素各自形成一个只含单个成员的子集，记为 $S_1,S_2,\cdots,S_n$。

步骤 2　读入序偶集$\mathfrak{R}$中的 σ 个序偶，对于每一个读入的序偶 $\langle v,u\rangle$，通过一个 FIND 操作判定 v 和 u 所属子集。假定，$v\in S_i$ 和 $i\in S_j$，若 $S_i\neq S_j$，则通过一个 UNION 操作将 S_i 与 S_j 合并。当 σ 个序偶均处理完后，便可得到集合 S 关于等价关系 R 的等价划分。

上述算法中涉及的操作有三个。第一，初始化操作，使得每一个元素构成一个等价划分；第二，每次给定一个 $\langle v,u\rangle$，通过调用 FIND 操作确定元素 v、u 是否在同一个集合中；第三，通过 UNION 操作将两个不相交的集合合并为一个集合。同时，我们注意到划分的形成是一个动态过程：初始时，每个元素各自形成一个子集，然后，对于每一个序偶通过调用 FIND 操作检查是否属于同一子集；如果不属于同一子集，又通过 UNION 操作将两个元素的子集进行合并。在此过程中，子集不断发生变化。于是，"如何表示动态变化的集合，并有效地支持集合上的 FIND、UNION 操作"是我们首先需要解决的问题。

实际上，我们可以用一种"树"形结构来表示集合。例如，对于 $S/R=\{\{0,1,2,3,4,7\},\{5,8\},\{6\}\}$ 来说，每一个子集用一棵树表示，所有划分用多棵独立的树构成的森林来表示，如图 4-26 所示。

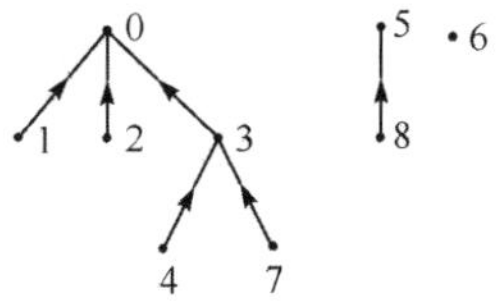

图 4-26　集合的树形结构表示

每棵树有一个"树根"，FIND(v) 操作返回 v 所在树的树根，如果 FIND(v)＝FIND(u)，则说明 v、u 在同一棵树中，即在同一子集中。如果 FIND(v)≠FIND(u)，则说明 v、u 不在同一子集中，则调用 UNION(v,u)，将 v、u 节点所在的树进行合并。事实上，这种集合的树形表示方法便于计算机中存储和处理动态变化的集合。

下面通过一个例子来说明上述过程。

例如，给定集合 $S=\{0,1,2,\cdots,8\}$，序偶集$\mathfrak{R}$为

$$\mathfrak{R}=\{\langle 0,1\rangle,\langle 1,2\rangle,\langle 3,4\rangle,\langle 0,3\rangle,\langle 1,4\rangle,\langle 4,7\rangle,\langle 5,8\rangle\}$$

根据算法 1，等价划分由下面的过程生成：

(1) 初始时，每个节点各自构成一个子集，如图 4-27(a)所示。

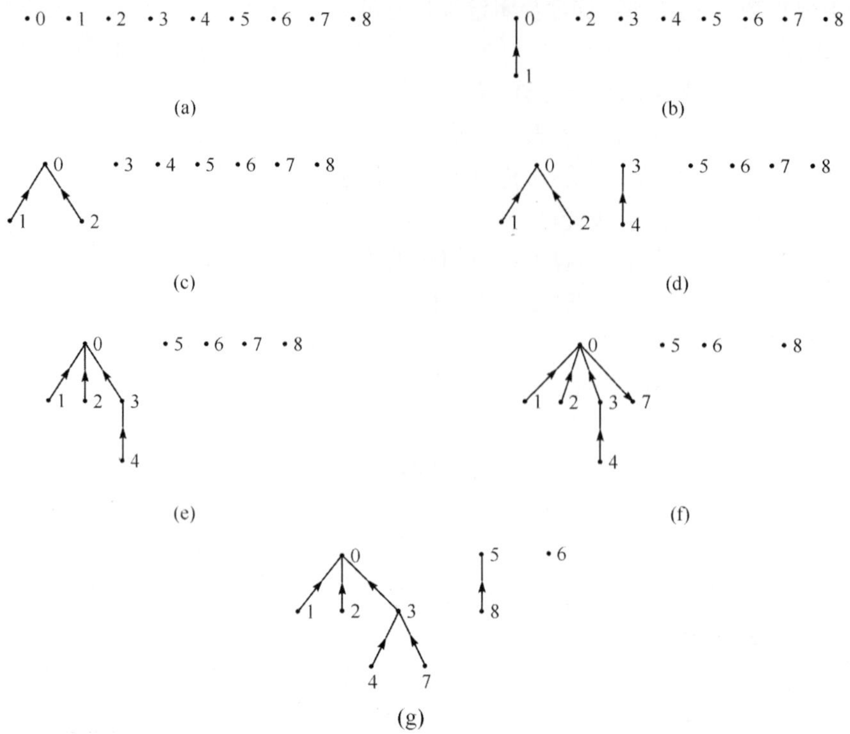

图 4-27　等价划分的形成过程

(2) 然后,逐一检查$\Re$中的序偶,给定序偶$\langle v,u\rangle$,调用 FIND 操作,若 FIND(v)=FIND(u),说明节点 v 与 u 已在同一个子集中,否则调用 UNION(v,u)将 v 所在子集与 u 所在子集进行合并。例如,处理$\langle 0,1\rangle$时,FIND(0)=0,FIND(1)=1,由于 FIND(0)≠FIND(1),故进行 UNION(0,1)操作,操作结束后的结果如图 4-27(b)所示。待处理完$\langle 0,1\rangle$、$\langle 1,2\rangle$、$\langle 3,4\rangle$、$\langle 0,3\rangle$后森林的状态如图 4-27(e)所示。此时,处理$\langle 1,4\rangle$时,因为 FIND(1)=0,而 FIND(4)=0,因此判定 1 和 4 已在同一子集中,无须再进行 UNION 操作。

(3) 处理完$\Re$中所有序偶,最终得到 S/R,结果如图 4-27(g)所示。

不难看出,如果有了等价划分的森林表示,则可以按照下面的方式来回答关于"连通"性的各种查询:

(1) 对于任意两个节点 v 和 u,如果 FIND(v)=FIND(u),则说明 v 与 u 连通。

(2) 对于任意顶层点 v、任意底层点 u,如果 FIND(v)=FIND(u),则说明点阵发生逾渗。

小　　结

本章讨论了一种特殊的集合——关系,一个完全由序偶组成的集合,对其定义、表示、运算、性质等基本知识详细进行了讨论。随后介绍了几种特殊的关系(等价关系、相容关系、偏序关系),及在集合上的相关应用。通过本章的学习,了解关系是描述事物间联系的一种常用工具,掌握关系特有的表示和运算、性质,以及三类特殊的关系,特别是偏序关系及其特殊元,为今后图论、代数系统的学习奠定扎实的理论基础。

在本章的学习中,要关注关系与集合的区别与联系,特别是关系中特有的图形和矩阵的表

示法，若干重要性质、关系的逆、复合及闭包等特有的运算等。

1. 基本内容

(1) 序偶及构成序偶集的集合运算：笛卡儿集。

(2) (二元)关系的定义，关系的表示方法(序偶集、关系矩阵、关系图)。

(3) 关系的性质(自反、反自反、对称、反对称、传递)。

(4) 关系的运算(复合、逆、闭包)。

(5) 等价关系与等价类集、相容关系与相容类集。

(6) 偏序关系、偏序集、哈斯图，偏序集中的特殊元。

2. 基本要求

(1) 掌握笛卡儿积运算、二元关系的概念(关系的定义、定义域、值域、域等概念)，及其表示。

(2) 了解空关系、恒等关系、全域关系等基本的关系。

(3) 熟练掌握关系的性质和证明方法。

(4) 熟练掌握关系运算(复合、幂、逆、闭包)的概念及计算方法。

(5) 掌握等价关系、等价类、商集等概念，以及等价关系和集合划分之间的对应关系，会求解等价类和商集，理解等价类的一些重要性质。

(6) 掌握相容关系、相容类等概念，了解相容关系图与相容关系矩阵的特殊构成，以及相容关系和覆盖之间的对应关系。

(7) 掌握偏序关系、偏序集、盖住、最大元、最小元、极大元、极小元、上界、下界、上确界、下确界等概念，会画偏序集的哈斯图，并由哈斯图寻找特殊元。

(8) 熟练掌握关系运算的等式证明。

3. 重点和难点

重点：关系的表示、关系的性质、关系的复合运算及闭包运算、等价关系及等价类、偏序关系及其特殊元。

难点：笛卡儿积运算及由此产生的 n 元序偶，关系性质的判定及验证，关系传递闭包的构造，多重闭包的性质，等价类、相容类的获得及与原集合之间的联系，偏序集中的盖住关系及哈斯图的构造，关系等式或包含的证明。

习 题 四

1. 计算下列各集合。

(1) 设 $A=\{\varnothing,\{\varnothing\},\{\varnothing,\{\varnothing\}\}\}$，求 $A\times A$，$\wp(A)\times A$。

(2) 设 $A=\{a,b\}$，$B=\{c\}$，求 $A\times\{0,1\}\times B$，$B^2\times A$，$(A\times B)^2$，$\wp(A)\times A$。

(3) 设 $A=\{a,b\}$，$B=\{b,c\}$，求 $A\times B$，$(A\times B)^2$，$A^2\times B^2$。

(4) 设 $A=\{a,b\}$，$B=\{1,2,3\}$，$C=\{3,4\}$，求 $A\times(B\cap C)$，$(A\times B)\cap(A\times C)$。

(5) 设 $A=\{1,2\}$，$B=\{a,b,c\}$，$C=\{c,d\}$，求 $A\times(B\cap C)$。

(6) 设 A 是正整数集，$B=\{(x,y)\mid x\in A\wedge y\in A\wedge x+3y=12\}$，求 $B\cap(\{2,3,4\}\times\{2,3,4\})$。

2. 设 A、B、C、D 为任意集合，判断下列命题是否成立，并说明理由或举出反例。

(1) $A\times(B-C)=(A\times B)-(A\times C)$

(2) $(A-B)\times C=(A\times C)-(B\times C)$

(3) $A-(B\times C)=(A-B)\times(A-C)$

(4) $(A-B)\times(C-D)=(A\times C)-(B\times D)$

(5) $(A\cap B)\times(C\cap D)=(A\times C)\cap(B\times D)$

(6) $(A\cup B)\times(C\cup D)=(A\times C)\cup(B\times D)$

(7) $(A\oplus B)\times C=(A\times C)\oplus(B\times C)$

(8) $(A\oplus B)\times(C\oplus D)=(A\times C)\oplus(B\times D)$

3. 设A、B是任意集合,证明:

(1) 若$A\times A=B\times B$,则$A=B$。

(2) 若$A\times B=A\times C$且$A\neq\varnothing$,则$B=C$。

(3) 若$A\cap B\neq\varnothing$,则$(A\cap B)\times(A\cap B)=(A\times A)\cap(B\times B)=(A\times B)\cap(B\times A)$。

(4) $A\times B=B\times A$的充要条件是$A=\varnothing\vee B=\varnothing\vee A=B$。

4. 试用列举法表示下列A到B的二元关系R,并求dom$R$、ran$R$。

(1) $A=\{0,1,2,3\}$,$B=\{2,3,4,5\}$,$R=\{\langle x,y\rangle \mid x\in A\wedge y\in B\wedge x、y\in A\cap B\}$

(2) $A=\{1,2,3,4,5\}$,$B=\{1,2\}$,$R=\{\langle x,y\rangle \mid x\in A\wedge y\in B\wedge 2\leqslant x+y\leqslant 4\}$

(3) $A=\{1,2,3\}$,$B=\{-3,-2,-1,0,1\}$,$R=\{\langle x,y\rangle \mid x\in A\wedge y\in B\wedge |x|+|y|<4\}$

(4) $A=\{a,b,c\}$,$\wp(A)$是A的幂集,$R=\{\langle x,y\rangle \mid x\in\wp(A)\wedge y\in\wp(A)\wedge x\subseteq y\}$

5. 求下列集合上的二元关系的关系矩阵和关系图。

(1) $A=\{1,2,3,4\}$,$R=\{\langle 2,4\rangle,\langle 3,3\rangle,\langle 4,2\rangle\}$

(2) $A=\{0,1,2,3\}$,$R=\{\langle 0,0\rangle,\langle 0,2\rangle,\langle 1,2\rangle,\langle 1,3\rangle,\langle 2,0\rangle,\langle 2,1\rangle,\langle 3,3\rangle\}$

(3) $A=\{1,2,3\}$,$R=\{\langle 1,1\rangle,\langle 1,2\rangle,\langle 2,2\rangle,\langle 3,2\rangle,\langle 3,3\rangle\}$

(4) $A=\{1,2,3,4\}$,$R=\{\langle 1,1\rangle,\langle 1,3\rangle,\langle 2,1\rangle,\langle 2,2\rangle,\langle 3,3\rangle,\langle 4,3\rangle,\langle 4,4\rangle\}$

(5) $A=\{1,2,3,4\}$,$R=\{\langle x,y\rangle \mid x\in A\wedge y\in A\wedge y=x+2\}$

(6) $A=\{0,1,2,3,4,5\}$,$R=\{\langle x,y\rangle \mid x\in A\wedge y\in A\wedge x=y^2\}$

6. 求下列集合上的二元关系的性质。

(1) $A=\{a,b,c\}$,$R=\{\langle a,a\rangle,\langle b,b\rangle,\langle a,b\rangle,\langle b,a\rangle,\langle c,a\rangle\}$

(2) $A=\{a,b,c\}$,$R=\{\langle a,b\rangle,\langle b,c\rangle,\langle c,b\rangle\}$

(3) $A=\{a,b,c,d\}$,$R=\{\langle a,a\rangle,\langle c,a\rangle,\langle a,c\rangle,\langle c,c\rangle,\langle c,b\rangle,\langle d,c\rangle,\langle d,a\rangle,\langle a,b\rangle\}$

(4) $A=\{1,2,3\}$,$R=\{\langle 1,1\rangle,\langle 1,2\rangle,\langle 3,2\rangle,\langle 3,3\rangle\}$

(5) $A=\{1,2,3,4\}$,$R=\{\langle 1,1\rangle,\langle 3,1\rangle,\langle 1,3\rangle,\langle 3,3\rangle,\langle 3,2\rangle,\langle 4,3\rangle,\langle 4,1\rangle,\langle 4,2\rangle,\langle 1,2\rangle\}$

(6) $A=\{1,2,3\}$,$R=\{\langle a,b\rangle \mid a、b\in\wp(A)\wedge a\cap b\neq\varnothing\}$

7. 设R_1、R_2、R_3都是集合A上的二元关系,证明下列各式。

(1) $R_1\circ(R_2\cap R_3)\subseteq(R_1\circ R_2)\cap(R_1\circ R_3)$

(2) $R_1\circ(R_2\cup R_3)=(R_1\cup R_2)\circ(R_1\cup R_3)$

8. 设$A=\{1,2,3,4,6\}$,$R=\{\langle x,y\rangle \mid x\leqslant y\}$,$S=\{\langle x,y\rangle \mid y=x^2\}$,求

(1) $R\cap S$,$R\cup S$,dom$(R\cap S)$,ran$(R\cup S)$

(2) $R\oplus S$,$\sim R$,$R-S$。

9. 设集合$A=\{a,b,c,d\}$,$B=\{1,2,3\}$,$C=\{x,y\}$,A到B的关系$R=\{\langle a,1\rangle,\langle b,1\rangle,\langle c,3\rangle,\langle d,2\rangle\}$,$B$到$C$的关系$S=\{\langle 1,x\rangle,\langle 3,y\rangle\}$,求dom$(R)$,ran$(R)$,dom$(S)$,ran$(S)$,$R\circ S$,$S\circ R$。

10. 设$A=\{1,2,3,4\}$,A上的二元关系$R=\{\langle 1,2\rangle,\langle 2,4\rangle,\langle 3,3\rangle\}$,$S=\{\langle 1,3\rangle,\langle 2,4\rangle,\langle 4,2\rangle\}$,求$R^2\circ S$,$(R^{-1})^2$。

11. 设$A=\{1,2,3,4\}$,A上的二元关系$R_1=\{\langle x,y\rangle \mid y-x=1$或$x=2y\}$,$R_2=\{\langle x,y\rangle \mid y+x=5\}$,求$R_1\circ R_2$,$R_2\circ R_1$,$R_1\circ R_2\circ R_1$。

12. 设$A=\{1,2,3,4,5\}$,A上的二元关系$R=\{\langle 1,3\rangle,\langle 2,5\rangle,\langle 3,1\rangle,\langle 4,2\rangle\}$,求$R$的各次幂,写出其关系矩阵,并画出关系图。

13. 设$A=\{a,b,c\}$上二元关系$R=\{\langle a,a\rangle,\langle a,c\rangle,\langle b,a\rangle\}$,求最小的自然数$m$、$n$,$m<n$,使得$R^m=R^n$。

14. 设R_1和R_2是集合A上的任意两个二元关系,试证明或用反例推翻下列命题。

(1) 若 R_1 和 R_2 都是自反的，则 $R_1 \circ R_2$ 也是自反的。

(2) 若 R_1 和 R_2 都是反自反的，则 $R_1 \circ R_2$ 也是反自反的。

(3) 若 R_1 和 R_2 都是对称的，则 $R_1 \circ R_2$ 也是对称的。

(4) 若 R_1 和 R_2 都是反对称的，则 $R_1 \circ R_2$ 也是反对称的。

(5) 若 R_1 和 R_2 都是传递的，则 $R_1 \circ R_2$ 也是传递的。

(6) 若 R_1 和 R_2 都是传递的，则 $R_1 \cup R_2$、$R_1 \cap R_2$ 也是传递的。

15. 设 R 是复数集 **C** 上的二元关系，且满足 $xRy \Leftrightarrow x-y=a+bi$（$a$ 和 b 是非负整数），试确定 R 的性质。

16. 设 $A=\{1,2,3\}$，试给出 A 上的一个二元关系 R，使其同时不满足自反性、反自反性、对称性、反对称性及传递性。

17. 设集合 A 上关系 R、S 具有对称性，证明：$R \circ S$ 具有对称性的充要条件是 $R \circ S = S \circ R$。

18. 设 R 是集合 A 上的自反关系。求证：R 是对称和传递的当且仅当对任意 a、b、$c \in A$，若 $\langle a,b\rangle \in R \wedge \langle a,c\rangle \in R$，则有 $\langle b,c\rangle \in R$。

19. 求下列集合上的二元关系的自反、对称、传递闭包，并画出相应的关系图。

(1) $A=\{1,2,3,4\}$，$R=\{\langle 1,2\rangle,\langle 2,1\rangle,\langle 2,3\rangle,\langle 3,4\rangle\}$

(2) $A=\{1,2,3,4\}$，$R=\{\langle 1,1\rangle,\langle 1,2\rangle,\langle 2,1\rangle,\langle 2,3\rangle,\langle 3,4\rangle\}$

(3) $A=\{1,2,3\}$，$R=\{\langle 1,1\rangle,\langle 1,2\rangle,\langle 2,3\rangle\}$

(4) $A=\{a,b,c\}$，$R=\{\langle a,b\rangle,\langle b,c\rangle,\langle c,a\rangle\}$

(5) $A=\{a,b,c\}$，$R=\{\langle a,b\rangle,\langle c,c\rangle,\langle b,c\rangle\}$

(6) $A=\{a,b,c\}$，$R=\{\langle a,a\rangle,\langle a,c\rangle,\langle b,c\rangle,\langle c,c\rangle\}$

(7) $A=\{a,b,c,d\}$，$R=\{\langle a,b\rangle,\langle b,a\rangle,\langle b,c\rangle,\langle c,d\rangle\}$

(8) $A=\{a,b,c,d\}$，$R=\{\langle a,a\rangle,\langle c,a\rangle,\langle a,c\rangle,\langle c,c\rangle,\langle c,b\rangle,\langle d,c\rangle,\langle d,a\rangle,\langle a,b\rangle\}$

20. 设集合 $A=\{a,b,c,d\}$，A 上的二元关系 $R=\{\langle a,b\rangle,\langle b,c\rangle,\langle c,a\rangle,\langle d,d\rangle\}$，求 $t(R)$、$sr(R)$ 和 $rs(R)$，并求它们的关系矩阵和关系图。

21. 证明定理 4.4.4：设 R_1 和 R_2 是非空集合 A 上的二元关系，且 $R_1 \subseteq R_2$，试证明

(1) $r(R_1) \subseteq r(R_2)$

(2) $s(R_1) \subseteq s(R_2)$

(3) $t(R_1) \subseteq t(R_2)$

22. 设 R_1 和 R_2 是非空集合 A 上的二元关系，试判断下面命题是否成立。若成立请证明你的结论，若不成立请给出反例。

(1) $r(R_1 \cup R_2) = r(R_1) \cup r(R_2)$

(2) $s(R_1 \cup R_2) = s(R_1) \cup s(R_2)$

(3) $t(R_1 \cup R_2) = t(R_1) \cup t(R_2)$

23. 设 $A=\{1,2,3,4,5\}$。

(1) A 上共有多少个二元关系？

(2) 上述二元关系中，有多少个等价关系？

24. 设 R_1 和 R_2 是非空集合 A 上的等价关系，试判断下面的命题是否成立。并证明你的结论。

(1) $R_1 \cap R_2$ 也是等价关系。

(2) $R_1 \cup R_2$ 也是等价关系。

(3) $R_1 \circ R_2$ 也是等价关系。

(4) R_1^{-1} 也是等价关系。

25. 设 $A=\{1,2,\cdots,9\}$，R 是 $A \times A$ 上的二元关系：对于 $\forall a$、b、c、$d \in A$，$\langle a,b\rangle R \langle c,d\rangle$ 当且仅当 $a+d=b+c$，证明：R 是等价关系，并求等价类 $[\langle 2,5\rangle]$。

26. 设 R 是集合 A 上的二元关系，令

$$S=\{\langle a,b\rangle \mid \exists c \in A, \text{使得} \langle a,c\rangle \in R \wedge \langle c,b\rangle \in R\}$$

证明：若 R 是等价关系，则 S 也是等价关系，且 $S=R$。

27. 设 $A=\{1,2,\cdots,10\}$，下列集合族哪些是 A 的划分？若是划分，写出其诱导的等价关系 R。

(1) $\pi_1=\{\{1,3,6\},\{2,8,10\},\{4,5,7\}\}$

(2) $\pi_2=\{\{1,5,7\},\{2,4,8,9\},\{3,5,6,10\}\}$

(3) $\pi_3=\{\{1,2,7\},\{3,5,10\},\{4,6,8\},\{9\}\}$

28. 设 R 是 $A=\{1,2,3,4,5,6\}$ 上的等价关系，$R=I_A\cup\{\langle 1,5\rangle,\langle 5,1\rangle,\langle 2,4\rangle,\langle 4,2\rangle,\langle 3,6\rangle,\langle 6,3\rangle\}$，求 R 所诱导的划分。

29. 设集合 $A=\{a,b,c,d,e\}$，A 上的关系关于等价关系 R 的等价类为：$M_1=\{a,b,c\}$，$M_2=\{d,e\}$。试求：(1)等价关系 R；(2)写出 R 的关系矩阵；(3)画出 R 的关系图。

30. 设 $\mathbf{R}$ 是实数集，$S=\left\{\langle x,y\rangle \mid x\in\mathbf{R}\wedge y\in\mathbf{R}\wedge \dfrac{x-y}{5}\text{是整数}\right\}$。

(1) 证明：S 是 $\mathbf{R}$ 上的等价关系。

(2) 求由等价关系 S 所产生的 2 和 $\dfrac{1}{2}$ 的等价类。

31. 设 A 和 B 为非空集合，R_1 和 R_2 分别是集合 A 和 B 上的等价关系，令

$$R_3=\{\langle\langle x_1,y_1\rangle,\langle x_2,y_2\rangle\rangle \mid \langle x_1,x_2\rangle\in R_1\wedge\langle y_1,y_2\rangle\in R_2\}$$

证明：R_3 是 $(A\times B)^2$ 上的等价关系。

32. 设 $A=\{2,3,5,12,19\}$，等价关系 $R=\{\langle x,y\rangle \mid x,y\in A\wedge x\equiv y(\bmod 3)\}$，写出各元素生成的等价类，并求商集 A/R。

33. 设 R、S 是集合 A 上的等价关系，且商集为 $A/R=\{\{a,b,c\},\{d,e,g\},\{f\}\}$，$A/S=\{\{a,c\},\{b,d,g\},\{f,e\}\}$，证明 $R\cap S$ 也是等价关系，并画出 $R\cap S$ 的关系图，及商集 $A/R\cap S$。

34. 设 R 和 S 是非空集合 A 上的等价关系，证明：对于 $a\in A$，$[a]_{R\cap S}=[a]_R\cap[a]_S$。

35. 设 R、S 为 A 上的两个等价关系，且 $R\subseteq S$。定义 A/R 上的关系 R/S：

$$\langle[x],[y]\rangle\in R/S \text{ 当且仅当 } \langle x,y\rangle\in S$$

证明：R/S 为 A/R 上的等价关系。

36. 设 $\mathbf{R}$ 是实数集，在 $\mathbf{R}\times\mathbf{R}$ 上定义一个二元关系 S：$\langle x_1,y_1\rangle S\langle x_2,y_2\rangle$ 当且仅当 $x_1^2+y_1^2=x_2^2+y_2^2$。证明：S 是等价关系，并说明 $\mathbf{R}\times\mathbf{R}$ 关于 S 的商集的几何意义。

37. 设 $A=\{111,122,341,456,795,892,593\}$，定义 A 上的关系 R：当 a、$b\in A$ 且 a、b 中至少有一个数字相同时，aRb。试画出 R 的关系简图，并求 R 的所有最大相容类。

38. 设 R_1 和 R_2 是非空集合 A 上的相容关系，试判断下面的命题是否成立。并证明你的结论或给出反例。

(1) $R_1\cap R_2$ 也是相容关系。

(2) $R_1\cup R_2$ 也是相容关系。

(3) $R_1\circ R_2$ 也是相容关系。

(4) $R_1\oplus R_2$ 也是相容关系。

39. 集合 $\{1,2,3,4\}$ 上的下列关系是否是偏序关系？并说明理由。

(1) $R=\{\langle 1,1\rangle,\langle 1,2\rangle,\langle 1,3\rangle,\langle 1,4\rangle,\langle 2,2\rangle,\langle 2,3\rangle,\langle 2,4\rangle,\langle 3,3\rangle,\langle 3,4\rangle,\langle 4,4\rangle\}$

(2) $R=\{\langle 1,1\rangle,\langle 1,2\rangle,\langle 1,3\rangle,\langle 1,4\rangle,\langle 2,2\rangle,\langle 2,1\rangle,\langle 2,4\rangle,\langle 3,1\rangle,\langle 3,4\rangle,\langle 4,4\rangle\}$

(3) $R=\{\langle 1,1\rangle,\langle 1,2\rangle,\langle 1,3\rangle,\langle 1,4\rangle,\langle 2,2\rangle,\langle 3,3\rangle,\langle 4,4\rangle\}$

(4) $R=\{\langle 2,1\rangle,\langle 1,2\rangle,\langle 1,3\rangle,\langle 1,4\rangle,\langle 2,2\rangle,\langle 4,3\rangle,\langle 2,4\rangle,\langle 3,3\rangle,\langle 3,4\rangle,\langle 4,4\rangle\}$

40. 设 $A=\{1,2\}$，求 A 上满足下列性质的二元关系。

(1) 有多少个自反的二元关系？

(2) 有多少个反自反的二元关系？

(3) 有多少个对称的二元关系？

(4) 有多少个反对称的二元关系？

(5) 有多少个偏序关系？

41. 设 R 是集合 A 上的反自反和传递的二元关系，证明：自反闭包 $r(R)$ 是 A 上的偏序关系。

42. 设 $A=\{a,abc,bc,bcd,bd\}$，定义 A 上二元关系 $R=\{\langle x,y\rangle \mid x,y\in A$ 且字符串 x 包含于字符串 y 中$\}$。

(1) 写出 R 的元素，并验证 R 是 A 上的偏序关系。

(2) 作出 R 的哈斯图。

(3) 向 R 中最少添加几个序偶可使之成为等价关系？求出该等价关系所确定的集合 A 的划分。

43. 设$\langle A,\leqslant\rangle$为偏序集，$B$ 是 A 的非空子集。设 $A(e)$：$e\in A$，$B(e)$：$e\in B$，$L(e_1,e_2)$：$e_1\leqslant e_2$，$E(e_1,e_2)$：$e_1=e_2$。试将下列语句用谓词公式表示。

(1) B 中有唯一的最小元；

(2) B 中至少有两个不同的上界。

44. 设$\oplus$和$\otimes$是集合 A 上的二元关系，对于 $\forall a,b,c\in A$，满足：

(1) $(a\oplus b)\oplus c=a\oplus(b\oplus c)$，$(a\otimes b)\otimes c=a\otimes(b\otimes c)$

(2) $a\oplus b=b\oplus a$，$a\otimes b=b\otimes a$

(3) $a\oplus(b\otimes a)=a$，$a\otimes(b\oplus a)=a$

定义 A 上的关系$\leqslant$：$a\leqslant b\Leftrightarrow a\otimes b=a$。试证明：$\leqslant$是 A 上的偏序关系。

45. 设 $A=\{a,b,c\}$的幂集为 $\wp(A)$，在偏序集$\langle\wp(A),\subseteq\rangle$中求下列子集 B 的各个特殊元。

(1) $B=\{\{a,b\},\{b,c\},\{b\},\{c\},\varnothing\}$

(2) $B=\{\{a,b\},\{a,c\},\{c\}\}$

46. 设 $A=\{2,3,6,9,18,27\}$，$\leqslant$为整除关系。

(1) 画出偏序集$\langle A,\leqslant\rangle$的哈斯图。

(2) 求 $B=\{3,6\}$的各个特殊元。

47. 已知集合 $A=\{1,2,3,4,5,6\}$，R 是 A 上的整除关系。

(1) 画出偏序集$\langle A,\leqslant\rangle$的哈斯图，求 COVA。

(2) 求 $B_1=\{2,3,5\}$，$B_2=\{2,3,6\}$，$B_3=\{2,4,6\}$，$B_4=\{1,2,3,4,6\}$的最大元、最小元，极大元、极小元，上界、上确界，下界、下确界。

48. 下列集合中哪些是偏序集合，哪些是全序集合，哪些是良序集合？

(1) $\langle\wp(\mathbf{N}),\subseteq\rangle$

(2) $\langle\wp(\mathbf{N}),\subset\rangle$

(3) $\langle\wp(\{a\}),\subseteq\rangle$

(4) $\langle\wp(\{\varnothing\}),\subseteq\rangle$

第 5 章　函　　数

函数是数学中的一个基本也是最重要的概念。在高等数学等纯数学领域里，函数是从变量的角度出发，讨论实数集合的某些子集中的数与数的一对一、多对一的对应关系，这种函数一般是连续的或间断连续的。本章中，将连续函数的概念推广到对离散量的讨论，利用集合和关系的方法讨论函数概念的本质，把函数看做是两个集合(其中的元素可以是任何对象，也可以是数)之间的一种特殊的二元关系。将自变量看成输入，因变量看成输出，则函数描述的是一种输入和输出之间的关系，将一个集合(输入集合)的元素转变成另一个集合(输出集合)的元素。函数在数学、计算机科学以及许多应用领域里，起着十分重要的作用。计算机科学中应用了大量的函数，如在代数系统、程序语言的设计与实现、数据结构、开关理论、自动机理论、计算复杂性等理论中。

5.1　函数的概念

5.1.1　函数的定义

定义 5.1.1　设 X、Y 是任意两个集合，f 是 X 到 Y 的二元关系，如果对每一个 $x\in X$，都有唯一的 $y\in Y$，使得 $\langle x,y\rangle\in f$，则称 f 是 X 到 Y 的函数(或映射)，记作

$$f:X\to Y \text{ 或 } X\xrightarrow{f}Y$$

若 $\langle x,y\rangle\in f$，则记作 $y=f(x)$，称 x 为自变量(或原象)，y 为因变量(或象)。称 $X=\mathrm{dom}f$ 为函数 f 的定义域，f 的值域 $\mathrm{ran}f\subseteq Y$(值域包)，有时记作 R_f，即

$$R_f=\{y\mid y\in Y\wedge \exists x(x\in X\wedge y=f(x))\}$$

若 $x_0\in\mathrm{dom}f$，则称 $y_0=f(x_0)$为函数 f 在 x_0 处的函数值。

若 f 是 X 到 Y 的函数，且 $A\subseteq X$，则称

$$f(A)=\{y\mid y\in Y\wedge(\exists x)(x\in A\wedge y=f(x))\}$$

为 A 在函数 f 下的映象。

特别地，当 $X=Y$ 时，函数 f 也称为变换；当 $X=X_1\times X_2\times\cdots\times X_n$ 时，称映射 f 为 n 元函数。

注　① X 的每个元素都必须有象，定义域必须是整个 X，不能是 X 的真子集。

② 每个 $x\in X$，只能对应 Y 中唯一的元素 y，即

$$\langle x,y_1\rangle\in f\wedge\langle x,y_2\rangle\in f\Rightarrow y_1=y_2$$

③ X 的多个元素可以有相同的象。

④ 函数值与集合的映象是不相同的，区别如图 5-1 所示。

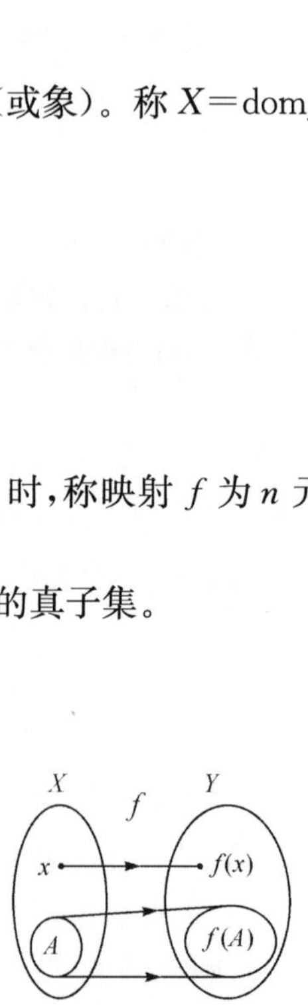

图 5-1　集合的映象与函数值

函数的这种定义是从关系的角度揭示了不同集合中元素的某种联系，与微积分学中的函数定义并无实质上的不同，只是将函数概念从数集上扩展到了一般集合上，在概念上有所突破。

例 5.1.1　试判断图 5-2 所示的关系是否是函数。

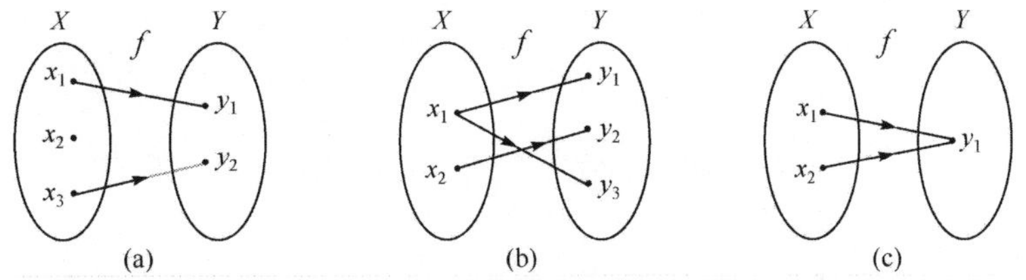

图 5-2　关系与函数

解　① f 不是函数，因为 $\mathrm{dom}f=\{x_1,x_3\}\subset X$。

② f 不是函数，因为 $\langle x_1,y_1\rangle\in f\wedge\langle x_1,y_3\rangle\in f$，不满足象的唯一性。

③ f 是函数。

例 5.1.2　试判断下列关系哪些是函数。

(1) $X=\{1,2,\cdots,10\}$ 上的关系 $f=\{\langle x,y\rangle\mid x+y<10\wedge x,y\in X\}$

(2) $f=\{\langle x,y\rangle\mid x,y\in\mathbf{R}\wedge y=x^2\}$

(3) $f=\{\langle y,x\rangle\mid x,y\in\mathbf{R}\wedge y=x^2\}$

(4) $f=\{\langle x,y\rangle\mid x,y\in\mathbf{N}\wedge y$ 是小于 x 的质数的个数$\}$

解　(2)和(4)是函数。

(1)不是函数。因为 $\mathrm{dom}f=X-\{10\}\subset X$，且 $\langle 1,2\rangle\in f$，$\langle 1,3\rangle\in f$，不满足象的唯一性。

(3)不是函数。因为 $\langle 1,1\rangle\in f$，$\langle 1,-1\rangle\in f$，不满足象的唯一性。

例 5.1.3　(1) 设 $X=\{a,b,\cdots,z\}$，$Y=\{01,02,\cdots,26\}$，定义 $f:X\to Y:f(a)=01,f(b)=02,\cdots,f(z)=26$。则 f 称为编码函数。

(2) 设 $\mathbf{N}$ 是自然数集，$S=\{\langle n,n+1\rangle\mid n\in\mathbf{N}\}$，则 S 称为皮亚诺后继函数。

(3) 设 X 和 Y 是非空集合，$P=\{\langle\langle x,y\rangle,x\rangle\mid x\in X\wedge y\in Y\}$，则 P 是从 $X\times Y$ 到 X 的函数，称为投影函数。

(4) 设 A 是集合 X 的子集，定义 $\chi_A:X\to\{0,1\}$，其中

$$\chi_A(x)=\begin{cases}1, & x\in A\\0, & x\in X-A\end{cases}$$

则称 χ_A 为集合 A 的特征函数。

从 X 到 Y 的函数是 X 到 Y 的二元关系，但并非所有的二元关系都是函数，如全域关系就不是函数。

例如，对有限集合 X 和 $Y(|X|=m,|Y|=n)$，则从 X 到 Y 有 2^{mn} 个不同的二元关系，其中有多少个是函数呢？

由于从 X 到 Y 的任意函数的定义域都是 X，这些函数中每一个恰有 m 个序偶。而 $\forall x\in X$，可以有 Y 中的 n 个元素中的任意一个作为它的象，所以共有 $n^m=|Y|^{|X|}$ 个不同的函数。用 Y^X 表示从 X 到 Y 的所有函数的集合。

例 5.1.4　设 $X=\{a,b\}$，$Y=\{1,2,3\}$，则从 X 到 Y 的不同函数共有 $3^2=9$ 个，分别为

$$f_1=\{\langle a,1\rangle,\langle b,1\rangle\},\quad f_2=\{\langle a,1\rangle,\langle b,2\rangle\},\quad f_3=\{\langle a,1\rangle,\langle b,3\rangle\}$$
$$f_4=\{\langle a,2\rangle,\langle b,1\rangle\},\quad f_5=\{\langle a,2\rangle,\langle b,2\rangle\},\quad f_6=\{\langle a,2\rangle,\langle b,3\rangle\}$$
$$f_7=\{\langle a,3\rangle,\langle b,1\rangle\},\quad f_8=\{\langle a,3\rangle,\langle b,2\rangle\},\quad f_9=\{\langle a,3\rangle,\langle b,3\rangle\}$$

则 $Y^X=\{f_1,f_2,f_3,f_4,f_5,f_6,f_7,f_8,f_9\}$。

可以用关系相等的方法定义函数相等，也可以采用如下方法定义。

定义 5.1.2　设 $f:A\to B$，$g:C\to D$，如果 $A=C$，$B=D$，且对于任意 $x\in A$，都有 $f(x)=g(x)$，则称函数 f 等于 g，记作 $f=g$。

此定义类似于高等数学中函数相等的概念。两个相等的函数必须有相同的定义域、值域包和有序对。

例 5.1.5　设映射 $f:X\to Y,A\subseteq X,B\subseteq X$,试证明下面各式。

(1) $f(A\cup B)=f(A)\cup f(B)$

(2) $f(A\cap B)\subseteq f(A)\cap f(B)$

证明　(1) 对于 $\forall y\in f(A\cup B)\Leftrightarrow \exists x(x\in A\cup B\wedge y=f(x))$

$$\begin{aligned}&\Leftrightarrow \exists x((x\in A\vee x\in B)\wedge y=f(x))\\&\Leftrightarrow \exists x((x\in A\wedge y=f(x))\vee(x\in B\wedge y=f(x)))\\&\Leftrightarrow \exists x(x\in A\wedge y=f(x))\vee \exists x(x\in B\wedge y=f(x))\\&\Leftrightarrow y\in f(A)\vee y\in f(B)\\&\Leftrightarrow y\in f(A)\cup f(B)\end{aligned}$$

所以

$$f(A\cup B)=f(A)\cup f(B)$$

(2) $\forall y\in f(A\cap B)\Leftrightarrow \exists x(x\in A\cap B\wedge y=f(x))$

$$\begin{aligned}&\Leftrightarrow \exists x((x\in A\wedge x\in B)\wedge y\in f(x))\\&\Leftrightarrow \exists x((x\in A\wedge y\in f(x))\wedge(x\in B\wedge y\in f(x)))\\&\Rightarrow \exists x(x\in A\wedge y\in f(x))\wedge \exists x(x\in B\wedge y\in f(x))\\&\Leftrightarrow y\in f(A)\wedge y\in f(B)\\&\Leftrightarrow y\in f(A)\cap f(B)\end{aligned}$$

所以

$$f(A\cap B)\subseteq f(A)\cap f(B)$$

例如,$y=f(x)=x^2,A=(-\infty,0],B=[0,+\infty)$,则 $A\cap B=\{0\},f(A)=f(B)=[0,+\infty),f(A\cap B)=\{f(0)\}=\{0\},f(A)\cap f(B)=[0,+\infty)$。

5.1.2　函数的性质

定义 5.1.3　设 $f:X\to Y$ 为映射,如果 X 中任意两个不同的元素必有不同的象,则称 f 是单射(或入射或一对一映射)。即

$$\begin{aligned}f\text{ 是入射}&\Leftrightarrow \forall x_1\forall x_2(x_1,x_2\in X\wedge x_1\neq x_2\to f(x_1)\neq f(x_2))\\&\Leftrightarrow \forall x_1\forall x_2(x_1,x_2\in X\wedge f(x_1)=f(x_2)\to x_1=x_2)\end{aligned}$$

显然,单射函数不允许多个 x 对应一个 y,原象不同则象也不同。

定理 5.1.1　设 X、Y 是有限集合,$f:X\to Y$ 为映射,则

(1) f 是单射的必要条件是 $|X|\leqslant|Y|$。

(2) f 是单射的充要条件是 $|X|=|f(X)|$。

证明留给读者。

例 5.1.6　判断图 5-3 所示的函数是否是单射。

解　图 5-3(a)不是单射;图 5-3(b)是严格单调增函数,是单射。

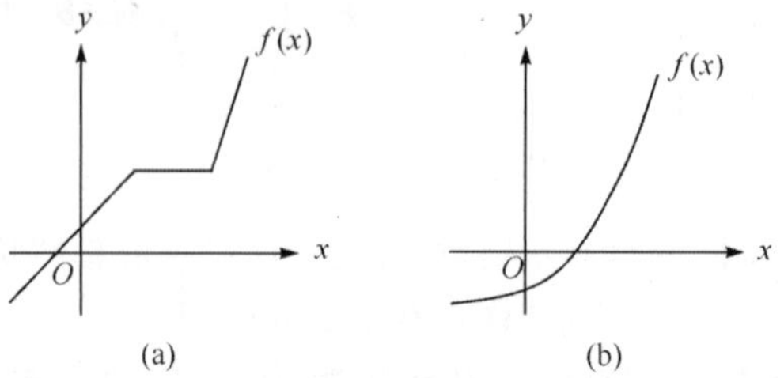

图 5-3　单调函数

定义 5.1.4 设 X、Y 是有限集合，$f:X\to Y$ 为映射，如果 $\mathrm{ran}f=Y$，即 Y 中每个元素在 X 中都有一个或多个原象，则称 f 是满射(或到上映射)。即

$$f \text{ 是满射} \Leftrightarrow \forall y(y\in Y\to \exists x(x\in X\wedge f(x)=y))$$

定理 5.1.2 设 X、Y 是有限集合，$f:X\to Y$ 为映射，则

(1) f 是满射的必要条件是 $|X|\geqslant|Y|$。

(2) f 是满射的充要条件是 $|f(X)|=|Y|$。

证明 (2) f 是满射即 $f(X)=Y$ 的充要条件是 $|f(X)|=|Y|$。

反之，若 $|f(X)|=|Y|$，又 $f(X)\subseteq Y\Rightarrow f(X)=Y$。如若不然，即 $f(X)\neq Y$，则 $Y\not\subseteq f(X)$，即 $\exists y\in Y$ 而 $y\notin f(X)$，此时 $f(X)\subseteq Y$，所以 $|Y|>|f(X)|$，矛盾。■

定义 5.1.5 设 X、Y 是有限集合，$f:X\to Y$ 为映射，如果 f 既是单射又是满射，则称 f 是双射(或一一对应)。

显然，双射函数的象与原象是一一对应的。

例如，某班同学的集合中，设 $X=\{$学号$\}$，$Y=\{$学生$\}$，则 $f:X\to Y$ 是双射函数。

定理 5.1.3 设 X、Y 是有限集合，$f:X\to Y$ 为映射，则 f 是双射$\Leftrightarrow|X|=|Y|$。

例 5.1.7 设 a、b 是任意两个互异实数，定义 $[a,b]=\{x|a\leqslant x\leqslant b\}$。令

$$f:[0,1]\to[a,b],\quad 且\ f(x)=(b-a)x+a$$

则 $f(x)$ 是双射。

这样就将任意有限区间 $[a,b]$ 与 $[0,1]$ 的元素之间建立了一一对应。

例 5.1.8 判断下面的二元关系是否是函数。其中，$\mathbf{R}$ 为实数集合。若是说明是单射、满射还是双射；若不是，请说明理由。

(1) $f:\mathbf{R}\to\mathbf{R}$，$f(x)=x^3$。

(2) $f:\mathbf{R}\to\mathbf{R}$，$f(x)=-x^2-6x+1$。

(3) $f:\mathbf{R}\to\mathbf{R}$，$f(x)\mathrm{sgn}(x)$，$\mathrm{sgn}(x)$ 为符号函数。

(4) $f:\mathbf{R}\to\{-1,0,1\}$，$f(x)=\mathrm{sgn}(x)$，$\mathrm{sgn}(x)$ 为符号函数。

(5) $f:X\to X$，$f(\boldsymbol{A})=\boldsymbol{A}^{-1}$，$X$ 是 n 阶可逆方阵的全体，$\boldsymbol{A}^{-1}$ 是 $\boldsymbol{A}$ 的逆矩阵。

(6) $f:X\to X$，$f=\{\langle\boldsymbol{A},\boldsymbol{B}\rangle|\boldsymbol{A},\boldsymbol{B}\in X\wedge\boldsymbol{AB}=\boldsymbol{BA}\}$，$X$ 是 2 阶方阵的全体。

(7) $g:A\to A/R$，$g(a)=[a]$，其中 R 是集合 A 上的等价关系，$[a]$ 为 A 中元素 a 生成的等价类 $[a]$。

解 (1) f 是函数，且是双射。

(2) f 是函数，$y=f(x)$ 表示开口向下的抛物线，但不是单射，因为 $f(-2)=9$ 且 $f(-4)=9$；也不是满射，因为 $\mathrm{ran}f=(-\infty,10]\subset\mathbf{R}$。

(3) f 是函数，不是单射，因为 $\mathrm{sgn}(2)=\mathrm{sgn}(3)=1$；也不是满射，因为 $\mathrm{ran}f=\{-1,0,1\}\subset\mathbf{R}$。

(4) f 是满射函数，但不是单射。

(5) f 是双射。因为可逆矩阵都存在逆矩阵，且逆矩阵是唯一的。

(6) f 不是函数。因为令 $\boldsymbol{A}=\begin{bmatrix}1&0\\2&1\end{bmatrix}$，$\boldsymbol{B}=\begin{bmatrix}2&0\\3&2\end{bmatrix}$，$\boldsymbol{E}=\begin{bmatrix}1&0\\0&1\end{bmatrix}$，则 $\boldsymbol{AB}=\boldsymbol{BA}$，$\boldsymbol{AE}=\boldsymbol{EA}$，即 $\langle\boldsymbol{A},\boldsymbol{B}\rangle\in f$ 且 $\langle\boldsymbol{A},\boldsymbol{E}\rangle\in f$，不满足函数定义中象的唯一性。

(7) g 是函数，称为从 A 到商集 A/R 的自然映射，不是单射。

不同的等价关系确定不同的自然映射，恒等关系所确定的自然映射是双射，其他自然映射一般来说只是满射。自然映射在代数结构中有重要的应用。

一般来说，函数是单射还是满射没有必然联系，但当 X 和 Y 都是有限集合时，有下面的定理。

定理 5.1.4　设 X、Y 是有限集合，若 $|X|=|Y|$，则 f 是满射当且仅当 f 是单射。

此定理只有在有限集的情况下才成立，在无限集合上不一定成立。例如，**Z** 为整数集，设 $f:\mathbf{Z}\to\mathbf{Z}$，其中 $f(x)=-6x+1$，显然 f 是单射，但不是满射。

5.2　函数的运算

函数是一种特殊的二元关系，可以进行关系的运算，本节将重点讨论函数的逆运算和复合运算。

5.2.1　逆函数

任意一个关系，其逆关系是必然存在的，只需交换关系中所有序偶的分量位置，便得到其逆关系，然而给定一个函数，颠倒其所有序偶中的分量位置得到的关系，却不一定是函数。

例如，图 5-4 所示的函数 f 及其逆关系 f^c。在逆关系 f^c 中 y_2 没有象，其定义域不是 Y，而是 Y 的子集；y_1 有两个象和它对应，不满足象的唯一性。所以，逆关系 f^c 不是函数。

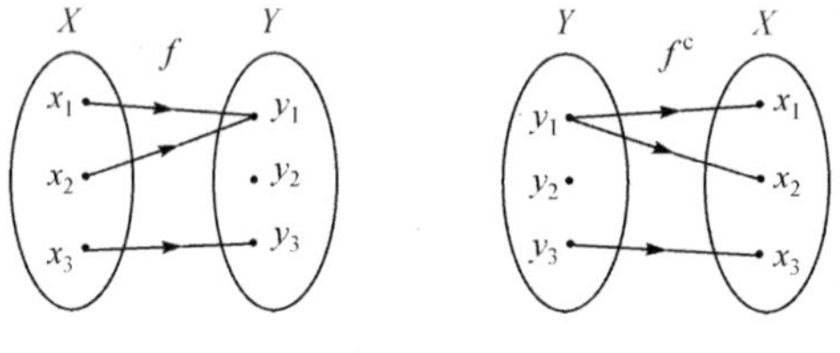

图 5-4　函数 f 及其逆关系 f^c

一个函数需要满足什么条件，其逆关系才是函数呢?

若 $f:X\to Y$ 是函数，但不是满射，则 $\mathrm{dom}f^c=\mathrm{ran}f\subset Y$，所以 f^c 不是函数，故 f^c 是函数$\Rightarrow f$ 是满射。

若 $f:X\to Y$ 是函数，但不是单射，即有多个 x 对应一个 y，则在 f^c 中一个 y 对应多个 x，所以 f^c 不是函数，故 f^c 是函数$\Rightarrow f$ 是单射。

因此得到下面的定理。

定理 5.2.1　设 $f:X\to Y$ 是双射函数，则 $f^c:Y\to X$ 是函数，且是双射。

证明　(1) 因为 $f:X\to Y$ 是双射，即 f 既是满射又是单射。

当 f 是满射时，对于 $\forall y\in Y$，有 $\langle x,y\rangle\in f\Rightarrow\langle y,x\rangle\in f^c$，即 $\mathrm{dom}f^c=Y$。

当 f 是单射时，对于 $\forall y\in Y$，仅有一个 $x\in X$，使得 $\langle x,y\rangle\in f$，即仅有一个 $x\in X$，使 $\langle y,x\rangle\in f^c$，故 f^c 的函数值是唯一的。所以 f^c 是函数。

(2) 因为 f 是函数，所以 $\mathrm{dom}f=X$。又因为 f^c 是 f 的逆关系，所以 $\mathrm{ran}f^c=\mathrm{dom}f=X$，所以 f^c 是满射。

(3) 设 $\forall y_1,y_2\in Y$，且 $y_1\neq y_2$。因为 f 是函数，所以 $x_1=x_2\Rightarrow y_1=y_2$，其中 $y_1=f(x_1)$，$y_2=f(x_2)$。则由逆反律知，$y_1\neq y_2\Rightarrow x_1\neq x_2$，即 $f^c(y_1)\neq f^c(y_2)$。所以 f^c 是单射。

由上面的(1)～(3)可知，$f^c:Y\to X$ 是双射。　■

定义 5.2.1　设 $f:X\to Y$ 是双射，则称 $f^c:Y\to X$ 为 f 的逆函数(或反函数)，记作 f^{-1}。

定理 5.2.2　设 $f:X\to Y$ 是双射函数，则 $(f^{-1})^{-1}=f$。

5.2.2 复合函数

复合是获得新函数的常用方法，两个具有一定性质的已知函数，通过复合运算可以得到具有相应性质的新函数。

定义 5.2.2 设函数 $f:X\to Y$，$g:W\to Z$，若 $\mathrm{ran}f\subseteq \mathrm{dom}g$，则称

$$g\circ f=\{\langle x,z\rangle \mid x\in X\wedge z\in Z\wedge \exists y(y\in Y\wedge y=f(x)\wedge z=g(y))\}$$

为 g 对 f 的左复合。若 $\langle x,z\rangle\in g\circ f$，则记为 $(g\circ f)(x)=g(f(x))=z$。

注 ① $\langle x,z\rangle\in g\circ f\Leftrightarrow \exists y(\langle x,y\rangle\in f\wedge\langle y,z\rangle\in g)$。

② $g\circ f$ 中序偶的第一分量等同于 f 中序偶的第一分量，这与关系的复合运算的记法不同，复合关系 $R\circ S$ 中序偶的第一分量等同于 R 中序偶的第一分量。

③ $\mathrm{ran}f\subseteq \mathrm{dom}g$ 是函数复合的前提条件，若不具有此前提，则 $g\circ f$ 没有意义。

例 5.2.1 函数

$$y=f(x)=2+x^2,\quad x\in(-\infty,+\infty),\quad \mathrm{ran}f=[2,+\infty)$$

$$z=g(y)=\arcsin y,\quad \mathrm{dom}g=[-1,+1]$$

则 $z=g(y)=g(f(x))=\arcsin(2+x^2)$，就没有意义。

例 5.2.2 函数

$$y=f(x)=\ln x,\quad x\in(0,+\infty),\quad \mathrm{ran}f=(-\infty,+\infty)$$

$$z=g(y)=y+1,\quad \mathrm{dom}g=(-\infty,+\infty)$$

则 $z=g(y)=g(f(x))=\ln x+1$，$x\in(0,+\infty)$。

定理 5.2.3 设 $f:X\to Y$，$g:W\to Z$ 为函数，且 $\mathrm{ran}f\subseteq \mathrm{dom}g$，则 $g\circ f:X\to Z$ 是函数。

证明 因为 $f:X\to Y$ 是函数，即对于 $\forall x\in X$，存在唯一的 $y\in \mathrm{ran}f$，使得 $y=f(x)$。又因为 $\mathrm{ran}f\subseteq \mathrm{dom}g$，所以 $y\in \mathrm{dom}g=W$。还因为 $g:W\to Z$ 为函数，故对上述 y 存在唯一的 $z\in Z$，使得 $z=g(y)$，于是 $\exists y(\langle x,y\rangle\in f\wedge\langle y,z\rangle\in g)$。由 $g\circ f$ 的定义可知，$\langle x,z\rangle\in g\circ f$。由 x 的任意性及相应的 z 的唯一性，可知 $g\circ f:X\to Z$ 是函数。■

函数的复合运算对函数的性质会产生怎样的影响呢？

定理 5.2.4 设函数 $f:X\to Y$，$g:Y\to Z$ 为函数，$g\circ f:X\to Z$ 是复合函数。

(1) 若 f 和 g 是单射，则 $g\circ f$ 是单射。

(2) 若 f 和 g 是满射，则 $g\circ f$ 是满射。

(3) 若 f 和 g 是双射，则 $g\circ f$ 是双射。

证明 (1) 设 $\forall x_1,x_2\in X$，且 $x_1\neq x_2$。因为 $f:X\to Y$ 是单射，所以 $f(x_1)\neq f(x_2)$。又因为 $g:Y\to Z$ 为单射且 $f(x_1)\neq f(x_2)$，所以 $g(f(x_1))\neq g(f(x_2))$，即

$$x_1\neq x_2\Rightarrow g\circ f(x_1)\neq g\circ f(x_2)$$

所以 $g\circ f$ 是单射。

(2) 因为 $g:Y\to Z$ 是满射，所以对于 $\forall z\in Z$，$\exists y\in Y$，使得 $g(y)=z$。又因为 $f:X\to Y$ 是满射，故对上述 y，$\exists x\in X$ 使得 $f(x)=y$。故 $z=g(y)=g(f(x))=g\circ f(x)$，即 $Z=\mathrm{ran}(g\circ f)$，所以 $g\circ f$ 是满射。

(3) 由(1)和(2)可以直接得到。■

注 ① 此定理说明函数的复合运算能够保持函数单射、满射和双射的性质。

② 该定理的逆命题不成立。即如果 $g\circ f$ 是单射(满射或双射)，不一定有 f 和 g 都是单射(满射或双射)。

例 5.2.3　设集合 $X=\{x_1,x_2,x_3\}$，$Y=\{y_1,y_2,y_3\}$，$Z=\{z_1,z_2\}$。令

$$f=\{\langle x_1,y_1\rangle,\langle x_2,y_2\rangle,\langle x_3,y_2\rangle\}$$

$$g=\{\langle y_1,z_1\rangle,\langle y_2,z_2\rangle,\langle y_3,z_2\rangle\}$$

则 $g\circ f=\{\langle x_1,z_1\rangle,\langle x_2,z_2\rangle,\langle x_3,z_2\rangle\}$，然而 $g\circ f:X\to Z$ 和 $g:Y\to Z$ 是满射，但 $f:X\to Y$ 不是满射。这三个函数的关系如图 5-5 所示。

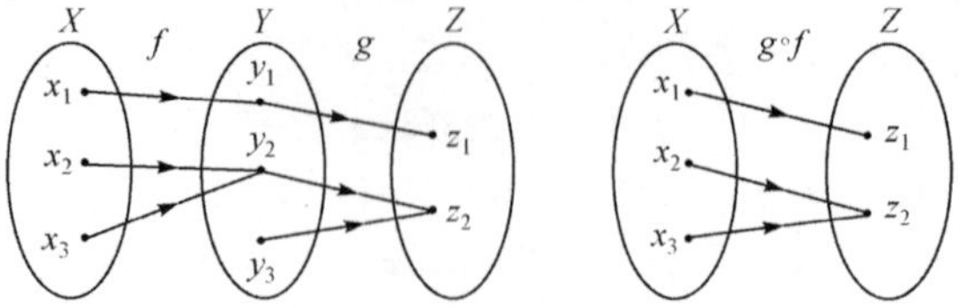

图 5-5　函数与复合函数的性质

例 5.2.4　设集合 $X=\{x_1,x_2,x_3\}$，$Y=\{y_1,y_2,y_3,y_4\}$，$Z=\{z_1,z_2,z_3\}$。令

$$f=\{\langle x_1,y_1\rangle,\langle x_2,y_2\rangle,\langle x_3,y_3\rangle\}$$

$$g=\{\langle y_1,z_1\rangle,\langle y_2,z_2\rangle,\langle y_3,z_3\rangle,\langle y_4,z_3\rangle\}$$

则 $g\circ f=\{\langle x_1,z_1\rangle,\langle x_2,z_2\rangle,\langle x_3,z_3\rangle\}$，显然 $g\circ f:X\to Z$ 和 $f:X\to Y$ 是单射，但 $g:Y\to Z$ 不是单射，如图 5-6 所示。

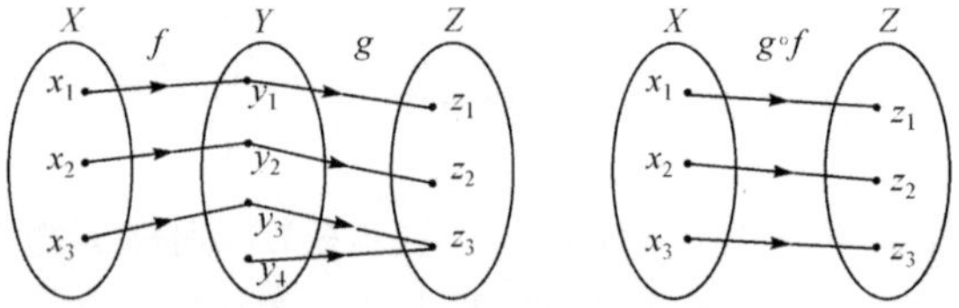

图 5-6　例 5.2.4 的函数

定理 5.2.5　设函数 $f:X\to Y$，$g:Y\to Z$ 为函数，$g\circ f:X\to Z$ 是复合函数。

(1) 若 $g\circ f$ 是满射，则 g 是满射。

(2) 若 $g\circ f$ 是单射，则 f 是单射。

(3) 若 $g\circ f$ 是双射，则 g 是满射且 f 是单射。

证明　(1) 对 $\forall z\in Z$，因为 $g\circ f$ 是满射，则 $\exists x\in X$，使得 $g\circ f(x)=z$，即 $g(f(x))=z$，又由函数 $f:X\to Y$ 可知，$f(x)\in Y$，故有 $y=f(x)\in Y$，使得 $g(y)=z$。所以 g 是满射。

(2) 设 $\forall x_1,x_2\in X$，且 $x_1\neq x_2$，因 $g\circ f$ 是单射，则 $g\circ f(x_1)\neq g\circ f(x_2)$，即 $g(f(x_1))\neq g(f(x_2))$，必有 $f(x_1)\neq f(x_2)$。所以 f 是单射。

(3) 由(1)和(2)可得。　■

定理 5.2.6　设函数 $f:X\to Y$，$g:Y\to Z$，$h:Z\to W$ 为函数，则

$$h\circ(g\circ f)=(h\circ g)\circ f$$

证明　由定理 5.2.3 知，$g\circ f:X\to Z$ 和 $h\circ(g\circ f):X\to W$ 都是函数。

对 $\forall x\in X$，令 $f(x)=y$，$g(y)=z$，$h(z)=w$，则

$$g\circ f(x)=g(f(x))=g(y)=z$$

$$\begin{aligned}h\circ(g\circ f)(x)&=h((g\circ f)(x))=h(z)=w\\&=h(g(y))=h\circ g(y)=h\circ g(f(x))\\&=(h\circ g)\circ f(x)\end{aligned}$$

所以

$$h\circ(g\circ f)=(h\circ g)\circ f$$ ■

因此,函数的复合运算满足结合律,其中的括号可以省略,即 $h\circ(g\circ f)$写作 $h\circ g\circ f$。从而可以定义函数的幂

$$f^2=f\circ f,\quad f^3=f\circ f\circ f,\cdots$$

例 5.2.5 设 f、g、h 是整数集 **Z** 到 **Z** 的函数,$f(x)=3x$,$g(x)=3x+1$,$h(x)=3x+2$,求复合函数 $f\circ g$、$g\circ f$、$g\circ h$、$f\circ(g\circ h)$,试验证 $f\circ(g\circ h)=(f\circ g)\circ h$。

解 对于 $\forall x\in\mathbf{Z}$,$f\circ g(x)=f(g(x))=f(3x+1)=3(3x+1)=9x+3$

$$g\circ f(x)=g(f(x))=g(3x)=3(3x)+1=9x+1$$
$$g\circ h(x)=g(h(x))=g(3x+2)=3(3x+2)+1=9x+7$$
$$f\circ(g\circ h)(x)=f(g\circ h(x))=f(9x+7)=3(9x+7)=27x+21$$
$$(f\circ g)\circ h(x)=(f\circ g)(h(x))=(f\circ g)(3x+2)=9(3x+2)+3=27x+21$$

例 5.2.6 设 f、g、h 都是 **N** 到 **N** 的函数,且 $f(n)=n$,$g(n)=2n$,$h(n)=\begin{cases}0(n\text{ 为偶数})\\1(n\text{ 为奇数})\end{cases}$,则

$$g\circ f(n)=g(f(n))=g(n)=2n$$
$$f\circ g(n)=f(g(n))=f(2n)=2n$$
$$g\circ h(n)=g(h(n))=\begin{cases}0, & n\text{ 为偶数}\\2, & n\text{ 为奇数}\end{cases}$$
$$(f\circ g)\circ h(n)=f(g(h(n)))=\begin{cases}0, & n\text{ 为偶数}\\2, & n\text{ 为奇数}\end{cases}$$

定义 5.2.3 设函数 $f:X\to Y$,且 $\mathrm{ran}f=\{y_0\}(y_0\in Y)$,则称 f 为常函数。

定义 5.2.4 称 $I_X=\{\langle x,x\rangle\mid\forall x\in X\}$为 X 上的恒等函数。

显然 I_X 是双射。

定理 5.2.7 设函数 $f:X\to Y$,则 $f=f\circ I_X=I_Y\circ f$。

证明 由 I_X 和 I_Y 的定义可知,f、$f\circ I_X$、$I_Y\circ f$ 的定义域和值域相同。

因为$\langle x,y\rangle\in f\circ I_X\Leftrightarrow\langle x,x\rangle\in I_X\wedge\langle x,y\rangle\in f\Leftrightarrow\langle x,y\rangle\in f$,所以 $f\circ I_X=f$。

同理可证 $I_Y\circ f=f$。 ■

定理 5.2.8 设函数 $f:X\to Y$ 有逆函数 $f^{-1}:Y\to X$,则 $f^{-1}\circ f=I_X$ 且 $f\circ f^{-1}=I_Y$。

证明 (1) $f^{-1}\circ f$ 和 I_X 的定义域相同,都为 X;

(2) 因为 f 和 f^{-1}都是双射,所以 $f^{-1}\circ f:X\to X$ 和 I_X 也是双射;

(3) 因为 f^{-1}存在,所以 $f^c=f^{-1}$,故 $\forall\langle x,y\rangle\in f\Leftrightarrow\langle y,x\rangle\in f^{-1}$。

所以

$$\exists y(\langle x,y\rangle\in f\wedge\langle y,x\rangle\in f^{-1})\Leftrightarrow\langle x,x\rangle\in f^{-1}\circ f$$

即

$$\forall x\in X,f^{-1}\circ f(x)=x=I_X(x)$$

故

$$f^{-1}\circ f=I_X$$

同理可证

$$f\circ f^{-1}=I_Y$$ ■

例如,设 $y=f(x)=\mathrm{e}^x$,于是 $x=f^{-1}(y)=\ln y$。

$$f^{-1}\circ f(x)=f^{-1}(f(x))=f^{-1}(\mathrm{e}^x)=\ln\mathrm{e}^x=x$$

$$f\circ f^{-1}(y)=f(f^{-1}(y))=f(\ln y)=e^{\ln y}=y$$

定理 5.2.9 设 $f:X\to Y,g:Y\to Z$ 为双射，则$(g\circ f)^{-1}=f^{-1}\circ g^{-1}$。

证明 由定理 5.2.1 和定理 5.2.4 知，$(g\circ f)^{-1}$和 $f^{-1}\circ g^{-1}$都是 Z 到 X 的双射。因为

$$\begin{aligned}\langle z,x\rangle\in f^{-1}\circ g^{-1}&\Leftrightarrow\exists y(y\in Y\wedge\langle z,y\rangle\in g^{-1}\wedge\langle y,x\rangle\in f^{-1})\\&\Leftrightarrow\exists y(y\in Y\wedge\langle y,z\rangle\in g\wedge\langle x,y\rangle\in f)\\&\Leftrightarrow\langle x,z\rangle\in g\circ f\\&\Leftrightarrow\langle z,x\rangle\in(g\circ f)^{-1}\end{aligned}$$

所以

$$(g\circ f)^{-1}=f^{-1}\circ g^{-1}$$ ■

定义 5.2.5 设 $f:X\to Y,g:Y\to X$ 是函数，如果 $g\circ f=I_X$，则称 g 是 f 的左逆元(或左逆函数)，f 是 g 的右逆元(或右逆函数)。

若 f 是双射，则 $f^{-1}\circ f=I_X$，因此 f^{-1}是 f 的左逆元又是 f 的右逆元，称为 f 的双侧逆元。并不是所有的函数都有双侧逆元，只有双射函数才有双侧逆元。

定理 5.2.10 设 $f:X\to Y$ 是函数，且 $X\neq\varnothing$，则

(1) f 有左逆元的充要条件是 f 是单射。

(2) f 有右逆元的充要条件是 f 是满射。

(3) f 既有左逆元又有右逆元的充要条件是 f 是双射。

(4) 如果 f 是双射，则 f 的左逆元和右逆元相等。

证明 (1) 设 g 是 f 的左逆元，即 $g\circ f=I_X$，因为 I_X 是单射，所以由定理 5.2.5 知，f 是单射。

反之，设 f 是单射，下面构造 f 的左逆元。任取 $x_0\in X$，作映射 $g:Y\to X$，满足

$$g(y)=\begin{cases}x & (若\ y\in f(X)且\ f(x)=y)\\x_0 & (若\ y\notin f(X))\end{cases}$$

则 g 是 Y 到 X 的函数。

因为对于 $\forall x\in X,g\circ f(x)=g(f(x))=g(y)=x$，所以 g 是 f 的左逆元。

(2) 设 g 是 f 的右逆元，即 $f\circ g=I_Y$，因为 I_Y 是满射，所以由定理 5.2.5 知，f 是满射。

反之，设 f 是满射，下面构造 f 的右逆元。作映射 $g:Y\to X$，满足

$$g(y)=x\quad(其中\ x\ 是\ X\ 中满足\ f(x)=y\ 的任一\ x)$$

则 g 是 Y 到 X 的函数。

因为对 $\forall y\in Y,f\circ g(y)=f(g(y))=f(x)=y$，所以 g 是 f 的右逆元。

(3) 由(1)和(2)可得。

(4) 由于 f 是双射，由(3)可知 f 存在左逆元和右逆元，分别记作 f_l 和 f_r，即

$$f_l\circ f=I_X\ 且\ f\circ f_r=I_Y$$

由定理 5.2.7 知

$$f_l=f_l\circ I_Y=f_l\circ(f\circ f_r)=(f_l\circ f)\circ f_r=I_X\circ f_r=f_r$$

所以双射函数的左逆元和右逆元相等，即为其逆函数。 ■

5.3 集合的基数

在包含排斥原理中，讨论了集合并运算的计数问题，有限集合的元素的个数称为此集合的

基数。集合基数越大，所含的元素越多。那么对无限集合可否进行计数呢，无限集合可否比较“大小”呢？本节将讨论集合的基数及集合大小的比较方法。

5.3.1 等势

定义 5.3.1 设 A、B 是集合，如果在 A 和 B 的元素间存在双射函数，则称 A 和 B 是等势的（或对等的），记作 $A\sim B$。

此时也称 A 和 B 有相同的基数，记作 $K[A]=K[B]$。

例如，例 5.1.7 中，在区间 $[a,b]$ 和 $[0,1]$ 间建立了一个双射，所以 $[a,b]\sim[0,1]$，这两个集合具有同样多的元素。

例 5.3.1 试验证自然数集 $\mathbf{N}$ 与非负偶数集 $\mathbf{M}$ 是等势的，即 $\mathbf{N}\sim\mathbf{M}$。

证明 在 $\mathbf{N}$ 与 $\mathbf{M}$ 间定义映射：$f(n)=2(n+1)$，即

$$\begin{array}{l}\mathbf{N}:0,1,2,\cdots,n+1,\cdots\\ \quad\ \updownarrow\ \updownarrow\ \updownarrow\qquad\ \updownarrow\\ \mathbf{M}:2,4,6,\cdots,2(n+1),\cdots\end{array}$$

则 f 是双射，所以 $\mathbf{N}\sim\mathbf{M}$。

例 5.3.2 试证明实数集 $\mathbf{R}\sim(0,1)$。

证明 设 $S=(0,1)$，作映射 $f:\mathbf{R}\to S$，满足 $f(x)=\dfrac{1}{\pi}\arctan x+\dfrac{1}{2}$，$x\in(-\infty,+\infty)$。

因为 $-\dfrac{\pi}{2}<\arctan x<\dfrac{\pi}{2}$，$x\in(-\infty,+\infty)$，所以 $\operatorname{ran}f=(0,1)$ 且 f 是单射，故 f 是双射，所以 $(-\infty,+\infty)\sim(0,1)$。

形象地说，实数集 $\mathbf{R}$ 中实数与 $(0,1)$ 区间上的实数一样多。

例 5.3.3 试证明 $[0,1]\sim(0,1)$。

证明 令 $f:[0,1]\to(0,1)$，且

$$f(x)=\begin{cases}\dfrac{1}{2}, & x=0\\ \dfrac{1}{2^2}, & x=1\\ \dfrac{1}{2^{n+2}}, & x=\dfrac{1}{2^n},n=1,2,\cdots\\ x, & \text{其他}\end{cases}$$

显然 f 是双射，所以 $[0,1]\sim(0,1)$。

常见的等势集合有 $\mathbf{N}\sim\mathbf{Z}\sim\mathbf{Q}\sim\mathbf{N}\times\mathbf{N}$，其中 $\mathbf{N}$、$\mathbf{Z}$、$\mathbf{Q}$ 分别为自然数集、整数集和有理数集，则 $\mathbf{R}\sim(0,1)\sim[0,1]$，即任意实数区间都和实数集 $\mathbf{R}$ 等势。

定理 5.3.1 集合族 S 上的等势关系 $\sim$ 是等价关系。

证明 (1) 对于任意 $A\in S$，显然恒等函数 $I_A:A\to A$ 是双射，所以 $A\sim A$，即 $\sim$ 是自反的。

(2) 若 A、$B\in S$ 且 $A\sim B$，即存在双射 $f:A\to B$，由定理 5.2.1 知，$f^{-1}:B\to A$ 也是双射，故 $B\sim A$，所以 $\sim$ 是对称的。

(3) 若 A、B、$C\in S$ 且 $A\sim B$，$B\sim C$，即存在双射 $f:A\to B$，及双射 $g:B\to C$，由定理 5.2.4 知，$g\circ f:A\to C$ 也是双射，故 $A\sim C$，所以 $\sim$ 是传递的。

综上所述，等势关系 $\sim$ 是 S 上的等价关系。 ■

等势是集合族上的等价关系，在自反、对称、传递的性质下，它把集合族分成若干等价类，

同一等价类中的集合具有相同的基数。因此，基数是在等势关系下集合的等价类的特征。或者说，基数是在等势关系下集合的等价类的名称。这实际上就是势的另一种定义。

5.3.2 基数

定义 5.3.2 若存在自然数 n，使得集合 A 与$\{0,1,\cdots,n-1\}$等势，则称 A 为有限集，n 为其基数，记作 $K[A]$(或$|A|$)；否则称 A 为无限集。

由此定义可知，基数是度量集合元素数量的标准，是有限集合元素个数的推广。对有限集而言，基数就是有限集合中元素的个数。

约定 空集的基数为 0。

定理 5.3.2 自然数集 **N** 是无限集。

证明 设 f 是$\{0,1,\cdots,n-1\}$到 **N** 的任意函数，n 为 **N** 的任意元素，记

$$k=1+\max\{f(0),f(1),\cdots,f(n-1)\}$$

显然 $k\in\mathbf{N}$。任取$\{0,1,\cdots,n-1\}$中的元素 x，则有 $f(x)\neq k$，即 f 不可能是满射，进而任一从$\{0,1,\cdots,n-1\}$到 **N** 的函数 f 都不是双射，故 **N** 是无限集。 ■

定理 5.3.3 任何有限集都不能与它的真子集等势。

定理 5.3.4 任何含有无限子集的集合必定是无限集。

5.3.3 可数集与不可数集

定义 5.3.3 与自然数集 **N** 等势的集合 A 称为可数集(或可列集)。可数集的基数记作 $\aleph_0$(读作阿列夫零)，即 $K[A]=\aleph_0$。

注 ① 设 $N_n=\{0,1,2,\cdots,n-1\}$，与 N_n 构成双射的集合其基数是 n，为有限集。

② 有限集和可数集统称为至多可数集。

③ 把已知的基数按从小到大的顺序排列，得到

$$0,1,2,\cdots,n,\cdots,\aleph_0,\cdots$$

$0,1,2,\cdots,n,\cdots$是全体自然数，是有穷基数，$\aleph_0$是最小的无穷基数。

④ 对于任何可数集，都可以找到一个"数遍"集合中全体元素的顺序。

例 5.3.4 设 $A=\{0,1,2,\cdots,n,\cdots\}$，$B=\{2,4,6,\cdots,2n,\cdots\}$，$C=\left\{1,\dfrac{1}{2},\dfrac{1}{3},\cdots,\dfrac{1}{n},\cdots\right\}$，令

$$f_1:A\to B,\ f_1(n)=2(n+1),\quad n\in A$$

$$f_2:A\to C,\ f_2(n)=\frac{1}{n+1},\quad n\in A$$

于是 $A\sim B$，$A\sim C$，$K[A]=K[B]=K[C]=\aleph_0$，所以 A、B、C 都是可数集。

例 5.3.4 中，A 是自然数集，B 是正偶数集，且 B 是 A 的真子集，但它们却具有相同的元素个数。

定理 5.3.5 集合 A 为可数集的充要条件是 A 可排为$\{a_0,a_1,\cdots,a_n,\cdots\}$的形式。

证明 若 A 为可数集，即 $A\sim\mathbf{N}$，则 A 与 **N** 间存在双射 f。记与 $n\in\mathbf{N}$ 对应的元素为 a_n，则 $A=\{a_0,a_1,\cdots,a_n,\cdots\}$。

反之，若 A 可排为$\{a_0,a_1,\cdots,a_n,\cdots\}$，即 A 的元素的下标对应 **N** 中元素，作双射 $f:A\to\mathbf{N}$，满足 $f(a_n)=n$，于是 $A\sim\mathbf{N}$，即 A 为可数集。 ■

定理 5.3.6 设 **N** 是自然数集，试证明 $\mathbf{N}\times\mathbf{N}$ 是可数集。

证明　先将 $\mathbf{N}\times\mathbf{N}$ 的元素按下标的顺序排列,并对表中每个序偶进行编号。

$$
\begin{array}{ccccc}
0\longrightarrow 1 & 3 & 6 & 10 & \\
\langle 0,0\rangle & \langle 0,1\rangle & \langle 0,2\rangle & \langle 0,3\rangle & \langle 0,4\rangle\cdots\cdots \\
2\swarrow & 4\swarrow & 7\swarrow & 11\swarrow & \\
\langle 1,0\rangle & \langle 1,1\rangle & \langle 1,2\rangle & \langle 1,3\rangle & \cdots\cdots \\
5\swarrow & 8\swarrow & 12\swarrow & & \\
\langle 2,0\rangle & \langle 2,1\rangle & \langle 2,2\rangle & \langle 2,3\rangle & \cdots\cdots \\
9\swarrow & 13\swarrow & & & \\
\langle 3,0\rangle & \langle 3,1\rangle & \langle 3,2\rangle & \langle 3,3\rangle & \cdots\cdots \\
\cdots\cdots & & & &
\end{array}
$$

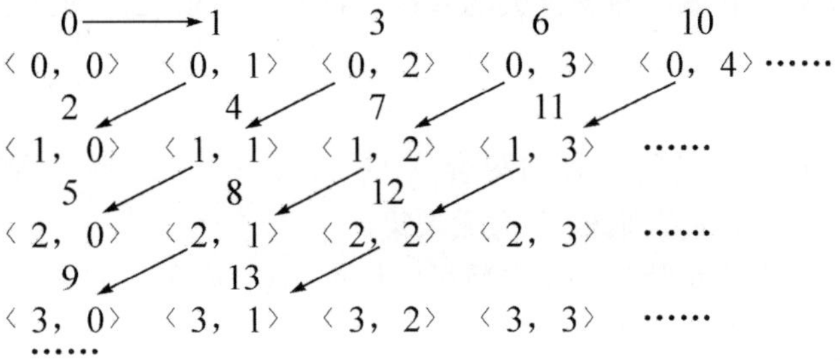

定义映射 $f:\mathbf{N}\times\mathbf{N}\to\mathbf{N}$,将 $f(m,n)$ 看做上述元素排列中的序偶 $\langle m,n\rangle$ 的编号,则按下面的方法求 $f(m,n)$ 的表达式。

(1)
$$f(0,1)-f(0,0)=1$$
$$f(0,2)-f(0,1)=2$$
$$\cdots\cdots$$
$$f(0,n)-f(0,n-1)=n$$

则
$$f(0,n)-f(0,0)=\frac{1}{2}n(n+1)$$

而 $f(0,0)=0$,所以 $f(0,n)=\frac{1}{2}n(n+1)$。

又
$$f(1,1)-f(1,0)=2$$
$$f(1,2)-f(1,1)=3$$
$$\cdots\cdots$$
$$f(1,n)-f(1,n-1)=n+1$$

则
$$f(1,n)-f(1,0)=\frac{1}{2}n(n+3)$$

又因为 $f(1,0)=2$,所以 $f(1,n)=\frac{1}{2}n(n+3)+2$。

类似地,可求得 $f(2,n),f(3,n),\cdots,f(m,n),\cdots$。又
$$f(1,n)-f(0,n)=\left(\frac{1}{2}n(n+3)+2\right)-\frac{1}{2}n(n+1)=n+2$$
$$f(2,n)-f(1,n)=n+3$$
$$\cdots\cdots$$
$$f(m,n)-f(m-1,n)=n+m+1$$

所以
$$f(m,n)-f(0,n)=\frac{1}{2}m(n+m+1+n+2)=\frac{1}{2}m(m+3)+mn$$

即
$$f(m,n)=\frac{1}{2}(m+n)(m+n+1)+m$$

(2) 由上式给出的 $f(m,n)$ 的表达式，求相应的唯一序偶 $\langle m,n\rangle$。

令 $u=f(m,n)=\frac{1}{2}(m+n)(m+n+1)+m$，因为 $m\geqslant 0$，所以

$$\frac{1}{2}(m+n)(m+n+1)\leqslant u<\frac{1}{2}(m+n)(m+n+1)+(m+n)+1=\frac{1}{2}(m+n)(m+n+3)+1$$

令 $m+n=A$，则

$$\frac{1}{2}A(A+1)\leqslant u<\frac{1}{2}A(A+3)+1$$

即

$$A^2+A-2u\leqslant 0 \text{ 且 } A^2+3A-2(u-1)>0$$

则

$$-1+\frac{-1+\sqrt{1+8u}}{2}<A\leqslant\frac{-1+\sqrt{1+8u}}{2}$$

因为 A 是自然数，所以取 $A=\left[\frac{-1+\sqrt{1+8u}}{2}\right]$。

又由

$$u=\frac{1}{2}(m+n)(m+n+1)+m=m+\frac{1}{2}A(A+1)$$

得

$$\begin{cases} m=u-\frac{1}{2}A(A+1) \\ n=A-m \end{cases}$$

故 $\langle m,n\rangle$ 可由 f 唯一确定。

由(1)、(2)可知，f 是双射，即 $\mathbf{N}\times\mathbf{N}$ 是可数集，即 $K[\mathbf{N}\times\mathbf{N}]=\aleph_0$。■

定理 5.3.7　任一无限集 A 必含有可数子集 B。

证明　设 A 为无限集，则 $A\neq\varnothing$。在 A 中任取一个元素记作 a_0，则 $A-\{a_0\}\neq\varnothing$，再从 $A-\{a_0\}$ 中任取一个元素记作 a_1，则 $A-\{a_0,a_1\}\neq\varnothing$，…，如此继续下去，可从 A 中确定子集 $B=\{a_0,a_1,\cdots\}$，由定理 5.3.5 可知，B 是可数集。■

定理 5.3.8　任一无限集 A 必有某一真子集与其等势。

证明　设 A 为无限集，由定理 5.3.7 可知，A 含有可数子集 $B=\{a_0,a_1,\cdots\}$。作映射 f：$A\to A-\{a_0\}$，满足

$$\begin{cases} f(a_n)=a_{n+1}, & n=0,1,2,\cdots \text{ 且 } a_n\in B \\ f(x)=x, & x\in A-B \end{cases}$$

下面证明 f 是双射。

(1) 对于 $\forall x_i,x_j\in A$，且 $x_i\neq x_j$，有下面 3 种情况：

① 若 x_i、$x_j\in B$，不妨设 $x_i=a_i$，$x_j=a_j$，则 $f(x_i)=a_{i+1}\neq a_{j+1}=f(x_j)$。否则，若 $a_{i+1}=a_{j+1}$，而 a_{i+1} 和 a_{j+1} 分别是 a_i、a_j 的后继，所以 $a_i=a_j$，矛盾。

② 若 $x_i\in B$（不妨设 $x_i=a_i$），$x_j\in A-B$（或 $x_j\in B$，$x_i\in A-B$）。因为对于 $\forall i$，$a_i\in B$，$x_j\in A-B$，所以 $f(x_i)=a_{i+1}\neq x_j=f(x_j)$。

③ 若 x_i、$x_j\in A-B$，有 $f(x_i)=x_i\neq x_j=f(x_j)$。

于是 f 是单射。

(2) 对于 $\forall y \in A-\{a_0\}$，有：

若 $y \in B-\{a_0\}$，不妨设 $y=a_i(i \neq 0)$，则存在 $a_{i-1} \in B \subseteq A$，使得 $f(a_{i-1})=a_i$。

若 $y \in (A-\{a_0\})-(B-\{a_0\})$，即 $y \in A-B \subseteq A$，故 $f(y)=y$。

所以 f 是满射。

综上所述，f 是双射，即 $A \sim A-\{a_0\}$。 ■

注 ① 不是所有真子集都与无限集等势。

② 某一真子集确实可与无限集合等势。

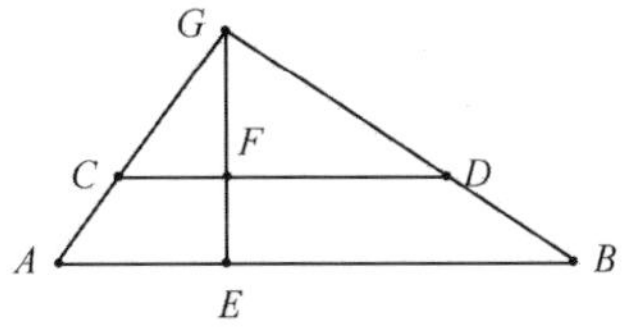

图 5-7　无限集与其某真子集等势

③ 有限集不可能与其真子集等势。

例如，实数集与其真子集无理数集等势，但不与其真子集有理数集等势。自然数集 **N** 与其真子集非负偶数集等势，但不与其真子集 $\{0,1,\cdots,n\}$ 等势。

定理 5.3.8 的结论可以参考图 5-7 予以形象说明：线段 CD 可看做线段 AB 的真子集，则 CD 与 AB 上的点的连线 EG 必与 CD 交于一点 F。

反之，CD 上点 F 与 G 的连线 FG 延长必交 AB 于 E。即 CD 与 AB 两线段上的点是一一对应的。所以 $AB \sim CD$。

定理 5.3.9 可数集的任意无限子集必可数。

证明 设 A 为可数集，B 是其无限子集。因为 A 可数，其充要条件是 $A=\{a_0,a_2,\cdots,a_n,\cdots\}$，所以从 a_0 开始，往后逐一检查，不断删除不在 B 中的元素，余下的第一个属于 B 的元素记作 a_{i0}，…，如此下去，第 $n+1$ 个属于 B 的元素记作 a_{in}，即可以得到一个新的系列 a_{i0}，$a_{i1},\cdots,a_{in},\cdots$。定义 $f:B \to \mathbf{N}$，$f(a_{ij})=j(j=0,1,2,\cdots)$，显然 f 是双射，所以 B 是可数集。 ■

定理 5.3.10 可数个两两互不相交的可数集的并仍是可数集。

证明 设可数个可数集分别表示为

$$S_1=\{a_{10},a_{11},\cdots,a_{1n},\cdots\}$$

$$S_2=\{a_{20},a_{21},\cdots,a_{2n},\cdots\}$$

$$\cdots\cdots$$

令 $S=\bigcup_{i=1}^{\infty} S_i=S_1 \cup S_2 \cup \cdots$，对 S 的元素作如下排列：

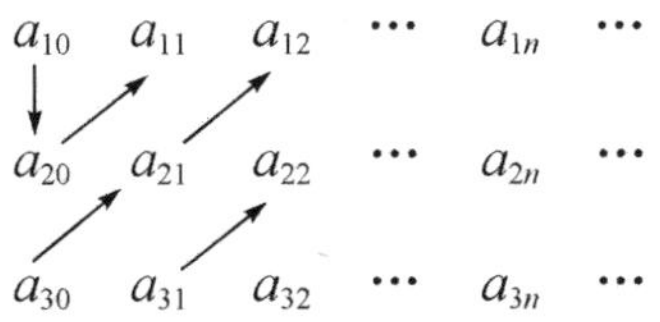

$$\cdots\cdots$$

从左上角开始，其每条斜线上的每个元素的两个下标之和都相等，依次为 1，2，3，4，…，各条斜线上元素的个数分别为 1，2，3，…，下标之和相同的元素按第 2 下标从小到大排序，则 S 的元素可以依照这种斜线顺序排列，即 $a_{10},a_{20},a_{11},a_{30},a_{21},a_{12},a_{40},\cdots$，所以 S 是可数集。 ■

注 此定理中的"两两互不相交"不是必要的。如果有公共元素，则它们在并集中是同一个元素，在上述序列中去掉重复元素即可。

定理 5.3.11　有理数集 **Q** 是可数集。

证明　设 $\mathbf{Q}=\mathbf{Q}^+\cup\{0\}\cup\mathbf{Q}^-$，其中 $\mathbf{Q}^+$ 为正有理数集，$\mathbf{Q}^-$ 为负有理数集。显然 $\mathbf{Q}^+\sim\mathbf{Q}^-$。只需证明 $\mathbf{Q}^+$ 是可数集。

因为 $\mathbf{Q}^+=\left\{\frac{n}{m}\mid m,n\in\mathbf{N}\wedge m,n\text{ 互素}\right\}$，所以设 $S=\{\langle m,n\rangle\mid m,n\in\mathbf{N}\wedge m,n\text{ 互素}\}$，作双射 g：$S\to\mathbf{Q}^+$，即 $g(\langle m,n\rangle)=\frac{n}{m}$，所以 $S\sim\mathbf{Q}^+$，又因为 $S\subset\mathbf{N}\times\mathbf{N}$ 为无限子集，根据定理 5.3.9 及定理 5.3.6 可知，S 是可数集，故 $\mathbf{Q}^+$ 是可数集，因此 $\mathbf{Q}=\mathbf{Q}^+\cup\{0\}\cup\mathbf{Q}^-$ 也是可数集，即 $K[\mathbf{Q}]=\aleph_0$。■

定理 5.3.12　实数集 **R** 是不可数集。

证明　由例 5.3.2 可知，实数集 $\mathbf{R}\sim(0,1)$。设 $S=\{x\mid x\in\mathbf{R}\wedge 0<x<1\}$，若能证明 S 是不可数的，则 **R** 是不可数集。

用反证法证明 S 是不可数集。

假设 S 是可数集，则 $S=\{s_1,s_2,\cdots,s_n,\cdots\}$，其中 s_i 为(0,1)间的任一实数，则 s_i 表示为无限十进制小数，即 $s_i=0.y_1y_2y_3\cdots$，其中 $y_i\in\{0,1,2,\cdots,9\}$。

设

$$s_1=0.a_{11}a_{12}a_{13}\cdots a_{1n}\cdots$$
$$s_2=0.a_{21}a_{22}a_{23}\cdots a_{2n}\cdots$$
$$s_3=0.a_{31}a_{32}a_{33}\cdots a_{3n}\cdots$$
$$\cdots\cdots$$

然后构造一个实数 $r=0.b_1b_2b_3\cdots$，使

$$b_j=\begin{cases}1, & a_{jj}\neq 1\\ 2, & a_{jj}=1\end{cases}\quad(j=1,2,\cdots)$$

这样得到的 r 与 s_1 在第 1 位上不同，与 s_2 在第 2 位上不同，……，r 与 s_i 在第 i 位上不同，所以 $r\notin S$，而 r 确为(0,1)间的一个实数，因此产生矛盾。所以 S 是不可数的，即 R 是不可数的。■

此证明法中 r 的取值与 s_i 排列中对角线上的数值有关，这种证法称为(康托)对角线法。在自动机理论和可计算性理论中应用广泛。

定义 5.3.4　区间(0,1)的基数记作$\aleph$。

例如，无理数集、实数集、空间向量集、平面上的所有点、立方体内所有的点、一切连续函数组成的集合等的基数都为$\aleph$，均为不可数集。

5.4　基数的比较

要证明两个集合基数相同，必须构造两个集合之间的双射函数，这常常是很困难的工作。本节介绍证明基数相等的一个较为简单的方法。

定义 5.4.1　(1) 若从集合 A 到集合 B 存在一个单射 $f:A\to B$，则称 A 的基数不超过 B 的基数(或 B 优势于 A)，记作 $K[A]\leqslant K[B]$。

(2) 若从集合 A 到集合 B 存在单射，但不存在双射，则称 A 的基数小于 B 的基数(或 B 真优势于 A)，记作 $K[A]<K[B]$。

定理 5.4.1(Zermelo 定理)　设 A 和 B 是任意集合，则下面三项中恰有一项成立。

(1) $K[A]<K[B]$

(2) $K[B]<K[A]$

(3) $K[A]=K[B]$

此定理称作三歧性定律。

定理 5.4.2（Cantor-Schroder-Bernstein 定理） 设 A 和 B 是任意集合，如果 $K[A]\leqslant K[B]$ 且 $K[B]\leqslant K[A]$，则 $K[A]=K[B]$。

至此我们找到了证明集合基数相等的另一种方法，即如果能构造单射函数 $f:A\to B$，则 $K[A]\leqslant K[B]$，同时构造单射函数 $g:B\to A$，则 $K[B]\leqslant K[A]$，于是 $K[A]=K[B]$。这样避免了寻找双射函数 $f:A\to B$ 的麻烦，或找一个已知基数的集合 C，去证明 $A\sim C$ 且 $B\sim C$ 的困难。

例 5.4.1 证明 $[0,1]$ 与 $(0,1)$ 有相同的基数。

证明 作单射函数

$$f:(0,1)\to[0,1],\quad f(x)=x$$

$$g:[0,1]\to(0,1),\quad g(x)=\frac{x}{2}+\frac{1}{4}$$

■

例 5.4.2 设 $A=\mathbf{N}$，$B=(0,1)$，证明：$K[A\times B]=\aleph$。

证明 定义从 $A\times B$ 到正实数 $\mathbf{R}_+$ 的函数 $f(n,x)=n+x$，因为 f 是单射，且 $K[\mathbf{R}_+]=\aleph$，所以 $K[A\times B]\leqslant\aleph$。再定义一个从 $(0,1)$ 到 $A\times B$ 的函数 $g(x)=\langle 0,x\rangle$，因为 g 是单射，且 $K[(0,1)]=\aleph$，所以 $\aleph\leqslant K[A\times B]$。由定理 5.4.2 知，$K[A\times B]=\aleph$。 ■

定理 5.4.3 设 A 是有限集合，则 $K[A]<\aleph_0<\aleph$。

证明 设 $|A|=n$，$\mathbf{N}$ 为自然数集，即 $A\sim\{0,1,2,\cdots,n-1\}$，定义映射

$$f:\{0,1,2,\cdots,n-1\}\to\mathbf{N},\quad f(x)=x$$

显然 f 是单射，所以 $K[A]\leqslant K[\mathbf{N}]$。由定理 5.3.2 中已证明 $\mathbf{N}$ 到 A 间不存在双射函数，故 $K[A]\neq K[\mathbf{N}]$，于是 $K[A]<K[\mathbf{N}]$，即 $K[A]<\aleph_0$。

再定义映射 $g:\mathbf{N}\to[0,1]$，$g(n)=\dfrac{1}{n+1}$，显然 g 也是单射，所以 $K[\mathbf{N}]\leqslant\aleph$，即 $\aleph_0\leqslant\aleph$。又因为 $\mathbf{N}$ 与 $[0,1]$ 间不可能存在双射，故 $\aleph_0\neq\aleph$，于是 $\aleph_0<\aleph$。 ■

定理 5.4.4 设 A 是无限集合，则 $\aleph_0\leqslant K[A]$。

证明 因为 A 是无限集合，由定理 5.3.7 知，A 必包含一个可数子集 A'。定义函数 $f:A'\to A$，$f(x)=x$，显然 f 是单射，所以 $K[A']\leqslant K[A]$。又因为 $A'\sim\mathbf{N}$，即 $K[A']=K[N]=\aleph_0$。于是 $\aleph_0\leqslant K[A]$。 ■

此定理说明 $\aleph_0$ 是无限集中最小的势。

由以上两个定理可知，$\aleph_0<\aleph$ 且 $\aleph_0\leqslant K[A]$，但至今也无法证明：是否存在一个无限集 B，其基数 $K[B]$ 严格介于 $\aleph_0$ 和 $\aleph$ 之间。康托于 1883 年首先提出下列假设。

连续统假设 $\aleph$ 是大于 $\aleph_0$ 的最小基数，即不存在任何基数 $K[S]$，使

$$\aleph_0<K[S]<\aleph$$

成立。

依现有的理论，将已知的基数按大小顺序排列可得

$$0,1,2,\cdots,n,\cdots,\aleph_0,\aleph,\cdots$$

其中，$0,1,2,\cdots,n$ 是自然数，是有限基数；$\aleph_0,\aleph,\cdots$ 是无限基数。$\aleph_0$ 是无限集合中基数最小的，是否还存在比 $\aleph$ 更大的基数？下面的定理回答了这一问题。

定理 5.4.5(Cantor 定理) 设 A 是任意一个集合,则 $K[A]<K[\wp(A)]$。

证明 (1) 当 $A=\varnothing$时,$\wp(A)=\{\varnothing\}$,而 $K[A]=0$,$K[\wp(A)]=1$,结论成立。

(2) 当 $A\neq\varnothing$ 时,定义函数 $f:A\rightarrow\wp(A)$,且 $f(a)=\{a\}$,显然 f 是单射,所以 $K[A]\leqslant K[\wp(A)]$。

(3) 用反证法证明 $K[A]\neq K[\wp(A)]$。

假设 $K[A]=K[\wp(A)]$,则必存在双射 $\varphi:A\rightarrow\wp(A)$,对于 $\forall a\in A$,必有 $\wp(A)$中唯一的 $\varphi(a)$与之对应,即 $a\rightarrow\varphi(a)$。

若 $a\in\varphi(a)$,称 a 是 A 关于 φ 的内部元素。若 $a\notin\varphi(a)$,称 a 是 A 关于 φ 的外部元素。

设 $S=\{x\mid x\in A$ 且 $x\notin\varphi(x)\}$,则 $S\subseteq A$,且 $S\in\wp(A)$。又因为 φ 是双射,即 $\exists b\in A$,使得 $\varphi(b)=S$。而 $b\in S$ 的充要条件是 $b\notin\varphi(b)$即 $b\notin S$,产生矛盾。于是 $K[A]\neq K[\wp(A)]$。

由(1)和(2)得 $K[A]<K[\wp(A)]$。 ■

由此定理知,$K[A]<K[\wp(A)]<K[\wp(\wp(A))]<K[\wp(\wp(\wp(A)))]<\cdots$,所以不存在最大的基数,也不存在最大的集合。

5.5 特征函数的应用

集合 X 的每个子集都对应一个特征函数,不同的子集对应不同的特征函数。特征函数在函数与集合之间建立了一一对应关系,于是集合运算被转换为简单的算术运算,这有利于计算机处理集合中的问题。

例 5.5.1 设 $E=\{0,1,2,3,4,5,6,7,8,9\}$,$A=\{2,5,8\}$,$B=\{3,5\}$,则

$$\chi_A(0)=0,\quad \chi_A(2)=1,\quad \chi_A(5)=1,\quad \chi_A(9)=0$$

$$\chi_B(0)=0,\quad \chi_B(2)=0,\quad \chi_B(5)=1,\quad \chi_B(9)=0。$$

例 5.5.2 设 A、B 是全集 E 的任意两个子集,对 $\forall x\in E$,则下列关系式成立:

(1) $\chi_A(x)=0\Leftrightarrow A=\varnothing$,$\chi_A(x)=1\Leftrightarrow A=E$。

(2) $\chi_A(x)\leqslant\chi_B(x)\Leftrightarrow A\subseteq B$,$\chi_A(x)=\chi_B(x)\Leftrightarrow A=B$。

(3) $\chi_{A\cap B}(x)=\chi_A(x)\times\chi_B(x)$,$\chi_{A\cup B}(x)=\chi_A(x)+\chi_B(x)-\chi_{A\cap B}(x)$。

(4) $\chi_{\sim A}(x)=1-\chi_A(x)$,$\chi_{A-B}(x)=\chi_A(x)-\chi_{A\cap B}(x)$。

其中,+、−、×是普通的加、减、乘运算。

证明 (3) 对于 $\forall x\in E$,若 $x\in A\cap B$,有 $x\in A\cap B\Leftrightarrow x\in A\wedge x\in B$。所以

$$\chi_A(x)=1 \text{ 且 } \chi_B(x)=1$$

于是

$$\chi_{A\cap B}(x)=\chi_A(x)\times\chi_B(x)=1。$$

若 $x\notin A\cap B$,有 $x\notin A\cap B\Leftrightarrow x\notin A\vee x\notin B$。所以

$$\chi_A(x)=0 \text{ 或 } \chi_B(x)=0,$$

于是

$$\chi_{A\cap B}(x)=\chi_A(x)\times\chi_B(x)=0$$

故

$$\chi_{A\cap B}(x)=\chi_A(x)\times\chi_B(x)$$

对于 $\forall x\in E$,若 $x\in A\cup B$,有 $x\in A\cup B\Leftrightarrow x\in A\vee x\in B$。此时有下列 3 种情况。

① 若 $x\in A\wedge x\notin B$,则 $\chi_{A\cup B}(x)=1$,$\chi_A(x)=1$,$\chi_B(x)=0$,$\chi_{A\cap B}(x)=0$。

② 若 $x\notin A\wedge x\in B$,则 $\chi_{A\cup B}(x)=1$,$\chi_A(x)=0$,$\chi_B(x)=1$,$\chi_{A\cap B}(x)=0$。

③ 若 $x\in A\wedge x\in B$,则 $\chi_{A\cup B}(x)=1,\chi_A(x)=1,\chi_B(x)=1,\chi_{A\cap B}(x)=1$。

于是都有

$$\chi_{A\cup B}(x)=\chi_A(x)+\chi_B(x)-\chi_{A\cap B}(x)$$

若 $x\notin A\cup B$,即 $x\notin A\wedge x\notin B$,于是 $\chi_{A\cup B}(x)=0,\chi_A(x)=0,\chi_B(x)=0,\chi_{A\cap B}(x)=0$,则

$$\chi_{A\cup B}(x)=\chi_A(x)+\chi_B(x)-\chi_{A\cap B}(x)$$

综上所述,$\chi_{A\cup B}(x)=\chi_A(x)+\chi_B(x)-\chi_{A\cap B}(x)$。

(4) 若 $\chi_{\sim A}(x)=1$,则 $x\in\sim A$,而 $x\in\sim A\Leftrightarrow x\notin A$。所以

$$\chi_A(x)=0$$

于是

$$\chi_{\sim A}(x)=1-\chi_A(x)$$

若 $\chi_{\sim A}(x)=0$,则 $x\notin\sim A$,而 $x\notin\sim A\Leftrightarrow x\in A$,所以

$$\chi_A(x)=1$$

于是

$$\chi_{\sim A}(x)=1-\chi_A(x)$$

故

$$\chi_{\sim A}(x)=1-\chi_A(x)$$ ■

例 5.5.3 利用集合的特征函数证明$\sim(\sim A)=A$。

证明 因为 $\chi_{\sim(\sim A)}(x)=1-\chi_{\sim A}(x)=1-(1-\chi_A(x))=\chi_A(x)$,所以$\sim(\sim A)=A$。

例 5.5.4 试证明 $A\cap(B\cup C)=(A\cap B)\cup(A\cap C)$。

证明

$$\begin{aligned}\chi_{A\cap(B\cup C)}(x)&=\chi_A(x)\times\chi_{B\cup C}(x)\\&=\chi_A(x)\times(\chi_B(x)+\chi_C(x)-\chi_{B\cap C}(x))\\&=\chi_A(x)\times\chi_B(x)+\chi_A(x)\times\chi_C(x)-\chi_A(x)\times\chi_{B\cap C}(x)\\&=\chi_{A\cap B}(x)+\chi_{A\cap C}(x)-\chi_{A\cap B\cap C}(x)\\&=\chi_{A\cap B}(x)+\chi_{A\cap C}(x)-\chi_{(A\cap B)\cap(A\cap C)}(x)\\&=\chi_{(A\cap B)\cup(A\cap C)}(x)\end{aligned}$$ ■

小　　结

本章在集合和关系的基础上讨论函数的本质。函数是数学中的基本概念,是一种很特殊的二元关系,其特殊性保证了这一关系前域中每个元素都有象且象唯一。如此函数就保证了映射变换前的元素都有结果,映射变换后的结果唯一的性质。本章内容主要包括函数的概念、函数的运算(逆运算、复合运算)、函数的分类(单射、满射、双射),并通过函数引出集合基数的概念、集合的分类(可数集、不可数集)以及集合基数的比较等集合基数的初步知识。

本章中,尤其需注重函数有别于关系的特殊性,进而在运算上的不同点。利用函数进一步讨论集合的计数问题,尤其是无限集合的计数问题,重点掌握可数集和不可数集的概念及判定,了解一些重要的集合等势及基数比较的方法。

通过本章的学习,对离散结构的描述工具和方法有一定的了解,为后续课程的学习奠定基础。

1. 基本内容

(1) 函数的概念及特殊性。

(2) 函数的性质(单射、满射、双射)及常见简单函数。

(3) 函数的运算(逆运算、复合运算)和性质。

(4) 集合的等势(基数)概念与双射函数。

(5) 可数集、不可数集。

(6) 基数比较方法。

2. 基本要求

(1) 牢固掌握函数的概念,计算函数的复合运算及逆运算。

(2) 熟练掌握函数性质(单射、满射、双射)的判定和证明。

(3) 熟练掌握集合等势的概念,了解有限集和无限集的特征,熟悉一些基本集合的基数。

(4) 掌握可数集合的特征及证明方法,了解实数集合的基数。

(5) 掌握证明集合等势的几种方法,能对一些集合的基数进行比较。

3. 重点和难点

重点:函数的概念,函数性质(双射)及运算的证明;集合的基数,有限集和无限集(包括可数集和不可数集)的判定,对可数集的性质及基数进行比较。

难点:函数的判定,双射函数的证明,两个集合等势的证明、可数集的性质及证明、集合基数的比较。

习 题 五

1. 指出下列各关系是否是 A 到 B 的函数。若不是,请说明理由。

(1) $A=B=\mathbf{N}, R=\{\langle x,y\rangle \mid x\in A \wedge y\in B \wedge x+y<10\}$

(2) $A=B=\mathbf{N}, R=\{\langle x,y\rangle \mid x\in A \wedge y\in B \wedge y=x^2\}$

(3) $A=B=\mathbf{N}, R=\{\langle y,x\rangle \mid x\in A \wedge y\in B \wedge y=x^2\}$

(4) $A=\mathbf{R}, B=\mathbf{N}, R=\{\langle x,y\rangle \mid x\in A \wedge y\in B \wedge y=x^2\}$

(5) $A=\{1,2,3,4\}, B=A\times A, R=\{\langle 1,\langle 2,3\rangle\rangle, \langle 2,\langle 3,4\rangle\rangle, \langle 3,\langle 1,4\rangle\rangle, \langle 4,\langle 2,3\rangle\rangle\}$

2. 设 $A=\{\varnothing,a,\{a\}\}$,定义 $f:A\times A\to\wp(A)$ 且 $f(\langle x,y\rangle)=\{\{x\},\{x,y\}\}$。判断下列各式是否成立,并证明你的判断。

(1) $f(\langle\varnothing,\varnothing\rangle)=\{\{\varnothing\}\}$

(2) $f(\langle\varnothing,\varnothing\rangle)=\{\{\varnothing\},\{\varnothing\}\}$

(3) $f(\langle a,\{a\}\rangle)=\{\{a\}\}$

(4) $f(\langle a,\{a\}\rangle)=\{\{a\},\{a,\{a\}\}\}$

3. 设映射 $f:\mathbf{R}\to\mathbf{R}$ 且 $f(x)=\begin{cases}1, & x\text{ 是有理数}\\ 0, & x\text{ 是无理数}\end{cases}$,求 $f(0), f(0.1415), f(\sqrt{2}), f(\pi),, f(\{0\}) f(\{0,1,\sqrt{3},\mathrm{e},\ln\mathrm{e}\})$。

4. 设 $f(n)$ 和 $g(n)$ 分别是定义在自然数集上的函数,并满足以下条件:

(1) $f(1)\leqslant g(1)$;

(2) 对任意自然数 n,有 $f(n)-f(n-1)\leqslant g(n)-g(n-1)$。

试证明:$f(n)\leqslant g(n)$,且 $1+\frac{1}{2^2}+\frac{1}{3^2}+\cdots\frac{1}{n^2}\leqslant 2-\frac{1}{n}, n\geqslant 2$。

5. 设 $A=\{0,1,2\}$,能否找出 A^A 中满足下列各式的函数。

(1) $f^2(x)=f(x)$(f 称为等幂函数);

(2) $f^3(x)=f(x)$;

(3) $f^2(x)=x$;

(4) $f^3(x)=x$。

6. 指出下列二元关系是否是函数,若是函数是否是单射、满射或双射,并说明理由,并根据要求计算,其中 $\mathbf{N}$

是自然数集。

(1) $f:\mathbf{N}\times\mathbf{N}\to\mathbf{N}, f(\langle x,y\rangle)=x^2+y^2$，计算 $f^{-1}(\{0\}), f(\{\langle 0,0\rangle,\langle 1,2\rangle\})$。

(2) $f:\mathbf{N}\times\mathbf{N}\to\mathbf{N}, f(\langle x,y\rangle)=x+y+1$，计算 $f(\mathbf{N}\times\{1\})$。

(3) $f:\mathbf{N}\to\mathbf{N}\times\mathbf{N}, f(x)=\langle x,x+1\rangle$，计算 $f(\{0,1,2\})$。

(4) $f:\mathbf{Z}^+\to\mathbf{Z}^+, f(x)=2^x-2$，$\mathbf{Z}^+$ 为正整数集合。

(5) $f:\mathbf{Z}^+\times\mathbf{Z}^+\to\mathbf{Z}^+, f(x,y)=x^y$。

(6) $f:\mathbf{R}\to\mathbf{R}, f(x)=\dfrac{x-1}{x^2-1}$。

(7) $f:\mathbf{Z}\to\mathbf{N}, f(x)=|2j|+1$。

(8) $f:\mathbf{R}^+\to\mathbf{R}^+, f(x)=\dfrac{x}{x^2+1}$。$\mathbf{R}^+$ 为正实数集合。

(9) $f:\mathbf{N}\to\mathbf{N}, f(x)=x(\mathrm{mod}\ 3)$。

(10) $f:\mathbf{Z}^+\to\mathbf{R}, f(x)=\log_2 x$，$\mathbf{Z}^+$ 为正整数集合。

7. 设 $A=\{1,2\}, B=\{a,b\}$。

(1) 写出 A 到 B 的所有函数，及各自的值域。

(2) 上述函数中哪些是单射、满射、双射？

8. 设 $A=\{\varnothing,\{\varnothing\}\}, B=\{0,1\}$，求所有从 A 到 B 的双射函数。

9. 设 R 是 A 上的等价关系，自然映射 $g:A\to A/R$ 有可能是双射吗？若是请说明满足的条件，若不是请说明理由。

10. 设 A、B 是有限集合，且 $|A|=m, |B|=n$，

(1) 从 A 到 B 共有多少个不同的函数？

(2) 从 A 到 B 共有多少个不同的单射函数？

(3) 从 A 到 B 共有多少个不同的满射函数？

(4) 从 A 到 B 共有多少个不同的双射函数？

11. 设函数 $f:\mathbf{R}\times\mathbf{R}\to\mathbf{R}\times\mathbf{R}$，$f$ 定义为：$f(\langle x,y\rangle)=\langle x+y,x-y\rangle$。

(1) 证明 f 是双射。

(2) 求逆函数 f^{-1}。

(3) 求复合函数 $f^{-1}\circ f$ 和 $f\circ f$。

(4) $B=\{\langle x,y\rangle \mid x,y\in\mathbf{R}\wedge y=x+1\}$，计算 $f(B)$。

12. 设 f 和 g 都是 $\mathbf{R}$ 到 $\mathbf{R}$ 的函数，$f(x)=2-x^2, g(x)=2x+1$。

(1) 试求 $f\circ g, g\circ f, (f\circ g)(4), (g\circ f)(-4)$。

(2) f 和 g 的复合函数是否可逆，为什么？如果有给出其表达式。

13. 设映射 $f:X\to Y, A\subseteq X, B\subseteq Y, C\subseteq Y$，证明：

(1) 当 f 是单射时，有 $f^{-1}(f(A))=A$。

(2) 当 f 是满射时，有 $f(f^{-1}(B))=B$。

(3) $f^{-1}(B\cap C)=f^{-1}(B)\cap f^{-1}(C)$

(4) $f(X)-f(A)\subseteq f(X-A)$

14. 设 A、B、C、D 是任意集合，f 是 A 到 B 的双射，g 是 C 到 D 的双射。令 $h:A\times C\to B\times D$，且对于 $\forall\langle a,c\rangle\in A\times C$，有 $h(\langle a,c\rangle)=\langle f(a),g(c)\rangle$。试问 h 是双射吗？请证明你的判断。

15. 设 A、B 是任意集合，f 是 A 到 B 的函数，定义 $g:B\to\wp(A)$，且对于 $b\in B$，满足 $g(b)=\{x \mid x\in A, f(x)=b\}$，证明：如果 f 是满射，则 g 是单射。其逆成立吗？并证明你的结论。

16. 设 $\langle A,\leqslant\rangle$ 是偏序集，对于任意 $a\in A$，令 $f(a)=\{x \mid x\in A, x\leqslant a\}$。证明：

(1) f 是集合 A 到 A 的幂集 $\wp(A)$ 上的单射。

(2) 若 $a\leqslant b$，则 $f(a)\subseteq f(b)$。

17. 设 $A=\{1,2,3\}$，$f\in A^A$，且 $f(1)=f(2)=1$，$f(3)=2$，定义 $g:A\to\wp(A)$，$g(a)=\{x\mid x\in A, f(x)=a\}$。说明 g 有什么性质，并证明你的结论。计算值域 rang。

18. 试证明下列各组集合 A 与 B 是等势的。

(1) $A=(0,1)$，$B=(0,2)$。

(2) $A=\mathbf{N}$，$B=\mathbf{N}\times\mathbf{N}$，其中 $\mathbf{N}$ 为自然数集。

(3) $A=\mathbf{Z}^+\times\mathbf{Z}^+$，$B=\mathbf{N}$，其中 $\mathbf{N}$ 为自然数集，$\mathbf{Z}^+$ 为正整数集。

(4) $A=\mathbf{R}$，$B=(0,+\infty)$，其中 $\mathbf{R}$ 为实数集。

(5) $A=(-1,1)$，$B=\left(\frac{\pi}{2},\frac{3\pi}{2}\right)$。

19. 设 $A=\{A_n\mid n$ 为自然数$\}$，$B=\{B_n\mid n$ 为自然数$\}$，且满足：

(1) 对于任意自然数 n，有 $A_n\sim B_n$；

(2) 对于任意 $n\neq n'$，有 $A_n\cap A_{n'}=\varnothing$，$B_n\cap B_{n'}=\varnothing$。

试证明：$\bigcup A\sim\bigcup B$。

20. 设 A、B、C、D 是任意集合，若 $A\sim C$，$B\sim D$，则 $A\times B\sim C\times D$。

21. 试找出自然数集 $\mathbf{N}$ 的三个与 $\mathbf{N}$ 等势的不同真子集。

22. 定义自然数集 $\mathbf{N}$ 上的关系 $R=\{\langle x,y\rangle\mid x,y\in\mathbf{N}, x+y$ 是偶数$\}$。

(1) 证明 R 是等价关系；

(2) 求商集 $\mathbf{N}/R$；

(3) 证明 $\mathbf{N}/R\sim\{0,1\}$。

23. 求下列集合的基数，并说明理由。

(1) $A=\mathbf{Q}^n$，$n\in\mathbf{N}$，其中 $\mathbf{Q}$ 为有理数集。

(2) $A=\{a_0+a_1x+a_2x^2+\cdots+a_nx^n\mid a_0,a_1,\cdots,a_n\in\mathbf{Z}, a_n\neq 0, n\in\mathbf{N}\}$。

(3) A 是所有位串的集合。

(4) $A=\{\langle x,y\rangle\mid x,y\in\mathbf{R}, x^2+y^2=1\}$。

24. 已知有限集 $A_n=\{a_1,a_2,\cdots,a_n\}$，$n\in\mathbf{N}$，$\mathbf{N}$ 为自然数集，$\mathbf{R}$ 为实数集，$\mathbf{Q}$ 是有理数集。求集合 A_n、$\wp(A_n)$、$\mathbf{N}$、$\wp(\mathbf{N})$、$\mathbf{R}$、$\mathbf{R}\times\mathbf{R}$、$\mathbf{Q}\times\mathbf{Q}$ 的基数。

25. 设 A 和 B 是集合，$B\subseteq A$，且 $\aleph_0=K[B]<K[A]=\aleph$，证明 $K[A-B]=\aleph$。

26. 证明：

(1) A 是不可数无限集，B 是 A 的可数子集，则 $(A-B)\sim A$。

(2) 设 A 是任意无限集，B 是一个可数集，则 $(A\cup B)\sim A$。

27. 下面的命题是否成立？请证明你的结论。

(1) A、B 都是可数集，则 $A\times B$ 也是可数集。

(2) A 是有限集，B 是可数集，则 $A\times B$ 也是可数集。

28. 若从 A 到 B 存在一个满射，则 $K[B]\leqslant K[A]$。

29. 设 A、B、C 是全集 E 的任意子集，试证明下列各式。

(1) $\chi_A(x)\leqslant\chi_B(x)\Leftrightarrow A\subseteq B$

(2) $\chi_A(x)=\chi_B(x)\Leftrightarrow A=B$

(3) $\chi_{A-B}(x)=\chi_A(x)-\chi_{A\cap B}(x)$

第三篇 图 论

图论是数学的一个古老分支。近年来随着计算机科学的发展而广泛应用，并注入了大量的新鲜内容。该学科起源很早，18世纪出现的“哥尼斯堡七桥问题”引起了人们极大的兴趣，最终由欧拉于1736年发表的一篇论文得以解决。一些古老的游戏难题如“周游世界问题”、“棋盘上马的行走路线问题”等的研究，引起过许多学者的关注。在对图着色问题的研究基础上，曾提出了著名的“四色猜想”。一个多世纪以来，许多数学家为此作出了许多尝试，终于在1976年，美国的阿佩尔和黑肯借助计算机经过1200多个机器小时，作了100亿个判断，终于完成了“四色猜想”的证明。四色猜想的计算机证明轰动了全世界。“四色定理”对图的着色理论、平面图理论、代数拓扑图论、计算器编码程序设计等分支的发展起到了推动作用。这些似乎无足轻重的游戏引出了许多有实际意义的新问题，开辟了一门新的学科。

图论被应用到了许多领域，推动这些领域发展的同时，图论本身也得到了迅速发展，克希霍夫把图论应用到电路网络的研究，引入了“树”的概念，是图论向应用方面发展的一个重要标志。化学家凯莱在研究同分异构体的结构中也独立地提出了“树”和“生成树”等概念。近些年来，随着信息时代的发展，尤其作为网络技术的理论基础和研究工具，图论在解决运筹学、电子学、计算机科学、信息论、控制论及网络通信、交通网络、社会科学等领域的问题时，显示出越来越强的效果。

本篇主要介绍图的基本概念和简单性质、构成元素，分类，连通性及矩阵表示，还将介绍几类特殊的图（欧拉图、Hamilton 图、平面图、树）等。

第6章　图　　论

图论以图为研究对象，建立和处理离散对象及其相互关系，从而抽象出其共性和特性，以解决具体问题，是研究离散结构模型的一种重要工具。图是由若干个给定的点及连接两点的线所构成的图形，这种图形用来描述某些事物间的特定关系，用点表示事物，用连线表示两个相关事物间的关系，具有直观、形象的特点。例如，某高校进行新生篮球比赛，采用淘汰制，用点表示各个学院的新生球队，用连接两点的线段表示这两只球队间的比赛情况，这样用一个简单的图就能很容易地反映各队间的比赛情况。第 4 章中二元关系的关系图、偏序关系的哈斯图等都是由节点和边组成，它们都是图论中的一种图。而在运筹规划、网络技术、计算机程序流程中的每个图，均可看做一个抽象的系统，则与实际图形是完全不同的两个概念。在图论中用图形表示一个图时，其中点的位置、连线的长短曲直是不重要的。

6.1　图的基本概念

6.1.1　图的定义

定义 6.1.1　一个图 G 是一个三元组 $\langle V(G),E(G),\varphi_G\rangle$，其中 $V(G)=\{v_1,v_2,\cdots,v_n\}$ 是非空集合，称为图 G 的节点集，$v_i(i=1,2,\cdots,n)$ 称为 G 的节点（或顶点）。集合 $E(G)=\{e_1,e_2,\cdots,e_r\}$ 称为图 G 的边集，$e_i(i=1,2,\cdots,r)$ 称为 G 的边。φ_G 是一个从 $E(G)$ 到节点对 $(V(G),V(G))$ 的函数，称为边与顶点对的关联映射。

因为一条边总与两个节点相连，所以将图 G 简记为 $G=\langle V,E\rangle$。

图 G 中的节点对可以是有序的，也可以是无序的。若图 G 的边 e_i 与节点的无序偶 (v_j,v_k) 对应，则称该边为无向边，记作 $e_i=(v_j,v_k)$，称节点 v_j、v_k 为边 e_i 的端点，也称为邻接点，称边 e_i 与节点 v_j、v_k 关联。

若边 e_i 与节点的有序偶 $\langle v_j,v_k\rangle$ 对应，则称该边为有向边（或弧），记作 $e_i=\langle v_j,v_k\rangle$，称 v_j 为边 e_i 的起点，v_k 为边 e_i 的终点，称节点 v_j 与 v_k 邻接。当且仅当节点 v_j 与 v_k 邻接，同时节点 v_k 与 v_j 也邻接，则称节点 v_j 与 v_k 为邻接点。

所有边都是有向边的图称为有向图，如图 6-1(a)所示；所有边都是无向边的图称为无向图，如图 6-1(b)所示。如果图中某些边是有向边，某些边是无向边，则称其为混合图。

关联同一节点的两条边称为邻接边，不与任何边相邻接的边称为孤立边，没有边与之关联的节点称为孤立点。关联同一个节点的一条边称为自回路（或环）。关联同一对节点的多条无向边称为平行边，具有相同起点和终点的多条弧称为平行弧，平行边的条数称为重数。

可以用图形来表示一个图，即用小圆圈或实心点表示节点，用节点间的连线表示无向边，用有方向的连线表示有向边。规定：有向边的方向为起点指向终点。

例 6.1.1　试表示图 6-1 中的两个图。

解　图 6-1(a)中，$V=\{v_1,v_2,v_3,v_4,v_5\}$，$E=\{e_1,e_2,e_3,e_4\}=\{\langle v_1,v_2\rangle,\langle v_2,v_3\rangle,\langle v_2,v_4\rangle,\langle v_4,v_2\rangle\}$，则 $G_1=\langle\{v_1,v_2,v_3,v_4,v_5\},\{\langle v_1,v_2\rangle,\langle v_2,v_3\rangle,\langle v_2,v_4\rangle,\langle v_4,v_2\rangle\}\rangle$ 是有向图，其中 v_5 是孤立点。e_1、e_4 是邻接

边。v_1 与 v_2 邻接，但二者不是邻接点。v_2 与 v_4 是邻接点。边 e_3 的起点是 v_2，终点是 v_4。

图 6-1(b)中，$V=\{a,b,c,d\}$，$E=\{e_1,e_2,e_3,e_4,e_5\}=\{(a,b),(b,c),(c,a),(c,d),(a,a)\}$，则 $G_2=\langle\{a,b,c,d\},\{(a,b),(b,c),(c,a),(c,d),(a,a)\}\rangle$，其中 e_5 是环。e_2、e_3、e_4 是邻接边。a 与 b 是邻接点，a 与 d 不是邻接点。

(a) 有向图G_1　　(b) 无向图G_2

图 6-1　有向图与无向图

由图的定义可知，任一图 G，我们只关心它的节点集、边集以及边集与节点对的函数关系，而节点如何表示、节点的位置、节点间如何连线都与图的结构无关。因此，图 G 在平面上的图解表示不唯一。

例 6.1.2　设房屋集 $A=\{a_1,a_2,a_3\}$，设施集 $B=\{b_1,b_2,b_3\}$，则房屋 a_i 与设施 b_j 间的关系可以用图 6-2 表示。

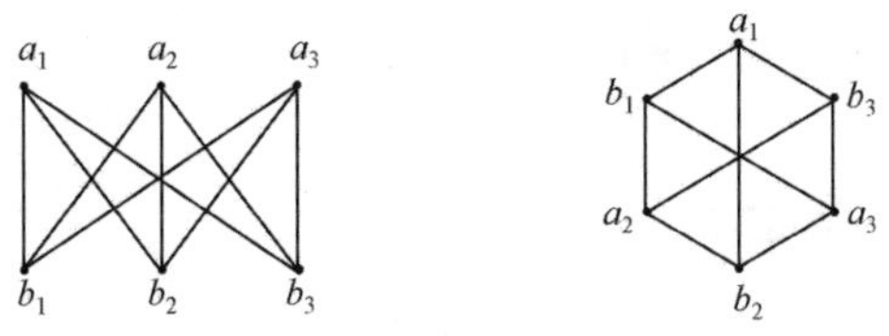

(a)　(b)

图 6-2　图的不同画法

图 6-2(a)与(b)虽然外形不同，但都有相同的节点集、相同的边集，以及相同的关联关系，所以它们都表示同一个图。

定义 6.1.2　(1) 具有 n 个节点、m 条边的图称为 (n,m) 图(或 n 阶图)；特别地，$(n,0)$ 图称为零图，$(1,0)$ 图称为平凡图。

(2) 含有平行边(或平行弧)的图称为多重图，既不含平行边(或平行弧)又不含环的图称为简单图。在多重图中，平行边(或平行弧)用一条边代替，去掉环，便得到一个简单图，称为原图的基图。

(3) 每条边(或弧)都带有某种数量特征的图称为赋权图(或带权图)，其边上的数量特征称为该边的权。

(4) 如果图的节点集 V 和边集 E 都是有限集，则称为有限图，否则称为无限图。本书讨论的都是有限图。

6.1.2　节点的度数

定义 6.1.3　在无向图 $G=\langle V(G),E(G)\rangle$ 中，与节点 $v\in V(G)$ 关联的边数称为节点 v 的度数，记作 $\deg(v)$。

称 $\Delta(G)=\max\{\deg(v)\mid v\in V(G)\}$ 为图 G 的最大度，$\delta(G)=\min\{\deg(v)\mid v\in V(G)\}$ 为图 G 的最小度。

约定　每一个环在相应的节点上加两度，孤立节点的度数为 0。

例 6.1.3　如图 6-3 的图 G_1 中，$\deg(v_1)=3$，$\deg(v_2)=1$。图 G_2 中，$\deg(a)=3$，$\deg(b)=1$，$\deg(c)=2$，$\deg(d)=4$，$\Delta(G_2)=4$，$\delta(G_2)=1$。

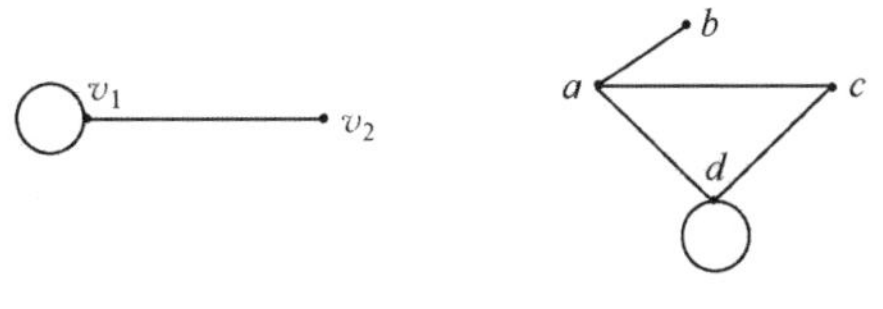

图G_1　　图G_2

图 6-3　无向图节点的度数

观察图 6-3 中所有节点的度数之和，得到图论中的基本定理。

定理 6.1.1（握手定理）　在任意图 $G=\langle V(G),E(G)\rangle$ 中，节点度数的总和等于边数的两倍，即 $\sum_{v\in V}\deg(v)=2|E|$。

证明　因为每条边（包括环）都关联两个节点，所以每加一条边，就给关联的两个节点的度数各增加 1 度。因此，在图 G 中节点度数的总和等于边数的两倍。■

此定理是欧拉在解决哥尼斯堡七桥问题时得到的图论第一个定理，图的边数和节点度数之间的关系是图的最重要的属性。

定理 6.1.2　在任意图中，度数为奇数的节点个数必为偶数。

证明　设 G 中奇数度节点集合为 V_1，偶数度节点集合为 V_2，显然

$$V(G)=V_1\cup V_2,\quad V_1\cap V_2=\varnothing$$

所以

$$\sum_{v\in V_1}\deg(v)+\sum_{v\in V_2}\deg(v)=\sum_{v\in V(G)}\deg(v)=2|E|$$

其中，$\sum_{v\in V_2}\deg(v)$ 为偶数之和，必为偶数，而 $2|E|$ 也为偶数，所以 $\sum_{v\in V_1}\deg(v)$ 一定是偶数，而 V_1 中每个节点的度数均为奇数，所以 V_1 中只能有偶数个节点。■

显然，对于 n 阶简单无向图 G，有 $0\leqslant\Delta(G)\leqslant n-1$。

有向图中节点的度数定义略有不同。

定义 6.1.4　在有向图 $G=\langle V,E\rangle$ 中，节点 $v\in V$，以 v 为起点的边数称为 v 的出度，记作 $\deg^+(v)$；以 v 为终点的边数称为 v 的入度，记作 $\deg^-(v)$。节点的出度和入度之和称为该节点的度数。有向图的最大出度、最大入度、最小出度、最小入度分别记作 Δ^+、Δ^-、δ^+、δ^-。

如图 6-4 所示，$\deg^+(v_1)=2$，$\deg^-(v_1)=3$，$\deg(v_1)=5$。

定义 6.1.5　设 $G=\langle V,E\rangle$ 为一个 n 阶无向图，$V=\{v_1,v_2,\cdots,v_n\}$，称 n 元数组 $(\deg(v_1),\deg(v_2),\cdots,\deg(v_n))$ 为 G 的度数序列。

设 $G=\langle V,E\rangle$ 为一个 n 阶有向图，$V=\{v_1,v_2,\cdots,v_n\}$，称 n 元数组 $(\deg^+(v_1),\deg^+(v_2),\cdots,\deg^+(v_n))$ 为 G 的出度序列，$(\deg^-(v_1),\deg^-(v_2),\cdots,\deg^-(v_n))$ 为 G 的入度序列。

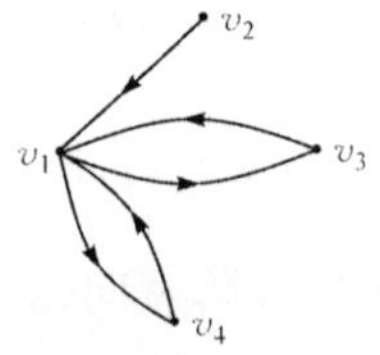

图 6-4　有向图节点的度数

图的度数序列一般不唯一，当节点按一定顺序排列后，其度数序列是唯一的。

定理 6.1.3　在任意有向图中，所有节点的入度之和等于所有节点的出度之和。

证明　因为每条边必对应一个入度和一个出度，若一个节点具有一个入度或出度，则必关联一条有向边，所以在有向图中，各节点入度之和等于边数，各节点的出度之和也等于边数，故命题成立。■

定义 6.1.6　度数为 1 的节点称为悬挂节点，它所关联的边称为悬挂边，度数为 0 的节点为孤立点。所有节点的度数都相同的图称为正则图，所有节点的度数都为 k 的正则图称为 k 度正则图。

图 6-5 是 3 度正则图，称为彼得森图。

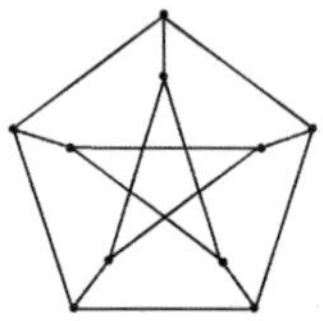
图 6-5　彼得森图

例 6.1.4　图 6-6 所示的图 G_1 中，$\deg(v_1)=4$，$\Delta(G_1)=4$，$\delta(G_1)=1$，v_4 为悬挂节点，e_7 为悬挂边，e_5 和 e_6 为平行边，e_1 为环。

图 G_2 中，$\deg^+(a)=4$，$\deg^-(a)=1$，$\deg(a)=5$，$\Delta^+(G_2)=4$，$\Delta^-(G_2)=3$，$\delta^+(G_2)=0$，

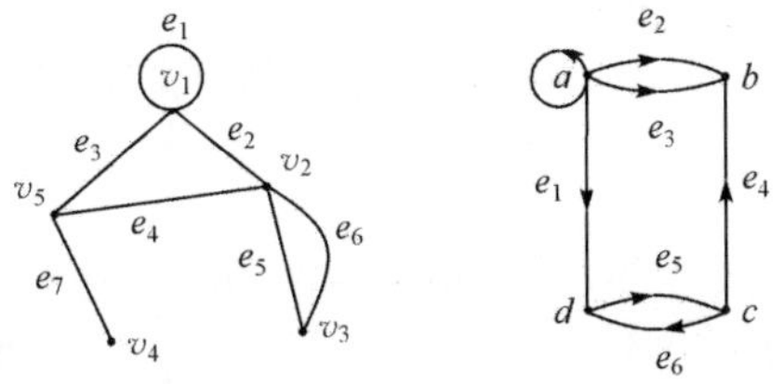

图G_1　　　　图G_2

图 6-6　节点的出度和入度

$\delta^-(G_2)=1$，e_2 和 e_3 为平行弧。

定义 6.1.7　任意两个节点间都有边的无向简单图，称为无向完全图，n 个节点的无向完全图记作 K_n。

任意两个不同节点 u、v，既有有向边 $\langle u,v\rangle$，同时又有有向边 $\langle v,u\rangle$ 的有向图，称为有向完全图。

常见的完全图如图 6-7 所示，图 6-7(a)～(c)分别是 K_3、K_4、K_5、图 6-7(d)是三阶有向完全图。

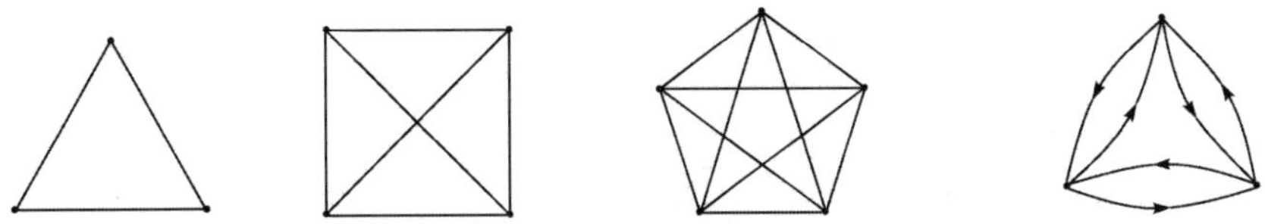

(a)　　(b)　　(c)　　(d)

图 6-7　完全图

无向完全图 K_n 具有下列性质：

(1) K_n 中，每个节点的度数都为 $n-1$，从而 K_n 是$(n-1)$度正则图。

(2) K_n 的边数 $|E_{K_n}|=\dfrac{1}{2}n(n-1)$。

证明　(1) 对于 $\forall v\in V_{K_n}$，因为 v 与 K_n 中其余的 $n-1$ 个节点都关联，且图中无平行边和环，所以 $\deg(v)=n-1$。

(2) 由(1)可知，$\sum\limits_{v\in V_{K_n}}\deg(v)=n(n-1)$，又由定理 6.1.1 知，$\sum\limits_{v\in V_{K_n}}\deg(v)=2|E_{K_n}|$，所以 $2|E_{K_n}|=n(n-1)$，即 $|E_{K_n}|=\dfrac{n(n-1)}{2}$。　■

显然，n 阶有向完全图有 $n(n-1)$ 条边，每个节点的度数均为 $2(n-1)$。

例 6.1.5　在计算机科学及网络通信中经常用到图 6-8 所示的图。其中，图 6-8(a)是星型图，记作 S_8。星型图 $S_n(n\geqslant 2)$中，n 表示悬挂点的个数，所以星型图 S_n 的阶数为 $n+1$。图 6-8(b)是环型图，记作 C_5。环型图 $C_n(n\geqslant 3)$中，n 是环型图的节点数，称为阶数。图 6-8(c)是轮型图，记作 W_7。轮型图 W_n $(n\geqslant 3)$，可以看做是在环型图 C_{n-1} 中添加一个节点，而且把这个新顶点与 C_{n-1} 中的 $n-1$ 个节点逐一连接后所得的图形。n 为奇数的轮型图称为奇阶轮型图，n 为偶数的轮型图称为偶阶轮型图。这三种图是局域网经常使用的拓扑模型。使用星型拓扑的局域网，其他所有设备都连接到中央控制设备，信息通过中央控制设备进行传输；使用环型拓扑的局域网，围绕环把信息从一个设备传送到下一个设备，直到抵达信息的目的地为止；使用轮型拓扑的局域网是一种带冗余的局域网，信息围绕着环或通过中央控制设备来传输。

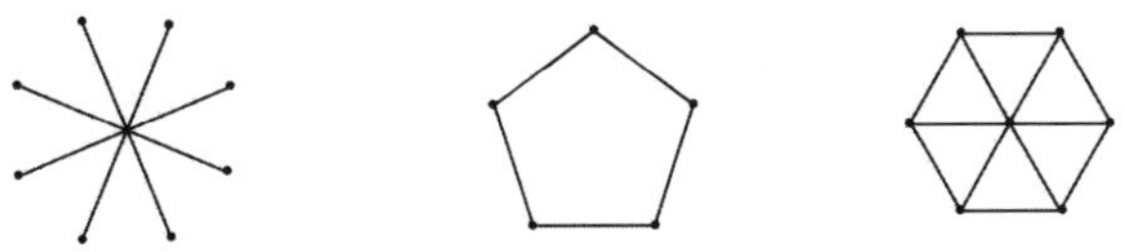

(a)星型图　　(b)环型图　　(c)轮型图

图 6-8　网络的拓扑结构

6.1.3　子图和补图

在许多实际问题中只需要图的一部分，如在一栋大楼的供电网络中考虑某一层的供电情况。

定义 6.1.8　设 $G=\langle V,E\rangle$ 和 $G'=\langle V',E'\rangle$ 是两个图，如果满足 $E'\subseteq E$，$V'\subseteq V$，则称 G' 为 G 的子图，G 为 G' 的母图，记作 $G'\subseteq G$。若 $V'\subset V$ 或 $E'\subset E$，则称 G' 为 G 的真子图。

特别地，当 $V'=V$ 时，称 G' 为 G 的生成子图。若 $V'\subseteq V$ 且 $V'\neq\varnothing$，对于 $\forall v_1,v_2\in V'$，如果 $(v_1,v_2)\in E$（或 $\langle v_1,v_2\rangle\in E$），必有 $(v_1,v_2)\in E'$（或 $\langle v_1,v_2\rangle\in E'$），则称 G' 为 G 的导出子图。若 $V'=V$ 且 $E'=E$ 或 $E'=\varnothing$，则称 G' 为 G 的平凡子图。

定义 6.1.9　设 $G=\langle V,E\rangle$ 为 n 阶无向简单图，由 G 中所有节点，以及所有使 G 成为完全图的添加边组成的图，称为 G 的补图，记作 $\overline{G}$。

显然，G 和 $\overline{G}$ 互为补图，K_n 的补图是 n 阶零图。

例 6.1.6　在图 6-9 中，G'、G''、G''' 均为 G 的子图，G' 是 G 的导出子图，G''、G''' 均为 G 的生成子图，G'' 与 G''' 互为补图。

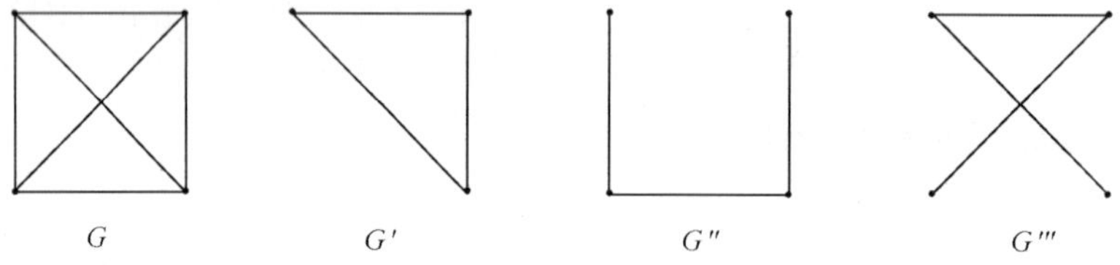

图 6-9　子图、生成子图、补图

定义 6.1.10　设 $G'=\langle V',E'\rangle$ 是 $G=\langle V,E\rangle$ 的子图，若图 $G''=\langle V'',E''\rangle$ 满足：$E''=E-E'$，且 V'' 中仅包含 E'' 中边所关联的节点，则称 G'' 是子图 G' 的相对于图 G 的补图。

注　此定义中的 G'' 与 G' 不互补。

6.1.4　图的同构

一个图有各种画法，例 6.1.2 中两个图外观虽然不同，但是它们的结构却完全相同，因而表示同一个图。下面讨论图的同构问题。

定义 6.1.11　设图 $G=\langle V,E\rangle$ 及图 $G'=\langle V',E'\rangle$，如果存在双射 $g:v_i\rightarrow v_i'$，且 $e=(v_i,v_j)\in E$（或 $\langle v_i,v_j\rangle\in E$）是 G 的一条边，当且仅当 $e'=(v_i',v_j')\in E'$（或 $\langle g(v_i),g(v_j)\rangle\in E'$）是 G' 的一条边，则称 G 与 G' 同构，记作 $G\cong G'$。

若 G 与其补图同构，则称 G 为自补图。

注　① 图间的同构关系若看成是全体图集合上的二元关系，则其具有自反、对称和传递性，因此，同构关系是等价关系。同构的图可以看成一个图。

② G 与 G' 同构的充要条件是两图的节点和边分别存在双射，且保持节点间的邻接关系和边的重数，在有向图中还必须保持边的方向。

判断两个图是否同构是图论中的难题之一，至今还没有一个简便的方法，两个图同构的必要条件如下：

（1）节点数目相同；

（2）边数相同；

(3) 度数相同的节点数目相同。

上述条件中任一条不满足,则两个图不可能同构。

例 6.1.7 图 6-2(a)与(b)是同构的,图 6-9 中 G''与G'''同构。

例 6.1.8 图 6-10(a)与(b)不同构。因为图 6-10(b)中有 2 个 4 度节点和 2 个 2 度节点,而图 6-10(a)中没有 4 度节点和 2 度节点。

图 6-10(c)与(d)同构。两图的节点间存在双射 $f: v_1 \to d, v_2 \to a, v_3 \to c, v_4 \to b$。

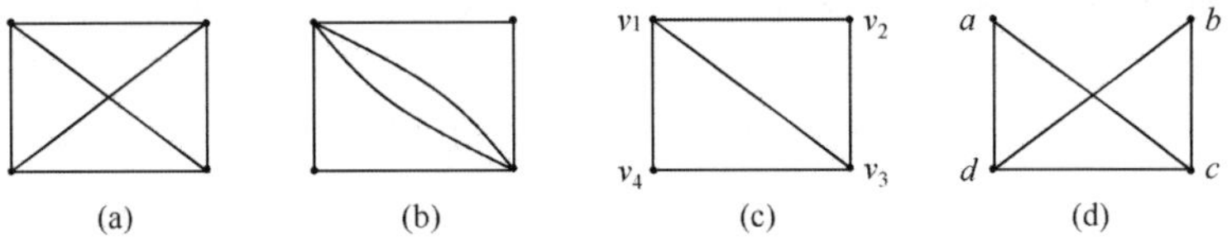

图 6-10 例 6.1.8 的图

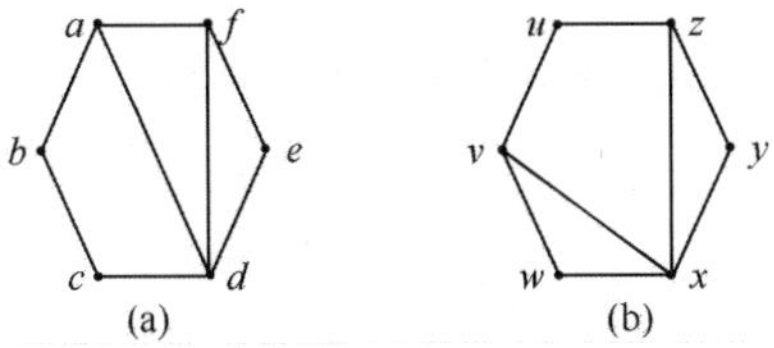

图 6-11 满足必要条件但不同构的图

例 6.1.9 图 6-11 中的两个图虽然满足同构的三个必要条件,但它们是不同构的。因为图 6-11(a)中的 2 个 3 度节点相邻,而图 6-11(b)中的 2 个 3 度节点并不相邻,因而无法找到双射,使得原来的关联关系继续保持。

6.2 路和图的连通性

6.2.1 通路和回路

图论中经常要讨论图的遍历问题,即从图中某个节点出发沿一些边到达另一个节点。从而引进路的概念。

定义 6.2.1 给定图 $G=\langle V,E\rangle$,设 $V=\{v_0,v_1,\cdots,v_n\}$,$E=\{e_1,e_2,\cdots,e_m\}$,其中 e_i 是关联节点 v_{i-1} 和 v_i 的边,则称点边的交替序列 $v_je_{j+1}v_{j+1}\cdots v_{k-1}e_kv_k$ 为连接 v_j 和 v_k 的路,其中 v_j 和 v_k 分别称为该路的起点与终点。特别地,当 $v_j=v_k$ 时,这条路称为回路(或闭路),否则称为开路。

没有重复边的路称为迹(或简单路),起点和终点相同的迹称为闭迹。

除起点和终点外,没有重复节点的路称为通路(或基本路),起点和终点相同的通路称为圈。

路中遍历的边的数目称作路的长度,从节点 u 到节点 v 的路如果不止一条,则其中最短的路称为 u 和 v 间的短程线,短程线的路长称为 u 到 v 的距离,记作 $d(u,v)$,若从节点 u 到 v 不存在路,则记 $d(u,v)=\infty$。称 $D=\max\{d\langle u,v\rangle \mid u,v\in V\}$为图 G 的直径。

注 ① 路可以只用边的序列来表示,如 $e_1e_2\cdots e_k$。

② 在简单图中,也可以只用节点序列表示路,如 $v_1v_2\cdots v_n$。但含有平行边的路必须用点边序列表示。

③ 迹中节点可重复,通路中边不可能重复。

④ 长度为 1 的回路是环,长度为 2 的闭迹只能由平行边组成,于是在简单图中,闭迹的长度至少为 3。

⑤ 在无向图中，$d(u,v)=d(v,u)$；而在有向图中，一般地，$d(u,v)\neq d(v,u)$。

⑥ 节点 u 和 v 的距离具有如下性质：

$$d(u,v)\geqslant 0, d(u,u)=0, d(u,v)+d(v,w)\geqslant d(u,w)$$

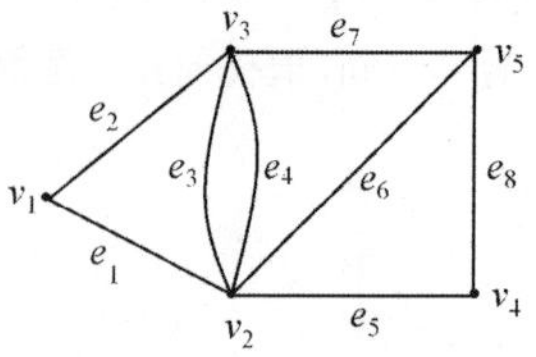

图 6-12 图中的路

例 6.2.1 在图 6-12 中，$v_1e_2v_3e_3v_2e_3v_3e_4v_2e_6v_5e_7v_3$ 是一条路，路长为 6；$v_2e_4v_3e_7v_5e_6v_2e_1v_1e_2v_3e_3v_2$ 是一条回路，路长为 6；$v_5e_8v_4e_5v_2e_6v_5e_7v_3e_4v_2$ 是迹；$v_4e_8v_5e_6v_2e_1v_1e_2v_3$ 是有 5 个节点的通路，路长为 4；$v_2e_1v_1e_2v_3e_7v_5e_6v_2$ 是圈。

注 ① n 个节点的通路，路长为 $n-1$。

② n 个节点的圈，路长为 n。

定理 6.2.1 具有 n 个节点的图中，如果从节点 v_j 到节点 v_k 存在一条路，则从 v_j 到 v_k 必存在路长小于 n 的通路。

证明思路 路长超过 n 的通路中必有重复出现的节点，反复删去夹在两个重复节点之间的边后，剩余的边数不会超过 $n-1$。

证明 设 P 是从 v_j 到 v_k 的路。

(1) 若 P 为通路，则定理得证。

(2) 若 P 不是通路，则 P 必呈现 $v_j\cdots v_s\cdots v_s\cdots v_k$ 的形式，删去 $v_s\cdots v_s$ 包含的边(实际上是由 v_s 出发又回到 v_s 的一条回路)，得到一条新路 P'。此过程继续下去，总可以得到一条通路 P''，使 P'' 中节点最多为 n，因此 P'' 的路长最多为 $n-1$，即 P'' 的 路长 $\leqslant n-1<n$。■

例 6.2.2 图 6-12 中，从 v_1 到 v_3 的一条路 $v_1e_2v_3e_3v_2e_3v_3e_4v_2e_6v_5e_7v_3$，此路中有 6 条边，去掉 v_3 到 v_3 的回路 $v_3e_3v_2e_3v_3$ 上的边 e_3，得到路 $v_1e_2v_3e_4v_2e_6v_5e_7v_3$，此路长为 4，再去掉 v_3 到 v_3 的回路 $v_3e_4v_2e_6v_5e_7v_3$ 上的边 e_4、e_6、e_7，得到新路 $v_1e_2v_3$，即为 v_1 和 v_3 的短程，它们之间的距离为 1。

6.2.2 无向图的连通性

图的连通性在计算机科学及网络通信中有重要应用，如计算机网络的可靠性问题研究等，是图论研究的主要内容。

定义 6.2.2 在无向图 G 中，如果节点 u 和节点 v 之间存在一条路，则称 u 和 v 是连通的，否则称为不连通的。

约定 任一节点 u 与自身连通。

若无向图 G 是平凡图或 G 中任何两个节点都是连通的，则称 G 为连通图，否则称 G 是非连通图(或分离图)。

图中节点的连通性可以看做是节点间的一种关系。在图 G 的节点集 V 上定义连通关系

$$R=\{(u,v)\mid u,v\in V\wedge u \text{ 与 } v \text{ 连通}\}$$

容易验证 R 是 V 上的等价关系。利用商集 $V/R=\{V_1,\cdots,V_m\}$ 可将 V 进行划分，使得两个节点 v_j 和 v_k 是连通的当且仅当它们属于同一个划分块 V_j。将导出子图 $G(V_1)$，$G(V_2)$，…，$G(V_m)$ 称为图 G 的连通分支(或极大连通子图)，m 称为连通分支数，记作 $W(G)$。

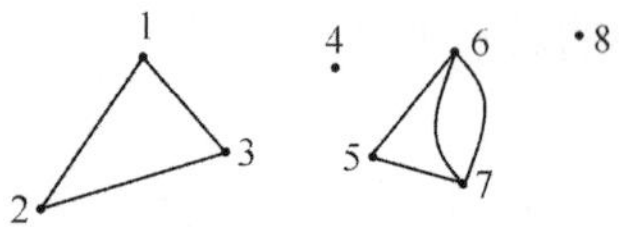

图 6-13 连通分支与划分

例 6.2.3 图 6-13 中，连通分支为 $V_1=\{1,2,3\}$，$V_2=\{4\}$，$V_3=\{5,6,7\}$，$V_4=\{8\}$，则 $\{V_1,V_2,V_3,V_4\}$ 构成了节点集 $V=\{1,2,3,4,5,6,$

7,8}的一个划分，$W(G)=4$。

由定义可知，任何一个图都可划分为若干个连通分支，G 是连通图当且仅当图 G 的连通分支数 $W(G)=1$。

例 6.2.4　设有 7 国代表 a、b、c、d、e、f、g 参加国际会议，每人都会一种(以上)的语言。a 会英语，b 会英语和意大利语，c 会英语、汉语和俄语，d 会日语和意大利语，e 会汉语和德语，f 会法语、日语和俄语，g 会法语和德语。若两人能直接通话，就用线段将其相连，则其中任意两人可间接通话的问题可转化为连通图的问题来考虑，如图 6-14 所示。

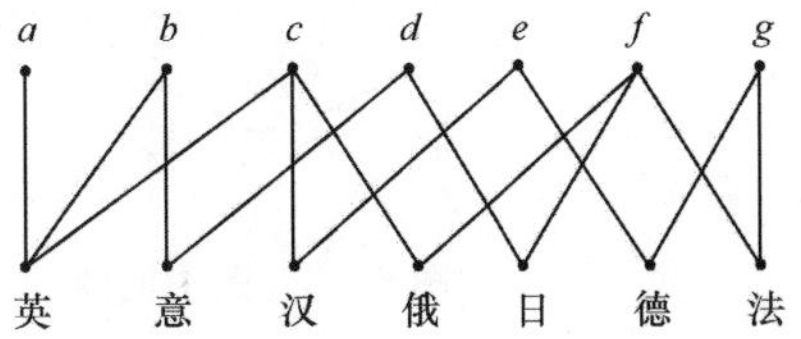

图 6-14　代表间的通话情况

则任意两点即两人是连通的，即任意两人间接通话是可能的。

连通图的连通程度不一样，有些图中去掉一些节点或边并不影响整个图的连通性，而有些图中去掉一些节点或边却会使整个图分成不连通的几部分。因此，在图的连通性的讨论中，有些节点和边起了关键的作用，这些节点或边的存在与否直接影响到图的连通性。如何刻画连通图的连通程度，引入割集和连通度的概念。

定义 6.2.3　在图 G 中删去节点 v 是指把节点 v 以及与 v 关联的所有边都删除。删去边 $e=(u,v)$是指保留节点 u 和 v，仅将 u 和 v 间的连线删去。

定义 6.2.4　设 $G=\langle V,E\rangle$是无向连通图，若节点集 $V_1\subset V$，且满足以下性质：

(1) 删去 V_1 后的子图不连通；

(2) 删去 V_1 的任何真子集后，得到的子图仍是连通的；

则称 V_1 是 G 的点割集。

特别地，若$\{v\}$为点割集，则称该节点为割点。

例 6.2.5　求图 6-15 中各图的割点和点割集。

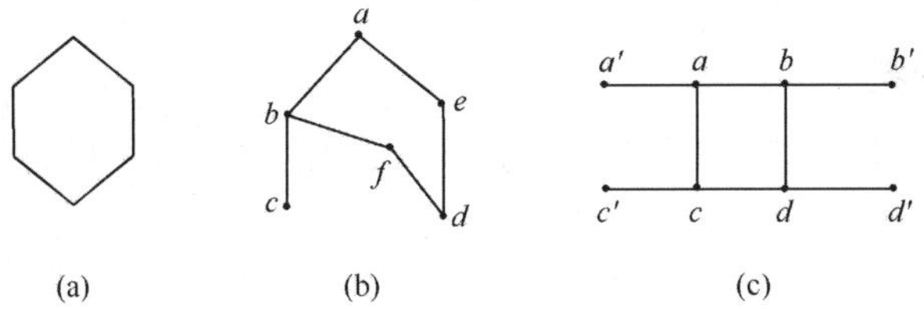

图 6-15　图的点割集

解　图 6-15(a)中没有割点，任意两个非邻接的节点所组成的集合都是点割集。

图 6-15(b)中，b 为割点，$\{f,e\}$，$\{a,d\}$，$\{a,f\}$，$\{b\}$为点割集，$\{f,b\}$不是点割集，因为它的真子集$\{b\}$是点割集。

图 6-15(c)中，a、b、c、d 均为割点，点割集为$\{a\}$、$\{b\}$、$\{c\}$、$\{d\}$。

定义 6.2.5　设 G 是非完全图，称 $\kappa(G)=\min\{|V_1|\,|\,V_1$ 为 G 的点割集$\}$为图 G 的点连通度(或连通度)。

注　① 点连通度 $\kappa(G)$是从 G 上产生一个不连通图所需删去的节点的最少数目。

② 若 G 为非连通图，则 $\kappa(G)=0$。

③ 若 G 是存在割点的连通图，则 $\kappa(G)=1$。

④ 对完全图 K_n，$\kappa(K_n)=n-1$。

因为 K_n 中 n 个节点彼此连通，所以删去任意 $m(m<n)$个节点后仍然连通，而删去 $n-1$

个节点后成为平凡图，这也是连通度定义在非完全图上的原因。

定义 6.2.6 设 $G=\langle V,E\rangle$ 是无向连通图，若边集 $E_1\subset E$，且满足以下性质：

(1) 删去 E_1 后的子图不连通；

(2) 删去 E_1 的任何真子集后，得到的子图仍是连通的；

则称 E_1 是 G 的边割集。

特别地，若 $\{e\}$ 为边割集，则称该边 e 为割边(或桥)。

例 6.2.6 求图 6-16 中各图的割边和边割集。

解 图 6-16(a)中，无割边，边割集有 $\{e_1,e_2\}$，$\{e_3,e_4\}$，$\{e_3,e_6\}$等。

图 6-16(b)中，割边为 e_4、e_5、e_6，$\{e_4\}$，$\{e_5\}$，$\{e_6\}$，$\{e_1,e_2\}$，$\{e_1,e_3\}$，$\{e_2,e_3\}$为边割集，$\{e_1,e_5\}$不是边割集，因为它的真子集$\{e_5\}$是割边。

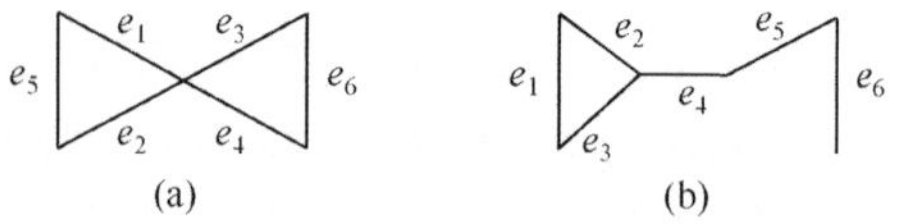

图 6-16 图的边割集

定义 6.2.7 设 G 是非平凡图，定义 $\lambda(G)=\min\{|E_1|\,|E_1$ 为 G 的边割集$\}$，称 $\lambda(G)$为图 G 的边连通度。

显然，若 e 为图G 的割边，则 $W(G-\{e\})>W(G)$。点(边)连通度越小，图的连通性越弱，连通度越大，连接两个节点的路也越多。因此，在交通及通信网络中，图的割点和割边对整个网络的连通性影响较大，适当增加路径的冗余可以增强网络的健壮性。

注 ① 边连通度 $\lambda(G)$是从 G 上产生一个不连通图所需删去的边的最少数目。

② 若 G 为平凡图，则 $\lambda(G)=0$。

③ 若 G 为非连通图，则 $\lambda(G)=0$。

④ 若 G 有桥，则 $\lambda(G)=1$。

例 6.2.7 图 6-15(a)中，$\kappa(G)=2$，$\lambda(G)=2$；图 6-15(b)中，$\kappa(G)=1$，$\lambda(G)=1$；图 6-15(c)中，$\kappa(G)=1$，$\lambda(G)=1$。

图 6-16(a)中，$\kappa(G)=1$，$\lambda(G)=2$；图 6-15(b)中，$\kappa(G)=1$，$\lambda(G)=1$。

任何图的点连通度、边连通度和最小度之间有一定的关系。

定理 6.2.2 对于任意无向图 G，有 $\kappa(G)\leqslant\lambda(G)\leqslant\delta(G)$，其中 $\delta(G)$是 G 的最小度。

证明 (1) 若 G 不连通，则 $\kappa(G)=\lambda(G)=0$，$\delta(G)\geqslant 0$，故结论成立。

(2) 若 G 是平凡图，则 $\kappa(G)=\lambda(G)=\delta(G)=0$，故结论成立。

(3) 设 G 是连通的非平凡图。先证 $\lambda(G)\leqslant\delta(G)$。

因为 $\delta(G)=\min\{\deg(v)\,|\,v\in V\}$，所以至少存在 $u\in V$ 使 $\deg(u)=\delta(G)$，与 u 相关联的 $\delta(G)$条边必包含一个边割集，至少删除这 $\delta(G)$条边图就不再连通，而 $\lambda(G)$是产生不连通图所需删去的边的最少数目，所以 $\lambda(G)\leqslant\delta(G)$。

再证 $\kappa(G)\leqslant\lambda(G)$。

① 设 $\lambda(G)=1$，即 G 有一桥，显然这时 $\kappa(G)=1$，结论成立。

② 设 $\lambda(G)\geqslant 2$，由 $\lambda(G)$ 的定义，则必可删去某 $\lambda(G)$ 条边后的子图不连通，而删去其中 $\lambda(G)-1$ 条边后的子图仍然连通，且必有一桥 $e=(u,v)$。对上述 $\lambda(G)-1$ 条边中的每一条都选取一个不同于 u、v 的端点，把这些端点删去则必至少删去 $\lambda(G)-1$ 条边。若这样产生的子图已不连通，则 $\kappa(G)\leqslant\lambda(G)-1<\lambda(G)$；若这样产生的子图仍连通，则 e 仍是桥，此时再删去 u 或 v 就必产生一个不连通图，则 $\kappa(G)\leqslant\lambda(G)$。

综上所述，可得 $\kappa(G)\leqslant\lambda(G)\leqslant\delta(G)$。 ■

在无向连通图 G 中，有割边一定有割点；反之，有割点未必有割边。那么如何来判断割点和割边呢？

定理 6.2.3 节点 v 是无向连通图 G 的割点的充要条件是存在节点 u 和 w，使得 u 和 w 间的任一条路都通过 v。

证明 必要性。

若经过连通图 G 中的某两个节点 u 和 w 的任一条路都通过 v，于是删去 v，则 u 和 w 间没有路，即 u 和 w 不连通，此时的子图也不连通，所以 v 是割点。

充分性。

因为 v 是割点，所以删去 v 后的子图 G' 中至少包含两个连通分支。取 u、w 分别属于不同的两个分支，设 C 是 G 中 u、w 间的任一条路，若 $v\notin C$，则删去 v 后，C 仍在子图 G' 中，即在子图 G' 中 u 和 w 仍连通，同属一个连通分支，矛盾。所以 $v\in C$，即 v 在 u、w 间的任一条路上。 ■

定理 6.2.4 边 e 是无向连通图 G 的割边的充要条件是 e 不含于 G 的任一圈中。

证明 证明其逆否命题成立。

必要性。

因为边 e 含于 G 的某个圈中，所以删去 e 后子图仍连通，即 e 不是割边。

充分性。

设 $e=(u,v)$ 不是割边，则删去 e 后的子图 G' 中，u、v 间有路 P，由定理 6.2.1，u、v 间必有通路 P'，而 P' 和 e 在 G 中形成一个圈，故 e 在 G 的某个圈中。 ■

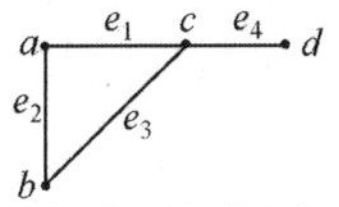

图 6-17 回路中的割边

在此定理中，通路 P' 不一定唯一，所以圈也不一定唯一。定理中的“圈”改为“闭迹”后，命题也成立。但定理中的“圈”不能用“回路”代替。如图 6-17 所示，图中有回路 $de_4ce_1ae_2be_3ce_4d$，其中 e_4 是割边，但却在该回路中。

下面举两个例子说明连通性的应用。

例 6.2.8 设有 $2n$ 台电话交换器，如果每一交换器至少与另外 n 台交换器架有直接线路，问任意两交换器间是否总能通话？

分析 此问题等价于：在 $2n$ 个节点的简单无向图 G 中，若任一节点 v，有 $\deg(v)\geqslant n$，问 G 是否连通？

解 设 G 不连通，则存在两个（或更多）的连通分支 G_1 和 G_2，即 $G=G_1\cup G_2$，且 G_1 和 G_2 互不连通。因为 G 中共有 $2n$ 个节点，故 G_1 和 G_2 中必有一个图中节点数小于或等于 n，不妨设是 G_1，即 $|V(G_1)|\leqslant n$。对于 $\forall v^*\in V(G_1)$，因为 G_1 是简单无向图，所以 $\Delta(G_1)\leqslant n-1$，即 $\deg(v^*)$ 至多为 $n-1$，而 $n-1<n$，此时与 $\deg(v)\geqslant n$ 矛盾。所以任意两交换器间总能通话。

注 题设条件 $\deg(v)\geqslant n$ 是必不可少的，若将 n 换成 $n-1$，则结论将不成立。

例 6.2.9 $n(n\geqslant 2)$ 个城市用 k 条公路连接，证明：若 $k>(n-1)(n-2)/2$，则人们总可以通过连接的公路在任两城市间旅行。

分析 此问题等价于：在 n 个节点的简单无向图 G 中，若 $|E|>(n-1)(n-2)/2$，则 G 连通。

证明 设 G 不连通，则至少存在两个连通分支 G_1 和 G_2，即 $G=G_1\cup G_2$，且 G_1、G_2 互不连通。记 $|V(G_1)|=V_1$，$|V(G_2)|=V_2$，显然 $V_1+V_2=n$，$V_1\leqslant n-1$，$V_2\leqslant n-1$。

则

$$
\begin{aligned}
|E|&=|E(G_1)|+|E(G_2)|\leqslant|E(K_{V_1})|+|E(K_{V_2})|\\
&=V_1(V_1-1)/2+V_2(V_2-1)/2
\end{aligned}
$$

$$\leqslant (n-1)[(V_1-1)+(V_2-1)]/2$$
$$=(n-1)(n-2)/2$$

与题设矛盾。因此，G 是连通图。■

6.2.3　有向图的连通性

定义 6.2.8　在有向图 $G=\langle V,E\rangle$ 中，若从节点 u 到 v 有路，则称节点 u 可达节点 v。

约定　任一节点到自身总是可达的。

定义 6.2.9　在简单有向图 $G=\langle V,E\rangle$ 中：

(1) 若任意两个节点间都相互可达，则称图 G 是强连通的。

(2) 若任意两个节点间至少有一方可达，则称图 G 是单侧连通的。

(3) 若略去其边的方向后为无向连通图，则称图 G 是弱连通的。

显然，强连通图必定是单侧连通图，单侧连通图必定是弱连通图。反之不然。

例 6.2.10　图 6-18(a)是强连通的，图 6-18(b)是单侧连通的，图 6-18(c)是弱连通的，但不是单侧连通。

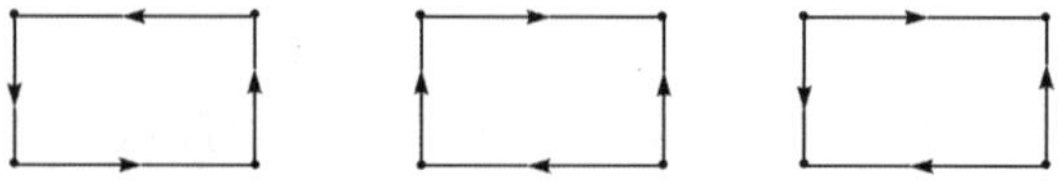

(a)　(b)　(c)

图 6-18　有向图的连通性

下面讨论有向图连通性的判断方法。

定理 6.2.5　一个有向简单图 G 是强连通的充分必要条件是 G 中存在包含每个节点至少一次的回路。

证明　充分性。

若 G 中有一条有向回路，经过每个节点至少一次，那么 G 中任意两点 u、$v\in V$，u 可以沿着该回路的一部分边到达 v，同样，v 可以沿着该回路的另一部分边到达 u，故 u、v 可以相互到达，即 G 是强连通图。

必要性。

设图 G 是强连通图，任取 u、v、$w\in V$，则 u 到 v 有路，v 到 u 也有路，则 uvu 构成了一个有向回路。如果该有向回路没有包含 w，而 u 到 w、w 到 u 均有路，则 $uvuwu$ 又构成一个新的有向回路，由于 G 中节点有限，所以一直下去最终可以作出包含图中所有节点的回路。■

定理 6.2.6　一个有向简单图 G 是单侧连通的充分必要条件是 G 中存在包含每个节点至少一次的通路。

证明留给读者。

定义 6.2.10　在简单有向图 G 中，G' 是 G 的子图，若 G' 是强连通(单侧连通、弱连通)，且没有包含 G' 的更大子图 G'' 是强连通的(单向连通的、弱连通的)，则称 G' 是 G 的强分图(单侧分图、弱分图)。

显然，一个平凡图是强分图。

例 6.2.11　图 6-19(a)是单侧连通的，其单侧分图和弱分图都是其本身，图 6-19(c)是图 6-19(a)的强分图，图 6-19(b)不是强分图。图 6-19(d)是弱连通的，其弱分图是其本身，图 6-19(e)和(f)是其单侧分图，其强分图为图 6-19(g)。

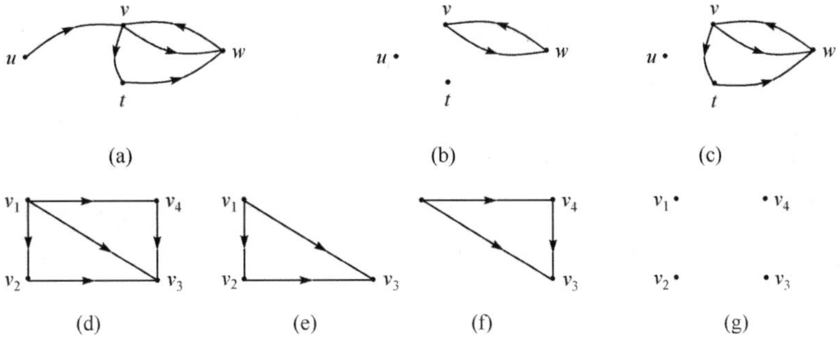

图 6-19　有向图的连通分图

定理 6.2.7　在简单有向图 $G=\langle V,E\rangle$ 中,每一个节点位于且仅位于一个强分图中。

证明　定义 V 上的一个二元关系:$R=\{\langle u,v\rangle \mid u,v\in V$ 且 u、v 在同一强分图中$\}$,容易验证 R 是 V 上的等价关系。此等价关系 R 把 V 分成若干等价类,而等价类集合是 V 的一个划分,每个节点恰好位于一个等价类中,每一个等价类诱导一个强分图,即每个节点恰好位于一个强分图中。 ■

注　如果将此定理中的“强分图”换成“弱分图”,结论仍然成立;但若换成“单侧分图”,结论就不成立。

因为可以验证关系 $R=\{\langle u,v\rangle \mid u,v\in V$ 且 u、v 在同一弱分图中$\}$仍是 V 上的等价关系。

而关系 $R=\{\langle u,v\rangle \mid u,v\in V$ 且 u、v 在同一单侧分图中$\}$在 V 上不满足传递性,因而 R 不是等价关系。

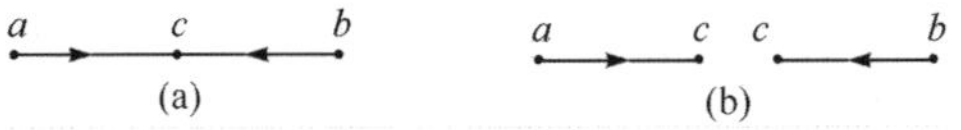

图 6-20　有向图的单侧分图

例如,图 6-20(a)有两个单侧分图,如图 6-20(b)所示,显然 $\langle a,c\rangle\in R$,$\langle c,b\rangle\in R$,但 $\langle a,b\rangle\notin R$,即 a 与 b 不在同一单侧分图中。

定理 6.2.8　在简单有向图 $G=\langle V,E\rangle$ 中,每一个节点位于一个或多个单侧分图中。

请读者证明。

6.3　图的矩阵表示

在关系的讨论中,我们用关系图或关系矩阵表示一个关系,关系图比较直观形象,对节点间的联系一目了然,而关系矩阵便于在计算机中存储和运算。而图也是一种关系,利用矩阵可以刻画图的一些性质。

6.3.1　邻接矩阵

定义 6.3.1　设 $G=\langle V,E\rangle$ 是一个简单图,有 n 个节点 $V=\{v_1,v_2,\cdots,v_n\}$,则 n 阶方阵 $\mathbf{A}(G)=(a_{ij})_{n\times n}$ 称为图 G 的邻接矩阵,其中

$$a_{ij}=\begin{cases}1, & v_i \text{ 邻接 } v_j\\ 0, & v_i \text{ 不邻接 } v_j \text{ 或 } i=j\end{cases}$$

图的邻接矩阵反映的是节点间的邻接关系,其元素只取 0 或 1,从而图的邻接矩阵是一个

布尔矩阵。

若 G 非简单图，也可相应定义邻接矩阵。此时邻接矩阵未必是布尔矩阵。

例 6.3.1　求图 6-21 中所示各图的邻接矩阵。

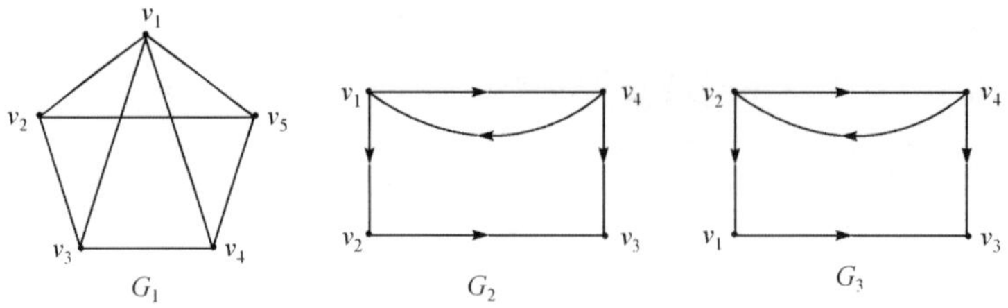

图 6-21　例 6.3.1 的图

解　图 G_1 和 G_2、G_3 的邻接矩阵分别如下：

$$\boldsymbol{A}(G_1)=\begin{bmatrix}0&1&1&1&1\\1&0&1&0&1\\1&1&0&1&0\\1&0&1&0&1\\1&1&0&1&0\end{bmatrix},\quad \boldsymbol{A}(G_2)=\begin{bmatrix}0&1&0&1\\0&0&1&0\\0&0&0&0\\1&0&1&0\end{bmatrix},\quad \boldsymbol{A}(G_3)=\begin{bmatrix}0&0&1&0\\1&0&0&1\\0&0&0&0\\0&1&1&0\end{bmatrix}$$

显然，简单图的邻接矩阵的主对角线元素全为 0，无向图的邻接矩阵是对称的，有向图的邻接矩阵并不一定对称。一个图的邻接矩阵与节点的标定有关，若将例 6.3.1 中图 G_2 中的节点 v_1 与 v_2 互换，得到图 G_3，那么将原图的邻接矩阵 $\boldsymbol{A}(G_2)$的第 1、2 行对换，同时第 1、2 列对换，便得图 G_3 的邻接矩阵 $\boldsymbol{A}(G_3)$。显然，图 G_2 和图 G_3 是同构的。

一般地，若两个矩阵 $\boldsymbol{A}$ 和 $\boldsymbol{B}$ 可以通过交换行和列而相互得出，则称它们是置换等价，即存在初等矩阵 $\boldsymbol{P}$，使得 $\boldsymbol{A}=\boldsymbol{P}^{\mathrm{T}}\boldsymbol{BP}$。

可以通过邻接矩阵来判断两个图是否同构：若两个图的邻接矩阵是置换等价的，则这两个图同构。

规定　略去节点标定次序任意性的考虑，取图的任一邻接矩阵为该图的矩阵表示。

图的邻接矩阵，可以反映出图的很多特征。

(1) 一个图是零图时，其邻接矩阵为零矩阵。反之亦然。

(2) 一个图是完全图 K_n 时，其邻接矩阵中除主对角线元素外其余元素全为 1。

(3) 若有向图的邻接矩阵的元素除主对角线元素外全为 1，则其对应的图是强连通图。

(4) 若图 G 是有向图，则其邻接矩阵中，第 i 行中值为 1 的元素个数等于节点 v_i 的出度，第 j 列中值为 1 的元素个数等于节点 v_j 的入度。

(5) 若图 G 是无向图，则其邻接矩阵中，第 i 行(列)中值为 1 的元素个数等于节点 v_i 的度数。

(6) 无向图的邻接矩阵中全部非零元素的个数是总边数的两倍，有向图的邻接矩阵中全部非零元素的个数是有向边数的总和。

下面讨论利用邻接矩阵求两节点间长度为 l 的路的条数的方法。

设有向图 $G=\langle V,E\rangle$，其邻接矩阵 $\boldsymbol{A}(G)=(a_{ij})_{n\times n}$，通过两个邻接矩阵的乘法运算，先计算从节点 v_i 到 v_j 的长度为 2 的路的数目。

注意到，每条由 v_i 到 v_j 的长度为 2 的路，中间必经过另一个节点 v_k，形成 $v_ie_1v_ke_2v_j$

$(1\leqslant k\leqslant n)$的路，则由邻接矩阵的定义，有 $a_{ik}=a_{kj}=1$，即 $a_{ik}\cdot a_{kj}=1$；反之，若 G 中无路 $v_ie_1v_ke_2v_j$，则 $a_{ik}=0$ 或 $a_{kj}=0$，即 $a_{ik}\cdot a_{kj}=0$。故由 v_i 到 v_j 的长度为 2 的所有路的数目为

$$a_{i1}\cdot a_{1j}+a_{i2}\cdot a_{2j}+\cdots+a_{in}\cdot a_{nj}=\sum_{k=1}^{n}a_{ik}a_{kj}$$

将 $\sum_{k=1}^{n}a_{ik}a_{kj}$ 记作 $a_{ij}{}^{(2)}$，这恰好是两个邻接矩阵的乘积 $\boldsymbol{A}(G)\cdot\boldsymbol{A}(G)$ 即 $(\boldsymbol{A}(G))^2$ 中第 i 行、第 j 列交点的元素。所以

$$(\boldsymbol{A}(G))^2=\begin{bmatrix}a_{11}&\cdots&a_{1n}\\ \vdots&&\vdots\\ a_{n1}&\cdots&a_{nn}\end{bmatrix}\cdot\begin{bmatrix}a_{11}&\cdots&a_{1n}\\ \vdots&&\vdots\\ a_{n1}&\cdots&a_{nn}\end{bmatrix}=\begin{bmatrix}a_{11}^{(2)}&\cdots&a_{1n}^{(2)}\\ \vdots&&\vdots\\ a_{n1}^{(2)}&\cdots&a_{nn}^{(2)}\end{bmatrix}$$

其中，$a_{ij}{}^{(2)}$ 表示从 v_i 到 v_j 的长度为 2 的路的数目；$a_{ii}{}^{(2)}$ 表示从 v_i 到 v_i 的长度为 2 的回路的数目。

一般地

$$(a_{ij}{}^{(l)})_{n\times n}=(\boldsymbol{A}(G))^l=\begin{bmatrix}a_{11}^{(l)}&a_{12}^{(l)}&\cdots&a_{1n}^{(l)}\\ \vdots&\vdots&&\vdots\\ a_{n1}^{(l)}&a_{n2}^{(l)}&\cdots&a_{nn}^{(l)}\end{bmatrix}$$

其中，$a_{ij}{}^{(l)}=\sum_{k=1}^{n}a_{ik}a_{kj}^{(l-1)}$，表示从 v_i 到 v_j 的长度为 l 的路的数目；$a_{ii}{}^{(l)}$ 表示从 v_i 到 v_i 的长度为 l 的回路的数目。

归纳上述，有下列定理。

定理 6.3.1 设 $\boldsymbol{A}(G)$ 是图 G 的邻接矩阵，则 $(\boldsymbol{A}(G))^l$ 中的第 i 行、第 j 列的交点元素 $a_{ij}{}^{(l)}$ 等于 G 中连接 v_i 和 v_j 的长度为 l 的路的数目。

例 6.3.2 求图 6-22 所示的邻接矩阵 $\boldsymbol{A}$，并计算 $\boldsymbol{A}^2$、$\boldsymbol{A}^3$、$\boldsymbol{A}^4$、$\boldsymbol{A}^5$。

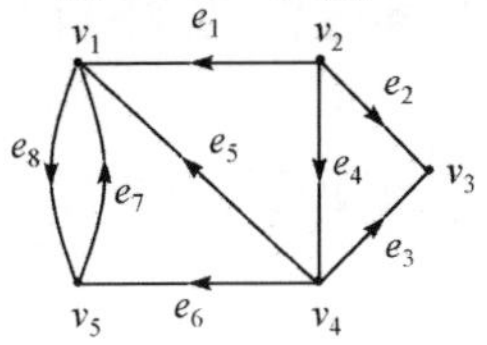

图 6-22 例 6.3.2 的图

解 邻接矩阵

$$\boldsymbol{A}=\begin{bmatrix}0&0&0&0&1\\1&0&1&1&0\\0&0&0&0&0\\1&0&1&0&1\\1&0&0&0&0\end{bmatrix}$$

$$\boldsymbol{A}^2=\boldsymbol{A}\cdot\boldsymbol{A}=\begin{bmatrix}1&0&0&0&0\\1&0&1&0&2\\0&0&0&0&0\\1&0&0&0&1\\0&0&0&0&1\end{bmatrix},\quad \boldsymbol{A}^3=\boldsymbol{A}\cdot\boldsymbol{A}^2=\begin{bmatrix}0&0&0&0&1\\2&0&0&0&1\\0&0&0&0&0\\1&0&0&0&1\\1&0&0&0&0\end{bmatrix}$$

$$\boldsymbol{A}^4=\boldsymbol{A}\cdot\boldsymbol{A}^3=\begin{bmatrix}1&0&0&0&0\\1&0&0&0&2\\0&0&0&0&0\\1&0&0&0&1\\0&0&0&0&1\end{bmatrix},\quad \boldsymbol{A}^5=\boldsymbol{A}\cdot\boldsymbol{A}^4=\begin{bmatrix}0&0&0&0&1\\2&0&0&0&1\\0&0&0&0&0\\1&0&0&0&1\\1&0&0&0&0\end{bmatrix}$$

由定理 6.3.1 可知，图 6-22 中 v_2 和 v_5 间长度为 2 的路有两条，即 $v_2e_1v_1e_8v_5$ 和 $v_2e_4v_4e_6v_5$。v_1 长度为 2 和 4 的回路各有一条，但没有长度为 3 的回路。图中长度为 4 的路(含回路)数为 $\sum_{i=1}^{5}\sum_{j=1}^{5}a_{ij}^{(4)}$，即 7 条，其中回路数为 $\sum_{i=1}^{5}a_{ii}^{(4)}$，即有 2 条回路。长度不超过 5 的回路数为 $\sum_{l=1}^{5}\sum_{i=1}^{5}a_{ii}^{(l)}$，即 4 条。

6.3.2 可达性矩阵

在实际问题中，对于有向图有时候更关心其节点间是否连通，而不仅仅是它们之间是否存在路、存在多少条路以及每条路的长度。

定义 6.3.2　设简单有向图 $G=\langle V,E\rangle$，$V=\{v_1,v_2,\cdots,v_n\}$，$|V|=n$。假定 G 的节点已经编序，则 n 阶方阵 $\boldsymbol{P}=(p_{ij})_{n\times n}$ 称为图 G 的可达性矩阵。其中

$$p_{ij}=\begin{cases}1, & 从\ v_i\ 到\ v_j\ 至少有一条路\\ 0, & 从\ v_i\ 到\ v_j\ 无路\end{cases}$$

注　① 可达性矩阵表明图中任意两个节点间是否至少存在一条路以及在任何节点间是否存在回路。

② 无向图的可达性矩阵是对称的，有向图的可达性矩阵不一定对称。

③ 若有向图 G 是强连通的，则其可达性矩阵 $\boldsymbol{P}$ 的所有元素均为 1。反之亦然。

可以利用图 G 的邻接矩阵 $\boldsymbol{A}$ 得到图的可达性矩阵 $\boldsymbol{P}$。

在计算两个节点间长度为 l 的路的数目时，若某个 $\boldsymbol{A}^l$ 中的 $a_{ij}{}^{(l)}\geqslant 1$，则说明从节点 v_i 到节点 v_j 至少有一条路，再由定理 6.2.1 可知，v_i 与 v_j 间必有一条长度不超过 n 的通路，所以只需考虑 $a_{ij}{}^{(l)}(1\leqslant l\leqslant n)$是否为零即可。具体做法如下：

令 $\boldsymbol{B}_n=\boldsymbol{A}+\boldsymbol{A}^2+\cdots+\boldsymbol{A}^n$(其中 n 为 G 中节点个数，$\boldsymbol{A}$ 为 G 的邻接矩阵)，再将 $\boldsymbol{B}_n$ 中不为 0 的元素全换成 1，为 0 的元素保持不变，这样得到的矩阵便是可达性矩阵 $\boldsymbol{P}$。

例 6.3.3　求图 6-22 中图的可达矩阵 $\boldsymbol{P}$。

解

$$\boldsymbol{B}_5=\boldsymbol{A}+\boldsymbol{A}^2+\boldsymbol{A}^3+\boldsymbol{A}^4+\boldsymbol{A}^5=\begin{bmatrix}2&0&0&0&3\\7&0&2&1&6\\0&0&0&0&0\\5&0&1&0&5\\3&0&0&0&2\end{bmatrix}$$

故可达性矩阵

$$\boldsymbol{P}=\begin{bmatrix}1&0&0&0&1\\1&0&1&1&0\\0&0&0&0&0\\1&0&1&0&1\\1&0&0&0&1\end{bmatrix}$$

上面求可达性矩阵的过程比较烦琐，计算量较大。可达性矩阵 $\boldsymbol{P}$ 表示节点间是否存在路，其元素取 0 或 1，所以 $\boldsymbol{P}$ 是一个布尔矩阵。至于节点间路的数目多少暂且不考虑，所以求可达矩阵时，可将邻接矩阵 $\boldsymbol{A}^i(i=1,2,\cdots,n)$改为布尔矩阵 $\boldsymbol{A}^{(i)}$，进行布尔运算，即 $\boldsymbol{P}=\boldsymbol{A}^{(1)}\cdot\boldsymbol{A}^{(2)}\cdot\cdots\cdot\boldsymbol{A}^{(n)}$，计算更加简洁。

例 6.3.4 设图 G 的邻接矩阵为

$$A=\begin{bmatrix}0&0&0&1\\1&0&1&1\\0&1&0&1\\0&1&0&0\end{bmatrix}$$

求该图的可达性矩阵 $\boldsymbol{P}$。

解
$$A^{(2)}=\begin{bmatrix}0&1&0&0\\0&1&0&1\\1&1&1&1\\1&0&1&1\end{bmatrix},\quad A^{(3)}=\begin{bmatrix}1&0&1&1\\1&1&1&1\\1&1&1&1\\0&1&0&1\end{bmatrix},\quad A^{(4)}=\begin{bmatrix}0&1&0&1\\1&1&1&1\\1&1&1&1\\1&1&1&1\end{bmatrix}$$

故
$$P=A^{(1)}\cdot A^{(2)}\cdot A^{(3)}\cdot A^{(4)}=\begin{bmatrix}1&1&1&1\\1&1&1&1\\1&1&1&1\\1&1&1&1\end{bmatrix}$$

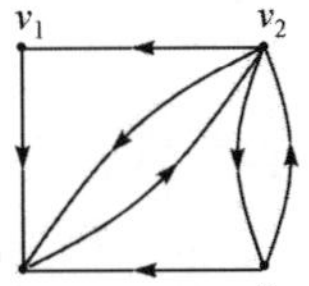

图 6-23 例 6.3.4 的图

由此可知,图 G 中任意两个节点均可达,且每一节点均有回路,所以此图是强连通图。给出图 G 如图 6-23 所示,从图形上直接观察与结论相符。

在第 4 章关系中,有限关系的传递闭包描述了节点经过若干步"传递"后到达的终点。若将邻接矩阵看做是节点集上的关系矩阵,则可达性矩阵 $\boldsymbol{P}$ 即为传递闭包对应的矩阵 M_{R^+},便可用 Warshall 算法计算可达性矩阵 $\boldsymbol{P}$。

若将无向图中每条无向边看成是具有相反方向的两条边,则可达性矩阵的概念可推广到无向图上,此时可达性矩阵称为连通矩阵。

6.3.3 完全关联矩阵

有时候我们也关心节点与边的关联程度。

定义 6.3.3 设无向图 $G=\langle V,E\rangle$,$V=\{v_1,\cdots,v_p\}$,$E=\{e_1,\cdots,e_q\}$,则称 $p\times q$ 阶矩阵 $M(G)=(m_{ij})_{p\times q}$ 为图 G 的完全关联矩阵,其中

$$m_{ij}=\begin{cases}2, & 若\ v_i\ 关联环\ e_j\\1, & 若\ v_i\ 关联边\ e_j\\0, & 若\ v_i\ 不关联边\ e_j\end{cases}$$

例 6.3.5 求图 6-24 所示的完全关联矩阵 $\boldsymbol{M}$。

解 将图 6-24 所示的节点和边按下标顺序编序,则其完全关联矩阵为

$$M=\begin{array}{c}\\v_1\\v_2\\v_3\\v_4\\v_5\end{array}\begin{array}{c}\begin{array}{ccccccc}e_1&e_2&e_3&e_4&e_5&e_6&e_7\end{array}\\\begin{bmatrix}1&1&0&0&1&1&0\\1&1&1&0&0&0&0\\0&0&1&1&0&1&0\\0&0&0&1&1&0&2\\0&0&0&0&0&0&0\end{bmatrix}\end{array}$$

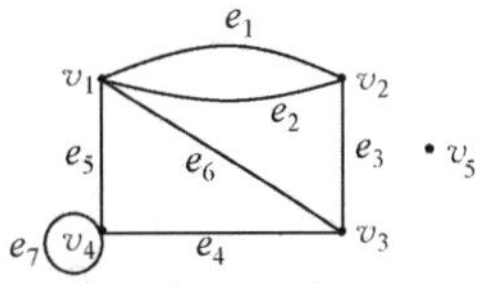

图 6-24 例 6.3.5 的图

注　无向图的完全关联矩阵能够反映出图的一些性质：

① 完全关联矩阵 $\boldsymbol{M}(G)$ 的每一列中或有且仅有两个 1 或仅有一个 2。

② $\boldsymbol{M}(G)$ 的每一行元素的和是对应节点的度数。

③ 元素全为 0 的行对应的节点为孤立点。

④ 平行边对应的两列相同。

⑤ 同一图 G，当节点或边的编序不同时，其对应的完全关联矩阵 $\boldsymbol{M}(G)$ 仅是行序和列序不相同，矩阵中非零元素（或零元素）的总数不会改变。

⑥　定义中 G 若为简单无向图，则完全关联矩阵中不可能有两列相同，也不可能在矩阵中出现 2。

定义 6.3.4　设简单有向图 $G=\langle V,E\rangle$，$V=\{v_1,\cdots,v_p\}$，$E=\{e_1,\cdots,e_q\}$，称 $p\times q$ 阶矩阵 $\boldsymbol{M}(G)=(m_{ij})_{p\times q}$ 为有向图 G 的完全关联矩阵。其中

$$m_{ij}=\begin{cases}1, & \text{若 } v_i \text{ 是 } e_j \text{ 的起点}\\ -1, & \text{若 } v_i \text{ 是 } e_j \text{ 的终点}\\ 0, & \text{若 } v_i \text{ 与 } e_j \text{ 不关联}\end{cases}$$

例 6.3.6　求图 6-25 中所示图的完全关联矩阵。

解

$$\boldsymbol{M}=\begin{matrix} & e_1 & e_2 & e_3 & e_4 & e_5 & e_6 & e_7 \\ v_1 \\ v_2 \\ v_3 \\ v_4 \\ v_5 \end{matrix}\begin{bmatrix}1 & 0 & 0 & 0 & 1 & 1 & 1\\ -1 & 1 & 0 & 0 & 0 & 0 & 0\\ 0 & -1 & 1 & 0 & 0 & 0 & -1\\ 0 & 0 & -1 & 1 & 0 & -1 & 0\\ 0 & 0 & 0 & -1 & -1 & 0 & 0\end{bmatrix}$$

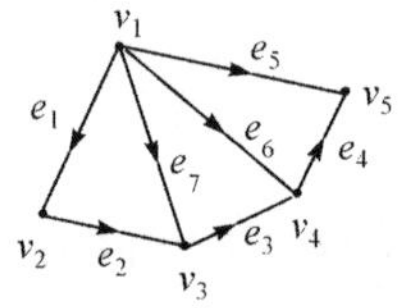

图 6-25　例 6.3.6 的图

注　有向简单图 G 的完全关联矩阵反映出图的一些性质：

① 每一列中有且仅有一个 1 和一个 −1，对应边的一个起点和一个终点，元素和为零。

② 每一行正元素之和是对应节点的出度，负元素代数和的绝对值是对应节点的入度。

③ 元素全为 0 的行对应的节点为孤立点。

④ 任意两列不可能完全相同。

⑤ 矩阵中 1 的总个数等于 −1 的总个数，都是图 G 的边数。

⑥ 同一图 G，当节点或边的编序不相同时，其对应的完全关联矩阵 $\boldsymbol{M}(G)$ 仅有行序和列序的差别。

下面讨论完全关联矩阵中合并节点的问题。

若把节点 v_i 对应行记为 $\vec{v}_i$，将 $\vec{v}_i$ 与 $\vec{v}_j$ 相加，规定为：

(1) 当图是有向图时，指对应分量的普通加法运算。

(2) 当图是无向图时，指对应分量的模 2 加法运算。

把这种运算记为 $\vec{v}_i\oplus\vec{v}_j=\vec{v}_{ij}$。实施这种运算，实际上相当于把图 G 的节点 v_i 与 v_j 合并，合并后若得到环，则需删除。

设图 G 中的节点 v_i 与 v_j 合并后得到新图 G'，那么 $\boldsymbol{M}(G')$ 便是将 $\boldsymbol{M}(G)$ 中 $\vec{v}_i$ 与 $\vec{v}_j$ 相加而得。这是因为，考虑 $\vec{v}_{ij}$ 中的第 r 个分量。若有 $a_{ir}\oplus a_{jr}=\pm1$，则 v_i 与 v_j 中只可能有一个是边 e_r 的端点，且将两个节点合并后的节点 $v_{i,j}$ 仍为 e_r 的端点。

若有 $a_{ir}\oplus a_{jr}=0$，则有如下两种情况：

① v_i 与 v_j 都不是 e_r 的端点，那么 $v_{i,j}$ 也不是 e_r 的端点；

② v_i 与 v_j 都是 e_r 的端点，那么 e_r 在 G' 中成为 $v_{i,j}$ 的自回路（规定若图 G 中无自回路，而因某种运算得到了自回路，则将此自回路删去）。

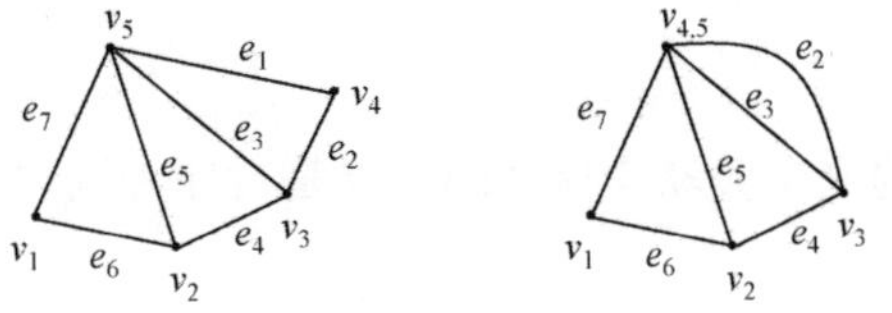

图G　　图G'

图 6-26　合并前、后无向图节点

此外，在 $\boldsymbol{M}(G')$ 中若有某些列，其元素全为 0，则说明由 G 中的一些节点合并后，一些对应边随之消失。

例 6.3.7　在图 6-26 的图 G 中，合并节点 v_4 与 v_5，删去边 e_1，得到图 G'。

图 G' 的完全关联矩阵 $\boldsymbol{M}(G')$ 即是由 $\boldsymbol{M}(G)$ 中将第 4 行加到第 5 行而得到。

$$\boldsymbol{M}(G)=\begin{bmatrix} 0 & 0 & 0 & 0 & 0 & 1 & 1 \\ 0 & 0 & 0 & 1 & 1 & 1 & 0 \\ 0 & 1 & 1 & 1 & 0 & 0 & 0 \\ 1 & 1 & 0 & 0 & 0 & 0 & 0 \\ 1 & 0 & 1 & 0 & 1 & 0 & 1 \end{bmatrix}$$

$$\boldsymbol{M}(G')=\begin{bmatrix} 0 & 0 & 0 & 0 & 0 & 1 & 1 \\ 0 & 0 & 0 & 1 & 1 & 1 & 0 \\ 0 & 1 & 1 & 1 & 0 & 0 & 0 \\ 0 & 1 & 1 & 0 & 1 & 0 & 1 \end{bmatrix}$$

例 6.3.8　合并图 6-27 所示的图 G 中的节点 v_2 与 v_3，删去路 e_2，得到图 G'。

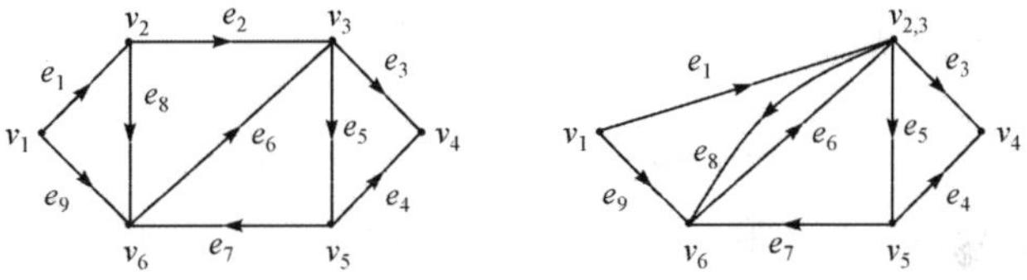

图G　　图G'

图 6-27　有向图的节点合并

其关联矩阵分别为

$$\boldsymbol{M}(G)=\begin{bmatrix} 1 & 0 & 0 & 0 & 0 & 0 & 0 & 0 & 1 \\ -1 & 1 & 0 & 0 & 0 & 0 & 0 & 1 & 0 \\ 0 & -1 & 1 & 0 & 1 & -1 & 0 & 0 & 0 \\ 0 & 0 & -1 & -1 & 0 & 0 & 0 & 0 & 0 \\ 0 & 0 & 0 & 1 & -1 & 0 & 1 & 0 & 0 \\ 0 & 0 & 0 & 0 & 0 & 1 & -1 & -1 & -1 \end{bmatrix}$$

$$\boldsymbol{M}(G')=\begin{bmatrix} 1 & 0 & 0 & 0 & 0 & 0 & 0 & 0 & 1 \\ -1 & 0 & 1 & 0 & 1 & -1 & 0 & 1 & 0 \\ 0 & 0 & -1 & -1 & 0 & 0 & 0 & 0 & 0 \\ 0 & 0 & 0 & 1 & -1 & 0 & 1 & 0 & 0 \\ 0 & 0 & 0 & 0 & 0 & 1 & -1 & -1 & -1 \end{bmatrix}$$

显然，图 G' 的完全关联矩阵 $\boldsymbol{M}(G')$ 是由 $\boldsymbol{M}(G)$ 中将第 2 行元素加到第 3 行对应元素上而得到的。

定理 6.3.2　如果一个连通图 $G=\langle V,E\rangle$ 有 r 个节点，则其完全关联矩阵 $\boldsymbol{M}(G)$ 的秩为 r

－1，即 rank $\boldsymbol{M}(G)=r-1$。

分析　利用线性代数中矩阵的初等变换不改变矩阵的秩的结论和方法。

证明　以无向简单图为例进行证明。

因为图 G 是连通的，有 r 个节点，所以 $\boldsymbol{M}(G)$ 共有 r 行，且任一行不可能全为 0，每一列有且仅有两个 1。

(1) 把 $\boldsymbol{M}(G)$ 的前 $r-1$ 行加到最后一行上（作模 2 加法运算），得到矩阵 $\boldsymbol{M}_1(G)$，其最后一行全为 0，其余行与 $\boldsymbol{M}(G)$ 相同。由矩阵秩的性质，得

$$\text{rank } \boldsymbol{M}(G)=\text{rank } \boldsymbol{M}_1(G)\leqslant r-1$$

(2) 设 $\boldsymbol{M}(G)$ 的第一列对应边 e，且 e 的端点为 v_i 和 v_j，将 $\boldsymbol{M}(G)$ 的第一行与第 i 行对换，此时 $\boldsymbol{M}(G)$ 首列中的两个 1 分别在第一行和第 j 行，再把第一行加到第 j 行上（作模 2 加法运算），则得到矩阵 $\boldsymbol{M}'(G)$，它的第一列中仅有首元素为 1，其余元素均为 0。即

$$\boldsymbol{M}'(G)=\begin{array}{c} \\ v_i \\ v_2 \\ \cdots \\ v_1 \\ \cdots \\ v_{ij} \\ \cdots \\ v_r \end{array}\begin{array}{c} e\cdots\cdots\cdots\cdots \\ \left[\begin{array}{c|cc} 1 & \cdots & \cdots \\ \hline 0 & & \\ \vdots & & \\ 0 & \boldsymbol{M}'(G_1) & \\ \vdots & & \\ 0 & & \\ \vdots & & \\ 0 & & \end{array}\right] \end{array}$$

其中，$\boldsymbol{M}'(G_1)$ 是 $\boldsymbol{M}'(G)$ 删去第一行和第一列后所得到的矩阵。

因为 $\boldsymbol{M}'(G_1)$ 是图 G_1 的完全关联矩阵，而 G_1 是将图 G 中的两个节点 v_i 和 v_j 合并后得到的，由于 G 是连通的，故 G_1 也必连通，所以 $\boldsymbol{M}'(G_1)$ 中也无全为 0 的行。

若 $\boldsymbol{M}'(G_1)$ 的第一列全为 0，则不防将 $\boldsymbol{M}'(G_1)$ 中任一非零列与第一列对换。然后，再通过调换行序以及把一行加到另外一行上这两种运算，使得 $\boldsymbol{M}'(G_1)$ 的第一列中只有首元素为 1，其余元素全为 0。即得到

$$\boldsymbol{M}^2(G)=\begin{bmatrix} 1 & & \cdots \\ 0 & 1 & \\ \vdots & \vdots & \boldsymbol{M}'(G_2) \\ 0 & 0 & \end{bmatrix}$$

继续上述运算，经过 $r-1$ 步，最终将 $\boldsymbol{M}(G)$ 变换为

$$\boldsymbol{M}^{r-1}(G)=\begin{bmatrix} 1 & & & & & & & \\ 0 & 1 & & & & & & \\ 0 & 0 & 1 & & & & & \\ 0 & 0 & 0 & & & & & \\ \vdots & \vdots & \vdots & \ddots & & & & \\ 0 & 0 & \cdots & & 1 & & & \\ 0 & 0 & \cdots & & 0 & 0 & \cdots & 0 \end{bmatrix}$$

即 $\boldsymbol{M}^{r-1}(G)$ 中有一个 $(r-1)$ 阶子阵其行列式不为 0。又因为 $\boldsymbol{M}(G)$ 的秩和 $\boldsymbol{M}^{r-1}(G)$ 的秩相同，所以 rank $\boldsymbol{M}(G)=\text{rank } \boldsymbol{M}^{r-1}(G)\geqslant r-1$。

由(1)和(2)得 rank $\boldsymbol{M}(G)=r-1$。 ■

例 6.3.9 验证图 6-28 中所示图的完全关联矩阵的秩满足定理 6.3.2。

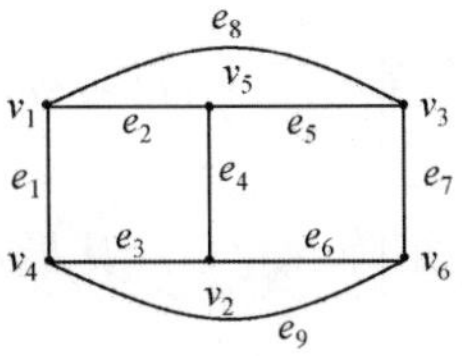

图 6-28 例 6.3.9 的图

解 完全关联矩阵为

$$\boldsymbol{M}=\begin{bmatrix}1&1&0&0&0&0&0&1&0\\0&0&1&1&0&1&0&0&0\\0&0&0&0&1&0&1&1&0\\1&0&1&0&0&0&0&0&1\\0&1&0&1&1&0&0&0&0\\0&0&0&0&0&1&1&0&1\end{bmatrix}$$

$$\xrightarrow{r_4\oplus r_1}\begin{bmatrix}1&1&0&0&0&0&0&1&0\\0&0&1&1&0&1&0&0&0\\0&0&0&0&1&0&1&1&0\\0&1&1&0&0&0&0&1&1\\0&1&0&1&1&0&0&0&0\\0&0&0&0&0&1&1&0&1\end{bmatrix}\xrightarrow{r_2\leftrightarrow r_4}\begin{bmatrix}1&1&0&0&0&0&0&1&0\\0&1&1&0&0&0&0&1&1\\0&0&0&0&1&0&1&1&0\\0&0&1&1&0&1&0&0&0\\0&1&0&1&1&0&0&0&0\\0&0&0&0&0&1&1&0&1\end{bmatrix}$$

$$\xrightarrow{r_5\oplus r_2}\begin{bmatrix}1&1&0&0&0&0&0&1&0\\0&1&1&0&0&0&0&1&1\\0&0&0&0&1&0&1&1&0\\0&0&1&1&0&1&0&0&0\\0&0&1&1&1&0&0&1&1\\0&0&0&0&0&1&1&0&1\end{bmatrix}\xrightarrow{r_3\leftrightarrow r_4}\begin{bmatrix}1&1&0&0&0&0&0&1&0\\0&1&1&0&0&0&0&1&1\\0&0&1&1&0&1&0&0&0\\0&0&0&0&1&0&1&1&0\\0&0&1&1&1&0&0&1&1\\0&0&0&0&0&1&1&0&1\end{bmatrix}$$

$$\xrightarrow{r_5\oplus r_3}\begin{bmatrix}1&1&0&0&0&0&0&1&0\\0&1&1&0&0&0&0&1&1\\0&0&1&1&0&1&0&0&0\\0&0&0&0&1&0&1&1&0\\0&0&0&0&1&1&0&1&1\\0&0&0&0&0&1&1&0&1\end{bmatrix}\xrightarrow{c_4\leftrightarrow c_5}\begin{bmatrix}1&1&0&0&0&0&0&1&0\\0&1&1&0&0&0&0&1&1\\0&0&1&0&1&1&0&0&0\\0&0&0&1&0&0&1&1&0\\0&0&0&1&0&1&0&1&1\\0&0&0&0&0&1&1&0&1\end{bmatrix}$$

$$\xrightarrow{r_4\oplus r_5}\begin{bmatrix}1&1&0&0&0&0&0&1&0\\0&1&1&0&0&0&0&1&1\\0&0&1&1&0&1&0&0&0\\0&0&0&1&0&0&1&1&0\\0&0&0&0&0&1&1&0&1\\0&0&0&0&0&1&1&0&1\end{bmatrix}\xrightarrow{c_5\leftrightarrow c_6}\begin{bmatrix}1&1&0&0&0&0&0&1&0\\0&1&1&0&0&0&0&1&1\\0&0&1&1&1&0&0&0&0\\0&0&0&1&0&0&1&1&0\\0&0&0&0&1&0&1&0&1\\0&0&0&0&1&0&1&0&1\end{bmatrix}$$

$$\xrightarrow{r_6\oplus r_5}\begin{bmatrix}1&1&0&0&0&0&0&1&0\\0&1&1&0&0&0&0&1&1\\0&0&1&1&0&1&0&0&0\\0&0&0&1&0&0&1&1&0\\0&0&0&0&1&0&1&0&1\\0&0&0&0&0&0&0&0&0\end{bmatrix}$$

最后一个矩阵的秩为 5,即 rank $\boldsymbol{M}(G)=6-1=5$。

推论 设图 G 有 r 个节点,w 个最大连通分支,则图 G 的完全关联矩阵 $\boldsymbol{M}(G)$ 的秩为 $r-w$,即 rank $\boldsymbol{M}(G)=r-w$。

证明 设 w 个最大连通分支分别为 $G_1,G_2,\cdots,G_w$,且 G_1 有 r_1 个节点,$\cdots$,G_w 有 r_w 个节

点，显然 $r_1+r_2+\cdots+r_w=r$。

由定理 6.3.2 知，$\text{rank}\,\boldsymbol{M}(G_1)=r_1-1,\cdots,\text{rank}\,\boldsymbol{M}(G_w)=r_w-1$。所以

$$\begin{aligned}\text{rank}\,\boldsymbol{M}(G)&=\text{rank}\,\boldsymbol{M}(G_1)+\text{rank}\,\boldsymbol{M}(G_2)+\cdots+\text{rank}\,\boldsymbol{M}(G_w)\\&=(r_1-1)+(r_2-1)+\cdots+(r_w-1)\\&=r_1+r_2+\cdots+r_w-(1+1+\cdots+1)\\&=r-w\end{aligned}$$
■

利用图的邻接矩阵和可达性矩阵可以判断图的连通性。

(1) 无向图 G 为连通图的必要条件是 G 的完全关联矩阵 $\boldsymbol{M}$ 中没有全为 0 的行。

(2) 无向图 G 为连通图的充要条件是图 G 的连通矩阵 $\boldsymbol{P}$ 除主对角线元素外所有元素均为 1。

(3) 有向图 G 为强连通的充要条件是图 G 的可达性矩阵 $\boldsymbol{P}$ 除主对角线元素外所有元素均为 1。

(4) 有向图 G 为弱连通的充要条件是以图 G 的邻接矩阵 $\boldsymbol{A}$ 及其转置矩阵 $\boldsymbol{A}^{\mathrm{T}}$ 组成的矩阵 $\boldsymbol{A}'=\boldsymbol{A}\oplus\boldsymbol{A}^{\mathrm{T}}$，其对应的可达性矩阵中，除主对角线元素外所有元素均为 1。

(5) 有向图 G 为单侧连通的充要条件是图 G 的可达性矩阵 $\boldsymbol{P}$ 及其转置矩阵 $\boldsymbol{P}^{\mathrm{T}}$ 组成的矩阵 $\boldsymbol{P}'=\boldsymbol{P}\oplus\boldsymbol{P}^{\mathrm{T}}$ 中，除主对角线元素外所有元素均为 1。

其中，上述运算 $\oplus$ 为布尔加法。

利用图的可达性矩阵还可以求得图的所有强分图。

设 $\boldsymbol{P}=(p_{ij})$ 是有向图 G 的可达性矩阵，定义 n 阶方阵 $\boldsymbol{C}=\boldsymbol{P}\cdot\boldsymbol{P}^{\mathrm{T}}=(c_{ij})$，其中

$$c_{ij}=\begin{cases}1, & i=j\\ p_{ij}\wedge p_{ji}, & i\neq j\end{cases}$$

其中，"·"为布尔乘法。若 $\boldsymbol{C}$ 的第 i 行元素中非零元素的列标分别为 $i_1,i_2,\cdots,i_k$，则以 $v_{i_1},v_{i_2},\cdots,v_{i_k}$ 为顶点的子图便是原图的一个强分图。

例 6.3.10 试判断图 6-29 中图的连通性，并求其所有强分图。

解 图的邻接矩阵为

$$\boldsymbol{A}=\begin{bmatrix}1&1&1&0\\1&0&1&0\\0&0&0&1\\0&0&1&0\end{bmatrix},\quad \boldsymbol{P}=\begin{bmatrix}1&1&1&1\\1&1&1&1\\0&0&1&1\\0&0&1&1\end{bmatrix}$$

$$\boldsymbol{P}\oplus\boldsymbol{P}^{\mathrm{T}}=\begin{bmatrix}1&1&1&1\\1&1&1&1\\1&1&1&1\\1&1&1&1\end{bmatrix},\quad \boldsymbol{P}\cdot\boldsymbol{P}^{\mathrm{T}}=\begin{bmatrix}1&1&0&0\\1&1&0&0\\0&0&1&1\\0&0&1&1\end{bmatrix}$$

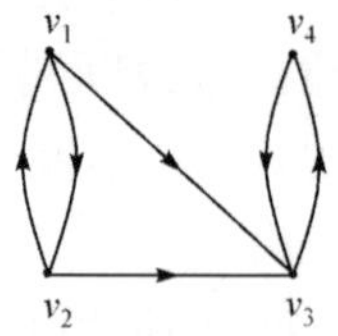

图 6-29 例 6.3.10 的图

因为图 G 的可达性矩阵元素不全为 1，所以 G 不是强连通图，$\boldsymbol{P}\oplus\boldsymbol{P}^{\mathrm{T}}$ 元素全为 1，所以 G 是单侧连通图，图 G 有 2 个强分图，分别是节点子集 $\{v_1,v_2\}$ 和 $\{v_3,v_4\}$ 所导出的子图。

例 6.3.11 试写出图 6-30 所示的邻接矩阵和完全关联矩阵。

解 邻接矩阵 $\boldsymbol{A}=\begin{bmatrix}0&1&1&0&1\\1&0&0&1&1\\1&0&0&1&1\\0&1&1&0&1\\1&1&1&1&0\end{bmatrix}$

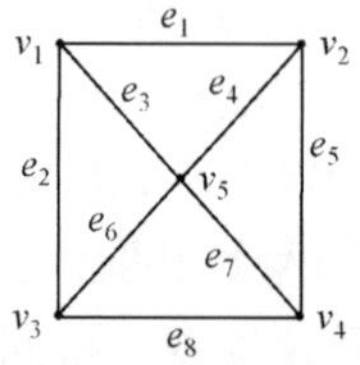

图 6-30 例 6.3.11 的图

完全关联矩阵

$$
M=\begin{bmatrix}1&1&1&0&0&0&0&0\\1&0&0&1&1&0&0&0\\0&1&0&0&0&1&0&1\\0&0&0&0&1&0&1&1\\0&0&1&1&0&1&1&0\end{bmatrix}
$$

6.4 欧拉图和哈密尔顿图

6.4.1 欧拉图

18 世纪中叶,欧拉解决了著名的哥尼斯堡七桥问题,开创了图论的新天地。普鲁士的哥尼斯堡城有一条贯穿全城的普雷格尔河,河中有两个岛屿,7 座桥梁巧妙地将两岸与岛屿及岛屿间连接起来,如图 6-31(a)所示。每逢节假日,城中居民进行环城游览,久而久之,有人提出这样一个问题:能不能不重复地从某地出发走完每座桥一次且仅一次,最后再回到出发点。这个问题似乎不难,很多人都作出了尝试,却都没能获得成功。

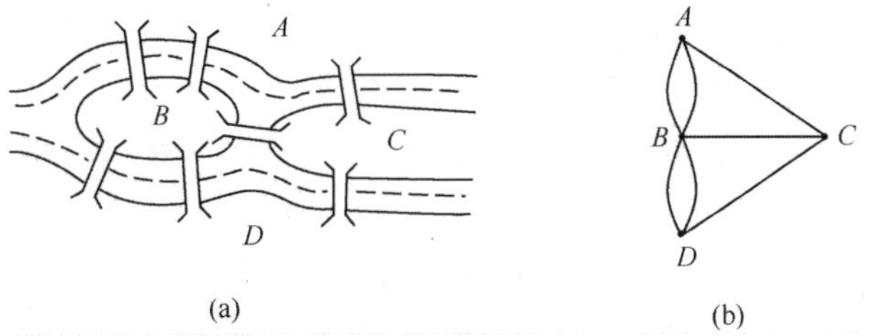

图 6-31 哥尼斯堡七桥问题

于是有人写信给瑞士数学家欧拉,以寻求答案。人们的失败使欧拉猜想,也许这样的路根本就不存在。经过认真研究,欧拉把实际的问题抽象简化为平面上的点与线的组合,城的 4 个陆地与 7 座桥的关系用一个抽象的图形描述,其中 4 个陆地分别用 4 个点表示,而把桥看做点间的边,于是哥尼斯堡七桥问题就成为图 6-31(b)中是否存在经过每条边一次且仅一次的回路问题,或者说,能否从某个点出发一笔(每条边只能画一次)画出整个图。欧拉在 1736 年发表了一篇论文,并在圣彼得堡科学院作了一次报告。他提出了一条简单的准则,证明了自己的猜想,同时还提出并解决了一个具有普遍意义的问题:在什么样的图中才能找到一条通过图中每条边一次且仅一次的回路?这篇论文被认为是图论的起源,建立了欧拉图论存在性的完整理论,欧拉被称为图论之父。七桥问题引发了网络理论的研究,对解决最短邮路等问题很有帮助。

定义 6.4.1 设无向图 G 中没有孤立点,若存在一条路(或回路),经过图中每边一次且仅一次,则称此路(或回路)为欧拉路(或欧拉回路)。

具有欧拉回路的图称为欧拉图,记作 E 图。

规定 平凡图是欧拉图。

显然欧拉图必然是连通图,欧拉回路(或路)是经过图中所有边的路中长度最短的回路(或路)。

欧拉发现七桥问题图 6-31(b)是连通的,且从某一点出发,中间每经过一点总有进去的一条边和出来的一条边,所以除起点和终点外,每个点都应该和偶数条边相邻接。若起点和终点

不重合，则起点和终点必与奇数条边相邻接。于是得到判定欧拉路(回路)的方法。

定理 6.4.1　无向图 G 具有一条欧拉路(欧拉回路)的充要条件是 G 是连通的，且有两个(零个)奇数度节点。

证明　先证必要性。

设 G 有欧拉路 L：$v_0e_1v_1e_2\cdots e_kv_k$，其中节点可能重复，但边不重复。因为欧拉路 L 经过所有节点，所以 G 中无孤立点，且 L 含有 G 的所有边，即任意两个节点间有路，因此 G 是连通的。对 L 中任一非端点的节点 v_i 在 L 中每出现一次，必关联两条不同的边，故 v_i 的度数必定是偶数。对于端点，若 $v_0=v_k$，此时欧拉路 L 为回路，则 $\deg(v_0)$ 为偶数，图 G 中有零个奇数度节点。若 $v_0\neq v_k$，则 $\deg(v_0)$ 必为奇数，且 $\deg(v_k)$ 也为奇数，即 G 中有两个奇数度节点。

再证充分性。

在题设条件下，构造一条欧拉路或欧拉回路。

(1) 若有两个奇数度节点，则从其中一个节点开始构造一条迹，即从 v_0 出发经过关联边 e_1 进入 v_1，若 $\deg(v_1)$ 为偶数，则必可由 v_1 再经过关联边 e_2 进入 v_2，…，如此下去，每边仅取一次，由于 G 是连通的，故必可到达另一奇数度节点停下，从而得到一条迹 L_1：$v_0e_1v_1e_2\cdots e_kv_k$。

若 G 中没有奇数度节点，则从任一节点 v_i 出发，用上述方法必可回到节点 v_i，于是也可得到一条闭迹。

(2) 若 L_1 已含有 G 的所有边，则 L_1 为所求的欧拉路(或欧拉回路)。

(3) 若 L_1 没含有 G 的所有边，则从 G 中去掉 L_1 后，得子图 G'。显然 G' 中所有节点度数均为偶数。因为 G 是连通的，所以 G' 中至少有一个节点 v_i 与 L_1 重合，在 G' 中由 v_i 出发重复(1)的做法，便可得到闭迹 L_2。

(4) 若 L_1 和 L_2 合并起来恰好为 G 时，则 L_1 和 L_2 就组成一条欧拉路；否则，重复(3)的做法，可得到闭迹 L_3，依次类推，便得到一条欧拉路(或欧拉回路)，经过 G 的所有边。■

由此定理，哥尼斯堡七桥问题中奇数度节点不只两个，所以不存在欧拉回路，甚至也不存在欧拉路，故该问题无解。

与七桥问题类似的是一笔画问题，要判断一个图 G 是否可以一笔画出，有两种情况：一是从 G 中某个节点出发，经过 G 的每条边一次且仅一次到达另一个节点；另一种就是从 G 的某个节点出发，经过 G 的每条边一次且仅一次再回到该节点。上述两种情况分别可以由欧拉路和欧拉回路的判定条件予以解决。

七桥问题看似一个几何问题，但是该问题中桥的准确位置和长度并不重要，重要的是陆地间桥的连接情况，即各节点和边的邻接状态，所以欧拉将这类问题称为位置几何学。该定理也称为一笔画定理，从而彻底解决了一笔画问题，给出的充分必要条件简单明了，容易验证，使用也相当方便。

例 6.4.1　确定 n 取何值，完全图 K_n 有一条欧拉回路。

解　因为完全图 K_n 中每个节点的度数均为 $n-1$，所以当 n 为奇数时，完全图 K_n 有欧拉回路。

例 6.4.2　图 6-32 中所示的三个无向图，哪些是欧拉图？

解　图 6-32(a)中有 3 个节点度数为 2，1 个节点度数为 4，所以是欧拉图。

图 6-32(b)中有 2 个 2 度节点，2 个 3 度节点，所以不是欧拉图．但存在欧拉路。

图 6-32(c)中有 4 个 3 度节点，所以不是欧拉图，也不存在欧拉路。

欧拉路和欧拉回路的概念可以推广到有向图中。

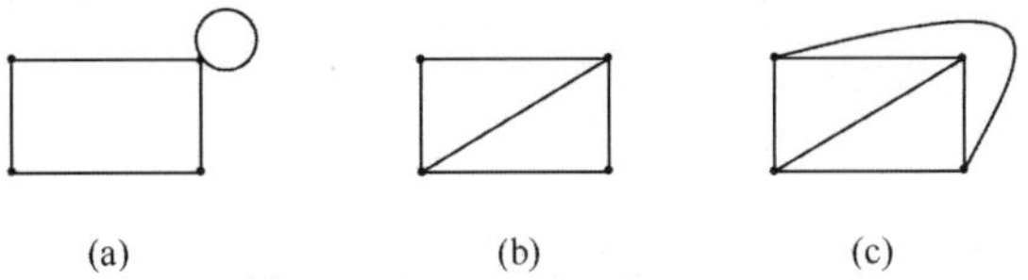

图 6-32　例 6.4.2 的图

定义 6.4.2　在无孤立点的有向图中，称经过每条边一次且仅一次的单向路(或回路)为单向欧拉路(或单向欧拉回路)。

定理 6.4.2　设 G 是有向图，则

(1) G 中有一条单向欧拉回路的充要条件是 G 是强连通的，且每个节点的入度等于出度。

(2) G 中有一条单向欧拉路的充要条件是 G 是单侧连通的，且除两个节点外，每个节点的入度等于其出度。但这两个节点中，一个节点的入度比出度大 1，另一个节点的入度比出度小 1。

这个定理可以看做是定理 6.4.1 的推广，因为在有向图中，任一节点若其出度等于其入度，则该节点总度数为偶数。若出度与入度之差为 1，则该节点的总度数为奇数。因此，可类似地进行证明。

对无奇数度节点的连通图 $G=\langle V,E\rangle$，按下面的 Fleury 算法可以得到一条欧拉回路。

Fleury 算法：求连通图的欧拉回路

输入：图的顶点集 V，边集 E

输出：欧拉回路

步骤 1 任取 $v_0\in V(G)$，令 $T=v_0$；

步骤 2 设 $T=v_0e_1v_1e_2\cdots e_i\,v_i$ 是已选取的一条简单通路，按下面的方法从 $E-\{e_1,e_2,\cdots,e_i\}$ 中选取下一条边 e_{i+1}：

① 与 v_i 相关联。

② 如果与 v_i 相关联的边中，e_{i+1} 不是 $G-\{e_1,e_2,\cdots,e_i\}$ 的割边，则优先选取 e_{i+1}。

步骤 3 将 $e_{i+1}=(v_i,v_{i+1})$ 及 v_{i+1} 添加到 T 末尾。

步骤 4 重复步骤 2 和步骤 3 的过程，直到遍历 E 中的所有边，T 即为欧拉回路。

6.4.2　哈密尔顿图

哈密尔顿图是图论中与欧拉图类似的著名问题。爱尔兰数学家、物理学家哈密尔顿在 1859 年发明了一种游戏——“周游世界问题”：在一个正十二面体上有 20 个顶点，分别表示世界上 20 个著名城市，每条棱表示城市间的一条交通线。要求游戏者从任何一个顶点出发沿棱前进，经过每个顶点一次且仅一次，并回到出发点。为了研究方便，将原图压缩到一个平面上考虑，如图 6-33 所示，按其中所给的编号顺序前进，便得到它的解。

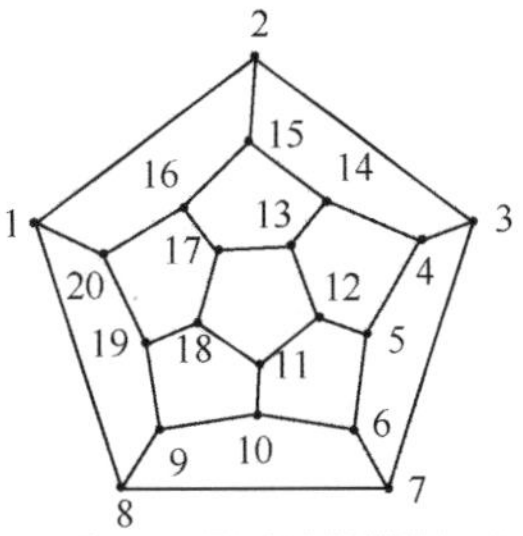

图 6-33　哈密尔顿图

定义 6.4.3　给定图 G，若存在一条路(或回路)经过图中每个节点一次且仅一次，称此路(或回路)为哈密尔顿路(或哈密尔顿

回路)。

有哈密尔顿回路的图称为哈密尔顿图,记为 H 图。

规定　平凡图是哈密尔顿图。

可以说,欧拉图问题考虑边的可行遍性,哈密尔顿图问题考虑点的可行遍性。

注　① 存在哈密尔顿路或回路的图一定是连通的。

② 如果图中存在哈密尔顿回路,则一定存在哈密尔顿路;反之不然。

例 6.4.3　图 6-34 中的图哪些是哈密尔顿图?

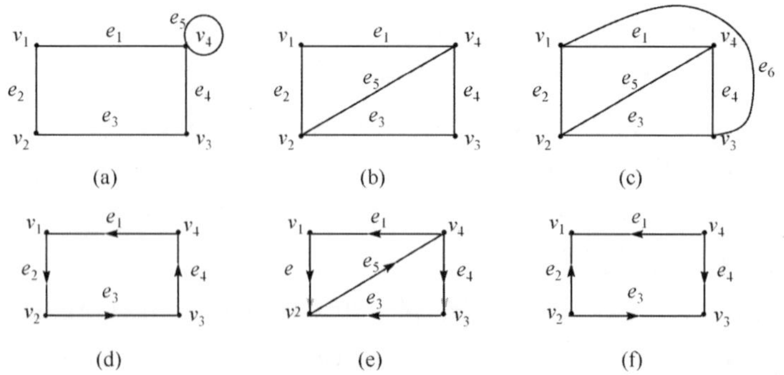

图 6-34　例 6.4.3 的图

解　图 6-34(a)～(d)都有哈密尔顿回路,它们都是哈密尔顿图;

图 6-34(e)只有哈密尔顿路,没有哈密尔顿回路;

图 6-34(f)既没有哈密尔顿回路,也没有哈密尔顿路。

虽然哈密尔顿回路与欧拉回路在构造形式上极其相似,但要确定一个图是否为哈密尔顿图却十分困难,目前为止还没有找到判定一个图为哈密尔顿图的充要条件,成为图论中久而未解的主要问题之一。下面分别介绍哈密尔顿图的必要条件和充分条件。

定理 6.4.3(哈密尔顿回路的必要条件)　若图 $G=\langle V,E\rangle$ 具有哈密尔顿回路,则对于节点集 V 的每个非空子集 S 均有 $W(G-S)\leqslant|S|$ 成立,其中 $W(G-S)$ 是 $G-S$ 的连通分支数。

证明　设 C 是 G 的一条哈密尔顿回路,对于 V 的任意一个非空子集 S,在 C 中删去 S 中任一节点 a_1,则 $C-a_1$ 是连通的非回路,即 $W(C-a_1)=1$。若再删去 S 中另一节点 a_2,则 $W(C-a_1-a_2)\leqslant 2$。由归纳法可得:$W(C-S)\leqslant|S|$。同时 $C-S$ 是 $G-S$ 的一个生成子图,故 $C-S$ 中的连通分支数必大于或等于 $G-S$ 中的连通分支数,即 $W(G-S)\leqslant W(C-S)$,所以 $W(G-S)\leqslant|S|$。　■

此定理是哈密尔顿图的必要条件,若一个图不满足定理中的条件,则它一定不是哈密尔顿图。但定理不是充分条件,如图 6-35所示的彼得森图,记作 P 图。对节点集的任一非空子集 S,均有 $W(P-S)\leqslant|S|$ 成立,满足定理 6.4.3 的条件,但 P 图不是哈密尔顿图。

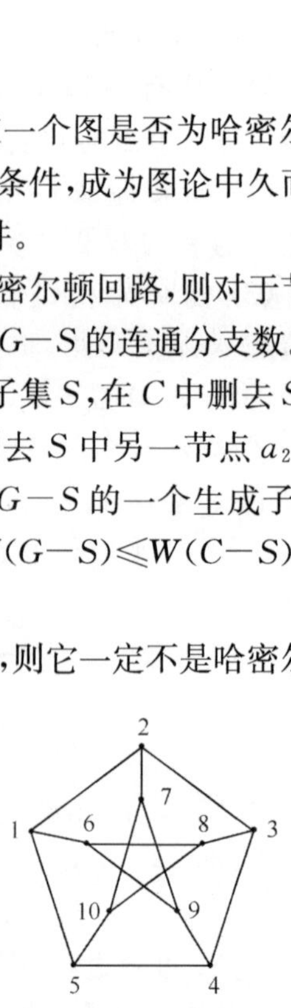

图 6-35　彼得森图

反证。若 P 图是 H 图,即存在 H 回路 C,因为每个节点度数都为 3,所以每个节点都恰有不属于 C 的一条关联边,不妨设 $(1,2)\notin C$,则对于节点 1 和节点 2 而言,$(1,6)$,$(1,5)$,$(2,7)$,$(2,3)$ 均属于 C。

取边 $(8,10)$,有以下两种可能情况。

① 若(8,10)∉C,则边(8,3),(8,6),(10,5),(10,7)均属于C,此时,上述属于C的8条边即形成一个圈:1—5—10—7—2—3—8—6—1。

② 若(8,10)∈C,则边(10,5),(10,7)中有一条边不属于C,不妨设(10,7)∉C,则边(7,9),(10,5)属于C,从而(5,4)∉C,(4,9)、(4,3)∈C,此时下述5条边构成一个圈:2—7—9—4—3—2。

因为C是H回路,应含有不重复的10条边,所以C中部分边不能形成圈。若部分边能形成圈,则另一部分边也形成圈时,那么C中某一节点将不止一次经过,C就不能是H图。另一部分边不形成圈时,C不是圈,更谈不上H圈。

以上矛盾说明,P图不可能是H图。

通常定理6.4.3的使用在于它的逆否命题,即若存在节点集V的非空子集S,使$W(G-S)>|S|$,则G不是H图。特别地,若G有割点b,则G不是H图。

定理6.4.4(哈密尔顿路的充分条件)　设图G是有n个节点的简单图,若对任意两个节点u和v,都有$\deg(u)+\deg(v)\geqslant n-1$,则$G$中存在一条哈密尔顿路。

证明　首先,证明G是连通图。

设G有两个(或以上)互不连通的子图,设一个子图有n_1个节点,任取一个节点v_1,另一个子图有n_2个节点,任取一个节点v_2。因为G是简单图,故两个子图也只能是简单图,所以$\deg(v_1)\leqslant n_1-1$,$\deg(v_2)\leqslant n_2-1$,于是

$$\deg(v_1)+\deg(v_2)\leqslant n_1+n_2-2=n-2<n-1$$

这与定理条件矛盾,故G连通。

其次,实际地构造一条哈密尔顿路。

设G中有一条路长为$p-1$的H路,它的节点序列为$v_1v_2\cdots v_p$,其中$p<n$(若$p>n$,则不可能构成n节点的H路;若$p=n$,则该路即为所求)。

(1) 如果v_1或v_p邻接于不在这条路上的另一个节点v,则扩展该路,使它包含v,从而得到路长为p的H路。

(2) 如果v_1和v_p都只邻接于这条路上的节点,以下证明在这种情况下,存在一条回路包含节点$v_1,v_2,\cdots,v_p$。

① 若v_1邻接于v_p,则$v_1v_2\cdots v_pv_1$即为所求回路。

② 若与v_1邻接的节点有k个,即$\{v_l,v_m,\cdots,v_j,\cdots,v_t\}$,其中$2\leqslant l,m,\cdots,j,\cdots,t\leqslant p-1$。如果$v_p$邻接$v_{l-1},v_{m-1},\cdots,v_{j-1},\cdots,v_{t-1}$中之一,例如是$v_{j-1}$,如图6-36所示,则$v_1v_2\cdots v_{j-1}v_pv_{p-1}\cdots v_jv_1$形成包含节点$v_1,v_2,\cdots,v_p$的回路。

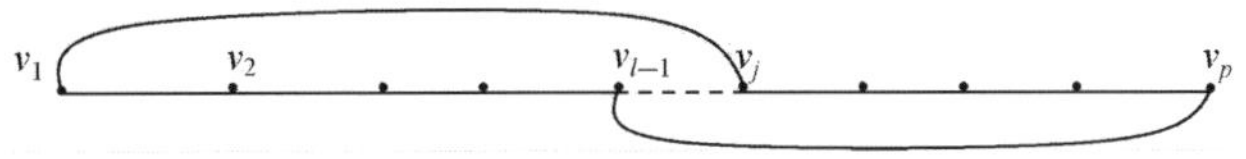

图6-36　构造H回路

③　如果v_p不邻接于$v_{l-1},v_{m-1},\cdots,v_{j-1},\cdots,v_{t-1}$中任一个,则$v_p$最多邻接于$(p-1)-k$个节点,即$\deg(v_p)\leqslant p-k-1$,又$\deg(v_1)=k$,故

$$\deg(v_1)+\deg(v_p)\leqslant p-k-1+k=p-1<n-1$$

即v_1与v_p度数之和最多为$n-2$,与条件矛盾。

于是构造出了一条包含节点$v_1,v_2,\cdots,v_p$的回路,因为G是连通的,且$n>p$,所以G中至少有一个不属于该回路的节点v_x与回路中的某个节点v_k邻接,如图6-37所示。

于是得到一条包含 p 条边的路 $v_xv_kv_{k+1}\cdots v_{j-1}v_pv_{p-1}\cdots v_jv_1\cdots v_{k-1}$。

在(1)和(2)两种可能情况下重复上述构造方法，直至得到所需的哈密尔顿路。■

注　此定理给出了图中存在哈密尔顿路的充分条件，但不是必要条件。

例如，图 6-38 的六边形，显然任意两个节点的度数之和为$4<6-1$，但图中明显有哈密尔顿路及哈密尔顿回路。

下面通过两个例子说明定理 6.4.4。

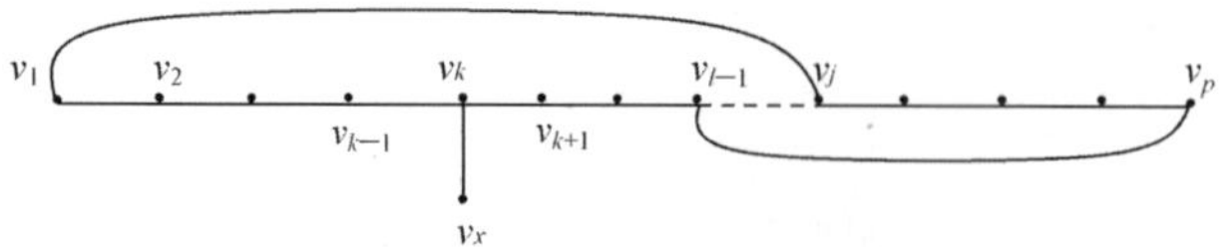

图 6-37　邻接不属于回路中的节点

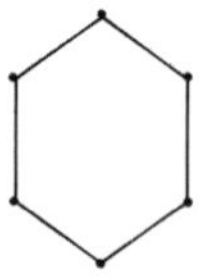

图 6-38　六边形中的 H 路

例 6.4.4　某学校 7 天内安排 7 门课程的考试，要求同一教师任教的两门课程的考试不能安排在接连的 2 天内。若任一教师的任课门数不超过 4 门，试验证：符合上述要求的考试安排总是可行的。

证明　设 G 是具有 7 个节点的图，每个节点对应于一门课程考试，如果两个节点之间有一条边连接，说明这两个节点对应的课程由不同教师担任。因为每个教师所任课程数不超过 4，故每个节点与其余的 6 个节点间的无关联边最多为 3 条，即 G 中任一节点关联边数至少是 3，所以任意两个节点的度数之和至少是 6，由定理 6.4.4 可知，G 中有一条哈密尔顿路，即考试安排总可满足要求。■

定理 6.4.5　设 G 是有 n 个节点的简单无向图，若对任意两个节点 u 和 v，都有 $\deg(u)+\deg(v)\geqslant n$，则 G 中存在一条哈密尔顿回路。

证明与定理 6.4.4 类似。■

例 6.4.5　今有 n 个人，已知其中任何两个人合起来认识其余的 $n-2$ 个人。证明：

(1)　当 $n\geqslant 3$ 时，这 n 个人能排成一排，使得中间每人认识两边的人，而两端的两人只认识他旁边的一个人。

(2)　当 $n\geqslant 4$ 时，这 n 个人能排成一个圆圈，使每个人都认识两旁的人。

证明　任取 u、v，有下面两种可能情况：

① u 和 v 邻接，由题设 $\deg(u)+\deg(v)\geqslant n-2$，则 $\deg(u)+\deg(v)\geqslant n-2+2=n$，由定理 6.4.5，结论成立。

② u 和 v 不邻接，任取 $n-2$ 人中的一人 w，则 w 必与 u、v 都邻接。此时

$$\deg(u)+\deg(v)=2(n-2)=(n-1)+(n-3)=n+(n-4)$$

所以，当 $n\geqslant 3$ 时，$\deg(u)+\deg(v)\geqslant n-1$，故存在 H 路；当 $n\geqslant 4$ 时，$\deg(u)+\deg(v)\geqslant n$，故存在 H 回路。■

在第 4 章中我们讨论了关系的闭包运算，一个关系可以通过添加序偶从而具有某种特定的性质。图论中也有类似的问题。

定义 6.4.4　给定 n 节点的图 $G=\langle V,E\rangle$，若将 G 中度数和不小于 n 的非邻接节点连接起来得到图 G'，对图 G' 重复上述步骤，直到不再有这样的节点对存在为止，最终得到的图称为 G 的闭包(或闭合图)，记为 $C(G)$。

定理 6.4.6　无向简单图 G 是 H 图的充要条件是它的闭包 $C(G)$ 是 H 图。

证明　先证 G 是 H 图的充要条件是 $G\cup\{(u,v)\}$ 是 H 图，其中 u、v 是 G 中两个非邻接节点，且满足 $\deg(u)+\deg(v)\geqslant n$。

必要性是显然的。

证明充分性。

设 G 不是 H 图，由题设 $G\cup\{(u,v)\}$ 是 H 图，即存在 H 回路 C，且 $(u,v)\in C$。从 C 中删去 (u,v) 得到 G 中一条 H 路 $uv_2\cdots v_{n-1}v$。

令 $S=\{v_i|v_i$ 是 v 的邻接点$\}$，$T=\{v_i|v_{i+1}$ 是 u 的邻接点$\}$，显然 $\deg(v)=|S|$，$\deg(u)=|T|$。若 $v\notin S$，因为 G 是简单图没有自回路，若 $v\notin T$，因为 v 已是端点，所以 $v\notin S\cup T$，且 $|S\cup T|<n$。

又 $S\cap T=\varnothing$。若 $S\cap T\neq\varnothing$，即存在 $v_x\in S$ 且 $v_x\in T$，如图 6-39 所示。

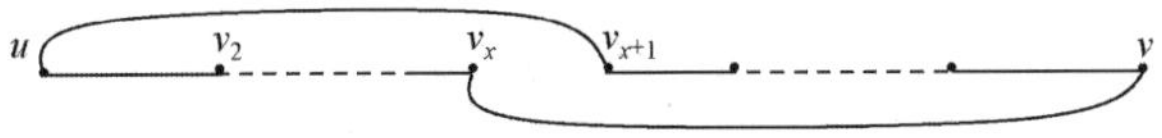

图 6-39　图的闭包

如此可构成 G 中的 H 回路，与 G 不是 H 图矛盾，所以 $S\cap T=\varnothing$。

由 $|S\cup T|=|S|+|T|-|S\cap T|$，所以 $|S|+|T|<n$，即 $\deg(v)+\deg(u)<n$，与 $\deg(u)+\deg(v)\geqslant n$ 矛盾。所以 G 必为 H 图。

至此已证明 G 是 H 图的充要条件是 $G\cup\{(u,v)\}$ 是 H 图，重复下去，便可得 G 是 H 图的充要条件是 $C(G)$ 是 H 图。 ■

6.5　平面图及对偶图

在抽象地研究图时，节点的位置、连线的曲直长短都不重要，只要它们是同构的，就都表示同一个图。在印刷线路板、集成电路的布线等问题中，经常要考虑线路尽量减少交叉的情况以避免元器件间的相互干扰。日常生活中，设计交通路线、各种管道铺设、城市规划等，都是平面图的问题。图的平面性是图的理论研究和实际应用的重要部分。本节讨论的图都是无向图。

6.5.1　平面图

定义 6.5.1　设 $G=\langle V,E\rangle$ 是一个无向图，如果能够把 G 的所有节点和边画在平面上，使任意两条边除端点外没有其他交点，则称 G 为平面图（或该图能嵌入平面），否则称为非平面图。

在一个平面上将平面图 G 画出来且其任意两条边恰在端点处才相交，这样画出的图称为平面图 G 的平面嵌入（或平面表示）。

有些图从表面上看，存在有边相交，但不能肯定它不是平面图，如图 6-40 中，图 6-40(a) 和(c)都是平面图，图 6-40(b)和(d)分别是它们的平面嵌入；而图 6-40(e)和(g)不是平面图，这是平面图研究中的两个有重要意义的图。

注　① 平面图的任何子图都是平面图，非平面图的任何母图都是非平面图。

② 图中的平行边和环不影响图的平面性。

平面图中除了节点和边外，还有一个重要的概念——面。

定义 6.5.2　设 G 是连通平面图，若由图中的边围成的区域内不含节点，也不含边，则称这样的区域为 G 的一个面，记作 r。包围该面的各条边构成的最短回路称为面的边界，面的边界的长度称为面 r 的次数（或度数），记为 $\deg(r)$。

面积有限的面称为有限面（或内部面），面积无限的面称为无限面（或外部面）。

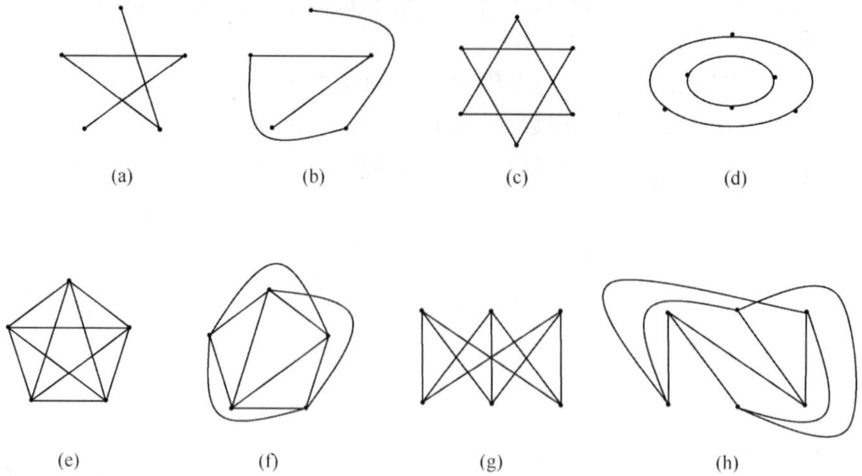

图 6-40　平面图和非平面图

例 6.5.1　图 6-41 中,图 6-41(a)有 6 个节点、9 条边,将平面分成 5 个面。r_1 的边界为 $abda$。r_3 的边界可看做从节点 c 出发按逆时针方向围绕 r_3 走一圈的回路 $cdefec$。在图形之外的面 r_5 是无限面,其边界为 $aeda$。则 $\deg(r_1)=3$,$\deg(r_2)=3$,$\deg(r_3)=5$,$\deg(r_4)=4$,$\deg(r_5)=3$,$\deg(r_1)+\deg(r_2)+\deg(r_3)+\deg(r_4)+\deg(r_5)=18$。图 6-41(b)有 10 个节点、11 条边、3 个面,其中无限面 r_1 的边界为 $hefijifgeh$,$\deg(r_1)=9$,r_2 的边界为 $efgeabdcae$,$\deg(r_2)=9$,r_3 的边界为 $abdca$,$\deg(r_3)=4$,于是 $\sum_{i=1}^{3}\deg(r_i)=22$。

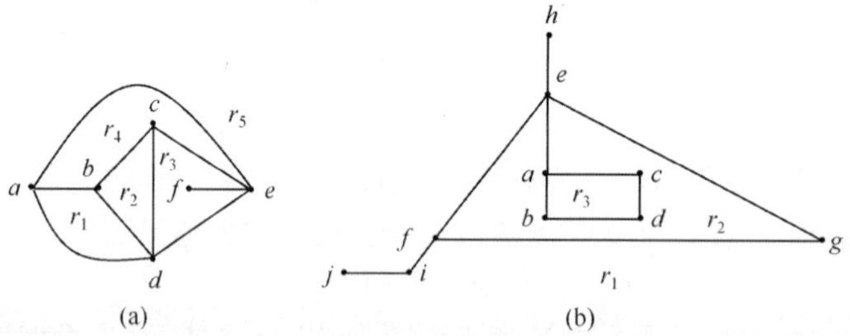

图 6-41　平面图的面的次数和边数

定理 6.5.1　有限平面图中,面的次数之和等于其边数的两倍。即

$$\sum_{i=1}^{r}\deg(r_i)=2|E|$$

欧拉在 1750 年研究多面体时发现其顶点数、边数和棱数间的关系,在平面图中也有类似的关系。

定理 6.5.2(欧拉定理)　设 G 是连通平面图,有 v 个节点、e 条边、r 个面,则有欧拉公式

$$v-e+r=2$$

证明　对边数进行归纳证明。

(1) 当 $e=0$ 时,G 为孤立点,则 $v=1,e=0,r=1$,故 $v-e+r=2$ 成立;或当 $e=1$ 时,若边是自回路,即 $v=1,e=1,r=2$,则 $v-e+r=2$ 成立。若边是非自回路,即 $v=2,e=1,r=1$,则 $v-e+r=2$ 成立。

(2) 设 G 含有 k 条边($e_k=k$)时,欧拉公式成立,即 $v_k-e_k+r_k=2$。

(3) 在含有 k 条边的图 G 上再加上一条边，使它仍为连通图，可能有图 6-42 所示的三种情况，其中 G 表示一个平面图。

图 6-42(a) 中，节点数 $v=v_k+1$，边数 $e=e_k+1$，面数 $r=r_k$；

图 6-42(b) 中，节点数 $v=v_k$，边数 $e=e_k+1$，面数 $r=r_k+1$；

图 6-42(c) 中，节点数 $v=v_k$，边数 $e=e_k+1$，面数 $r=r_k+1$。

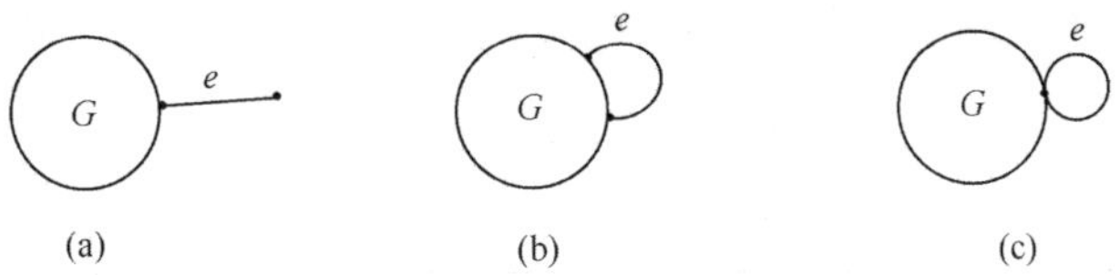

图 6-42　平面图添加边

对上述三种情况，欧拉公式均成立。■

欧拉公式在拓扑学中提供了一个基本不变量，表达了图的三个数间的永恒的关系式，可以用来证明后面的五色定理。

例 6.5.2　若 G 是平面图，有 k 个连通分支，则 $v-e+r=k+1$。

证明　设 v_i、e_i、r_i 分别是第 i 个分支 G_i 的节点数、边数、非无限面的面数，其中 $i=1,2,\cdots,k$。对于每个 G_i，由欧拉公式有 $v_i+(r_i+1)-e_i=2$，所以

$$\sum_{i=1}^{k}[v_i+(r_i+1)-e_i]=2k$$

而 $\sum_{i=1}^{k}v_i=v$，$\sum_{i=1}^{k}e_i=e$，$\sum_{i=1}^{k}(r_i+1)=(\sum_{i=1}^{k}r_i+1)+(k-1)=r+(k-1)$，所以

$$v-e+r=k+1$$ ■

此结论是欧拉公式的推广。

对非连通图，可以对其子图讨论其平面性，因此本节讨论的平面图都指连通图。

定理 6.5.3　设 G 是有 v 个节点、e 条边、r 个面的简单连通平面图，若 $v\geqslant 3$，则

$$e\leqslant 3v-6$$

证明　当 $v=3$ 时，因为 G 是简单连通平面图，所以 $e=2$ 或 $e=3$，此时 $3v-6\geqslant e$。

当 $v>3$ 时，因为 G 是连通的，所以 $e\geqslant 3$。又因为 G 是简单图，所以一个面不可能由 1 条边或 2 条边围成，即一个面至少由 3 条边围成，所以每个面的次数不小于 3，于是各面总次数之和为 $2e$，且 $2e\geqslant 3r$，即 $r\leqslant\frac{2}{3}e$，由欧拉公式得 $2+e-v=r\leqslant\frac{2}{3}e$。

所以

$$e\leqslant 3(v-2)=3v-6$$ ■

推论　若简单连通平面图 G 的每个面至少由 $k(k\geqslant 3)$ 条边围成，则有

$$e\leqslant\frac{k}{k-2}(v-2)$$

利用定理 6.5.3 及推论可以判断某些简单连通图不是平面图。此不等式是判别平面图的必要条件，但不是充分条件，即满足不等式条件的图未必一定是平面图。

例 6.5.3　图 6-40(e)是 K_5，其中 $v=5$，$e=10$，故 $3\times 5-6<10$，即 $3v-6\geqslant e$ 不成立，所以 K_5 不是平面图。5 个节点的平面图的边数最多为 9。

图 6-40(g)常记作 $K_{3,3}$，称为二部图，其中 $v=6$，$e=9$，故 $3v-6\geqslant e$ 成立，但 $K_{3,3}$ 也不是平面图。以下证

明 $K_{3,3}$ 不是平面图。

假设 $K_{3,3}$ 是平面图，在其中任取 3 个节点，其中必有 2 个节点不邻接，即这 2 个节点必通过另外的节点（至少一个）才能相连，所以每个面至少有 4 个节点相连，换句话说，每个面的次数不少于 4。

由推论中的不等式应有 $e \leqslant \frac{4}{4-2}(v-2)=2(v-2)$ 成立，但事实上 $K_{3,3}$ 中有 6 个节点、9 条边，而 $2\times(6-2)<9$，矛盾。所以 $K_{3,3}$ 不是平面图。

推论的不等式中等式成立的条件是每个面都至少由 3 条边围成，称这样的平面图为极大平面图。如果一个面的次数大于 3，则可以在该面上的任意两个不相邻的节点间添加一条边，不会破坏平面图的平面性，但图的面数却增加了。

虽然这些定理和推论能够判断一个图不是平面图，但当节点数和边数较多时，就显得比较困难。1930 年波兰数学家库拉托夫斯基建立了一种判断方法。

首先，在图的某边上插入一个新的二度节点使一条边分为两条边，或在一条边上去掉一个原有的二度节点，原来的两条边成为了一条边，都不会影响图的平面性，如图 6-43 所示。

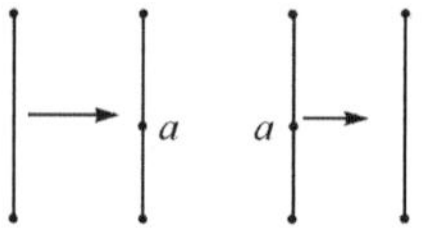

图 6-43　插入或去掉二度节点

定义 6.5.3　给定两个图 G_1 和 G_2，若它们同构，或通过反复地插入或去掉二度节点后，使 G_1 和 G_2 同构，则称该两图是在二度节点内的同构图（或称 G_1 和 G_2 是同胚图）。

例如，图 6-44 中，G_1、G_2 和 G_3 与 K_3 同胚，G_4 与 K_4 同胚。

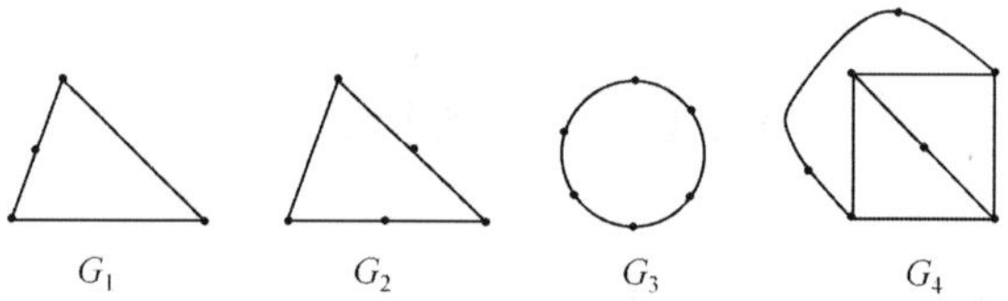

图 6-44　图的同胚

定理 6.5.4（库拉托夫斯基定理）　一个图 G 是平面图的充要条件是它不含有与 K_5 或 $K_{3,3}$ 同胚的子图。

此定理的证明比较复杂，这里略去证明。

K_5 和 $K_{3,3}$ 常称为库拉托夫斯基图。

在实际应用中，经常使用此定理的逆否定理：一个图是非平面图的充要条件是它包含一个与 K_5 或 $K_{3,3}$ 同胚的子图。

例 6.5.4　对于 $K_{3,3}$ 的任意一条边 e，证明 $K_{3,3}-e$ 是平面图。

证明　不失一般性，作 $K_{3,3}-e$，如图 6-45(a)所示。

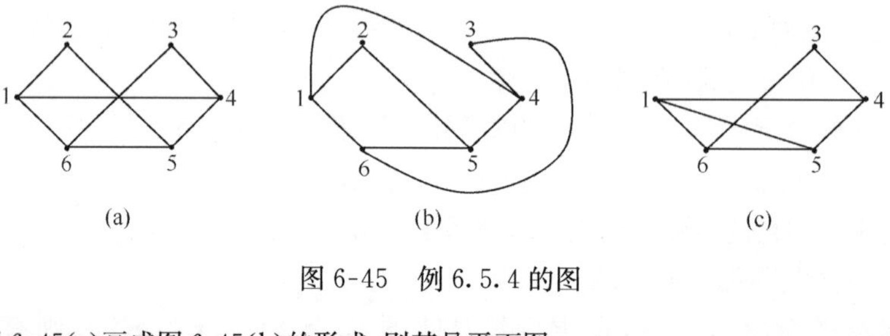

图 6-45　例 6.5.4 的图

做法 1：将图 6-45(a)画成图 6-45(b)的形式，则其是平面图。

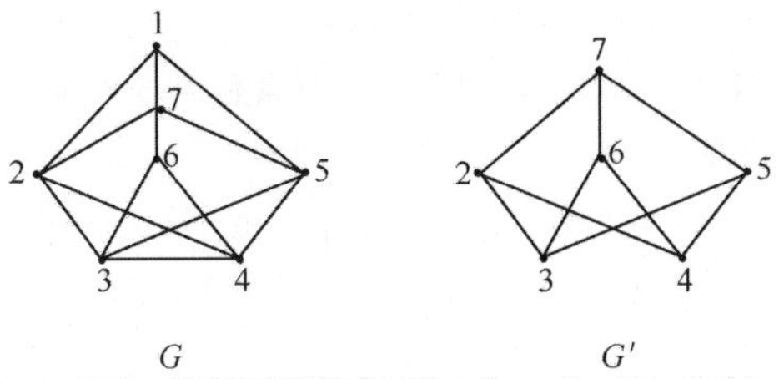

图 6-46　去掉一边和一点

做法 2：去掉一个二度节点 2，则得图 6-45(c)，其中有 1 个二度节点，4 个三度节点，而 K_5 中的 5 个节点均为四度，故 K_5 不可能与图 6-45(c)同构，即图 6-45(a)不含与 K_5 同胚的子图。当然图 6-45(a)也不可能含与 $K_{3,3}$ 同胚的子图。所以 $K_{3,3}-e$ 是平面图。■

例 6.5.5　如图 6-46 中图 G，删去节点 1 及边(3,4)，得到其子图 G'，而 G' 与 $K_{3,3}$ 同构，所以 G 不是平面图。

例 6.5.6　证明彼得森图不是平面图。

证明　方法一。

将彼得森图的节点标以顺序如图 6-47(a)中图 G 所示，删去 G 中节点 10 得子图 G'(图 6-47(b))，在图 G' 中节点 5、7、8 成为二度节点，而 G'(便于观察，可将其画成图 G''(图 6-47(c))与 $K_{3,3}$ 同胚，所以彼得森图 G 不是平面图。

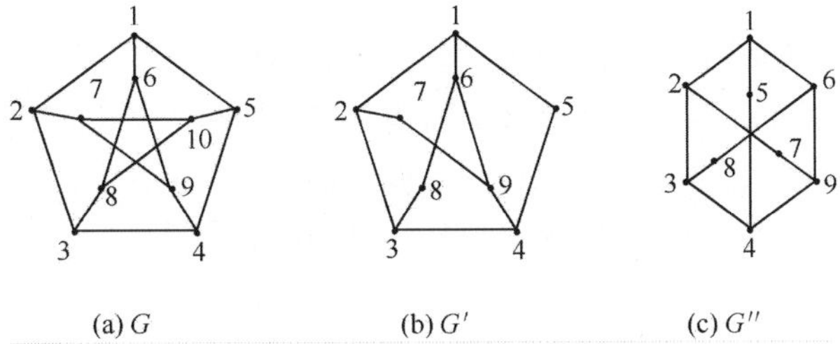

图 6-47　彼得森图不是平面图

方法二。

任取图 G 中 4 个节点，其中必有 2 个节点不邻接，所以每个面的次数不会小于 5，则 $5r\leqslant 2e$，从而 $v-e+\frac{2}{5}e\geqslant v-e+r=2$，于是 $5v-10\geqslant 3e$，而图 G 中有 10 个节点、15 条边，所以 $5\times 10-10\leqslant 3\times 15$，即图 G 不是平面图。■

6.5.2　对偶图

定义 6.5.4　给定平面图 $G=\langle V,E\rangle$ 有 n 个面 $r_1,\cdots,r_n$，若有图 $G^*=\langle V^*,E^*\rangle$ 满足下列条件：

(1) 对 G 的任一个面 r_i，内部恰有一个节点 $v_i^*\in V^*$；

(2) 对 G 的有公共边界 e_k 的两个面 r_i、r_j，恰有 $e_k^*=(v_i^*,v_j^*)$且 e_k^* 与 e_k 相交；

(3) 当且仅当 e_k 只是一个面 r_i 的边界时，v_i^* 存在一个环 e_k^* 与 e_k 相交。

则称 G^* 是 G 的对偶图。

显然，G 与 G^* 互为对偶图，同为平面图。

例如，图 6-48(a)所示的平面图 G 的对偶图 G^* 为图 6-48(b)，其中图 G 的节点和边用“·”和实线表示，其对偶图 G^* 的节点和边用“∗”和虚线表示。

注　平面图 G 和它的对偶图间有如下关系：

① 任意图的对偶图都是连通的。

② 任意连通平面图 $G=\langle V,E,R\rangle$，其对偶图 $G^*=\langle V^*,E^*,R^*\rangle$，则有 $|V^*|=|R|$，$|E^*|=|E|$，$|R^*|=|V|$。

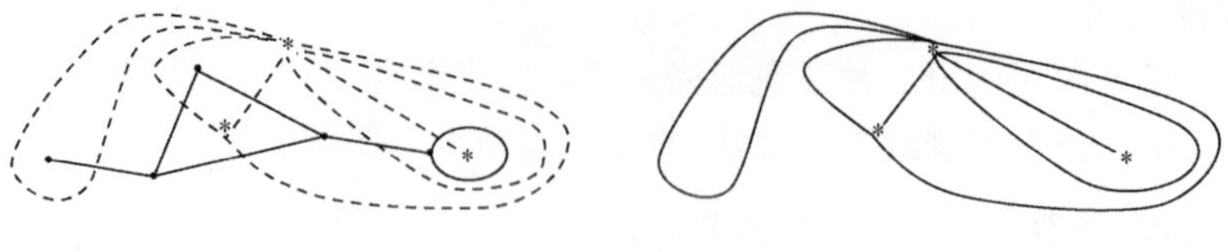

图 6-48　平面图及其对偶图

③ 若 G^* 的节点 v_i^* 位于 G 的面 r_i 中，则 $\deg(v_i^*)=\deg(r_i)$。

④ 同构的图的对偶图不一定同构。

⑤ 若 G 是连通的平面图，则 $G^{**}\cong G$。

定义 6.5.5　若图 G 的对偶图 G^* 同构于 G，则称 G 是自对偶图。

图 6-49 中的图都是自对偶图，其中图 6-49(b)和(c)分别是轮型图 W_4 和 W_5。可以证明轮型图都是自对偶图。

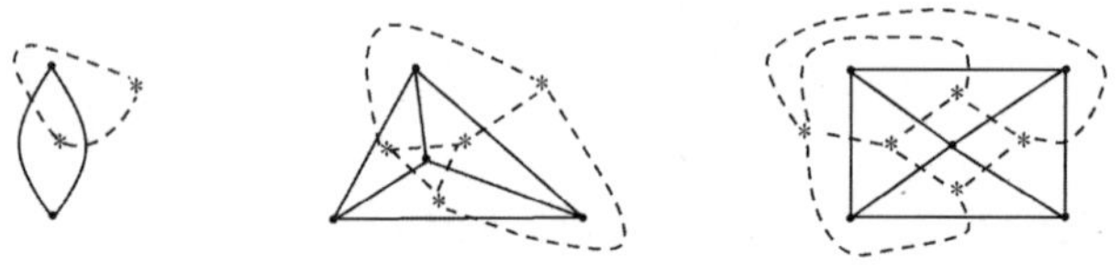

图 6-49　自对偶图

6.6　图 的 着 色

图着色问题起源于地图着色：在画地图时，如果用不同的颜色给两个有共同边界的相邻国家着色，那么任何地图能够只用四种颜色全部着完。这个看似简单的问题，令许多数学家绞尽脑汁，却一无所获，成为一道世界难题，历史上称为“四色猜想”。

定义 6.6.1　一个图的正常着色是指：对它的每一个节点指定一种颜色，使得没有两个邻接的节点着以同一种颜色。

如果图 G 在着色时用了 n 种颜色，则称图 G 是 n 色的。

图 G 着色时所需的最少颜色数称为 G 的着色数，记作 $\chi(G)$。

在地图着色时相对于每个国家的实际形状和大小无关紧要，重要的是如果彼此邻接则不能着以同色，其实质在于地图的拓扑结构。利用对偶图的概念，图着色问题转化为其对偶图的节点着色问题。下面主要讨论图的点着色问题。

“四色猜想”提出后 100 多年来，一直成为数学上的著名难题，确定一个图的着色数是一件困难的事，许多学者为之做出了大量的工作，也得到很多重要结果，但目前还没有一个普遍有效的方法确定一个图 G 的着色数，Welch · Powell 提出了一种图着色的算法。

算法：图的着色数 Powell 算法；

输入：图 $G=\langle V,E\rangle$，$V=\{v_1,v_2,\cdots,v_n\}$，节点的度数序列 $\{d_1,\cdots,d_n\}$；

输出：图中各节点的着色法。

步骤 1　将图 G 中的节点按照度数的递减序列排序。

步骤 2　用第一种颜色对第一个节点着色，并按排序次序，对与前面着色点不邻接的每一

个节点着上同样的颜色。

步骤 3　按排列次序用第二种颜色对尚未着色的点重复(2)。

步骤 4　用第三种颜色继续以上做法，直至所有节点全部着上色。

例 6.6.1　用 Powell 算法对图 6-50 着色，并求 $\chi(G)$。

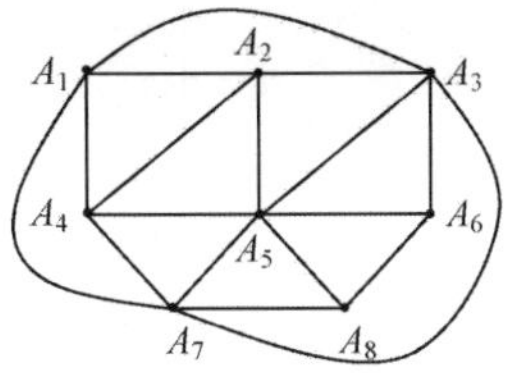

图 6-50　图的着色

解　G 中有 8 个节点、17 条边。

(1) 将各节点按度数递减排序为

$$A_5A_3A_7A_1A_4A_2A_8A_6$$

(2) 用第一种颜色对 A_5 着色，并对不邻接的 A_1 着以相同颜色。

(3) 对 A_3 及它的不邻接点 A_4、A_8 着第 2 种颜色。

(4) 对 A_7 及它的不邻接点 A_2、A_6 着第 3 种颜色。

至此，用 3 种颜色着完全部节点。又因为 A_1、A_2、A_3 彼此邻接，按着色要求，不可能只用 2 种颜色，所以 $\chi(G)=3$。

需要注意的是，Powell 算法只是给出图 G 的一种着色法，并不是总能直接给出图 G 的着色数。

定理 6.6.1　对于完全图 K_n，有 $\chi(K_n)=n$。

定理 6.6.2　设 $G=\langle V,E\rangle$(其中 $|V|=v\geqslant 3$，$|E|=e$)是连通简单平面图，则 G 中至少存在节点 u，使得 $\deg(u)\leqslant 5$。

证明　反证。若结论不真，即任意 $u\in V$，且 $\deg(u)\geqslant 6$，则

$$2e=\sum\deg(u)\geqslant 6v$$

成立，即 $e\geqslant 3v>3v-6$，与定理 6.5.3 矛盾。所以命题成立。■

定理 6.6.3　任一平面图 G 最多是 5 色的。

证明　对图 G 的节点个数 v 采用归纳法。

(1) 图 G 的节点数 $v\leqslant 5$ 时，结论显然成立。

(2) 设 G 有 k 个节点时结论成立，即 G 最多是 5 色的。

(3) 需要证明 G 有 $k+1$ 个节点时结论仍成立。

根据定理 6.6.2，存在节点 u，且 $\deg(u)\leqslant 5$。在图 G 中删去该节点 u，则 $G-\{u\}$ 中含 k 个节点，根据假设(2)，$G-\{u\}$ 最多是 5 色的。

对图 G 分下述两种情况讨论：

① 当 $\deg(u)<5$ 时，u 的邻接点至多有 4 个，对 u 着以不同于邻接点的一种颜色，可使 G 至多 5 色。

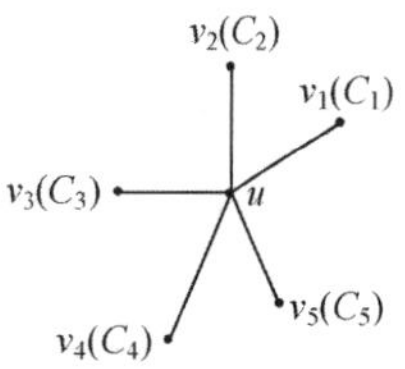

图 6-51　5 色着图

② 当 $\deg(u)=5$ 时，在图 $G-\{u\}$ 中，设与 u 邻接的节点按逆时针排列为 v_1、v_2、v_3、v_4、v_5，分别着以不同的颜色 C_1、C_2、C_3、C_4、C_5，如图 6-51 所示。其中，着以颜色 C_1 和 C_3 的节点导出的子图记作 $G_{1,3}$，着以颜色 C_2 和 C_4 的节点导出的子图记作 $G_{2,4}$。此时，有下述两种可能：

① v_1、v_3 分别属于 $G_{1,3}$ 的不同连通分支，在 v_1 所属分支内对调 C_1、C_3 色，使得 v_1、v_3 都着 C_3 色，C_1 色留给 u。所以 G 至多 5 色。

② v_1、v_3 属于 $G_{1,3}$ 的同一连通分支(包括 $G_{1,3}$ 为连通图)，此时在 $G_{1,3}$ 中，v_1 与 v_3 间必有路 P，P 与 (v_3,u)、(u,v_1) 形成回路 L。因为 G 为平面图，所以回路 L 包围了 v_2 或 v_4，但不能同时包围 v_2 和 v_4 在内，即 v_2、v_4 间的路被着 C_1、C_3 色的点隔断。若不隔断，表明 v_2 至 v_4 的路 P' 中必有一个节点也在路 P 中，那么这一节点将同时属于 $G_{1,3}$ 和 $G_{2,4}$，矛盾。所以在 $G_{2,4}$ 中，v_2、v_4 分别属于不同的连通分支。此种情形，根据①的做法，G 至多 5 色。■

定理 6.6.4(四色定理)　任何平面图 G 至多是 4 色的。

该定理的证明是在 1976 年 6 月,由美国的两位教授 Appel 和 Haken 利用大型计算机分析了 2000 多种复杂的地图,包括几百万种情况,作了 100 多亿个逻辑判断,经过 1200 个机时的计算证明出来的。但有些学者仍不满意其烦琐的证明过程,还在努力寻找更简洁的不用计算机的证明方法。

6.7　树与生成树

树是图论中最重要的内容,是一种重要的非线性结构,也是研究和应用最广泛的一种图,如决策树、最小生成树、计算机中文件管理的目录树、数据编码、数据库系统的实体-联系模型等。它有简单的形式和良好的性质,被广泛应用于数据结构、算法设计、软件工程、计算机网络、算法优化等领域。一般树分为无向树和有向树,本节介绍无向树。

为方便起见,在本节中讨论的回路均指简单回路,即边不重复的回路。

6.7.1　树的基本概念

点割集和边割集是一个图保持连通性的关键,去掉这些集合中的节点和边将影响整个图的连通性。而在连通图中,去掉回路上的任何一条边都不会影响图的连通性,每条回路上任意去掉一条边便得到一个无回路的子图,且保持原图的连通性,但去掉子图中任何一条边都不再保持连通性,因此这种子图是保持连通性的关键,称为树。

定义 6.7.1　一个连通且无回路的无向图称为无向树,简称为树,用 T 表示。

树中度数为 1 的节点称为树叶,度数大于 1 的节点称为分支点(或内点)。

每个连通分支都是树的无向图称为森林,平凡图也是树,称为平凡树。

例如,图 6-52(a)是一棵具有 6 片树叶、3 个分支点的树,图 6-52(b)是森林。

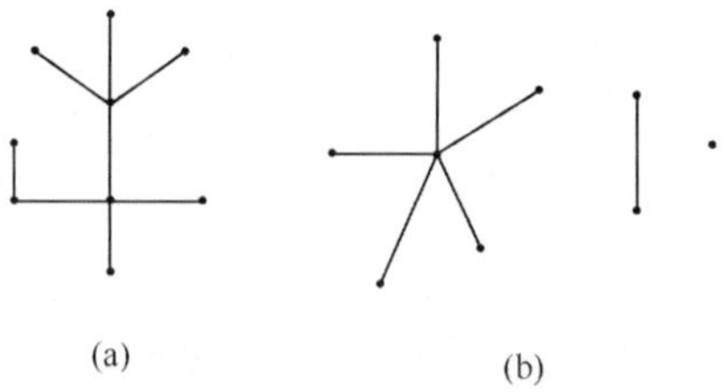

图 6-52　树和森林

树(非平凡树)具有若干等价定义。

定理 6.7.1　给定无向图 T,节点数为 v,边数为 e,以下关于树的定义是等价的:

(1) 无回路的连通图;

(2) 无回路且 $e=v-1$;

(3) 连通且 $e=v-1$;

(4) 无回路,但增加一条新边后恰得一回路;

(5) 连通,且每条边都是割边;

(6) 任意两个节点间恰有一条通路。

证明　(1)⇒(2)

只需证 $e=v-1$,对节点数 v 归纳证明。设图 T 是无回路的连通图。

① 当 $v=2$ 时,因为 T 是连通无回路,所以 $e=1$,于是 $e=v-1$ 成立。

② 设 $v=k-1$ 时命题成立,即 $e=v-1=(k-1)-1=k-2$。

③ 考察 T 中含 k 个节点的情形。因为 T 连通无回路,所以其中至少有一个节点 u 的度

数为 1，在 T 中删去节点 u，得到 T'，此时 T 中含有 $k-1$ 个节点，由假设②，有 $e_{T'}=k-2$，而 u 是一度节点，所以 $e_T=e_{T'}+e_u=k-1$，故命题在 $v=k$ 时也成立。

综上所述，$e=v-1$ 成立。

(2) ⇒(3)

只需证 T 连通，用反证法证明。

若 T 不连通，设 T 有 $k(k\geqslant 2)$ 个连通分支 $T_1,T_2,\cdots,T_k$，每个连通分支 $T_i(i=1,2,\cdots,k)$ 都是树，节点数分别为 $v_1,v_2,\cdots,v_k$，则边数为 $v_1-1,v_2-1,\cdots,v_k-1$，图 T 中，$v=v_1+v_2+\cdots+v_k$，$e=v_1-1+v_2-1+\cdots+v_k-1=v-k$，而 $e=v-1$，故 $k=1$，与 $k\geqslant 2$ 矛盾，所以 T 是连通的。

(3)⇒(4)

1°对节点数 v 归纳证明 T 中无回路。

① 当 $v=2$ 时，由 $e=v-1=2-1=1$，自然无回路。

② 假设 $v=k-1$ 时，结论成立。

③ 考察 $v=k$ 时，据题设 $e=v-1<v$，则 T 中至少有一个一度节点 u'；否则，任意节点 u，$\deg(u)\geqslant 2$，又 $2e=\sum\deg(u)\geqslant 2v$，即 $e\geqslant v$，矛盾。删去 u' 得 T'，据②所设 T' 无回路，从而 $T=T'\cup\{u\}$（即在 T' 中增加一个一度节点）也无回路。

2°设增加边 (u_i,u_j)，因为 T 连通，所以 u_i、u_j 间原有路 l，已证 T 无回路，所以 u_i、u_j 间原路仅有一条，于是 l 与边 (u_i,u_j) 恰成一个回路。故在 T 中任意增加一条边后恰得一回路。

(4)⇒(5)

任取 u_i、u_j，据题设，增加边 (u_i,u_j) 恰得一回路，回路中去掉边 (u_i,u_j) 得 u_i、u_j 间一条路，所以 T 连通。又因为 T 中无回路，所以任一边 e 不含于任一闭迹中，由定理 6.2.4 知，e 是割边，故 T 中每条边都是割边。

(5)⇒(6)

因为 T 连通，所以任意两个节点间有路。若节点 u_i、u_j 间有两条路 l_1、l_2，则 l_1、l_2 形成一个回路，而回路中任一边均非割边，与条件中每一边均为割边矛盾。所以任意两个节点间仅有一条路，于是任意两个节点恰有一条路。

(6)⇒(1)

因为任意两个节点间有路，所以 T 连通。若 T 中有回路，则回路上任意两个节点间必有两条路，与条件矛盾，所以 T 中没有回路，因此 T 是树。 ■

在树中，少一条边便不连通，多一条边就有回路，所以树中各节点间的连接是最节约的，因此可以用作典型的数据结构，以及各类网络的主干网中。

非平凡树有下面的性质。

定理 6.7.2 任一非平凡树中至少存在两片树叶。

证明 设任意树 $T=\langle V,E\rangle$，$|V|=v$，$|E|=e$，则 $e=v-1$，于是

$$2e=2v-2 \tag{6.1}$$

又因为 T 连通，即无孤立节点，所以若 T 中没有一度节点，即任意 $u\in V$，有 $\deg(u)\geqslant 2$，则

$$2e=\sum\deg(u)\geqslant 2v \tag{6.2}$$

与式(6.1)矛盾。

若 T 中仅有一个一度节点，其余 $v-1$ 个节点的度数至少为 2，则

$$2e = \sum \deg(u) \geqslant 2(v-1)+1 = 2v-1 \tag{6.3}$$

与式(6.1)矛盾。

所以 T 中至少有两片树叶。■

6.7.2 生成树

任一图本身并非都是树,但它的某些子图却是树,其中非常重要的是生成树。

定义 6.7.2 若图 G 的生成子图是一棵树 T,则称这棵树 T 为 G 的生成树(或支撑树)。

G 中属于 T 的边称为 T 的树枝,在 G 中但不在 T 中的边称为 T 的弦,所有弦的集合称为 T 的补(或余树),记作 $\overline{T}$ 。

例 6.7.1 图 6-53(b)是图 6-53(a)的一棵生成树,e_1、e_3、e_7、e_8 为其树枝,e_2、e_4、e_5、e_6 为其弦。图 6-53(c)是图 6-53(b)的补。

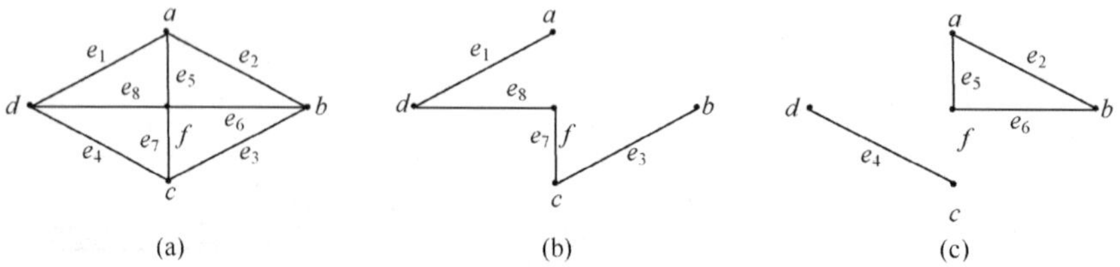

图 6-53　图的生成树和补

注　① 图 G 的任一生成树含有 G 的所有节点。

② 一个图的生成树可能不唯一。

③ 生成树的补可能既不连通又有回路。

定理 6.7.3　连通图至少有一棵生成树。

证明　设连通图为 G。若 G 中无回路,则 G 自身就是一棵生成树。

若 G 中只有一条回路,那么从此回路中任意删去一条边便没有回路,即得一棵生成树。

若 G 中有多条回路,重复上述做法,直至得到一棵生成树。■

构造生成树的方法很多,这个定理的证明过程实际上已经给出了在连通图中寻找生成树的一种方法,称为“破圈法”。如图 6-54(a)中,取一个回路$\{e_2, e_3, e_5\}$,删去边 e_3,在回路$\{e_1, e_5, e_4, e_7\}$中删去边 e_7,还有回路$\{e_4, e_5, e_6\}$,继续在此回路中删去边 e_4,余下的边集$\{e_1, e_2, e_5, e_6\}$便是图 6-54(a)所示的一棵生成树,如图 6-54(b)所示。

还可以利用“避圈法”构造生成树:在图 G 中任取一条边 e_1,在余下的边中找一条与 e_1 不形成回路的边 e_2,然后再找一条与$\{e_1, e_2\}$不形成回路的边 e_3,重复这个过程,直至找到的边数是图 G 中节点数少 1,即得一棵生成树。如图 6-54(c)所示。

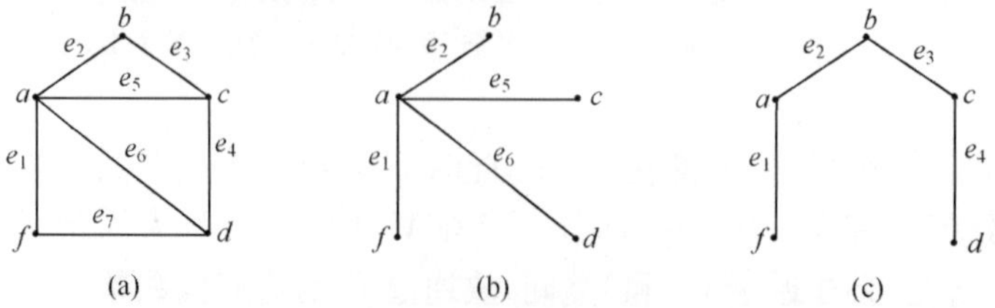

图 6-54　破圈法和避圈法构造生成树

在一个 n 个节点、m 条边的连通图 G 中，G 的生成树 T 恰有 $n-1$ 条边，T 的弦共有 $m-(n-1)=m-n+1$ 条边，因此需删去 $m-n+1$ 条边才能得到一棵生成树。则称 $m-n+1$ 为连通图 G 的秩。

定理 6.7.4 图 G 中一条回路 C，至少含有任一生成树 T 的一条弦。

证明 若命题不成立，G 的回路 C 不含有 T 的任何弦，即 C 中全是树枝，则 C 包含于生成树中，与"树中无回路"矛盾。故命题成立。 ■

定理 6.7.5 图 G 的一个边割集 D 至少含有任一生成树的一个树枝。

证明：若命题不成立，设 D 中全是弦，则删去全部弦，才能留下生成树，即删去边割集后仍是连通图，与 D 是边割集矛盾。故命题成立。 ■

给定图 6-55(a)所示的一棵生成树 T，如图 6-55(b)所示，G 的任意生成树有 $n-1$ 条树枝、$m-n+1$ 条弦。对应于 T 的弦为 e_1、e_4、e_5、e_7。根据定理 6.7.1(4)，每加一条弦，便得一个简单回路，则称恰含一条弦的回路为基本回路，记作 C_e。于是

加弦 e_1，得基本回路 C_{e_1}：$e_1e_2e_6e_8$；

加弦 e_4，得基本回路 C_{e_4}：$e_4e_3e_6e_8$；

加弦 e_5，得基本回路 C_{e_5}：$e_5e_2e_6$；

加弦 e_7，得基本回路 C_{e_7}：$e_7e_6e_3$。

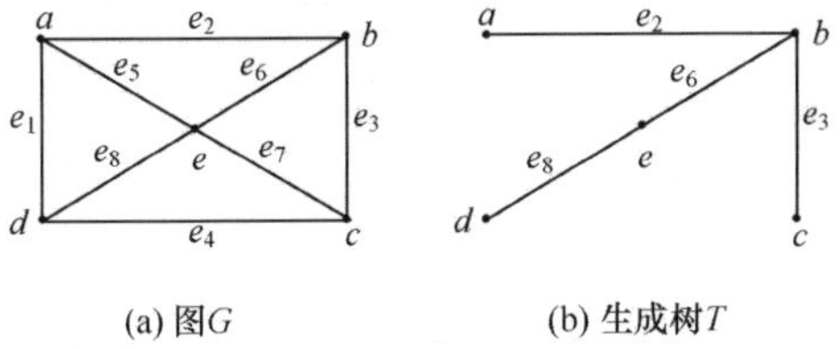

图 6-55 图及其生成树

与 $m-n+1$ 条弦相应的基本回路的全体称为图 G 的关于生成树 T 的基本回路系统。图 6-55(a)关于图 6-55(b)所示生成树的基本回路系统为：C_{e_1}，C_{e_4}，C_{e_5}，C_{e_7}。

从 T 中删去一条树枝 e，则 T 被分成两棵树，其节点集分别记为 V_1 和 V_2，图 G 中连接 V_1 和 V_2 的边集称为与该树枝对应的基本割集，记作 D_e。

图 6-55(b)所示的树枝集为：e_2，e_3，e_6，e_8，则

与 e_2 相应的基本割集 D_{e_2}：$\{e_1,e_2,e_5\}$；

与 e_3 相应的基本割集 D_{e_3}：$\{e_3,e_4,e_7\}$；

与 e_6 相应的基本割集 D_{e_6}：$\{e_1,e_4,e_5,e_6,e_7\}$；

与 e_8 相应的基本割集 D_{e_8}：$\{e_1,e_4,e_8\}$。

与 $n-1$ 条树枝相应的基本割集的全体称为图 G 的关于生成树 T 的基本割集系统。图 6-55(a)关于图 6-55(b)所示生成树的基本割集系统为：$\{D_{e_2},D_{e_3},D_{e_6},D_{e_8}\}$。

要注意的是，本例中，C_{e_1} 与 D_{e_3} 没有公共边，而 C_{e_1} 与 D_{e_2} 有两条公共边。

一般地，有下面的定理。

定理 6.7.6 图 G 的任一闭迹 C 与任一边割集 D 有偶数条(包括 0 条)公共边。

证明 因为 D 为边割集，所以删去 D 后得到互不连通的两个子集 V_1 和 V_2，有下面两种可能情况：

1° C 中所有节点都在 V_1 中或都在 V_2 中，此时 C 与 D 没有公共边。

2° C 中一部分节点在 V_1 中，另一部分节点在 V_2 中，因为 C 为回路，所以从 C 中某节点(不妨设在 V_1 中)出发，必往返于 V_1 和 V_2 间，故通过 D 的边有偶数条。 ■

例 6.7.2 设 T_1 和 T_2 是连通图 G 的两棵生成树，边 a 在 T_1 中而不在 T_2 中，证明：存在一条边 b，它在

T_2 中而不在 T_1 中，使得 $(T_1-\{a\})\cup\{b\}$ 与 $(T_2-\{b\})\cup\{a\}$ 都是 G 的生成树的边。

证明　因为 $a\in T_1$，即 a 是 T_1 的树枝，故与 a 相应的基本割集为 $D_{1,a}$。因为 $a\notin T_2$，即 a 是 T_2 的弦，故与 a 相应的基本回路为 $C_{2,a}$。由定理 6.5.6，$C_{2,a}$ 与 $D_{1,a}$ 必有偶数条公共边，故除去 a 外还有另一条公共边，记作 b。

由 $D_{1,a}$ 和 $C_{2,a}$ 的定义知，b 是 T_1 的弦，即 $b\notin T_1$，b 是 T_2 的树枝，即 $b\notin T_2$。

由上述分析，T_2 的一条树枝 b 与一条弦 a 共处于同一回路 $C_{2,a}$ 中，所以 $(T_2-\{b\})\cup\{a\}$ 仍为 G 的生成子图，满足 $e=v-1$ 且无回路，所以 $(T_2-\{b\})\cup\{a\}$ 为 G 的生成树。

又因为 $b\in D_{1,a}=\{a,b,\cdots\}$，记与弦 b 相应的基本回路为 $C_{1,b}=\{b,\cdots\}$，因为 $C_{1,b}$ 与 $D_{1,a}$ 有偶数条公共边，而 $C_{1,b}$ 中的弦 b 已经为公共边，所以必还有另一条公共边，即为树枝 a。如若不然，不妨设为 c，即 $c\in C_{1,b}$，由 $C_{1,b}$ 的定义知，c 为树枝，则 $c\in T_1$，矛盾。

所以 T_1 的一条树枝 a 与一条弦 b 共处于同一个回路 $C_{1,b}$ 中，故结论成立。■

6.7.3　最小生成树

生成树在实际生活中有非常重要的应用。

例 6.7.3　某学校建有 5 栋教学楼，按图 6-56(a)所示的无向边的方式在各教学楼间铺设网线。为使这 5 栋教学楼互通网络，问至少需铺几条网线？

解　此问题等价于图 6-56(a)所示的生成树中有多少条边。

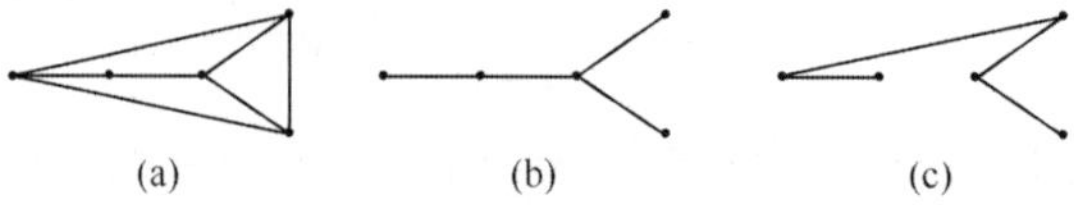

图 6-56　网络布线图

若已知各教学楼间铺设网线的费用，怎样设计方案才能使总成本最低？这便是最小生成树问题，它是用图论方法解决运筹学问题的重要方法之一，是带权图的最优化问题，在计算机网络通信、交通运输网络、现代科学管理和工程技术等领域具有重要的应用。

定义 6.7.3　设 G 为连通图，对其每一条边 e，指定一个正数 $C(e)$，称 $C(e)$ 为边 e 的权，带有边权的图称为边权图(或弧权图)。若只给图的节点赋权，则称为点权图，记作 $G=\langle V,E,C\rangle$，其中 C 是各边或节点权的集合。赋有权的图称为带权图(或网络)。本节讨论边权图。

设 T 是图 G 的生成树，T 中所有树枝权之和称为 T 的树权，记作 $C(T)$。

带权图有许多实际应用，如货物运输系统中，权表示运输费用；在城市道路网中，权表示通行车辆密度；在交通网络中，权表示两城市的距离等。

定义 6.7.4　在图 G 的所有生成树中，树权最小的生成树称为最小生成树。

最小生成树的算法很多，主要有普林算法、Kruskal 算法。这两个算法都是在已构造的生成树上，添加没有使用过的具有规定性质且权最小的边，从而得到一棵最小生成树。它们属于贪心算法，贪心算法是在每一步上作最优选择的算法，是一种局部最优化方法。但是每一步上的最优化，不一定能保证全局最优化。但普林算法、Kruskal 算法都是能得到全局最优解的贪心算法。下面主要介绍 Kruskal 算法。

算法：图的最小生成树 Kruskal 算法；

输入：图 $G=\langle V,E\rangle$，$|V|=n$，$E=\{e_1,\cdots,e_m\}$，边的权序列 $\{c_1,\cdots,c_m\}$；

输出：图 G 的最小生成树的边集。

步骤 1　在图 G 中选取最小权的边，记作 e_1，置边数 $i=1$。

步骤 2　当 $i=n-1$ 时结束，否则转(3)。

步骤 3　设已选择的边为 $e_1, e_2, \cdots, e_i$，在 G 中选取不同于这 i 条边的边 e_{i+1}，使得 $\{e_1, \cdots, e_i, e_{i+1}\}$ 中无回路，且 e_{i+1} 是满足该条件中权最小的一条边。

步骤 4　置 $i=i+1$，转(2)。

定理 6.7.7　由 Kurskal 算法得到图 G 的子图是最小生成树。

证明　由算法构造的 $T_0=\{e_1, \cdots, e_i, \cdots, e_{n-1}\}$ 中含有 G 的全部节点没有回路，且 $e=n-1$，所以 T_0 是 G 的一棵生成树。

下面证明 T_0 是最小生成树。

设 T 是 G 的最小生成树，若 $T_0=T$，则命题成立。

若 $T_0 \neq T$，则在 T_0 中至少有一条边不在 T 中。因为 T_0 由 $e_1, \cdots, e_i, \cdots, e_{n-1}$ 构成，不妨设 $e_1, \cdots, e_i \in T$，$e_{i+1} \notin T$，即 $e_1, \cdots, e_i$ 是 T 的树枝，e_{i+1} 是 T 的弦。因为 T 是树，把 e_{i+1} 添加到 T 中必构成一条回路，记作 l。根据定理 6.7.4，回路 l 中至少包含 T_0 的一条弦 f，且 $f \neq e_t (t=1, \cdots, i, i+1)$。构造一棵生成树 $T'=(T-\{f\}) \cup \{e_{i+1}\}$，则 $C(T')=C(T)-C(f)+C(e_{i+1})$，而 T 是最小生成树，故 $C(T) \leqslant C(T')$，即

$$C(e_{i+1})-C(f)=C(T')-C(T) \geqslant 0$$

所以

$$C(e_{i+1}) \geqslant C(f) \tag{6.4}$$

另外，$e_1, \cdots, e_i, f$ 是 T 的树枝，所以 $\{e_1, \cdots, e_i, f\}$ 不构成回路，又 $e_1, \cdots, e_i, e_{i+1}$ 是 T' 的树枝，所以 $\{e_1, \cdots, e_i, e_{i+1}\}$ 也不构成回路，且由该算法，$C(e_{i+1})$ 最小，所以

$$C(e_{i+1}) \leqslant C(f) \tag{6.5}$$

由式(6.4)和式(6.5)得

$$C(e_{i+1})=C(f)$$

所以 $C(T')=C(T)$，即 T' 是一棵最小生成树。

显然 T' 与 T 的公共边比 T 与 T_0 的公共边多一条边 e_{i+1}，用 T' 置换 T，重复上述步骤，直至得到与 T_0 有 $n-1$ 条公共边的最小生成树，此时 T' 与 T_0 重合，即 $T=T_0$，故 T_0 是最小生成树。 ■

例 6.7.4　用 Kruskal 算法求图 6-57(a)所示的最小生成树，并求其树权。

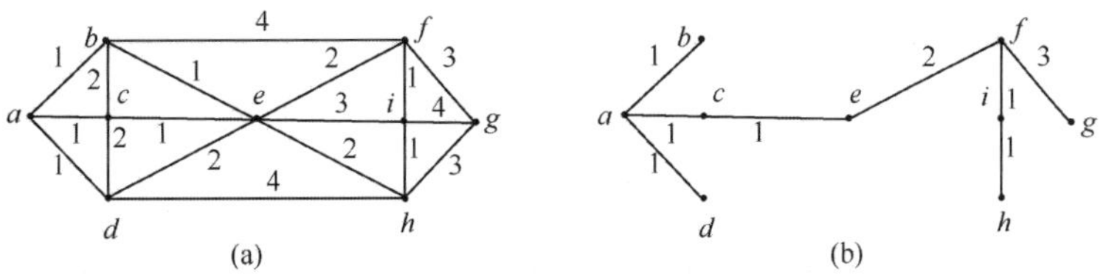

图 6-57　Kruskal 算法

解　图 6-57(a)所示的最小生成树如图 6-57(b)所示，其边为 ab、ac、ad、ce、fi、ih、ef、fg，最小生成树 T_0 的权为 11。

注　图 G 的最小生成树也可能不唯一。

6.8 根树及其应用

6.8.1 根树的基本概念

定义 6.8.1 若一个有向图不考虑其边的方向时是一棵树，则称为有向树。

在有向树中最重要的是根树，在数据结构、数据库理论等问题中应用广泛。

定义 6.8.2 一棵有向树，如果恰有一个节点的入度为 0，其余所有节点的入度都为 1，则称此有向树为根树，入度为 0 的节点称为树根，出度为 0 的节点称为树叶，出度不为 0 的节点称为分支点（或内点）。

在根树 T 中，从树根到节点 v 有唯一的单向通路，其长度称为节点 v 的层数（或深度），记作 $l(v)$。层数最大节点的层数称为 T 的树高，记作 $h(T)$。平凡树也是根树。

显然根节点的层数为 0，称为第 0 层节点，应注意有些书中定义根为第一层。

从根树的结构可以看出，树中每一个节点都可看做是原来树中的某棵子树的根，因此根树可以采用下面的递归定义。

定义 6.8.3 根树包含一个或多个节点，这些节点中某一个称为根，其余所有节点被分成有限棵子根树。

该定义将 n 个节点的根树用节点数少于 n 的根树来定义，最后得到的每一棵树都是只有一个节点的根树，它们都是原来根树的树叶。

例如，图 6-58 中各图都是有向树，图 6-58(c)和(d)都是根树，其中图 6-58(d)是根树的自然表示法，即树根在下、树叶在上。在图论中通常将根树画成图 6-58(c)所示的形式，其树根在上，有向边的方向都向下方或斜下方，所以有时可以省略有向边上的箭头，位于同一层的节点画在一条水平线上。图 6-58(c)中 v_0 是树根，v_4、v_6、v_7、v_8、v_9、v_{10} 是树叶，v_1、v_2、v_3、v_5 是分支点，v_0 在第 0 层，v_1、v_2、v_3 在第 1 层，树高为 3，在 v_9、v_{10} 处达到。

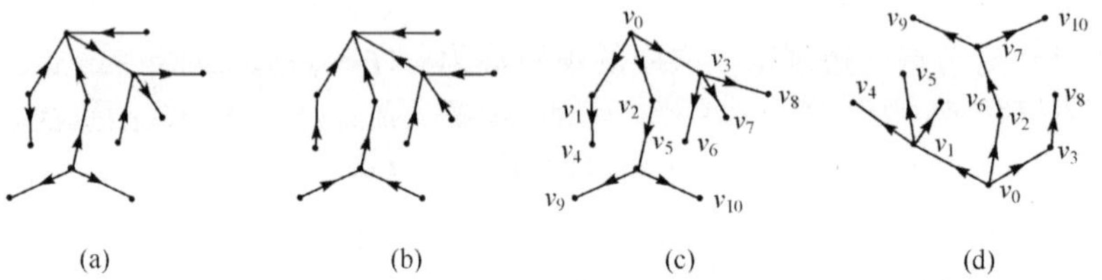

图 6-58 有向图和根树

有时称图 6-58(b)为内向树，可表示某些比赛，其中树叶表示参赛运动员，分支点表示各级的获胜者。图 6-58(c)称为外向树，可表示计算机中文件的管理，树根为根目录，分支点表示文件夹，树叶表示各个文件。我们主要讨论外向树。

一棵根树可以看做一棵家族树，家族中成员间的关系如下定义。

定义 6.8.4 设 T 为一棵非平凡的根树，若 v_i 可达 v_j，则称 v_i 是 v_j 的祖先，v_j 为 v_i 的后代。若 $\langle v_i, v_j\rangle$ 是根树的有向边，则称 v_i 为 v_j 的父亲，而 v_j 为 v_i 的儿子。若 v_j、v_k 的父亲相同，则称 v_j 与 v_k 是兄弟。由 v 和它的所有后代及所有与这些后代相关联的边形成的子图称为以 v 为根的子树。

根树在计算机科学及实际生活中有许多应用，用以表示多种数据或逻辑关系，如决策树、语法树、查找树等都是根树的例子。

例 6.8.1 A、B 两个学院进行篮球赛，规则为："连胜两场或先胜三场者获胜并结束比赛。"问比赛结果如何？

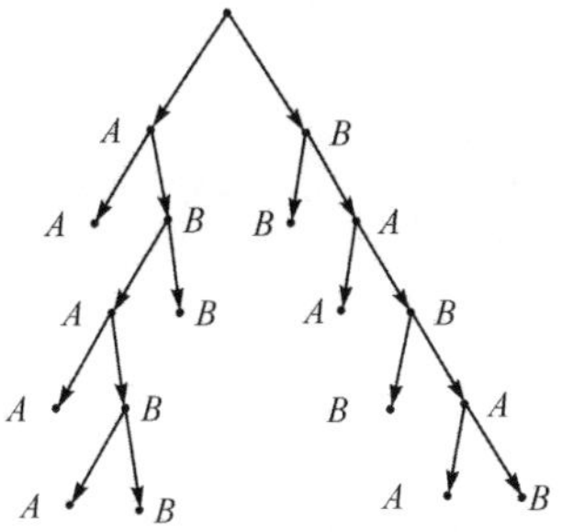

图 6-59　根树表示比赛结果

解　若节点表示比赛场次，节点边上的字母表示胜方，则比赛的可能结果可用图 6-59 所示的根树表示。依树的方向，从根到树叶的每一条路表示一种可能结果，则有 10 种可能情况。

例 6.8.2　代数结构的操作可用根树表示。分支点表示运算符，树叶节点表示操作数，则表达式$(a\div b)+c\times d\times e$表示为图 6-60(a)。用树来表示代数结构是图论在计算机科学中的一个重要应用，通过对树的不同遍历可得到原代数结构的表达式串。这种串对于计算机程序识别代数结构非常方便，尤其在编译程序中，这将在后面的章节中进行讨论。

例 6.8.3　命题公式可用根树表示。分支点表示逻辑联结词，树叶节点表示命题变元或常元，则命题公式$(P\wedge\neg Q)\vee(\neg R\wedge\neg P)$表示为图 6-60(b)。

例 6.8.4　语句的语法分析也可用根树进行。例如，"这小孩吃一个大苹果。"表示为图 6-60(c)所示的根树。语句中的成分一目了然地展现在根树中。

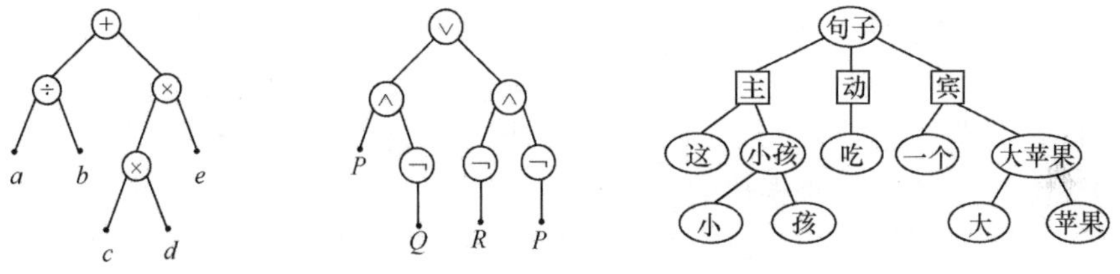

(a) 代数结构　(b) 命题公式　(c) 语法分析

图 6-60　根树的应用

6.8.2　二叉树

定义 6.8.5　对节点或边规定了次序的根树称为有序树。通常规定同一层的节点从左到右排序。

定义 6.8.6　节点出度最大值为 m 的根树称为 m 叉树。若每一个节点的出度或为 m，或为 0，则称为完全 m 叉树。若所有树叶处于同一层，则称为正则 m 叉树。

完全 m 叉树可看做每局有 m 位选手参赛的单淘汰赛计划表，其中树叶数 t 表示参赛选手的总数，分支点数 i 表示比赛局数。因为每局比赛淘汰$(m-1)$位选手，每局的第一名才能参加下轮比赛，所以 i 局比赛共淘汰$(m-1)i$ 位选手，最后决出一位冠军，故 $t=(m-1)i+1$。

因此，得到下面的定理。

定理 6.8.1　设有完全 m 叉树，其树叶数为 t，分支点数为 i，则有$(m-1)i=t-1$。

证明　在完全 m 叉树中，根的度数为 m，每片树叶的度数为 1，其余每个分支点的度数都为 $m+1$。设该树的边数为 n，则由握手定理知

$$2n=m+(m+1)(i-1)+t$$

而

$$n=t+i-1$$

所以

$$(m-1)i=t-1$$ ■

此定理也可用数学归纳法证明，留给读者。

例 6.8.5　设有 24 盏电灯，拟公用一个电源插座，问至少需要多少块具有四插座的接线板？

解　公用插座可看成是完全四叉树的根，每个接线板看成分支点，灯泡看成树叶，则此问题等价于求总的分支点数。由定理 6.8.1 知，$i=\frac{1}{3}(24-1)$，因为这不是一个整数，所以 i 取为$[\frac{1}{3}(24-1)]+1=8$，故至少需要 8 块接线板。

在 m 叉树中，二叉树具有许多良好的性质，所以其应用最广泛，如例 6.8.1～例 6.8.4。

在有序二叉树中，每个节点 v 至多有两个儿子，分别称为 v 的左儿子和右儿子。

二叉树便于计算机处理，而任何一棵有序树都可以改为一棵相应的二叉树，方法如下：

(1) 从树根开始，保留每个父亲与最左边儿子的连线，删去与其他儿子的连线，兄弟间用从左到右的有向边连接。

(2) 若一个节点原为前一个节点最左边的儿子，则在二叉树中，该节点为前一节点的左儿子。若一节点原为前一节点的兄弟，则在二叉树中，该节点为前一节点的右儿子。

例 6.8.6　图 6-61(a)所示的树用上述方法改为相应的二叉树，如图 6-61(b)所示。

保持图 6-61(b)所示原型可还原为原来的 m 叉树。这就是“相应的二叉树”中“相应的”含义。

类似地，用下面的方法可将有序森林改写为一棵相应的二叉树：

(1) 先将森林中的每棵树转换为二叉树。

(2) 除第一棵二叉树外，依次将剩余的每棵二叉树作为左边二叉树的根的右子树，直至所有的二叉树都连在一棵二叉树上。

在计算机科学及实际应用的优化问题中常常考虑二叉树的通路长问题。

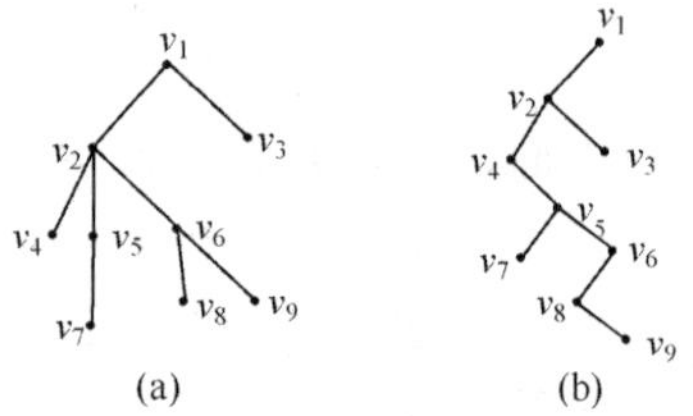

图 6-61　m 叉树转换为二叉树

定义 6.8.7　在根树中，从树根到节点 v 的单向通路所含的边数称为 v 的通路长度，记作 $L(v)$，分支点的通路长度称为内部通路长度，树叶的通路长度称为外部通路长度。

定理 6.8.2　设完全二叉树分支点数为 n，内部通路长度的总和为 I，外部通路长度的总和为 E，则 $E=I+2n$。

证明　对分支点数 n 归纳证明。

(1) 当 $n=1$ 时，仅有两片树叶，即 $I=0, E=2$，故 $E=I+2$ 成立。

(2) 设 $n=k-1$ 时，命题成立，即 $E'=I'+2(k-1)$，其中 I'、E' 分别表示含 $k-1$ 个分支点的完全二叉树 T' 的内、外部通路长度的总和。

(3) 当 $n=k$ 时，设 T 是 k 个分支点的完全二叉树，删去一个分支点 v 的两片树叶 u、w 得 T'。设 v 的通路长为 l，则有

$$I=I'+l,\quad E=E'-l+2(l+1)=E'+l+2=I'+2(k-1)+l+2=I+2k$$

综上所述，命题成立。　■

下面考虑带权二叉树的优化问题。

设 T 为具有 t 片树叶的二叉树，其树叶分别带权 $w_1,\cdots,w_t$（不妨设 $w_1\leqslant\cdots\leqslant w_t$），则称此二叉树 T 为带权二叉树。

定义 6.8.8　在带权二叉树中，记带权 w_i 的树叶为 v_i，其通路长度为 $L(v_i)$，则称 $w(T)=\sum_{i=1}^{t} w_i L(v_i)$ 为带权二叉树 T 的树权。在所有带权 $w_1,\cdots,w_t$ 的二叉树中，$w(T)$ 最小的那棵树称为最优二叉树。

例 6.8.7　给定三个权值 1、2、3，则图 6-62 中 3 棵树的树权分别为

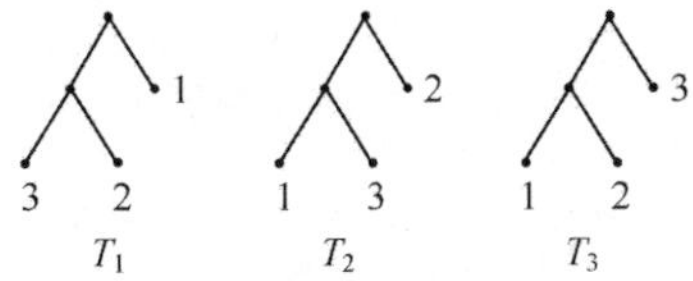

图 6-62　二叉树的权

$$w(T_1)=1\times1+2\times2+3\times2=11$$
$$w(T_2)=2\times1+1\times2+3\times2=10$$
$$w(T_3)=3\times1+1\times2+2\times2=9$$

显然还存在其他几种树的构造，T_3 是否是最优二叉树？答案是肯定的，可由定理 6.8.3 证明。

最优二叉树的构造方法很多，其中 Huffman 算法是最经典的，其思想为权值大的节点用短路径，权值小的节点用长路径。

算法：构造最优二叉树的 Huffman 算法；

输入：t 个非负权值 $w_1,w_2,\cdots,w_t$，且 $w_1\leqslant\cdots\leqslant w_t$；

输出：图 G 的最优二叉树。

步骤 1　初始化集合 $S=\{w_1,w_2,\cdots,w_t\}$。

步骤 2　在 S 中选择两个最小的权 w_1 和 w_2，得一个分支点 v_1，其权 $w_{12}=w_1+w_2$，且 w_1、w_2 对应的节点成为 v_1 的两片树叶，画连线 $\langle w_{12},w_1\rangle$ 和 $\langle w_{12},w_2\rangle$。

步骤 3　在 S 中删去权 w_1 和 w_2，然后加入新的权 w_{12}。

步骤 4　重复步骤 2～4，直到 S 中只有一个权值为止。

下面证明由 Huffman 算法得到的树是最优二叉树。

定理 6.8.3　设 T 为带权 $w_1\leqslant w_2\leqslant\cdots\leqslant w_t$ 的最优二叉树，则带权最小权 w_1、w_2 的两片树叶 v_1、v_2 是兄弟且它们父亲的通路长度最长。

证明　设 v 是 T 中通路长度最长的分支点，v 的两个儿子 v_x、v_y 带权 w_x、w_y。因为 v 的通路长度最长，所以 $L(v_x)\geqslant L(v_1)$。若 $L(v_x)>L(v_1)$，在 T 中对调 w_x 与 w_1 得一新树 T'，则

$$\begin{aligned}w(T')-w(T)&=[w_1L(v_x)+w_xL(v_1)]-[w_1L(v_1)+w_1L(v_1)]\\&=(w_1-w_x)[L(v_x)-L(v_1)]<0\end{aligned}$$

所以 $w(T')-w(T)<0$，即 $w(T')<w(T)$，此与 T 为最优二叉树矛盾，所以 $L(v_x)=L(v_1)$。

同理证明 $L(v_y)=L(v_2)$。又 $L(v_x)=L(v_y)$，所以

$$L(v_x)=L(v_y)=L(v_1)=L(v_2)$$

说明在 T 中分别对调 w_1 与 w_x、w_2 与 w_y 后得到的树仍为最优二叉树，且在这棵最优树中，v_1、v_2 是兄弟且它们父亲的通路长度最长。■

定理 6.8.4　设 T 是带权 $w_1\leqslant w_2\leqslant\cdots\leqslant w_t$ 的最优二叉树，若删去带权 w_1、w_2 的两片树叶 v_1、v_2，将权 w_1+w_2 加给 v_1、v_2 的父亲 v，得到的带权 $w_1+w_2,w_3,\cdots,w_t$ 的二叉树 T' 仍为最优二叉树。

证明　据题设，有以下关系：

$$\begin{aligned}w(T)&=\sum_{i=3}^{t}w_iL(v_i)+w_1(L(v)+1)+w_2(L(v)+1)\\&=\left[\sum_{i=3}^{t}w_iL(v_i)+(w_1+w_2)L(v)\right]+(w_1+w_2)\\&=w(T')+(w_1+w_2)\end{aligned}\tag{6.6}$$

若 T' 不是最优树，则必有另一棵树 T'' 是带权 $w_1+w_2,w_3,\cdots,w_t$ 的最优树，让 T'' 中带权 w_1+w_2 的树叶生成两个带权 w_1、w_2 的儿子得到树 T'''，所以

$$w(T''')=w(T'')+w_1+w_2\tag{6.7}$$

式(6.7)与式(6.6)相减,得 $w(T''')-w(T)=w(T'')-w(T')$。

因为 T''是带权 $w_1+w_2, w_3, \cdots, w_t$ 的最优树,所以 $w(T'')-w(T')<0$,即 $w(T''')-w(T)<0$,与 T 为带权 $w_1, w_2, \cdots, w_t$ 的最优树矛盾,所以

$$w(T'')=w(T')$$

即 T'就是带权 $w_1+w_2, w_3, \cdots, w_t$ 的最优树。 ■

例 6.8.8　设有一组权 3、4、5、6、12,求相应的最优二叉树。

解　利用图 6-63 所示的步骤(图 6-63(a))得到最优二叉树(图 6-63(b))。

上述讨论已经得到构造最优二叉树的算法及其证明,那么思考一下:如何来构造一棵最优 t 叉树呢,可以找出其中的规律吗?

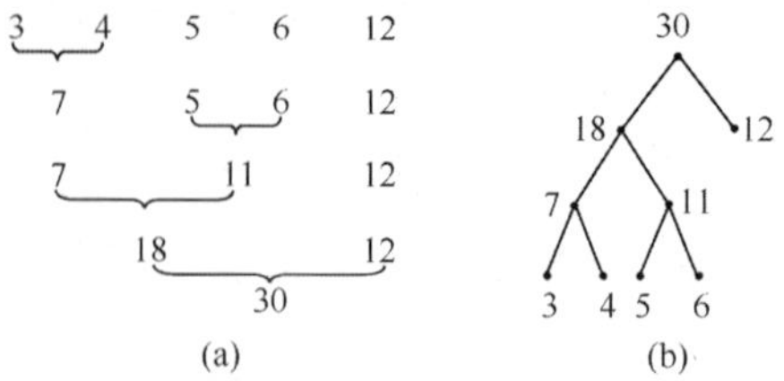

图 6-63　构造最优二叉树

6.8.3　根树的遍历

二叉树经常用作某种数据结构,此时需要对每个节点进行访问。若对一棵根树的每个节点都访问一次且仅一次称为行遍(或遍历)一棵树。对完全有序二叉树主要有下面 3 种遍历方法。

(1) 前序遍历(或先根遍历),访问的顺序为树根、左子树、右子树。

(2) 中序遍历(或中根遍历),访问的顺序为左子树、树根、右子树。

(3) 后序遍历(或后根遍历),访问的顺序为左子树、右子树、树根。

例 6.8.9　用有序完全二叉树表示命题公式

$$(P\vee(P\wedge Q))\wedge((P\vee Q)\wedge R)$$

并用 3 种遍历法访问该树,写出访问结果。

解　用图 6-64 所示的有序完全二叉树表示该命题公式,3 种遍历法的访问结果如下:

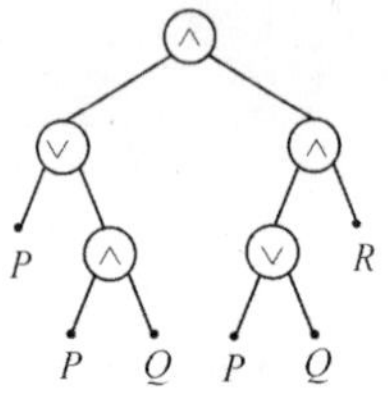

图 6-64　树的遍历

(1) 前序遍历结果为

$$\wedge(\vee P(\wedge PQ))(\wedge(\vee PQ)R)$$

消去全部括号得

$$\wedge\vee P\wedge PQ\wedge\vee PQR$$

其运算规则为每个逻辑联结词与其后面紧接的两个命题公式进行运算。由于逻辑联结词在两个运算对象之前,故称为前缀符号法(或波兰符号法)。

(2) 中序遍历结果为

$$(P\vee(P\wedge Q))\wedge((P\vee Q)\wedge R)$$

中序遍历法访问的结果与原命题公式相同。

(3) 后序遍历法结果为

$$(P(PQ\wedge)\vee)((PQ\vee)R\wedge)\wedge$$

消去全部括号得

$$PPQ\wedge\vee PQ\vee R\wedge\wedge$$

其运算规则为:每个逻辑联结词与其前面紧接的两个命题公式进行运算。由于逻辑联结词在两个运算对象之后,故称为后缀符号法(或逆波兰符号法)。

这种遍历法得到的串对计算机程序识别表达式非常方便,尤其是在编译程序中,用栈数据结构处理十分方便。栈及树的遍历问题还将在数据结构及编译原理课程中详细介绍。

6.9 最短路径问题

带权图是图论应用中的重要部分，边或节点的权可以具有各种实际意义，如交通网络中，权可以表示两地间的距离、运输时间、运输费用等。实际问题中，往往需要确定一种方案，以达到最优化。最短路径问题即是在带权图中给定的两个节点间寻找具有最小（或最大）权的路径。

设 u、v 是带权有向图 $G=\langle V,E,W\rangle$ 中任意两个节点，任意边 $e=(v_i,v_j)$ 的权重记作 $C(e)=c_{ij}$。若 u、v 连通，记 $P^*(u,v)$ 为 u 到 v 的一条通路，若满足

$$C(P^*) = \min_{P\in\varphi(u,v)}\{C(P)\} \tag{6.8}$$

则称 $P^*(u,v)$ 为 u、v 间的最短路径，其中 $\varphi(u,v)$ 是 u、v 间所有通路的集合。

给定带非负权连通有向图 $G=\langle V,E,W\rangle$ 的一个节点 s，称为源点。则从源点 s 到其他各节点的最短路径的长度，称为单源最短路径，简称最短路径。

目前公认的解决单源最短路径问题的最有效算法是 Dijkstra 算法，这是一种贪心算法。在许多计算机专业课程如数据结构、运筹学等中都有详细的介绍。该算法基于最短路径最优子结构的观察结论：若 $u,v_{i_1},v_{i_2},\cdots,v_{i_k},v$ 是从 u 到 v 的最短路径，那么，$u,v_{i_1},v_{i_2},\cdots,v_{i_l}$ 也必然是从 u 到 v_{i_l} $(1\leqslant l\leqslant k)$ 的最短路径。

其基本思想是，设置节点集合 S，首先将源点 u 加入该集合，然后依据源点到其他节点的路径长度，选择路径长度最小的节点加入集合，根据所加入节点更新源点到其他节点的路径长度，然后再选取最小边的节点，依次来做，直到全部节点都加入到 S，便求得 u 到所有节点的最短路径长度。

在给出算法前，我们先介绍算法中用到的相关符号。不妨设指定的源节点为 v_1。设 PV 是已确定源节点到其最短距离的节点集，初始化 PV $=\varnothing$。设 TV 是待定节点集，初始化 TV $=\{v_1,v_2,\cdots,v_n\}$。$C_i^{(l)}$ 为第 l 步得到的从 v_1 到 v_i 的最短路径的一个上界。$C_i^{(l)^*}$ 为第 l 步得到的从 v_1 到 v_i 的最短路径的权值。

算法：最短路径的 Dijkstra 算法；

输入：带权有向图 $G=\langle V,E,W\rangle$，$V=\{v_1,v_2,\cdots,v_n\}$，源点 v_1；

输出：源点 v_1 到其他节点的最短路径的权值。

步骤 1　$l\leftarrow 1$；$C_1^{(l)^*}\leftarrow 0$；$\forall v_j\in$ TV，$C_j^{(l)}\leftarrow c_{1j}$；PV $\leftarrow$ PV $\cup\{v_1\}$；TV $\leftarrow$ TV $-\{v_1\}$。

步骤 2　$l\leftarrow l+1$。

步骤 3　while TV $\neq\varnothing$ DO。

步骤 4　$C_i(l)^*\leftarrow \min\limits_{v_j\in \mathrm{TV}}\{C_j^{(l)}\}$；//算法第 l 步确定了从 v_1 到 v_i 的最短路径，其距离值为 $C_i(l)^*$。

步骤 5　PV $\leftarrow$ PV $\cup\{v_i\}$；TV $\leftarrow$ TV $-\{v_i\}$。

步骤 6　$\forall v_j\in$ TV，$C_j^{(l)}\leftarrow\min\{C_j^{(l-1)},C_i^{(l)^*}+c_{ij}\}$；//更新从 v_1 到 TV 中各节点的最短距离上界。

步骤 7　end while。

例 6.9.1　用 Dijkstra 算法求图 6-65 中所示节点 v_1 到其余各节点的最短路径。

解　节点 v_1 到各节点的最短路径的 Dijkstra 算法的执行过程见表 6-1。具体过程概述如下：

(1) l 为1时，PV=\{v_1\}，表中第一行、第一列的值置为0，表示从 v_1 到 v_1 的最短路径权值为0。第一行中的其他数值表示从 v_1 出发，只经由PV中的节点而到达其余各节点的暂定最短路径权值。例如，到节点 v_2 的暂定最短路径权值为1，到节点 v_3 的暂定最短路径权值为12。此外，由于从 v_1 出发只经由PV中的节点无法到达节点 v_4、v_5、v_6，因此，这些节点的暂定最短路径权值均为∞。

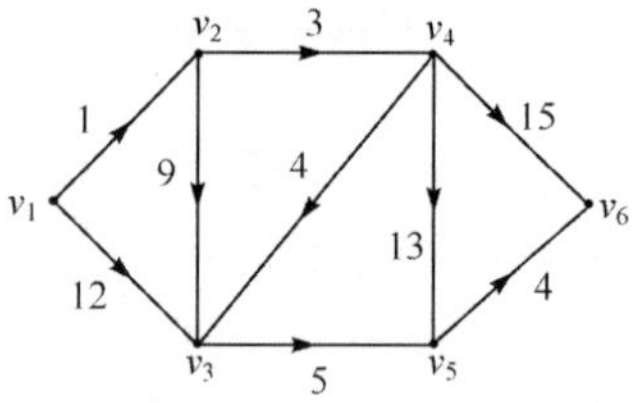

图6-65 最短路径

(2) l 为2时，算法在第一行中选取具有最小暂定最短路径权值的节点加入到PV中，即PV=\{v_1,v_2\}。同时，更新第二行中从 v_1 出发只经由PV中的节点而到达其余各节点的暂定最短路径权值。例如，从 v_1 到 v_3 的暂定最短路径为 $v_1 \to v_2 \to v_3$，其权值为10。从 v_1 到 v_4 的暂定最短路径为 $v_1 \to v_2 \to v_4$，相应权值也由∞更新为4。

类似于上述操作步骤，算法在6次迭代后结束。此时，下划线所示的数值表示从 v_1 出发到各节点的最短路径的距离。括号中的节点表示到达该节点的最短路径的上一个节点。例如，从 v_1 到 v_6 的最短路径为 $v_1 \to v_2 \to v_4 \to v_3 \to v_5 \to v_6$，最短路径权值为17。

表6-1 Dijkstra算法求解过程

l	v_1	v_2	v_3	v_4	v_5	v_6
1	$\underline{0}$	$\underline{1}$(v_1)	12	∞	∞	∞
2			10	$\underline{4}$(v_2)	∞	∞
3			$\underline{8}$(v_4)		17	19
4					$\underline{13}$(v_3)	19
5						$\underline{17}$(v_5)

6.10 图论的应用

6.10.1 公交站点可达性查询

1. 问题描述

某市的公交系统包括若干条公交线路，每条线路包括若干站点，例如

1路：黄土坡(公汽车场)\云南财经大学(西区)\金鼎园\虹山新村(景秀山庄小区)\学府路(阳光果香小区)\冶金工校\苏家塘\昆明理工大学西区(建设路)\地台寺\建设路\府甬道口(文林街)\云南大学(青云街)\青云街\华山西路\文庙(新大新百货)\金鹰购物中心\得胜桥(青年路)\塘子巷\白塔路口(世博大厦)\市博物馆\东站(环城南路)；

2路：黄土坡(昆瑞路)\云南财经大学(西区)\麻园\西园路口(工人医院)(昆瑞路)\西站\建设路\府甬道\云南大学\青云街\华山西路\文庙(新大新百货)\小花园(银河证券)\东风广场\塘子巷\和平村\北京路(环城南路口)\昆明站(站前广场)；

3路：……。

现要求开发一个公交线路查询系统，其中，系统应满足以下查询需求：

给定任意两个站点 s_i、s_j，从 s_i 出发能否直达 s_j？若从 s_i 出发不能直达 s_j，能否通过有限次换乘到达 s_j，最少换乘次数是多少，最少换乘方案是什么？

2. 数学模型及求解方法

在实际应用环境中,我们往往需要面对一些规模大、复杂性高的问题。此时,为抓住问题核心,分析问题本质,往往先忽略问题的一些细节,对其进行抽象,并为之建立相应的数学模型。通过此模型,研究、分析问题,探索解决问题的正确及有效的方法,为系统的实现奠定坚实的基础。根据以上解决问题的思路,下面我们先建立公交线路可达性查询的数学模型,并对其加以分析。

1) 公交线路模型

为方便问题的研究和讨论,先建立一个公交线路图模型来描述一个公交线路系统。该模型中,节点代表公交站点,站点 x 与 y 之间的有向边,表示从站点 x 出发沿某一线路一站可达站点 y。例如,一个包含 7 个站点和 5 条线路的线路图模型如图 6-66 所示。

l_1: $0 \rightarrow 1 \rightarrow 3 \rightarrow 4$

l_2: $4 \rightarrow 3 \rightarrow 6 \rightarrow 0$

l_3: $4 \rightarrow 5 \rightarrow 6 \rightarrow 4$

l_4: $1 \rightarrow 2 \rightarrow 3$

l_5: $3 \rightarrow 2 \rightarrow 1$

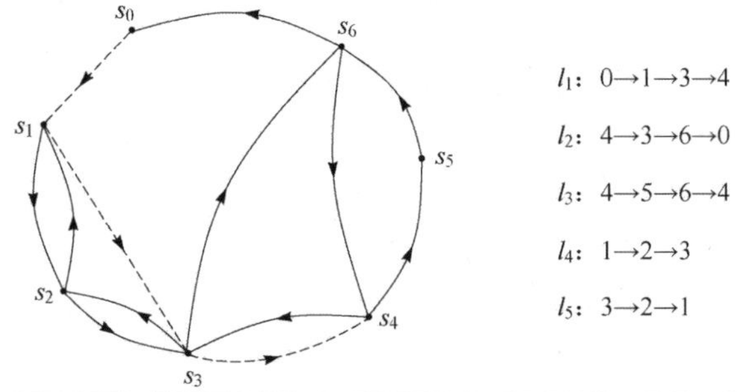

图 6-66　公交线路图模型示例

线路图模型真实地描述了现实公交线路系统。线路图模型具有以下特点:

第一,现实公交系统中的一条公交线路在模型中对应两条线路,即公交线路的"来程"、"去程"视为模型中两条线路,如 l_4、l_5。来程、去程不全一致的线路,如 l_1、l_2。

第二,现实公交系统中可能存在"环状线路",即该条线路的起点站和终点站是同一站点,这种情况在模型中由线路 l_3 描述。

在上述线路模型中,任意给定起点站 s_i 与目的站 s_j,s_i 与 s_j 之间的"可达关系"有如下两种情形。

情形 1:s_i 直达 s_j。如果 s_i 站与 s_j 站在同一条线路中出现,那么 s_i 直达 s_j。例如,给定起点站为 s_0,目的站为 s_4,在线路模型中 s_0、s_4 同时为线路 l_1 上的站点,故从 s_0 出发乘坐 l_1 路车无须换乘可直达 s_4。

情形 2:s_i 换乘可达 s_j,线路模型中有些站点之间不能直接可达,必须通过有限次换乘可达。例如,给定起点站为 s_0、目的站为 s_5,在线路模型中 s_0、s_5 不在 5 条线路中的任何一条上,故从 s_0 出发无法直达 s_5,但可以通过换乘到达。例如,从 s_0 出发通过线路 l_1 到达 s_4,然后换乘 l_3 到达 s_5。

对于换乘可达的情况,注意到给定站点 s_i、s_j,从 s_i 出发到达 s_j 的换乘方案可以有多种。例如,给定 s_1、s_5,第一种换乘方案是,从 s_1 出发通过线路 l_1 到达 s_4,然后换乘 l_3 到达 s_5,这个"换乘"方案中换乘次数为 1 次;第二种换乘方案是,从 s_1 出发通过线路 l_4 到达 s_3,然后换乘 l_2 到达 s_6,再换乘 l_3 到达 s_5,这个"换乘"方案中换乘次数为 2 次。显然,在线路模型中,从 s_1 出发要到达 s_5 还有其他换乘方案,在所有这些换乘方案中,有的换乘方案换乘次数多,有的换乘

方案换乘次数少，如果以“换乘次数”作为衡量从 s_i 出发到达 s_j 的代价，那么任意给定 s_i、s_j，如何求解从 s_i 出发到达 s_j 的最小代价换乘方案呢？下面将介绍一种基于关系运算求解最少换乘方案的方法。

2）直达关系及其关系复合运算

设站点集合 $S=\{s_1,s_2,\cdots,s_n\}$，定义二元关系 R 为站点间的“直达”关系，记为 xRy，仅当从 x 站出发直达 y 站。关系 R 是站点间直达的二元关系，那么 $R\circ R$ 表示站点间的什么关系呢？假定 $x\not R z$，即从 x 出发不能直达 z。如果 $x(R\circ R)z$，仅当 $\exists y(xRy\wedge yRz)$，即至少存在一个站点 y，从 x 出发可直达 y，并且从 y 出发可直达 z，那么，$x(R\circ R)z$ 则表示从 x 出发换乘 1 次可达 z。类似地，有下面的结果：

（1）xRy 表示“x 直达 y”；

（2）$x(R\circ R)y$ 表示“x 换乘一次可达 y”；

（3）$x(R\cup R\circ R)y$ 表示“x 至少换乘一次可达 y”(注意，(2)、(3)的含义是不一样的)；

（4）$\langle x,y\rangle\notin(R\cup R\circ R)$表示“$x$ 至少换乘一次不可达 y”；

（5）xR^ny 表示“x 换乘 $n-1$ 次可达 y”；

（6）$x(R\cup R^2\cup\cdots\cup R^n)y$ 表示“x 至多换乘 $n-1$ 次可达 y”；

（7）$\langle x,y\rangle\notin t(R)$表示“在现有公交系统中 x 不可达 y”，其中 $t(R)$为 R 的传递闭包。

从上面的分析可以看到，直达关系 R 及其复合关系描述了站点之间各种可能的“可达”关系。如果能在计算机中表示、存储直达关系 R 及其复合关系，那么我们就可用计算机来回答关于站点之间各种可达关系的查询。下面介绍直达关系及其复合关系的矩阵表示方法。

3）可达关系矩阵的表示及构造

下面介绍站点间的直达关系 R，以及 R 的复合关系的“可达矩阵”表示，并给出构造站点集“可达矩阵”的方法。

二元关系可以用关系矩阵来表示。下面，我们用可达性关系矩阵 $\mathbf{A}^{(0)}$ 表示直达关系 R。设公交线路集为 L，站点集 $S(|S|=n)$，则 $\mathbf{A}^{(0)}$ 是一个 $n\times n$ 的矩阵。任意 $\mathbf{A}^{(0)}[i][j]$为非 0 元，表示从 i 站出发直达 j 站，相应的数值表示从 i 站出发到 j 站可能采用的线路方案数。例如，$\mathbf{A}^{(0)}[1][3]=2$ 表示从 1 站出发不用换乘可达 3 站，且能采用的线路方案数为 2，分别对应两条线路：第一，1 开始由线路 l_1 可达 3；第二，1 开始由线路 l_4 可达 3。若 $\mathbf{A}^{(0)}[i][j]=0$ 表示从 i 站出发无法直达 j 站，如 $\mathbf{A}^{(0)}[0][2]=0$，观察线路图，不难看出从 0 站出发无法直达 2 站。对于图 6-66 中的公交线路图模型，其 $\mathbf{A}^{(0)}$ 可达矩阵见表 6-2。

表 6-2　可达矩阵 $\mathbf{A}^{(0)}$

$\mathbf{A}^{(0)}$	s_0	s_1	s_2	s_3	s_4	s_5	s_6
s_0	1	1	0	1	1	0	0
s_1	0	1	1	[2]	[1]	[0]	0
s_2	0	1	1	1	0	0	0
s_3	1	1	1	1	1	0	1
s_4	1	0	0	1	1	1	[2]
s_5	0	0	0	0	1	1	1
s_6	1	0	0	0	1	1	1

注：$TP_{1,5}=\{\varnothing\}$表示 1 到 5 不可直达，故线路方案为空；

$TP_{1,4}=\{l_1\}$表示 1 到 4 可直达，直达线路为 l_1；

$TP_{1,3}=\{l_1,l_4\}$表示 1 到 3 可直达，直达线路为 l_1、l_4；

$TP_{4,6}=\{l_2,l_3\}$表示 4 到 6 可直达，直达线路为 l_2、l_3。

给定公交线路集合 $L=\{l_1,l_2,\cdots,l_m\}$，可以用下面的算法 1 构造 $\boldsymbol{A}^{(0)}$。

算法 1：由线路集合 $\boldsymbol{L}$ 构造 $\boldsymbol{A}^{(0)}$。

输入：集合 $L=\{l_1,l_2,\cdots,l_m\}$，其中任意线路 $l_i=\langle s_{i1},s_{i2},\cdots,s_{ip}\rangle$，设 L 中不同站点数为 N，则初始时 $\boldsymbol{A}^{(0)}$ 为 $N\times N$ 的 0 矩阵；

输出：直接可达矩阵 $\boldsymbol{A}$。

```
步骤 1  for(i←0 to m−1)do
步骤 2      对于 l_i=⟨s_i1,s_i2,…,s_ip⟩
步骤 3        for(j←0 to p−1)
步骤 4          for(k←j+1 to p−1)do
步骤 5            A^(0)[j][k]=A^(0)[j][k]+1
步骤 6          end for
步骤 7        end for
步骤 8      end for
```

对于 $\boldsymbol{A}^{(0)}[i][j]=0$ 的项，意味着从 i 站出发无法直达 j 站，但是否可通过换乘可达呢？如果可达，那么从 i 站出发最少换乘多少次可达 j 站呢？下面我们来回答这两个关键问题。

首先，定义一个关于可达性矩阵的新运算符，记为$\otimes$，其运算规则类似于矩阵乘法，具体地

$$\boldsymbol{A}^{(q+1)}=\boldsymbol{A}^{(q)}\otimes\boldsymbol{A}^{(0)}\quad(q=0,1,2,\cdots)$$

其中，$\boldsymbol{A}^{(q+1)}[i][j](i,j=0,1,\cdots,n-1)$由下面的运算规则求得：

(1) 如果 $\boldsymbol{A}^{(0)}[i][j]$为非 0 元，那么 $\boldsymbol{A}^{(q+1)}[i][j]=\boldsymbol{A}^{(0)}[i][j]$。

(2) 如果 $\boldsymbol{A}^{(0)}[i][j]$为 0 元，那么

$$\boldsymbol{A}^{(q+1)}[i][j]=\sum_{k=0}^{n-1}\boldsymbol{A}^{(q)}[i][k]\cdot\boldsymbol{A}^{(0)}[k][j]\tag{6.9}$$

用下面的算法 2 构造式(6.9)中的可达性矩阵 $\boldsymbol{A}^{(q)}$。

算法 2：构造可达性矩阵 $\boldsymbol{A}^{(q)}$。

输入：直达矩阵 $\boldsymbol{A}^{(0)}$，如果 $\boldsymbol{A}^{(0)}=m$，则 $\mathrm{TP}_{i,j}$ 中包含 m 种线路直达方案，设线路图中共有 n 个站点；

输出：可达性矩阵 $\boldsymbol{A}^{(q)}$。

```
步骤 1  q←0
步骤 2      while( A^(q) 中仍有 0 元，或者 q<n ) do
步骤 3        for ( i ← 0 to n−1 )
步骤 4          for ( j ← 0 to n−1 )do
步骤 5            if ( A^(q)[i][j]≠0 ) then
步骤 6                A^(q+1)[i][j]=A^(q)[i][j]
步骤 7            else for ( k ← 0 to n−1 ) do
步骤 8                A^(q+1)[i][j]=A^(q+1)[i][j]+A^(q)[i][k]·A^(0)[k][j]
步骤 9                if ( A^(q)[i][k]≠0∧A^(0)[k][j]≠0 ) then
步骤 10                   TP_i,j=TP_i,j∪TP_i,k×TP_k,j（×为集合的笛卡儿积运算）
步骤 11             end if
步骤 12         end for
```

步骤 13　　end if
步骤 14　end for
步骤 15　end for
步骤 16　$q \leftarrow q+1$
步骤 17　end while

由 $\mathbf{A}^{(0)}$，得到 $\mathbf{A}^{(1)}=\mathbf{A}^{(0)} \otimes \mathbf{A}^{(0)}$，如表 6-3 所示矩阵。

表 6-3　可达矩阵 $\mathbf{A}^{(1)}$

$\mathbf{A}^{(1)}$	s_0	s_1	s_2	s_3	s_4	s_5	s_6
s_0	1	1	②	1	1	①	③
s_1	③	1	1	2	1	①	④
s_2	①	1	1	1	②	$\boxed{0}$	①
s_3	1	1	1	1	1	②	2
s_4	1	②	①	1	1	1	1
s_5	②	$\boxed{0}$	$\boxed{0}$	①	1	1	1
s_6	1	①	$\boxed{0}$	②	1	1	1

我们分别来解释矩阵 $\mathbf{A}^{(1)}$ 中三种数值的含义：

(1) 不带圈的值 $\mathbf{A}^{(1)}[i][j]$，这些值是 $\mathbf{A}^{(0)}$ 中的非 0 元，直接由 $\mathbf{A}^{(0)}[i][j]$得到。其表示从 i 站出发可直达 j 站，相应的数值表示可选择的线路方案数。

(2) 带圆圈的值 $\mathbf{A}^{(1)}[i][j]$，通过前面介绍的式(6.9)得到，用 $\mathbf{A}^{(1)}[1][6]=4$ 来说明求解方法及其含义。由式(6.9)可知

$$
\begin{aligned}
\mathbf{A}^{(1)}[1][6]= & \sum_{k=0}^{6} \mathbf{A}^{(0)}[1][k] \cdot \mathbf{A}^{(0)}[k][6] \\
= & \mathbf{A}^{(0)}[1][0] * \mathbf{A}^{(0)}[0][6]+\mathbf{A}^{(0)}[1][1] * \mathbf{A}^{(0)}[1][6] \\
& +\mathbf{A}^{(0)}[1][2] * \mathbf{A}^{(0)}[2][6]+\mathbf{A}^{(0)}[1][3] * \mathbf{A}^{(0)}[3][6] \\
& +\mathbf{A}^{(0)}[1][4] * \mathbf{A}^{(0)}[4][6]+\mathbf{A}^{(0)}[1][5] * \mathbf{A}^{(0)}[5][6] \\
& +\mathbf{A}^{(0)}[1][6] * \mathbf{A}^{(0)}[6][6] \\
= & 0+0+0+2\times1+1\times2+0+0=4
\end{aligned}
$$

在 $\mathbf{A}^{(0)}$ 中，$\mathbf{A}^{(0)}[1][6]=0$，说明从 1 站出发不能直达 6 站。经过运算后，$\mathbf{A}^{(1)}$ 中 $\mathbf{A}^{(1)}[1][6]=4$，说明从 1 站出发通过换乘 1 次可达 6 站，且可选择的换乘线路方案数为 4。如何确定具体是哪 4 种换乘方案呢？在 $\mathbf{A}^{(0)}$ 中，$\mathbf{A}^{(0)}[1][3]=2$，说明从 1 站出发可直达 3 站，可选择的线路数为 2，分别是 $L_1=\{l_1, l_4\}$，即从 1 站出发通过 l_1 可直达 3 站；或者从 1 站出发通过 l_4 可直达 3 站。$\mathbf{A}^{(0)}[3][6]=1$ 说明从 3 站出发可直达 6 站，通过的线路是 $L_2=\{l_2\}$。因此，运算过程 $\mathbf{A}^{(0)}[1][3] * \mathbf{A}^{(0)}[3][6]=2$，它的含义是从 1 站出发换乘 1 次可达 6 站，具体的换乘线路方案有两种，分别是 $L_1 \times L_2=\{\langle l_1, l_2\rangle, \langle l_4, l_2\rangle\}$，分别表示如下。

第一种方案　从 1 站出发通过 l_1 直达 3 站，换乘 l_2 可达 6 站。

第二种方案　或者从 1 站出发通过 l_4 直达 3 站，换乘 l_2 可达 6 站。

由于在求解 $\mathbf{A}^{(1)}[1][6]$的过程中还有非 0 项 $\mathbf{A}^{(0)}[1][4] * \mathbf{A}^{(0)}[4][6]=2$，用类似的分析方法可知，从 1 出发到 6 站还有其他两种换乘方案。

第三种方案　从 1 站出发通过 l_1 直达 4 站，换乘 l_2 可达 6 站。

第四种方案　从 1 站出发通过 l_1 直达 4 站，换乘 l_3 可达 6 站。

(3) 带方框的值为运算后 $\boldsymbol{A}^{(1)}$ 中的 0 元，$\boldsymbol{A}^{(1)}[i][j]=0$，说明从 i 站出发至少换乘 1 次是无法到达 j 站的。

由 $\boldsymbol{A}^{(1)}\boldsymbol{A}^{(0)}$ 可以得到 $\boldsymbol{A}^{(2)}=\boldsymbol{A}^{(1)}\otimes\boldsymbol{A}^{(0)}$，见表 6-4。

表 6-4　可达矩阵 $\boldsymbol{A}^{(2)}$

$\boldsymbol{A}^{(2)}$	s_0	s_1	s_2	s_3	s_4	s_5	s_6
s_0	1	1	②	1	1	①	③
s_1	③	1	1	2	1	①	④
s_2	①	1	1	1	②	$\boxed{2}$	①
s_3	1	1	1	1	1	②	2
s_4	1	②	①	1	1	1	1
s_5	②	$\boxed{3}$	$\boxed{1}$	①	1	1	1
s_6	1	①	$\boxed{3}$	②	1	1	1

观察 $\boldsymbol{A}^{(2)}$，可以看到 $\boldsymbol{A}^{(2)}$ 中已经没有 0 元，这说明由图 6-66 给定的公交线路系统中，所有站点之间至多通过 2 次换乘均可到达。不带圈数值是直接可达的情况，带圆圈的数值是换乘 1 次可达情况，带虚线方框的数值是换乘 2 次可达的情况。给定站点 s_i、s_j，根据 $\boldsymbol{A}^{(2)}$ 中的值，我们可以很容易地回答从 s_i 出发到 s_j 是否可直达，如果不能直达则最少换乘次数是多少。例如，给定的站点是 s_1、s_3，因为 $\boldsymbol{A}^{(2)}[1][3]=2$，且值为黑色，故“从 s_1 出发可直达 s_3，且有 2 种线路选择方案”。给定的站点是 s_5、s_1，因为 $\boldsymbol{A}^{(2)}[5][1]=3$，且值为带虚线方框，故从 s_5 出发最少通过两次换乘到达 s_1，换乘方案有 3 种。

6.10.2　计算机鼓轮的设计——布鲁英序列

设有旋转鼓轮其表面已被等分成 2^4 个部分，如图 6-67所示。其中，每一部分或为绝缘体或为导体，空白部分表示绝缘体，给出信号 0，阴影部分表示导体，给出信号 1，这样鼓轮的位置就可以用一个二进制数表示。由 4 个触头 a、b、c、d 的位置可以获得一定的信息，图 6-67 中的信息为 1101。若将鼓轮沿顺时针方向旋转一格，则 4 个触头 a、b、c，d 获得信息 1010。

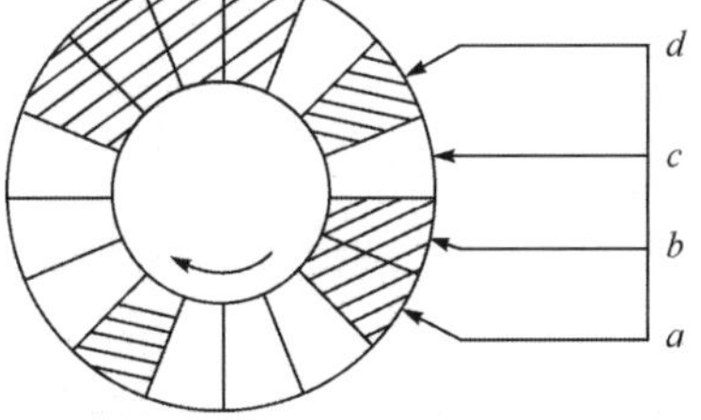

图 6-67　计算机鼓轮

问鼓轮上 16 个部分如何安排导体和绝缘体，才能使鼓轮每旋转一个部分，四个触点就能得到一组与以前不同的四位二进制数，转过一周得到 0000 到 1111 的 16 个不同的二进制数。

设有一个 8 个节点的有向图如图 6-68 所示，其节点分别记作三位二进制数{000，001，010，011，100，101，110，111}。设 $\alpha_i\in\{0,1\}$，每个节点 $\alpha_1\alpha_2\alpha_3$ 可引出两条有向边，其终点分别是 $\alpha_2\alpha_3 0$ 及 $\alpha_2\alpha_3 1$。这两条边分别记为 $\alpha_1\alpha_2\alpha_3 0$ 及 $\alpha_1\alpha_2\alpha_3 1$。按照这种方法，对于 8 个节点的有向图可得 16 条边，在这种图的任一条路中，任一节点的射入边和射出边必是 $\alpha_1\alpha_2\alpha_3\alpha_4$ 和 $\alpha_2\alpha_3\alpha_4\alpha_5$ 的形式，即射入边标号的后三位数与射出边标号的前三位数相同。

因为图 6-68 中 16 条边被记为 16 个不同的二进制数，所以，鼓轮转动所得到的 16 个不同位置触点上的二进制信息，即对应于图中的一条欧拉回路。根据定理 6.4.2，在图中

可找到一条欧拉回路，如 $e_0e_1e_2e_4e_9e_3e_6e_{13}e_{10}e_5e_{11}e_7e_{15}e_{14}e_{12}e_8$，根据邻接边的标号，16 个二进制数可写成对应的二进制数序列 0001001101011111。显然欧拉回路不是唯一的，所以对应的二进制数序列也不唯一。把这个序列写成环状，即与所求的鼓轮设计相对应。

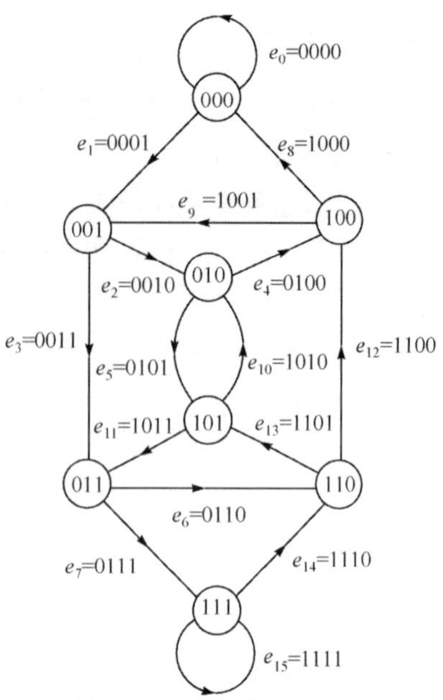

图 6-68　8 个节点有向图

上述鼓轮可以推广到有 n 个触点的情况。只要构造 2^{n-1} 个节点的有向图，设每个节点标记为 $n-1$ 位二进制数，从节点 $\alpha_1\alpha_2\cdots\alpha_{n-1}$ 出发，有一条终点为 $\alpha_2\alpha_3\cdots\alpha_{n-1}0$ 的边，该边记为 $\alpha_1\alpha_2\cdots\alpha_{n-1}0$；还有一条边的终点为 $\alpha_2\alpha_3\cdots\alpha_{n-1}1$ 的边，该边记为 $\alpha_1\alpha_2\cdots\alpha_{n-1}1$。这样构造的有向图，其每一个节点的出度和入度都是 2，所以是欧拉图。由于邻接边的标记是第一条边的后 $n-1$ 位二进制数与第二条边的前 $n-1$ 位二进制数相同，因此有一种 $2n$ 个二进制数的环形排列与所求的鼓轮相对应。

6.10.3　资源分配图

多道程序的计算机系统可同时执行多个程序。事实上，程序共享计算机系统中的资源，如 CPU、主存储器、编译程序和输入、输出设备等，操作系统负责分配这些资源给各个程序。当一个程序要求使用某种资源时，就发出请求，操作系统必须保证这一请求得到满足。

如程序 A 控制着资源 r_1，请求资源 r_2；而程序 B 控制着资源 r_2，请求资源 r_1，此时对资源的请求就发生冲突。这种状态称为处于“死锁”状态。然而必须解决请求的冲突，资源分配图能够发现和纠正死锁。

假设某一程序对一些资源的请求，在该程序运行完之前必须都得到满足。在请求的时间里，被请求的资源是不能利用的，程序控制着可利用的资源，但对不可利用的资源则必须等待。

令 $P_t=\{P_1,P_2,\cdots,P_m\}$ 表示计算机系统在 t 时刻的程序集合，$Q_t\subseteq P_t$ 是正在运行的程序集合，或者称为 t 时刻至少分配一部分所请求的资源的程序集合。$R_t=\{r_1,r_2,\cdots,r_n\}$ 是系统在 t 时刻的资源集合。资源分配图 $G_t=\langle R_t,E\rangle$ 是有向图，表示 t 时刻系统中资源分配状态。每个资源 $r_i(i=1,2,\cdots,n)$ 看做图中一个节点，有向边 $\langle r_i,r_j\rangle\in E$ 当且仅当程序 $P_k\in Q_t$ 已分配到资源 r_i 且等待资源 r_j。

例如，令 $R_t=\{r_1,r_2,r_3,r_4\}$，$Q_t=\{P_1,P_2,P_3,P_4\}$，则资源分配状态为：

P_1 占用资源 r_4 且请求资源 r_1；

P_2 占用资源 r_1 且请求资源 r_2 和 r_3；

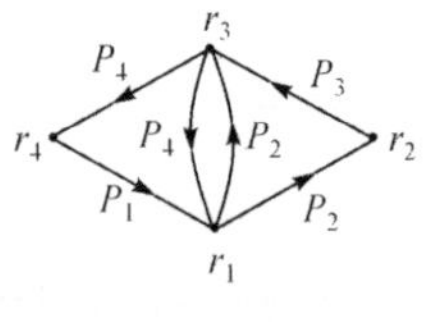

图 6-69　资源分配图

P_3 占用资源 r_2 且请求资源 r_3；

P_4 占用资源 r_3 且请求资源 r_1 和 r_4。

于是，可得到资源分配图 $G_t=\langle R_t,E\rangle$，如图 6-69 所示。可以证明，在 t 时刻计算机系统处于死锁状态当且仅当资源分配图 G_t 中包含强分图。于是，由于图 6-69 所示的图 G_t 是强连通的，即此时计算机系统处于死锁状态。

6.10.4 前缀码

20世纪50年代初随着通信事业的发展，提出了编码理论，用以解决信息传输的可靠性问题。数字通信在现代科学技术中起着重要作用，常用0和1组成的二进制序列作为英文字母的传送信息，这种转换应该满足一定的规律，这就是编码问题。有多种编码的方法，选择编码方法时应保证收到信息后，能通过一定的方法判断信息是否有错，具有这种能力的编码称为检错码。在发现错误时能够纠正错误的编码称为纠错码。

在电报编码中，26个英文字母用0或1组成的序列表示，用不等长的二进制序列表示时，长度为1的序列有2个，长度为2的序列有2^2个，长度为3的序列有2^3个，…，则有$2+2^2+2^3+\cdots+2^i\geqslant 26$，即$2^{i+1}-2\geqslant 26$，$i\geqslant 4$。所以用长度不超过4的二进制序列就可表示26个不同英文字母。但字母的使用频率不同，用等长的序列表示所有字母是不科学的。为减少信息量，希望用较短的序列表示高频字母，用较长的序列表示低频字母，这样可以缩短信息串的总长度。这时接收端收到信息串后如何把不同长度的信息串分开，从而破译该密码？例如，用00表示a，01表示b，0001表示c，那么收到信息串0001时，就无法确定传递的内容是ab还是c。下面利用前缀码解决这个问题。

定义 6.10.1 一个序列中，从第一个符号到中间的某个符号所组成的子序列，称为该序列的前缀。

定义 6.10.2 给定一个序列集合，若其中没有一个序列是另一个序列的前缀，则称为该序列集合是前缀码。

例如，{000,001,01,10,11}是前缀码，{00,10,010,0101}不是前缀码，因为010是0101的前缀。

下面讨论二叉树与前缀码的关系。

给定一棵二叉树，将每位父亲的左侧边标为0，右侧边标为1，若某个父亲只有一个儿子，那么对应的边标0或1均可，这样从树根到树叶的单向通路上各边标记所组成的二进制序列称为该片树叶的标记序列。这样，没有一片树叶的标记序列是另一片树叶标记序列的前缀。这是因为，若有某个标记序列是某片树叶a标记序列的前缀，则这一前缀的对应点必定不是树叶，而是树叶a的祖先。所以，一棵二叉树树叶的标记序列集合一定是一个前缀码。

若给定一个前缀码，设其中最长序列的字长为h，画一棵高为h的完全正则二叉树，用上述方法对该前缀码中的每个序列的相应节点加以标记，将该节点的所有后裔和射出的边全删去，若还有没有标记的树叶也删去，这样得到一棵二叉树，其树叶的标记序列集就对应给定的前缀码。显然，非树叶节点的标记序列是树叶节点标记序列的前缀。

综上所述，前缀码与二叉树的树叶集合间建立了一一对应关系。

于是在信息传输中，就可以按事先规定好的前缀码发送一串信息，接收方则根据已规定好的前缀码进行译码。

在考虑传输信号的频率时，选择怎样的前缀码才能使传输的二进制位数最少？这便是最佳前缀码问题。若将字母出现的频率作为树叶的权，那么最佳前缀码便是由最优二叉树生成的前缀码。用最优前缀码传输是传送费用最节省的二进制编码方案。

例 6.10.1 图 6-70(a)所示的二叉树对应的前缀码为{011,010,00,1}。在前缀码{000,001,01,10}中，最长序列的字长为3，所以作一个高度为3的正则二叉树图 6-70(b)，对应前缀码中序列的节点用方框标记，则删剪后的二叉树为图 6-70(c)。

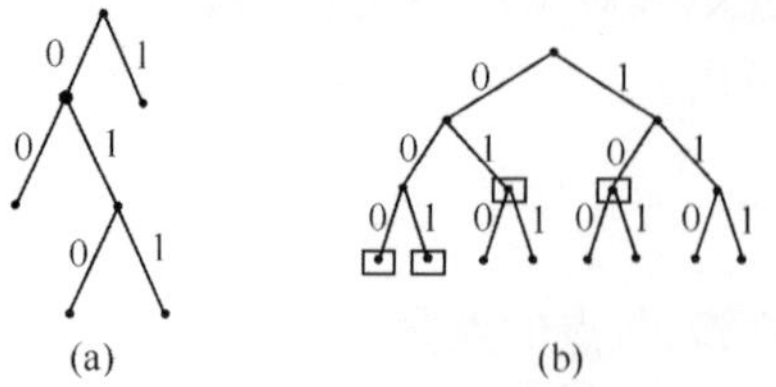

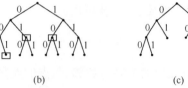

图 6-70　前缀码与二叉树

例 6.10.2　据统计，26 个英文字母出现的概率见表 6-5，试构造 d、e、g、n、o、s、t、u 对应的前缀码，设计一个最佳前缀码传输“good student”。若接收到的序列为 0110010111011010001 0，则表示什么含义？

表 6-5　英文字母的使用频率

字母	a	b	c	d	e	f	g	h	i	j	k	l	m
频率/%	82	14	28	38	131	29	20	53	63	1	4	34	25
字母	n	o	p	q	r	s	t	u	v	w	x	y	z
频率/%	71	80	20	1	68	61	5	25	9	15	2	20	1

解　为计算方便，省略频率的百分比，先将给定字母的频率从小到大进行排序

$t(5)$，$g(20)$，$u(25)$，$d(38)$，$s(61)$，$n(71)$，$o(80)$，$e(131)$

然后用 Huffman 算法构造最优二叉树，并进行编码，如图 6-71 所示。

由图 6-71 可知，d、e、g、n、o、s、t、u 对应的前缀码见表 6-6。

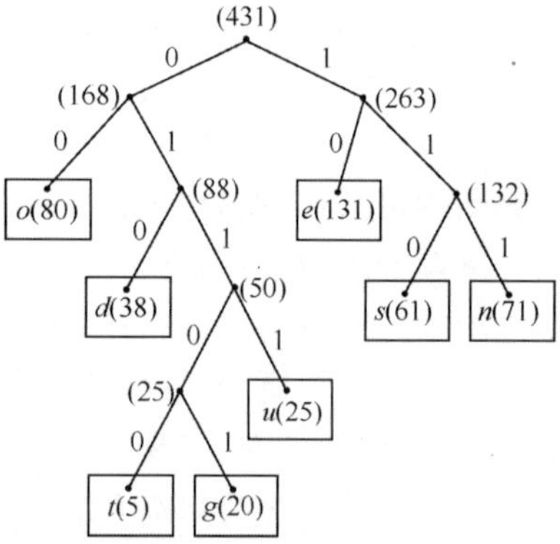

图 6-71　前缀码与最优二叉树

表 6-6　d、e、g、n、o、s、t、u 的前缀码

字母	d	e	g	n	o	s	t	u
前缀码	010	10	01101	111	00	110	01100	0111

于是“good student”所对应的编码为

$$0110100000101100110001110101011101100$$

若接收到的序列为 01100101110110100010，则可译为

$$01100,10,111,01101,00,010$$

表示 ten god。

由于最优二叉树的构造方法不同，所以最优前缀码是不唯一的，但它们的权都是相同的。

小　　结

本章利用非空节点集、边集以及点边间的联系来讨论图，需要深刻理解图论中图的基本概念，掌握图的节点度数、子图、补图、图同构的概念，掌握路、回路，进而简单路和基本路的定义。

深刻理解图的连通或非连通等概念，掌握矩阵对图形中连通状况、节点邻接状况等的表示。重点讨论掌握几种特殊图的性质、特征及应用。

1. 基本内容

(1) 图的定义、节点和边的关联与相邻、节点的度数。

(2) 子图(含生成子图、导出子图)、补图、图的同构等概念。

(3) 路(含简单路、基本路)、回路、连通图与非连通图、点、边割集。

(4) 强(单侧、弱)连通，强(单侧、弱)分图。

(5) 图的矩阵表示：邻接矩阵、可达性矩阵、关联矩阵、关联矩阵的秩与节点数的关系式。

(6) 欧拉路、欧拉图的判定，哈密尔顿路、哈密尔顿图独立的充分和必要条件。

(7) 平面图的定义、欧拉定理、平面图中节点数和边数之间的关系不等式，库拉托夫斯基定理。

(8) 对偶图与着色问题、五色定理及其证明。

(9) 树、子树、生成树、带权树等概念及最优树的计算方法。

(10) 根树、m 叉树的概念和应用。

(11) 二叉树(含完全二叉树)的讨论。

2. 基本要求

(1) 掌握图的定义，节点的度数，以及节点的入、出度与边数的关系。

(2) 熟练掌握子图、补图的概念，会判断两个图是否同构。

(3) 掌握图的矩阵表示法，熟悉图的邻接矩阵、可达性矩阵、完全关联矩阵的算法。

(4) 理解图中路径等概念，掌握判断有向图、无向图的连通性的方法。

(5) 掌握欧拉路、欧拉图，以及哈密尔顿路、哈密尔顿图的定义及判断方法。

(6) 掌握平面图的概念及判定方法。

(7) 了解图着色概念，会进行着色并计算着色数。

(8) 掌握树的六个等价定义及性质，掌握连通图的生成树的概念，并会用 Kruskal 算法求最小生成树。

(9) 掌握根树、有序树、m 叉树的概念，会求最优二叉树并讨论二叉树。

3. 重点和难点

重点：深刻理解图的定义及图的基本性质；掌握路和由路引出的连通性，以及造成不连通的点(边)割集；判定欧拉图和哈密尔顿图；认识平面图及着色；树及根树的概念、性质和应用。

难点：图形的形象与图形讨论的抽象之间的矛盾；图的连通性，领会点连通度、边连通度和最小度数三者之间的关系，桥与割点间的关系；特殊图的判定；树的讨论及应用。

习 题 六

1. 试证明：n 个节点的无向简单图中任一节点度数至多为 $n-1$。
2. 设无向图 $G=\langle V,E\rangle$，$|E|=8$。已知有 5 个 2 度节点，其他节点的度数均小于 3。问 G 中至少有多少个顶点？
3. 设图 G 有 10 条边，3 度和 4 度节点各 2 个，其余节点的度数均小于 3，问 G 中至少有几个节点？在最少节

点的情况下，写出 G 的度数序列、$\Delta(G)$、$\delta(G)$。

4. 设图 $G=(n,m)$，k 度顶点有 n_k 个，且每个节点或是 k 度顶点或是 $k+1$ 度顶点。证明：$n_k=n(k+1)-2m$。

5. 证明：

(1) 在任何有向完全图中，所有节点入度的平方和等于所有节点的出度平方和。

(2) 在无向简单图 $G=(n,m)$ 中，$\delta(G)\leqslant\frac{2m}{n}\leqslant\Delta(G)$。

6. 能否画出满足下列度数序列的简单无向图？若可以请画出相应的图，若不能请说明理由。

(1) (0,1,3,3,3)。

(2) (3,3,2,2)。

(3) (3,3,3,3,3,3)。

(4) (3,2,2,2,1)。

(5) (7,6,5,4,3,3,2)。

(6) (1,1,1,2,3)。

(7) (2,3,3,4,6,5)。

(8) (1,3,3,4,5,6,6)。

7. 一个图如果同构于它的补图，则称其为自补图。

(1) 若一个图是自补图，证明：其对应的完全图的边数必是偶数。

(2) 试画出不同构的 5 个节点的自补图。

(3) 是否存在 3 个或 6 个节点的自补图。

(4) 若 n 阶无向简单图是自补图，则 $n\equiv0(\mathrm{mod}\ 4)$ 或 $n\equiv1(\mathrm{mod}\ 4)$。

8. 试画出满足下列条件的图。

(1) 4 个节点、2 条边的所有非同构的无向简单图。

(2) 3 个节点、2 条边的所有非同构的有向简单图。

(3) 5 个节点、3 条边的所有非同构的无向简单图，及其补图。

(4) 完全图 K_4 的所有非同构的生成子图，并指出其自补图。

9. 试画出图 6-72 所示的所有不同构的生成子图。

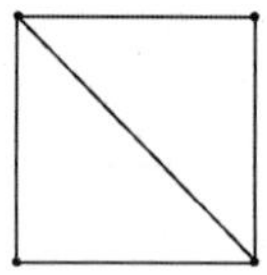

图 6-72 习题 9 的图

10. 设 G 是一个 $n(n\geqslant2)$ 阶无向简单图，且 n 为奇数，证明图 G 和它的补图中的奇数度节点个数相等。

11. 设无向图 G 中每个节点的度数都为 3，且节点数 n 与边数 m 间满足 $2n-3=m$。试问：

(1) G 中节点数 n 与边数 m 各是多少？

(2) 在同构意义下 G 唯一吗？

12. 给出证明或反例：

(1) 每个节点的度数至少为 2 的图必包含一个回路。

(2) 若无向图 G 中只有两个奇数度节点，则这两个节点一定是连通的。

(3) 若有向图 G 中只有两个奇数度节点，它们一个可达另一个或互相可达吗？

(4) 若 (n,m) 图是连通的，证明 $m\geqslant n-1$。

13. 试判断图 6-73 所示的各组图是否同构，并说明理由。

14. n 个城市用 m 条公路连接，一条公路连接两个城市，并且它们之间不能通过任何中间城市。试证明：如果 $m>\frac{1}{2}(n-1)(n-2)$ 时，人们总可以通过连接的公路在任何两个城市之间旅行。

15. 若图 G 是不连通的，则 G 的补图 $\overline{G}$ 是连通的。

16. 在 n 阶简单无向图 G 中，每对顶点 u 和 v，都有 $\deg(u)+\deg(v)\geqslant n-1$，则 G 是连通图。

17. 设 $G=\langle V,E\rangle$ 是一个连通且 $|V|=|E|+1$ 的图，则 G 中有一个度为 1 的节点。

18. 若 n 阶连通图中恰有 $n-1$ 条边，则图中至少有一个节点度数为 1。

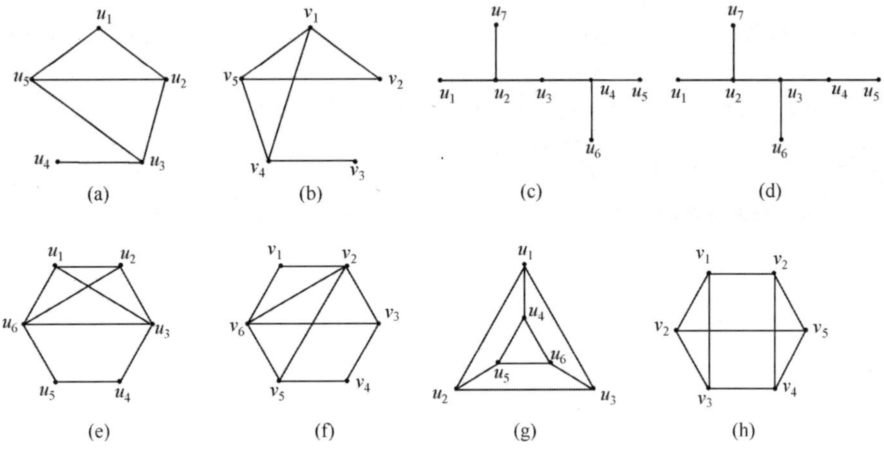

图 6-73　习题 13 的图

19. 设 $V=\{a,b,c,d\}$，下面的边集 E 能否与 V 构成强连通图。

(1) $E=\{\langle a,b\rangle,\langle a,c\rangle,\langle b,d\rangle,\langle c,d\rangle,\langle d,a\rangle\}$

(2) $E=\{\langle a,d\rangle,\langle b,a\rangle,\langle b,c\rangle,\langle b,d\rangle,\langle d,c\rangle\}$

(3) $E=\{\langle a,c\rangle,\langle b,a\rangle,\langle b,c\rangle,\langle d,a\rangle,\langle d,c\rangle\}$

(4) $E=\{\langle a,d\rangle,\langle b,a\rangle,\langle b,d\rangle,\langle c,d\rangle,\langle d,c\rangle\}$

20. 试求图 6-74 所示的邻接矩阵、完全关联矩阵。

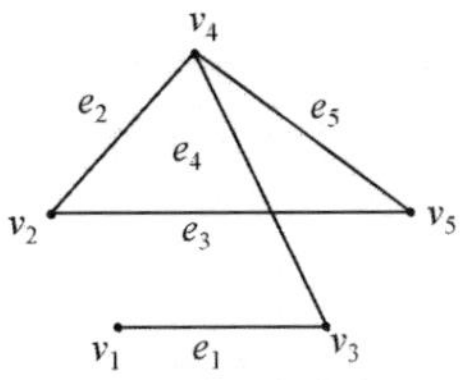

图 6-74　习题 20 的图

21. 设有向图 $G=\langle V,E\rangle$ 中，$V=\{a,b,c,d,e,f\}$。$E=\{\langle a,b\rangle,\langle a,d\rangle,\langle b,d\rangle,\langle c,a\rangle,\langle e,d\rangle,\langle e,b\rangle\}$。(1)画出 G 的图形；(2)求 G 的所有节点的出度和入度；(3)写出 G 的邻接矩阵和可达矩阵。

22. 在有向图 G 中，$V=\{1,2,3,4,5\}$，$E=\{\langle 1,2\rangle,\langle 1,4\rangle,\langle 2,3\rangle,\langle 3,4\rangle,\langle 3,5\rangle,\langle 5,2\rangle\}$，求 G 的邻接矩阵 $\boldsymbol{A}$ 和可达性矩阵 $\boldsymbol{P}$，并求图中长度为 3 和 4 的回路的数目。

23. 在如图 6-75 所示的有向图中，试求：

(1) G_1 中长度为 2 的路的总数和回路总数。

(2) G_2 中长度为 4 的路的总数和回路总数。

24. 有向图 G 如图 6-76 所示。

(1) G 中 v_1 到自身长度分别为 1、2、3、4、5 的回路有多少条?

(2) G 中 v_1 到 v_4、v_4 到 v_1 长度为 4 的路有多少条?

(3) G 中长度为 5 的路共有多少条，其中有多少条是回路?

(4) G 中长度不超过 5 的回路共有多少条?

(5) 写出 G 的邻接矩阵、可达性矩阵和关联矩阵，并判断它们的连通性。若不是强连通图，求出相应的强分图和单侧分图。

25. 在图 6-77 中：

(1) 给出 3 条边和 4 条边的边割集。

(2) 求出一个最小的点割集。

(3) 求证 $\kappa(G)=\lambda(G)$。

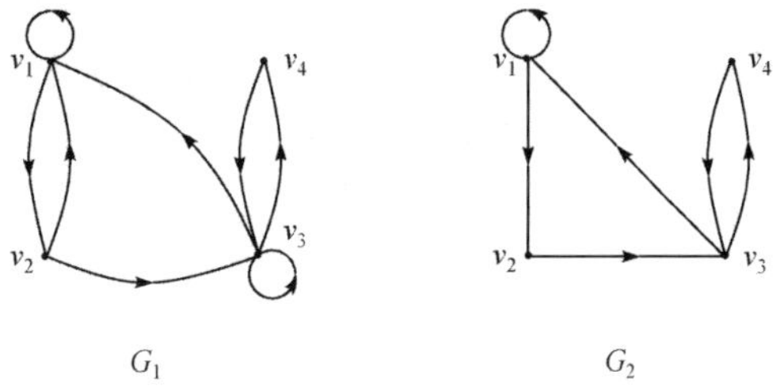

图 6-75　习题 23 的图

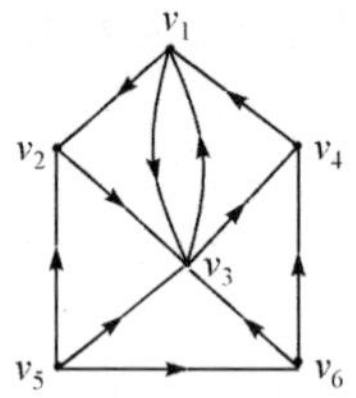

图 6-76　习题 24 的图

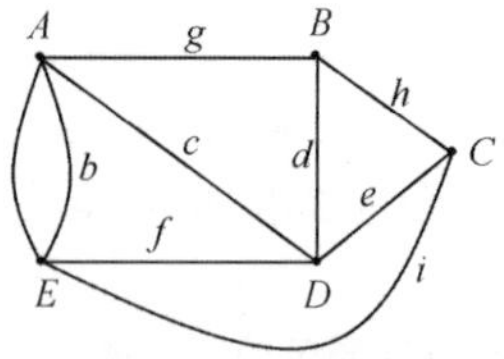

图 6-77　习题 25 的图

26. 如果图 G 中没有奇数度节点，证明：G 中没有割边。

27. 图 6-78 能否一笔画出？

(a)　(b)　(c)　(d)　(e)　(f)

图 6-78　习题 27 的图

28. 设无向连通图 G 有 $k(k\geqslant 2)$ 个奇数度节点，试问在 G 中至少需添加多少条边才能使其成为欧拉图？并证明你的结论。

29. 试画出满足下列条件的欧拉图，若不能，说明原因。

(1) 偶数个顶点，偶数条边。

(2) 奇数个顶点，奇数条边。

(3) 偶数个顶点，奇数条边。

(4) 奇数个顶点，偶数条边。

30. 画一个分别满足下列条件的图：

(1) 有欧拉回路和哈密尔顿回路；

(2) 有欧拉回路，但没有哈密尔顿回路；

(3) 没有欧拉回路，但有哈密尔顿回路；

(4) 既没有欧拉回路，也没有哈密尔顿回路。

31. 若有向图 G 有一条单向的欧拉回路，它是否一定是强连通的，反之呢？说明你的理由。

32. 设 G 是连通图，证明：若 G 中有桥或割点，则 G 不是哈密尔顿图。

33. 试判断图 6-79 所示是否是哈密尔顿图。

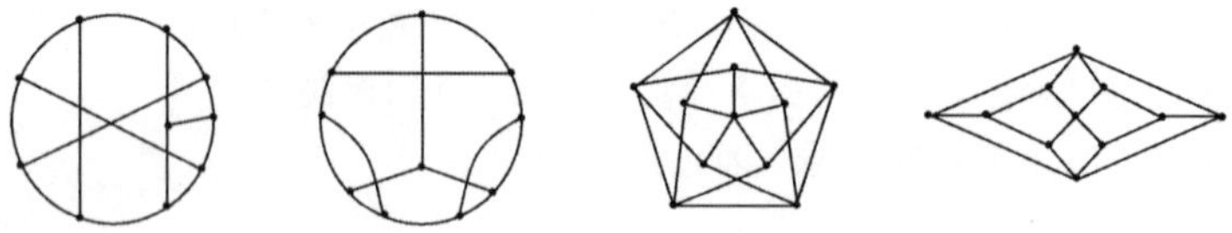

图 6-79　习题 33 的图

34. 安排 $2k(k\geqslant 2)$ 个人去完成 k 项任务。已知每个人均能与另外 $2k-1$ 个人中的 k 个人中的任何人组成小组（每组 2 个人）去完成他们共同熟悉的任务，问这 $2k$ 个人能否分成 k 组（每组 2 人），每组完成一项他们共同熟悉的任务？

35. 设计一种由 9 个 A、9 个 B、9 个 C 组成的圆形玩具，使得字母{A,B,C}组成的长度为 3 的 27 个字的每个字仅出现一次。

36. 一次学术会议的理事会共有 20 个人参加，他们之间有的相互认识但有的相互不认识。但对任意两个人，

他们各自认识的人的数目之和不小于 10。问能否把这 20 个人排在圆桌旁，使得任意一个人认识其旁边的两个人，根据是什么？

37. 设有 a、b、c、d、e、f、g 7 个人，已知 a 会讲英语，b 会讲英语、汉语，c 会讲英、俄语，d 会讲日语、汉语，e 会讲德语、俄语，f 会讲法语、日语，g 会讲法语、德语。试用图论方法安排圆桌座位，使每人都能与其身边的人交谈。

38. 某工厂生产由 6 种不同颜色的纱织成的双色布。已知在所有品种中，每种颜色至少分别与其他 5 种颜色中的 3 种颜色搭配。试证明可以挑出 3 种双色布，它们恰好有 6 种不同的颜色。

39. 某班学生共选修了 A、B、C、D、E、F 6 门课，其中部分同学同时选修 A、C、D，部分选修 B、C、F，部分选修 B、E，还有一部分选修 A、B。期末考试要求每天考一门课，6 天内考完。为减轻学生的负担，要求每个学生都不会连续参加考试。试设计一个考试日程表。

40. 证明：当 $n>2$ 时，K_n 是哈密尔顿图。

41. 判断图 6-80 中哪些是平面图。

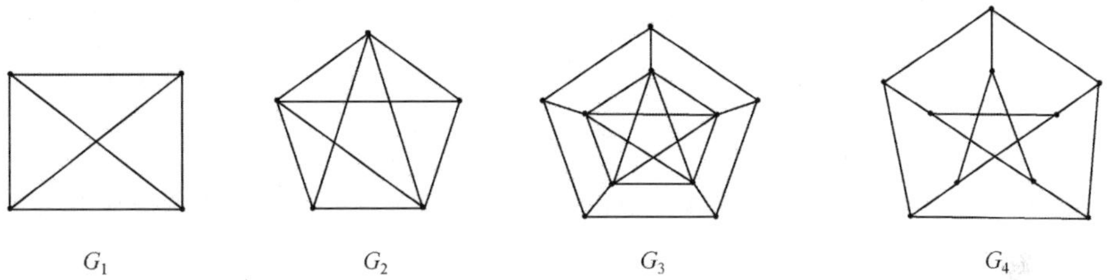

图 6-80　习题 41 的图

42. 在有 $n(n>2)$ 个节点的无向完全简单图 G 中：

(1) 哪些是欧拉图？

(2) 哪些是平面图？

43. 若图 G 是 (n,m) 平面图，并且 G 的所有面全由长度为 3 的回路围成，证明：$m=3n-6$。

44. 若 G 是每个面由 4 条或 4 条以上的边围成的连通平面图，证明：$m\leqslant 2n-4$，其中 m 和 n 分别是 G 的边数和节点数。

45. 已知一个平面图中节点数 $v=10$，每个面均由 4 条边围成，求该平面图的边数和面数。

46. 简单平面连通图 G 有 6 个节点、12 条边，试确定每个面的次数。

47. 一个连通平面图 G 有 10 条边，度为 1 的节点有 2 个，其余都是度为 6 的节点，求 G 的节点数和面数。

48. 设 G 为连通的简单平面图，节点数为 v，面数为 r，证明：

(1) 若 $v\geqslant 3$，则 $r\leqslant 2v-4$。

(2) 若 G 中节点的最小度数为 4，则 G 中至少有 6 个节点的度数小于或等于 5。

49. 证明：一个 (n,m) 图是自对偶图，则 $m=2(n-1)$。并给出一个自对偶图。

50. 用鲍威尔算法对图 6-81 各图着色，并求其着色数。

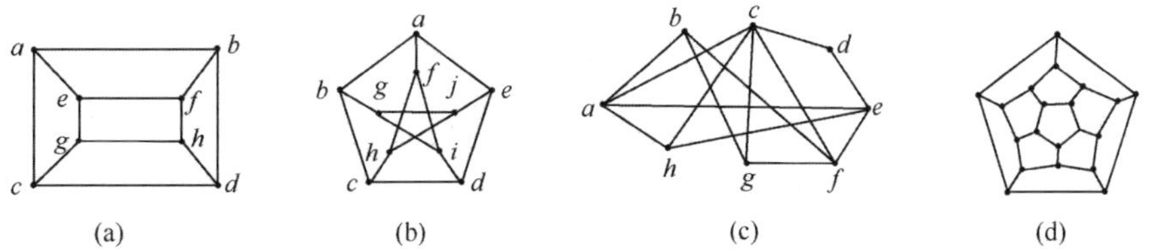

图 6-81　习题 50 的图

51. 试求下列问题。

(1) 一棵树有 n_2 个 2 度节点，n_3 个 3 度节点，…，n_k 个 k 度节点，问它有几片树叶？

(2) 一棵树有 2 个 2 度节点，1 个 3 度节点，3 个 4 度节点，其余节点均为树叶。问该树有几片树叶？

(3) 一棵树有 8 个节点，4 度、3 度、2 度的分支点各有一个，问该树有几片树叶？试画出所有不同构的这种树。

(4)一棵树有 3 个 3 度节点，1 个 2 度节点，其余都是树叶。问该树有几片树叶？试画出两棵不同构的这种树。

52. 设树 T 是完全 m 叉树（$m>1$），其叶子节点数为 t。

(1) 用数学归纳法证明：树 T 的分支节点数 $i=(t-1)/(m-1)$；

(2) 若 $m=5,t=17$，求树 T 的边数。

53. 设 T 是非平凡的无向树，T 中度数最大的顶点有 2 个，它们的度数为 $k(k\geqslant 2)$，证明 T 中至少有 $2k-2$ 片树叶。

54. 证明：

(1) 完全二叉树中，节点个数必是奇数，边数等于 $2(n-1)$，其中 n 是树叶数。

(2) 设 T 是二叉树，其出度为 2 的节点有 n_2 个，树叶数为 n_0，证明 $n_0=n_2+1$。

55. 在完全图 K_5 中：

(1) 有多少棵生成树？

(2) 有多少个不同构的有 4 条边的生成子图和生成树？

56. 分别画出满足下列条件的树或图。

(1) 所有不同构的 5 阶和 6 阶无向树。

(2) 所有不同构的具有 3 个节点的树和 3 个节点的二叉树。

57. 设图 $G=\langle V,E\rangle$，其中 $V=\{a,b,c,d,e,f\}$，$E=\{\langle a,b\rangle,\langle a,c\rangle,\langle a,e\rangle,\langle b,d\rangle,\langle b,e\rangle,\langle c,e\rangle,\langle d,e\rangle,\langle d,f\rangle\}$，边的权分别为 5,2,1,2,6,1,9,3。试画出 G 的关系图，写出 G 的邻接矩阵和可达矩阵，求 G 的权最小生成树及其权值。

58. 在图 6-82 的两个无向带权图中，求一棵最小生成树并计算其权，要求写出解的过程。

59. 某发电厂 a 要向 b、c、d、e 四个地点送电，已知发电厂可以和 b、c、d 直接架接电线，地点 e 可以和 b 与 d 直接架设电线，其他由于地理原因无法直接架设电线，在 a、b、c、d 和 e 之间架设电线时不能有回路存在，否则会造成浪费。请找出所有电线架设方案，使从 a 可向 b、c、d、e 供电。

60. 有 6 个村庄 $V_i(i=1,2,\cdots,6)$ 欲修建道路使村村可通。现已有修建方案如带权无向图 6-83 所示，其中边表示道路，边上的数字表示修建该道路所需费用，问应选择修建哪些道路可使得任两个村庄之间是可通的且总的修建费用最低？要求写出求解过程，画出符合要求的最低费用的道路网络图并计算其费用。

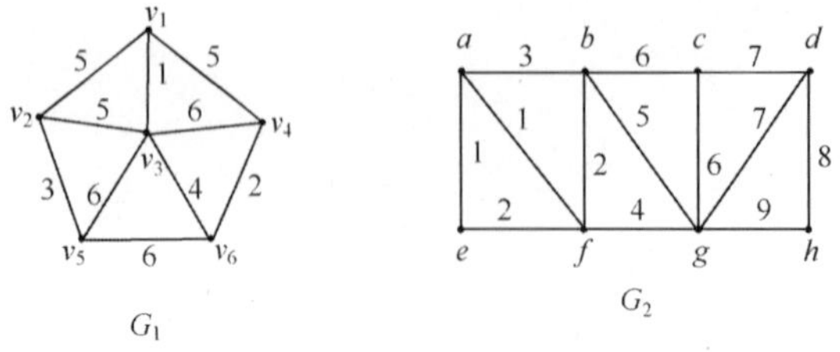

图 6-82　习题 58 的图

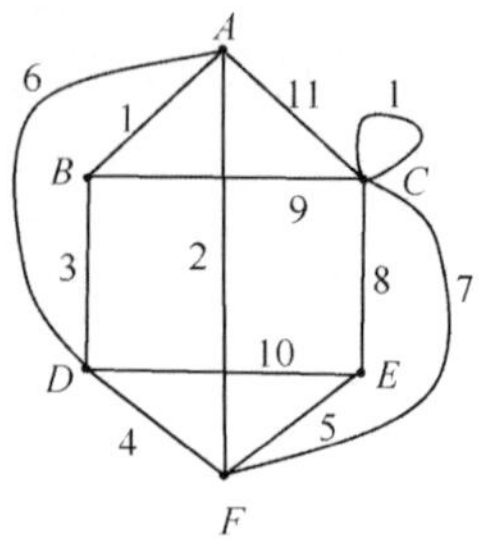

图 6-83　习题 60 的图

61. 某城市拟在 6 个区之间架设有线电话网，其网点间的距离如下列有权矩阵 $\boldsymbol{M}$ 给出，请绘出有权图，给出架设线路的最优方案，并计算线路的总长度。其中

$$M=\begin{bmatrix} 0 & 1 & 0 & 2 & 9 & 0 \\ 1 & 0 & 4 & 0 & 8 & 5 \\ 0 & 4 & 0 & 3 & 0 & 10 \\ 2 & 0 & 3 & 0 & 7 & 6 \\ 9 & 8 & 0 & 7 & 0 & 0 \\ 0 & 5 & 10 & 6 & 0 & 0 \end{bmatrix}$$

62. 世界 6 大城市间的航线距离见表 6-7，求连接此 6 大城市的最短距离的航线网。

表 6-7　城市间的距离

	伦敦	墨西哥	纽约	巴黎	北京	东京
伦敦	—	55	34	2	50	59
墨西哥	55	—	20	57	77	70
纽约	34	20	—	36	68	67
巴黎	2	57	36	—	51	60
北京	50	77	68	51	—	13
东京	59	70	67	60	13	—

63. 设一台计算机有一条加法指令可计算 3 个数的和，如果要计算 9 个数的和，至少要执行几次加法命令？并用树表示该运算。

64. 在图 6-84 所示的连通图中，实边组成一棵生成树 T 。

(1) 指出 T 的弦，及每条弦对应的基本回路和对应 T 的基本回路系统。

(2) 指出 T 的所有树枝，及每条树枝对应的基本割集和对应 T 的基本割集系统。

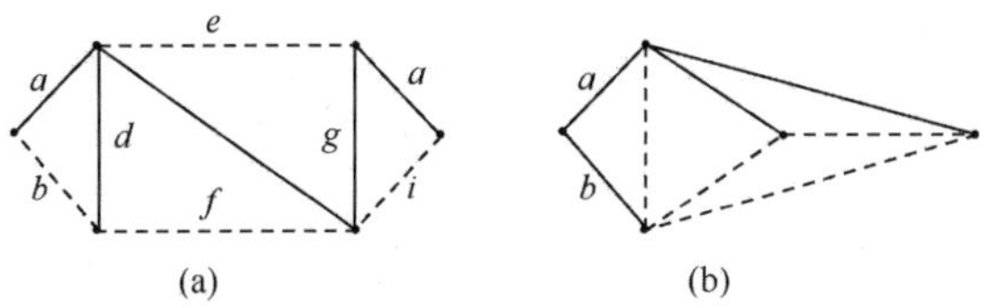

图 6-84　习题 64 的图

65. 构造一棵权数为 1、4、9、16、25、36、49、64、81、100 的最优二叉树，并求其对应的前缀码。

66. 画出命题公式$(P\wedge(\neg P\vee Q))\vee((\neg P\vee Q)\wedge\neg Q)$的二叉树表示，并写出三种遍历结果。

第四篇　代数系统

代数结构又称为近世代数或抽象代数，是数学最基础、最重要的分支之一，是在初等代数的基础上产生和发展起来的。代数结构是建立在抽象集合基础上以代数运算为研究对象的学科，是用代数的方法从不同的研究对象中概括出一般的数学模型，并研究其规律、性质和结构。

代数学的研究历史十分悠久，人们一直十分关注代数方程的根式解，并做出了许多贡献。1770 年法国数学家拉格朗日提出了方程根的排列置换理论，1831 年法国数学家伽罗瓦在前人研究成果的基础上，系统地研究了方程根的排列置换性质，提出了群的概念。通过研究与方程相关的群的性质(现称为伽罗瓦群)，彻底解决了五次以上方程是否有根式解的问题，成为群论的创建者。伽罗瓦的群的思想是现代数学最重要的概念之一，对数学的许多分支产生了深刻的影响，导致代数学研究对象和方法发生重大变革，开辟了代数学的一个崭新天地，对近代数学的发展产生了极其深远的影响，并导致抽象代数的兴起。

抽象代数学的研究对象是各种各样抽象的代数系统，不是以某一具体对象为研究对象，而是把一些形式上很不相同的对象，撇开其个性，抽出其共性，站在较高的观点上，用统一的方法描述、研究和推理，从而得到一些反映事物本质的结论，其研究成果适用于这一类对象中的每个对象，因此具有广泛的应用。不仅是数学的一些分支如数论、范畴论等的基础，还在力学、物理学、生物学、化学、计算机科学等领域得到广泛应用。代数系统的概念和方法是研究计算机科学和工程的重要数学工具。半群理论在自动机和形式语言中有重要作用，有限域理论是编码理论的数学基础，在通信中发挥重要作用，格和布尔代数理论是电路设计、计算机硬件设计、通信系统设计中的重要工具，抽象代数在网络中关于纠错码的能力方面、描述机器可计算的函数、研究算术计算的复杂性、分析程序设计语言的语义、信息安全及密码学等方面都有广泛的应用。

本篇主要介绍代数系统的一般理论和性质，分析讨论了重要的代数系统群、环和域，并深入研究格和布尔代数等特殊的代数系统。

第 7 章　代 数 结 构

本章从一般代数系统的引入出发，在集合、关系和函数等概念基础上，研究更为复杂的对象——代数系统，研究代数系统的性质和特殊的元素，代数系统与代数系统之间的关系。

7.1　代数系统的基本概念

7.1.1　*n* 元运算及代数系统

通俗地说，代数系统是研究对象的集合及其上的运算组成的数学结构，其中的运算决定了代数系统的性质。什么是运算呢？

例 7.1.1　整数集中的加法、减法、乘法、除法运算；谓词公式的集合中，命题公式的否定、合取、析取、条件、双条件运算；矩阵集合中的加法、乘法、幂、逆运算；集合的交、并、补运算；关系的复合、逆运算、闭包运算等。

定义 7.1.1　设 A、B 是集合，一个从 A^n 到 B 的映射 $f:A^n\to B$，称为集合 A 上的一个 n 元运算。其中，n 是自然数，称为运算的元数(或阶)。若 $B\subseteq A$，则称该 n 元运算封闭。

如例 7.1.1 中整数集中的加法、减法、乘法、除法是二元运算，除了除法外全都是封闭的。谓词公式的集合中，命题公式的否定是一元运算，命题公式的合取、析取、条件、双条件是二元运算，且全是封闭的。关系的复合运算是二元运算，逆运算是一元运算，也都是封闭的。

例 7.1.2　(1) 设 $f_1:x\to\frac{1}{x}$，$A=\mathbf{R}-\{0\}$，$\mathbf{R}$ 是实数集，则 f_1 是 A 上封闭的一元运算，但不是 $\mathbf{R}$ 上的运算。

(2) 设 $f_2:(x,y)\to x+y$，$x,y\in\mathbf{R}$，则 f_2 是 $\mathbf{R}$ 上封闭的二元运算。

(3) 设 $f_3:(x,y)\to x-y$，$x,y\in\mathbf{N}$，$\mathbf{N}$ 是自然数集，则 f_3 是 $\mathbf{N}$ 上的二元运算，但不封闭，因为 $x-y$ 可能为负数。

(4) 设 $\boldsymbol{M}_n(R)$ 为 $n(n\geqslant 2)$ 阶实矩阵集合，方阵的行列式是其上的一元运算，但求逆矩阵不是其上的运算，因为并不是所有的方阵都可逆。

(5) 设 A 是任意字符串的集合，对其中任意 a、b，若定义运算$\circ$：$a\circ b=ab$，即将字符 b 并在 a 的后面，称为并置运算，则运算$\circ$是二元运算。若设 A 是单字母集，则运算$\circ$不是 A 上的封闭运算。

(6) 设 A 是集合，S 是其上所有函数的全体，则求逆函数不是其上的运算，因为只有双射函数才有逆函数。

注　① 某个运算是集合 A 上的运算当且仅当 A 中任何元素都可以进行这种运算，且运算的结果是唯一的。这说明运算是具有某种特殊形式的函数。

② 运算不仅需考虑运算法则，还需考虑运算的源集(定义域)和目标集(值域)。在不同集合上的同一运算可能具有截然不同的性质。

一般不用函数名而用运算符表示运算，如$-$、$\neg$、$\sim$等符号表示一元运算，$\oplus$、$\otimes$、$*$ 等表示二元运算，称为算符。可以用函数的解析公式表示一个运算，也可以用一张表表示运算，称为

运算表，如九九乘法表、命题联结词的真值表等。

例如，$A=\{a_1,a_2,\cdots,a_n\}$为有限集合，表 7-1 定义了 A 上的一个二元运算 $*$，其中(i,j)位置上的值表示元素 $a_i\times a_j$。

表 7-1 二元运算表

$*$	a_1	a_2	$\cdots$	a_n
a_1	a_1*a_1	a_1*a_2	$\cdots$	a_1*a_n
a_2	a_2*a_1	a_2*a_2	$\cdots$	a_2*a_n
$\vdots$	$\vdots$	$\vdots$		$\vdots$
a_n	a_n*a_1	a_n*a_2	$\cdots$	a_n*a_n

例 7.1.3 设 $A=\{1,2,3\}$，定义 A 上的二元运算 $*$：$x*y=(x+y)\bmod 3$，则其运算表见表 7-2。

表 7-2 运算 $*$ 的运算表

$*$	1	2	3
1	2	0	1
2	0	1	2
3	1	2	0

运算是定义在集合上的，在同一个集合上可以定义多种运算，将集合及其上的运算看做一个有机体，称为代数系统。若不特别指明，本章中讨论的运算都是一元或二元运算。

定义 7.1.2 一个非空集合 A 连同若干个定义在该集合上的运算 $f_1, f_2,\cdots, f_k$ 所组成的系统称为一个代数系统（或代数结构），简称代数，记作$\langle A, f_1, f_2,\cdots, f_k\rangle$。若 A 是有限集合，则称其为有限代数系统，否则称为无限代数系统。

两个代数系统，当且仅当它们的集合和定义的运算完全相同时，才称为相等的代数系统。

代数系统上的运算具有一些性质，由于运算性质的不同决定了不同的代数系统，如实数集上的加法运算和除法运算就具有不同的性质，故它们是不同的代数系统。

在一个代数系统中，一般将一元运算写在二元运算的后面。

例 7.1.4 (1) 设 A 是有限集合，$\wp(A)$是 A 的幂集，$\cap$、$\cup$、$\sim$是集合间的交、并、(绝对)补运算，则$\langle\wp(A),\cap,\cup,\sim\rangle$构成一个代数系统，称为集合代数。

(2) 设 $\boldsymbol{M}_n(R)$为 $n(n\geqslant 2)$阶实矩阵集合，$\oplus$、$\otimes$和 $*$ 分别表示矩阵的加法、乘法及转置，则$\langle\boldsymbol{M}_n(R),\oplus,\otimes,*\rangle$是代数系统。

(3) 设 A 为命题公式集合，$\neg$、$\wedge$、$\vee$分别是否定、合取、析取联结词，则$\langle A,\wedge,\neg\rangle$、$\langle A,\vee,\neg\rangle$、$\langle A,\wedge,\vee,\neg\rangle$都是代数系统，称为命题代数。

(4) 设 $\mathbf{Z}$ 是整数集，对整数间的普通除法$\div$、乘法$\times$，则$\langle\mathbf{Z},\div\rangle$、$\langle\mathbf{Z},\times\rangle$、$\langle\mathbf{Z},+,\times\rangle$是代数系统，但 $\mathbf{Z}$ 对普通除法$\div$不封闭。

7.1.2 二元运算的性质

代数系统中定义了运算，自然就要涉及运算的性质。有些代数系统形式不同，但运算可能

具有一些共同的性质。以下着重讨论一般二元运算的性质。

定义 7.1.3 设 $*$ 和 $\triangle$ 是定义在集合 A 上的两个二元运算，若对任意 x、y、$z\in A$，有：

(1) 若 $x*y\in A$，则称 $*$ 在 A 上封闭。

(2) 若 $x*y=y*x$，则称 $*$ 是可交换的，或称 $*$ 在 A 上满足交换律。

(3) 若 $(x*y)*z=x*(y*z)$，则称 $*$ 是可结合的，或称 $*$ 在 A 上满足结合律。

(4) 若 $x*(y\triangle z)=(x*y)\triangle(x*z)$ 或 $(y\triangle z)*x=(y*x)\triangle(z*x)$，则分别称 $*$ 对 $\triangle$ 是左可分配的(或右可分配的)，也称为满足左分配律(或右分配律)。

(5) 若 $*$、$\triangle$ 都可交换，且 $x*(x\triangle y)=x$，$x\triangle(x*y)=x$，则称 $*$ 和 $\triangle$ 满足吸收律。

(6) 若 $x*x=x$，则称 $*$ 是等幂的。若 A 中某些 x 满足 $x*x=x$，则称 x 是 A 中关于运算 $*$ 的幂等元。

一般地，若 $*$ 对 $\triangle$ 运算分配律成立，则有广义分配律

$$x*(y_1\triangle y_2\triangle\cdots\triangle y_n)=(x*y_1)\triangle(x*y_2)\triangle\cdots\triangle(x*y_n)$$

$$(y_1\triangle y_2\triangle\cdots\triangle y_n)*x=(y_1*x)\triangle(y_2*x)\triangle\cdots\triangle(y_n*x)$$

若代数系统中的运算 $*$ 是可结合和可交换的，则 n 为正整数时，可以记 $x*x*\cdots*x=x^n$，称为 x 的 n 次幂。一般地，$x^{n+1}=x^n*x$。

例 7.1.5 (1) 普通加法和乘法在 **N**、**Z**、**Q**、**R** 上都是可交换的，但减法不可交换，减法和除法不满足结合律。

(2) 矩阵的乘法不可交换，矩阵的乘法对矩阵的加法是可分配的。

(3) 关系的传递闭包运算对并运算是不可分配的。

(4) 集合的交、并运算满足交换律、等幂律、吸收律。

(5) 命题公式的合取、析取运算可交换，条件运算不可交换。

(6) 关系的复合不满足等幂律，恒等关系对复合运算是幂等元。空集 $\varnothing$ 是集合上交运算的幂等元。后面的学习中将看到这些幂等元都是相应代数系统的幺元或零元，从而都是幂等元。

注 讨论分配律时，应该说明哪个运算对哪个运算可分配。

如矩阵的数乘运算对矩阵加法运算可分配，但矩阵加法运算对矩阵数乘运算不满足分配律。

例 7.1.6 设 $\mathbf{N}_k=\{0,1,2,\cdots,k-1\}$，定义其上的二元运算 $\oplus_k$ 为

$$a\oplus_k b=\begin{cases}a+b, & a+b<k\\ a+b-k, & a+b\geqslant k\end{cases}$$

其中，a、$b\in\mathbf{N}_k$，证明在代数系统 $\langle\mathbf{N}_k,\oplus_k\rangle$ 中 $\oplus_k$ 是可结合的。

证明 对任意 $a,b,c\in\mathbf{N}_k$，由 $\oplus_k$ 的定义知，$a\oplus_k b\equiv(a+b)\bmod k$，即 $a\oplus_k b=(a+b)-mk$，其中 m 为整数。于是

$$(a\oplus_k b)\oplus_k c=(a+b-m_1k)\oplus_k c=a+b-m_1k+c-m_2k=a+b+c-(m_1+m_2)k$$

其中，m_1、m_2 都为整数。

$$a\oplus_k(b\oplus_k c)=a\oplus_k(b+c-n_1k)=a+b+c-n_1k-n_2k=a+b+c-(n_1+n_2)k$$

其中，n_1、n_2 都为整数。所以

$$a\oplus_k(b\oplus_k c)=(a\oplus_k b)\oplus_k c$$

即 $\oplus_k$ 是可结合的。■

例 7.1.7 设 $A=\{\alpha,\beta\}$，在 A 上定义两个二元运算 $*$ 和 $\triangle$ 见表 7-3，试问运算 $\triangle$ 对 $*$ 是否可分配，运算 $*$ 对 $\triangle$ 呢？

表 7-3　运算 * 和△的运算表

(a)

*	α	β
α	α	β
β	β	α

(b)

△	α	β
α	α	α
β	α	β

解　因为　$\alpha \triangle (\alpha * \beta) = \alpha \triangle \beta = \alpha$，　$(\alpha \triangle \alpha) * (\alpha \triangle \beta) = \alpha * \alpha = \alpha$

所以

$$\alpha \triangle (\alpha * \beta) = (\alpha \triangle \alpha) * (\alpha \triangle \beta)$$

而

$$(\alpha * \beta) \triangle \alpha = \beta \triangle \alpha = \alpha, (\alpha \triangle \alpha) * (\beta \triangle \alpha) = \alpha * \alpha = \alpha$$

故

$$(\alpha * \beta) \triangle \alpha = (\alpha \triangle \alpha) * (\beta \triangle \alpha)$$

其余情况类似证明，所以△对 * 是可分配的。

而

$$\beta * (\alpha \triangle \beta) = \beta * \alpha = \beta$$
$$(\beta * \alpha) \triangle (\beta * \beta) = \beta \triangle \alpha = \alpha$$

但 $\alpha \neq \beta$，所以

$$\beta * (\alpha \triangle \beta) \neq (\beta * \alpha) \triangle (\beta * \beta)$$

故运算 * 对△不可分配。

例 7.1.8　设 **N** 是自然数集合，在 **N** 上定义两个二元运算 * 和△：对 $\forall x, y \in \mathbf{N}$，有

$$x * y = \max(x, y), \quad x \triangle y = \min(x, y)$$

试验证：* 和△满足吸收律。

证明　(1) 由定义知，* 和△均满足交换律。

(2) 对 $\forall x, y \in \mathbf{N}$，有

$$x * (x \triangle y) = x * \min(x, y) = \max(x, \min(x, y)) = \begin{cases} \max(x, x) = x, & x \leqslant y \\ \max(x, y) = x, & x > y \end{cases}$$

$$x \triangle (x * y) = x \triangle \max(x, y) = \min(x, \max(x, y)) = \begin{cases} \min(x, y) = x, & x \leqslant y \\ \min(x, x) = x, & x > y \end{cases}$$

故 * 和△满足吸收律。■

7.1.3　代数系统的特异元

在代数系统中，除了关心运算的性质外，还要考虑运算的特异元，也称为代数常元。

定义 7.1.4　设 * 是定义在集合 A 上的一个二元运算，对 $\forall x \in A$：

(1) 若 $\exists e_l \in A$，使 $e_l * x = x$，则称 e_l 为 A 中关于运算 * 的左幺元(或左单位元)。

(2) 若 $\exists e_r \in A$，使 $x * e_r = x$，则称 e_r 为 A 中关于运算 * 的右幺元(或右单位元)。

(3) 若 $\exists e \in A$，使 $x * e = e * x = x$，它既是左幺元又是右幺元，则称 e 为 A 中关于运算 * 的幺元(或单位元)。

例 7.1.9　设 **R** 是实数集，* 是 **R** 上的二元运算，对 $\forall x, y \in \mathbf{R}$，$x * y = y$，试问 **R** 中是否存在左幺元、右幺元和幺元？

解　因为对 $\forall x, y \in \mathbf{R}$，均有 $x * y = y$，即所有实数都是 **R** 的左幺元。

但没有右幺元。如若不然，设 c 是 **R** 的右幺元，由右幺元的定义得 $(c+1) * c = c+1$，再由运算 * 的定义

得 $(c+1)*c=c$，故 $c=c+1$，矛盾。

所以 **R** 中无右幺元，从而没有幺元。

注 在同一个代数系统中，运算的左、右幺元可有可无，可能同时存在，也可能同时不存在，如果存在也可能不唯一。但幺元如果存在的话必定是唯一的。

定理 7.1.1（幺元的唯一性） 设 $*$ 是定义在集合 A 上的一个二元运算，且在 A 中有关于运算 $*$ 的左幺元 e_ℓ 和右幺元 e_r，则 $e_\ell=e_r=e$，且 A 中的幺元是唯一的。

证明 因为 e_ℓ 是 A 中的左幺元，e_r 是 A 中的右幺元，所以

$$e_\ell=e_\ell*e_r=e_r=e$$

若有另一幺元 $e_1\in A$，且 $e_1\neq e$，则 $e_1=e_1*e=e$，矛盾。

所以 A 中的幺元 e 是唯一的。 ■

定义 7.1.5 设 $*$ 是定义在集合 A 上的一个二元运算，对 $\forall x\in A$：

(1) 若 $\exists\theta_\ell\in A$，使 $\theta_\ell*x=\theta_\ell$，则称 θ_ℓ 为 A 中关于运算 $*$ 的左零元。

(2) 若 $\exists\theta_r\in A$，使 $x*\theta_r=\theta_r$，则称 θ_r 为 A 中关于运算 $*$ 的右零元。

(3) 若 $\exists\theta\in A$，使 $x*\theta=\theta*x=\theta$，它既是左零元又是右零元，则称 θ 为 A 中关于运算 $*$ 的零元。

显然幺元和零元都是幂等元。

例 7.1.10 设集合 $S=\{$浅色，深色$\}$，在 S 上定义运算 $*$ 见表 7-4，试指出运算 $*$ 的幺元和零元。

表 7-4 S 上的运算 $*$

*	浅色	深色
浅色	浅色	深色
深色	深色	深色

解 深色是零元。因为

深色　　　　深色
深色 *　　　＝深色＝　　　* 深色
浅色　　　　浅色

浅色是幺元。因为

深色 = 深色 = 深色
浅色 *　　　　　　　　* 浅色
浅色 = 浅色 = 浅色

同幺元一样，可以证明零元若存在必定也是唯一的。

定理 7.1.2（零元的唯一性） 设 $*$ 是定义在集合 A 上的一个二元运算，且在 A 中有关于运算 $*$ 的左零元 θ_ℓ 和右零元 θ_r，则 $\theta_\ell=\theta_r=\theta$，且 A 中的零元是唯一的。

例如，实数集 **R** 上普通加法和乘法的幺元、零元见表 7-5。

表 7-5 R 上的幺元、零元

集合	运算	幺元	零元
实数集 **R**	普通加法	数 0	无
	普通乘法	数 1	数 0

定理 7.1.3 设 $\langle A,*\rangle$ 是一个代数系统，且 A 中元素个数大于 1。若该代数系统中存在幺元 e 和零元 θ，则 $e\neq\theta$。

证明　用反证法。假设 $e=\theta$，由于 $|A|>1$，所以存在元素 $x\in A$，且 $x\neq e=\theta$，由 e 和 θ 的定义知，则 $x=x*e=x*\theta=\theta=e$，矛盾。故 $e\neq\theta$。■

定义 7.1.6　设代数系统 $\langle A,*\rangle$，$*$ 是定义在 A 上的一个二元运算，且 e 是 A 中关于运算 $*$ 的幺元。对 A 中的某个元素 a：

(1) 若 $\exists b\in A$，使 $b*a=e$，则称 b 为 a 的左逆元。

(2) 若 $\exists b\in A$，使 $a*b=e$，则称 b 为 a 的右逆元。

(3) 若 $\exists b\in A$，使 $a*b=b*a=e$，则称 b 为 a 的逆元，a 为可逆元。

显然，若 b 是 a 的逆元，那么 a 也是 b 的逆元，称 a 与 b 互为逆元。

注　① 代数系统只有在幺元存在的前提下，才能讨论逆元。

② 对幺元 e 而言，有 $e*e=e$，故幺元 e 是可逆元，其逆元是其本身。

表 7-6 给出一些常见代数系统的特异元。

表 7-6　例 7.1.4 的代数系统中的特异元

代数系统	运算	幺元	零元	可逆元	逆元
$\langle \wp(A),\cap,\cup\rangle$	$\cap$	全集 E	空集 $\varnothing$	只有全集 E	全集 E
	$\cup$	空集 $\varnothing$	全集 E	只有空集 $\varnothing$	空集 $\varnothing$
$\langle \boldsymbol{M}_n(\mathbf{R}),\oplus,\otimes\rangle$	$\oplus$	零矩阵	不存在	所有矩阵	负矩阵
	$\otimes$	单位阵	零矩阵	非奇异矩阵	其逆矩阵
$\langle A,\wedge,\vee\rangle$	$\wedge$	T	F	只有 T	T
	$\vee$	F	T	只有 F	F
$\langle \mathbf{Z},+,\times\rangle$	$+$	0	不存在	只有 0	0
	$\times$	1	0	只有 1	1

例 7.1.11　设集合 $S=\{a,b,c,d,e\}$，定义运算 $*$ 见表 7-7，试指出代数系统 $\langle S,*\rangle$ 中各元素的左、右逆元。

表 7-7　$\langle S,*\rangle$ 中运算 $*$ 的定义

$*$	a	b	c	d	e
a	a	b	c	d	e
b	b	d	a	c	d
c	c	a	b	a	b
d	d	a	c	b	c
e	e	d	a	c	e

解　考察 a 所在的行和列可知，a 为 S 中关于运算 $*$ 的幺元。

求逆元，只需考察运算表中结果为 a 的情况。

因为 $a*a=a$，所以 a 以自身为逆元。

因为 $b*c=c*b=a$，所以 b 与 c 互为逆元。

因为 $c*d=a$，所以 c 是 d 的左逆元，d 是 c 的右逆元。

因为 $d*b=a$，所以 d 是 b 的左逆元，b 是 d 的右逆元。

因为 $e*c=a$，所以 e 是 c 的左逆元，c 是 e 的右逆元。

故 $\langle S,*\rangle$ 中各元素的逆元情况见表 7-8。

表 7-8　$\langle S,*\rangle$ 中各元素的逆元

元素	a	b	c	d	e
左逆元	a	c,d	b,e	c	无
右逆元	a	c	b,d	b	c

注　一般地，同一个元素的左逆元不一定等于该元素的右逆元，一个元素的左逆元和右逆元不一定同时存在，若存在，其左或右逆元还可以不唯一。甚至左或右逆元都不存在，此时运算表中该元素对应的列或行中没有幺元。

在什么情况下元素的逆元才唯一呢？

定理 7.1.4(逆元的唯一性)　设代数系统 $\langle A, *\rangle$，$*$ 是定义在 A 上的一个二元运算，且 A 中存在幺元 e，每一个元素都有左逆元。若 $*$ 是可结合的，则该代数系统中任何元素的左逆元必定也是右逆元，且每个元素的逆元唯一。

证明　(1) 设 $a,b,c\in A$，b 是 a 的左逆元，c 是 b 的左逆元，即 $b*a=e$，$c*b=e$。而

$$(b*a)*b=e*b=b$$

所以 $a*b=(e*a)*b=((c*b)*a)*b=(c*(b*a))*b=c*((b*a)*b)=c*b=e$

故 b 也是 a 的右逆元。所以 a 有逆元 b。

(2) 设元素 a 有两个逆元 b_1 和 b_2，即 $a*b_1=b_1*a=e$，$a*b_2=b_2*a=e$，则

$$b_1=b_1*e=b_1*(a*b_2)=(b_1*a)*b_2=e*b_2=b_2$$

所以 a 的逆元是唯一的。■

元素 x 的逆元如果存在则是唯一的。通常将 x 的唯一逆元记作 x^{-1}。

利用运算表可以判断代数系统 $\langle A, *\rangle$ 中的运算 $*$ 的某些性质以及特异元，方法如下：

(1) 运算 $*$ 是封闭的当且仅当运算表中每个元素都属于 A。

(2) 运算 $*$ 是可交换的当且仅当运算表关于主对角线对称。

(3) 运算 $*$ 是等幂的当且仅当运算表的主对角线上每个元素与它所在的行(列)的表头元素相同。

(4) A 关于 $*$ 有幺元当且仅当该元素所对应的行和列依次与运算表的表头元素都相同。

(5) A 关于 $*$ 有零元当且仅当该元素所对应的行和列中的元素都与之相同。

(6) 设 A 中有幺元，元素 a 与 b 互逆当且仅当位于 a 所在行、b 所在列的交点元素为幺元，同时 b 所在行、a 所在列的交点元素也为幺元。

例 7.1.12　设代数系统 $\langle A, *\rangle$ 和 $\langle A, \triangle\rangle$，其中 $A=\{a,b,c\}$，运算 $*$、$\triangle$ 见表 7-9。(1)讨论它们的封闭性、交换性、等幂性。(2)讨论 A 中关于 $*$，$\triangle$ 的幺元，零元。若有幺元，求 A 中所有可逆元素的逆元。

表 7-9　$*$ 和 $\triangle$ 运算表

(a)

$*$	a	b	c
a	a	b	c
b	b	c	a
c	c	a	b

(b)

$\triangle$	a	b	c
a	a	b	c
b	b	b	b
c	a	b	c

解　运算 $*$ 是封闭的，可交换的，不等幂的。幺元为 a，无零元，b 与 c 互逆。

运算 $\triangle$ 也是封闭的，但不可交换，是等幂的。零元为 b、a 与 c 为左幺元。

定义 7.1.7　设 $*$ 是定义在集合 A 上的二元运算，θ 为 $*$ 运算的零元，若对 $\forall x,y,z\in A$，且 $x\neq\theta$：

(1) 若 $x*y=x*z$，则 $y=z$，称 $*$ 满足左消去律。

(2) 若 $y*x=z*x$，则 $y=z$，称 $*$ 满足右消去律。

(3) 若 $*$ 既满足左消去律又满足右消去律，则称 $*$ 满足消去律。元素 x 称为可约的(或可消去的)。

例如，普通加法和乘法在 $\mathbf{N}$、$\mathbf{Z}$、$\mathbf{Q}$、$\mathbf{R}$ 上，加法、减法满足消去律，矩阵的加法满足消去律，但矩阵乘法不满足消去律，集合的交、并运算不满足消去律，合取、析取运算不满足消去律。

注 元素可约不一定是可逆的。如整数集 $\mathbf{Z}$ 中，$*$ 为普通乘法，则任意非零元都是可约的，但只有 1 有逆元。

7.2 半群与独异点

研究过程中若将某种运算律看成是代数系统的基本性质，那么具有同一性质的代数系统可以进行集中讨论。利用这种方法便形成了很多特定的代数系统，构成了代数系统的各个分支，如半群、群、环、域、格、布尔代数等，它们具有非常广泛的应用。而在研究时将某些性质看做是这些具有特定代数系统的固有性质(或公理)，因而各自形成了一套比较完整的体系。

半群是一种特殊的代数系统，也是最基本、最简单的代数系统之一，它的理论在 20 世纪 60 年代由于在时序线路、形式语言和自动机中的应用得到了广泛的重视。

定义 7.2.1 设 $\langle S, *\rangle$ 为代数系统，其中 S 是非空集合，$*$ 是 S 上的一个二元运算。如果运算 $*$ 是封闭的，则称 $\langle S, *\rangle$ 为广群。

定义 7.2.2 设 $\langle S, *\rangle$ 为代数系统，其中 S 是非空集合，$*$ 是 S 上的一个二元运算。如果

(1) 运算 $*$ 是封闭的。

(2) 运算 $*$ 是可结合的。

则称代数系统 $\langle S, *\rangle$ 为半群。

显然，对广群 $\langle S, *\rangle$，若 $*$ 满足结合律，则成为半群。

若半群 $\langle S, *\rangle$ 中的集合 S 是有限的，则称该半群为有限半群。

例 7.2.1 (1) $\langle \mathbf{Z},+\rangle$，$\langle \mathbf{N},\times\rangle$，$\langle \mathbf{Q},+\rangle$，$\langle \mathbf{R},\times\rangle$ 都是半群，其中 $+$ 和 $\times$ 为普通加法和乘法。

(2) $\langle \wp(A),\cup\rangle$，$\langle \wp(A),\cap\rangle$ 都是半群，其中 $\cap$、$\cup$ 为集合的交、并运算。

(3) $\langle \boldsymbol{M}_n,+\rangle$，$\langle \boldsymbol{M}_n,\times\rangle$ 都是半群，其中 $\boldsymbol{M}_n$ 为 n 阶布尔矩阵，$+$ 和 $\times$ 为布尔乘法和加法。

(4) $\langle R_A,\circ\rangle$ 是半群，其中 R_A 是有限集合 A 上的二元关系的全体，$\circ$ 是关系的复合运算。

(5) $\langle \mathbf{Z}^+,-\rangle$ 和 $\langle \mathbf{R}',\div\rangle$ 都不是半群，其中 $\mathbf{Z}^+$ 为正整数集，$\mathbf{R}$ 为实数集，$\mathbf{R}'=\mathbf{R}-\{0\}$，$-$ 和 $\div$ 为普通减法和除法。

例 7.2.2 设 $A=\{a,b,c\}$，A 上二元运算 $*$ 定义见表 7-10，验证 $\langle A, *\rangle$ 是半群。

表 7-10 例 7.2.2 中的运算 $*$

$*$	a	b	c
a	a	b	c
b	a	b	c
c	a	b	c

证明 (1) 由 7.1 节的讨论，运算表中每个元素都属于 A，所以 $*$ 是封闭的。

(2) 对 $\forall x,y\in A$，都有 $x*y=y$，所以 A 中所有元素都是左幺元。于是对任意 $x,y,z\in A$，有

$$x*(y*z)=x*z=z=y*z=(x*y)*z$$

所以 $*$ 是可结合的。因此 $\langle A, *\rangle$ 是半群。 ■

定理 7.2.1　设$\langle S, *\rangle$是一个半群，$B\subseteq S$ 且运算 $*$ 在 B 上封闭，则$\langle B, *\rangle$也是半群。

证明　(1) 运算 $*$ 在 B 上封闭，即对 $\forall x, y\in B$，都有 $x * y\in B$。

(2) 由于 $B\subseteq S$ 且运算 $*$ 在 S 上可结合，若 $\forall x, y, z\in B\subseteq S$，于是 $x*(y*z)=(x*y)*z$，即 $*$ 在 B 上可结合。

故$\langle B, *\rangle$也是半群。■

通常称$\langle B, *\rangle$为$\langle S, *\rangle$的子半群。

例如，设 $*$ 表示普通的乘法运算，那么$\langle [0,1], *\rangle$、$\langle [0,1), *\rangle$和$\langle \mathbf{Z}, *\rangle$都是$\langle \mathbf{R}, *\rangle$的子半群。

下面讨论半群中的特殊元。

定理 7.2.2　设$\langle S, *\rangle$是半群，若 S 是一个有限集合，则必有 $a\in S$，使得 $a*a=a$。

证明　因为 $*$ 是封闭的，所以对 $\forall b\in S$，都有

$$b*b\in S,\quad 记\ b^2=b*b$$

$$b*b*b=b^2*b=b*b^2\in S,\quad 记\ b^3=b*b*b$$

$$\cdots\cdots$$

因为 S 是有限的，所以必定在某个时刻 t 后，存在 $j>i$，使得 $b^j=b^i$。

令 $p=j-i$，便有 $b^i=b^j=b^{p+i}=b^p*b^i$，所以

$$b^q=b^p*b^q,\quad q\geqslant i \tag{7.1}$$

即 i 时刻后的元素都是再次出现的。

因为 $p\geqslant 1$，故总可以找到 $k\geqslant 1$，使得 $kp\geqslant i$，于是对 S 中的元素 b^{kp}，就有

$$b^{kp}=b^p*b^{kp}=b^p*(b^p*b^{kp})=b^{2p}*b^{kp}=\cdots\cdots=b^{kp}*b^{kp}$$

记 $a=b^{kp}$，所以 $\exists a\in S$，使得 $a*a=a$。■

注　此定理说明在有限半群中存在等幂元，这与等幂律不同。

例 7.2.3　给定正整数 k，$N_k=\{0,1,\cdots,k-1\}$，对 $\forall a,b\in N_k$，定义 $a\otimes_k b$ 等于用 k 除 ab 得到的余数。证明$\langle N_k, \otimes_k\rangle$是半群，并举例说明存在 $c\in N_k$，使得 $c\otimes_k c=c$。

证明　由带余除法可知，存在非负整数 m 和 r，使得

$$ab=mk+r,\quad 0\leqslant r\leqslant k-1$$

于是 $a\otimes_k b=r\in N_k$。所以 $\otimes_k$ 在 N_k 上封闭。

对 $\forall a,b,c\in N_k$，设 $a\otimes_k b=r_1$，$(a\otimes_k b)\otimes_k c=r_1\otimes_k c=r_2$，其中 $ab=m_1k+r_1$，$r_1c=m_2k+r_2$，于是

$$(ab)c=(m_1k+r_1)c=m_1kc+r_1c=m_1kc+m_2k+r_2=(m_1c+m_2)k+r_2 \tag{7.2}$$

设 $b\otimes_k c=r_3$，$a\otimes_k(b\otimes_k c)=a\otimes_k r_3=r_4$，其中 $bc=m_3k+r_3$，$ar_3=m_4k+r_4$，于是

$$a(bc)=a(m_3k+r_3)=am_3k+ar_3=am_3k+m_4k+r_4=(am_3+m_4)k+r_4 \tag{7.3}$$

于是

$$r_4-r_2=(m_1c+m_2-(am_3+m_4))k$$

因为 $k\neq 0$，所以若 $m_1c+m_2-(am_3+m_4)=0$，则 $r_2=r_4$，即 $(a\otimes_k b)\otimes_k c=a\otimes_k(b\otimes_k c)$，从而命题得证。

若 $m_1c+m_2-(am_3+m_4)\neq 0$，则

$$r_4=(m_1c+m_2-(am_3+m_4))k+r_2 \tag{7.4}$$

将式(7.4)代入式(7.3)，得 $a(bc)=(m_1c+m_2)k+r_2=(ab)c$，则 $a\otimes_k(b\otimes_k c)=r_2$。

故

$$a\otimes_k(b\otimes_k c)=(a\otimes_k b)\otimes_k c$$

即 $\otimes_k$ 可结合，所以$\langle N_k, \otimes_k\rangle$是半群。

由于 N_k 是有限集，故由定理 7.2.2 可知，存在 $c\in N_k$，使得 $c\otimes_k c=c$。

例如，$k=6$ 时，$\otimes_k$ 的运算表见表 7-11。

表 7-11　例 7.2.3 中 $\otimes_k$ 的运算 $*$

$\otimes_k$	0	1	2	3	4	5
0	0	0	0	0	0	0
1	0	1	2	3	4	5
2	0	2	4	0	2	4
3	0	3	0	3	0	3
4	0	4	2	0	4	2
5	0	5	4	3	2	1

由此运算表可知，0、1、3、4 是运算 $\otimes_k$ 的等幂元，即有 $0\otimes_k 0=0$，$1\otimes_k 1=1$，$3\otimes_k 3=3$，$4\otimes_k 4=4$。■

由于半群中的运算具有结合律，所以可以定义元素的幂。

定义 7.2.3　在半群 $\langle S, *\rangle$ 中，$\forall x\in S$，规定 x 的 n 次幂 x^n 如下：

$$x^1=x,\quad x^{n+1}=x^n * x,\quad n\in \mathbf{Z}^+$$

不难证明，对 $\forall n,m\in \mathbf{Z}^+$，有

$$x^m * x^n = x^{m+n} \qquad \text{第一指数律}$$

$$(x^m)^n = x^{mn} \qquad \text{第二指数律}$$

由半群可以得到一种特殊的半群——独异点，这是一种更强的代数系统。

定义 7.2.4　含有幺元的半群称为独异点(或含幺半群)。

独异点都是半群，然而并非所有的半群都是独异点。

例 7.2.4　(1) 代数系统 $\langle \mathbf{R}, +\rangle$ 是独异点，因为 $\langle \mathbf{R}, +\rangle$ 是一个半群，且 0 是幺元。

(2) 代数系统 $\langle \mathbf{Z}, \times\rangle$，$\langle \mathbf{Z}^+, \times\rangle$，$\langle \mathbf{R}, \times\rangle$ 都是独异点，其幺元都为 1。

(3) $\langle \wp(A), \cup\rangle$ 是有幺元空集 $\varnothing$ 的独异点。

(4) $\langle R_A, \circ\rangle$ 是有幺元恒等关系 I_A 的独异点。

(5) 代数系统 $\langle \mathbf{N}-\{0\}, \times\rangle$ 是有幺元 1 的独异点。

(6) 代数系统 $\langle \mathbf{N}-\{0\}, +\rangle$ 是半群，但关于运算 $+$ 不存在幺元，故不是独异点。

例 7.2.3 中的代数系统 $\langle \mathbf{N}_k, \otimes_k\rangle$ 是半群，且是独异点，其幺元为 1。在 $\otimes_k$ 的运算表中任何两行和两列的元素都不相同。

定理 7.2.3　设 $\langle S, *\rangle$ 是独异点，则在关于 $*$ 的运算表中任何两行和两列互不相同。

证明　设 S 中关于运算 $*$ 的幺元是 e，则对 $\forall a,b\in S\wedge a\neq b$，总有

$$e*a=a\neq b=e*b,$$

这样 e 所对应的行中没有相同的元素，所以任何两列不同。同理

$$a*e=a\neq b=b*e$$

如此任何两行不同。进而在 $*$ 的运算表中任何两行和两列都不相同。■

注　① 经常使用此定理的逆否命题，即若在 $\langle S, *\rangle$ 的关于 $*$ 的运算表中有两行(或列)相同，则 $\langle S, *\rangle$ 中无幺元，从而不是独异点。

② 此定理是独异点的必要条件。

定理 7.2.4　设 $\langle S, *\rangle$ 是独异点，对 $\forall a,b\in S$，且 a、b 均有逆元，则

(1) $(a^{-1})^{-1}=a$。

(2) $a*b$ 有逆元，且 $(a*b)^{-1}=b^{-1}*a^{-1}$。

证明 (1) 因为a^{-1}是a的逆元,即$a*a^{-1}=a^{-1}*a=e$,所以a^{-1}的逆元$(a^{-1})^{-1}$就是a,即$(a^{-1})^{-1}=a$。

(2) 由于$*$可结合,于是

$$(a*b)*(b^{-1}*a^{-1})=a*(b*b^{-1})*a^{-1}=a*e*a^{-1}=a*a^{-1}=e$$

同理

$$(b^{-1}*a^{-1})*(a*b)=e$$

由逆元定义可知,$b^{-1}*a^{-1}$为$a*b$的逆元,所以$(a*b)^{-1}=b^{-1}*a^{-1}$。 ■

定义 7.2.5 设$\langle S,*\rangle$是独异点,若$B\subseteq S$,且运算$*$在B上封闭,幺元$e\in B$,则$\langle B,*\rangle$也是独异点,称为$\langle S,*\rangle$的子独异点。

注 若$\langle B,*\rangle$是$\langle S,*\rangle$的子独异点,则运算$*$对B是封闭的,而且两者的单位元必须一致。

例 7.2.5 (1) 对独异点$\langle R_A,\circ\rangle$,设F_A是A上函数的全体,则$\langle F_A,\circ\rangle$是$\langle R_A,\circ\rangle$的子独异点。

(2) 设

$$A=\left\{\begin{bmatrix}a_1&0&\cdots&0\\0&a_2&\cdots&0\\\vdots&\vdots&&\vdots\\0&0&\cdots&a_n\end{bmatrix}\middle|\, a_1,a_2,\cdots a_n\in\mathbf{R}\right\},\quad B=\left\{\begin{bmatrix}a_1&0&\cdots&0\\0&0&\cdots&0\\\vdots&\vdots&&\vdots\\0&0&\cdots&0\end{bmatrix}\middle|\, a_1\in\mathbf{R}\right\}$$

运算$*$为矩阵乘法,$\boldsymbol{E}$为n阶单位阵,则$\langle A,*\rangle$是独异点,幺元为$\boldsymbol{E}$,$\langle B,*\rangle$也是独异点,但幺元为$\begin{bmatrix}1&0&\cdots&0\\0&0&\cdots&0\\\vdots&\vdots&&\vdots\\0&0&\cdots&0\end{bmatrix}$,故$\langle B,*\rangle$不是$\langle A,*\rangle$的子独异点。

定义 7.2.6 在独异点$\langle S,*\rangle$中,e为幺元,$\forall x\in S$的n次幂x^n定义如下:

$$x^0=e,\quad x^{n+1}=x^n*x,\quad n\in\mathbf{N}$$

7.3 群与子群

在代数系统中,群论是最基本的内容,是研究其他代数系统的基础。群论有着十分悠久的历史,已经发展成为内容丰富、应用广泛的数学分支,在抽象代数和整个数学中占有重要地位。在数学、物理、通信和计算机科学等许多领域都有广泛的应用。例如,自动机理论、编码理论、快速加法器的设计、密码安全等方面,群的应用日趋完善。群是一种特殊的独异点,也是一种特殊的半群。

定义 7.3.1 设$\langle G,*\rangle$是一个代数系统,其中G是非空集合,$*$是G上的一个二元运算。如果满足下面的条件:

(1) 运算$*$是封闭的。

(2) 运算$*$是可结合的。

(3) 存在幺元e。

(4) 对于$\forall x\in G$,都存在逆元x^{-1}。

则称代数系统$\langle G,*\rangle$为群。

例 7.3.1 (1) $\langle\mathbf{Z},+\rangle$,$\langle\mathbf{Q},+\rangle$,$\langle\mathbf{R},+\rangle$关于普通加法"+"构成群,幺元均为0,对任意元素$x$其逆元为$-x$,分别称为整数加群、有理数加群、实数加群。

(2) $\langle \mathbf{R}, \times \rangle$关于普通乘法“×”不构成群，因为 0 没有逆元。

(3) $\langle \mathbf{R}-\{0\}, \times \rangle$是群，幺元为 1，任意元素 x 其逆元为$\frac{1}{x}$。

(4) $\langle f_A, \circ \rangle$是群，其中 A 是给定的集合，$f_A=\{f \mid f: A \to A$ 的双射函数$\}$，$\circ$为函数的复合运算，幺元为恒等函数，每个双射函数的逆元是其反函数 f^{-1}。

(5) $\langle \mathbf{Z}-\{0\}, \times \rangle$不是群，因为除了±1 外，任意 $x \in \mathbf{Z}, x^{-1} \notin \mathbf{Z}$。

(6) $\langle \wp(A), \cap \rangle$，$\langle \wp(A), \cup \rangle$关于集合的交和并运算均不能构成群，虽然分别有幺元“E”和“$\varnothing$”，但对任意集合 $x \neq \varnothing$ 和 $x \neq E$，它们都没有逆元。

例 7.3.2 设有代数系统$\langle G, * \rangle$，其中运算 $*$ 定义见表 7-12。

表 7-12 Klein 四元群

*	a	b	c	d
a	a	b	c	d
b	b	a	d	c
c	c	d	a	b
d	d	c	b	a

显然运算 $*$ 是封闭的，可结合的，幺元为 a，G 中每个元素都有逆元，即 $a^{-1}=a, b^{-1}=b, c^{-1}=c, d^{-1}=d$，故$\langle G, * \rangle$是群。

这个群中每个元素的逆元都是其自身，且运算可交换，称为 Klein 四元群。

定义 7.3.2 设$\langle G, * \rangle$是一个群，若 G 是有限集合，则称$\langle G, * \rangle$为有限群。并把 G 中元素个数称为该有限群的阶，记为$|G|$。若 G 是无限集合，则称$\langle G, * \rangle$为无限群，其阶可记为$|G|=\infty$。只含单位元的群称为平凡群。

注 广群仅仅是一个具有封闭二元运算的非空集合，半群是具有结合运算的广群，独异点是具有幺元的半群，群是每个元素都有逆元的独异点。形象的比喻，有

$$\{群\} \subset \{独异点\} \subset \{半群\} \subset \{广群\}$$

它们之间的关系如图 7-1 所示。

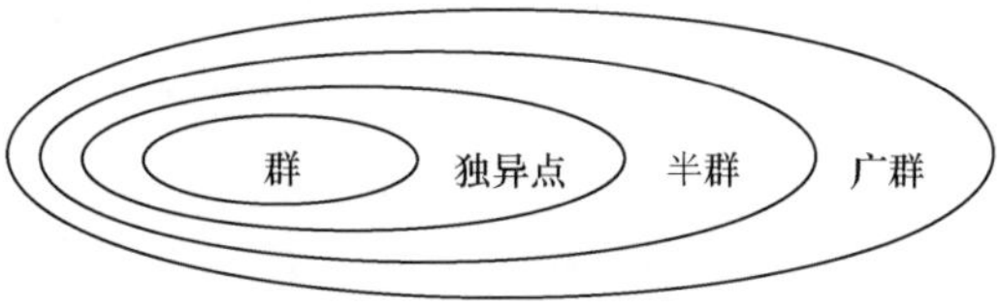

图 7-1 广群、半群、独异点、群间的关系

群是特殊的半群和独异点，半群和独异点的性质在群中也成立。但由于群中任一元素的逆元必唯一，因此群还有一些特殊的性质。

性质 1 群$\langle G, * \rangle$中不可能有零元。

证明 设幺元为 e，零元为 θ，都在 G 中。

当$|G|=1$ 时，群$\langle G, * \rangle$中的唯一元素为幺元 $e \neq \theta$。

当$|G|>1$ 时，对$\forall x \in G$，有 $x * \theta = \theta * x = \theta \neq e$，即 θ 不存在逆元，这与群中任一元素均有逆元矛盾。故命题成立。■

性质 2 设$\langle G, * \rangle$是群，则对 a、$b \in G$，群方程 $a * x = b$ 在 G 中必有唯一解。

证明 先证存在性。

设 a 的逆元为 a^{-1}。因为 $a*(a^{-1}*b)=(a*a^{-1})*b=e*b=b$，所以令 $x=a^{-1}*b \in G$，于是群方程 $a*x=b$ 在 G 中有解。

再证唯一性。

若另有一个解 y，满足 $a*y=b$，则 $a^{-1}*(a*y)=a^{-1}*b$，而 $a^{-1}*(a*y)=(a^{-1}*a)*$

$y=y$,所以 $y=a^{-1}*b=x$。

所以 $a*x=b$ 在 G 中只有唯一解。 ■

注 $y*a=b$ 也称为群方程,也有相同的结论。

性质3 设$\langle G,*\rangle$为群,对$\forall a,b,c\in G$,如果有 $a*b=a*c$ 或 $b*a=c*a$,则必有 $b=c$。

证明 设 $b*a=c*a$,且 a 的逆元为 a^{-1},则

$$(b*a)*a^{-1}=(c*a)*a^{-1}$$
$$b*(a*a^{-1})=c*(a*a^{-1})$$
$$b*e=c*e$$
$$b=c$$

同理,可证当 $a*b=a*c$ 时 $b=c$。 ■

此定理说明群运算满足运算的消去律。

性质4 在群$\langle G,*\rangle$中,幺元 e 是唯一的等幂元。

证明 因为 $e*e=e$,所以幺元 e 是等幂元。设存在 $a\in G,a\neq e$ 且 $a*a=a$,则

$$e=a*a^{-1}=(a*a)*a^{-1}=a*(a*a^{-1})=a*e=a$$

与 $a\neq e$ 矛盾。故群中只有唯一的等幂元 e。 ■

由于独异点的运算表中任何两行或两列都不相同,而群是特殊的独异点,所以群的运算表中也没有相同的两行或两列。此外,还有更强的特征。

定义7.3.3 设 S 是一个非空集合,从 S 到 S 的一个双射,称为 S 的一个置换。

例如,设 $S=\{a,b,c,d,e\}$,定义双射 $f:a\to b,b\to d,c\to e,d\to c,e\to a$,即为 S 的一个置换,表示为

$$\begin{pmatrix} a & b & c & d & e \\ b & d & e & c & a \end{pmatrix} \text{ 或 } \begin{pmatrix} c & d & e & b & a \\ e & c & a & d & b \end{pmatrix}$$

即上一行按任意次序写出集合中所有元素,下一行写出其对应元素的象。

定理7.3.1 群$\langle G,*\rangle$的运算表中每一行和每一列都是 G 的一个置换。

证明 首先证明 G 中的每一个元素都在运算表的每一行中出现。

考虑对应于 $a\in G$ 的那一行,设 b 是 G 中任一元素,因为

$$b=e*b=(a*a^{-1})*b=a*(a^{-1}*b)$$

即对$\forall b\in G$,等于 a 与 G 中的某一元素 $a^{-1}*b$ 作运算,所以 b 必然出现在对应于 a 的那一行中。

其次证明 G 中的每一个元素在运算表的每一行中仅出现一次。

用反证法,若对应于 $a\in G$ 的那一行中有两个元素都是 c,即 $\exists b_1,b_2\in G$ 且 $b_1\neq b_2$,使得 $a*b_1=a*b_2=c$。由群的性质3消去律,得 $b_1=b_2$,矛盾。

以上证明了 $a\in G$ 所对应的行是 G 的一个置换。因为群必为独异点,由定理7.2.3知,其运算表中没有两行(或两列)相同。所以$\langle G,*\rangle$的运算表中每一行都是 G 的一个置换且每一行都是不同的置换。

同样的结论对列一样成立。 ■

注 ① 这一定理的应用也在于它的逆否命题,即在群$\langle G,*\rangle$的运算表中某一行(列)不是 G 的一个置换(双射),那么$\langle G,*\rangle$不可能是群。

② 其逆命题不成立。

例 7.3.3　设代数系统⟨G, $*$⟩,其中 $G=\{a,b,c,d\}$,$*$ 定义见表 7-13。

表 7-13　群与置换

$*$	a	b	c	d
a	a	b	c	d
b	b	c	d	a
c	c	a	a	b
d	d	a	b	c

显然运算表的第二列(第三行)就不是 G 的置换,故⟨G, $*$⟩不是群,甚至不是半群。

事实上,尽管运算 $*$ 封闭,幺元为 a,但不满足结合律。因为

$$d*(c*b)=d*a=d\neq c=b*b=(d*c)*b$$

下面介绍子群的概念。

定义 7.3.4　设⟨G, $*$⟩是群,S 是 G 的非空子集,如果⟨S, $*$⟩也是群,则称⟨S, $*$⟩是⟨G, $*$⟩的子群。

若⟨G, $*$⟩是群,显然⟨$\{e\}$, $*$⟩和⟨G, $*$⟩都是⟨G, $*$⟩的子群,称为平凡子群。其中 e 是群⟨G, $*$⟩中关于运算 $*$ 的幺元。

例 7.3.4　对群⟨$\mathbf{R}$,+⟩而言,⟨$\mathbf{Z}$,+⟩,⟨$\mathbf{N}$,+⟩,⟨{偶数},+⟩,⟨{有理数},+⟩都是其子群。但⟨$\mathbf{R}^+$,+⟩,⟨{奇数},+⟩都不是其子群。

定理 7.3.2　设⟨S, $*$⟩是群⟨G, $*$⟩的子群,则⟨G, $*$⟩中幺元 e 也是⟨S, $*$⟩的幺元。

证明　设⟨S, $*$⟩的幺元为 e_1,则对 $\forall x\in S$,有

$$e_1*x=x=e*x$$

所以由消去律得 $e_1=e$。命题得证。■

例 7.3.5　Klein 四元群 $G=\langle\{a,b,c,d\},*\rangle$,容易验证其子群只有其本身及如表 7-14 所示的四个群 $G_1=\langle\{a\},*\rangle$,$G_2=\langle\{a,b\},*\rangle$,$G_3=\langle\{a,c\},*\rangle$,$G_4=\langle\{a,d\},*\rangle$。

表 7-14　Klein 四元群的子群

(a)

$*$	a
a	a

(b)

$*$	a	b
a	a	b
b	b	a

(c)

$*$	a	c
a	a	c
c	c	a

(d)

$*$	a	d
a	a	d
d	d	a

例 7.3.6　⟨$\mathbf{Z}$,+⟩是一个群,设 $Z_E=\{x\mid x=2n,n\in\mathbf{Z}\}$,证明⟨$Z_E$,+⟩是⟨$\mathbf{Z}$,+⟩的一个子群。其中,$\mathbf{Z}$ 是整数集,运算+是普通加法。

证明　(1) 封闭性。

对 $\forall x,y\in Z_E$,则存在 $n_1,n_2\in\mathbf{Z}$,使得 $x=2n_1$,$y=2n_2$,则

$$x+y=2n_1+2n_2=2(n_1+n_2)$$

而 $n_1+n_2\in\mathbf{Z}$,所以 $x+y\in Z_E$。

(2) 可结合性。

对 $\forall x,y,z\in Z_E$,存在 $n_1,n_2,n_3\in\mathbf{Z}$,使得 $x=2n_1$,$y=2n_2$,$z=2n_3$,则

$$\begin{aligned}x+(y+z)&=2n_1+(2n_2+2n_3)=2n_1+2n_2+2n_3=(2n_1+2n_2)+2n_3\\&=(x+y)+z\end{aligned}$$

所以运算+具有结合律。

(3) 存在幺元。

对 $\forall x\in Z_E$,则存在 $n\in\mathbf{Z}$,使得 $x=2n$。因为 $0\in Z_E$,则

$$x+0=2n+0=2n=x$$

$$0+x=0+2n=2n=x$$

所以 0 是 Z_E 中关于运算+的幺元。

(4) 逆元。

对$\forall x\in Z_E$,则存在$n\in \mathbf{Z}$,使得$x=2n$。而

$$-x=-2n=2(-n)$$

因为$-n\in Z$,所以$-x\in Z_E$。又

$$x+(-x)=2n+2(-n)=0$$
$$(-x)+x=2(-n)+2n=0$$

所以$-x$是x的逆元。

综上所述,$\langle Z_E,+\rangle$构成一个群,而$Z_E\subset\mathbf{Z}$,由定义7.3.4知,$\langle Z_E,+\rangle$是$\langle\mathbf{Z},+\rangle$的一个子群。■

用定义判断子群相对比较复杂,下面讨论子群的两种较简便的判断方法。

定理7.3.3 设$\langle G,*\rangle$是群,S是G的非空子集,如果S是一个有限集,则只要运算$*$在S上封闭,那么$\langle S,*\rangle$就是$\langle G,*\rangle$的子群。

证明 (1) 运算$*$在S上封闭。

(2) 对$\forall x,y,z\in S$,必有$\forall x,y,z\in G$。又因为$\langle G,*\rangle$是群,所以

$$x*(y*z)=(x*y)*z$$

即运算$*$在S上可结合。

(3) 对$\forall x\in S$,因为$*$在S上封闭,所以

$$x^2=x*x,x^3=x^2*x,\cdots$$

都在S中,又因为S是有限集,故存在正整数i和j,不妨设$j>i$,使得$x^i=x^j$,即

$$x^i=x^i*x^{j-i}=x^{j-i}*x^i \tag{7.5}$$

而群中幺元是唯一的,所以x^{j-i}是S的关于运算$*$幺元。

(4) 在式(7.5)中,若$j-i=1$,则$x^i=x^i*x^{j-i}=x^i*x$,所以x即为幺元,而幺元的逆元为其本身,此时$\langle S,*\rangle=\langle\{x\},*\rangle$为平凡子群。

若$j-i>1$,则$x^{j-i}=x*x^{j-i-1}$,所以$\forall x(x\in S)$的逆元为x^{j-i-1}且$x^{j-i-1}\in S$。

综上所述,$\langle S,*\rangle$是一个群。

而$S\subseteq G$且$S\neq\varnothing$,所以$\langle S,*\rangle$是$\langle G,*\rangle$的子群。■

例7.3.7 设$G_4=\{\langle p_1,p_2,p_3,p_4\rangle\mid p_i\in\{0,1\},1\leqslant i\leqslant 4\}$,$\oplus$是$G_4$上的二元运算,定义为:对$\forall x=\langle x_1,x_2,x_3,x_4\rangle,y=\langle y_1,y_2,y_3,y_4\rangle\in G_4$,$x\oplus y=\langle x_1\overline{\vee}y_1,x_2\overline{\vee}y_2,x_3\overline{\vee}y_3,x_4\overline{\vee}y_4\rangle$。

其中,$\overline{\vee}$是不可兼或,表7-15是其运算表。试证明

(1) $\langle G_4,\oplus\rangle$是群。

(2) $\langle H,\oplus\rangle$是$\langle G_4,\oplus\rangle$的子群,其中$H=\{\langle 0,0,0,0\rangle,\langle 1,1,1,1\rangle\}$。

表7-15 例7.3.7中$\overline{\vee}$的运算表

$\overline{\vee}$	0	1
0	0	1
1	1	0

证明 (1) 对$\forall x=\{\langle x_1,x_2,x_3,x_4\rangle,y=\langle y_1,y_2,y_3,y_4\rangle,z=\langle z_1,z_2,z_3,z_4\rangle\in G_4$,因为$x_i\overline{\vee}y_i\in\{0,1\}$,所以$x\oplus y=\langle x_1\overline{\vee}y_1,x_2\overline{\vee}y_2,x_3\overline{\vee}y_3,x_4\overline{\vee}y_4\rangle\in G_4$,即$\oplus$封闭。

因为$(x\oplus y)\oplus z=\langle(x_1\overline{\vee}y_1)\overline{\vee}z_1,(x_2\overline{\vee}y_2)\overline{\vee}z_2,(x_3\overline{\vee}y_3)\overline{\vee}z_3,(x_4\overline{\vee}y_4)\overline{\vee}z_4\rangle$,分析$(x_i\overline{\vee}y_i)\overline{\vee}z_i$及$x_i\overline{\vee}(y_i\overline{\vee}z_i)$的取值情况见表7-16。

由表7-16可知,$(x_i\overline{\vee}y_i)\overline{\vee}z_i=x_i\overline{\vee}(y_i\overline{\vee}z_i)$,于是$(x\oplus y)\oplus z=x\oplus(y\oplus z)$,即$\oplus$可结合。

因为

$$\begin{aligned}x\oplus 0&=\langle x_1\overline{\vee}0,x_2\overline{\vee}0,x_3\overline{\vee}0,x_4\overline{\vee}0\rangle\\&=\langle x_1,x_2,x_3,x_4\rangle\end{aligned}$$

$$=\langle 0\,\overline{\vee}\,x_1,0\,\overline{\vee}\,x_2,0\,\overline{\vee}\,x_3,0\,\overline{\vee}\,x_4\rangle$$
$$=0\oplus x$$

所以 $0=\langle 0,0,0,0\rangle$ 是幺元。

对 $\forall x\in G_4$，因为 $x\oplus x=\langle x_1\,\overline{\vee}\,x_1,x_2\,\overline{\vee}\,x_2,x_3\,\overline{\vee}\,x_3,x_4\,\overline{\vee}\,x_4\rangle=\langle 0,0,0,0\rangle$，所以 x 可逆，其逆元为其本身。

综上所述，$\langle G_4,\oplus\rangle$ 是群。

(2) 设 $h_1=\langle 0,0,0,0\rangle$，$h_2=\langle 1,1,1,1\rangle$，则 $H=\{h_1,h_2\}\subset G_4$。又

$$h_1\oplus h_1=\langle 0\,\overline{\vee}\,0,0\,\overline{\vee}\,0,0\,\overline{\vee}\,0,0\,\overline{\vee}\,0\rangle=\langle 0,0,0,0\rangle$$
$$h_1\oplus h_2=\langle 0\,\overline{\vee}\,1,0\,\overline{\vee}\,1,0\,\overline{\vee}\,1,0\,\overline{\vee}\,1\rangle=\langle 1,1,1,1\rangle$$

同理

$$h_2\oplus h_1=\langle 1,1,1,1\rangle,\quad h_2\oplus h_2=\langle 0,0,0,0\rangle$$

所以⊕在 H 上封闭。

表 7-16　例 7.3.7 的 $(x_i\,\overline{\vee}\,y_i)\,\overline{\vee}\,z_i$ 及 $x_i\,\overline{\vee}\,(y_i\,\overline{\vee}\,z_i)$ 的取值

$(x_i\,\overline{\vee}\,y_i)\,\overline{\vee}\,z_i$	x_i	y_i	z_i	$x_i\,\overline{\vee}\,(y_i\,\overline{\vee}\,z_i)$
0	0	0	0	0
	1	1	0	
	0	1	1	
	1	0	1	
1	1	1	1	1
	0	0	1	
	0	1	0	
	1	0	0	

由定理 7.3.3 可知，$\langle H,\oplus\rangle$ 是 $\langle G_4,\oplus\rangle$ 的子群。■

定理 7.3.4　设 $\langle G,*\rangle$ 是群，S 是 G 的非空子集，如果 $\forall x,y\in S$，有 $x*y^{-1}\in S$，则 $\langle S,*\rangle$ 是 $\langle G,*\rangle$ 的子群。

证明　$\forall x$、y、$z\in S$，必有 x、y、$z\in G$。又因为 $\langle G,*\rangle$ 是群，所以

$$x*(y*z)=(x*y)*z$$

即运算 $*$ 在 S 上可结合。

① 先证明，G 中幺元 e 也是 S 中的幺元。

对 $\forall x\in S\subseteq G$，有 $x^{-1}\in G$，使得 $e=x*x^{-1}\in S$，且 $x*e=e*x=x$，即 e 也是 S 中的幺元。

② 再证明，S 中每个元素都有逆元且在 S 中。

对 $\forall x\in S$，因为 $e\in S$，由定理条件有 $e*x^{-1}\in S$，即 $x^{-1}\in S$。

③ 最后证明，$*$ 在 S 上封闭。

对 $\forall x,y\in S$，由②可知 $y^{-1}\in S$。又因为 $y=(y^{-1})^{-1}$，所以 $x*y=x*(y^{-1})^{-1}\in S$。

而 $S\subseteq G$ 且 $S\neq\varnothing$，所以 $\langle S,*\rangle$ 是 $\langle G,*\rangle$ 的子群。■

例 7.3.8　设 $\langle G,*\rangle$ 是有限群，e 为幺元。R 是 G 上的等价关系，且对 $\forall x,y,z\in G$，$(x*z)\mathrm{R}(y*z)$ 当且仅当 xRy。令 $B=\{b\mid b\in G\wedge bRe\}$，证明：$\langle B,*\rangle$ 是 $\langle G,*\rangle$ 的子群。

证明　因为 R 是等价关系，具有自反性，所以 eRe，故 $e\in B$，即 $B\neq\varnothing$。

对 $\forall x,y\in B\Leftrightarrow xRe\wedge yRe$，而 R 具有对称性，故 $yRe\Rightarrow eRy$，再由 R 的传递性，得

$$xRe\wedge yRe\Rightarrow xRe\wedge eRy\Rightarrow xRy$$

而

$$xRy\Leftrightarrow x*eRy*e\Leftrightarrow x*(y^{-1}*y)Ry*e\Leftrightarrow(x*y^{-1})*yRe*y\Leftrightarrow x*y^{-1}Re\Leftrightarrow x*y^{-1}\in B$$

于是由定理 7.3.4 知，$\langle B,*\rangle$ 是 $\langle G,*\rangle$ 的子群。■

注　本例子的证明中，y^{-1} 的存在是肯定的。

例 7.3.9　设 $\langle H,\cdot\rangle$ 和 $\langle K,\cdot\rangle$ 都是群 $\langle G,\cdot\rangle$ 的子群，令 $HK=\{h\cdot k\mid h\in H,k\in K\}$。证明 $\langle HK,\cdot\rangle$ 是 $\langle G,\cdot\rangle$ 的子群的充要条件是 $HK=KH$。

证明　先证充分性。

设群 $\langle G,\cdot\rangle$ 的幺元为 e，因为 $\langle H,\cdot\rangle$ 和 $\langle K,\cdot\rangle$ 都是子群，则 $e\in H$ 且 $e\in K$，于是 $e\cdot e=e\in HK$，即

$HK\neq\varnothing$。

对 $\forall h\cdot k\in HK$，有 $h\in H\subseteq G, k\in K\subseteq G$，则 $h\cdot k\in G$，于是 $HK\subseteq G$。

对 $\forall x=h_1\cdot k_1\in HK, y=h_2\cdot k_2\in HK$，其中 $h_1,h_2\in H, k_1,k_2\in K$，则

$$\begin{aligned}x\cdot y^{-1}&=(h_1\cdot k_1)\cdot(h_2\cdot k_2)^{-1}=(h_1\cdot k_1)\cdot(k_2^{-1}\cdot h_2^{-1})\\&=h_1\cdot(k_1\cdot k_2^{-1})\cdot h_2^{-1}\end{aligned}$$

记 $k_1\cdot k_2^{-1}=k_3$，则 $x\cdot y^{-1}=h_1\cdot k_3\cdot h_2^{-1}$。

因为 $HK=KH$，所以存在 $h\in H, k\in K$，使得 $k_3\cdot h_2^{-1}=h\cdot k$。于是

$$x\cdot y^{-1}=h_1\cdot h\cdot k=(h_1\cdot h)\cdot k\in HK$$

由定理 7.3.4 知，$\langle HK,\cdot\rangle$ 是 $\langle G,\cdot\rangle$ 的子群。

再证必要性。

对 $\forall x\in HK$，因为 $\langle HK,\cdot\rangle$ 是子群，故 $x^{-1}\in HK$，即存在 $h\in H, k\in K$，使得 $x^{-1}=h\cdot k$，由定理 7.2.4，得

$$x=(x^{-1})^{-1}=(h\cdot k)^{-1}=k^{-1}\cdot h^{-1}$$

因为 $\langle H,\cdot\rangle$ 和 $\langle K,\cdot\rangle$ 都是子群，所以 $k^{-1}\in K, h^{-1}\in H$，故 $x\in KH$，即 $HK\subseteq KH$。同理，可证 $KH\subseteq HK$。于是 $HK=KH$。■

注　此定理的证明中，由 $HK=KH$ 推出 $\langle HK,\cdot\rangle$ 是子群的同时也推出 $\langle KH,\cdot\rangle$ 也是子群。

群 $\langle G,*\rangle$ 中元素 x 的 n 次幂运算定义如下：对 $\forall n\in\mathbf{N}$，有

$$x^0=e$$
$$x^{n+1}=x^n*x$$
$$x^{-n}=(x^{-1})^n$$

因此，群中任意元素可进行任意整数次幂运算。例如，在群 $\langle\mathbf{Z},+\rangle$ 中：

$$1^5=5,\quad 3^3=9,\quad 5^0=0$$

$$(-3)^{-1}=3, (-3)^2=(-3)+(-3)=-6,\quad (-3)^{-2}=((-3)^{-1})^2=(-3)^{-1}+(-3)^{-1}=3^2=3+3=6$$

而在半群中，元素只有正整数次幂。

7.4　阿贝尔群与循环群

在群论中有三类特殊的群：交换群或阿贝尔群、循环群、变换群（或置换群），在计算机科学等领域有广泛应用。

7.4.1　阿贝尔群

定义 7.4.1　若群 $\langle G,*\rangle$ 中运算 $*$ 是可交换的，则称该群为阿贝尔群（或交换群）。

注　运算 $*$ 可交换在运算表中反映为关于主对角线是对称的，故很容易由群的运算表确定其是否为阿贝尔群。

例 7.4.1　设 $S=\{a,b,c,d\}$，在 S 上定义一个双射函数 f：$f(a)=b, f(b)=c, f(c)=d, f(d)=a$。对 $\forall x\in S$，构造复合函数

$$f^2(x)=f\circ f(x)=f(f(x))$$
$$f^3(x)=f\circ f^2(x)=f(f^2(x))=f(f(f(x)))$$
$$f^4(x)=f\circ f^3(x)=f(f^3(x))=f(f(f(f(x))))$$

若 f^0 表示 S 上的恒等映射，即 $f^0(x)=x(x\in S)$。由 f 的定义，得 $f^4(x)=f^0(x)$。记 $f^1=f$，构造集合 $F=\{f^0,f^1,f^2,f^3\}$，则 $\langle F,\circ\rangle$ 是阿贝尔群。

证明　由复合运算$\circ$的定义,可得运算表 7-17。

表 7-17　例 7.4.1 的运算表

$\circ$	f^0	f^1	f^2	f^3
f^0	f^0	f^1	f^2	f^3
f^1	f^1	f^2	f^3	f^0
f^2	f^2	f^3	f^0	f^1
f^3	f^3	f^0	f^1	f^2

显然,运算$\circ$是封闭的,f^0 是幺元,f^0 和 f^2 的逆元是其本身,f^1 和 f^3 互为逆元。由 5.2 节可知,函数的复合运算是可结合的,所以$\langle F,\circ\rangle$是群。

而运算表 7-17 关于主对角线对称,所以$\langle F,\circ\rangle$是阿贝尔群。■

例 7.4.2　设 G 是所有 n 阶实可逆矩阵的集合,运算$\circ$为矩阵乘法,证明$\langle G,\circ\rangle$是不可交换群。

证明　设$\forall \boldsymbol{A},\boldsymbol{B},\boldsymbol{C}\in G$,$|\boldsymbol{A}|$、$|\boldsymbol{B}|$分别为 $\boldsymbol{A}$、$\boldsymbol{B}$ 的行列式,则$|\boldsymbol{A}|\neq 0$,$|\boldsymbol{B}|\neq 0$。而

$$|\boldsymbol{A}\circ\boldsymbol{B}|=|\boldsymbol{A}|\,|\boldsymbol{B}|\neq 0$$

即 $\boldsymbol{A}\circ\boldsymbol{B}$ 是可逆矩阵,所以 $\boldsymbol{A}\circ\boldsymbol{B}\in G$,运算$\circ$是封闭的。

由矩阵乘法的定义有$(\boldsymbol{A}\circ\boldsymbol{B})\circ\boldsymbol{C}=\boldsymbol{A}\circ(\boldsymbol{B}\circ\boldsymbol{C})$,所以运算$\circ$是可结合的。

设 $\boldsymbol{E}$ 是 n 阶单位阵,则 $\boldsymbol{A}\circ\boldsymbol{E}=\boldsymbol{E}\circ\boldsymbol{A}=\boldsymbol{A}$,所以 $\boldsymbol{E}$ 是 $\boldsymbol{G}$ 中的幺元。

又因为$|\boldsymbol{A}|\neq 0$,所以存在 $\boldsymbol{A}^{-1}=\dfrac{\boldsymbol{A}^*}{|\boldsymbol{A}|}$,其中 $\boldsymbol{A}^*$ 为 $\boldsymbol{A}$ 的伴随矩阵,使得

$$\boldsymbol{A}\circ\boldsymbol{A}^{-1}=\boldsymbol{A}^{-1}\circ\boldsymbol{A}=\boldsymbol{E}$$

所以 G 中任何元素均有逆元。故$\langle G,\circ\rangle$是群。

而就矩阵乘法运算$\circ$,一般地 $\boldsymbol{A}\circ\boldsymbol{B}\neq\boldsymbol{B}\circ\boldsymbol{A}$,所以运算$\circ$不可交换。故$\langle G,\circ\rangle$不是阿贝尔群。■

定理 7.4.1　设$\langle G,*\rangle$是群,则$\langle G,*\rangle$是阿贝尔群当且仅当对$\forall a,b\in G$,总有$(a*b)*(a*b)=(a*a)*(b*b)$。

证明　充分性。

对$\forall a,b\in G$,则

$$\begin{aligned}a*(a*b)*b&=(a*a)*(b*b)=(a*b)*(a*b)\\&=a*(b*a)*b\end{aligned}$$

而$\langle G,*\rangle$是群,运算$*$具有消去律,于是 $a*b=b*a$,所以$\langle G,*\rangle$是阿贝尔群。

必要性。

因为$\langle G,*\rangle$是阿贝尔群,所以对$\forall a,b\in G$,有 $a*b=b*a$。而

$$\begin{aligned}(a*b)*(a*b)&=a*(b*a)*b=a*(a*b)*b\\&=(a*a)*(b*b)\end{aligned}$$

故命题成立。■

例 7.4.3　设$\langle G,*\rangle$是群,e 是关于$*$的幺元。若$\forall x\in G$,都有 $x^2=e$,则$\langle G,*\rangle$是阿贝尔群。

证明　方法一。

对$\forall x\in G$,都有 $x^2=e$,则 $x^{-1}=x$,所以对$\forall a,b\in G$,有

$$a*b=(a*b)^{-1}=b^{-1}*a^{-1}=b*a$$

即运算$*$可交换,故$\langle G,*\rangle$是阿贝尔群。

方法二。

对$\forall a,b\in G$,有

$$\begin{aligned}a*b&=a*e*b=a*(a*b)^2*b=a*(a*b)*(a*b)*b\\&=a^2*b*a*b^2\\&=b*a\end{aligned}$$

即运算$*$可交换,故$\langle G,*\rangle$是阿贝尔群。

方法三。

对 $\forall a,b\in G$,有

$$(a*a)*(b*b)=e*e=e=(a*b)^2=(a*b)*(a*b)$$

由定理 7.4.1 知,$\langle G,*\rangle$是阿贝尔群。■

例 7.4.4　设$\langle G,*\rangle$是群,且$\forall a,b\in G$,均有$a^3*b^3=(a*b)^3$,$a^5*b^5=(a*b)^5$,证明$\langle G,*\rangle$是阿贝尔群。

证明　因为

$$\begin{aligned}a^3*b^3&=(a*a^2)*(b^2*b)=a*(a^2*b^2)*b\\&=(a*b)^3=(a*b)*(a*b)*(a*b)\\&=a*(b*a)^2*b\end{aligned}$$

由消去律得

$$a^2*b^2=(b*a)^2\tag{7.6}$$

又

$$\begin{aligned}a^5*b^5&=(a*a^4)*(b^4*b)=a*(a^4*b^4)*b\\&=(a*b)^5=a*(b*a)^4*b\end{aligned}$$

所以

$$a^4*b^4=(b*a)^4$$

由式(7.6)得

$$(b*a)^4=(b*a)^2*(b*a)^2=(a^2*b^2)*(a^2*b^2)=a^2*(b^2*a^2)*b^2\tag{7.7}$$

而

$$a^4*b^4=(a^2*a^2)*(b^2*b^2)=a^2*(a^2*b^2)*b^2-(b*a)^4=a^2*(b^2*a^2)*b^2\tag{7.8}$$

由消去律得

$$a^2*b^2=b^2*a^2\tag{7.9}$$

由式(7.5)和式(7.9)得

$$(b*a)^2=b^2*a^2$$

由定理 7.4.1 知,$\langle G,*\rangle$是阿贝尔群。■

7.4.2　循环群

循环群是最简单的也是研究比较透彻的一类阿贝尔群。

定义 7.4.2　设$\langle G,*\rangle$为群,若 G 中存在一个元素 a,使得 G 中任意元素 x 都是 a 的幂。即存在 $i\in\mathbf{Z}$,使得

$$x=a^i$$

则称该群为循环群,元素 a 称为循环群$\langle G,*\rangle$的生成元,也称群$\langle G,*\rangle$由 a 生成,记作 $G=\langle a\rangle$。G 的所有生成元的集合称为 G 的生成集。

例如,整数加法群$\langle\mathbf{Z},+\rangle$是无限循环群,生成集为$\{-1,1\}$。

例 7.4.5　给定整数 m,集合 $G=\{km\mid k\in\mathbf{Z}\}$,$\langle G,+\rangle$关于普通加法为无限循环群。对$\forall x\in G$,必存在 $k_1\in\mathbf{Z}$,使得 $x=k_1m$,而

$$k_1m=\underbrace{m+m+\cdots+m}_{k_1\text{ 个}}=m^{k_1}$$

所以 m 是$\langle G,+\rangle$的生成元。各元素与生成元的关系表示为

$$\cdots\leftarrow m^{-k}\leftarrow\cdots\leftarrow m^{-2}\leftarrow m^{-1}\leftarrow m^0=0\rightarrow m^1\rightarrow m^2\rightarrow m^3\rightarrow\cdots\rightarrow m^k\rightarrow\cdots$$

定理 7.4.2　任何循环群必定是阿贝尔群。

证明　设$\langle G,*\rangle$是循环群,其生成元为 a。对$\forall x,y\in G$,必存在 s、$t\in\mathbf{Z}$,使得 $x=a^s$,$y=a^t$。而

$$x * y = a^s * a^t = a^{s+t} = a^{t+s} = a^t * a^s = y * x$$

故$\langle G, *\rangle$是阿贝尔群。■

例 7.4.5 中的循环群$\langle G, +\rangle$是阿贝尔群。

注 一个群若不是阿贝尔群则必定不可能是循环群。

定理 7.4.3 设$\langle G, *\rangle$是由元素 a 生成的有限循环群。若 G 的阶为 n，则 $a^n = e$，且

$$G = \{a, a^2, a^3, \cdots, a^{n-1}, a^n = e\}$$

其中，e 为$\langle G, *\rangle$中的幺元；n 为使 $a^n = e$ 成立的最小正整数。

证明 反证法。设存在某一正整数 $m_0 < n$，有 $a^{m_0} = e$。因为$\langle G, *\rangle$是循环群，a 是其生成元，于是对 $\forall x \in G$，总存在 $k \in \mathbf{Z}$，使得 $x = a^k$，且 $k = m_0 q + r$，其中 q 为整数，$0 \leqslant r < m_0$，即

$$a^k = a^{m_0 q + r} = (a^{m_0})^q * a^r = e * a^r = a^r$$

这说明，G 中任何元素 x 总可以表示为 $a^r (0 \leqslant r < m_0)$ 的形式，于是 G 中至多有 m_0 个不同的元素，而 $m_0 < n$，与 $|G| = n$ 矛盾。所以当 $m < n$ 时，$a^m \neq e$。

下面证明 $a, a^2, a^3, \cdots, a^{n-1}, a^n$ 各不相同。假设 $a^i = a^j$，其中 $1 \leqslant i < j \leqslant n$，因为 $a^n = e$，所以 a^i 的逆元为 a^{n-i}，于是

$$a^{j+n-i} = a^{i+n-i} = a^n = e$$

又

$$a^{j+n-i} = a^n * a^{j-i} = a^{j-i}$$

则

$$a^{j-i} = e$$

其中，$1 \leqslant j-i < n$（$j-i$ 不可能等于 n，若不然 $j-i=n$，即 $j=n+i$，而 $i \geqslant 1$，显然 $j > n$ 与 $j \leqslant n$ 矛盾）。而由上面的证明，这一结果是不可能的。所以 $a, a^2, a^3, \cdots, a^{n-1}, a^n$ 各不相同，故$G = \{a, a^2, a^3, \cdots, a^{n-1}, a^n = e\}$。■

注 ① 满足条件 $a^n = e$ 的最小正整数 n 称为元素 a 的周期（或阶），也称 a 是 n 阶元，记作 $|a|$。若不存在这种最小正整数，则称 a 的周期为∞（或 a 是无限阶元）。显然，幺元 e 的阶为 1。

② 有限集合的阶和元素的阶是不同的概念。

③ 有限群的任意元素都是有限阶元。

例 7.4.6 设 $G = \{a, b, c, d\}$，在 G 上定义运算 $*$ 见表 7-18，证明$\langle G, *\rangle$是循环群，并求各元素的阶。

表 7-18 例 7.4.6 的运算表

*	a	b	c	d
a	a	b	c	d
b	b	a	d	c
c	c	d	b	a
d	d	c	a	b

证明 由运算表 7-18 可知，运算 $*$ 是封闭的，a 是幺元，a 的逆元是其本身，b、c、d 的逆元分别为 b、d、c。容易验证运算 $*$ 是可结合的，所以$\langle G, *\rangle$是群。

由于

$$c * c = c^2 = b, c^3 = c * c^2 = c * b = d, c^4 = c * c^3 = c * d = a$$

$$d * d = d^2 = b, d^3 = d * d^2 = d * b = c, d^4 = d * d^3 = d * c = a$$

所以群$\langle G, *\rangle$的生成元为 c 或 d，且 $G = \{c, c^2, c^3, c^4 = a\}$ 或 $G = \{d, d^2, d^3, d^4 = a\}$，故$\langle G, *\rangle$是循环群。各元素与生成元的关系表示为

$$\to c^4 = a \to c^1 \to c^2 \to c^3 \to \qquad \to d^4 = a \to d^1 \to d^2 \to d^3 \to$$

因为

$$b * b = b^2 = a, \quad b^3 = b * b^2 = b$$

所以 b 的阶为 2，不是生成元。c 和 d 的阶都为 4。■

注 一个循环群的生成元可以不唯一。

7.5　陪集与拉格朗日定理

代数系统是定义了运算的集合，而集合的元素间可以存在某种等价关系，从而将集合划分为若干子集。本节介绍利用群的子群对群$\langle G,*\rangle$中的 G 作一个划分——陪集划分，然后得到关于有限群结构的重要定理——拉格朗日定理。陪集在编码理论，尤其是译码研究中起着重要作用。

7.5.1　陪集及其基本性质

定义 7.5.1　设$\langle G,*\rangle$是一个群，A、B 均为 G 的非空子集，记

$$AB=\{a*b \mid a\in A,b\in B\}$$

和

$$A^{-1}=\{a^{-1} \mid a\in A\}$$

分别称为 A、B 的积和 A 的逆。

为了说明陪集，先讨论群中元素间的一种等价关系。

设$\langle H,*\rangle$是群$\langle G,*\rangle$的子群，在 G 的元素间定义一个关系 R：$\forall a,b\in G$。

$$aRb \text{ 当且仅当 } a^{-1}*b\in H$$

下面证明 R 是 G 上的等价关系。

(1) 对 $\forall a\in G$，$\exists a^{-1}\in G$，使得 $a^{-1}*a=e\in H$，所以 aRa，即 R 是自反的。

(2) 对 $\forall a,b\in G$，则

$$aRb\Leftrightarrow a^{-1}*b\in H\Leftrightarrow (a^{-1}*b)^{-1}=b^{-1}*a\in H\Leftrightarrow bRa$$

所以 R 是对称的。

(3) 对 $\forall a,b,c\in G$，则

$$\begin{aligned}
aRb \text{ 且 } bRc &\Leftrightarrow a^{-1}*b\in H\wedge b^{-1}*c\in H\\
&\Leftrightarrow \exists h_1\exists h_2(h_1\in H\wedge h_2\in H\wedge a^{-1}*b=h_1\wedge b^{-1}*c=h_2)\\
&\Leftrightarrow \exists h_1\exists h_2(h_1\in H\wedge h_2\in H\wedge b=a*h_1\wedge c=b*h_2)\\
&\Leftrightarrow \exists h_1\exists h_2(h_1\in H\wedge h_2\in H\wedge c=a*h_1*h_2)\\
&\Leftrightarrow \exists h_1\exists h_2(h_1\in H\wedge h_2\in H\wedge h_1*h_2\in H\wedge a^{-1}*c=h_1*h_2)\\
&\Leftrightarrow a^{-1}*c\in H\Leftrightarrow aRc
\end{aligned}$$

所以 R 是传递的。因此，R 是 G 上的等价关系。

利用这个等价关系，定义一个新的集合——群的陪集。

定义 7.5.2　设$\langle H,*\rangle$是群$\langle G,*\rangle$的一个子群，$a\in G$，则集合

$$\{a\}H=\{a*x \mid x\in H\} \text{ 和 } H\{a\}=\{x*a \mid x\in H\}$$

分别称为由 a 所确定的 H 在 G 中的左陪集和右陪集，简称为 H 关于 a 的左陪集和右陪集，简记为 aH 和 Ha。元素 a 称为陪集 aH 和 Ha 的代表元素。

注　子群 H 的左(右)陪集 $aH(Ha)$ 正是元素 a 从左(右)边与 H 的所有元素运算后得到的集合。

例 7.5.1　求群$\langle \mathbf{Z}_6,\oplus_6\rangle$的子群$\langle\{0,3\},\oplus_6\rangle$的所有左、右陪集。

解　左、右陪集为

$$0H=\{0\oplus_6 0,0\oplus_6 3\}=\{0,3\},\quad H0=\{0\oplus_6 0,3\oplus_6 0\}=\{0,3\}$$
$$1H=\{1\oplus_6 0,1\oplus_6 3\}=\{1,4\},\quad H1=\{0\oplus_6 1,3\oplus_6 1\}=\{1,4\}$$
$$2H=\{2\oplus_6 0,2\oplus_6 3\}=\{2,5\},\quad H2=\{0\oplus_6 2,3\oplus_6 2\}=\{2,5\}$$
$$3H=\{3\oplus_6 0,3\oplus_6 3\}=\{3,0\},\quad H3=\{0\oplus_6 3,3\oplus_6 3\}=\{3,0\}$$
$$4H=\{4\oplus_6 0,4\oplus_6 3\}=\{4,1\},\quad H4=\{0\oplus_6 4,3\oplus_6 4\}=\{4,1\}$$
$$5H=\{5\oplus_6 0,5\oplus_6 3\}=\{5,2\},\quad H5=\{0\oplus_6 5,3\oplus_6 5\}=\{5,2\}$$

所以 $0H=H0=3H=H3,1H=H1=4H=H4,2H=H2=5H=H5$，且 $0H\cup 1H\cup 2H=G$。

左、右陪集具有下面的性质。

(1) $eH=He=H$，其中 e 为幺元。

(2) $aH=H\Leftrightarrow a\in H(Ha=H\Leftrightarrow a\in H)$。

(3) $aH=bH\Leftrightarrow a\in bH\Leftrightarrow b^{-1}*a\in H(Ha=Hb\Leftrightarrow a\in Hb\Leftrightarrow a*b^{-1}\in H)$。

例 7.5.2 设 $G=\mathbf{R}\times\mathbf{R}$，$G$ 上的二元运算⊕定义为：$\forall\langle x_1,y_1\rangle,\langle x_2,y_2\rangle\in G$，有

$$\langle x_1,y_1\rangle\oplus\langle x_2,y_2\rangle=\langle x_1+x_2,y_1+y_2\rangle$$

显然，$\langle G,\oplus\rangle$满足封闭、结合律、交换律，具有幺元$\langle 0,0\rangle$，G 中任何元素$\langle x,y\rangle$均有逆元$\langle -x,-y\rangle$，故$\langle G,\oplus\rangle$是阿贝尔群。

设 $H=\{\langle x,y\rangle\mid x\in\mathbf{R}\wedge y=2x\}$，则 $H\subseteq G$。对$\forall\langle x_1,y_1\rangle$、$\langle x_2,y_2\rangle\in H$，有 x_1、$x_2\in\mathbf{R}$，$y_1=2x_1$，$y_2=2x_2$，且$\langle x_2,y_2\rangle^{-1}=\langle -x_2,-y_2\rangle$。于是

$$\begin{aligned}\langle x_1,y_1\rangle\oplus\langle x_2,y_2\rangle^{-1}&=\langle x_1+(-x_2),y_1+(-y_2)\rangle\\&=\langle x_1+(-x_2),2x_1+(-2x_2)\rangle\\&=\langle x_1+(-x_2),2(x_1+(-x_2))\rangle\in H\end{aligned}$$

由子群的判断定理 7.3.4 可知，$\langle H,\oplus\rangle$是$\langle G,\oplus\rangle$的子群。

对于 $a=\langle x_0,y_0\rangle\in G$，$H$ 关于 a 的左陪集

$$\langle x_0,y_0\rangle H=\{\langle x_0+x,y_0+y\rangle\mid\langle x,y\rangle\in H\}=\{\langle x_0+x,y_0+2x\rangle\mid x\in\mathbf{R}\}$$

这个例子具有明显的几何意义：$G=\mathbf{R}\times\mathbf{R}$ 是整个实平面，H 是通过原点的直线 $y=2x$，左陪集$\langle x_0,y_0\rangle H$ 是通过点$\langle x_0,y_0\rangle$且平行于 H 的直线，如图 7-2 所示。

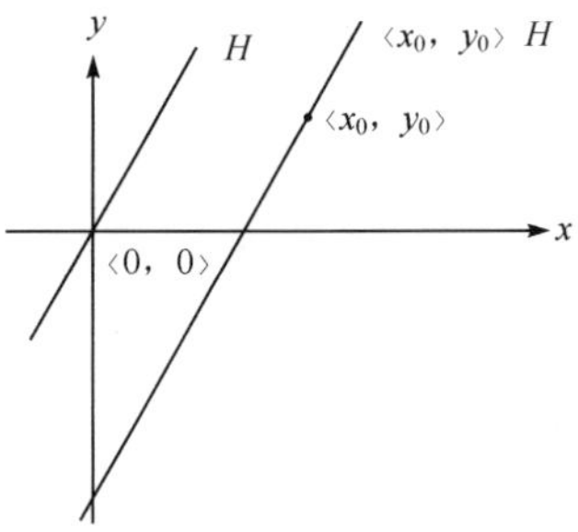

图 7-2 陪集

定理 7.5.1 群$\langle G,*\rangle$的子群$\langle H,*\rangle$的所有左(右)陪集都是等势的。

证明 只需证明对$\forall a\in H$ 都有 $aH\sim H$。

定义映射 $f:H\to aH$，对$\forall h\in H$ 有 $f(h)=a*h$。

(1) 对$\forall h_1,h_2\in H$，则

$$f(h_1)=f(h_2)\Leftrightarrow a*h_1=a*h_2\Leftrightarrow h_1=h_2$$

所以 f 是单射。

(2) 对$\forall z\in aH$，必存在 $h_3\in H$ 使得 $z=a*h_3$，即 $f(h_3)=a*h_3=z$，所以 f 是满射。综上所述，f 是双射，所以 $aH\sim H$，且$|aH|=|H|$。 ■

定义 7.5.3 群$\langle G,*\rangle$的子群的左(右)陪集组成的集合的基数称为 H 在 G 中的指数，记作$[G:H]$。

7.5.2 拉格朗日定理

对有限群，有以下重要结论。

定理 7.5.2(拉格朗日定理) 设$\langle H,*\rangle$是群$\langle G,*\rangle$的一个子群，则

(1) $R=\{\langle a,b\rangle\mid a\in G,b\in G$ 且 $a^{-1}*b\in H\}$是 G 中的一个等价关系。对 $a\in G$，若记$[a]_R=$

$\{x|x\in G$ 且 $\langle a,x\rangle\in R\}$，则

$$[a]_R=aH$$

(2) 如果$\langle G,*\rangle$是有限群，$|G|=n$，$|H|=m$，则 $m|n$。

证明　(1) 在前面的讨论中，可知 $R=\{\langle a,b\rangle|a\in G,b\in G$ 且 $a^{-1}*b\in H\}$是 G 中的一个等价关系。这里只证$[a]_R=aH$。

对$\forall a\in G$，则 $b\in[a]_R\Leftrightarrow\langle a,b\rangle\in R\Leftrightarrow a^{-1}*b\in H\Leftrightarrow\exists h(h\in H\wedge a^{-1}*b=h)$

$$\Leftrightarrow\exists h(h\in H\wedge b=a*h)$$

$$\Leftrightarrow b\in aH$$

所以$[a]_R=aH$。

(2) 由于 R 是 G 中的等价关系，又因为 G 是有限集合，所以 R 将 G 划分成有限个不同的等价类$[a_1]_R,[a_2]_R,\cdots,[a_k]_R$，使得

$$G=\bigcup_{i=1}^{k}[a_i]_R=\bigcup_{i=1}^{k}a_iH$$

又对$\forall h_1,h_2\in H$ 且 $h_1\neq h_2$，$a\in G$，必有 $a*h_1\neq a*h_2$，即 H 中的元素与 aH 中的元素形成单射，由有限集合单射的性质，所以$|a_iH|=|H|=m(i=1,2,\cdots,k)$。于是

$$n=|G|=|\bigcup_{i=1}^{k}a_iH|=\sum_{i=1}^{k}|a_iH|=\sum_{i=1}^{k}|H|=km$$

即 $n/m=k$，k 为某一正整数，所以 $m|n$。■

若$\langle H,*\rangle$是群$\langle G,*\rangle$的子群，则 G 可以分解为 H 的互不相交的左(或右)陪集的并，即 $G=\bigcup_{i=1}^{k}a_iH$ 或 $G=\bigcup_{i=1}^{k}Ha_i$，则称为 G 关于 H 的左(或右)陪集分解。

注　① 此定理(2)说明：一个有限群的任意子群的阶数必整除该群的阶数，即$|G|=[G:H]\times|H|$。

② 此定理可以作为判断有限群的子集成为子群的必要条件。

③ 此定理的逆定理不成立，即若$|G|=n$，m 是 n 的因子，则阶数为 m 的子群不一定存在。但对循环群却成立。

由拉格朗日定理直接得到下面的两个推论。

推论 1　任何质数阶的群不可能有非平凡子群。

证明　设$\langle G,*\rangle$是任一质数阶群，即$|G|=p$，其中 p 为质数。若结论不成立，设$\langle S,*\rangle$是$\langle G,*\rangle$的非平凡子群，则$|S|=n\neq p$，同时 $n\neq 1$。由拉格朗日定理有 $n|p$，与 p 为质数矛盾。所以$\langle G,*\rangle$不可能有非平凡子群。■

推论 2　设$\langle G,*\rangle$是 n 阶有限群，幺元为 e，则

(1) 对$\forall a\in G$，a 的阶必是 n 的因子且必有 $a^n=e$。

(2) 若 n 为质数，则$\langle G,*\rangle$必为循环群。

证明　(1) 对$\forall a\in G$，作 $H=\{a^i|i\in\mathbf{Z},a\in G\}$。任取 a^i、$a^j\in H$，则 $a^i*a^j=a^{i+j}\in H$，所以运算 $*$ 对 H 封闭。

又因为 $H\subseteq B$，$n=|G|\geqslant|H|$，所以由定理 7.3.3 知，$\langle H,*\rangle$是$\langle G,*\rangle$的子群，且是由 G 中任意元素 a 生成的有限循环群。不妨设$|H|=m$，由定理 7.4.3 知，$a^m=e$，即 a 的阶为 m。由拉格朗日定理有 $m|n$，即 a 的阶 m 是 n 的因子，且有

$$a^n=a^{mk}=(a^m)^k=e^k=e,\quad k\in\mathbf{N}$$

(2) 由推论 1，质数阶群$\langle G,*\rangle$只能有$\langle\{e\},*\rangle$和$\langle G,*\rangle$两个平凡子群，所以当$|H|=$

$m \neq 1$ 时，$\langle H, * \rangle = \langle G, * \rangle$，即 $\langle G, * \rangle$ 为循环群。■

注　此推论说明：一个质数阶群一定是循环群，且任一与幺元不同的元素都是生成元。

例 7.5.3　设 $K=\{e,a,b,c\}$，在 K 上定义运算 $*$ 见表 7-19。证明 $\langle K, * \rangle$ 是群，但不是循环群。

表 7-19　例 7.5.3 的运算表

$*$	e	a	b	c
e	e	a	b	c
a	a	e	c	b
b	b	c	e	a
c	c	b	a	e

证明　由 $\langle K, * \rangle$ 的运算表，可知 K 中四个元素关于运算 $*$ 的逆元都是其本身，且运算可交换。实际上是例 7.3.2 中的 Klein 四元群。幺元 e，不可能是 K 的生成元。其余元素的逆元是其自身，即 $a^2=b^2=c^2=e$，所以 a、b、c 的阶都为 2，即 a、b、c 中任意两个元素都不可能由其余一个元素的幂次所生成，故 $\langle K, * \rangle$ 不是循环群。■

例 7.5.4　任意一个四阶群只可能是四阶循环群或是 Klein 四元群。

证明　设四阶群为 $\langle \{e,a,b,c\}, * \rangle$，其中 e 为幺元。当四阶群含有一个四阶元素 x，即 $\exists x$，使得 $x^4=e$，由元素阶的定义知，x 一定不是 e，只能是 a,b,c 中之一，不妨设为 a。而 $a*a=a^2$ 不可能等于 e 或 a（若不然，有 $a*a=a^2=e$，则 a 不是四阶元；或，$a*a=a^2=a$，则由群运算的消去律，有 $a=e$，矛盾），a^2 只能是 b、c 中之一，不妨设为 b。而 $a^2*a=a^3$ 不可能等于 e、a 或 b，只能是 c。故该群只能是循环群。

当四阶群不含有四阶元素时，由推论 2 可知，除幺元 e 外，a、b、c 的阶一定都是 2。而 $a*b$ 不可能等于 a、b 或 e，否则将会导致 $b=e$，$a=e$ 或 $a=b$ 的矛盾，所以 $a*b=c$。

同理有 $b*a=c$，$a*c=c*a=b$，$b*c=c*b=a$。所以该群为 Klein 四元群。

群的左、右陪集是一个等价关系的等价类，所以它们具有等价类的一切性质。

定理 7.5.3　设 $\langle H, * \rangle$ 是群 $\langle G, * \rangle$ 的子群，aH 和 bH 是任意两个左陪集，则 $aH=bH$ 或 $aH \cap bH=\varnothing$。

证明　反证。假设 $aH \cap bH \neq \varnothing$，则 $\exists c \in aH \cap bH$，且 $\exists h_1$、$h_2 \in H$ 使得 $c=a*h_1=b*h_2$，则 $a=b*h_2*h_1^{-1}$。

对 $\forall x \in aH$，则 $\exists h_3 \in H$ 使得 $x=a*h_3$，于是 $x=b*h_2*h_1^{-1}*h_3 \in bH$，故 $aH \subseteq bH$。同理可证 $bH \subseteq aH$，于是 $aH=bH$。而 aH 和 bH 都是非空集合，$aH=bH$ 与 $aH \cap bH=\varnothing$ 不能同时成立。所以命题成立。■

例 7.5.5　设 $G=\langle \mathbf{N}_{12}, \oplus_{12} \rangle$，$H=\langle 3 \rangle$，求 H 在 G 中所有的左陪集。

解　因为 $H=\langle 3 \rangle=\{0,3,6,9\}$，$|G|=12$，$|H|=4$，所以 H 的不同左陪集有 3 个，即

$$0H=3H=6H=9H=H=\{0,3,6,9\}$$
$$1H=4H=7H=10H=\{1,4,7,10\}$$
$$2H=5H=8H=11H=\{2,5,8,11\}$$

7.5.3　正规子群

群 $\langle G, * \rangle$ 关于子群 $\langle H, * \rangle$ 的左、右陪集未必相等，因为群中运算不一定是可交换的，而例 7.5.1 中却有 $aH=Ha$，$\forall a \in G$。这是怎样的一种特殊情况呢？

定义 7.5.4　设 $\langle H, * \rangle$ 是群 $\langle G, * \rangle$ 的子群，如果对 $\forall a \in G$，都有 $aH=Ha$ 成立，则称 $\langle H, * \rangle$ 是 $\langle G, * \rangle$ 的正规子群（或不变子群），这时左、右陪集简称为陪集。

注　(1) 此定义中，等式 $aH=Ha$ 要对 G 中任意元素均成立，若等式仅对某些元素成立，则 $\langle H, * \rangle$ 不是 $\langle G, * \rangle$ 的正规子群。

(2) “等式 $aH=Ha$ 成立”是指，对 $\forall h_1\in H$，必存在 $h_2\in H$，使得 $a*h_1=h_2*a$，而不要求对 $\forall h\in H$，都有 $a*h=h*a$。

(3) 显然阿贝尔群的子群都是正规子群，平凡子群也都是正规子群。

定理 7.5.4 设 $\langle H,*\rangle$ 是群 $\langle G,*\rangle$ 的子群，则 $\langle H,*\rangle$ 是 $\langle G,*\rangle$ 的正规子群当且仅当对 $\forall a\in G,h\in H$，都有 $a*h*a^{-1}\in H$。

证明 对 $\forall a\in G,h\in H$，有 $a*h\in aH=Ha$，则存在 $h_1\in H$，使得 $a*h=h_1*a$，所以 $a*h*a^{-1}=h_1\in H$。

反之，对 $\forall a\in G,h\in H$，由 $a*h*a^{-1}\in H$ 知，存在 $h_2\in H$，使得 $a*h*a^{-1}=h_2$，即 $a*h=h_2*a\in Ha$，所以 $aH\subseteq Ha$。

对 $\forall a\in G,h\in H$，则 $a^{-1}\in G$，于是 $a^{-1}*h*(a^{-1})^{-1}\in H$，即 $a^{-1}*h*a\in H$，所以存在 $h_3\in H$，使得 $a^{-1}*h*a=h_3$，即 $h*a=a*h_3$，所以 $Ha\subseteq aH$。

所以，对 $\forall a\in G$，都有 $aH=Ha$，即 H 是 G 的正规子群。 ■

7.5.4 商群

定理 7.5.5 设群 $\langle G,*\rangle$ 的所有正规子群 $\langle H,*\rangle$ 的集合记为 G/H，即

$$G/H=\{aH\mid a\in G\}$$

定义运算 $\triangle$ 如下：

$$\text{对}\ \forall aH,bH\in G/H,\quad aH\triangle bH=(a*b)H$$

则 $\langle G/H,\triangle\rangle$ 是群，称为 G 关于 H 的商群。

证明 先证运算 $\triangle$ 与陪集的代表元无关。

设 $\forall a,b,c,d\in G$，且 $aH=cH,bH=dH$，则 $c^{-1}*a\in H,d^{-1}*b\in H$，而 H 是正规子群，所以由定理 7.5.4 知，$d^{-1}*(c^{-1}*a)*d\in H$，而

$$(c*d)^{-1}*(a*b)=d^{-1}*c^{-1}*a*b=d^{-1}*c^{-1}*a*d*d^{-1}*b=(d^{-1}*(c^{-1}*a)*d)*(d^{-1}*b)\in H$$

由左(右)陪集的性质(3)知，$(a*b)H=(c*d)H$，即 $aH\triangle bH=cH\triangle dH$。所以 $\triangle$ 是 G/H 上的运算，$\langle G/H,\triangle\rangle$ 构成代数系统。

再证 $\langle G/H,\triangle\rangle$ 是群。

对 $\forall aH,bH,cH\in G/H$，因为 $aH\triangle bH=(a*b)H$，而 $a*b\in G$，所以 $(a*b)H\in G/H$。即运算 $\triangle$ 封闭。

$$(aH\triangle bH)\triangle cH=(a*b)H\triangle cH=((a*b)*c)H=(a*(b*c))H=aH\triangle(bH\triangle cH)$$

即运算 $\triangle$ 可结合。

因为 $eH\triangle aH=(e*a)H=aH=(a*e)H=aH\triangle eH$，即 $eH=H$ 是其幺元。

因为 G 是群，所以 $a^{-1}\in G$，于是 $aH\triangle a^{-1}H=(a*a^{-1})H=eH=(a^{-1}*a)H=a^{-1}H\triangle aH$，即 $a^{-1}H$ 是 aH 的逆元。

综上所述，$\langle G/H,\triangle\rangle$ 是群。 ■

7.6 同态与同构

在图论中讨论了两个图之间的同构关系，同构的图具有相同的结构。在代数系统中，既要研究一个代数系统内在的性质和结构，又要研究发生联系的多个代数系统之间的关系。本节利用映射研究代数系统间的同态和同构关系，进而使一些表面上不同的代数系统实质上具有

相同的结构。

两个代数系统是同态的或同构的，指的是在这两个代数系统之间存在一种特殊的映射——集合元素及元素间的运算且保持运算性质的映射。它是研究两个代数系统之间关系的强有力的工具。代数中最基本与最重要的课题就是搞清楚各种代数系统在同构意义下的分类问题。

7.6.1　同态与同构的定义

定义 7.6.1　设 $\langle A, *\rangle$ 和 $\langle B, \triangle\rangle$ 是两个代数系统，$*$ 和 $\triangle$ 分别是 A 和 B 上的二元（或 n 元）运算。设 f 是从 A 到 B 的一个映射，使得对 $\forall a_1, a_2 \in A$，都有

$$f(a_1 * a_2) = f(a_1) \triangle f(a_2) \tag{7.10}$$

则称 f 为从 $\langle A, *\rangle$ 到 $\langle B, \triangle\rangle$ 的一个同态映射，简称为同态，并称 $\langle A, *\rangle$ 同态于 $\langle B, \triangle\rangle$，记作 $A \sim B$。

令 $f(A)=\{x \mid x=f(a), a\in A\}$，则称代数系统 $\langle f(A), \triangle\rangle$ 为 $\langle A, *\rangle$ 的一个同态象。

同态的两个代数系统间的联系可以由图 7-3 描述。等式(7.10)的左边表示将元素 a_1 和 a_2 先在 A 中作运算 $*$ 得 $a_1 * a_2$，然后将运算结果 $a_1 * a_2$ 通过映射 f 作用到 B 中，得到象 $f(a_1 * a_2)$。式(7.10)的右边表示先将元素 a_1 和 a_2 分别通过映射 f 作用到 B 中的 $f(a_1)$ 和 $f(a_2)$，然后将映射结果 $f(a_1)$ 和 $f(a_2)$ 在 B 中进行 $\triangle$ 运算，得 $f(a_1) \triangle f(a_2)$。对同态映射而言，这两个结果是一样的，即“先作(A 中的)运算后映射等于先映射后作运算(B 中的)”。

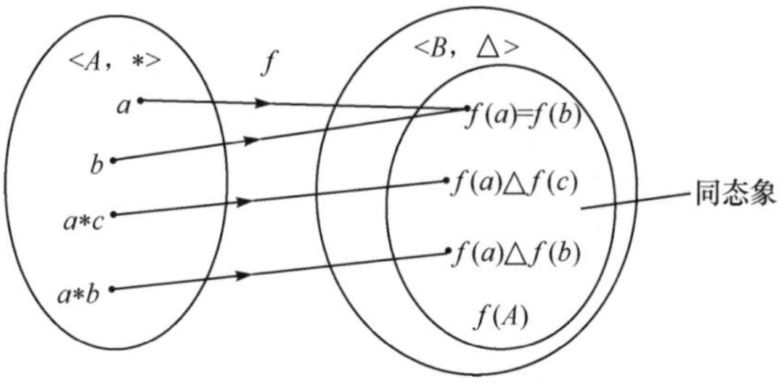

图 7-3　同态代数的联系

例 7.6.1　(1) 设 $\boldsymbol{M}_n(\mathbf{R})$ 为 n 阶实矩阵的集合，$*$ 为矩阵乘法，作映射

$$f: \boldsymbol{M}_n(\mathbf{R}) \to \mathbf{R}, f(A)=\det(\mathbf{A}), \quad \forall A \in \boldsymbol{M}_n(\mathbf{R})$$

其中，$\det(\mathbf{A})$ 为矩阵 $\mathbf{A}$ 的行列式，则 $\langle \boldsymbol{M}_n(\mathbf{R}), *\rangle$ 与 $\langle \mathbf{R}, \times\rangle$ 同态。

(2) 设 k 为自然数，作映射 $f: \mathbf{N} \to \mathbf{N}_k$，满足

$$f(n)=n(\bmod k), \quad \forall n \in \mathbf{N}$$

则 $\langle \mathbf{N}, +\rangle$ 与 $\langle \mathbf{N}_k, \oplus_k\rangle$ 同态。

(3) 实数加群 $\langle \mathbf{R}, +\rangle$ 与实数乘群 $\langle \mathbf{R}, \times\rangle$ 同态。作映射 $f: \mathbf{R} \to \mathbf{R}$，满足

$$f(x)=e^x, \quad \forall x \in \mathbf{R}$$

例 7.6.2　设代数系统 $\langle \mathbf{Z}, \times\rangle$，其中 $\mathbf{Z}$ 为整数集，$\times$ 为普通乘法，代数系统 $\langle B, \otimes\rangle$，其中 $B=\{$正，负，零$\}$，定义 $\otimes$ 见表 7-20。

表 7-20　例 7.6.2 的运算表

⊗	正	负	零
正	正	负	零
负	负	正	零
零	零	零	零

作映射

$$f: \mathbf{Z} \to B, f(n)=\begin{cases} 正, & 当\ n>0 \\ 负, & 当\ n<0 \\ 零, & 当\ n=0 \end{cases}$$

显然，对 $\forall a, b \in \mathbf{Z}$，$f(a\times b)$ 有下面三种情况：

1°当 $a\times b>0$ 时，$f(a\times b)=$ 正，即 a 与 b 同号且都不为 0 时，$f(a)$ 与 $f(b)$ 同正负，此时 $f(a)\otimes f(b)=$ 正。

2°当 $a\times b<0$ 时，$f(a\times b)=$负，即 a 与 b 异号且都不为 0 时，$f(a)$与 $f(b)$异正负，此时 $f(a)\otimes f(b)=$负。

3°当 $a\times b=0$ 时，$f(a\times b)=0$，即 a 与 b 其中之一为 0 时，$f(a)$与 $f(b)$其中之一也为零。此时 $f(a)\otimes f(b)=0$。

综上所述，f 是$\langle \mathbf{Z},\times\rangle$到$\langle B,\otimes\rangle$的一个同态映射，于是 $\mathbf{Z}\sim B$。

注 ① 在同态意义下，一个复杂的代数系统可以转化为较简单的代数系统来讨论，这样更能明显其特征，方便讨论。

② 一个代数系统到另一个代数系统间可能存在多个同态。

定义 7.6.2 设 f 是由$\langle A,*\rangle$到$\langle B,\triangle\rangle$的一个同态，若

(1) $f:A\to B$ 为满射，则称 f 为满同态；

(2) $f:A\to B$ 为单射，则称 f 为单一同态；

(3) $f:A\to B$ 为双射，则称 f 为同构映射，并称$\langle A,*\rangle$和$\langle B,\triangle\rangle$同构，记作 $A\cong B$。

注 当 $A\cong B$ 时，它们之间的同构映射可能不唯一。

例 7.6.3 例 7.6.1 的(1)、(2)中的映射 f 是满同态，(3)中的映射 f 是单一同态。

例 7.6.4 正实数乘法群$\langle \mathbf{R}^+,\times\rangle$与实数加法群$\langle \mathbf{R},+\rangle$同构。作映射 $f:\mathbf{R}^+\to\mathbf{R}$，

$$f(x)=\ln x,\quad \forall x\in\mathbf{R}^+$$

则 f 是同构映射。

若 $f(x)=\lg x$，$\forall x\in\mathbf{R}^+$，也是同构映射。

例 7.6.5 证明整数加法群$\langle \mathbf{Z},+\rangle$同构于偶数加法群$\langle \mathbf{E},+\rangle$。

证明 构造映射 $f:\mathbf{Z}\to\mathbf{E}$，对 $\forall n\in\mathbf{Z}$，有 $f(n)=2n$。则对 $\forall m,n\in\mathbf{Z}$，有

$$f(m+n)=2(m+n)=2m+2n=f(m)+f(n)$$

所以 f 是同态映射。

对 $\forall m,n\in\mathbf{Z}$，若 $f(m)=f(n)$，则 $2m=2n$，即 $m=n$，故 f 是单一同态。

对 $\forall k\in\mathbf{E}$，必存在 $m\in\mathbf{Z}$，使得 $k=2m$，即 $f(m)=k$，从而 $f(\mathbf{Z})=\mathbf{E}$，故 f 是满同态。

因此，f 是同构映射，即 $\mathbf{Z}\cong\mathbf{E}$。 ■

例 7.6.6 设有代数系统$\langle A,+\rangle$，$\langle B,*\rangle$，$\langle C,\triangle\rangle$，其中二元运算$+$、$*$、$\triangle$分别定义见表 7-21。

表 7-21 例 7.6.6 中的三个运算

(a)

$+$	a	b
a	a	b
b	b	a

(b)

$*$	偶	奇
偶	偶	奇
奇	奇	偶

(c)

$\triangle$	0°	180°
0°	0°	180°
180°	180°	0°

$A=\{a,b\}$，$B=\{$偶，奇$\}$，$C=\{0°,180°\}$，证明 $A\cong B$，$A\cong C$。

证明 定义映射

$$f:A\to B,\quad 满足\ f(a)=偶,f(b)=奇$$

$$g:A\to C,\quad 满足\ g(a)=0°,g(b)=180°$$

于是

$$f(a+b)=f(b)=奇=偶*奇=f(a)*f(b)$$

同理可证，$f(a+a)=f(a)*f(a)$，$f(b+b)=f(b)*f(b)$，$f(b+a)=f(b)*f(a)$。所以 f 是同态映射。

又因为 f 显然是双射，所以 $A\cong B$。

类似地，可证明 $A\cong C$。 ■

注 此例说明:形式上不同的代数系统,如果它们是同构的,则这两个代数系统中集合的基数相同,运算关系保持不变,即它们在结构上完全一致,就可将其视为同一个代数系统,所不同的仅仅是元素和运算使用的符号不同。

例 7.6.7 证明:非零实数乘法群 $\langle \mathbf{R}-\{0\},\times\rangle$ 与实数加法群 $\langle \mathbf{R},+\rangle$ 不同构。

证明 假设存在同构映射 $f:\mathbf{R}-\{0\}\to\mathbf{R}$,对 $\forall x\in\mathbf{R}$,有 $f(1\times x)=f(1)+f(x)$,则必有 $f(1)=0$。而 $f(1)=f((-1)\times(-1))=f(-1)+f(-1)=0$,有 $f(-1)=0$,即 $f(-1)=f(1)$,与 f 是双射矛盾。 ■

定义 7.6.3 设 $\langle A,*\rangle$ 是一个代数系统。

(1) 若 f 是由 $\langle A,*\rangle$ 到 $\langle A,*\rangle$ 的同态,则称 f 为自同态;

(2) 若 f 是由 $\langle A,*\rangle$ 到 $\langle A,*\rangle$ 的同构,则称 f 为自同构。

例 7.6.8 设 $G=\{e,a,b,c\}$,$\langle G,*\rangle$ 是 Klein 四元群,写出 $\langle G,*\rangle$ 的所有自同构。

解 设 f 是 G 的自同构,则 $f(e)=e$,且 f 是双射,满足这些条件的 G 到 G 的映射有如下 6 个:

$$f_1:e\to e,a\to a,b\to b,c\to c,\quad f_2:e\to e,a\to a,b\to c,c\to b$$

$$f_3:e\to e,a\to b,b\to c,c\to a,\quad f_4:e\to e,a\to b,b\to a,c\to c$$

$$f_5:e\to e,a\to c,b\to b,c\to a,\quad f_6:e\to e,a\to c,b\to a,c\to b$$

可以验证,对 $\forall x,y\in G$,都有 $f_i(x*y)=f_i(x)*f_i(y)(i=1,2,\cdots,6)$。所以上述映射都是 G 上的自同构。

在群的研究中,自同构和自同态是一种重要手段。

定理 7.6.1 k 阶循环群同构于 $\langle \mathbf{N}_k,\oplus_k\rangle$。

证明 设 $\langle G,*\rangle$ 是由 a 生成的 k 阶循环群,则 $G=\{a,a^2,a^3,\cdots,a^{k-1},a^k=e\}$。作映射 f:$G\to\mathbf{N}_k$,且 $f(e)=0$,$f(a^i)=i$,其中 $i=1,\cdots,k-1$,显然 f 是双射。

当 $i+j<k$ 时,$f(a^i*a^j)=f(a^{i+j})=i+j$;当 $i+j\geqslant k$ 时,$a^i*a^j=a^{i+j}=a^{i+j-k+k}=a^{i+j-k}*a^k=a^{i+j-k}$,所以 $f(a^i*a^j)=i+j-k$。于是

$$f(a^i*a^j)=f(a^{i+j})=i\oplus_k j=f(a^i)\oplus_k f(a^j)$$

因此 $G\cong<\mathbf{N}_k$ ■

7.6.2 同态和同构的性质

同态和同构映射在代数系统 $\langle A,*\rangle$ 和 $\langle B,\triangle\rangle$ 的运算间建立了一种联系,然而运算 $*$ 的性质是否仍然保持?

定理 7.6.2 设 f 是代数系统 $\langle A,*\rangle$ 到 $\langle B,\triangle\rangle$ 的满同态,则

(1) 若 $*$ 在 A 中可交换,则 $\triangle$ 在 B 中也可交换。

(2) 若 $*$ 在 A 中可结合,则 $\triangle$ 在 B 中也可结合。

(3) 若 e 是 $\langle A,*\rangle$ 的幺元,则 $f(e)$ 是 $\langle B,\triangle\rangle$ 的幺元。

(4) 若 θ 是 $\langle A,*\rangle$ 的零元,则 $f(\theta)$ 是 $\langle B,\triangle\rangle$ 的零元。

(5) 若 a 是 $\langle A,*\rangle$ 的幂等元,则 $f(a)$ 是 $\langle B,\triangle\rangle$ 的幂等元。

(6) 若 a^{-1} 是 a 在 $\langle A,*\rangle$ 中的逆元,则 $f(a^{-1})$ 是 $f(a)$ 在 $\langle B,\triangle\rangle$ 中的逆元。

证明 这里只证(2)、(3)、(6),其余可以类似证明。

(2) 对 $\forall x,y,z\in B$,则存在 $a,b,c\in A$,使得 $f(a)=x$,$f(b)=y$,$f(c)=z$。又因为运算 $*$ 在 A 中可结合,所以 $(a*b)*c=a*(b*c)$。于是

$$\begin{aligned}(x\triangle y)\triangle z&=(f(a)\triangle f(b))\triangle f(c)=f(a*b)\triangle f(c)=f((a*b)*c)=f(a*(b*c))\\&=f(a)\triangle f(b*c)=f(a)\triangle(f(b)\triangle f(c))\end{aligned}$$

$=x \triangle (y \triangle z)$

所以△在 B 中可结合。

(3) 对 $\forall x \in B$，则存在 $a \in A$，使得 $f(a)=x$。因为 e 是 $\langle A, *\rangle$ 的幺元，所以 $e * a = a * e = a$。于是

$$x \triangle f(e) = f(a) \triangle f(e) = f(a * e) = f(a) = x$$

$$f(e) \triangle x = f(e) \triangle f(a) = f(e * a) = f(a) = x$$

所以 $x \triangle f(e) = f(e) \triangle x = x$，即 $f(e)$ 是 $\langle B, \triangle\rangle$ 的幺元。

(6) 设 e 是 $\langle A, *\rangle$ 的幺元，由(3)知，$f(e)$ 是 $\langle B, \triangle\rangle$ 的幺元。于是

$$f(a) \triangle f(a^{-1}) = f(a * a^{-1}) = f(e)$$

$$f(a^{-1}) \triangle f(a) = f(a^{-1} * a) = f(e)$$

所以 $f(a) \triangle f(a^{-1}) = f(a^{-1}) \triangle f(a) = f(e)$，即 $f(a^{-1})$ 是 $f(a)$ 在 $\langle B, \triangle\rangle$ 的逆元。■

注　此定理说明两个代数系统间若存在满同态，则它们的许多性质都能保留。但这种性质的保留是单向的，即若 $\langle A, *\rangle$ 与 $\langle B, \triangle\rangle$ 间存在满同态，则 $\langle A, *\rangle$ 具有的性质，$\langle B, \triangle\rangle$ 也具有。反之不然，$\langle B, \triangle\rangle$ 具有的性质，$\langle A, *\rangle$ 不一定具有。若不是满同态，则有关性质只能在同态象 $\langle f(A), \triangle\rangle$ 中保留。

定理 7.6.3　设 f 是代数系统 $\langle A, +\rangle$ 到 $\langle B, *\rangle$ 的同态映射。

(1) 若 $\langle A, +\rangle$ 是半群，则同态象 $\langle f(A), *\rangle$ 也是半群。

(2) 若 $\langle A, +\rangle$ 是独异点，则同态象 $\langle f(A), *\rangle$ 也是独异点。

(3) 若 $\langle A, +\rangle$ 是群，则同态象 $\langle f(A), *\rangle$ 也是群。

证明　只需证明 $*$ 在 $f(A)$ 上封闭，其余由定理 7.6.2 即得。

设 $\langle A, +\rangle$ 是半群，$\langle B, *\rangle$ 是代数结构，f 是从 $\langle A, +\rangle$ 到 $\langle B, *\rangle$ 的同态映射，则 $f(A) \subseteq B \neq \varnothing$。

对 $\forall a, b \in f(A)$，存在 $x, y \in A$，使得 $f(x)=a$，$f(y)=b$。因为 $\langle A, +\rangle$ 是半群，所以存在 $z \in A$，使 $x+y=z$，于是

$$a * b = f(x) * f(y) = f(x+y) = f(z) \in f(A)$$

故 $*$ 在 $f(A)$ 上封闭。■

定理 7.6.4　代数系统间的同构关系是等价关系。

证明　设 G 是代数系统的集合。

(1) 对 $\forall \langle A, *\rangle \in G$，定义 $f: A \to A$，满足 $f(x)=x$，$\forall x \in A$。则对 $\forall x, y \in A$，有

$$f(x * y) = x * y = f(x) * f(y)$$

所以 f 为同态映射。又因为恒等函数是双射，所以 f 为同构映射，即 $A \cong A$，故同构关系具有自反性。

(2) 对 $\forall \langle A, *\rangle \in G$，$\langle B, +\rangle \in G$，设 $A \cong B$，相应的同构映射为 f。因为 f 是 A 到 B 的双射，所以 f 存在逆映射 $f^{-1}: B \to A$，也为双射，且对 $\forall x, y \in A$，有

$$f^{-1}(f(x)+f(y)) = f^{-1}(f(x * y)) = x * y = f^{-1}(f(x)) * f^{-1}(f(y))$$

所以 f^{-1} 是 $\langle B, +\rangle$ 到 $\langle A, *\rangle$ 的同态映射，且为同构映射，即 $B \cong A$，故同构关系具有对称性。

(3) 对 $\forall \langle A, *\rangle \in G$，$\langle B, +\rangle \in G$，$\langle C, \triangle\rangle \in G$，设 $A \cong B$，$B \cong C$，相应的同构映射分别为 f 和 g。因为 $f: A \to B$ 为双射，$g: B \to C$ 为双射，所以 $g \circ f: A \to C$ 也为双射。对 $\forall x, y \in A$，有

$$g \circ f(x * y) = g(f(x * y)) = g(f(x)+f(y)) = g(f(x)) \triangle g(f(y)) = g \circ f(x) \triangle g \circ f(y)$$

所以 $g \circ f$ 是 A 到 C 的同态映射，且为同构映射，即 $A \cong C$，故同构关系具有传递性。

综上所述，代数系统间的同构关系是等价关系。■

同构的代数系统具有完全相同的性质，从而$\langle A,+\rangle$中的性质可以通过同构映射转化为$\langle B,*\rangle$中的性质，只要掌握了其中任何一个，另一个也就完全能够掌握。因此，对于复杂的代数系统就可以用一些简单的代数系统去研究，或者把未知的代数系统化为已知的代数系统来研究。

在同构的意义下，有下面的结论：

(1) 1、2、3、5 阶群仅各有一个。

(2) 4、6 阶群仅各有两个。

定义 7.6.4　设 f 是群$\langle G,+\rangle$到群$\langle G',*\rangle$的同态映射，e'是G'中关于运算$*$的幺元，记

$$\mathrm{Ker}(f)=\{x\mid x\in G\wedge f(x)=e'\}$$

则称 $\mathrm{Ker}(f)$为同态映射 f 的核，简称 f 的同态核。

例 7.6.9　(1) 群$\langle \mathbf{N},+\rangle$与群$\langle \mathbf{N}_k,\oplus_k\rangle$的同态映射 $f(n)=n(\mathrm{mod}\ k)$，$\forall n\in\mathbf{N}$，若 $f(n)=0$，即$n(\mathrm{mod}\ k)=0$，于是 $n=mk$（m 为整数），则

$$\mathrm{Ker}(f)=\{mk\mid m\in\mathbf{N}\}$$

(2) $\langle \boldsymbol{M}_n(\mathbf{R}),*\rangle$与$\langle \mathbf{R},\times\rangle$的同态映射 $f(A)=\det(A)$，$\forall A\in\boldsymbol{M}_n(\mathbf{R})$，则

$$\mathrm{Ker}(f)=\{A\mid A\in\boldsymbol{M}_n(\mathbf{R})\wedge\det(A)=1\}$$

定理 7.6.5　设 f 是群$\langle G,+\rangle$到群$\langle G',*\rangle$的同态映射，则 f 的同态核 $\mathrm{Ker}(f)$构成的系统$\langle \mathrm{Ker}(f),+\rangle$为$\langle G,+\rangle$的子群，且是正规子群。

证明　由定义 7.6.4 知，$\mathrm{Ker}(f)\subseteq G$。再由定理 7.6.2(3)知，存在 G 中的幺元 e，使得 $f(e)=e'$，即 $e\in\mathrm{Ker}(f)$，所以 $\mathrm{Ker}(f)\neq\varnothing$。

对$\forall x,y\in\mathrm{Ker}(f)$，有 $f(x)=e'$，$f(y)=e'$，由定理 7.6.2(6)得，$f(y^{-1})=f(y)^{-1}=(e')^{-1}=e'$，所以 $y^{-1}\in\mathrm{Ker}(f)$。又

$$f(x+y^{-1})=f(x)*f(y^{-1})=e'*e'=e'$$

所以 $x+y^{-1}\in\mathrm{Ker}(f)$。

由子群的判定定理 7.3.4 可知，$\langle \mathrm{Ker}(f),+\rangle$是$\langle G,+\rangle$的子群。

对$\forall a\in G,k\in\mathrm{Ker}(f)$，则

$$f(a+k+a^{-1})=f(a)*f(k)*f(a^{-1})=f(a)*e'*(f(a)^{-1})=f(a)*(f(a)^{-1})=e'$$

所以 $a+k+a^{-1}\in\mathrm{Ker}(f)$。

于是$\langle \mathrm{Ker}(f),+\rangle$是$\langle G,+\rangle$的正规子群。　■

由于同构关系 R 是等价关系，因此所有代数系统构成的集合 S 可以按同构关系进行分类，从而得到商集 S/R，对每一个同构的代数系统类确定其代数结构。

定理 7.6.6　设$\langle H,*\rangle$是群$\langle G,*\rangle$的正规子群，则群$\langle G,*\rangle$与其商群$\langle G/H,\triangle\rangle$间存在满同态。

证明　作映射 $f:G\to G/H$，满足对$\forall a\in G,f(a)=aH$。显然 f 是满射。

对$\forall a,b\in G$，因为

$$f(a*b)=(a*b)H=aH\triangle bH=f(a)*f(b)$$

所以 f 是满同态。

称 f 是从群$\langle G,*\rangle$到商群$\langle G/H,\triangle\rangle$的自然同态。　■

7.6.3　同余关系

定义 7.6.5　设$\langle A,+\rangle$是代数系统，R 是 A 上的一个等价关系。对$\forall\langle a_1,a_2\rangle\in R$，$\langle b_1,$

$b_2\rangle\in R$,必有$\langle a_1+b_1,a_2+b_2\rangle\in R$,则称 R 为 A 上关于运算+的同余关系,由这个同余关系将 A 划分成的等价类称为同余类。

注　① 同余关系是代数系统的集合中元素间的一种等价关系,并且运算不会改变元素间的该等价关系;反之不然,等价关系不一定是同余关系。

② 任何代数系统都存在同余关系。因为恒等关系和全域关系都是同余关系。

例 7.6.10　$\langle \mathbf{Z},+\rangle$为整数加群,在 $\mathbf{Z}$ 上定义关系 R:$\forall x,y\in\mathbf{Z}$,有

$$\langle x,y\rangle\in R \text{ 的充要条件是} |x|=|y|$$

证明:R 是 $\mathbf{Z}$ 上的等价关系。R 是 $\mathbf{Z}$ 上的同余关系吗?说明理由。

解　不难验证 R 是等价关系,但 R 不是同余关系。因为$\langle 2,2\rangle\in R$,$\langle 2,-2\rangle\in R$,而$\langle 2+2,2-2\rangle=\langle 4,0\rangle\notin R$。

例 7.6.11　设 $A=\{a,b,c,d\}$,定义 A 上的二元运算 $*$ 和+分别为表 7-22 和表 7-23。

表 7-22　A 上的运算 $*$

$*$	a	b	c	d
a	a	a	d	c
b	b	a	c	d
c	c	d	a	b
d	d	d	b	a

表 7-23　A 上的运算+

+	a	b	c	d
a	a	a	d	c
b	b	a	d	a
c	c	b	a	b
d	c	d	b	a

且定义 A 上的等价关系

$$R=\{\langle a,a\rangle,\langle a,b\rangle,\langle b,a\rangle,\langle b,b\rangle,\langle c,c\rangle,\langle c,d\rangle,\langle d,c\rangle,\langle d,d\rangle\}$$

可以验证 R 是 A 上关于运算 $*$ 的同余关系,如$\langle a,b\rangle$,$\langle d,c\rangle\in R$,有$\langle a*d,b*c\rangle=\langle c,c\rangle\in R$,共有 $8+8+\cdots+8=64$ 种情况。该同余关系将集合划分为同余类$\{a,b\}$和$\{c,d\}$。

但 R 不是 A 上关于运算+的同余关系,因为$\langle a,b\rangle$,$\langle d,d\rangle\in R$,而

$$\langle a+d,b+d\rangle=\langle c,a\rangle\notin R$$

有了同余关系的概念,下面讨论它与同态的联系。

定理 7.6.7　设$\langle A,+\rangle$是代数系统,R 是 A 上的同余关系,$B=\{A_1,A_2,\cdots,A_r\}$是由 R 诱导的 A 的一个划分,则必定存在新的代数系统$\langle B,*\rangle$,它是$\langle A,+\rangle$的同态象。

证明　已知 $B=\{A_1,A_2,\cdots,A_r\}$为 A 的一个划分,构造 B 上的二元运算 $*$:$\forall A_i,A_j\in B$,$\forall x\in A_i,y\in A_j$,若 $x+y\in A_k$,则 $A_i*A_j=A_k$。

欲使运算有效,必须避免结果的二义性。下面讨论上述定义的运算 $*$ 的结果是唯一的。

若不然,还存在 $A_t\in B$,$A_t\cap A_k=\varnothing$,使得 $A_i*A_j=A_t$,即$\exists x'\in A_i,y'\in A_j$,有

$$x'+y'\in A_t \tag{7.11}$$

因为 $A_l\in B(l=1,\cdots,r)$为同余类,所以

$$x,x'\in A_i\Leftrightarrow\langle x,x'\rangle\in R$$
$$y,y'\in A_i\Leftrightarrow\langle y,y'\rangle\in R$$

又因为 R 是 A 上的同余关系,所以$\langle x+y,x'+y'\rangle\in R$,即

$$x+y\in A_k\Leftrightarrow x'+y'\in A_k \tag{7.12}$$

于是式(7.11)和式(7.12)与 $A_t\cap A_k=\varnothing$矛盾,所以运算 $*$ 的结果是唯一确定的,故$\langle B,*\rangle$构成代数系统。

下面证明 $f(A)=B$,即证 f 为$\langle A,+\rangle$到$\langle B,*\rangle$的满同态。

作映射

$$f(a)=A_i,\quad a\in A_i\subseteq A$$

因为 B 是划分，所以 $A_l\neq\varnothing(l=1,\cdots,r)$，于是对 $\forall A_i\in B$，必存在 $a\in A_i$，使得 $f(a)=A_i$，即 f 是满射。

对 $\forall x,y\in A$，必 $\exists i、j$，使得 $x\in A_i$，$y\in A_j$，同样 $x+y\in A_k$，则

$$f(x+y)=A_k=A_i*A_j=f(x)*f(y)$$

即 f 是同态映射。

于是 f 是由 $\langle A,+\rangle$ 到 $\langle B,*\rangle$ 的满同态，即 $\langle B,*\rangle=\langle f(A),*\rangle$。 ■

定理 7.6.8 设 f 是由 $\langle A,+\rangle$ 到 $\langle B,*\rangle$ 的一个同态映射，如果在 A 上定义二元关系 R 为

$$\forall a,b\in A,\quad \langle a,b\rangle\in R\Leftrightarrow f(a)=f(b)$$

那么 R 为 A 上的同余关系。

证明 先证 R 是等价关系。

对 $\forall a\in A$，因为 $f(a)=f(a)$，所以 $\langle a,a\rangle\in R$，即 R 是自反的。

对 $\forall a,b\in A$，则 $\langle a,b\rangle\in R\Leftrightarrow f(a)=f(b)\Leftrightarrow f(b)=f(a)\Leftrightarrow\langle b,a\rangle\in R$，即 R 是对称的。

对 $\forall a,b,c\in A$，则

$$\begin{aligned}\langle a,b\rangle\in R\wedge\langle b,c\rangle\in R&\Leftrightarrow f(a)=f(b)\wedge f(b)=f(c)\Leftrightarrow f(a)=f(b)=f(c)\\&\Leftrightarrow\langle a,c\rangle\in R\end{aligned}$$

即 R 是传递的。

再证 R 是同余关系。

因为若 $\langle a,b\rangle\in R\wedge\langle c,d\rangle\in R$，则 $f(a)=f(b)\wedge f(c)=f(d)$，而

$$f(a+c)=f(a)*f(c)=f(b)*f(d)=f(b+d)$$

则 $\langle a+c,b+d\rangle\in R$。

由同余关系的定义，R 是 A 上的同余关系。 ■

注 此定理说明：象相同的元素属于一个同余类。

例 7.6.12 设 f 和 g 都是群 $\langle G_1,+\rangle$ 到 $\langle G_2,*\rangle$ 的同态，令 $C=\{x\mid x\in G_1\wedge f(x)=g(x)\}$。证明：$\langle C,+\rangle$ 是 $\langle G_1,+\rangle$ 的子群。

证明 设 e_1、e_2 分别是群 $\langle G_1,+\rangle$ 和 $\langle G_2,*\rangle$ 的幺元，由定理 7.6.2(3) 得 $f(e_1)=e_2$，$g(e_1)=e_2$，所以 $e_1\in C$，即 $C\subseteq G_1$ 且 $C\neq\varnothing$。

对 $\forall x,y\in C$，由于

$$\begin{aligned}f(x+y^{-1})&=f(x)*f(y^{-1})=f(x)*(f(y))^{-1}=g(x)*(g(y))^{-1}=g(x)*g(y^{-1})\\&=g(x+y^{-1})\end{aligned}$$

所以 $x+y^{-1}\in C$，由定理 7.3.4 可知，$\langle C,+\rangle$ 是 $\langle G_1,+\rangle$ 的子群。 ■

7.7 环与域

前面初步讨论了带有一个二元运算的代数系统，即半群和群，现实的科学研究和生产实践中，常常需要研究带有两个(或多个)独立运算的代数系统，如数集、多项式集合、矩阵集合等，其中的运算常称为加法“＋”和乘法“×”，而减法和除法可以归结为加法和乘法运算，故不是独立的运算。例如，实数集 **R**，分别研究其上的普通加法和乘法，已知 $\langle\mathbf{R},+\rangle$ 是群，$\langle\mathbf{R},\times\rangle$ 是独异点，而加法和乘法之间有某种联系，如乘法对加法是可分配的等，用群的理论将无法研究这

样的系统。本节讨论定义了有联系的两个二元运算的代数系统——环和域。其在编码理论和自动机理论中有重要应用。

7.7.1　环及其性质

定义 7.7.1　设$\langle A,+,*\rangle$是代数系统，如果满足：

(1) $\langle A,+\rangle$是阿贝尔群。

(2) $\langle A,*\rangle$是半群。

(3) 运算$*$对运算$+$是可分配的，即对$\forall a,b,c\in A$，都有

$$a*(b+c)=(a*b)+(a*c)$$
$$(b+c)*a=(b*a)+(c*a)$$

则称代数系统$\langle A,+,*\rangle$为环。其中，$+$称为加法运算，$*$称为乘法运算。

注　① 环是同一集合上的加法交换群和乘法半群的结合，结合的纽带是乘法运算对加法运算具有分配律。

② 环中的加法和乘法是为区分两种不同运算的称谓，并非一定是通常意义下数的普通加法和乘法运算。

③ 环中分配律可以推广

$$a*(b_1+b_2+\cdots+b_n)=a*b_1+a*b_2+\cdots+a*b_n$$
$$(b_1+b_2+\cdots+b_n)*a=b_1*a+b_2*a+\cdots+b_n*a$$

例 7.7.1　(1) 整数集、有理数集、实数集和复数集，关于普通加法和乘法构成环，分别称为整数环 **Z**、有理数环 **Q**、实数环 **R** 和复数环 **C**。

(2) 实系数多项式组成的集合$P[x]$，关于多项式的加法和乘法构成多项式环。

(3) n阶实矩阵的集合$M_n(\mathbf{R})$，关于矩阵的加法和乘法构成矩阵环。

(4) 集合A的幂集$\wp(A)$，关于集合的对称差和交运算构成幂集环。

(5) $\langle \mathbf{Z}_k,\oplus_k,\otimes_k\rangle$为环，其中$\mathbf{Z}_k=\{0,1,\cdots,k-1\}$，$\oplus_k$和$\otimes_k$分别为模$k$加法和乘法，称为模$k$整数环。

例 7.7.2　在 Klein 四元群$\langle K,*\rangle$的集合K上再定义运算$\cdot$见表 7-24，则$\langle K,*,\cdot\rangle$是环。

表 7-24　$K=\{e,a,b,c\}$上的运算$\cdot$和$*$

(a)

$\cdot$	e	a	b	c
e	e	e	e	e
a	e	a	e	a
b	e	b	e	b
c	e	c	e	c

(b)

$*$	e	a	b	c
e	e	a	b	c
a	a	e	c	b
b	b	c	e	a
c	c	b	a	e

证明　(1) 由前面的讨论可知，Klein 四元群$\langle K,*\rangle$是阿贝尔群。

(2) 证明$\langle K,\cdot\rangle$是半群。

由运算表 7-24 可知，运算$\cdot$封闭。e是运算$\cdot$的零元。且对$\forall x,y,z\in K$，都有$x\cdot e=e\cdot x=e$，$x\cdot b=e$；a和c都是关于$\cdot$的右幺元。

于是如果$z=e$或$z=b$，则$(x\cdot y)\cdot z=e=x\cdot(y\cdot z)$；

如果$z=a$或$z=c$，则$(x\cdot y)\cdot z=x\cdot y=x\cdot(y\cdot z)$。

则$(x\cdot y)\cdot z=x\cdot(y\cdot z)$，所以$\langle K,\cdot\rangle$是半群。

(3) 再证明$\cdot$关于$*$是可分配的。

1°证明等式$(y*z)\cdot x=(y\cdot x)*(z\cdot x)$。

如果 $x=e$ 或 $x=b$,则 $(y*z)\cdot x=e=e*e=(y\cdot x)*(z\cdot x)$;

如果 $x=a$ 或 $x=c$,则 $(y*z)\cdot x=y*z=(y\cdot x)*(z\cdot x)$。

2°再证等式 $x\cdot(y*z)=(x\cdot y)*(x\cdot z)$。

如果 $y=z$,则 $y*z=e$,所以

$$x\cdot(y*z)=x\cdot e=e$$

$$(x\cdot y)*(x\cdot z)=(x\cdot y)*(x\cdot y)=e$$

如果 y、z 其中之一为 e,不妨设 $y=e$,则有

$$x\cdot(y*z)=x\cdot(e*z)=x\cdot z$$

$$(x\cdot y)*(x\cdot z)=(x\cdot e)*(x\cdot z)=e*(x\cdot z)=x\cdot z$$

如果 y、z 均不为 e,且 $y\neq z$,则只有下列六种情况:

① $x\cdot(a*b)=x\cdot c=x$,且 $(x\cdot a)*(x\cdot b)=x*e=x$。类似讨论 $x\cdot(b*a)=(x\cdot b)*(x\cdot a)$。

② $x\cdot(a*c)=x\cdot b=e$,且 $(x\cdot a)*(x\cdot c)=x*x=e$。类似讨论 $x\cdot(c*a)=(x\cdot c)*(x\cdot a)$。

③ $x\cdot(b*c)=x\cdot a=x$,且 $(x\cdot b)*(x\cdot c)=e*x=x$。类似讨论 $x\cdot(c*b)=(x\cdot c)*(x\cdot b)$。

于是运算 · 关于 * 可分配。故 $\langle K,*,\cdot\rangle$ 是环。 ■

定理 7.7.1 设 $\langle A,+,*\rangle$ 是环,则对 $\forall a$、b、$c\in R$,有

(1) $a*\theta=\theta*a=\theta$,其中 θ 是关于+运算的幺元。

(2) $a*(-b)=(-a)*b=-(a*b)$,其中 $-a$ 是 a 关于+运算的逆元。

(3) $(-a)*(-b)=a*b$。

(4) $a*(b-c)=(a*b)-(a*c)$,其中 $a-b$ 表示 $a+(-b)$。

(5) $(b-c)*a=(b*a)-(c*a)$。

证明 (1) 因为 $\theta+(\theta*a)=\theta*a=(\theta+\theta)*a=\theta*a+\theta*a$,而 $\langle A,+\rangle$ 是群,+运算具有消去律,则

$$\theta=\theta*a$$

同理可证

$$a*\theta=\theta$$

(2) 因为 $$(a*b)+(a*(-b))=a*(b+(-b))=a*\theta=\theta$$

同理

$$(a*(-b))+(a*b)=\theta$$

即 $a*b$ 关于+运算的逆元为 $a*(-b)$,所以 $-(a*b)=a*(-b)$。

同理可证

$$-(a*b)=(-a)*b$$

(3) 因为 $(a*(-b))+((-a)*(-b))=(a+(-a))*(-b)=\theta*(-b)=\theta$

而

$$(a*(-b))+(a*b)=a*((-b)+b)=a*\theta=\theta$$

所以由消去律,得

$$(-a)*(-b)=a*b$$

(4) $a*(b-c)=a*(b+(-c))=(a*b)+(a*(-c))=(a*b)+(-(a*c))=(a*b)-(a*c)$。

(5) 类似于(4)的证明。 ■

注 此定理(1)说明,环中关于加法运算的幺元 θ 是关于乘法运算的零元,并称其为环的零元,一般用 0 表示。如果关于乘法运算有幺元,则用 1 表示,称为环的幺元。环中元素 a 关于加法的逆元用 $-a$ 表示,称为 a 的负元,如果 a 关于乘法运算的逆元存在,则用 a^{-1} 表示,称为 a 的逆元。

例 7.7.3　在环中计算$(a+b)^2$及$(a+b)*(a-b)$。

解　$(a+b)^2=(a+b)*(a+b)=a*a+a*b+b*a+b*b=a^2+a*b+b*a+b^2$

$$(a+b)*(a-b)=a*a-a*b+b*a-b*b=a^2-a*b+b*a-b^2$$

注　实数集中的加法和乘法运算不能直接推广到一般环中。

根据环中关于乘法运算的不同性质，将环分成一些特殊环。

定义 7.7.2　设$\langle A,+,*\rangle$是环，θ为乘法$*$的零元。

(1) 若A关于乘法$*$可交换，则称环$\langle A,+,*\rangle$为交换环。

(2) 若A关于乘法$*$有幺元，则称环$\langle A,+,*\rangle$为含幺环。

(3) 若A中存在非零元的元素a、b，使得$a*b=\theta$，则称环$\langle A,+,*\rangle$为含零因子环，a称为左零因子，b称为右零因子；否则称为无零因子环。

(4) 若环$\langle A,+,*\rangle$既是交换环、含幺环又是无零因子环，则称为整环。

例 7.7.4　(1) 整数环$\mathbf{Z}$，有理数环$\mathbf{Q}$，实数环$\mathbf{R}$，复数环$\mathbf{C}$，关于普通加法和乘法都是交换环、含幺环、无零因子环，因而都是整环。

(2) 矩阵环$\langle \boldsymbol{M}_n(\mathbf{R}),+,\cdot\rangle$是含幺环和有零因子环，不是交换环，因而不是整环。

(3) 模 6 整数环$\langle \mathbf{Z}_6,\oplus_6,\otimes_6\rangle$是交换环、含幺环，但不是无零因子环，因而不是整环。因为零元为 0，$3\otimes_6 4=0$，3 和 4 都是零因子。

例 7.7.5　设$\wp(S)$是集合S的幂集。在$\wp(S)$上定义二元运算$+$和$\cdot$如下：

$$\forall A,B\in\wp(S),A+B=\{x\mid(x\in S)\wedge(x\in A\vee x\in B)\wedge(x\notin A\cap B)\},A\cdot B=A\cap B$$

证明：$\langle\wp(S),+,\cdot\rangle$是环。

证明　(1) 由运算$+$的定义可知，$\forall A,B\in\wp(S)$，$A+B=A\oplus B$，其中$\oplus$为集合的对称差运算，显然$A+B\in\wp(S)$，即运算$+$是封闭的。

由集合对称差$\oplus$的性质，得

$$(A\oplus B)\oplus C=A\oplus(B\oplus C)$$

$$A\oplus\varnothing=\varnothing\oplus A=A$$

$$A\oplus A=\varnothing$$

$$A\oplus B=B\oplus A$$

所以$\langle\wp(S),+\rangle$是阿贝尔群。

(2) 由运算$\cdot$的定义，对$\forall A,B,C\in\wp(S)$，显然$A\cdot B=A\cap B\in\wp(S)$，所以运算$\cdot$是封闭的。又由集合交的性质，有

$$(A\cdot B)\cdot C=(A\cap B)\cap C=A\cap(B\cap C)=A\cdot(B\cdot C)$$

所以$\langle\wp(S),\cdot\rangle$是半群。

(3) 对$\forall A,B,C\in\wp(S)$，有

$$\begin{aligned}A\cdot(B+C)&=A\cap(B+C)=A\cap((B\cap\sim C)\cup(\sim B\cap C))\\&=(A\cap B\cap\sim C)\cup(A\cap\sim B\cap C)\end{aligned}$$

$$\begin{aligned}(A\cdot B)+(A\cdot C)&=(A\cap B)\oplus(A\cap C)=((A\cap B)\cap\sim(A\cap C))\cup(\sim(A\cap B)\cap(A\cap C))\\&=(A\cap B\cap\sim A)\cup(A\cap B\cap\sim C)\cup(A\cap C\cap\sim A)\cup(A\cap C\cap\sim B)\\&=(A\cap B\cap\sim C)\cup(A\cap C\cap\sim B)\end{aligned}$$

所以

$$A\cdot(B+C)=(A\cdot B)+(A\cdot C)$$

又

$$\begin{aligned}(B+C)\cdot A&=(B+C)\cap A=A\cap(B+C)=(A\cdot B)+(A\cdot C)=(A\cap B)+(A\cap C)\\&=(B\cap A)+(C\cap A)=(B\cdot A)+(C\cdot A)\end{aligned}$$

于是 · 运算对＋运算可分配，所以 $\langle \wp(S),+,\cdot\rangle$ 是环，称为 S 的子集环。 ■

因为集合交运算是可交换的，且 $\langle \wp(S),+,\cdot\rangle$ 含有幺元 S，所以子集环是含幺交换环。

例 7.7.6 设 $\langle A,+,\cdot\rangle$ 是环，且对 $\forall a\in A$，都有 $a\cdot a=a$。证明：

(1) 对 $\forall a\in A$，都有 $a+a=\theta$，其中 θ 为加法＋的幺元；

(2) $\langle A,+,\cdot\rangle$ 是交换环；

(3) 若 $|A|>2$，则 $\langle A,+,\cdot\rangle$ 不是整环。

证明 (1) 对 $\forall a\in A$，有

$$\theta+(a+a)=a+a=(a+a)\cdot(a+a)=(a^2+a^2)+(a^2+a^2)=(a+a)+(a+a)$$

由＋运算的消去律，得 $\theta=a+a$，即 a 的负元 $-a=a$。

(2) 对 $\forall a,b\in A$，有

$$\theta+(a+b)=a+b=(a+b)\cdot(a+b)=a^2+a\cdot b+b\cdot a+b^2=a\cdot b+b\cdot a+a+b$$

由消去律，得 $\theta=a\cdot b+b\cdot a$，即 $a\cdot b$ 的负元 $-(a\cdot b)$ 为 $b\cdot a$。又因为

$$b\cdot a=-(a\cdot b)=(-(a\cdot b))^2=a\cdot b$$

所以 $\langle A,+,\cdot\rangle$ 是交换环。

(3) 若 $\langle A,\cdot\rangle$ 不含幺元，则 $\langle A,+,\cdot\rangle$ 不是整环。

若 $\langle A,\cdot\rangle$ 含有幺元 e，因为 $|A|>2$，所以必存在 a，$a\neq e$ 且 $a\neq\theta$。于是

$$a\cdot(a+(-e))=a\cdot a+a\cdot(-e)=a\cdot a-a\cdot e=a-a=\theta$$

而 $a\neq\theta$，$a\neq e$，于是 $a-e\neq\theta$；否则，若 $a-e=\theta$，则 $a-e+e=\theta+e$，即 $a+\theta=\theta+e$，于是 $a=e$，矛盾。所以 a 或 $a-e$ 为零因子。故 $\langle A,+,\cdot\rangle$ 不是整环。 ■

定理 7.7.2 环 $\langle A,+,\cdot\rangle$ 无零因子当且仅当 $\langle A,+,\cdot\rangle$ 中的乘法满足消去律，即对 $\forall a,b,c\in A$，且 $c\neq\theta$，若 $c\cdot a=c\cdot b$ 或 $a\cdot c=b\cdot c$，则 $a=b$。

证明 若无零因子，即对 $\forall a,b\in A$，且 $a\cdot b=\theta$，则 $a=\theta$ 或 $b=\theta$。

设 $c\neq\theta$，且 $c\cdot a=c\cdot b$，则 $c\cdot(a-b)=c\cdot a-c\cdot b=\theta$。而 $c\neq\theta$，则必有 $a-b=\theta$，即 $-b$ 的负元 $-(-b)$ 等于 a，所以 $a=b$。

反之，若满足消去律，设 $a\neq\theta$ 且 $a\cdot b=\theta$，则 $a\cdot b=a\cdot\theta$，由消去律得 $b=\theta$。即环 $\langle A,+,\cdot\rangle$ 无零因子。 ■

例 7.7.7 当 $k>1$ 时，模 k 整数环 $\langle \mathbf{Z}_k,\oplus_k,\otimes_k\rangle$ 为整环当且仅当 k 为质数。

证明 若 $\langle \mathbf{Z}_k,\oplus_k,\otimes_k\rangle$ 不是整环，但其为交换环和含幺环，则必存在 a、$b\in\mathbf{Z}_k$，且 $a\neq 0$，$b\neq 0$，使得 $a\otimes_k b=0$，即 $k|ab$。而 $0\leqslant a\leqslant k-1$，$0\leqslant b\leqslant k-1$，故 k 不是质数。

反之，若 k 不为质数，必存在整数 p、$q(2\leqslant p,q\leqslant k)$，使得 $pq=k$，则 $p\otimes_k q=0$，即 p、q 为零因子。于是 $\langle \mathbf{Z}_k,\oplus_k,\otimes_k\rangle$ 不是无零因子环，从而不是整环。 ■

例 7.7.8 设 $\mathbf{Z}$ 是整数集，$R=\{\langle a,b\rangle|a,b\in\mathbf{Z}\}$，定义 R 上的二元运算 $\oplus$ 和 $\otimes$：对 $\langle a_1,b_1\rangle$，$\langle a_2,b_2\rangle\in R$，有

$$\langle a_1,b_1\rangle\oplus\langle a_2,b_2\rangle=\langle a_1+a_2,b_1+b_2\rangle,\ \langle a_1,b_1\rangle\otimes\langle a_2,b_2\rangle=\langle a_1\times a_2,b_1\times b_2\rangle$$

其中，＋和×是普通加法和乘法。证明 $\langle R,\oplus,\otimes\rangle$ 是环，并求其所有零因子。

解 由运算 $\oplus$ 和 $\otimes$ 的定义知，运算 $\oplus$ 和 $\otimes$ 在 R 上封闭，可交换，可结合。运算 $\oplus$ 的幺元为 $\langle 0,0\rangle$，任意 $\langle a,b\rangle\in R$ 的负元为 $\langle -a,-b\rangle$。于是 $\langle R,\oplus\rangle$ 是阿贝尔群，$\langle R,\otimes\rangle$ 是半群。

对 $\forall\langle a_1,b_1\rangle,\langle a_2,b_2\rangle,\langle a_3,b_3\rangle\in R$，有

$$\langle a_1,b_1\rangle\otimes(\langle a_2,b_2\rangle\oplus\langle a_3,b_3\rangle)=\langle a_1\times a_2+a_1\times a_3,b_1\times b_2+b_1\times b_3\rangle$$

$$(\langle a_2,b_2\rangle\oplus\langle a_3,b_3\rangle)\otimes\langle a_1,b_1\rangle=\langle a_1\times a_2+a_1\times a_3,b_1\times b_2+b_1\times b_3\rangle$$

所以 $\otimes$ 运算对 $\oplus$ 运算可分配。于是 $\langle R,\oplus,\otimes\rangle$ 是环。

对 $\forall\langle a_1,b_1\rangle,\langle a_2,b_2\rangle\in R$，若

$$\langle a_1,b_1\rangle\otimes\langle a_2,b_2\rangle=\langle a_1\times a_2,b_1\times b_2\rangle=\langle 0,0\rangle$$

则必有 $a_1 \times a_2 = 0$ 且 $b_1 \times b_2 = 0$，于是$\langle a,0\rangle$和$\langle 0,b\rangle$是其零因子。■

定义 7.7.3　设$\langle A,+,*\rangle$是环，B 是 A 的非空子集，若$\langle B,+,*\rangle$也是环，则称$\langle B,+,*\rangle$为$\langle A,+,*\rangle$的子环。此时若 B 是 A 的真子集，则称$\langle B,+,*\rangle$是$\langle A,+,*\rangle$的真子环。

如整数环$\langle \mathbf{Z},+,\times\rangle$、有理数环$\langle \mathbf{Q},+,\times\rangle$都是实数环$\langle \mathbf{R},+,\times\rangle$的真子环。

显然，$\langle B,+,*\rangle$是$\langle A,+,*\rangle$的子环当且仅当对 $\forall a$、$b \in B$，都有 $a-b \in B$ 且 $a*b \in B$。其中，$-b$ 是 $b \in B$ 的负元。

定义 7.7.4　设$\langle B,+,*\rangle$是环$\langle A,+,*\rangle$的子环，若对 $\forall a \in A$，$\forall b \in B$，总有 $a*b \in B$ 且 $b*a \in B$，则称$\langle B,+,*\rangle$是$\langle A,+,*\rangle$的理想。

$\langle\{0\},+,*\rangle$及$\langle A,+,*\rangle$都是$\langle A,+,*\rangle$的理想，称为平凡理想，非平凡理想称为真理想。

定理 7.7.3　设$\langle B,+,*\rangle$是环$\langle A,+,*\rangle$的理想，由 B 产生的加法陪集划分所确定的等价关系是$\langle A,+,*\rangle$的同余关系。

证明留给读者。

在交换环$\langle A,+,*\rangle$中，乘法幂运算不仅满足第一、第二指数律，还满足第三指数律：对 $\forall n \in \mathbf{Z}^+$，有

$$(a*b)^n = a^n * b^n \quad 第三指数律$$

7.7.2　域及其性质

对环中元素可以进行加法和乘法运算，但“除法”并不是总可行，即使在整环上，消去律成立，但也并不总可以用其中的非零元素“除以”另一个元素，因为环中元素关于乘法运算不一定有逆元。整数环中除了± 1 有乘法逆元外，其余元素均没有乘法逆元，从而整数集关于普通乘法不构成群。而非负实数环关于普通乘法能够构成群，所有元素(除 0 外)均有乘法逆元，因而可以有乘法的逆运算“除法”。于是形成一种新的代数系统。

定义 7.7.5　设$\langle A,+,\cdot\rangle$是环，且$\langle A-\{\theta\},\cdot\rangle$是阿贝尔群，则称$\langle A,+,\cdot\rangle$是域，其中 θ 是关于运算$+$的幺元，关于运算·的零元。

例 7.7.9　$\langle \mathbf{Q},+,\cdot\rangle$，$\langle \mathbf{R},+,\cdot\rangle$，$\langle \mathbf{C},+,\cdot\rangle$都是域，“+”、“·”分别是普通加法和乘法。

例 7.7.10　$\langle \mathbf{Z},+,\cdot\rangle$是整环，但不是域。

注　整环不一定是域。

定理 7.7.4　域一定是整环。

证明　设$\langle A,+,\cdot\rangle$是任一域，1 是 A 中关于乘法的幺元，对 $\forall a,b,c \in A$ 且 $a \neq \theta$，若$a \cdot b = a \cdot c$，则

$$b = 1 \cdot b = (a^{-1} \cdot a) \cdot b = a^{-1} \cdot (a \cdot b) = a^{-1} \cdot (a \cdot c) = (a^{-1} \cdot a) \cdot c = 1 \cdot c = c$$

即乘法·满足消去律，于是$\langle A,+,\cdot\rangle$中无零因子。

而$\langle A-\{\theta\},\cdot\rangle$是阿贝尔群，故$\langle A,\cdot\rangle$必是可交换的独异点，于是$\langle A,+,\cdot\rangle$是整环。■

注　域中无零因子，进而满足消去律。

定理 7.7.5　有限整环一定是域。

证明　设$\langle A,+,\cdot\rangle$是有限整环，对 $\forall a,b,c \in A$ 且 $c \neq \theta$，若 $a \neq b$，则 $a \cdot c \neq b \cdot c$。再由运算·的封闭性和 A 的有限性，必有 $A \cdot c = A$。因为$\langle A,\cdot\rangle$是独异点，所以存在乘法的幺元

$1\in A$，由 $A\cdot c=A$，必有 $d\in A$，使得 $d\cdot c=1$，即 d 是 c 的乘法逆元。故 $\forall c\in A(c\neq\theta)$ 均存在乘法逆元，因而 $\langle A-\{\theta\},\cdot\rangle$ 是群，所以 $\langle A,+,\cdot\rangle$ 是域。■

例 7.7.11　判断 $\langle A,+,\cdot\rangle$ 是否是域？并说明理由，其中 $A=\{a+b\sqrt{2}\mid a,b\in\mathbf{Z}\}$，“+”、“·”是普通加法和乘法，**Z** 为整数集。

解　容易验证 $\langle A,+,\cdot\rangle$ 是整环，记作 $\mathbf{Z}[\sqrt{2}]$，0 是加法+的幺元。对 $\forall x\in A$，其负元 $-x=-(a+b\sqrt{2})$。1 为乘法·的幺元。但 $\langle A,+,\cdot\rangle$ 不是域。

因为，对 $\forall x\in A-\{0\}$，要使 $x\cdot x^{-1}=1$，则

$$x^{-1}=\frac{1}{a+b\sqrt{2}}=\frac{a-b\sqrt{2}}{a^2-2b^2}$$

一般地，$\dfrac{a}{a^2-2b^2}\notin\mathbf{Z}$，$\dfrac{b}{a^2-2b^2}\notin\mathbf{Z}$。例如，取 $a=3$，$b=1$，则

$$\frac{a}{a^2-2b^2}=\frac{3}{7}\notin\mathbf{Z},\quad \frac{b}{a^2-2b^2}=\frac{1}{7}\notin\mathbf{Z}$$

所以，关于乘法的逆元 $x^{-1}\notin A-\{0\}$，即 $\langle A-\{0\},\cdot\rangle$ 不构成群，于是 $\langle A,+,\cdot\rangle$ 不是域。■

例 7.7.12　设 $A=\{0,1\}$，定义其上的两个运算+和·见表 7-25，试问 $\langle A,+,\cdot\rangle$ 是否是环，是否是域？

表 7-25　{0,1}上的运算+和·

(a)

+	0	1
0	0	1
1	1	0

(b)

·	0	1
0	0	0
1	0	1

解　(1) 对 $\langle A,+\rangle$ 而言，显然运算+封闭，并具有结合律、交换律。运算+的幺元为 0，0 和 1 的负元均为其本身。所以 $\langle A,+\rangle$ 是阿贝尔群。

(2) 对 $\langle A,\cdot\rangle$，显然运算·封闭，且具有结合律。所以 $\langle A,\cdot\rangle$ 是半群。

(3) 对 $\forall x,y,z\in\in A$，若 $z=0$，则

$$(x+y)\cdot 0=0=0+0=x\cdot 0+y\cdot 0$$

若 $z=1$，则

$$(0+0)\cdot 1=0\cdot 1=0=0+0=0\cdot 1+0\cdot 1,\quad (0+1)\cdot 1=1\cdot 1=1=0+1=0\cdot 1+1\cdot 1$$

$$(1+0)\cdot 1=1\cdot 1=1=1+0=1\cdot 1+0\cdot 1,\quad (1+1)\cdot 1=0\cdot 1=0=1+1=1\cdot 1+1\cdot 1$$

所以，$\forall x,y,z\in A$，有

$$(x+y)\cdot z=(x\cdot z)+(y\cdot z)$$

同理可证

$$z\cdot(x+y)=(z\cdot x)+(z\cdot y)$$

所以，运算·对+可分配。因此，$\langle A,+,\cdot\rangle$ 是环。

(4) 由于 $\langle A,+,\cdot\rangle$ 是有限环，由定理 7.7.5，只需证明 $\langle A,+,\cdot\rangle$ 是整环。

因为运算·的运算表是对称的，所以·可交换，即 $\langle A,+,\cdot\rangle$ 是交换环。

由运算·的运算表可知，1 是其幺元，即 $\langle A,+,\cdot\rangle$ 是含幺环。

因为 0 是运算·的零元，$1\cdot 1=1\neq 0$，所以 $\langle A,+,\cdot\rangle$ 是无零因子环。所以，$\langle A,+,\cdot\rangle$ 是整环，进而 $\langle A,+,\cdot\rangle$ 是域。

这个代数系统在下一章中还将进一步深入研究。

7.7.3　环同态与同构

类似于群同构和同态，下面讨论环的同态和同构。

定义 7.7.6　设$\langle A,+,\cdot\rangle$和$\langle B,\oplus,\otimes\rangle$是环，如果一个从 A 到 B 的映射 f，满足下列条件：$\forall a,b\in A$，有

(1) $f(a+b)=f(a)\oplus f(b)$；

(2) $f(a\cdot b)=f(a)\otimes f(b)$。

则称 f 为$\langle A,+,\cdot\rangle$到$\langle B,\oplus,\otimes\rangle$的同态映射，称$\langle f(A),\oplus,\otimes\rangle$为$\langle A,+,\cdot\rangle$的同态象。若 f 是双射，则称$\langle A,+,\cdot\rangle$与$\langle B,\oplus,\otimes\rangle$同构，记作 $A\cong B$。

定义中(1)说明 f 是$\langle A,+\rangle$到$\langle B,\oplus\rangle$的群同态，(2)说明 f 是$\langle A,\cdot\rangle$到$\langle B,\otimes\rangle$的半群同态，且 f 还保持分配性，即对$\forall a,b\in A$，有

$$f(a\cdot(b+c))=(f(a)\otimes f(b))\oplus(f(a)\otimes f(c))$$

定义 7.7.7　设 f 是环$\langle A,+,\cdot\rangle$到环$\langle B,\oplus,\otimes\rangle$的同态映射，环$\langle B,\oplus,\otimes\rangle$中关于$\oplus$的幺元为 0_B，集合

$$K_f=\{x\mid x\in A\wedge f(x)=0_B\}$$

称为环同态映射 f 的核。

类似于群同态，可以定义环的单一同态、满同态和同余关系等概念。

定义 7.7.8　设$\langle A,+,\cdot\rangle$是代数系统，R 是 A 上的等价关系，且若$\langle a_1,a_2\rangle\in R$，$\langle b_1,b_2\rangle\in R$，则$\langle a_1+b_1,a_2+b_2\rangle\in R$，$\langle a_1\cdot b_1,a_2\cdot b_2\rangle\in R$，则称 R 是一个 A 上同时关于运算$+$和$\cdot$的同余关系。

设 $B=\{A_1,A_2,\cdots,A_r\}$是由同余关系诱导的 A 的划分，其中 $A_i(i=1,\cdots,r)$都是同余类。在 B 上定义两个二元运算$\oplus$，$\otimes$如下：

$$A_i\oplus A_j=A_k\Leftrightarrow a_i+a_j\in A_k\quad(a_i\in A_i,a_j\in A_j)$$

$$A_i\otimes A_j=A_k\Leftrightarrow a_i\cdot a_j\in A_k\quad(a_i\in A_i,a_j\in A_j)$$

定义映射 $f:A\to B$，对$\forall a\in A$，有

$$f(a)=A_i,\quad a\in A_i$$

显然 f 是满射。于是对$\forall x,y\in A$，必存在 i、j，使得 $x\in A_i$，$y\in A_j$。因为 A_i 均为同余类，且 R 是同余关系，于是

$$\langle x,x\rangle\in R,\quad\langle y,y\rangle\in R\Rightarrow\langle x+y,x+y\rangle\in R\text{ 且}\langle x\cdot y,x\cdot y\rangle\in R$$

所以，$\exists k,t(1\leqslant k,t\leqslant r)$，使得 $x+y\in A_k$，$x\cdot y\in A_t$。于是

$$f(x+y)=A_k=A_i\oplus A_j=f(x)\oplus f(y)$$

$$f(x\cdot y)=A_k=A_i\otimes A_j=f(x)\otimes f(y)$$

因此，f 是由$\langle A,+,\cdot\rangle$到$\langle B,\oplus,\otimes\rangle$的满同态映射，即$\langle B,\oplus,\otimes\rangle$是$\langle A,+,\cdot\rangle$的同态象。■

例 7.7.13　设有代数系统$\langle \mathbf{N},+,\cdot\rangle$，其中 $\mathbf{N}$ 为自然数集，$+$和$\cdot$是普通加法和乘法。并设另一代数系统$\langle\{偶,奇\},\oplus,\otimes\rangle$，其运算见表 7-26。

表 7-26　例 7.7.13 的运算$\oplus$，$\otimes$

(a)

$\oplus$	偶	奇
偶	偶	奇
奇	奇	偶

(b)

$\otimes$	偶	奇
偶	偶	偶
奇	偶	奇

作映射 $f:\mathbf{N}\to\{偶,奇\}$，且

$$f(n)=\begin{cases}偶, & n=2k \\ 奇, & n=2k+1\end{cases} \quad (k=0,1,2,\cdots)$$

显然 f 是满射。下面证明 f 是同态映射。

对 $\forall m,n\in \mathbf{N},k,k'=0,1,2,\cdots$，有下述几种可能情况：

(1) 若 $m=2k',n=2k$，则

$$f(m+n)=偶=f(m)\oplus f(n),f(m\cdot n)=偶=f(m)\otimes f(n)$$

(2) 若 $m=2k',n=2k+1$，或 $m=2k'+1,n=2k$，则

$$f(m+n)=奇=f(m)\oplus f(n),f(m\cdot n)=偶=f(m)\otimes f(n)$$

(3) 若 $m=2k'+1,n=2k+1$，则

$$f(m+n)=偶=f(m)\oplus f(n),f(m\cdot n)=奇=f(m)\otimes f(n)$$

所以 f 是由 $\langle \mathbf{N},+,\cdot\rangle$ 到 $\langle\{偶,奇\},\oplus,\otimes\rangle$ 的满同态，即 $\langle\{偶,奇\},\oplus,\otimes\rangle$ 是 $\langle \mathbf{N},+,\cdot\rangle$ 的同态象。

定理 7.7.6　任一环的同态象也是环。

证明　设 $\langle A,+,\cdot\rangle$ 是环，$\langle f(A),\oplus,\otimes\rangle$ 是关于同态映射 f 的同态象。

(1) 由 $\langle A,+\rangle$ 是阿贝尔群及定理 7.6.3 知，$\langle f(A),\oplus\rangle$ 是群，且对 $\forall a_1,a_2\in A$，有 $a_1+a_2=a_2+a_1$，于是

$$f(a_1)\oplus f(a_2)=f(a_1+a_2)=f(a_2+a_1)=f(a_2)\oplus f(a_1)$$

即 $\langle f(A),\oplus\rangle$ 也为阿贝尔群。

(2) 由 $\langle A,\cdot\rangle$ 是半群及定理 7.6.3 知，$\langle f(A),\otimes\rangle$ 是半群。

(3) 对 $\forall f(a_1),f(a_2),f(a_3)\in f(A)$，有

$$\begin{aligned}f(a_1)\otimes(f(a_2)\oplus f(a_3))&=f(a_1)\otimes f(a_2+a_3)=f(a_1\cdot(a_2+a_3))=f((a_1\cdot a_2)+(a_1\cdot a_3))\\&=f(a_1\cdot a_2)\oplus f(a_1\cdot a_3)\\&=(f(a_1)\otimes f(a_2))\oplus(f(a_1)\otimes f(a_3))\end{aligned}$$

同理可证，$(f(a_2)\oplus f(a_3))\otimes f(a_1)=(f(a_2)\otimes f(a_1))\oplus(f(a_3)\otimes f(a_1))$。即 $\otimes$ 对 $\oplus$ 可分配，所以 $\langle f(A),\oplus,\otimes\rangle$ 也是环。■

小　　结

代数系统是一种特殊的数学结构，是由集合及定义在其上的若干运算组成的。从本质上说，人类生产活动，科学研究都是大大小小的代数系统。生产力的不断组合、变换、结果，推动着社会和科学的永远前进和发展。本章侧重于研究非空集合上的运算(实质上是函数)。首先介绍一般代数系统的概念和性质，及代数系统中的特殊元素。然后重点讨论了群(含半群、独异点)、环、域等特殊的代数系统，以及代数系统上的同态和同构问题。本章知识较为抽象，学习时要注意基本概念和基本定理的掌握和理解。

1. 基本内容

(1) 运算及代数系统，运算性质，代数系统中的特殊元素。

(2) 群包括半群、独异点的概念及相应性质。

(3) 特殊群(交换群、循环群、子群)。

(4) 陪集及拉格朗日定理。

(5) 环的概念、性质及类型。

(6) 域的概念及性质。

(7) 代数系统的同态和同构。

2. 基本要求

(1) 掌握运算和代数系统的概念,重点掌握运算规律(交换律、结合律、分配律、吸收律等)。

(2) 熟练掌握代数系统中特殊元(幺元、零元、逆元)的概念及性质。

(3) 掌握广群、半群、独异点的相关概念。

(4) 着重掌握群、子群的定义、基本性质及判断方法。

(5) 特殊群的认识。

(6) 掌握陪集的概念,掌握有关陪集的性质和拉格朗日定理及相应推论的应用。

(7) 熟练掌握代数系统同态、同构的概念及判断方法。

(8) 掌握同态核的概念,理解群同态基本定理。

(9) 掌握环的概念及其基本性质,了解环的运算性质。

(10) 掌握子环的概念和子环的判定方法。

(11) 理解交换环、含幺环、无零因子环、整环等特殊环。

(12) 掌握域的概念及验证方法。

3. 重点和难点

重点:运算及运算规律;代数系统的特殊元;群与子群的讨论及判定;代数系统间的同态和同构,环、域概念及验证。

难点:运算(函数)的建立与确定,结合律、分配律的验证,群与子群的判定,陪集及拉格朗日定理,同态和同构的判定。特殊群的概念。

习 题 七

1. 下列集合对所定义的运算是否封闭,并说明理由。对于封闭的二元运算,判断其是否具有交换律、结合律、分配律、等幂律?在存在的情况下求其幺元、零元、所有可逆元的逆元。

(1) A 是偶数集,关于普通加法和普通乘法。

(2) A 是质数集,关于普通加法和普通乘法。

(3) A 是正整数集,关于普通乘法和普通除法。

(4) $A=\{x \mid x=2^n, n$ 是正整数$\}$,关于普通加法和普通乘法。

(5) A 是 n 阶实可逆矩阵的集合,关于矩阵加法和乘法。

(6) A 是所有命题公式的集合,关于命题公式的合取、析取运算。

2. 定义在下列集合上的运算 $*$ 是否封闭,并说明理由。对于封闭的二元运算,判断其是否具有交换律、结合律、等幂律?在存在的情况下求其幺元、零元、所有可逆元的逆元。

(1) A 是整数集,$x*y=|x-y|$, $\forall x,y\in A$。

(2) $A=\mathbf{Q}$, $x*y=x+y-xy$, $\forall x,y\in A$。

(3) $A=\mathbf{R}$, $x*y=x$, $\forall x,y\in A$。

(4) $A=\mathbf{R}$, $x*y=xy-2x-2y+6$, $\forall x,y\in A$ 。

(5) $A=\mathbf{Z}$, $x*y=x+y-3xy$, $\forall x,y\in A$。

(6) $A=\{x \mid x>0\}$, $x*y=\dfrac{\ln x+\ln y}{x+y}$, $\forall x,y\in A$。

3. 设 $\mathbf{Q}$ 是有理数集,定义 $A=\mathbf{Q}\times\mathbf{Q}$ 上的二元运算 $*$,对 $\forall\langle x,y\rangle,\langle u,v\rangle\in A$,有 $\langle x,y\rangle*\langle u,v\rangle=\langle xu,xv+y\rangle$。运算 $*$ 在 A 上是否具有交换律、结合律、等幂律、消去律?
4. 设 $\langle A,*\rangle$ 为代数系统,元素 $a\in A$ 有左逆元 b_1 和右逆元 b_2。若运算 $*$ 满足结合律,则 $b_1=b_2$。
5. 试构造一个代数系统,使得其中只有一个元素具有逆元。
6. 设 $*$ 是实数集 $\mathbf{R}$ 上的运算,定义运算 $*$ 如下:$a*b=a+b+2ab$。

   (1) 求 $2*3,3*(-5)$ 和 $7*0.5$。

   (2) 问 $\langle R,*\rangle$ 是半群吗,$*$ 是否可交换?

   (3) 求 R 中关于 $*$ 的幺元,哪些元素有逆元,逆元是什么?
7. 设 $\langle S,*\rangle$ 是半群,e 是左幺元且对 $\forall x\in S$,存在 $x'\in S$,使得 $x'*x=e$。证明:对 $\forall a,b,c\in S$,如果 $a*b=a*c$,则 $b=c$。
8. 判断下面各题,并说明理由。

   (1) 设 $\mathbf{Q}$ 是有理数集合,定义集合 $\mathbf{Q}\times\mathbf{Q}$ 上的二元运算 $*$ 为 $\forall\langle a,b\rangle,\langle c,d\rangle\in\mathbf{Q}\times\mathbf{Q}$,有 $\langle a,b\rangle*\langle c,d\rangle=\langle a-c,ad-b\rangle$,$\langle\mathbf{Q}\times\mathbf{Q},*\rangle$ 是否是半群?

   (2) 若 $\langle S,*\rangle$ 是半群,$a\in S$,S 上定义二元运算 $\triangle$:$\forall x,y\in S$,有 $x\triangle y=x*a*y$,$\langle S,\triangle\rangle$ 是否是半群?

   (3) 设 $\mathbf{R}$ 上的二元运算 $\circ$ 定义为 $\forall x,y\in\mathbf{R},x\circ y=x|y|$,试问 $\mathbf{R}$ 与 $\circ$ 是否为半群?
9. 设 $S=\{a,b\}$,$\langle S,*\rangle$ 是半群,且 $a*a=b$,证明:$*$ 满足交换律,且 b 是幂等元。
10. 若 $\langle A,*\rangle$ 是可交换独异点,B 是 A 中所有等幂元的集合,则 $\langle B,*\rangle$ 是 $\langle A,*\rangle$ 的子独异点。
11. 设 $\mathbf{Z}$ 是整数集,代数系统 $\langle\mathbf{Z},*\rangle$ 对下列运算哪些是半群、独异点、群? 并说明理由。

    (1) $a*b=ab-1$

    (2) $a*b=b$

    (3) $a*b=(a+1)(b+1)-1$

    (4) $a*b=a+b-2$
12. 设 $H=\left\{\begin{bmatrix}1 & x\\0 & 1\end{bmatrix}\middle|\, x\in\mathbf{R}\right\}$,运算 $*$ 是通常矩阵乘法。验证 $\langle H,*\rangle$ 是群,并求可逆元及其逆元。
13. 设在 $S=R-\{1\}$ 上定义运算 $*$:$\forall a,b\in S,a*b=a+b-a\times b$,其中 $+$、$-$、$\times$ 是普通加法、减法与乘法。

    (1) 证明 $\langle S,*\rangle$ 是群。

    (2) 解群方程 $2*x*2=2$。
14. 设 $A=\{\langle a,b\rangle|a,b\in\mathbf{R},a\neq0\}$,定义 A 上的二元运算 $*$:对 $\forall\langle a,b\rangle,\langle c,d\rangle\in A$,有 $\langle a,b\rangle*\langle c,d\rangle=\langle ac,ad+b\rangle$。

    (1) 证明 $\langle A,*\rangle$ 是群,并试求其幺元、可逆元及其逆元。

    (2) 设 $B=\{\langle 1,b\rangle|b\in\mathbf{R}\}$,证明 $\langle B,*\rangle$ 是 $\langle A,*\rangle$ 的子群。
15. 设 $Z_k=\{0,1,\cdots,k-1\}$,$k\in\mathbf{N}$ 且 $k\geqslant2$,定义 G 上运算 $\otimes_k$ 和 $\oplus_k$:$\forall x,y\in G$,有 $x\otimes_k y\equiv(xy)\bmod k$,$a\oplus_k b\equiv(x+y)\bmod k$。试问

    (1) $\langle Z_k,\oplus_k\rangle$ 和 $\langle Z_k,\otimes_k\rangle$ 是群吗? 说明理由。

    (2) $\otimes_k$ 对 $\oplus_k$ 是否可分配?
16. 设 $A=\{1,2,3\}$,B 是 A 上等价关系的集合。

    (1) 写出 B 的所有元素。

    (2) 写出 $\langle B,\cap\rangle$ 的运算表,并求其幺元、零元、所有可逆元及其逆元。

    (3) 判断 $\langle B,\cap\rangle$ 是否为半群、独异点、群。
17. 设 $\langle H,*\rangle$ 和 $\langle K,*\rangle$ 都是群 $\langle G,*\rangle$ 的子群,证明:$\langle H\cap K,*\rangle$ 也是 $\langle G,*\rangle$ 的子群。试问 $\langle H\cup K,*\rangle$ 是否也是 $\langle G,*\rangle$ 的子群?
18. 求群 $\langle\mathbf{Z}_{12},\oplus_{12}\rangle$ 的所有非平凡子群,其中 $\oplus_{12}$ 是模 12 加法运算。
19. 如果群 G 只含 1 阶和 2 阶元,则 G 是 Abel 群。
20. 证明:$n(n\geqslant2)$ 阶数量矩阵的集合关于矩阵的加法运算构成循环群。

21. 证明循环群的任意子群都是循环群。

22. 设$\langle G,*\rangle$是循环群，生成元为 a，设$\langle A,*\rangle$，$\langle B,*\rangle$均为$\langle G,*\rangle$的子群，且 a^i 和 a^j 分别是$\langle A,*\rangle$，$\langle B,*\rangle$的生成元。

(1) 证明$\langle A\cap B,*\rangle$是$\langle G,*\rangle$的子群。

(2) $\langle A\cap B,*\rangle$是循环群吗？说明理由。若是，写出其生成元。

23. 设$\langle G,*\rangle$是群，幺元为 e，若 $x,y\in G$，且 $yxy^{-1}=x^2$，其中 $x\neq e$，y 的阶为 2，求 x 的阶。

24. 证明下列命题。

(1) 偶数阶群中一定存在一个 2 阶元素，且阶为 2 的元素的个数一定是奇数。

(2) 有限群中阶大于 2 的元素的个数一定是偶数。

25. 设群$\langle G,*\rangle$的幺元为 e，其中元素 a 的阶为 n（n 为正整数），证明：

(1) $a^m=e$ 当且仅当 $n|m$。

(2) $a^i=a^j$ 当且仅当 $n|(j-i)$。

26. 设 $G=\{1,3,4,5,9\}$，$\otimes_{11}$为模 11 乘法，$\langle G,\otimes_{11}\rangle$为群。

(1) 写出运算$\otimes_{11}$的运算表。

(2) $\langle G,\otimes_{11}\rangle$是循环群吗？若是写出其生成元及每个元素的阶。

27. 设$\langle G,*\rangle$是群，$a,b\in G$ 且 $a*b=b*a$，若$|a|=m$，$|b|=n$ 且$(m,n)=1$，则$|a*b|=mn$。

28. 判断下面命题是否成立？并说明理由。

(1) 设$\langle G,*\rangle$是群，$x\in G$，则 x 与 x^{-1}有相同的阶。

(2) 设$\langle G,*\rangle$是群，$|G|=n$，若 $x\in G$ 且 $x^m=e$，则 $m|n$。

(3) 设$\langle G,*\rangle$是群，S 是 G 的非空子集，若对$\forall x,y\in S$，都有 $x*y\in S$，则$\langle S,*\rangle$是$\langle G,*\rangle$的子群。

(4) 设$\langle G,*\rangle$是有限半群，且有幺元，若关于运算 $*$ 满足消去律，则$\langle G,*\rangle$一定是群。

(5) 设 f 是群$\langle G_1,*\rangle$到群$\langle G_2,\triangle\rangle$的同态映射，若$\langle G_1,*\rangle$是交换群，则$\langle G_2,\triangle\rangle$也是交换群。

(6) $\langle \mathbf{N},\times\rangle$与$\langle \mathbf{Z},\times\rangle$同构，其中 $\mathbf{N}$ 与 $\mathbf{Z}$ 分别是自然数集和整数集，$\times$为普通乘法。

29. 证明：

(1) 无限循环群 G 只有两个生成元 a 与 a^{-1}，即 $G=\{e,a^{\pm1},a^{\pm2},\cdots\}$。

(2) n 阶循环群(a)中，元素 a^k（$1\leqslant k\leqslant n$，$a^n=e$）是生成元的充要条件是$(n,k)=1$，且有 $\varphi(n)$个生成元，其中 $\varphi(n)$为欧拉函数，是不超过 n 且与 n 互质的正整数的个数。

30. 试求出 8 阶循环群的所有生成元和所有子群。

31. 证明阶数不超过 5 的群都是阿贝尔群。

32. 求$\langle Z_7-\{0\},\otimes_7\rangle$的所有生成元及所有 2 阶、3 阶子群，其中$\otimes_7$为模 7 乘法。

33. 试写出模 6 加法群 $G=\langle Z_6,\oplus_6\rangle$的所有子群及其相应的左陪集。

34. 设 $X=\{x|x\in R,x\neq0,1\}$，在 X 上如下定义 6 个函数：

$$f_1(x)=x,f_2(x)=1/x,f_3(x)=1-x,f_4(x)=1/(1-x),f_5(x)=(x-1)/x,f_6(x)=x/(x-1)$$

则 $G=\{f_1,f_2,f_3,f_4,f_5,f_6\}$关于函数复合运算$\circ$构成群。求子群$\{f_1,f_2\}$的所有右陪集。

35. 设 $A=\{a,b,c\}$，$f_1,f_2,\cdots,f_6$ 是 A 上的双射函数。其中

$$f_1=\{\langle a,a\rangle,\langle b,b\rangle,\langle c,c\rangle\},f_2=\{\langle a,b\rangle,\langle b,a\rangle,\langle c,c\rangle\}$$
$$f_3=\{\langle a,c\rangle,\langle b,b\rangle,\langle c,a\rangle\},f_4=\{\langle a,a\rangle,\langle b,c\rangle,\langle c,b\rangle\}$$
$$f_5=\{\langle a,b\rangle,\langle b,c\rangle,\langle c,a\rangle\},f_6=\{\langle a,c\rangle,\langle b,a\rangle,\langle c,b\rangle\}$$

令 $G=\{f_1,f_2,\cdots,f_6\}$，$H=\{f_1,f_2\}$。

(1) 证明 G 关于函数的复合运算$\circ$构成群。

(2) 求 H 的所有右陪集。

36. 设$\langle H,*\rangle$是群$\langle G,*\rangle$的子群，证明：对$\forall a,b\in G$

$$a\in bH\Leftrightarrow b^{-1}*a\in H\Leftrightarrow aH=bH$$
$$a\in Hb\Leftrightarrow a*b^{-1}\in H\Leftrightarrow Ha=Hb$$

37. 设$\langle G, * \rangle$是群，定义G上的二元关系$R=\{\langle x,y\rangle \mid$存在$a\in G$，使得$y=a*x*a^{-1}\}$。证明$R$是$G$上的等价关系。

38. 设$\langle G, * \rangle$是群，A、B是其子群，在G上定义二元关系R

$$\forall x,y\in G, xRy \Leftrightarrow \text{存在 } a\in A, b\in B, \text{使得 } y=a*x*b$$

证明：R是G上的等价关系。

39. 设H是群$\langle G, * \rangle$的子群，定义G上的二元关系$R=\{\langle x,y\rangle \mid x,y\in G, x*y^{-1}\in H\}$。试证$R$是$G$上的等价关系，并讨论其等价类与陪集的关系。

40. 证明群$\langle G, * \rangle$的子群$\langle S, * \rangle$所确定的陪集中，只有一个陪集是子群。

41. 设H_1、H_2是群G的正规子群，证明$H_1\cap H_2$也是G的正规子群。$H_1\cup H_2$是不是G的正规子群？

42. 设群$\langle G, * \rangle$的中心为$C(G)=\{a\in G \mid \forall x\in G, a*x=x*a\}$。证明$C(G)$是$G$的正规子群。

43. 设G是循环群，H是其子群。试证：商群G/H也是循环群。

44. 求群$\langle Z_6, \oplus_6\rangle$关于$H=\{0,3\}$的商群。

(1) 设H是的正规子群，求Z_6/H。

(2) 设$4Z=\{4z \mid z\in \mathbf{Z}\}$是$\langle \mathbf{Z}, +\rangle$的正规子群，求$\mathbf{Z}/H$，其中$+$是普通加法。

45. 设$A=\langle \mathbf{R}-\{0\}, \times\rangle$，判断下面哪些映射是$A$的自同态、单自同态、满自同态、自同构，并计算$A$的同态象和同态核。

(1) $f(x)=|x|$　(2) $f(x)=x+2$　(3) $f(x)=x^2$

(4) $f(x)=1/x$　(5) $f(x)=-x$　(6) $f(x)=ax, a\in \mathbf{R}$

46. 设$\langle G, * \rangle$是群，$a\in G$，令$f: G\to G$，$f(x)=a*x*a^{-1}$，$\forall x\in G$，证明f是G的自同构（称为G的内自同构）。并求阿贝尔群的内自同构。

47. 设$\langle G, * \rangle$是任意群，定义映射$f: G\to G$，对$\forall x\in G$，有$f(x)=x^{-1}$。证明：f是自同构的充分必要条件是$\langle G, * \rangle$是阿贝尔群。

48. 设$\langle G, * \rangle$是有限半群，且关于运算$*$满足右消去律，令

$$F=\{f_a: G\to G \mid \forall x\in G(f_a(x)=a*x) \text{ 且 } a\in G\}$$

设$\circ$是函数的复合运算，证明：

(1) $\langle F, \circ\rangle$是半群；

(2) $\langle G, * \rangle$与$\langle F, \circ\rangle$同构。

49. 设$\mathbf{R}$与$\mathbf{R}^+$分别是实数集和正实数集，证明：$\langle \mathbf{R}, -\rangle$与$\langle \mathbf{R}^+, \div\rangle$同构，其中$-$与$\div$是普通减法和除法。

50. 设f为群$\langle G_1, * \rangle$到$\langle G_2, +\rangle$的同态映射，e是$\langle G_1, * \rangle$的幺元，则f为单同态当且仅当$\mathrm{Ker}(f)=\{e\}$。

51. 设$G=\langle a\rangle$是循环群，证明：

(1) 若G是n阶循环群，则$\langle G, * \rangle \cong \langle \mathbf{Z}_n, +_n\rangle$。

(2) 若G是无限循环群，则$\langle G, * \rangle \cong \langle \mathbf{Z}, +\rangle$。

52. 设$G_1=\langle a\rangle$和$G_2=\langle b\rangle$分别为a和b生成的m、n阶群，则$G_1\cong G_2$的充分必要条件是$n|m$。

53. 设f是代数系统$\langle G_1, * \rangle$和$\langle G_2, \triangle\rangle$的同态，判断下面命题是否成立，说明理由。

(1) $\langle f(G_1), \triangle\rangle$的幺元也是$\langle G_2, \triangle\rangle$的幺元。

(2) $\langle f(G_1), \triangle\rangle$的零元也是$\langle G_2, \triangle\rangle$的零元。

(3) $\langle f(G_1), \triangle\rangle$中元素的逆元也是$\langle G_2, \triangle\rangle$中该元素的逆元。

54. $\langle \mathbf{R}, +\rangle$是实数集上的加法群，设$f: x\to e^{2\pi i x}$，$x\in \mathbf{R}$，$f$是否是同态？如果是，请写出同态象和同态核。

55. 设$G=\{5^m 7^n \mid m,n\in \mathbf{Q}\}$，其中$\mathbf{Q}$为有理数集，定义$G$上的映射$f$，$f(5^m 7^n)=5^m$。证明

(1) G对于数的乘法构成群。

(2) f是同态映射，并且求f的同态象、同态核。

56. 证明：代数系统$\langle G, * \rangle$上的同余关系的交仍然是同余关系。同余关系的复合是否还是同余关系？

57. 判断下列二元关系R是否是$\langle \mathbf{Z}, +\rangle$上的同余关系。若不是请给出反例。

(1) $\langle x,y\rangle\in R$当且仅当$(x<0 \wedge y<0)\vee(x\geqslant 0 \wedge y\geqslant 0)$。

(2) $\langle x,y\rangle \in R$ 当且仅当 $|x-y|<10$。

(3) $\langle x,y\rangle \in R$ 当且仅当 $(x=y=0)\vee(x\neq 0\wedge y\neq 0)$。

(4) $\langle x,y\rangle \in R$ 当且仅当 $x\geqslant y$。

58. 判断下列集合和给定运算是否构成环、整环和域,并说明理由。

(1) $A=\{a+bi \mid a,b\in \mathbf{Z}\}$,其中 $i^2=-1$,运算为复数加法和乘法,记作 $\mathbf{Z}[i]$。

(2) $A=\{2x+1 \mid x\in \mathbf{Z}\}$,运算为普通加法和乘法。

(3) $A=\{2x \mid x\in \mathbf{Z}\}$,运算为普通加法和乘法。

(4) $A=\{x \mid x\geqslant 0\wedge x\in \mathbf{Z}\}$,运算为普通加法和乘法。

(5) $A=\{a+b\sqrt{5} \mid a,b\in \mathbf{Z}\}$,运算为普通加法和乘法,记作 $\mathbf{Z}[\sqrt{5}]$。

(6) $A=\{a+b\sqrt[3]{5} \mid a,b\in \mathbf{Q}\}$,运算为普通加法和乘法。

(7) $A=\mathbf{Z}_k$,运算 $\oplus_k$、$\otimes_k$ 分别为模 k 加法和乘法。

(8) $A=\left\{\begin{bmatrix}1 & x\\ 0 & 1\end{bmatrix} \middle| x\in \mathbf{Z}\right\}$,运算为矩阵加法和乘法。

59. 设 $R=\left\{\begin{bmatrix}a & b\\ 0 & 0\end{bmatrix} \middle| a,b\in \mathbf{Z}\right\}$,$\mathbf{Z}$ 是整数集,证明:

(1) R 对矩阵的加法和乘法构成一个环。

(2) R 中存在元素 x 是右零因子但不是左零因子。

60. 实数集 $\mathbf{R}$ 上的连续函数的全体构成的集合记作 $C_{\mathbf{R}}$,定义运算 $+$ 和 $*$ 如下:

$$(f+g)(x)=f(x)+g(x),(f*g)(x)=g(f(x))$$

判断 $\langle C_{\mathrm{R}},+,*\rangle$ 是否是环。并说明理由。

61. 求 Z_{15} 的全部子环及零因子。

62. 设 $\langle A,+,*\rangle$ 是域,A_1、A_2 都是 A 的子集,且 $\langle A_1,+,*\rangle$,$\langle A_2,+,*\rangle$ 也是域,证明:$\langle A_1\cap A_2,+,*\rangle$ 也是域。

63. 在整数环 $\langle \mathbf{Z},+,*\rangle$ 上定义两个映射 f 和 g 为:$f(n)=0,g(n)=n$。则

(1) f 和 g 是否是环同态,是否是环同构?说明理由。

(2) 若 f 和 g 是环同态,求其同态核。

64. 环 $\langle A,+,*\rangle$ 的中心 center$A$ 定义为

$$\text{center}A=\{c \mid c\in A\wedge \forall x(x\in A\rightarrow c*x=x*c)\}$$

证明:$\langle \text{center}A,+,*\rangle$ 是环 $\langle A,+,*\rangle$ 的子环。

第 8 章　格与布尔代数

在集合论中讨论了等价关系，这是一种条件较强的关系，关系中对称的性质使得集合的所有元素处于对等的地位，无法进行大小、前后的排序。在关系理论中存在另一种重要关系——序关系，它具有反对称性，使得集合中元素可以依照关系作相应的排列。而格就是基于偏序集上的具有两个二元运算的代数系统，其中偏序关系具有重要意义。格是一种特殊的偏序集，布尔代数是一种特殊的格，其中具有三个运算。布尔代数形成比较早，19 世纪取得了相当发展。格和布尔代数在数学和应用中都有十分重要的地位，如数据安全、逻辑理论、有限自动机的研究、保密学、计算机语义学、开关理论、计算机硬件设计和通信系统设计等一些科学和工程领域中都有非常重要的应用。

8.1　格

8.1.1　格和子格

格是一种特殊的偏序集，同时格又可以看成是具有两个二元运算的代数系统。

在第 4 章中介绍了偏序集 $\langle A, \preccurlyeq \rangle$，其中 A 是一个非空集合，关系 $\preccurlyeq$ 满足自反、反对称、传递的性质，以及其上的上界、下界、最小上界和最大下界等概念，并且知道，它的任一子集不一定存在最小上界和最大下界。但最小上界和最大下界如果存在，那么一定是唯一的。

例 8.1.1　设 $\langle \mathbf{N}, \preccurlyeq \rangle$ 为偏序集，其中 $\mathbf{N}$ 是自然数集，$\preccurlyeq$ 为小于或等于关系，取 $B=\{2,3,4,5,6\}$，则 B 的最大下界为 2，最小上界为 6。

若 $B=\{2,4,\cdots,2n,\cdots\}$，则 B 的最大下界为 2，没有最小上界。

约定：集合 $\{a,b\}$ 的最小上界（最大下界）称为元素 a、b 的最小上界（最大下界）。

定义 8.1.1（偏序格）　设 $\langle A, \preccurlyeq \rangle$ 是偏序集，如果 A 中任意两个元素都有最小上界和最大下界，则称偏序集 $\langle A, \preccurlyeq \rangle$ 为格。若 A 中元素有限，则称其为有限格，否则称为无限格。

例 8.1.2　(1) 给定集合 S，其幂集 $\wp(S)$ 和集合的包含关系 $\subseteq$ 构成一个偏序集 $\langle \wp(S), \subseteq \rangle$。对 $\forall S_1, S_2 \in \wp(S)$，它们的最小上界为 $S_1 \cup S_2$，最大下界为 $S_1 \cap S_2$，所以 $\langle \wp(S), \subseteq \rangle$ 是格，称为幂集格。

(2) 设 n 是正整数，S_n 是 n 的正因子的集合，$\preccurlyeq$ 是整除关系，则偏序集 $\langle S_n, \preccurlyeq \rangle$ 是一个格。因为 $\forall x, y \in S_n$，则 x 与 y 的最小上界为 x 与 y 的最小公倍数，最大下界为 x 与 y 的最大公约数，所以偏序集 $\langle S_n, \preccurlyeq \rangle$ 是格，称为正因子格。

(3) 设 $\mathbf{Z}^+$ 为正整数集，$\preccurlyeq$ 是整除关系，则偏序集 $\langle \mathbf{Z}^+, \preccurlyeq \rangle$ 是格，称为正整数格。

定义 8.1.2　设 $\langle A, \preccurlyeq \rangle$ 是格，在 A 上定义两个二元运算 $\vee$ 和 $\wedge$，对 $\forall a, b \in A$，$a \vee b$ 等于 a 和 b 的最小上界，$a \wedge b$ 等于 a 和 b 的最大下界，则称 $\langle A, \vee, \wedge \rangle$ 为由格 $\langle A, \preccurlyeq \rangle$ 所诱导的代数系统，二元运算 $\vee$ 和 $\wedge$ 分别称为并运算和交运算。

注　符号 $\vee$ 和 $\wedge$ 仅表示两个二元运算符。

可以利用偏序集的哈斯图得到格诱导的代数系统。

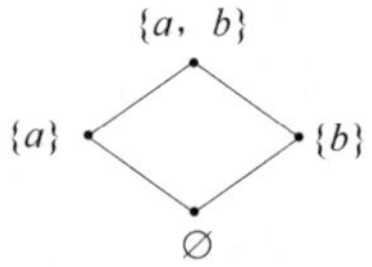

图 8-1 幂集的哈斯图

例 8.1.3 设 $S=\{a,b\}$，则 $\wp(S)=\{\varnothing,\{a\},\{b\},\{a,b\}\}$，格 $\langle\wp(S),\subseteq\rangle$ 可用图 8-1 所示的哈斯图表示。

而由格 $\langle\wp(S),\subseteq\rangle$ 所诱导的代数系统为 $\langle\wp(S),\cup,\cap\rangle$，称为集合代数，其中 $\cup$ 和 $\cap$ 是集合的并和交运算。其运算见表 8-1。

表 8-1 格 $\langle\wp(S),\subseteq\rangle$ 诱导的代数系统中的运算

(a)

$\cup$	$\varnothing$	$\{a\}$	$\{b\}$	$\{a,b\}$
$\varnothing$	$\varnothing$	$\{a\}$	$\{b\}$	$\{a,b\}$
$\{a\}$	$\{a\}$	$\{a\}$	$\{a,b\}$	$\{a,b\}$
$\{b\}$	$\{b\}$	$\{a,b\}$	$\{b\}$	$\{a,b\}$
$\{a,b\}$	$\{a,b\}$	$\{a,b\}$	$\{a,b\}$	$\{a,b\}$

(b)

$\cap$	$\varnothing$	$\{a\}$	$\{b\}$	$\{a,b\}$
$\varnothing$	$\varnothing$	$\varnothing$	$\varnothing$	$\varnothing$
$\{a\}$	$\varnothing$	$\{a\}$	$\varnothing$	$\{a\}$
$\{b\}$	$\varnothing$	$\varnothing$	$\{b\}$	$\{b\}$
$\{a,b\}$	$\varnothing$	$\{a\}$	$\{b\}$	$\{a,b\}$

注 表 8-1 所示的运算表中，$\cup$ 运算的第 2、3、4 行(列)均不是 $\wp(S)$ 的置换，所以 $\langle\wp(S),\cup\rangle$ 不是群，而是独异点，$\{a,b\}$ 是关于 $\cup$ 的零元，而 $\{a\}\cup\{b\}=\{a,b\}$，所以 $\langle\wp(S),\cup,\cap\rangle$ 不是环。

定义 8.1.3 设 $\langle A,\leqslant\rangle$ 是格，由 $\langle A,\leqslant\rangle$ 所诱导的代数系统为 $\langle A,\vee,\wedge\rangle$，设 B 是 A 的非空子集，如果 A 中的运算 $\vee$ 和 $\wedge$ 在 B 上封闭，则称 $\langle B,\leqslant\rangle$ 是格 $\langle A,\leqslant\rangle$ 的子格。

例 8.1.4 设 E^+ 是正偶数集合，$\leqslant$ 是整除关系，则运算 $\vee$ 和 $\wedge$ 分别是任意两个元素的最小公倍数和最大公约数，于是运算 $\vee$ 和 $\wedge$ 关于 E^+ 封闭，所以 $\langle E^+,\leqslant\rangle$ 是 $\langle \mathbf{Z}^+,\leqslant\rangle$ 的子格。

结论 子格必定是格。

证明 设 $B\subseteq A$ 且 $B\neq\varnothing$，且 $\langle B,\leqslant\rangle$ 是格 $\langle A,\leqslant\rangle$ 的子格。对 $\forall a,b\in B$，则有 $a,b\in A$。因为 $\langle A,\leqslant\rangle$ 是格，所以在 A 中存在 $a\vee b$ 为 a、b 的最小上界。又因为运算 $\vee$ 在 B 上封闭，所以 $a\vee b\in B$，即 B 中任意两个元素都有最小上界。

同理可证 B 中任意两个元素都有最大下界。所以 $\langle B,\leqslant\rangle$ 是格。■

注 ① 由证明可知，若 $\langle B,\leqslant\rangle$ 是格 $\langle A,\leqslant\rangle$ 的子格，则 B 中任意两个元素的最小上界和最大下界一定属于 B。

② B 是格 $\langle A,\leqslant\rangle$ 的非空子集，则 $\langle B,\leqslant\rangle$ 必是偏序集，但 $\langle B,\leqslant\rangle$ 不一定是格，即使 $\langle B,\leqslant\rangle$ 是格，也不一定是 $\langle A,\leqslant\rangle$ 的子格。

例 8.1.5 设 $\langle S,\leqslant\rangle$ 是格，其中 $S=\{1,2,3,4,5,6,7,8\}$，偏序关系 $\leqslant$ 如图 8-2 所示。

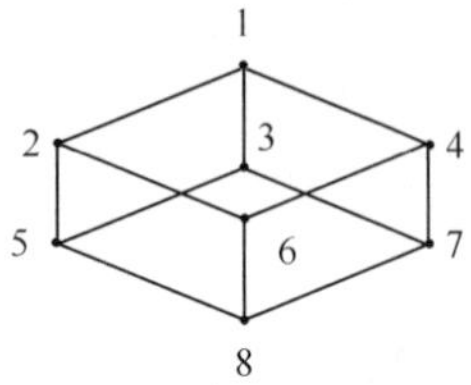

图 8-2 格和子格

设 $S_1=\{1,2,4,6\}$

$S_2=\{3,5,7,8\}$

$S_3=\{1,2,3,4,5,7,8\}$

$S_4=\{1,2,4\}$

由图 8-2 可看出，$\langle S_1,\leqslant\rangle$ 和 $\langle S_2,\leqslant\rangle$ 都是 $\langle S,\leqslant\rangle$ 的子格，$\langle S_3,\leqslant\rangle$ 也是格，但不是 $\langle S,\leqslant\rangle$ 的子格，因为在 S_3 中 2 和 4 的最大下界是 6，即 $2\wedge 4=6\notin S_3$，于是运算 $\wedge$ 在 S_3 上不封闭。$\langle S_4,\leqslant\rangle$ 不是格，因为 2 和 4 没有最大下界。

例 8.1.6 设 $\langle S,\leqslant\rangle$ 是格，任取 $a\in S$，构造 S 的子集 W 如下：

$$W=\{x\mid x\in S \text{ 且 } a\leqslant x\}$$

证明：$\langle W,\leqslant\rangle$ 是格 $\langle S,\leqslant\rangle$ 的子格。

证明 对 $\forall x,y\in W$，则有 $a\leqslant x$ 和 $a\leqslant y$。因为 a 是 W 的下界，而 $x\wedge y$ 是 x、y 的最大下界，所以 $a\leqslant x\wedge y$，即 $x\wedge y\in W$。

而 $x\vee y$ 是 x、y 的最小上界，于是 $x\leqslant x\vee y$，$y\leqslant x\vee y$，由 $\leqslant$ 的传递性，有 $a\leqslant x\vee y$，即 $x\vee y\in W$。

所以 $x\wedge y\in W$ 且 $x\vee y\in W$，故 $\langle W,\leqslant\rangle$ 是格 $\langle S,\leqslant\rangle$ 的子格。 ■

8.1.2 格的对偶原理及性质

在命题逻辑和集合中，我们讨论了对偶问题。格中也具有类似的对偶性。

设 $\langle A,\leqslant\rangle$ 是偏序集，在 A 上定义一个二元关系 $\leqslant_R$

$$a\leqslant_R b \text{ 当且仅当 } b\leqslant a,\ \forall a,b\in A$$

不难证明 $\langle A,\leqslant_R\rangle$ 也是偏序集，称偏序集 $\langle A,\leqslant\rangle$ 和 $\langle A,\leqslant_R\rangle$ 互为对偶，它们所对应的哈斯图是上下颠倒的。

对偶的偏序集间有下列结论：

结论 若 $\langle A,\leqslant\rangle$ 是格，则 $\langle A,\leqslant_R\rangle$ 也是格。

证明 对 $\forall a,b\in A$，必存在 $c\in A$，使得 $c=a\vee b$，且 $a\leqslant c$，$b\leqslant c$。

由 $\leqslant_R$ 的定义，有 $c\leqslant_R a$，$c\leqslant_R b$，即在 $\langle A,\leqslant_R\rangle$ 中，c 是 a、b 的下界。设 c' 是 a、b 的任一下界，即 $c'\leqslant_R a$，$c'\leqslant_R b$，于是 $a\leqslant c'$，$b\leqslant c'$。由 c 的定义知 $c\leqslant c'$，即 $c'\leqslant_R c$，所以 c 是 a、b 在 A 中相对于关系 $\leqslant_R$ 的最大下界。

同理可证，在 $\langle A,\leqslant_R\rangle$ 中任意两个元素必有最小上界。故 $\langle A,\leqslant_R\rangle$ 是格。 ■

通常将关系 $\leqslant_R$ 称为关系 $\leqslant$ 的逆关系，简记为 $\geqslant$。

注 ① 对偶的格 $\langle A,\leqslant\rangle$ 与 $\langle A,\geqslant\rangle$ 间有着密切的联系，即 $\langle A,\leqslant\rangle$ 中的并(交)运算恰是 $\langle A,\geqslant\rangle$ 中的交(并)运算。

② 在格 $\langle A,\leqslant\rangle$ 中，对 $\forall a,b\in A$，必有

$$a\leqslant a\vee b,\quad b\leqslant a\vee b$$

$$a\geqslant a\wedge b,\quad b\geqslant a\wedge b$$

这对不等式是有规律地成对出现的，这便是格的对偶原理。

格的对偶原理 设 P 是对任意格都为真的命题，如果在 P 中将 $\leqslant$ 换成 $\geqslant$，$\vee$ 换成 $\wedge$，$\wedge$ 换成 $\vee$，得到另一个命题 P'，则 P' 对任意格也是真命题。

将 P' 称为 P 的对偶命题。

下面讨论格的基本性质，其中有些是成对出现的。

性质 8.1.1 在格 $\langle A,\leqslant\rangle$ 中，对 $\forall a,b\in A$，必有

$$a\wedge b\leqslant a\leqslant a\vee b,\quad a\wedge b\leqslant b\leqslant a\vee b$$

性质 8.1.2 在格 $\langle A,\leqslant\rangle$ 中，对 $\forall a,b,c,d\in A$，若 $a\leqslant b$ 且 $c\leqslant d$，则

$$a\vee c\leqslant b\vee d,\quad a\wedge c\leqslant b\wedge d$$

证明 由性质 8.1.1 可知，$b\leqslant b\vee d$，$d\leqslant b\vee d$。而 $a\leqslant b$，$c\leqslant d$，由 $\leqslant$ 的传递性得

$$a\leqslant b\vee d,\quad c\leqslant b\vee d$$

即 $b\vee d$ 是 a 和 c 的一个上界，而 $a\vee c$ 是 a 和 c 的最小上界，故

$$a\vee c\leqslant b\vee d$$

类似地可以证

$$a\wedge c\leqslant b\wedge d$$ ■

注　① 此性质说明运算∨和∧保持原有的偏序关系不变。

② 此不等式不满足对偶原理。

推论　在格$\langle A,\leqslant\rangle$中，对$a,b,c\in A$，若$b\leqslant c$，则有

$$a\vee b\leqslant a\vee c,\quad a\wedge b\leqslant a\wedge c$$

此性质称为格的保序性。

性质 8.1.3　设$\langle A,\leqslant\rangle$是格，对$\forall a,b,c\in A$，都有

(1) 交换律：$a\vee b=b\vee a, a\wedge b=b\wedge a$；

(2) 幂等律：$a\vee a=a, a\wedge a=a$；

(3) 结合律：$a\vee(b\vee c)=(a\vee b)\vee c, a\wedge(b\wedge c)=(a\wedge b)\wedge c$；

(4) 吸收律：$a\vee(a\wedge b)=a, a\wedge(a\vee b)=a$。

证明　证明(2)和(3)两律，其余的请读者自己证明。

(2) 因为$\leqslant$是自反的，所以$a\leqslant a$，即a是a的上界。而$a\vee a$是a的最小上界，所以

$$a\vee a\leqslant a$$

又由性质 8.1.1 得

$$a\leqslant a\vee a$$

于是由$\leqslant$的反对称性，得

$$a\vee a=a$$

利用对偶原理得

$$a\wedge a=a$$

(3) 由性质 8.1.1 得

$$b\leqslant b\vee c\leqslant a\vee(b\vee c)\text{及 }a\leqslant a\vee(b\vee c)$$

由性质 8.1.2 及幂等律得

$$a\vee b\leqslant a\vee(b\vee c)$$

由性质 8.1.1 得

$$c\leqslant b\vee c\leqslant a\vee(b\vee c)$$

故

$$(a\vee b)\vee c\leqslant a\vee(b\vee c)$$

同理可证

$$a\vee(b\vee c)\leqslant(a\vee b)\vee c$$

因为$\leqslant$是反对称的，所以

$$(a\vee b)\vee c=a\vee(b\vee c)$$

利用对偶原理得

$$a\wedge(b\wedge c)=(a\wedge b)\wedge c$$ ■

引理 8.1.1　设$\langle A,\vee,\wedge\rangle$是代数系统，其中∨、∧都是二元运算且运算封闭，满足吸收律，则∨和∧都满足幂等律。

证明　因为∨和∧满足吸收律，即对$\forall a,b\in A$，有

$$a\vee(a\wedge b)=a, a\wedge(a\vee b)=a$$

由b的任意性及∨、∧运算的封闭性，用$a\vee b$替代上式中的b。于是

$$a\vee(a\wedge(a\vee b))=a$$

所以

$$a \vee a = a$$

同理可证

$$a \wedge a = a$$

■

定理 8.1.1 设$\langle A, \vee, \wedge \rangle$是代数系统，其中$\vee$和$\wedge$都是二元运算且运算封闭，满足交换律、结合律和吸收律，则 A 上存在偏序关系$\preccurlyeq$，使得$\langle A, \preccurlyeq \rangle$是格。

证明 定义 A 上的二元关系$\preccurlyeq$：

$$\forall a, b \in A, a \preccurlyeq b \text{ 当且仅当 } a \wedge b = a$$

首先证明$\preccurlyeq$是偏序关系。

(1) 由引理 8.1.1 可知，$\wedge$满足幂等律，即$\forall a \in A$，有 $a \wedge a = a$。由定义有 $a \preccurlyeq a$，即$\preccurlyeq$是自反的。

(2) 设 $a \preccurlyeq b, b \preccurlyeq a$，则 $a \wedge b = a, b \wedge a = b$。因为$\wedge$满足交换律，即 $a \wedge b = b \wedge a$，所以 $a = b$，即$\preccurlyeq$是反对称的。

(3) 设 $a \preccurlyeq b, b \preccurlyeq c$，即 $a \wedge b = a, b \wedge c = b$。因为

$$\begin{aligned} a \wedge c &= (a \wedge b) \wedge c \\ &= a \wedge (b \wedge c) \\ &= a \wedge b \\ &= a \end{aligned}$$

所以，$a \preccurlyeq c$，即$\preccurlyeq$是传递的。

由(1)、(2)、(3)可知，$\preccurlyeq$是偏序关系。

其次证明 $a \wedge b$ 是 a 和 b 的最大下界。

因为

$$(a \wedge b) \wedge a = a \wedge (a \wedge b) = (a \wedge a) \wedge b = a \wedge b$$

$$(a \wedge b) \wedge b = a \wedge b$$

即

$$a \wedge b \preccurlyeq a, \quad a \wedge b \preccurlyeq b$$

所以，$a \wedge b$ 是 a 和 b 的下界。

设 c 是 a 和 b 的任一下界，即 $c \preccurlyeq a, c \preccurlyeq b$，则有

$$c \wedge a = c, \quad c \wedge b = c$$

又因为

$$c \wedge (a \wedge b) = (c \wedge a) \wedge b = c \wedge b = c$$

所以

$$c \preccurlyeq a \wedge b$$

这说明 $a \wedge b$ 是 a 和 b 的最大下界。

因为 $a \wedge b = a$，所以

$$(a \wedge b) \vee b = a \vee b$$

又因为

$$\begin{aligned} (a \wedge b) \vee b &= b \vee (a \wedge b) \\ &= b \vee (b \wedge a) \\ &= b \end{aligned}$$

所以

$$b=a\vee b$$

反之，由 $a\vee b=b$，有

$$a\wedge(a\vee b)=a\wedge b$$

又因为

$$a\wedge(a\vee b)=a$$

所以

$$a=a\wedge b$$

即

$$a\wedge b=a\Leftrightarrow a\vee b=b$$

由此等价式可知，A 上的关系$\preccurlyeq$仍为原来的偏序关系$\preccurlyeq$。

最后证明 $a\vee b$ 是 a 和 b 的最小上界。

因为

$$a\vee(a\vee b)=a\vee b,\quad b\vee(a\vee b)=a\vee b$$

所以

$$a\preccurlyeq a\vee b,\quad b\preccurlyeq a\vee b$$

因此，$a\vee b$ 是 a 和 b 的上界。

设 c' 是 a 和 b 的任一上界，即 $a\preccurlyeq c'$，$b\preccurlyeq c'$，则有

$$a\vee c'=c',\quad b\vee c'=c'$$

又因为

$$(a\vee b)\vee c'=a\vee(b\vee c')=a\vee c'$$

所以，$a\vee b\preccurlyeq c'$，说明 $a\vee b$ 是 a 和 b 的最小上界。

至此已经证明$\langle A,\preccurlyeq\rangle$是偏序集，且 A 中任意两个元素均有最大下界和最小上界，故$\langle A,\preccurlyeq\rangle$是格。 ■

至此，我们知道由一个格$\langle A,\preccurlyeq\rangle$可以定义一个代数系统$\langle A,\vee,\wedge\rangle$。反之，通过一个含有两个二元运算的代数系统$\langle A,\vee,\wedge\rangle$，只需满足运算$\vee$、$\wedge$的封闭性以及交换律、结合律和吸收律成立，就可以确定一个偏序关系$\preccurlyeq$，使得$\langle A,\preccurlyeq\rangle$是格。这样一个格与某一代数系统之间就形成了完全的一一对应，所以这里可以给出格的另一个等价定义。

定义 8.1.4(代数格)　设$\langle A,\vee,\wedge\rangle$是代数系统，其中$\vee$和$\wedge$都是二元运算且运算封闭，如果$\vee$和$\wedge$满足交换律、结合律和吸收律，则称$\langle A,\vee,\wedge\rangle$是格。

注　偏序格和代数格常常可以不加以区分，统一称为格。当提及一个格时，根据需要既可以理解为偏序格，也可以理解为代数格。

性质 8.1.4　在格$\langle A,\preccurlyeq\rangle$中，对$\forall a,b,c\in A$，都有

$$a\vee(b\wedge c)\preccurlyeq(a\vee b)\wedge(a\vee c)\qquad\text{分配不等式}$$

$$(a\wedge b)\vee(a\wedge c)\preccurlyeq a\wedge(b\vee c)$$

证明　由性质 8.1.1，有

$$a\preccurlyeq a\vee b,\quad a\preccurlyeq a\vee c$$

由性质 8.1.2 和幂等性，有

$$a=a\wedge a\preccurlyeq(a\vee b)\wedge(a\vee c)\tag{8.1}$$

由性质 8.1.1，有

$$b \leqslant a \vee b, \quad c \leqslant a \vee c$$

所以

$$b \wedge c \leqslant (a \vee b) \wedge (a \vee c) \tag{8.2}$$

由式(8.1)、式(8.2)及性质 8.1.2,得

$$a \vee (b \wedge c) \leqslant (a \vee b) \wedge (a \vee c)$$

利用对偶原理,有

$$(a \wedge b) \vee (a \wedge c) \leqslant a \wedge (b \vee c)$$

定理得证。 ■

注 此性质表明,格中运算 $\vee$ 和 $\wedge$ 一般不满足分配律。

性质 8.1.5 设 $\langle A, \leqslant \rangle$ 是格,对 $\forall a, b \in A$,都有

$$a \leqslant b \Leftrightarrow a \wedge b = a$$
$$\Leftrightarrow a \vee b = b。$$

证明 先证 $a \leqslant b \Leftrightarrow a \wedge b = a$。

(1)"$\Rightarrow$"设 $a \leqslant b$,因为 $\leqslant$ 是自反的,所以对 $\forall a \in A$,都有 $a \leqslant a$。由性质 8.1.2 及幂等性,得

$$a = a \wedge a \leqslant a \wedge b$$

而 $a \wedge b \leqslant a$,由 $\leqslant$ 的反对称性,得

$$a \wedge b = a$$

(2)"$\Leftarrow$"设 $a \wedge b = a$,因为 $a \wedge b \leqslant b$,所以 $a \leqslant b$。于是

$$a \leqslant b \Leftrightarrow a \wedge b = a$$

同理可证

$$a \leqslant b \Leftrightarrow a \vee b = b$$

再由等价的传递性,便有

$$a \leqslant b \Leftrightarrow a \wedge b = a \Leftrightarrow a \vee b = b$$ ■

性质 8.1.6 设 $\langle A, \leqslant \rangle$ 是格,对 $\forall a, b, c \in A$,都有

$$a \leqslant c \Leftrightarrow a \vee (b \wedge c) \leqslant (a \vee b) \wedge c$$

证明 "$\Rightarrow$"设 $a \leqslant c$,由性质 8.1.4,有

$$a \vee (b \wedge c) \leqslant (a \vee b) \wedge (a \vee c)$$

因为 $a \leqslant c$,由性质 8.1.5,有

$$a \vee c = c$$

于是

$$a \vee (b \wedge c) \leqslant (a \vee b) \wedge c$$

"$\Leftarrow$"若 $a \vee (b \wedge c) \leqslant (a \vee b) \wedge c$,则

$$a \leqslant a \vee (b \wedge c) \leqslant (a \vee b) \wedge c \leqslant c$$

所以

$$a \leqslant c$$

定理得证。 ■

推论 在格 $\langle A, \leqslant \rangle$ 中,对 $\forall a, b, c \in A$,都有

$$(a \wedge b) \vee (a \wedge c) \leqslant a \wedge (b \vee (a \wedge c))$$
$$a \vee (b \wedge (a \vee c)) \leqslant (a \vee b) \wedge (a \vee c)$$

证明　因为 $a\leqslant a\vee c$，所以由性质 8.1.6，有

$$a\vee(b\wedge(a\vee c))\leqslant(a\vee b)\wedge(a\vee c)$$

由对偶原理，得

$$(a\wedge b)\vee(a\wedge c)\leqslant a\wedge(b\vee(a\wedge c))$$

■

8.1.3　格的同态和同构

定义 8.1.5　设 $\langle A_1,\leqslant_1\rangle$ 和 $\langle A_2,\leqslant_2\rangle$ 是两个格，由它们分别诱导的代数系统为 $\langle A_1,\vee_1,\wedge_1\rangle$ 和 $\langle A_2,\vee_2,\wedge_2\rangle$。如果存在一个映射 $f:A_1\to A_2$，对 $\forall a,b\in A_1$，都有

$$f(a\vee_1 b)=f(a)\vee_2 f(b)$$
$$f(a\wedge_1 b)=f(a)\wedge_2 f(b)$$

则称 f 为从 $\langle A_1,\vee_1,\wedge_1\rangle$ 到 $\langle A_2,\vee_2,\wedge_2\rangle$ 的格同态，并称 $\langle f(A_1),\leqslant_2\rangle$ 是 $\langle A_1,\leqslant_1\rangle$ 的格同态象。当 f 是双射时，称 f 为 $\langle A_1,\leqslant_1\rangle$ 到 $\langle A_2,\leqslant_2\rangle$ 的格同构，也称格 $\langle A_1,\leqslant_1\rangle$ 与格 $\langle A_2,\leqslant_2\rangle$ 同构。

类似群同态，可以定义格的单一同态、满同态。

定理 8.1.2　设 f 是格 $\langle A_1,\leqslant_1\rangle$ 到格 $\langle A_2,\leqslant_2\rangle$ 的格同态，则对 $\forall x,y\in A_1$，如果 $x\leqslant_1 y$，则必有 $f(x)\leqslant_2 f(y)$。

证明　因为 $x\leqslant_1 y$，由性质 8.1.5，有

$$x\wedge_1 y=x$$

所以

$$f(x\wedge_1 y)=f(x)$$

又因为 f 是格同态，所以

$$f(x)\wedge_2 f(y)=f(x)$$

于是

$$f(x)\leqslant_2 f(y)$$

■

注　此定理说明：格同态是保序的，即格同态下的象依然保持原象具有的序关系。但其逆命题不一定成立，即一个由格 $\langle A_1,\leqslant_1\rangle$ 到格 $\langle A_2,\leqslant_2\rangle$ 的映射满足保序性时，不能保证此映射一定是格同态。

例 8.1.7　设 $\langle S,\leqslant\rangle$ 是格，其中 $S=\{a,b,c,d,e\}$，如图 8-3 所示，由例 8.1.2 知 $\langle\wp(S),\subseteq\rangle$ 也是格。作映射 $f:S\to\wp(S)$，对 $\forall x\in S$，有

$$f(x)=\{y\mid y\in S,y\leqslant x\}$$

则 $f(a)=S$，$f(b)=\{b,e\}$，$f(c)=\{c,e\}$，$f(d)=\{d,e\}$，$f(e)=\{e\}$。

显然，当 $x,y\in S$ 且 $x\leqslant y$ 时，有 $f(x)\subseteq f(y)$，即 f 是保序的。

但是，$b,d\in S$ 且 $b\vee d=a$，所以

$$f(b\vee d)=f(a)=S$$

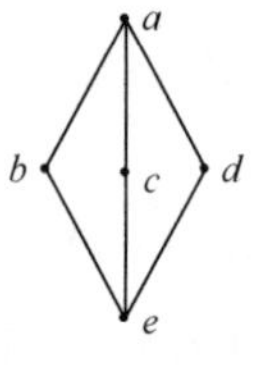

图 8-3　例 8.1.7 的偏序集

而

$$f(b)\cup f(d)=\{b,d,e\}$$

所以

$$f(b\vee d)\neq f(b)\cup f(d)$$

即 f 不是格同态。

■

例 8.1.7 说明，保序和格同态不等价，然而对格同构却是等价的。

定理 8.1.3 设$\langle A_1,\leqslant_1\rangle$和$\langle A_2,\leqslant_2\rangle$是两个格，$f$ 是从 A_1 到 A_2 的双射，则 f 是$\langle A_1,\leqslant_1\rangle$到$\langle A_2,\leqslant_2\rangle$的格同构的充要条件是$\forall a,b\in A_1,a\leqslant_1 b\Leftrightarrow f(a)\leqslant_2 f(b)$。

证明 必要性。设 f 是$\langle A_1,\leqslant_1\rangle$到$\langle A_2,\leqslant_2\rangle$的格同构，由定理 8.1.2 知，若$\forall a,b\in A_1$：

$$a\leqslant_1 b\Rightarrow f(a)\leqslant_2 f(b)$$

反之，设 $f(a)\leqslant_2 f(b)$，则

$$f(a)=f(a)\wedge_2 f(b)=f(a\wedge_1 b)$$

因为 f 是单射，且 $f(a)=f(a\wedge_1 b)$，所以 $a\wedge_1 b=a$，即

$$a\leqslant_1 b$$

于是对$\forall a,b\in A_1$，有

$$a\leqslant_1 b\Leftrightarrow f(a)\leqslant_2 f(b)$$

充分性。设$\forall a,b\in A_1,a\leqslant_1 b\Leftrightarrow f(a)\leqslant_2 f(b)$。因为

$$a\wedge_1 b\leqslant_1 a,\quad a\wedge_1 b\leqslant_1 b$$

由题设，有

$$f(a\wedge_1 b)\leqslant_2 f(a),\quad f(a\wedge_1 b)\leqslant_2 f(b)$$

由性质 8.1.2 和幂等性，得

$$f(a\wedge_1 b)\leqslant_2 f(a)\wedge_2 f(b)$$

设 $f(d)=f(a)\wedge_2 f(b)$，于是

$$f(d)\leqslant_2 f(a),\quad f(d)\leqslant_2 f(b)$$

所以

$$d\leqslant_1 a,\quad d\leqslant_1 b$$

即 d 是 a、b 的下界。又 $a\wedge_1 b$ 是 a、b 的最大下界，所以

$$d\leqslant_1 a\wedge_1 b$$

于是

$$f(d)\leqslant_2 f(a\wedge_1 b)$$

即

$$f(a)\wedge_2 f(b)\leqslant_2 f(a\wedge_1 b)$$

由$\leqslant_2$的反对称性，得

$$f(a\wedge_1 b)=f(a)\wedge_2 f(b)$$

同理可证

$$f(a\vee_1 b)=f(a)\vee_2 f(b)$$

故 f 是$\langle A_1,\leqslant_1\rangle$到$\langle A_2,\leqslant_2\rangle$的格同态，又因为 f 是双射，所以 f 是格同构。■

例 8.1.8 设 $A=\{n|n$ 为正整数，且 $n|p_1p_2\cdots p_m$，$p_i(i=1,2,\cdots,m)$为 m 个互异质数$\}$，$+$为两个数的最大公因数运算，$\cdot$ 为两个数的最小公倍数运算，B 是一个 m 元集合，则$\langle A,+,\cdot\rangle$与$\langle\wp(B),\cap,\cup\rangle$是两个同构的格。

证明 定义映射 $f:A\rightarrow\wp(B)$，其中 $B=\{b_1,b_2,\cdots,b_m\}$。

$$f(p_{i_1}p_{i_2}\cdots p_{i_k})=\{b_{i_1},b_{i_2},\cdots,b_{i_k}\},1\leqslant i_1,i_2,\cdots,i_k\leqslant m$$

$$f(1)=\varnothing$$

显然，f 是双射，且$\forall c,d\in A,f(cd)=f(c)\cup f(d)$。

若 $c+d=1$，则 $f(c)\cap f(d)=\varnothing$。

设 a、$b\in A$，$a+b=q=p_{j_1}p_{j_2}\cdots p_{j_k}$，若 $a=qa_1$，$b=qb_1$，有 $a_1+b_1=1$，于是

$$f(a+b)=f(q)=\{b_{i_1},b_{i_2},\cdots,b_{i_k}\}$$

$$f(a)=f(qa_1)=f(q)\cup f(a_1),\quad f(b)=f(qb_1)=f(q)\cup f(b_1)$$

所以

$$f(a+b)=f(q)=f(a)\cap f(b)$$

$$f(a\cdot b)=f(qa_1b_1)=f(q)\cup f(a_1)\cup f(b_1)$$

所以

$$f(a\cdot b)=f(a)\cup f(b)$$

故 f 是 $A\to\wp(B)$ 的同构映射。 ■

在同构意义下,具有 1 个、2 个、3 个元素的格分别同构于含有相同元素个数的链,如图8-4(a)所示。

4 元格必同构于图 8-4(b)所示的 2 个格之一。

5 元格必同构于图 8-4(c)所示的 5 个格之一。

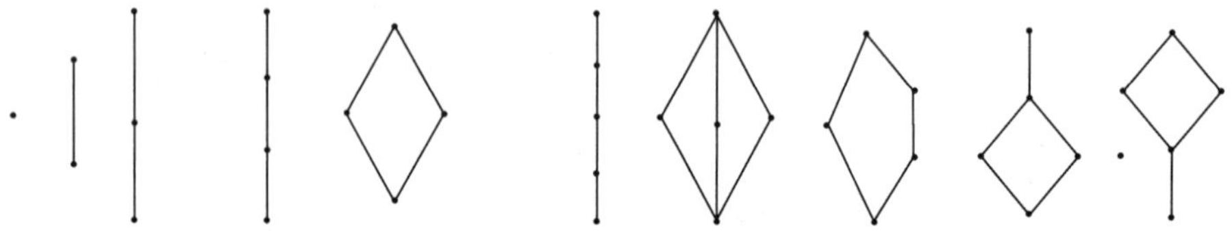

(a)　　(b)　　(c)

图 8-4　不同构的 1、2、3、4、5 元格

8.2　特　殊　格

8.2.1　分配格

格的性质 8.1.4 说明格中两个运算一般满足分配不等式,那么是否存在格满足分配恒等式呢?

例 8.2.1　在图 8-5(a)所示的格中

$$b\wedge(c\vee d)\leqslant b\wedge a=b$$

而

$$(b\wedge c)\vee(b\wedge d)=e\vee e=e$$

所以

$$b\wedge(c\vee d)\neq(b\wedge c)\vee(b\wedge d)$$

在图 8-5(b)所示的格中

$$c\wedge(b\vee d)=c\wedge a=c$$

而

$$(c\wedge b)\vee(c\wedge d)=e\vee d=d$$

所以

$$c\wedge(b\vee d)\neq(c\wedge b)\vee(c\wedge d)$$

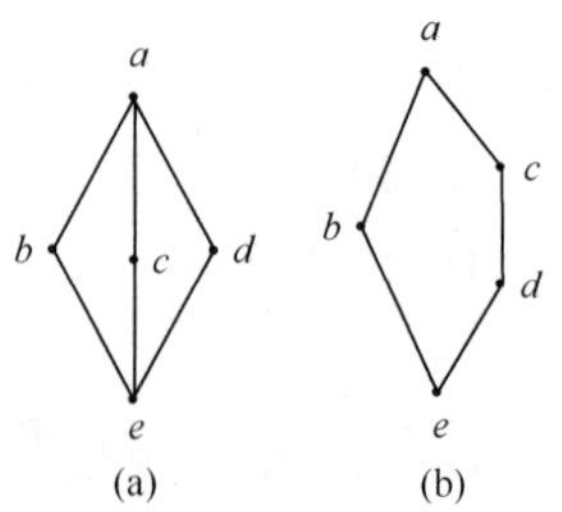

(a)　　(b)

图 8-5　钻石格和五角格

两个格中的运算显然都不满足分配律。这两个格是两个特殊的五元素格,分别称为钻石格和五角格。

定义 8.2.1　设 $\langle A,\vee,\wedge\rangle$ 是由格 $\langle A,\leqslant\rangle$ 所诱导的代数系统,如果对 $\forall a,b,c\in A$,满足

$$a\wedge(b\vee c)=(a\wedge b)\vee(a\wedge c)\qquad(交对并可分配)$$

$$a\vee(b\wedge c)=(a\vee b)\wedge(a\vee c)\qquad(并对交可分配)$$

则称 $\langle A,\leqslant\rangle$ 是分配格。

例 8.2.2 (1) 幂集格$\langle \wp(S),\cap,\cup\rangle$是分配格。

(2) 设 P 是命题公式集合，$\wedge$、$\vee$ 分别为命题联结词中的合取、析取运算，则$\langle P,\wedge,\vee\rangle$是分配格。

(3) 代数系统$\langle \mathbf{Z},\max,\min\rangle$是由格$\langle \mathbf{Z},\leqslant\rangle$诱导的，其中 $\mathbf{Z}$ 为整数集合，$\leqslant$是整数间的小于或等于关系，则$\langle \mathbf{Z},\max,\min\rangle$是分配格。

证明 因为对$\forall a,b,c\in \mathbf{Z}$，有

$$a\vee b=\max(a,b),\quad a\wedge b=\min(a,b)$$

所以

$$a\wedge(b\vee c)=\min(a,\max(b,c))$$
$$(a\wedge b)\vee(a\wedge c)=\max(\min(a,b),\min(a,c))$$

而

$$\min(a,\max(b,c))=\begin{cases} b, & a\geqslant b\geqslant c, & b \\ c, & a\geqslant c\geqslant b, & c \\ a, & b\geqslant c\geqslant a, & a \\ a, & b\geqslant a\geqslant c, & a \\ a, & c\geqslant b\geqslant a, & a \\ a, & c\geqslant a\geqslant b, & a \end{cases}=\max(\min(a,b),\min(a,c))$$

所以

$$a\wedge(b\vee c)=(a\wedge b)\vee(a\wedge c)$$

同理可证

$$a\vee(b\wedge c)=(a\vee b)\wedge(a\vee c)$$

于是$\langle \mathbf{Z},\max,\min\rangle$是分配格。 ■

注 此定义中的分配恒等式必须对 A 中任意元素都满足，格$\langle A,\leqslant\rangle$才是分配格。

例 8.2.3 在图 8-5(b)中，有

$$d\wedge(b\vee c)=d\wedge a=d=e\vee d=(d\wedge b)\vee(d\wedge c)$$
$$b\wedge(c\vee d)=b\wedge c=e=e\vee e=(b\wedge c)\vee(b\wedge d)$$

但

$$c\wedge(b\vee d)=c\wedge a=c\neq(c\wedge b)\vee(c\wedge d)=e\vee d=d$$

利用例 8.2.1 中的两个五元格，可以得到判定一个格是否是分配格的方法。

定理 8.2.1 格$\langle A,\leqslant\rangle$是分配格当且仅当在格$\langle A,\leqslant\rangle$中没有任何子格与这两个五元格中的任一个同构。

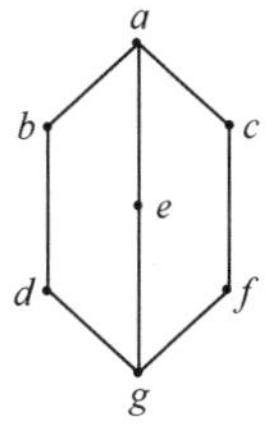

图 8-6 例 8.2.4 的格

例 8.2.4 在图 8-6 所示的格中，令 $A=\{a,b,c,d,e,f,g\}$，$B=\{a,b,d,e,g\}$，则$\langle B,\leqslant\rangle$是$\langle A,\leqslant\rangle$的子格，且$\langle B,\leqslant\rangle$与五角格同构，所以这个格不是分配格。

在分配格的定义中，两个分配恒等式互为对偶式，因此在判断分配格时只需满足其中一个即可。

定理 8.2.2 在格$\langle A,\leqslant\rangle$中，对$\forall a,b,c\in A$

$$a\wedge(b\vee c)=(a\wedge b)\vee(a\wedge c)\Leftrightarrow a\vee(b\wedge c)=(a\vee b)\wedge(a\vee c)$$

证明 设$\forall a,b,c\in A$，有 $a\wedge(b\vee c)=(a\wedge b)\vee(a\wedge c)$，则

$$\begin{aligned}(a\vee b)\wedge(a\vee c)&=((a\vee b)\wedge a)\vee((a\vee b)\wedge c)\\&=a\vee((a\vee b)\wedge c)\\&=a\vee((a\wedge c)\vee(b\wedge c))\\&=(a\vee(a\wedge c))\vee(b\wedge c)\end{aligned}$$

$$=a\vee(b\wedge c)$$

类似地可证，若

$$a\vee(b\wedge c)=(a\vee b)\wedge(a\vee c)$$

则

$$a\wedge(b\vee c)=(a\wedge b)\vee(a\wedge c)$$ ■

并不是所有的格都是分配格，但某些类型的格一定是分配格。

定理 8.2.3　每个链都是分配格。

证明　设$\langle A,\leqslant\rangle$是一个链。因为$\forall x,y\in A$，或有$x\leqslant y$或有$y\leqslant x$，所以每两个元素都有上(下)界，即都有最小上界和最大下界，故$\langle A,\leqslant\rangle$是格。

对$\forall a,b,c\in A$，在链中，a、b、c可能有如下八种情况：

(1) $a\leqslant b,b\leqslant c,a\leqslant c$；

(2) $a\leqslant b,c\leqslant b,a\leqslant c$；

(3) $a\leqslant b,b\leqslant c,c\leqslant a$；

(4) $a\leqslant b,c\leqslant b,c\leqslant a$；

(5) $b\leqslant a,b\leqslant c,a\leqslant c$；

(6) $b\leqslant a,c\leqslant b,a\leqslant c$；

(7) $b\leqslant a,b\leqslant c,c\leqslant a$；

(8) $b\leqslant a,c\leqslant b,c\leqslant a$。

其中，由于$\leqslant$的传递性，由(3)和(6)有$a=b=c$，分配律自然成立。而(1)、(2)、(4)、(5)在下面的①中讨论，(7)和(8)在②中讨论。

① 若$a\leqslant b$或$a\leqslant c$，此时无论是$b\leqslant c$还是$c\leqslant b$，都有

$$a\wedge(b\vee c)=a$$

$$(a\wedge b)\vee(a\wedge c)=a$$

所以

$$a\wedge(b\vee c)=(a\wedge b)\vee(a\wedge c)$$

成立。

② 若$b\leqslant a$且$c\leqslant a$，此时总有$b\vee c\leqslant a$，所以

$$a\wedge(b\vee c)=b\vee c$$

又

$$(a\wedge b)\vee(a\wedge c)=b\vee c$$

所以

$$a\wedge(b\vee c)=(a\wedge b)\vee(a\wedge c)$$

成立。

由定理 8.2.2 知

$$a\vee(b\wedge c)=(a\vee b)\wedge(a\vee c)$$

也成立。所以$\langle A,\leqslant\rangle$是分配格。 ■

注　5 元以下的格都是分配格，5 元格中仅有两个格不是分配格。

格一般不满足消去律，但满足某些条件的分配格具有消去律。

定理 8.2.4　设$\langle A,\leqslant\rangle$是分配格，对$\forall a,b,c\in A$，如果有

$$a\wedge b=a\wedge c \text{ 和 } a\vee b=a\vee c$$

成立，则必有 $b=c$。

证明 因为

$$(a\wedge b)\vee c=(a\wedge c)\vee c=c \qquad \text{吸收律}$$

而

$$\begin{aligned}(a\wedge b)\vee c&=(a\vee c)\wedge(b\vee c) &\text{分配律}\\ &=(a\vee b)\wedge(b\vee c)\\ &=b\vee(a\wedge c) &\text{分配律}\\ &=b\vee(a\wedge b)\\ &=b\end{aligned}$$

所以

$$b=c$$ ■

注 此定理中的条件 $a\wedge b=a\wedge c$ 和 $a\vee b=a\vee c$ 缺一不可。

例如，设 $A=\{1,2\}$，在幂集格 $\langle \wp(A),\cap,\cup\rangle$ 中

$$\varnothing\cap\{1\}=\varnothing\cap\{2\}，但\{1\}\neq\{2\}$$

$$\{1,2\}\cup\{1\}=\{1,2\}\cup\{2\}，但\{1\}\neq\{2\}$$

8.2.2 模格

定义 8.2.2 设 $\langle A,\vee,\wedge\rangle$ 是由格 $\langle A,\preccurlyeq\rangle$ 所诱导的代数系统，如果对 $\forall a,b,c\in A$，当 $b\preccurlyeq a$ 时，有

$$a\wedge(b\vee c)=b\vee(a\wedge c)$$

或

$$(b\vee c)\wedge a=b\vee(c\wedge a)$$

则称 $\langle A,\preccurlyeq\rangle$ 是模格(或戴德金格)。

定理 8.2.5 格 $\langle A,\preccurlyeq\rangle$ 是模格的充要条件是 A 中不含有适合下述条件的元素 u、v、w：

$$v\prec u \text{ 且 } u\vee w=v\vee w,\quad u\wedge w=v\wedge w$$

证明 必要性。反证。设 A 中含有满足上述条件的 u、v、w，则因为

$$u\wedge(w\vee v)=u\wedge(u\vee w)=u$$

$$(u\wedge w)\vee v=(v\wedge w)\vee v=v$$

又因为 $v\prec u$，所以

$$(u\wedge w)\vee v\prec u\wedge(w\vee v)$$

即 $\langle A,\preccurlyeq\rangle$ 不是模格，矛盾。

充分性。反证。设 $\langle A,\preccurlyeq\rangle$ 不是模格，则在 A 中存在 a、b、c，满足

$$b\preccurlyeq a \text{ 且 } b\vee(c\wedge a)\prec(b\vee c)\wedge a$$

令 $u=(b\vee c)\wedge a$，$v=b\vee(c\wedge a)$，$w=c$，因为

$$\begin{aligned}u\wedge w&=((b\vee c)\wedge a)\wedge c\\ &=(a\wedge(b\vee c))\wedge c\\ &=a\wedge((b\vee c)\wedge c)\\ &=a\wedge c\\ &=(a\wedge c)\wedge c\end{aligned}$$

又因为

$$a\wedge c\leqslant(a\wedge c)\vee b$$

所以

$$(a\wedge c)\wedge c\leqslant((a\wedge c)\vee b)\wedge c=v\wedge w$$

即

$$u\wedge w\leqslant v\wedge w$$

因为题设 $v\prec u$，所以

$$v\wedge w\leqslant u\wedge w$$

由$\leqslant$的反对称性，得

$$u\wedge w=v\wedge w$$

同理可证

$$u\vee w=v\vee w$$

定理得证。■

定理 8.2.6　模格$\langle A,\leqslant\rangle$中，若有三个元素 a、b、$c\in A$，使得下述三个式子

(1) $a\vee(b\wedge c)\leqslant(a\vee b)\wedge(a\vee c)$；

(2) $(a\wedge b)\vee(a\wedge c)\leqslant a\wedge(b\vee c)$；

(3) $(a\wedge b)\vee(b\wedge c)\vee(c\wedge a)\leqslant(a\vee b)\wedge(b\vee c)\wedge(c\vee a)$，

中的任何一个将“$\leqslant$”换成“$=$”成立，则另外两个式子中将“$\leqslant$”换成“$=$”也成立。

证明　设式(1)中将“$\leqslant$”换成“$=$”成立，即

$$a\vee(b\wedge c)=(a\vee b)\wedge(a\vee c)$$

由定理 8.2.2，有

$$a\wedge(b\vee c)=(a\wedge b)\vee(a\wedge c)$$

即式(2)等号成立。

下面证明式(3)中等号也成立。因为

$$\begin{aligned}(a\vee b)\wedge(b\vee c)\wedge(c\vee a)&=((a\wedge c)\vee b)\wedge(c\vee a)\\&=(a\wedge c)\vee(b\wedge(c\vee a))\\&=(a\wedge c)\vee(b\wedge c)\vee(b\wedge a)\\&=(a\wedge b)\vee(b\wedge c)\vee(c\wedge a)\end{aligned}$$

即式(3)等号成立。

若式(2)等号成立，讨论如上。

若式(3)等号成立，则

$$\begin{aligned}a\vee(b\wedge c)&=(a\vee(a\wedge b))\vee(b\wedge c) &&\text{吸收律}\\&=((a\vee(a\wedge c))\vee(a\wedge b))\vee(b\wedge c) &&\text{吸收律}\\&=a\vee((a\vee b)\wedge(a\vee c)\wedge(b\vee c)) &&\text{式(3)}\\&=a\vee((b\vee c)\wedge(a\vee b)\wedge(c\vee a)) &&\text{交换律}\\&=a\vee((b\vee c)\wedge((a\vee b)\wedge(c\vee a)))\\&=(a\vee(b\vee c))\wedge((a\vee b)\wedge(c\vee a)) &&\text{模格}\\&=((a\vee b\vee c)\wedge(a\vee b))\wedge(c\vee a)\\&=(a\vee b)\wedge(c\vee a) &&\text{吸收律}\end{aligned}$$

即式(1)等号成立，相应式(2)等号也成立。■

定理 8.2.7　分配格必为模格。

证明　设$\langle A,\leqslant\rangle$是分配格，即对$\forall a,b,c\in A$，有

$$a\wedge(b\vee c)=(a\wedge b)\vee(a\wedge c)$$

若$b\leqslant a$，则$a\wedge b=b$。所以

$$(a\wedge b)\vee(a\wedge c)=b\vee(a\wedge c)$$

即对$\forall a,b,c\in A$，当$b\leqslant a$时，有

$$a\wedge(b\vee c)=b\vee(a\wedge c)$$

所以，$\langle A,\leqslant\rangle$是模格。■

注　此定理的逆定理不成立，即模格不一定是分配格。

例 8.2.5　图 8-5(a)所示的钻石格是模格，但不是分配格。

证明　据定义，要证对$\forall x,y,z\in A$，只要$y\leqslant x$，就有$x\wedge(y\vee z)=y\vee(x\wedge z)$成立。

分下面 3 种情况进行讨论：

(1) $x=a,y\in\{a,b,c,d,e\}$，则$x\wedge(y\vee z)=y\vee z=y\vee(x\wedge z)$。

(2) $y=e,x\in\{a,b,c,d,e\}$，则$x\wedge(y\vee z)=x\wedge z=y\vee(x\wedge z)$。

(3) $x\in\{b,c,d\}$且$y=x$，不妨设$x=y=c$，则

$$\begin{aligned}x\wedge(y\vee z)&=c\wedge(c\vee z)=c=c\vee(c\wedge z)\\&=y\vee(x\wedge z)\end{aligned}$$

所以钻石格是模格。■

注　① 5 元以下的格都是模格，5 元格中仅有一个是非模格。

② 每个链都是模格。

8.2.3　有界格

定义 8.2.3　设$\langle A,\leqslant\rangle$是格：

(1) 若$\exists a\in A$，对$\forall x\in A$，都有$a\leqslant x$，则称a为格$\langle A,\leqslant\rangle$的全下界，记作 0。

(2) 若$\exists b\in A$，对$\forall x\in A$，都有$x\leqslant b$，则称b为格$\langle A,\leqslant\rangle$的全上界，记作 1。

(3) 若A中存在全下界和全上界，则称该格为有界格，记作$\langle A,\leqslant,0,1\rangle$。

注　有限格一定是有界格，而无限格不一定是有界格。

例 8.2.6　(1) **Z**是整数集，$\leqslant$是小于或等于关系，则格$\langle \mathbf{Z},\leqslant\rangle$不是有界格。因为不存在最小和最大整数。

(2) 无论S是有限集还是无限集，则幂集格$\langle\wp(S),\subseteq\rangle$中，全下界为$\varnothing$，全上界为$S$，所以$\langle\wp(S),\subseteq\rangle$是有界格。

(3) 设S是n元格，其中$S=\{a_1,a_2,\cdots,a_n\}$，则$a_1\wedge a_2\wedge\cdots\wedge a_n$是$S$的全下界，$a_1\vee a_2\vee\cdots\vee a_n$是$S$的全上界，所以是有界格。

定理 8.2.8　一个格$\langle A,\leqslant\rangle$的全下(上)界若存在，则必唯一。

证明　反证，若有两个全下界a、$b\in A$，且$a\neq b$。

因为a是全下界，所以$a\leqslant b$。同样b是全下界，所以$b\leqslant a$。由于$\leqslant$的反对称性，所以$a=b$。与假设矛盾。

同理证明，全上界唯一。■

下面讨论有界格的性质。

定理 8.2.9　设$\langle A,\leqslant\rangle$是有界格，对$\forall a\in A$，都有

$$a\vee 1=1,\quad a\wedge 1=a$$

$$a \vee 0 = a, \quad a \wedge 0 = 0$$

证明　$\forall a \in A$,有 $0 \leqslant a \leqslant 1$,所以由格的性质 5,即可得这四个等式。■

注　① 此定理说明:1 是关于运算 $\vee$ 的零元,运算 $\wedge$ 的幺元;0 是关于运算 $\vee$ 的幺元,运算 $\wedge$ 的零元。

② 对于涉及有界格的命题,如果其中含有全下界 0 或全上界 1,则其对偶命题中,必须将 0 换成 1,将 1 换成 0。

8.2.4　有补格

定义 8.2.4　设 $\langle A, \leqslant \rangle$ 是有界格,对 A 中的一个元素 a,若 $\exists b \in A$,使得

$$a \vee b = 1, \quad a \wedge b = 0$$

则称 b 为 a 的补元。

注　在有界格中:

① 若 b 为 a 的补元,那么 a 也是 b 的补元,即 a 与 b 互为补元。

② A 中元素,可以有多个补元,也可以没有补元。

③ 0 的补元只能是 1,1 的补元只能是 0。

例 8.2.7　图 8-7 所示的各有界格的补元见表 8-2。

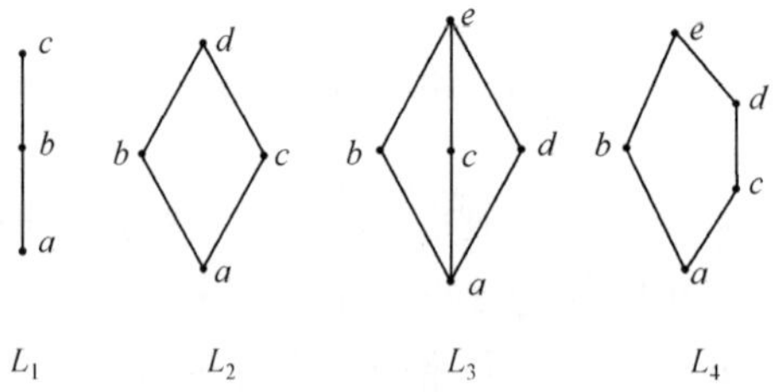

图 8-7　有界格的补元

表 8-2　有界格中的补元

格	全下界	全上界	补元
L_1	a	c	a 和 c 互为补元,b 没有补元
L_2	a	d	a 和 d 互为补元,b 和 c 互为补元
L_3	a	e	a 和 e 互为补元,b 的补元是 c 和 d,c 的补元是 b 和 d,d 的补元是 b 和 c
L_4	a	e	a 和 e 互为补元,b 的补元是 c 和 d,c 的补元是 b,d 的补元是 b

定义 8.2.5　设 $\langle A, \leqslant \rangle$ 是有界格,若 A 中的任一元素至少有一个补元,则称此格为有补格。

例 8.2.8　图 8-7 所示的各有界格中,L_2、L_3 和 L_4 是有补格,L_1 不是有补格。

定理 8.2.10　在有界分配格中,若某一元素有补元,则其补元必唯一。

请读者自己证明。

定义 8.2.6　若 $\langle A, \leqslant \rangle$ 既是有补格又是分配格,则称此格为有补分配格。

有补分配格中,任一元素 a 必有唯一补元,记作 $\bar{a}$。

例 8.2.9　设 $\langle A, \leqslant \rangle$ 是有界格,试证明:

(1) 若 $|A| \geqslant 2$,则 A 中不存在以自身为补元的元素。

(2) 若 $|A|\geqslant 3$ 且 A 是链，则 $\langle A,\leqslant\rangle$ 不是有补格。

证明 (1) 反证。设 A 中有元素 a 以自身为补元，即

$$a\vee a=1,\quad a\wedge a=0$$

由格的幂等性，有 $a=1$ 且 $a=0$，则 $1=0$。于是 A 中只有一个元素，与 $|A|\geqslant 2$ 矛盾，所以结论成立。

(2) 反证。设 $\langle A,\leqslant\rangle$ 是有补格。因为 $|A|\geqslant 3$，所以 $\langle A,\leqslant\rangle$ 中必有 1、0、a 且 $a\neq 0, a\neq 1, 0\neq 1$。设 a 的补元为 b，即

$$a\vee b=1,\quad a\wedge b=0$$

又因为 A 是链，则或有 $a\leqslant b$ 或有 $b\leqslant a$。而

$$a\leqslant b\Leftrightarrow a\wedge b=a$$

所以

$$a=0$$

与 $a\neq 0$ 矛盾。

而

$$b\leqslant a\Leftrightarrow a\vee b=a$$

所以

$$a=1$$

与 $a\neq 1$ 矛盾。

所以 $\langle A,\leqslant\rangle$ 不是有补格。 ■

8.3 布尔代数

布尔代数是英国数学家布尔在研究命题演算时，在 1854 年提出的一种抽象代数系统，于 1935 年左右形成了近代格论。从抽象代数的观点来看，格附加一定的限制后就转化为布尔代数。1938 年，香农发表了《继电器和开关电路的符号分析》，为布尔代数在工艺技术中的应用开创了道路，从而出现了开关代数。为了给开关代数奠定基础，于是自然地形成了二值布尔代数，即逻辑代数。

之后，人们应用布尔代数对电路作了大量的研究，并形成了网络理论。布尔代数在理论和实践中发挥了更大的作用。

8.3.1 布尔代数的定义及性质

有补格保证了补元的普遍性，即每个元素都至少有一个补元，但不能保证补元的唯一性，而分配格仅保证了补元的唯一性，但不能保证补元的普遍性，只在有补分配格中才保证了补元的普遍性同时保证了它的唯一性。

定义 8.3.1 有补分配格称为布尔格。

在分配格中，如果一个元素存在补元，则其补元是唯一的。所以布尔格中的每个元素都存在唯一的补元，于是可以将求补元运算看做布尔格 $\langle B,\leqslant\rangle$ 中的一元运算，称为补运算，记作"$^{-}$"，即对 $\forall a\in B$，记 $\bar{a}$ 为 a 的补元。

定义 8.3.2 由布尔格 $\langle B,\leqslant\rangle$ 诱导的代数系统 $\langle B,\vee,\wedge,^{-}\rangle$ 称为布尔代数。若 $|B|=n$，则称为有限布尔代数，否则称为无限布尔代数。

例 8.3.1 (1) 设 $S=\{a,b\}$，则 $\wp(S)=\{\varnothing,\{a\},\{b\},\{a,b\}\}$，格 $\langle\wp(S),\subseteq\rangle$ 是布尔格，其诱导的布尔代数为 $\langle\wp(S),\cup,\cap,\sim\rangle$，其中运算见表 8-3。

表 8-3　布尔代数$\langle \wp(S),\cup,\cap,\sim\rangle$中的运算

(a)

$\cup$	$\varnothing$	$\{a\}$	$\{b\}$	$\{a,b\}$
$\varnothing$	$\varnothing$	$\{a\}$	$\{b\}$	$\{a,b\}$
$\{a\}$	$\{a\}$	$\{a\}$	$\{a,b\}$	$\{a,b\}$
$\{b\}$	$\{b\}$	$\{a,b\}$	$\{b\}$	$\{a,b\}$
$\{a,b\}$	(a,b)	$\{a,b\}$	$\{a,b\}$	$\{a,b\}$

(b)

$\cap$	$\varnothing$	$\{a\}$	$\{b\}$	$\{a,b\}$
$\varnothing$	$\varnothing$	$\varnothing$	$\varnothing$	$\varnothing$
$\{a\}$	$\varnothing$	$\{a\}$	$\varnothing$	$\{a\}$
$\{b\}$	$\varnothing$	$\varnothing$	$\{b\}$	$\{b\}$
$\{a,b\}$	$\varnothing$	$\{a\}$	$\{b\}$	$\{a,b\}$

(c)

	$\sim$
$\varnothing$	$\{a,b\}$
$\{a\}$	$\{b\}$
$\{b\}$	$\{a\}$
$\{a,b\}$	$\varnothing$

一般地，若 S 是一个有限非空集，则$\langle \wp(S),\subseteq\rangle$是布尔格，$\langle \wp(S),\cup,\cap,\sim\rangle$为(有限)布尔代数，或称为集合代数，且全下界是空集$\varnothing$，全上界是 S。

(2) 设 P 是所有命题公式的集合，$\vee$、$\wedge$ 和$\neg$分别是命题的析取、合取和否定联结词，则$\langle P,\vee,\wedge,\neg\rangle$是布尔代数，称为命题代数。

布尔代数是一种特殊的格，具有有界性、有补性、可分配性，所以有关有补格、分配格的性质，布尔代数也一样具有，如交换律、结合律、幂等律、吸收律、分配律、同一律、零律、互补律等。

定理 8.3.1　对布尔代数中任意两个元素 a、b，必有

$$\overline{(\overline{a})}=a \qquad \text{双重否定律}$$

$$\overline{a\vee b}=\overline{a}\wedge\overline{b}$$

$$\overline{a\wedge b}=\overline{a}\vee\overline{b} \qquad \text{德·摩根律}$$

证明　由补元的定义，a 和$\overline{a}$互补，即$\overline{a}$的补元是 a，所以$\overline{(\overline{a})}=a$。

$$\begin{aligned}(a\vee b)\vee(\overline{a}\wedge\overline{b})&=(a\vee b\vee\overline{a})\wedge(a\vee b\vee\overline{b}) && \text{分配格}\\ &=((a\vee\overline{a})\vee b)\wedge(a\vee(b\vee\overline{b})) && \text{交换律、结合律}\\ &=(1\vee b)\wedge(a\vee 1)\\ &=1\wedge 1\\ &=1\end{aligned}$$

$$\begin{aligned}(a\vee b)\wedge(\overline{a}\wedge\overline{b})&=(a\wedge(\overline{a}\wedge\overline{b}))\vee(b\wedge(\overline{a}\wedge\overline{b}))\\ &=((a\wedge\overline{a})\wedge\overline{b})\vee(\overline{a}\wedge(b\wedge\overline{b}))\\ &=(0\wedge\overline{b})\vee(\overline{a}\wedge 0)\\ &=0\wedge 0\\ &=0\end{aligned}$$

所以 $a\vee b$ 的补元为$\overline{a}\wedge\overline{b}$，由布尔代数中补元的唯一性，得

$$\overline{a\vee b}=\overline{a}\wedge\overline{b}$$

同理可证

$$\overline{a\wedge b}=\overline{a}\vee\overline{b}$$

■

8.3.2　布尔代数的同构

定义 8.3.3　设$\langle B_1,\vee_1,\wedge_1,^{-},0,1\rangle$和$\langle B_2,\vee_2,\wedge_2,\sim,p,q\rangle$是两个布尔代数，如果存在从 B_1 到 B_2 的映射 f：对$\forall a,b\in B_1$，都有

$$f(a\vee_1 b)=f(a)\vee_2 f(b)$$

$$f(a\wedge_1 b)=f(a)\wedge_2 f(b)$$

$$f(\overline{a})=\sim f(a)$$

$$f(0)=p$$
$$f(1)=q$$

则称$\langle B_1, \vee_1, \wedge_1, \bar{} \rangle$和$\langle B_2, \vee_2, \wedge_2, \sim \rangle$是布尔同态的。若 f 是双射,则称其为布尔同构。

若映射 f 仅保持运算$\vee_1$、$\wedge_1$,则 f 是一个格同态而不是布尔同态,但 f 是 A 到 $f(A)$的布尔同态。

8.3.3 有限布尔代数的原子表示

定义 8.3.4 设$\langle A, \leqslant \rangle$是格,且具有全下界 0,如果有元素 $a \in A$ 盖住 0,则称 a 为原子。

例 8.3.2 在格中,若有原子 a、b 且 $a \neq b$,则必有 $a \wedge b=0$。

证明 如若不然,必存在 $c \neq 0$,使得 $a \wedge b=c$,则 $c \leqslant a$ 且 $c \leqslant b$。而 0 是全下界,所以 $0 \leqslant c$。故 $0 \leqslant c, c \leqslant b$,及 $0 \leqslant c, c \leqslant a$。与 a、b 为原子矛盾。 ■

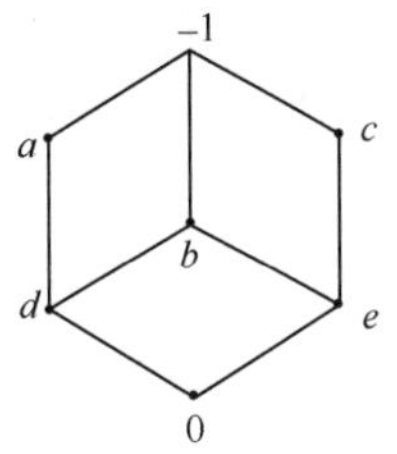

图 8-8 格中原子及盖住

例 8.3.3 在图 8-8 所示的格中,d、e 都是原子,且

$$d \wedge e=0。$$

1 盖住 a、b、c

a 盖住 d

c 盖住 e

b 盖住 d、e

例 8.3.3 说明:格中原子可以不唯一,且一个元素可以盖住多个元素。

例 8.3.4 命题代数中,n 元命题公式构成的布尔代数的原子是各小项。

定理 8.3.2 设$\langle A, \leqslant \rangle$是具有全下界 0 的有限格,则对$\forall b \in A$ 且 $b \neq 0$,至少存在一个原子 a,使得 $a \leqslant b$。

证明 若 b 本身就是原子,则 $b \leqslant b$。

若 b 不是原子,则必存在 b_1,使得

$$0<b_1<b$$

若 b_1 是原子,则定理得证。否则,必存在 b_2,使得

$$0<b_2<b_1<b$$

若 b_2 是原子,则定理得证。否则,由于$\langle A, \leqslant \rangle$是有限格,所以通过有限步一定能够找到一个原子 b_i,使得

$$0<b_i<\cdots<b_1<b$$

于是命题得证。 ■

注 此定理的证明中 b_i 不一定唯一。

例 8.3.5 图 8-8 所示的有限格中:

元素 a 有唯一的原子 d,使得 $d<a$;

元素 b 有两个原子 d 和 e,使得 $d<b$ 且 $e<b$;

元素 1 有两个原子 d 和 e,使得 $d<a<1, d<b<1, e<c<1, e<b<1$。

在格的哈斯图中,原子是紧位于 0 元之上的元素。

引理 8.3.1 在布尔格中,$b \wedge \bar{c}=0$ 当且仅当 $b \leqslant c$。

证明 必要性。设 $b \wedge \bar{c}=0$,因为 $0 \vee c=c$,由题设有

$$(b\wedge\bar{c})\vee c=0\vee c=c$$

由布尔代数的分配性，有

$$(b\vee c)\wedge(\bar{c}\vee c)=c$$

$$(b\vee c)\wedge 1=c$$

所以

$$b\vee c=c$$

所以

$$b\leqslant c$$

充分性。设 $b\leqslant c$，则

$$b\leqslant c$$

$$b\wedge\bar{c}\leqslant c\wedge\bar{c}$$

即

$$b\wedge\bar{c}\leqslant 0$$

而 0 为全下界，于是

$$0\leqslant b\wedge\bar{c}$$

所以

$$b\wedge\bar{c}=0$$

■

引理 8.3.2　设 $\langle B,\vee,\wedge,^{-}\rangle$ 是有限布尔代数，若 b 是 B 中任意非零元素，$a_1,\cdots,a_k$ 是 B 中满足 $a_i\leqslant b$ 的所有原子 $(i=1,\cdots,k)$，则

$$b=a_1\vee a_2\cdots\vee a_k$$

证明　记 $a_1\vee a_2\cdots\vee a_k=c$，因为 $a_i\leqslant b(i=1,\cdots,k)$，所以 $c\leqslant b$。

再证 $b\leqslant c$，由引理 8.3.1，只需证明 $b\wedge\bar{c}=0$ 即可。

设 $b\wedge\bar{c}\neq 0$，由定理 8.3.2 知，必有原子 a，使得 $a\leqslant b\wedge\bar{c}$。

因为

$$b\wedge\bar{c}\leqslant b \text{ 且 } b\wedge\bar{c}\leqslant\bar{c}$$

由 $\leqslant$ 的传递性，有

$$a\leqslant b \text{ 且 } a\leqslant\bar{c}$$

因为 a 是原子，且 $a\leqslant b$，所以 a 必是原子 $a_1,\cdots,a_k$ 中的某一个 a_j，所以

$$a=a_j\leqslant a_1\vee a_2\cdots\vee a_k=c$$

由 $a\leqslant\bar{c}$ 及 $a\leqslant c$，可得

$$a\leqslant\bar{c}\wedge c=0$$

这与 a 是原子矛盾。故

$$b\wedge\bar{c}=0$$

即

$$b\leqslant c$$

由 $\leqslant$ 的反对称性，得

$$b=c$$

即

$$b=a_1\vee a_2\cdots\vee a_k$$

■

引理 8.3.3(原子表示定理)　设 $\langle B,\vee,\wedge,^{-}\rangle$ 是有限布尔代数，对 $\forall b\in B$ 且 $b\neq 0$，$a_1,\cdots,a_k$

是 B 中满足 $a_i \leqslant b(i=1,\cdots,k)$ 的所有原子，则 $b=a_1 \vee a_2 \cdots \vee a_k$ 是将 b 表示为原子的并的唯一形式。

证明 设 b 还有另一种表示式为

$$b=a_{j_1} \vee a_{j_2} \cdots \vee a_{j_t}$$

其中，$a_{j_1},\cdots,a_{j_t}$ 是 A 中的原子，第 1 下标 j 表示 $1,\cdots,k$ 的第 j 种排列形式，第 2 下标表示原子的个数。

由此表示式知，b 是 $a_{j_1},\cdots,a_{j_t}$ 的最小上界。所以

$$a_{j_1} \leqslant b, \quad a_{j_2} \leqslant b,\cdots,a_{j_t} \leqslant b$$

而 $a_1,\cdots,a_k$ 是 A 中所有满足

$$a_i \leqslant b \quad (i=1,\cdots,k)$$

的不同原子，所以

$$t \leqslant k$$

即 t 不可能超过 k。

若 $t<k$，则在 $a_1,\cdots,a_k$ 中必有 a_{j_0} 且

$$a_{j_0} \neq a_{j_n} \quad (1 \leqslant n \leqslant t)$$

则

$$a_{j_0} \wedge (a_{j_1} \vee a_{j_2} \cdots \vee a_{j_t})=a_{j_0} \wedge b=a_{j_0} \wedge (a_1 \vee a_2 \cdots \vee a_k)$$

于是

$$\begin{aligned}&(a_{j_0} \wedge a_{j_1}) \vee (a_{j_0} \wedge a_{j_2}) \vee \cdots \vee (a_{j_0} \wedge a_{j_t})\\=&(a_{j_0} \wedge a_1) \vee (a_{j_0} \wedge a_{j_2}) \vee \cdots \vee (a_{j_0} \wedge a_{j_0}) \vee \cdots \vee (a_{j_0} \wedge a_k)\end{aligned}$$

因为 $a_{j_0} \neq a_{j_n}(1 \leqslant n \leqslant t)$，由原子定义，有

$$0 \vee 0 \vee \cdots \vee 0=0 \vee \cdots \vee (a_{j_0} \wedge a_{j_0}) \vee \cdots \vee 0$$

所以

$$0=a_{j_0} \wedge a_{j_0}=a_{j_0}$$

这与 a_{j_0} 是原子矛盾。

所以 $t=k$，即 b 的两种表示式中原子个数相同，又因为格中运算 $\vee$ 满足交换律，所以两种表示式完全一样。 ■

引理 8.3.4 在布尔格 $\langle B,\leqslant\rangle$ 中，对 B 中的任一原子 a 和另一非零元素 b，则 $a \leqslant b$ 和 $a \leqslant \bar{b}$ 两式中有且仅有一式成立。

证明 因为 a 是原子，且 $a \wedge b \leqslant a$，由原子的定义可知，$a \wedge b=0$ 或者 $a \wedge b=a$。

而

$$a \wedge b=0 \Leftrightarrow a \wedge \bar{\bar{b}}=0 \Leftrightarrow a \leqslant \bar{b}$$

$$a \wedge b=a \Leftrightarrow a \leqslant b$$

所以有 $a \leqslant \bar{b}$ 或 $a \leqslant b$ 成立。

又若 $a \leqslant \bar{b}$ 和 $a \leqslant b$ 同时成立，由性质 8.1.2，有

$$a=a \wedge a \leqslant b \wedge \bar{b}=0$$

即 $a \leqslant 0$，与 a 是原子矛盾，故 $a \leqslant \bar{b}$ 和 $a \leqslant b$ 不能同时成立。 ■

注 此引理说明，原子是这样的一类元素，它把 A 中的元素分为两类：第一类是与自己可比的(包括自身)，它小于或等于这一类中的任一元素；第二类是与自己不可比的或是 0，或是小于或等于这一类中任一元素的补元。

如图 8-8 所示的格中，d、e 都是原子，d 将 A 中元素分为两类，即 $\{a,b,d,1\}$ 及 $\{c,e,0\}$。

定理 8.3.3(Stone 定理)　设$\langle B,\vee,\wedge,^{-}\rangle$是由有限布尔格$\langle B,\leqslant\rangle$所诱导的有限布尔代数,$S$是布尔格$\langle B,\leqslant\rangle$中所有原子的集合,则$\langle B,\vee,\wedge,^{-}\rangle$和$\langle \wp(S),\cup,\cap,\sim\rangle$同构。

证明　由引理 8.3.2 和引理 8.3.3 知,对$\forall a\in B$且$a\neq 0$,必有a的由原子的并表示的唯一形式

$$a=a_1\vee a_2\cdots\vee a_k$$

其中,$a_i(i=1,\cdots,k)$是B中所有满足$a_i\leqslant a$的原子全体。

若记$S_1=\{a_1,\cdots,a_k\}$,作映射

$$f(a)=S_1$$

则f是由B到$\wp(S)$的双射。这是因为

(1) 规定:对全下界$0\in B$,$f(0)=\varnothing$。

(2) 若$S_1=\{a_1,\cdots,a_k\}\in\wp(S)$,有$a,b\in B$,使$f(a)=f(b)=S_1$,则由$f$的定义,有

$$a=a_1\vee a_2\cdots\vee a_k=b$$

所以f是单射。

(3) $\forall S_1=\{a_1,\cdots,a_k\}\in\wp(S)$,由运算$\vee$的封闭性,有

$$a_1\vee a_2\cdots\vee a_k=a\in B$$

即任一象S_1,均可找到一个原象a与之对应。所以f是满射。

再证$\langle B,\vee,\wedge,^{-}\rangle$和$\langle\wp(S),\cup,\cap,\sim\rangle$同构,即证:若$a,b\in B$,$f(a)=S_1$,$f(b)=S_2$,$S_1$,$S_2\in\wp(S)$,则

(1) $f(a\vee b)=f(a)\cup f(b)$;

(2) $f(a\wedge b)=f(a)\cap f(b)$;

(3) $f(a)=\sim f(a)$。

分别证明如下:

(1) 设$f(a\vee b)=S_3$。

若$x\in S_3$,则x是B中满足$x\leqslant a\vee b$的原子,那么必有$x\leqslant a$或$x\leqslant b$。这是因为:

如若不然,由引理 8.3.4 知,$x\leqslant\bar{a}$且$x\leqslant\bar{b}$,所以$x\leqslant\bar{a}\wedge\bar{b}=\overline{a\vee b}$。

再由条件$x\leqslant a\vee b$,便有

$$x\leqslant(a\vee b)\wedge(\overline{a\vee b})=0$$

与x是原子矛盾。

所以,若$x\leqslant a$则$x\in S_1$,或者若$x\leqslant b$则$x\in S_2$,即

$$x\in S_1\cup S_2$$

于是

$$S_3\subseteq S_1\cup S_2$$

反之,若$x\in S_1\cup S_2$,则$x\in S_1$或$x\in S_2$。若$x\in S_1$,则

$$x\leqslant a\leqslant a\vee b$$

所以$x\in S_3$。若$x\in S_2$,则

$$x\leqslant b\leqslant a\vee b$$

所以$x\in S_3$。

于是

$$S_1\cup S_2\subseteq S_3$$

所以

$$S_3=S_1\cup S_2$$

即

$$f(a\vee b)=f(a)\cup f(b)$$

(2) 设 $f(a\wedge b)=S_3$。

若 $x\in S_3$，则 x 是 B 中满足 $x\leqslant a\wedge b$ 的原子。因为 $a\wedge b\leqslant a$ 且 $a\wedge b\leqslant b$，由 $\leqslant$ 的传递性，有 $x\leqslant a$ 且 $x\leqslant b$。所以 $x\in S_1$ 且 $x\in S_2$，即 $x\in S_1\cap S_2$，故 $S_3\subseteq S_1\cap S_2$。

反之，若 $x\in S_1\cap S_2$，则 $x\in S_1$ 且 $x\in S_2$，即 x 是满足 $x\leqslant a$ 和 $x\leqslant b$ 的原子，所以

$$x=x\wedge x\leqslant a\wedge b$$

即 $x\in S_3$，于是

$$S_1\cap S_2\subseteq S_3$$

所以

$$S_3=S_1\cap S_2$$

即

$$f(a\wedge b)=f(a)\cap f(b)$$

(3) 证明思路：$x\in f(\overline{a})\Leftrightarrow x\not\leqslant a\Leftrightarrow x\notin f(a)\Leftrightarrow x\in \sim f(a)$。

令 $f(a)=S_1$，则 $\sim f(a)=S-S_1=S-f(a)$。

对 $\forall x\in S$，则

① 若 $x\in f(\overline{a})$，由 f 的定义，必有 $x\leqslant\overline{a}$，于是由引理 8.3.4 知，$x\not\leqslant a$；反之，若 $x\not\leqslant a$，由引理 8.3.4 知，$x\leqslant\overline{a}$，即 $x\in f(\overline{a})$。

② 若 $x\not\leqslant a$，设 $x\in f(a)$，于是 $x\leqslant a$，矛盾，所以 $x\notin f(a)$；反之，若 $x\notin f(a)$，设 $x\leqslant a$，则有 $x\in f(a)$，矛盾，所以 $x\not\leqslant a$。

③ 若 $x\notin f(a)$，则 $x\in S$ 且 $x\notin f(a)$，所以 $x\in S-f(a)$，即 $x\in\sim f(a)$；反之，若 $x\in\sim f(a)$，则 $x\in S-f(a)$，即 $x\notin f(a)$。

综上所述

$$f(\overline{a})=\sim f(a)$$ ■

注　此定理说明，能够用布尔代数的各原子，完全确定该布尔代数，并且用布尔集合代数 $\langle \wp(S),\cup,\cap,^{-}\rangle$ 表示该布尔代数。

推论 1　有限布尔格的元素个数必定等于 2^n，其中 n 是该布尔格中所有原子的个数。

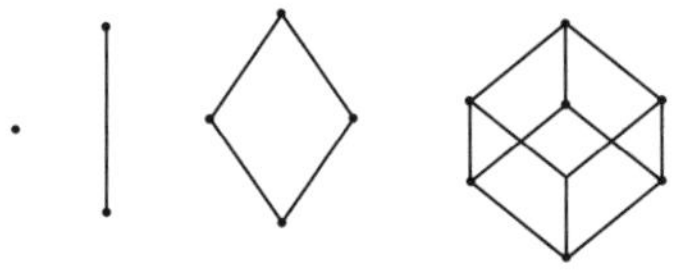

图 8-9　有限布尔代数

推论 2　所有具有 2^n 个元素的有限布尔代数都是同构的。

请读者自行证明。

注　在同构意义下，对于任何 2^n（n 为自然数），仅存在一个 2^n 元的布尔代数。图 8-9 分别表示 1 元、2 元、4 元和 8 元布尔代数。

8.4　布尔表达式

8.4.1　布尔表达式

计算机硬件、计算机网络以及其他电子设备都是由许多电路组成，这类电路设计常用到开

关代数的布尔表达式与布尔函数的概念。

定义 8.4.1　在布尔代数 $\langle B,\vee,\wedge,^{-}\rangle$ 上递归地定义布尔表达式如下：

(1) B 中任何元素是一个布尔表达式。

(2) 任何变元是一个布尔表达式。

(3) 如果 e_1 和 e_2 是布尔表达式，那么 $\overline{e_1}$、$(e_1\vee e_2)$、$(e_1\wedge e_2)$ 也都是布尔表达式。

(4) 只有通过有限次运用规则(1)、(2)、(3)所构造的符号串是布尔表达式。

布尔表达式的定义与命题逻辑中的命题公式、谓词逻辑中的谓词公式的定义类似，它们之间有一定的联系。

例 8.4.1　设 $\langle\{0,1,2,3\},\vee,\wedge,^{-}\rangle$ 是布尔代数，则

$$0,1\wedge x,(3\vee x_1)\wedge x_2,((\overline{2\vee 3})\wedge(\overline{x}_1\vee x_2))\wedge(\overline{x_1\wedge x_3})$$

都是布尔表达式。

例 8.4.2　设 $B=\{0,1\}$，0 和 1 分别表示逻辑真和逻辑假，称为逻辑常量，$\vee$、$\wedge$ 和 $^{-}$ 分别是逻辑或、逻辑与和逻辑非，则 $\langle B,\vee,\wedge,^{-}\rangle$ 是布尔代数，常称为开关代数，是最简单的布尔代数。

定义 8.4.2　含有 n 个互异变元的布尔表达式，称为 n 元布尔表达式，记作 $E(x_1,\cdots,x_n)$，其中 $x_1,\cdots,x_n$ 为变元。

定义 8.4.3　设 $E(x_1,\cdots,x_n)$ 是布尔代数 $\langle B,\vee,\wedge,^{-}\rangle$ 上的 n 元布尔表达式，用 B 中的元素代替该表达式中相应的变元（即对变元赋值），得到的值称为布尔表达式 $E(x_1,\cdots,x_n)$ 的值。

例 8.4.3　设布尔代数 $\langle\{0,1\},\vee,\wedge,^{-}\rangle$ 上的布尔表达式为

$$E(x_1,x_2,x_3)=((x_1\wedge x_2)\vee(\overline{x}_1\wedge\overline{x}_2))\wedge(\overline{x_2\wedge x_3})$$

若赋值 $x_1=1,x_2=1,x_3=0$，则

$$E(1,1,0)=((1\wedge 1)\vee(\overline{1}\wedge\overline{1}))\wedge(\overline{1\wedge 0})=(1\vee 0)\wedge 1=1$$

若赋值 $x_1=1,x_2=1,x_3=1$，则

$$E(1,1,1)=((1\wedge 1)\vee(\overline{1}\wedge\overline{1}))\wedge(\overline{1\wedge 1})=(1\vee 0)\wedge 0=0$$

注　显然，在不同的赋值下，表达式的值可能不同。

定义 8.4.4　设 $E_1(x_1,\cdots,x_n)$ 和 $E_2(x_1,\cdots,x_n)$ 是布尔代数 $\langle B,\vee,\wedge,^{-}\rangle$ 上的两个 n 元布尔表达式，如果对 n 个变元的任意一组赋值 $x_i=a_i,a_i\in B$ 时都有

$$E_1(a_1,\cdots,a_n)=E_2(a_1,\cdots,a_n)$$

则称这两个布尔表达式是等价的，记作

$$E_1(x_1,\cdots,x_n)=E_2(x_1,\cdots,x_n)$$

如果能有限次地应用布尔代数公式，将一个布尔表达式化成另一个表达式，就可以判定这两个布尔表达式是等价的。

例 8.4.4　在布尔代数 $\langle\{0,1\},\vee,\wedge,^{-}\rangle$ 上的两个布尔表达式

$$E_1(x_1,x_2,x_3)=(x_1\wedge x_2)\vee(x_1\wedge\overline{x}_3)$$

$$E_2(x_1,x_2,x_3)=x_1\wedge(x_2\vee\overline{x}_3)$$

试验证它们是等价的。

证明　方法一。验证所有赋值下两个布尔表达式的值相等。

$$\begin{cases}E_1(0,0,0)=(0\wedge 0)\vee(0\wedge 1)=0\vee 0=0\\E_2(0,0,0)=0\wedge(0\vee 1)=0\wedge 1=0\end{cases}$$

……

$$\begin{cases}E_1(1,1,1)=(1\wedge 1)\vee(1\wedge 0)=1\vee 0=1\\E_2(1,1,1)=1\wedge(1\vee 0)=1\wedge 1=1\end{cases}$$

方法二。因为布尔代数中分配律成立，所以，对 $\forall a,b,c\in\{0,1\}$，有

$$E_1(a,b,c)=(a\wedge b)\vee(a\wedge\bar{c})=a\wedge(b\vee\bar{c})$$
$$=E_2(a,b,c)$$

所以

$$E_1(x_1,x_2,x_3)=E_2(x_1,x_2,x_3)$$ ■

在此证明中，可以看出布尔表达式 $E(x_1,\cdots,x_n)$ 确定了一个由 A^n 到 A 的函数。

定义 8.4.5　设 $\langle B,\vee,\wedge,^-\rangle$ 是布尔代数，一个由 B^n 到 B 的函数，如果它能用 $\langle B,\vee,\wedge,^-\rangle$ 上的 n 元布尔表达式来表示，则这个函数就称为布尔函数。

8.4.2　范式

例 8.4.5　说明同一个布尔表达式可能具有不同的表示形式，尤其在计算机逻辑电路设计中，复杂的组合电路经常需要用最简单的逻辑表达式进行表示，因此对布尔表达式的简化及规范化具有十分重要的应用。

定义 8.4.6　含有 n 个变元 $x_1,\cdots,x_n$ 的布尔表达式 $E(x_1,\cdots,x_n)$，如果

(1) $E(x_1,\cdots,x_n)=\tilde{x}_1\wedge\tilde{x}_2\wedge\cdots\wedge\tilde{x}_n$，则称 $E(x_1,\cdots,x_n)$ 为布尔小项。

(2) $E(x_1,\cdots,x_n)=\tilde{x}_1\vee\tilde{x}_2\vee\cdots\vee\tilde{x}_n$，则称 $E(x_1,\cdots,x_n)$ 为布尔大项。

其中，$\tilde{x}_i$ 为 x_i 或 $\bar{x}_i$ 中的任一个。

定义 8.4.7　在 $\langle\{0,1\},\vee,\wedge,^-\rangle$ 上的布尔表达式 $E(x_1,\cdots,x_n)$：

(1) 如果 $E(x_1,\cdots,x_n)=E_1\vee E_2\cdots\vee E_k$，则称 $E(x_1,\cdots,x_n)$ 为析取范式，其中 $E_i(i=1,\cdots,k)$ 为布尔小项。

(2) 如果 $E(x_1,\cdots,x_n)=E_1\wedge E_2\cdots\wedge E_k$，则称 $E(x_1,\cdots,x_n)$ 为合取范式，其中 $E_i(i=1,\cdots,k)$ 为布尔大项。

定理 8.4.1　对两个元素的布尔代数 $\langle\{0,1\},\vee,\wedge,^-\rangle$，任何一个从 $\{0,1\}^n$ 到 $\{0,1\}$ 的函数都是布尔函数。

证明　对于一个从 $\{0,1\}^n$ 到 $\{0,1\}$ 的函数 f：

① 可用那些使函数值为 1 的 n 元有序组分别构造小项 $\tilde{x}_1\wedge\cdots\wedge\tilde{x}_n$，其中

$$\tilde{x}_i=\begin{cases}\bar{x}_i, & n\text{ 元组的第 } i \text{ 个分量为 } 0\\x_i, & n\text{ 元组的第 } i \text{ 个分量为 } 1\end{cases}$$

然后，再由这些小项组成析取范式，这就是 f 所对应的布尔表达式。

② 也可用那些使函数值为 0 的 n 元有序组分别构造大项 $\tilde{x}_1\vee\cdots\vee\tilde{x}_n$，其中

$$\tilde{x}_i=\begin{cases}\bar{x}_i, & n\text{ 元组的第 } i \text{ 个分量为 } 1\\x_i, & n\text{ 元组的第 } i \text{ 个分量为 } 0\end{cases}$$

然后，再由这些大项组成合取范式，这就是 f 所对应的布尔表达式。 ■

例 8.4.6　讨论表 8-4 所给的函数 f 的析取范式和合取范式。

表 8-4　布尔函数 f 的值

$\langle x_1,x_2,x_3\rangle$	$f(x_1,x_2,x_3)$
$\langle 0,0,0\rangle$	1
$\langle 0,0,1\rangle$	0
$\langle 0,1,0\rangle$	1
$\langle 0,1,1\rangle$	0
$\langle 1,0,0\rangle$	0
$\langle 1,0,1\rangle$	0
$\langle 1,1,0\rangle$	0
$\langle 1,1,1\rangle$	1

解　(1) 函数值为 1 对应的三元有序组为 $\langle 0,0,0\rangle$, $\langle 0,1,0\rangle$, $\langle 1,1,1\rangle$,分别构造小项 $\overline{x}_1\wedge\overline{x}_2\wedge\overline{x}_3$, $\overline{x}_1\wedge x_2\wedge\overline{x}_3$, $x_1\wedge x_2\wedge x_3$,组成析取范式

$$(\overline{x}_1\wedge\overline{x}_2\wedge\overline{x}_3)\vee(\overline{x}_1\wedge x_2\wedge\overline{x}_3)\vee(x_1\wedge x_2\wedge x_3)$$

即为 f 的析取范式。

(2) 类似地,f 的合取范式为

$$(x_1\vee x_2\vee\overline{x}_3)\wedge(x_1\vee\overline{x}_2\vee\overline{x}_3)\wedge(\overline{x}_1\vee x_2\vee x_3)\wedge(\overline{x}_1\vee x_2\vee\overline{x}_3)\wedge(\overline{x}_1\vee\overline{x}_2\vee x_3)$$

可以将布尔代数 $\langle\{0,1\},\vee,\wedge,^{-}\rangle$ 上的布尔表达式的析取范式和合取范式的概念扩充到一般的布尔代数上。

如果布尔代数 $\langle B,\vee,\wedge,^{-}\rangle$ 上的布尔表达式 $E(x_1,\cdots,x_n)$ 能够表示成形如

$$C_{\delta_1\delta_2\cdots\delta_n}\wedge\widetilde{x}_1\wedge\widetilde{x}_2\wedge\cdots\wedge\widetilde{x}_n$$

的并,则称 $E(x_1,\cdots,x_n)$ 为析取范式,其中 $C_{\delta_1\delta_2\cdots\delta_n}$ 是 B 中的一个元素,$\widetilde{x}_i$ 为 x_i 或 $\overline{x}_i$ 中的任一个。

类似地定义合取范式。

定理 8.4.2　设 $E(x_1,\cdots,x_n)$ 是布尔代数 $\langle B,\vee,\wedge,^{-}\rangle$ 上的任一布尔表达式,则它一定能够写成析取范式,即

$$\begin{aligned}E(x_1,\cdots,x_n)=&[\overline{x}_1\wedge\overline{x}_2\wedge\cdots\wedge\overline{x}_n\wedge E(0,0,\cdots,0)]\\&\vee[\overline{x}_1\wedge\overline{x}_2\wedge\cdots\wedge\overline{x}_{n-1}\wedge x_n\wedge E(0,0,\cdots,1)]\\&\vee\cdots\vee\cdots\\&\vee[x_1\wedge x_2\wedge\cdots\wedge x_{n-1}\wedge\overline{x}_n\wedge E(1,1,\cdots,0)]\\&\vee[x_1\wedge x_2\wedge\cdots\wedge x_n\wedge E(1,1,\cdots,1)]\end{aligned}$$

其中,每一个方括号为一小项,共有 2^n 个小项作 $\vee$ 运算。

证明　令 $E(x_i=a)=E(x_1,x_2,\cdots,x_{i-1},a,x_{i+1},\cdots,x_n)$, $a\in B$。

布尔表达式 $E(x_1,\cdots,x_n)$ 的长度中定义为:该表达式中出现的 B 的元素个数、变元的个数以及运算符 $\vee$、$\wedge$、$^{-}$ 的个数的总和(如果重复出现则重复计数),记作 $|E|$。

先证:对 $\forall x_i$,都有

$$E(x_1,\cdots,x_n)=(\overline{x}_i\wedge E(x_i=0))\vee(x_i\wedge E(x_i=1))$$

对 $|E|$ 作归纳证明。

若 $|E|=1$,则只能是 $E=a$ 或 $E=x_j$。

如果 $E=a$,则 $E(x_i=0)=E(x_i=1)=a$,于是

$$E=a=(\overline{x}_i\vee x_i)\wedge a=(\overline{x}_i\wedge a)\vee(x_i\wedge a)=(\overline{x}_i\wedge E(x_i=0))\vee(x_i\wedge E(x_i=1))$$

如果 $j\neq i$,则有 $E(x_i=0)=E(x_i=1)=x_j$,于是

$$E=x_j=(\overline{x}_i\vee x_i)\wedge x_j=(\overline{x}_i\wedge x_j)\vee(x_i\wedge x_j)=(\overline{x}_i\wedge E(x_i=0))\vee(x_i\wedge E(x_i=1))$$

如果 $j=i$，则有 $E(x_i=0)=0,E(x_i=1)=1$，于是

$$E=x_i=(\overline{x}_i\wedge 0)\vee(x_i\wedge 1)=(\overline{x}_i\wedge E(x_i=0))\vee(x_i\wedge E(x_i=1))$$

所以 $|E|=1$ 时，$E=(\overline{x}_i\wedge E(x_i=0))\vee(x_i\wedge E(x_i=1))$。

设 $|E|\leqslant k$ 时，结论成立。

当 $|E|=k+1$ 时，此时 $|E|$ 的长度增加 1，由长度的定义，有如下三种情况：

(1) 若 $E=E_1\vee E_2$，则必有 $|E_1|<k,|E_2|<k$，由归纳假设，有

$$E_1=(\overline{x}_i\wedge E_1(x_i=0))\vee(x_i\wedge E_1(x_i=1)),\quad E_2=(\overline{x}_i\wedge E_2(x_i=0))\vee(x_i\wedge E_2(x_i=1))$$

所以

$$\begin{aligned}E&=E_1\vee E_2=[(\overline{x}_i\wedge E_1(x_i=0))\vee(x_i\wedge E_1(x_i=1))]\vee[(\overline{x}_i\wedge E_2(x_i=0))\vee(x_i\wedge E_2(x_i=1))]\\&=[\overline{x}_i\wedge(E_1(x_i=0)\vee E_2(x_i=0))]\vee[x_i\wedge(E_1(x_i=1)\vee E_2(x_i=1))]\\&=[\overline{x}_i\wedge E(x_i=0)]\vee[x_i\wedge E(x_i=1)]\end{aligned}$$

(2) 若 $E=E_1\wedge E_2$，则必有 $|E_1|<k,|E_2|<k$，由归纳假设，有

$$\begin{aligned}E=E_1\wedge E_2&=[(\overline{x}_i\wedge E_1(x_i=0))\vee(x_i\wedge E_1(x_i=1))]\wedge[(\overline{x}_i\wedge E_2(x_i=0))\vee(x_i\wedge E_2(x_i=1))]\\&=[(\overline{x}_i\wedge E_1(x_i=0))\wedge(\overline{x}_i\wedge E_2(x_i=0))]\vee[(\overline{x}_i\wedge E_1(x_i=0))\wedge(x_i\wedge E_2(x_i=1))]\\&\quad\vee[(x_i\wedge E_1(x_i=1))\wedge(\overline{x}_i\wedge E_2(x_i=0))]\vee[(x_i\wedge E_1(x_i=1))\wedge(x_i\wedge E_2(x_i=1))]\\&=[(\overline{x}_i\wedge E_1(x_i=0))\wedge(\overline{x}_i\wedge E_2(x_i=0))]\vee[(x_i\wedge E_1(x_i=1))\wedge(x_i\wedge E_2(x_i=1))]\\&=[\overline{x}_i\wedge(E_1(x_i=0)\wedge E_2(x_i=0))]\vee[x_i\wedge(E_1(x_i=1)\wedge E_2(x_i=1))]\\&=[\overline{x}_i\wedge E(x_i=0)]\vee[x_i\wedge E(x_i=1)]\end{aligned}$$

(3) 若 $E=\overline{E}_1$，则必有 $|E_1|=k$，由归纳假设，有

$$\begin{aligned}E=\overline{E}_1&=\overline{[\overline{x}_i\wedge E_1(x_i=0)]\vee[x_i\wedge E_1(x_i=1)]}\\&=\overline{(\overline{x}_i\wedge E_1(x_i=0))}\wedge\overline{(x_i\wedge E_1(x_i=1))}\\&=(x_i\vee\overline{E}_1(x_i=0))\wedge(\overline{x}_i\vee\overline{E}_1(x_i=1))\\&=[(x_i\wedge\overline{x}_i)\vee(\overline{x}_i\wedge\overline{E}_1(x_i=0))]\vee[(x_i\wedge\overline{E}_1(x_i=1))\vee(\overline{E}_1(x_i=0)\wedge\overline{E}_1(x_i=1))]\\&=[(x_i\wedge\overline{x}_i)\vee(\overline{x}_i\wedge E(x_i=0))]\vee[(x_i\wedge E(x_i=1))\vee(E(x_i=0)\wedge E(x_i=1))]\\&=(\overline{x}_i\wedge E(x_i=0))\vee(x_i\wedge E(x_i=1))\vee[(x_i\vee\overline{x}_i)\wedge(E(x_i=0)\wedge E(x_i=1))]\\&=(\overline{x}_i\wedge E(x_i=0))\vee(x_i\wedge E(x_i=1))\vee(x_i\wedge E(x_i=0)\wedge E(x_i=1))\\&\quad\vee(\overline{x}_i\wedge E(x_i=0)\wedge E(x_i=1))\\&=[(\overline{x}_i\wedge E(x_i=0))\vee(\overline{x}_i\wedge E(x_i=0)\wedge E(x_i=1))]\\&\quad\vee[(x_i\wedge E(x_i=1))\vee(x_i\wedge E(x_i=1)\wedge E(x_i=0))]\\&=[(\overline{x}_i\wedge E(x_i=0))\wedge(1\vee E(x_i=1))]\vee[(x_i\wedge E(x_i=1))\wedge(1\vee E(x_i=0))]\\&=(\overline{x}_i\wedge E(x_i=0))\vee(x_i\wedge E(x_i=1))\end{aligned}$$

所以，对任意正整数 n，有

$$E(x_1,\cdots,x_n)=(\overline{x}_i\wedge E(x_i=0))\vee(x_i\wedge E(x_i=1))$$

进一步，有

$$\begin{aligned}E(x_1,\cdots,x_n)&=(\overline{x}_1\wedge E(0,x_2,\cdots,x_n))\vee(x_1\wedge E(1,x_2,\cdots,x_n))\\&=\{\overline{x}_1\wedge[(\overline{x}_2\wedge E(0,0,x_3,\cdots,x_n))\vee(x_2\wedge E(0,1,x_3,\cdots,x_n))]\}\\&\quad\vee\{x_1\wedge[(\overline{x}_2\wedge E(1,0,x_3,\cdots,x_n))\vee(x_2\wedge E(1,1,x_3,\cdots,x_n))]\}\\&=[\overline{x}_1\wedge\overline{x}_2\wedge E(0,0,x_3,\cdots,x_n)]\vee[\overline{x}_1\wedge x_2\wedge E(0,1,x_3,\cdots,x_n)]\end{aligned}$$

$$
\begin{aligned}
&\vee[x_1\wedge\overline{x}_2\wedge E(1,0,x_3,\cdots,x_n)]\vee[x_1\wedge x_2\wedge E(1,1,x_3,\cdots,x_n)]\\
&\cdots\cdots\\
=&[\overline{x}_1\wedge\overline{x}_2\wedge\cdots\wedge\overline{x}_n\wedge E(0,0,\cdots,0)]\\
&\vee[\overline{x}_1\wedge\cdots\wedge\overline{x}_{n-1}\wedge x_n\wedge E(0,0,\cdots,0,1)]\\
&\vee\cdots\vee[x_1\wedge x_2\wedge\cdots\wedge x_{n-1}\wedge\overline{x}_n\wedge E(1,1,\cdots,1,0)]\\
&\vee[x_1\wedge x_2\wedge\cdots\wedge x_{n-1}\wedge x_n\wedge E(1,1,\cdots,1,1)]
\end{aligned}
$$

定理得证。■

类似地可证明，任一布尔表达式 $E(x_1,\cdots,x_n)$ 可写成合取范式，即

$$
\begin{aligned}
E(x_1,\cdots,x_n)=&[x_1\vee x_2\vee\cdots\vee x_n\vee E(0,0,\cdots,0)]\\
&\wedge[x_1\vee x_2\vee\cdots\vee x_{n-1}\vee\overline{x}_n\vee E(0,0,\cdots,0,1)]\\
&\wedge\cdots\wedge[\overline{x}_1\vee\overline{x}_2\vee\cdots\vee\overline{x}_{n-1}\vee x_n\vee E(1,1,\cdots,1,0)]\\
&\wedge[\overline{x}_1\vee\overline{x}_2\vee\cdots\vee\overline{x}_n\vee E(1,1,\cdots,1,1)]
\end{aligned}
$$

其中，每一个方括号为一大项，共有 2^n 个大项作 $\wedge$ 运算。

布尔表达式的析取范式和合取范式的算法与命题公式主析取范式和主合取范式的算法相似，步骤如下：

(1) 将 B 上的变元看做常元使用布尔代数的性质；

(2) 利用德·摩根律将补运算“$^-$”深入到变元或常元前面；

(3) 利用分配律展开各式；

(4) 补充缺少的变元；

(5) 计算并合并各常元。

例 8.4.7　设布尔代数 $\langle\{0,1\},\vee,\wedge,^-\rangle$ 上的布尔表达式

$$E(x_1,x_2,x_3)=(x_1\wedge x_2)\vee(x_2\wedge x_3)\vee(\overline{x}_2\wedge x_3)$$

试写出其析取范式和合取范式。

解　由定理 8.4.2 知，析取范式为

$$
\begin{aligned}
E(x_1,x_2,x_3)=&[\overline{x}_1\wedge\overline{x}_2\wedge\overline{x}_3\wedge E(0,0,0)]\vee[\overline{x}_1\wedge\overline{x}_2\wedge x_3\wedge E(0,0,1)]\\
&\vee[\overline{x}_1\wedge x_2\wedge\overline{x}_3\wedge E(0,1,0)]\vee[\overline{x}_1\wedge x_2\wedge x_3\wedge E(0,1,1)]\\
&\vee[x_1\wedge\overline{x}_2\wedge\overline{x}_3\wedge E(1,0,0)]\vee[x_1\wedge\overline{x}_2\wedge x_3\wedge E(1,0,1)]\\
&\vee[x_1\wedge x_2\wedge\overline{x}_3\wedge E(1,1,0)]\vee[x_1\wedge x_2\wedge x_3\wedge E(1,1,1)]\\
=&(\overline{x}_1\wedge\overline{x}_2\wedge x_3)\vee(\overline{x}_1\wedge x_2\wedge x_3)\vee(x_1\wedge\overline{x}_2\wedge x_3)\\
&\vee(x_1\wedge x_2\wedge\overline{x}_3)\vee(x_1\wedge x_2\wedge x_3)
\end{aligned}
$$

合取范式为

$$
\begin{aligned}
E(x_1,x_2,x_3)&=(x_1\wedge x_2)\vee(x_2\wedge x_3)\vee(\overline{x}_2\wedge x_3)\\
&=(x_1\wedge x_2)\vee x_3 && \text{分配律}\\
&=(x_1\vee x_3)\wedge(x_2\vee x_3) && \text{分配律}\\
&=[x_1\vee(x_2\wedge\overline{x}_2)\vee x_3]\wedge[(x_1\wedge\overline{x}_1)\vee x_2\vee x_3]\\
&=(x_1\vee x_2\vee x_3)\wedge(x_1\vee\overline{x}_2\vee x_3)\wedge(\overline{x}_1\vee x_2\vee x_3)
\end{aligned}
$$

小　结

由于偏序关系主导了格，特殊的格又引出了一个重要的运算——补运算，进而确定了含有三个运算的代数系统——布尔代数。本章紧紧围绕这样一条主线进行讨论。首先由偏序集引

出格，讨论格的重要性质；再从特殊格导出特殊代数系统——布尔代数的相关讨论。而其中有关概念及性质占据了内容的很大部分。

1. 基本内容

(1) 偏序集和格的定义，格的哈斯图。

(2) 子格的概念及判定。

(3) 格的若干性质，其中重要的是基本性(性质 8.1.1)和保序性(性质 8.1.2)。

(4) 特殊格的定义，它们间的联系和判定。

(5) 格的同态与同构，格保序映射的概念。

(6) 布尔格及原子概念及相关性质。

(7) 布尔代数及重要的 Stone 定理和推论。

(8) 布尔表达式。

2. 基本要求

(1) 掌握格的两种等价定义(偏序格和代数格)。能够对偏序集所确定的哈斯图判定是否为格。

(2) 熟练格运算的基本性质(交换律、结合律、吸收律、幂等律等)，并会灵活运用。

(3) 掌握分配格、有补格等的定义，并清楚它们之间的关系，对于具体给出的格所对应的哈斯图，应能判断是否为分配格或有补格等。

(4) 掌握布尔代数的概念，熟记它们的性质，并会灵活应用。

3. 重点和难点

重点：格及格的基本性质，特殊格及相互间的关系，布尔代数及布尔表达式。

难点：格的两种定义及它们间的关系，盖住关系的构造，格的六条性质，两个五元素格，格的同态与同构，原子及特性。

习 题 八

1. 判断下列集合是否是偏序集，是否是格？并说明理由。

(1) $\langle \mathbf{Z}, \leqslant \rangle$，其中 $\mathbf{Z}$ 是整数集，$\leqslant$ 是整数间的小于或等于关系。

(2) $\langle L, \leqslant \rangle$，其中 L 是非空集合，$\leqslant$ 为全序关系。

(3) $\langle \pi(S), \leqslant \rangle$，其中 $\pi(S)$ 是任意非空集合 S 的所有划分，$\leqslant$ 是细分关系。

(4) $\langle P, \leqslant \rangle$，其中 P 是所有命题公式的集合，$\leqslant$ 为公式间的蕴涵关系。

(5) $\langle A, | \rangle$，$A=\{1,2,4,6,8,12,18,72\}$，“$|$”是 A 上的整除关系。

(6) $\langle A, | \rangle$，$A=\{2,3,6,12,24,36\}$，“$|$”是 A 上的整除关系。

(7) $\langle A, | \rangle$，$A=\{1,2,2^2,\cdots,2^n \mid n$ 为正整数$\}$，“$|$”是 A 上的整除关系。

2. 判断图 8-10 中所示的偏序集是否构成格，并说明理由。

3. 设集合 $S=\{a,b,c\}$，$\wp(S)$ 是 S 的幂集，S 及其上的包含关系构成偏序集合 $\langle S, \subseteq \rangle$。

(1) $\langle \wp(S), \subseteq \rangle$ 是否为格？如果是，请给出由其诱导的格代数。

(2) 求 $\langle \wp(S), \subseteq \rangle$ 的子格。

4. 设格 $\langle L, \leqslant \rangle$ 的哈斯图如图 8-11 所示，$L_1=\{a,b,e,g\}$，$L_2=\{a,b,c,d\}$，$L_3=\{c,e,f,g\}$，$L_4=\{c,d,e,f\}$，

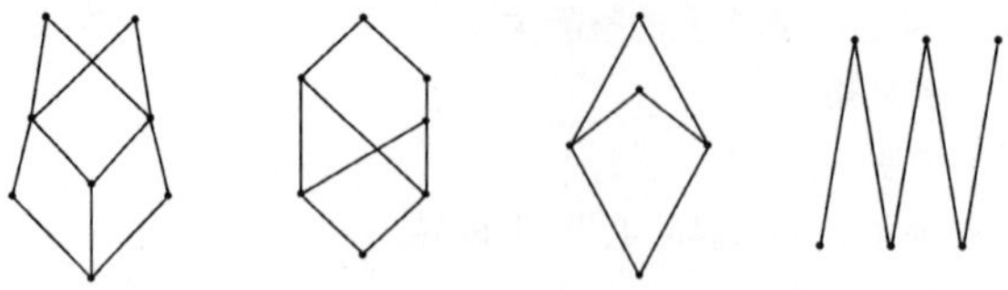

(a)　　(b)　　(c)　　(d)

图 8-10　习题 2 的偏序集

$L_5=\{a,b,d,e,f\}$。

(1) 判断$\langle L_1,\leqslant\rangle$,$\langle L_2,\leqslant\rangle$,$\langle L_3,\leqslant\rangle$,$\langle L_4,\leqslant\rangle$,$\langle L_5,\leqslant\rangle$中哪些是格,哪些是$\langle L,\leqslant\rangle$的子格?

(2) 并求$\langle L,\leqslant\rangle$的所有 5 元和 6 元子格。

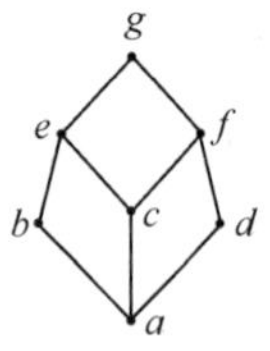

图 8-11　习题 4 的格

5. 在正整数集 $\mathbf{Z}^+$ 中定义运算$\cap$、$\cup$:对任意的 $a,b\in\mathbf{Z}^+$,$a\cup b=\mathrm{GCD}(a,b)$,即求 a、b 的最小公倍数;$a\cap b=\mathrm{LCM}(a,b)$,即求 a、b 的最大公约数。

(1) 验证$\langle\mathbf{Z}^+,\cap,\cup\rangle$是一个格。

(2) 判断下列集合是否是$\langle\mathbf{Z}^+,\cap,\cup\rangle$的子格?

(3) $A=\{1,2,3,9,12,72\}$

(4) $A=\{1,2,3,12,18\}$

(5) $A=\{5,5^2,5^3,\cdots,5^n\}$

(6) $A=2\mathbf{Z}^+=\{2k\mid k\in\mathbf{Z}^+\}$

6. 设$\langle L,\leqslant\rangle$是格,求下列公式的对偶式。

(1) $(a\wedge b)\vee b\leqslant b$

(2) $a\wedge 0=0$

(3) $a\vee(\bar{a}\wedge b)=a\vee b$

(4) $a\leqslant(a\vee b)\wedge(a\vee c)$

7. 设$\langle L,\leqslant\rangle$是格,若 $a,b,c\in L$ 且 $a\leqslant b\leqslant c$,证明下列各式。

(1) $a\vee b=b\wedge c$,$(a\wedge b)\vee(b\wedge c)=(a\vee b)\wedge(a\vee c)$

(2) $(a\vee(b\wedge c))\vee c=(b\wedge(a\vee c))\vee c$

8. 设 B 是格 A 的非空子集,如果

(1) $\forall a,b\in B$,有 $a\vee b\in B$。

(2) $\forall a\in B,\forall x\in A$,有 $x\leqslant a\Rightarrow x\in B$,

则称 B 是格 A 的理想。证明:格 A 的理想是一个子格。

9. 判断下列命题是否成立,并说明理由。

(1) 设$\langle A,\wedge,\vee\rangle$是格,则$\langle A,\wedge\rangle$和$\langle A,\vee\rangle$均为交换半群。

(2) 设$\langle A,\wedge,\vee\rangle$是格,$a$、$b\in A$,则 $a\vee b=a$ 和 $a\vee b=b$ 至少有一个成立。

(3) 设$\langle A,\wedge,\vee\rangle$是格,$a\in A$,若 a 有补元,则该补元是唯一的。

(4) 设$\langle A,\wedge,\vee\rangle$是格,$a$、$b$、$c\in A$,若 $a\leqslant c$,则 $a\vee(b\wedge c)\leqslant(a\vee b)\wedge c$。

10. 试画出不同构的 6 元格的哈斯图。

11. 设$\langle A,\vee,\wedge\rangle$是格,$f$ 是此格的自同态映射,证明:$f(A)$是$\langle A,\vee,\wedge\rangle$的子格。

12. $\langle A_1,\times_1,+_1\rangle$和$\langle A_2,\times_2,+_2\rangle$是两个格,若 f 是 A_1 到 A_2 的同构映射,证明:f 的逆映射 f^{-1} 是 A_2 到 A_1 上的同构映射。

13. 判断下列格间的映射是否是同态映射、同构映射,并说明理由。

(1) $\langle S_{12},/\rangle$和$\langle S_{12},\leqslant\rangle$,其中/为整除关系,$\leqslant$为数的小于或等于关系,映射 $f:S_{12}\to S_{12}$,$f(x)=x$。

(2) $A_1=\{2n\mid n\in\mathbf{Z}^+\}$,$A_2=\{2n+1\mid n\in\mathbf{N}\}$,$\leqslant$为数的小于或等于关系,映射 $f:A_1\to A_2$,$f(x)=x+1$。

(3) $\langle A,\vee,\wedge\rangle$是分配格,$a\in A$,映射 $f:A\to A$,$f(x)=x\wedge a$。

14. 设 $A=\{1,2,4,6,9,12,18,36\}$，$\leqslant$ 是 A 上的整除关系。

(1) 证明偏序集 $\langle A,\leqslant\rangle$ 是否是格?

(2) $\langle A,\leqslant\rangle$ 是分配格吗? 说明理由。

(3) 设 $B=\{2,4,6,12,18\}$ 的下界、下确界、上界、上确界。

(4) $\langle A,\leqslant\rangle$ 中有多少个 5 个元素的子格?

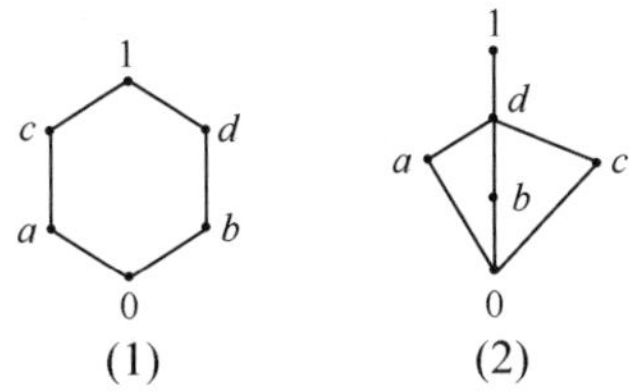

图 8-12　习题 15 的图

15. 判断图 8-12 中所示的格是否是分配格，说明理由。

16. 设 $\langle A,\vee,\wedge\rangle$ 是分配格，对 $\forall a,b,c\in B$，若 $(a\vee b)=(a\vee c)$ 且 $(a\wedge b)=(a\wedge c)$，则 $b=c$。

17. 设 S_{24} 是 24 的所有因子集合，“$|$”是整除关系。

(1) 画出偏序集 $\langle S_{24},|\rangle$ 的哈斯图，并求其最大元、最小元；

(2) 写出 $\langle S_{24},|\rangle$ 诱导的格代数；

(3) $\langle S_{24},|\rangle$ 是否是有补格?

18. $\langle S_{30},|\rangle$，$\langle S_{45},|\rangle$，$\langle S_{72},|\rangle$ 是分配格，有补格吗? 若是有补格，求其元素的补元。

19. 证明：在有界分配格中，所有有补元构成的集合是一个子格。

20. 设 L 为有限格。证明：若 $|L|\geqslant 3$，且 L 是一条链，则 L 不是有补格。

21. 设 $\langle A,\bar{\ },\vee,\wedge,0,1\rangle$ 是有补分配格，试证明：对于任意的 $a,b\in A$，下述 4 个条件等价：

(1) $a\leqslant b$

(2) $a\wedge\bar{b}=0$

(3) $\bar{a}\vee b=1$

(4) $\bar{b}\leqslant\bar{a}$

22. 在同构意义下，5 元格中哪些是分配格、有界格、有补格、布尔格?

23. 设 $\langle B,\vee,\wedge,\bar{\ },0,1\rangle$ 是布尔代数，对任意 a、b、$c\in B$，证明：

(1) 若 $c\leqslant a$，则 $(a\wedge b)\vee c=a\wedge(b\vee c)$；

(2) 若 $a\leqslant b\leqslant c$，则 $a\vee b=b\wedge c$；

(3) $a=b$ 当且仅当 $(a\wedge\bar{b})\vee(\bar{a}\wedge b)=0$。

24. 设 $S_{110}=\{1,2,5,10,11,22,55,110\}$ 是 110 的正因子集合。

(1) 令 gcd、lcm 分别表示求最大公约数和最小公倍数的运算。问 $\langle S_{110},\mathrm{gcd},\mathrm{lcm},'\rangle$ 是否构成布尔代数? 其中 $x'=110/x$，$x\in S_{110}$。

(2) 求 $\langle S_{110},\mathrm{gcd},\mathrm{lcm},'\rangle$ 的子布尔代数。

(3) 令“$|$”是整除关系，问 $\langle S_{110},|\rangle$ 是否构成布尔代数? 试写出其原子集。

25. 对格 $\langle S_{30},|\rangle$：

(1) 证明 $\langle S_{30},|\rangle$ 是布尔格。

(2) 找出其全体原子，并求一个含 4 个元素但不是布尔代数的子格。

(3) 找出其所有子布尔代数。

26. 设 $\langle B,\vee,\wedge,\bar{\ },0,1\rangle$ 是一个布尔代数，若 a、$b\in B$ 且 $a<b$，令 $S=\{x\mid x\in B,a\leqslant x$ 且 $x\leqslant b\}$。试证明：$\langle S,\vee,\wedge,\bar{\ },0,1\rangle$ 是 $\langle B,\vee,\wedge,\bar{\ },0,1\rangle$ 的子布尔代数。

27. 设 $\langle B,\vee,\wedge,\bar{\ },0,1\rangle$ 是布尔代数，在 B 上定义运算 $\oplus$ 和 $\otimes$ 如下：

$$a\oplus b=(a\wedge\bar{b})\vee(\bar{a}\wedge b),\ a\otimes b=a\wedge b$$

试证明：$\langle B,\oplus,\otimes\rangle$ 是环，并求其幺元(幺元为 1)。

28. 设 $\langle A,\vee,\wedge,\bar{\ },0,1\rangle$ 是布尔代数，对 $\forall a,b,c\in A$，证明：

(1) $(a\vee b)\wedge(\overline{a\wedge b})=(\bar{a}\wedge b)\vee(a\wedge\bar{b})$

(2) $(a\vee\bar{b})\wedge(b\vee\bar{c})\wedge(c\vee\bar{a})=(\bar{a}\vee b)\wedge(\bar{b}\vee c)\wedge(\bar{c}\vee a)$

(3) $(a\vee b)\wedge(a\vee\bar{b})\wedge(\bar{a}\vee c)=a\vee c$

29. 设 f 是布尔代数 $\langle B_1, \vee_1, \wedge_1, ^-, 0, 1\rangle$ 到 $\langle B_2, \vee_2, \wedge_2, \sim, p, q\rangle$ 的布尔同态，证明：$f(B_1)$ 构成 B_2 的子布尔代数。

30. 设 $\langle B, \vee, \wedge, ^-, 0, 1\rangle$ 是布尔代数，$\forall a, b, c \in B$，化简下列各式。

(1) $(a \wedge b \wedge c) \vee (a \wedge b \wedge \bar{c}) \vee (b \wedge c) \vee (\bar{a} \wedge b \wedge c) \vee (\bar{a} \wedge b \wedge \bar{c})$

(2) $(a \wedge b) \vee (\overline{a \wedge b} \wedge c) \vee (b \vee c)$

(3) $(a \vee b) \wedge \overline{a \wedge b}$

(4) $(a \wedge b) \vee (\bar{a} \wedge b) \vee (b \wedge c)$

(5) $((a \wedge \bar{b}) \vee c) \wedge (a \vee b) \wedge c$

(6) $(a \vee \bar{b}) \wedge (a \wedge b)$

(7) $(a \wedge b) \vee (a \wedge b \wedge c) \vee (b \wedge c)$

31. 求布尔代数 $\langle B, \vee, \wedge, ^-\rangle$ 上的下列布尔表达式的析取范式和合取范式。

(1) $E(x_1, x_2, x_3, x_4) = (x_1 \wedge x_2 \wedge \bar{x}_3) \vee (x_1 \wedge \bar{x}_2 \wedge x_4) \vee (x_2 \wedge \bar{x}_3 \wedge \bar{x}_4)$

(2) $E(x_1, x_2) = x_1 \vee x_2$

(3) $E(x_1, x_2, x_3, x_4) = (\bar{x}_1 \wedge x_2) \vee x_4$

(4) $E(x_1, x_2, x_3) = (\overline{x_1 \wedge x_2}) \vee (\bar{x}_1 \wedge x_3)$

(5) $E(x_1, x_2, x_3) = (x_1 \wedge x_2) \vee (x_2 \wedge x_3) \vee (\bar{x}_2 \wedge x_3)$

(6) $E(x_1, x_2, x_3) = \overline{(\overline{x_1 \vee x_2}) \vee (\bar{x}_1 \wedge x_3)}$

32. 三名评委表决某场比赛，如有两张赞成票即获通过。试写出实现上述过程的表决器的逻辑电路。

33. 设计两个房间照明灯具的开关控制电路，使当灯具处于关闭状态时，按下任一开关都可打开此灯具。当灯具已打开时，按下任一开关都可关闭此灯具。试写出实现上述过程的组合电路的布尔表达式并画出逻辑电路图。

34. 设计一个二进制半加器的电路，其功能见表 8-5。其中，x 和 y 是被加数，S 是和，C 是进制。

表 8-5　半加器的功能表

x	y	S	C
0	0	0	0
0	1	1	0
1	0	1	0
1	1	0	1

参考文献

陈国勋,刘书芳,周文俊 . 2005. 离散数学 . 北京:机械工业出版社
邓辉文 . 2006. 离散数学 . 北京:清华大学出版社
方景龙,王毅刚 . 2005. 离散数学 . 北京:人民邮电出版社
方世昌 . 1996. 离散数学 . 2 版 . 西安:西安电子科技大学出版社
方延明 . 2009. 数学文化 . 2 版 . 北京:清华大学出版社
冯伟森,栾新成,石兵 . 2001. 离散数学 . 北京:机械工业出版社
傅彦,顾小丰,刘启和 . 2004. 离散数学 . 北京:机械工业出版社
郭思乐 . 1982. 归纳 · 猜想 · 证明——漫话数学归纳法 . 广州:广东科技出版社
利普舒尔茨,利普森 . 2002. 离散数学 . 周兴和,孙志人,张学斌译 . 北京:科学出版社
闵嗣鹤,严士健 . 2003. 初等数论 . 3 版 . 北京:高等教育出版社
前沿考试研究室 . 2003. 计算机专业研究生入学考试全真题解——离散数学分册 . 北京:人民邮电出版社
屈婉玲,耿素云,张立昂 . 2005. 离散数学 . 北京:清华大学出版社
孙学红,秦伟良 . 1999. 离散数学习题解答 . 西安:西安电子科技大学出版社
王传玉 . 2001. 离散数学与算法 . 合肥:安徽大学出版社
王家廞 . 2004. 离散数学结构 . 北京:清华大学出版社
王元元,张桂芸 . 2009. 离散数学 . 2 版 . 北京:机械工业出版社
徐凤生,巩建闽,宁玉富 . 2009. 离散数学及其应用 . 2 版 . 北京:机械工业出版社
杨炳儒 . 2006. 离散数学 . 北京:人民邮电出版社
左孝凌,李为鑑,刘永才 . 1982. 离散数学 . 上海:上海科学技术文献出版社
左孝凌,李为鑑,刘永才 . 1988. 离散数学 理论 · 分析 · 题解 . 上海:上海科学技术文献出版社
http://www.docin.com/p-1666978.html
http://course.cug.edu.cn/21cn
http://sjxy.gxun.edu.cn/dmath/kcmb/11/11-4.htm
http://class.htu.cn/lisanshuxue/neirong/5_7.htm
http://class.htu.cn/lisanshuxue/neirong/5_9.htm
http://jsjxy.cug.edu.cn/jxkj/ma/dianzi.htm
http://www.doc88.com/p-14552185590.html